专利商标审查研究文丛

专利制度与科技伦理
发明专利的伦理道德审查

国家知识产权局专利局专利审查协作北京中心 ◎ 组织编写

王大鹏　等 ◎ 著

全国百佳图书出版单位
—北 京—

图书在版编目（CIP）数据

专利制度与科技伦理：发明专利的伦理道德审查/国家知识产权局专利局专利审查协作北京中心组织编写. —北京：知识产权出版社，2023.1
ISBN 978-7-5130-8256-3

Ⅰ.①专… Ⅱ.①国… Ⅲ.①专利制度—关系—技术伦理学—研究—中国
Ⅳ.①D923.424

中国版本图书馆 CIP 数据核字（2022）第 129878 号

内容提要

生物科技领域的研究和发展受到强大的公共利益和伦理影响。当生物科技创新选择通过专利制度进行保护之时，专利制度就必须直面复杂的科技伦理问题。本书选取人类胚胎干细胞技术、人类辅助生殖技术、人类基因编辑技术等作为切入点，开展发明专利伦理道德审查的专门研究。希望为这一领域的科技伦理认知及专利审查法律适用，提供一种相对全面客观的分析，最大限度统一法律适用。旨在激励生物科技领域的创新发展和专利保护，确保人类尊严得到维护，引导负责任的科学研究。同时，在国家科技伦理治理体系之下重新思考专利伦理道德审查的定位，推进国家科技政策、科技伦理标准与专利保护政策、专利保护标准的和谐统一。

责任编辑：王玉茂		责任校对：王　岩	
执行编辑：章鹿野		责任印制：刘译文	
封面设计：杨杨工作室·张　冀			

专利制度与科技伦理
——发明专利的伦理道德审查
国家知识产权局专利局专利审查协作北京中心　组织编写
王大鹏　等著

出版发行：知识产权出版社 有限责任公司		网　　址：http://www.ipph.cn	
社　　址：北京市海淀区气象路 50 号院		邮　　编：100081	
责编电话：010-82000860 转 8541		责编邮箱：wangyumao@cnipr.com	
发行电话：010-82000860 转 8101/8102		发行传真：010-82000893/82005070/82000270	
印　　刷：三河市国英印务有限公司		经　　销：新华书店、各大网上书店及相关专业书店	
开　　本：880mm×1230mm　1/32		印　　张：28.25	
版　　次：2023 年 1 月第 1 版		印　　次：2023 年 1 月第 1 次印刷	
字　　数：705 千字		定　　价：180.00 元	
ISBN 978-7-5130-8256-3			

编委会

著者简介

王大鹏，分子病理学博士，国家知识产权局专利局专利审查协作北京中心审查业务部审查业务高级专家，研究员，北京中心专利审查业务指导委员会副主任委员。国家知识产权局审查业务指导组常设专家组专家，国家知识产权局高层次人才。

马骞，生物化学与分子生物学硕士，国家知识产权局专利局专利审查协作北京中心医药生物部生物工程二室副主任，高级知识产权师，PCT审查员，兼职复审员，国家知识产权局骨干人才。

习洋，林木遗传育种学博士，国家知识产权局专利局专利审查协作北京中心医药生物部审查，助理研究员。

马艳林，生物化学与分子生物学博士，国家知识产权局专利局专利审查协作北京中心医药生物部审查员，高级知识产权师，PCT审查员，兼职复审员。

李艳丽，微生物学硕士，国家知识产权局专利局专利审查协作北京中心医药生物部审查员，助理研究员，PCT审查员，兼职复审员。

张丽颖，发育生物学博士，国家知识产权局专利局专利审查协作北京中心医药生物部生物制药二室副主任，副研究员，PCT审查员，兼职复审组长，国家知识产权局骨干人才，局级涉外教师。

夏颖，微生物学博士，国家知识产权局专利局专利审查协作北京中心医药生物部审查员，助理研究员。PCT审查员，兼职复审员。

管冰，生物学硕士，国家知识产权局专利局专利审查协作北京中心医药生物部审查员，PCT审查员，兼职复审员，国家知识产权局骨干人才。

刘苗，分子微生物学硕士，国家知识产权局专利局专利审查协作北京中心医药生物部审查员，PCT审查员，兼职复审员，国家知识产权局骨干人才。

朱宁，生理学博士，国家知识产权局专利局专利审查协作北京中心医药生物部审查员，副研究员，PCT审查员，兼职复审组长，国家知识产权局骨干人才。

撰写人员与分工[*]

前　言　王大鹏

第一章　王大鹏　马　骞

第二章　王大鹏

第三章　王大鹏

第四章　王大鹏

第五章　王大鹏

第六章

　　引言、第一至二节、第四至六节、第八节　王大鹏

　　第三节　习　洋　王大鹏

　　第七节　马艳林　王大鹏

第七章

　　引言　王大鹏

　　第一节、第三至四节　李艳丽　王大鹏

---

　　* 撰写人为两人以上者，排名不分先后，贡献等同。

第二节　张丽颖　王大鹏

第五节　夏　颖　王大鹏

第六节　管　冰　王大鹏

第七节　刘　苗　王大鹏

第八章　朱　宁　王大鹏

全书审校　王大鹏

前　言

　　现代生物科学技术飞速发展，不断涌现出震动世人的科学成就。这些科学成就已经深刻地改变甚至颠覆了自然进化法则、人类生存方式、人类生育方式以及人类与自然的关系。面对这些日新月异的进展和突破，人们在送上溢美之词、奉上对科学家无限钦敬的同时，对这些新生事物的出现又会泛起些许的疑虑和不安，甚至是恐惧和担忧。这其中，最为人们关注、讨论较多的就是胚胎干细胞技术、辅助生殖技术、治疗性克隆技术、胚胎基因编辑技术（生殖系基因编辑技术）等。它们都是生命科学研究尖端中的尖端，前沿中的前沿，而且，它们有一个共同特点，那就是都涉及人类胚胎研究。

　　以人类胚胎干细胞技术为例，该技术自 1998 年诞生以来，经历了 20 余年的研究发展，产生了对人类健康及人类福祉至关重要的全新的再生医疗技术领域。2000 年，国家知识产权局专利局开始出现人类胚胎干细胞专利申请，自此相应专利审查在国家知识产权局专利局也走过了 20 多年的审查历程。20 多年来，围绕人类胚胎干细胞相关的各种发明主题，《审查指南（2006）》首次制定和推出了涉及人类胚胎干细胞专利的相关伦理审查标准，并在 13 年后的 2019 年，通过《专利审查指南（2010）》的再次修改，使相关的伦理审查标准得到进一步的明晰。然而，2019 年《专利审查指南（2010）》对人类胚胎干细胞专利的相关伦理审查标准的修改，本质上属于局部完善，执行的仍是有限修改目标原则，修改后仍存在部分模糊地带，而且围绕着人类胚胎干细胞技术相关发明的伦理道德审查原本即存在审查标准执行不一致的问题。因此，2019 年《专利审查指南（2010）》在对其审查标准修改之后，如何准确地在相应的人类受精胚胎类型上进行法律适用，以及在非受精胚胎类型上是否按照举重以明轻的原则进行比附适用，仍然存在很大的不确定性。在全球人类胚胎干细胞技术发展一日千里、日新月异的大背景下，我国在胚胎干细胞领域所取得的发展也有目共睹，多项技术处于国际领先水平，但有关胚胎干细胞的专门性立法却较少，科学技术部和原卫生部围绕人类胚胎干细胞制定的伦理审查指导原则自 2003 年以来已经有 18 年没有修改，国内的专门法及专项伦理审查原则的制定远远落后于该领域的高速发展，该类技术的研究应用和专利保护面临诸多的伦理和法律难题。

从借鉴国外标准的角度而言，国际上对于此类案件的伦理审查标准呈高度分化状态。各国法律对于胚胎干细胞的伦理审查各不相同，这也为 2019 年《专利审查指南（2010）》修改后的新审查标准的准确适用蒙上了一层阴影。在目前的专利审查实践中，审查员对于涉及人类胚胎干细胞相关主题的发明到底是否符合专利法中关于伦理道德要求的审查标准的理解仍然存在较多的模糊地带，执行层面也存在标准执行不一致的情况。

除了人类胚胎干细胞技术领域，另一个涉及伦理道德因素较多的领域就是人类辅助生殖技术——其也同样涉及人类胚胎研究。并且，同人类胚胎干细胞技术领域的发明专利申请相对集中于生物或医药领域的审查部门相比，人类辅助生殖技术领域的发明专利申请案件则广泛分散于国家知识产权局专利局内包括医药生物、材料工程、机械、光电技术或通信等发明审查部门。在人类辅助生殖技术领域，经过对相关专利申请数据和审查历史数据的总体分析，一定程度上显示，国家知识产权局专利局内源于人类胚胎干细胞技术领域的严格伦理审查标准，有渐渐蔓延扩散至人类辅助生殖技术领域的倾向，并使这一领域专利申请案件未来的审查前景非常不明朗。由此，人类胚胎干细胞领域与人类辅助生殖领域到底有哪些异同——在技术上，两者之间有哪些千丝万缕的关联；在伦理上，两个领域各自有哪些伦理规则，这些伦理规则有哪些需要我们统筹考量和综合考虑；在法律适用上，人类辅助生殖技术领域中的那些不需要破坏人胚胎的胚胎培养技术和胚胎检测技术与人类胚胎干细胞技术领域那些需要破坏人胚胎而获取人类胚胎干细胞的发明创造相比，两者在伦理审查上，是不是等量齐观等，都是我们值得深入思考的问题。

对于这些问题，从专利审查实践层面，国内关于人类胚胎干细胞技术领域和人类辅助生殖技术领域发明专利伦理道德审查方面的研究相对不足，往往是科学界、伦理学界、人文学界、社会学界等的理论探讨较多，实证研究较少，专利审查实践层面的国内外系统研究、历史纵深研究基本为无，且现有的研究成果以单一技术领域的研究居多，两个领域的对比研究付之阙如。一方面，我们推测这与多数人依然对专利审查实践的了解较少有关，尤其是对于发明专利的伦理道德审查了解有限，同时也不容易获取相关的专利审查大数据信息，很多人只能接触到零星或有限的案件；另一方面，也与这两个领域的科研创新成果在技术上的高度尖端性、在伦理上的高度敏感性以及在法律适用上的高度争议性有关，国内外都存在非常复杂的多样化的观点和做法。因此，无论在技术上、伦理上还是法律上，这都是一个令人非常头疼的问题，也是一个令人讳莫如深的问题。

在实际工作中，专利审查员只是按照国家法律规定和制定好的审查标准来忠实执行法律，他不能在伦理道德的判断上完全按照个人好恶、个人主观之见或个人直觉行动，但是，从事专利审查时间越久，发现的不一致问题就越多，看到的国内外差异也越多。对这些专利案件的审查，不仅困扰了国内外的很多创新主体，也会困扰专利审查员自身。我们也会在工作中思考诸如此类的问题，以及应该如何合理解决，丝毫不敢忘记作为一名专利审查员应有的独立思考。

有鉴于此，在国家知识产权局专利局专利审查协作北京中心领导和审查业务部、医药生物发明审查部领导的大力支持下，我们不揣浅陋，无畏艰深，走进了这个需要我们在专利审查中不断面对但又存在很多矛盾、纠结，使得在审查中很长时间内苦思无解又备受煎熬的世界。我们针对生命科学技术领域发明专利伦理道德审查这一大的主题，主要选取人类胚胎干细胞和人类辅助生殖两个技术领域作为切入点，开展了国内外横向对比研究和伦理审查历史的纵深研究。我们从头开始，整理分析有关人类胚胎干细胞技术领域的基础技术术语和核心法律概念，辨析和厘清"人类胚胎干细胞"和"人胚胎"的基本概念、"人类胚胎干细胞"和"人胚胎"的关联关系、"胚胎"和"胎儿"的基本差异（尤其是人胚胎和流产胎儿的差异）、"动物胚胎干细胞"和"人类胚胎干细胞"含义的对比分析，同时辨析既往专利审查标准中的不完备和不明确之处。通过对人类胚胎干细胞专利的 20 多年审查历史的研究，尤其是对代表各个审查历史阶段的审查标准变迁的经典案例的回顾性研究，我们系统梳理人类胚胎干细胞技术发展脉络，以及随着该技术发展相应的伦理审查标准的变化规律，并借此梳理和厘清"人胚胎的工业或商业目的的应用"这一规则在其欧洲起源地的本来含义及其在中国专利制度语境下的发展演变，以及其与伦理道德的关系定位。针对自然胚胎（主要是剩余胚胎）、核移植胚胎（又称克隆胚胎）、单性胚胎或单倍体胚胎（主要是孤雌胚胎）、流产胎儿、诱导多能干细胞（iPSC）等主要的人胚胎或干细胞类型，梳理分析其审查标准把握中的历史演变及利弊得失，分析 20 多年审查历史中反映出的历史规律、历史经验及逻辑自洽。我们结合《专利审查指南（2010）》2019 年最新修改，重点分析专利审查指南修改后尚存的模糊地带和争议之处，为创新主体对最新审查标准的悦纳以及今后《专利审查指南（2010）》的再次修改完善提供一种全新的分析视角。在此基础上，对于人类胚胎干细胞与人类辅助生殖两个技术领域的主要胚胎类型、主要发明类型今后应该如何审查和如何进行法律适用，进行了比较充分的探讨。我们希望为这一领域的专利审查法律适用提供较为全面的分析，从而最大限度增加对这一前沿科技领域的基础技术认识、基本伦理认知，并尽可能统一法律适用。

不仅如此，展望未来，我们的研究触角还涉及人类胚胎干细胞技术领域最新的科研实践以及国际干细胞研究协会、各国最新伦理审查指南及伦理审查实践等在内的国内外最新的伦理审查标准。包括对干细胞的全能性、14 天规则等的全新认知，探索这一领域涌现的最新发明主题，例如，基于人类胚胎干细胞的人—动物嵌合体/杂合体技术、人类线粒体移植技术、人类人造配子生殖技术、人类胚胎模型技术、人类合成胚胎技术、人类的类原肠胚技术、类器官技术等的伦理审查标准，对其伦理审查作出前瞻性研究和预警。同时，我们对该领域最新的科研实践中较为重要的发明主题作深度研究，对国内相关专利案件数据进行分析，特别是对比专利国际申请案件（PCT 案件）在各国审查命运的不同，通过梳理和分析，较为客观地呈现各国目前对于该类前沿技术的审查现状，通过对典型案例的审查结果和态度分析，结合《专利审查指南（2010）》（2019 年修订）的修改，给出该类新兴技术发明专利伦理审查的应然标准，以激励相关研究创新和专利保护。

需要指出的是，人类胚胎干细胞和人类辅助生殖两个技术领域的新技术会涉及治疗性克隆技术、生殖性克隆技术、非体细胞核移植技术、种间核移植技术、卵细胞核移植技术、杂交卵母细胞/杂合卵母细胞、连续核移植技术及受精胚胎核移植技术、孤雌胚胎技术与体细胞核移植技术的结合、孤雌胚胎的嵌合胚胎技术、孤雌胚胎的聚合胚胎技术、嵌合胚胎技术、杂合胚胎技术、人造精子技术、人造卵子技术、半克隆技术、胚胎模型技术、合成胚胎技术、类原肠胚技术、类器官技术、设计婴儿技术、线粒体移植技术、染色质重组试管婴儿技术、生殖系基因编辑技术、基因治疗技术、基因增强技术等。这些技术可能会触及人类伦理的非常敏感的部分，甚至伦理禁区，涉及人体器官制造与再生、新兴医疗、死后人工生殖、遗传伦理、神经伦理学、合成生物学伦理学、信息伦理学、人工智能医疗伦理等各种热点话题。但是，在《专利审查指南（2010）》（2019年修订）中，对于上述多数技术并无相应的直接规定。并且，仅靠起源于欧洲的"人胚胎的工业或商业目的的应用"这一审查标准，对于审查上述技术领域的专利已经难以为继、独木难支。《专利审查指南（2010）》（2019年修订）中虽然还包括"人与动物交配的方法""改变人生殖系遗传同一性的方法或改变了生殖系遗传同一性的人""克隆的人或克隆人的方法""可能导致动物痛苦而对人或动物的医疗没有实质性益处的改变动物遗传同一性的方法"等多种情形，但专利审查实践中遇到这四种情形的极少，主要使用的审查标准就是"人胚胎的工业或商业目的的应用"。因此，未来围绕这些新兴技术的法律空白和/或专利审查标准空白如何填补，也是亟待解决的非常现实的问题。对此，我们也探索性地提出了相应的伦理审查的规制办法。

从总结审查历史经验的角度而言，我们也反思了我国在有关人类胚胎干细胞和辅助生殖技术领域的专利审查实践。我们认为，我国在相关专利审查标准制定和专利审查实践上，主要存在的问题有以下三个方面。

第一，自 2003 年以来，我国《专利审查指南》❶ 中规定的伦理道德审查标准与国家相关科技政策及相关专项伦理指导原则已经不完全匹配，与我国在相关技术领域的最新专利保护政策也不完全匹配。我国把人类胚胎和干细胞研究始终放在一个非常重要的位置，对其发展高度重视，投入巨大。不仅相关研究项目列入国家科技发展的五年规划和中长期规划，还通过国家高技术研究发展计划（863 计划）和《发育与生殖研究国家重大科学研究计划"十二五"专项规划》等途径大力支持干细胞相关课题研究，成立了国家干细胞研究指导协调委员会，强化国家在干细胞研究方面的战略目标。习近平总书记高度重视科技创新，在 2016 年全国科技创新大会、两院院士大会、中国科协第九次全国代表大会上的讲话中，习总书记特别指出："干细胞研究、肿瘤早期诊断标志物、人类基因组测序等基础科学突破……为我国成为一个有世界影响力的大国奠定了重要基础，从总体上看，我国在主要科技领域和方向上实现了邓小平同志提出的'占有一席之地'的战略目标，正处在跨越发展的关键时期"。在 2018 年两院院士大会上发表重要讲话时，习总书记指出："进入 21 世纪以来，全球科技创新进入空前密集活跃的时期，新一轮科技革命和产业变革正在重构全球创新版图、重塑全球经济结构……以合成生物学、基因编辑、脑科学、再生医学等为代表的生命科学领域孕育新的变革"。可以看出，习总书记的讲话已经为我们指明了科技创新的目标和方向。

---

❶ 根据《专利审查指南》的历史表述情况，本书在指称 2010 年前《专利审查指南》版本时，表述为"《审查指南（2006）》"这类格式，2010 年后版本表述为《专利审查指南（2010）》，泛指《专利审查指南》时统一指称为《专利审查指南》。——编辑注

进入"十四五"时期，我国已经把包括基因编辑技术在内的生命科学研究和技术应用与包括人工智能在内的信息技术纳入国家的总体发展战略，作为打造"创新型国家"总体战略的重要组成部分。生命健康领域、脑科学领域、生物育种领域被定位于国家战略科技力量中的核心领域，生物技术则被定位为战略新兴产业。可见在国家层面，生物技术领域前沿技术日益作为国家战略考量。在相应的科技伦理规范层面，2001年，卫生部制定《人类辅助生殖技术管理办法》；2003年，科学技术部和卫生部制定《人胚胎干细胞研究伦理指导原则》，卫生部制定《人类辅助生殖技术规范》《人类精子库基本标准和技术规范》《人类辅助生殖技术和人类精子库伦理原则》等，这些伦理规范代表了我国科技界对于人类胚胎干细胞和人类辅助生殖两大技术领域的科学研究的基本伦理立场，相对而言是一种与国际比较接轨的开明立场。正如中国科学院周琪院士2020年在国际学术期刊 Cell Stem Cell 上发表文章，总结这一段历史时期时所明确指出的：实际上，相对于欧洲的德国，我国从来就没有对人类胚胎干细胞研究制定过严格的限制政策。但是，我国在对人类胚胎干细胞领域的专利审查实践中的很长一段时间内，所秉承的却是一种源自于欧洲的比较保守的立场，造成国家科研创新实践与专利审查实践的伦理认识存在较大的差距，相应科技创新得不到有效保护。由此在国内出现了两套伦理标准并行的局面。

2018年，国家知识产权局在《知识产权重点支持产业目录（2018年本）》中将干细胞与再生医学、细胞治疗、人工器官以及大规模细胞培养及纯化、生物药新品种等涉及人类胚胎干细胞技术的相关领域纳入健康产业、先进生物产业，并予以重点保护，以促进重大新药创制、重要疾病防控和精准医学、高端医疗器械等领域发展。也就是说，我国专利政策体系正在及时响应国家战略方向调整，与国家创新体系、科技管理体系、产业经济体系等不断融合。这才有了《专利审查指南（2010）》（2019年修订），国家知识产权局专利局的严格立场才得以逐渐放松。但是，对《专利审查指南（2010）》（2019年修订）的局部修改和完善，并未实现专利制度之下的伦理道德审查与国家科技伦理的完全一致。这一问题是我们需要深刻反思的。究其根源，在国家层面，我国很早就选择接纳和拥抱人类胚胎研究的相关国际伦理规则，选择的是一条发展才是硬道理的道路，着眼于在科技创新和发展中解决发展中出现的问题；而在专利制度层面，我们于2001年初始选择的就是欧洲伦理审查规则，并受这一规则影响深远。即使在2003年我国已经颁布相关伦理指导原则允许相关人类胚胎干细胞研究的情况下，专利制度体系对这一选择并没有及时进行调整，进而造成了至今仍存在不相匹配的问题。

第二，我国在专利制度中选择的是一种相对保守的欧洲伦理审查规则，在专利审查实践中，还缺乏对所引入的欧洲伦理审查规则深入的、系统的研究，造成在按照欧洲伦理审查规则进行规则移植和适用时，对既有的欧洲审查标准的很多误解误判，连带造成我国的专利审查标准执行过于严苛。具体而言，在《专利法》第5条有关发明是否违反社会公德的专利审查实践中，"人胚胎的工业或商业目的的应用"的审查标准是最常使用的伦理审查规则，其来源地为欧洲，日本和美国并没有该条伦理审查规则。相对而言，这条审查标准比较保守，加之我们未能很好地理解该条审查标准的本意，不了解欧洲在伦理审查的很多方面还是留了"后门儿"，在我国的专利审查实践中，该标准被不断扩大化适用，借助于对"人胚胎"的宽泛解释，将其适用于所有人胚胎类型，导致"人胚胎的工业或商业目的的应用"常常被等价于所有涉"人胚胎的应用"。尤其是在面对人类辅助生殖技术领域、胎儿干细胞技术领域、孤雌胚胎技术领域等新兴技术时，欧洲并未选择对其予以伦理道德上的规制，我国对此则要比欧洲审查标准的把握还要严苛，实际上成为世界五大专利局（IP5）中最为严格的，由此可能不当地限制了该领域的科研创新。

第三，在很长一段时间内，我国是少数或者唯一在专利审查标准中直接规定，人类胚胎干细胞及其制备方法不被授予专利权的国家。也就是说，我国不仅在人胚胎层面，有一座欧洲版"人胚胎的工业或商业目的的应用"的不可逾越的大山；在人类胚胎干细胞层面，更是加了一把中国版的"大铁锁儿"，即"人类胚胎干细胞及其制备方法，均属于《专利法》第5条规定的不能被授予专利权的发明"。由此，大山阻路，铁锁封门，两者共同组成了一个真正的雄关漫道，彻底堵死了人类胚胎干细胞相关发明的专利之路。需要注意的是，这种中欧结合的双重规定的模式，在欧洲也并未出现，更毋宁说美国、日本、韩国等国，可称之为史上最严标准。在该标准实施期间，由于同时限制人胚胎和人类胚胎干细胞保护主题本身及其相关制备方法发明授权，"人胚胎的工业或商业目的的应用"逐渐与"人类胚胎干细胞的工业或商业目的的应用"混淆不清。即便考虑到2003年以来我国对人类胚胎干细胞研究的开明立场，即国家实际上允许利用合法的人胚胎来源开展人类胚胎干细胞研究，在专利保护上仍不能僭越这一严格的审查标准。因此，在2019年之前，相关发明虽然频频叩关，也只能望关兴叹。直至2019年对《专利审查指南（2010）》进行修订，这一局面才得到部分改善。

回顾20多年的审查历史，我们需要思考的是，我国能从这种严格的审查标准中收获什么？可能有人认为我们收获的是伦理道德上的正义感，维护有关人类胚胎研究的社会公平正义；还有人认为，通过时间换空间，我们的创新主体借此赢得宝贵的发展机遇。不同的思考，就会有完全不同的结论。

从立足现在兼及未来的角度而言，我们的研究应该更多关注现有的问题。我们认为，现在和未来的专利审查，需要紧跟时代发展、技术发展、伦理发展及法律发展，而既有的审查标准、伦理审查规则已经不足以应对目前复杂的局面。当下的专利审查标准需要与时俱进，不能坐等相关伦理指导原则的修订，针对那些涌现出来的新伦理争议，需要及时回应伴随技术高速发展带来的全新伦理问题。

首先，在伦理审查制度层面，创新驱动发展战略的实施需要科学规范的科技政策法规体系和科技伦理体系。国家科技政策法规体系和国家科技伦理治理体系是指导我国科技伦理治理的总纲。2019 年 7 月，中央全面深化改革委员会第九次会议审议通过了《国家科技伦理委员会组建方案》，指出在未来发展过程中我国应当进一步加强并特别关注科技的健康发展和合理使用，由此正式拉开了我国科技伦理体系建设的序幕，科技伦理治理体系的建设提升到新的高度。国家知识产权局专利局在专利行政审查中应导向明确，积极遵守和贯彻我国各项法律和科技政策，遵守相关伦理原则，自觉将专利制度之下的伦理治理纳入国家科技伦理治理的整体体系之内，使国家科技伦理治理体系保持协调一致、标准统一并运转有效。专利审查应与国家法律和科技政策协调统一，发挥合力，最大限度体现专利法的立法宗旨，维护创新型国家建设，服务创新型国家建设。国家知识产权局专利局专利审查员的所有决定，都需要考虑国家伦理治理体系、国家法律规定、国家科技政策、国家伦理原则等上位因素，审慎地决定发明创造个案的命运以及发明专利伦理道德审查的方向。从而将专利保护政策与国家科技政策有效衔接，将专利审查标准与国家科技伦理标准协调统一，共同推动我国科学技术健康发展和高质量发展。

其次，在伦理审查体制层面，目前，我国关于生物科技的伦理规制和监管是各有分工，多头管理。上游的基础研究涉及的部级行政管理机构包括国家卫生健康委员会、科技部和中国科学院，以及相应的地方管理机构、地方研究单位，它们往往以各级伦理委员会的形式负责科研项目审批及相应的伦理审查。在中游的科研成果的知识产权权利化阶段，则涉及国家知识产权局专利局的专利审查，特别是对伦理道德的审查。在下游的科研成果应用研究和市场应用阶段，则可能涉及国家卫生健康委员会和国家药品监督管理局以及其地方管理机构等部门，它们也以伦理委员会的形式负责临床项目审批及伦理审查。简言之，我国科技伦理治理涉及法律、行政、学术等诸多领域，许多部委、机构、科研院所、高校、企业乃至社会力量参与其中。在这种多头管理之下，各管理主体进行的伦理审查可以划分为上游、中游、下游三段式监管。科研成果早期申请专利的特点，决定国家知识产权局专利局只是位于中游的一位参与者和管理者，需要做好自身定位，理顺我国科研成果伦理审查的体制机制，做好自身的中段管理，承上启下，既不失位，也不越位，是其中的关键。

在国家科技伦理治理体系中，国家知识产权局专利局作为该体系中不可缺少的一个环节，其伦理道德审查可以起到的作用包括但不限于：明确负责任的创新的伦理要求、鼓励负责任的创新的研发方向、支撑和共同构筑国家科技创新的伦理道德规范体系、弥补从基础研究到临床研究各级伦理审查存在的不足。国家知识产权局专利局须立足于我国国情和科技发展的实际需求，具备前瞻性视野，以科技向善发展、负责任发展为核心导向，建立覆盖广泛、有据可依、可靠有效、敏捷灵活的科技伦理综合治理体系，并使我国有效参与全球科技的综合治理，为世界科技发展和科技伦理治理提供中国智慧。

最后，在伦理审查标准层面，科技伦理问题变化迅速，涉及面广，最新的科研成果会在第一时间申请专利，因此伦理问题会第一时间反映到专利申请中。尤其是，在国家层面就最新的人类胚胎和/或干细胞研究尚缺乏相关具体伦理审查规则的情况下，《专利法》第5条规定的授权客体审查要求又必然要求专利审查伦理先行，此时国家知识产权局专利局给出的关于伦理道德审查的答案，实际上就是中国观点和中国方案，这一点不可不慎。因此，专利审查需要与时俱进的研究支撑，全面把握科学前沿动态和新兴科技伦理治理方面的成就，系统开展价值权衡和伦理论证，保障伦理先行的专利审查，实施伦理敏感的敏捷治理。同时，在人类胚胎和干细胞研究的伦理审查标准上，既有的伦理原则因其具有抽象性、概括性而必须转化为具体的、明确的科技伦理规则，只有放弃那些大而无当的规制模式，才能使之具有可操作性。除了需要继续面对传统的人类胚胎干细胞和人类辅助生殖两大技术领域的发明创新，要及时回应快速发展的各种新领域、新技术、新业态，包括人—动物嵌合胚胎技术、人类线粒体移植技术、人造配子技术、人类单性生殖技术、人类孤雌和孤雄单倍体胚胎干细胞技术及其半克隆技术、人类胚胎模型技术、人类合成胚胎技术、类原肠胚技术、类器官技术、人类胚胎基因编辑（生殖系基因编辑）技术等新兴技术。

在直面这些新技术确定具体的审查标准时，首先需要明确的是，人类尊严是人类胚胎和/或干细胞研究伦理问题的本质所在，是伦理问题考量的起点和归宿。其次，在执行层面上，必须细化工作。在技术发展日新月异的大背景下，期望通过如"人胚胎"等相关概念的简单定义解决伦理审查的问题并不现实，且无法应对高度流变的技术进展。更为合理的选择应该是，将人类胚胎和/或干细胞研究分门别类，因地制宜，分类施策，这也是未来在专利制度下伦理治理的最好选择和必然选择。伦理审查中应明确区分基础研究、临床研究和临床应用，注意不应对涉及人类胚胎的相关基础研究施以过多的伦理限制，避免伤害或扼杀国家基础创新能力。应结合国家科技伦理体系和伦理规则，以及在国家缺乏相应的具体伦理原则或规则的情况下，借鉴国际伦理规则框架，做好人类胚胎研究各技术分支的伦理治理，确立和完善各技术分支的伦理规则。在这个过程中，应通过该领域相关技术发展及其演变规律，充分考虑人类胚胎干细胞研究的复杂性及不可预期性。例如，哪些分支领域必须明确设立绝对的限制或禁止性规定，哪些领域完全可以自由发展，哪些领域需要保持谨慎观察。明确各个技术分支以及上游、中游、下游各个环节和研究行为的界限所在，最终目标是在专利制度之下实现覆盖全面、规范有序的伦理治理，使伦理监管能够积极促进科技创新。

以上就是我们研究得出的一些初步结论。

天下之事，莫难于细。在紧张的日常工作之余，思考如此艰深、敏感、争议的技术、伦理和法律问题，一一辨析繁难的个案，于我们而言，是一种艰难的考验。能够历经反复的否定之否定的思考，幸运地终成此书，所赖无非日积月累，以及坚守我们需要做一点儿什么的初心。如果幸有可取，则希望能够为进一步规范涉及人类胚胎和/或干细胞发明专利的伦理道德审查，为人类胚胎干细胞和人类辅助生殖两大技术领域的发明创造提供合理的专利保护，为激励两大技术领域产业创新和规范其技术发展，促进人类健康和医疗水平的整体提升，起到一点作用。希望为《专利审查指南（2010）》（2019 年修订）的审查标准准确进行法律适用，以及为下一步《专利审查指南（2010）》（2019 年修订）修改提供一些抛砖引玉的研究支撑。也希望以此为契机，进一步促进专利制度下有关科技伦理治理的方方面面的研究，既包括人类胚胎干细胞和人类辅助生殖两大技术领域的伦理审查，也包括诸如神经生物伦理学、合成生物伦理学、信息技术伦理学、人工智能伦理学等技术领域的伦理审查。

需要指出的是，本书的所有研究内容为纯粹的学术探讨，目的仅在于通过发现问题，提出观点，引发社会的共同参与和共同探讨，并最终服务于继续完善我国专利审查标准，完善国家科技伦理治理体系，共同助力于我国的创新型国家建设。因此，本书的所有观点不代表任何官方观点，仅为著者们的一点个人思考和浅见拙识。是否妥当，也有待更加深入的研究和更加广泛的讨论。而且，由于本书讨论范围牵涉面广，研究深度有限，对部分研究主题仅是粗浅的探索，必然存在很多不足和错误之处，敬请方家批评指正。

生命科学领域的研究和发展受到强大的公共利益影响和伦理考量。展望未来，这一领域还有太多的技术、法律和伦理问题，需要开放、平和和理智的声音来共同探讨，公开讨论。只有集思广益，群策群力，才能制定出一套令各方认可和接受的伦理价值准则，真正促进创新型国家建设及知识产权事业的兴旺发展。

王大鹏

2022 年 2 月 28 日

专业术语中英文对照表

表皮细胞生长因子   epidermal growth factor，EGF

差异甲基化区域   differentially methylated region，DMR

成体干细胞   adult stem cell，ASC

成纤维细胞生长因子   fibroblast growth factor，FGF

雌性生殖干细胞   female germline stem cells，FGSCs

单倍体胚胎干细胞   haploid embryonic stem cells，haESCs

单核苷酸多态性   single nucleotide polymorphism，SNP

单性生殖   parthenogenesis，PG

多能干细胞   pluripotent stem cell，PSC

多胎妊娠减胎术   multifetal pregnancy reduction，MFPR

纺锤体移植   spindle transfer，ST

非整倍体植入前遗传学测试   PGT for aneuploidy，PGT – A

夫精人工授精   artificial insemination by husband，AIH

辅助孵化   assisted hatching，AH

干扰素调节因子   interferon regulatory factor，IRF

功能性生理单元   functional physiological units，FPU

供精人工授精   artificial insemination by donor，AID

骨形态发生蛋白   bone morphogenetic protein，BMP

合成产生的多能干细胞   synthetically – produced pluripotent stem cell，spPSC

合子基因组激活   zygotic genome activation，ZGA

核移植胚胎干细胞	nuclear transfer embryonic stem cells，nt-ESCs
极体移植	polar body transfer，PBT
间充质干细胞	mesenchymal stem cells，MSCs
精原干细胞	spermatoginial stem cells，SSCs
类 2 细胞期细胞	2C – like cells
类上胚层细胞	epiblast – like cells，EpiLCs
类中胚层细胞	induced mesoderm – like cell，iMLC
临床研究申请	investigational new drug，IND
卵胞浆内单精子显微注射	intracytoplasmic sperm injection，ICSI
卵原干细胞	ovarian stem cell，OSC
内细胞团	inner cell mass，ICM
内源性多能干细胞	endogenous pluripotent stem cell，ePSC
拟胚体	embryoid bodies，EB/EBs
牛卵泡液	bovine follicular fluid，bFF
胚胎干细胞	embryonic stem cells，ESCs
胚胎生殖细胞	embryonic germ cell，EGC
胚胎肿瘤细胞	embryonal carcinoma cell，ECC
胚系基因组激活	embryonic genome activation，EGA
胚叶细胞类似性干细胞	blastomere – like stem cells，BLSCs
牵引力显微镜	traction force microscopy，TFM
躯干样结构	trunk – like structure，TLS
人工授精	artificial insemination，AI
人类白血球抗原	human leukocyte antigen，HLA
人类免疫缺陷病毒	human immunodeficiency virus，HIV
人类胚胎生殖细胞	human embryonic germ cell，hEGC/hEG
人源肿瘤组织异种移植模型	patient – derived tumor xenograft，PDX
人滋养层干细胞	human trophoblast stem cells，hTSCs
生殖细胞	germ cells，GCs
双基因敲除	double knock out，DKO
四倍体补偿	tetraploid complementation，TC

胎儿干细胞	fetus stem cell, FSC
体外成熟	in vitro maturation, IVM
体外受精 – 胚胎移植	in vitro fertilization and embryo transfer, IVF – ET
体细胞核移植	somatic cell nuclear transfer, SCNT
细胞核移植	cell nucleus replacement, CNR
线粒体替代疗法	mitochondrial replacement therapy, MRT
线粒体脱氧核糖核酸	mtDNA
腺嘌呤核苷三磷酸	adenosine triphosphate, ATP
印记控制区	imprinting control region, ICR
游离 DNA	cell – free DNA, cfDNA
诱导性多能干细胞	induced pluripotent stem cells, iPSCs
原核移植	pronuclear transfer, PNT
造血干细胞	hematopoietic stem cell, HSC
植入前遗传学测试	pre – implantation genetic testing, PGT
植入前遗传学筛查	pre – implantation genetic screeing, PGS
种间体细胞核移植	interspecies somatic cell nuclear transfer, iSCNT
着床后羊膜囊胚状体	post – implantation amniotic sac embryoid, PASE
自体生殖系线粒体能量移植	autologous germline mitochondrial energy transfer, AUGMENT
组织干细胞	somatic stem cell, SSC
单基因缺陷植入前遗传学测试	PGT for monogenic/single gene defects, PGT – M
孤雌单倍体胚胎干细胞	parthenogenetic haploid embryonic stem cells, PG – haESCs
孤雌胚胎干细胞	parthenogenetic embryonic stem cells, pESCs
孤雄单倍体胚胎干细胞	androgenetic haploid embryonic stem cells, AG – haESCs

化学诱导性多能干细胞	chemically induced pluripotent stem cells, CiPSCs
极小胚胎样干细胞	very small embryonic – like stem cells, VSEL
具有类似胚胎特征的合成人类实体	synthetic human entities with embryo – like features, SHEEFs
扩展多能干细胞	expanded potential stem cells/extended pluripotent stem cells, EPSCs
染色体结构重排植入前遗传学测试	PGT for chromosomal structural rearrangements, PGT – SR
人类多能干细胞	human pluripotent stem cells, hPSCs
人类孤雌胚胎干细胞	human parthenogenesis embryonic stem cells, hpESCs
人类胚胎干细胞	human embryonic stem cells, hESC/hESCs
人类体细胞核转移	human somatic cell nuclear transfer, hSCNT
人类诱导多能干细胞	human induced pluripotent stem cells, hiPSCs
人类原始生殖细胞样细胞	human primordial germ cell – like cells, hPGCLCs
胎盘间充质干细胞	placenta – derived mesenchymal stem cells, PMSCs
胎盘造血干细胞	placenta – derived hematopoietic stem cells, PHSCs
植入前遗传学诊断	pre – implantation genetic diagnosis, PGD

目　录

一个时代所提出的问题，和任何在内容上是正当的因而也是合理的问题，有着共同的命运：主要的困难不是答案，而是问题。

——卡尔·马克思

突然之间，我却大吃一惊地发现，我所遇到的不再是命题中通常的"是"与"不是"等联系词，而是没有一个命题不是由"应该"或"不应该"联系起来的。这个变化虽是不知不觉的，却是有极其重大关系的。因为这一"应该"或"不应该"既然表示一种新的关系或态度，所以就必须加以论述和说明；同时对于这种似乎完全不可思议的事情，即这个新关系如何能由完全不同的另外一些关系推出来的，也应当举出理由加以说明。

——英国哲学家大卫·休谟

我们注定要生活在这样一个世界里，对人生命的意义、患病、临终和死亡的认识上，呈现出稳定与痛苦的争议交织的世界。文化战争中的战斗在不远的将来将决定生命。

——当代国际著名医学哲学家和生命伦理学家
恩格尔哈特

敬畏生命的伦理促使任何人，关怀他周围的所有人和生物的命运，给予需要他的人真正人道的帮助。敬畏生命的伦理不允许学者只献身于他的科学，尽管这对科学有益。它也不允许艺术家只献身于他的艺术，尽管他因此能给许多人带来美。它不允许忙忙碌碌的人这样认为，他们已在其职业活动中做了一切。敬畏生命的伦理要求所有人，把生命的一部分奉献出来。至于他以何种方式和在何种程度上这么做，各人应按其思想和命运而定。

——德国著名哲学家阿尔伯特·施韦泽

第一章 导 论

作为人类基本文化现象的人类社会技术，每种技术形态都打上了人类某种特殊生活方式的烙印，人的生活方式必定伴随着技术的深刻变革而发生重大变化：以蒸汽机动力为代表的第一次工业革命，改变的是人类使用工具的方式；以电力和电器的动力、动能为代表的第二次工业革命，改变的是人类使用能源的方式；以计算机、信息技术、互联网为代表的第三次工业革命，改变的是人类与世界连接的方式；而以新智能技术、新生物技术、新材料技术为代表的技术形态，将要改变的是我们人类自身。

一、当生物技术遇上伦理道德

进入 21 世纪以来，科学技术前所未有地深刻影响着国家的前途命运，也前所未有地深刻影响着人民的生活福祉。以信息科技和生命科技为代表的新一轮前沿科技在推动伦理和法治现代化的同时，也给伦理和法治带来新的挑战。某种程度上，科技发展隐含着无法预料的后果，而且科技不能体现对人类的终极关怀，它无法消除人类与科技的对立和冲突。这些现代前沿技术的特征之一，在于我们对自然规律的认识和运用达到了前所未有的地步，标志着人类自由意志已经达到空前的能力。

21 世纪是生命科学技术的时代，以生命科学技术为代表的第四次科技革命的车轮滚滚向前。随着生物技术、医疗技术的迅猛发展，生命科学技术日益成为我国科技革命和产业革命的核心，生物工程技术、基因编辑技术、脑科学等领域的进展，给人类生存方式带来深刻变革，作为 21 世纪最重要的创新技术集群之一，其颠覆性、突破性和引领性日益凸显，在重塑未来社会经济发展格局中的地位也不断增强。"十四五"时期，生命健康领域、脑科学领域、生物育种领域，被定位于国家战略科技力量中的核心领域，生物技术则被定位于战略新兴产业。生物技术领域前沿技术日益作为国家战略考量。其中，胚胎干细胞技术（embryonic stem cells，ESCs）、辅助生殖技术（assited reproduction technique，ART）、治疗性克隆技术（therapeutic cloning，TC）、基因编辑技术（gene editing/genome editing，GE）等更是尖端中的尖端，前沿中的前沿。干细胞研究甚至被作为衡量一个国家生命科学发展水平的重要指标。

但与此同时，新的挑战和风险也不断出现。生命科学技术的具体类型、表现形式不断丰富和复杂，随之相伴的伦理道德、社会问题也日趋凸显，愈发挑战人们传统的固有价值观念、社会秩序与法律秩序。同时，生命科技领域的前沿技术也标识了今天人类生存方式所面临的空前不确定性与风险性：人类对于这些科学规律和技术的应用究竟会产生何种结果？对人类自身究竟会造成何种影响？我们不再像过去那样可以给出较为确定性的预期，相反，一切都变得不那么确定。由此，这些前沿技术的发明与应用，引起了全球激烈的伦理学争论，这些争论不仅仅是关于技术应用的具体问题，其更为深刻地触及现代前沿科学技术与人类存在方式的关系，以及人类实践方式与人类存在的关系的问题。

2010 年，美国科学家克莱格·文特尔及其科研团队在《科学》（Science）杂志上报道了世界上首个被称为"辛西娅"

（Synthia）的人造生命，一种含有全人工化学合成的与天然染色体序列几乎相同的原核生物山羊支原体细胞，引起巨大轰动。2018年，中国科学院分子植物科学卓越创新中心/植物生理生态研究所合成生物学重点实验室覃重军研究团队与合作者历经4年努力攻关，将酿酒酵母16条天然染色体合并为1条（也称为染色体"16合1"），在国际上首次人工创建了单条染色体的真核细胞，是合成生物学历史上具有里程碑意义的重大突破，该成果于2018年8月2日在线发表于国际知名学术期刊《自然》（*Nature*）。

　　如果生物技术领域的创新仅仅是这些人造生命、人工染色体和人造细胞等，创造的人工生命或是最简单、最微小的细胞，如原核生命，或是把复杂的真核生命变简单，如真菌细胞生命体，尽管这些发明中的人造生命已经打破自然界限，足以惊世骇俗，必然伴随合成生物学方面的伦理争议，包括生命观念（合成生命与自然生命的天然界限）或者制造生命有机体的正当性、人造生命或合成生命与人类健康安全、生态安全、社会安全、生物安全、生物防护、商业化等伦理问题，应该受到相应的规制。但总体而言，这些创新涉及的仅仅是细菌、支原体等低等生物以及真菌等真核生物，不直接针对人，不直接涉及人，不直接施及人，在规范有序的控制和监管之下，尚不会面临太大的伦理争议。公众也往往觉得，自己离这个科学的世界还很遥远。很多人并不知道，人造生命、人工染色体、人造细胞等概念，对自己而言意味着什么。

　　可是，在很多时候，生物技术领域的另外一些子领域，诸如人类胚胎干细胞技术、辅助生殖技术、治疗性克隆技术、胚胎基因编辑技术等，其发明创新都直接指向了人，更精确一点说，指向了人的生命的最初的形式——人胚胎。在科学研究和相应的临床实践中，医生或科学家们不仅创造出各种各样的人胚胎，修饰或设计胚胎，还从人胚胎中分离出研究所需要的人类胚胎干细胞，由这些人类胚胎干细胞再诱导分化出各种各样的分化细胞，包括精子和卵子，然后将精子和卵子结合，再重新制造出人胚胎。如此周而复始，彻底证明了不破不立，生生不息。最重要的是，这一切，都是在体外完成的。相应的成果有望在再生医疗、细胞治疗、器官移植、人工辅助生殖、试管婴儿、产前诊断、基因增强、基因改良、基因治疗、设计胚胎、完美婴儿等事关人类健康的方方面面中得到应用。这些涉及人类胚胎和/或干细胞的研究就会引发相较于人工生命更多的伦理和法律审视，其引发的伦理和法理问题促进了我们对社会主体的重新审视。例如，对人类胚胎的定位及对其使用、处理和破坏是否损害人的尊严？利用其制备科研或临床中使用的细胞是否无异于摧毁一个生命去挽救另外一个生命？如何界定"克隆人"等用技术复制或"生产"出来的生命个体的社会属性？各种争议铺天盖地而来。

也就是说，这些新兴技术中的很大一部分已经超出了人们伦理道德上的接受程度，或大或小存在不同的伦理争议。由此，这些医学研究情境或生物技术研究情境中的问题，就不再局限于实验室，而是需要面向每一个社会公众。公众在这些关乎自己、自己也能够"理解"的发明创造面前，就不再事不关己、高高挂起了，而是本能地、直觉性地表达出自己的判断。甚至如一国总统，也未能免俗，不再置身事外，而是加入了这场空前的论战。例如，美国前总统乔治·沃克·布什、法国前总统雅克·希拉克都曾旗帜鲜明地强烈反对人类胚胎干细胞研究，布什甚至两次动用总统否决权，他认为胚胎干细胞研究跨越了社会应当尊重的道德底线（这里需要注意的是，布什在 2001 年并不完全反对人类胚胎干细胞研究，彼时联邦资金可以资助基于在此之前已经建立的人类胚胎干细胞系的研究，只是禁止资助使用或分离从新摧毁的人类胚胎中获得的干细胞系的研究）。

而在布什之前的美国总统克林顿及在其后的美国总统奥巴马则力推人类胚胎干细胞研究，相关科研政策几经反复，最终演化为美国学者所认为的"（这一问题是）我们时代最大的科学、政治和宗教争议"。这还只是在胚胎干细胞的基础研究阶段，等到了后续的干细胞治疗、临床应用阶段，又引发了比堕胎和安乐死更复杂的伦理问题。这些处于风口浪尖的有关干细胞研究的伦理道德之辩，无一例外地均聚焦于人胚胎或人类胚胎，因为分离获取干细胞需要以其为实验对象，由其获得胚胎干细胞的生物材料，这种分离获得过程通常需要破坏人类胚胎。对此，反对者认为从人类胚胎中提取干细胞无异于杀害人类早期生命，存在不符合生命伦理之忧，所以，就如同他们极力反对堕胎那样，他们也极力反对破坏胚胎。这种伦理困境曾经一度困扰相关各方，引发过激烈的争论，一度阻碍了人类胚胎干细胞研究成果顺利进入专利保护的范畴。

因此，当人类胚胎干细胞技术、人类辅助生殖技术与生命伦理秩序发生激烈碰撞时，是选择维护人类胚胎干细胞技术、人类辅助生殖技术的发展还是对其进行强烈抵制，常常会令个体陷入难以抉择或道德两难的境地，也令群体陷入分裂，令决策者左右为难。当卫道者为自己的正义得到捍卫而自豪之时，则是科学家们的无比郁闷之日。或者，当一项极具争议的科学研究项目历经艰难拿到伦理审批决定，以为可以顺利进行研究之时，又会有得到消息的大批示威者、抗议信出现在决策者的面前，使他们寝食难安。对此，澳大利亚医学家萨福尔斯库曾表示："当我们为保护一个胚胎而自豪于维护了人类的尊严时，不计其数的病患正因为各种病痛的折磨而远离人世，而这些人本来是有机会选择生存的"。

这就是问题的复杂所在。大而言之，其涉及的是宏观和抽象的伦理、法律与社会问题（ethical, legal and social issues,

ELSI）。详细解析，其涉及的是公共利益和社会利益、社会风险、权利冲突、法律政策、科研自由、生育权、健康权、个体意愿、个人利益与科技伦理、安全风险、人类健康、人类福祉、伦理道德、价值尊严等众多的具体问题。无论现实的文化与宗教差异如何，这些新兴技术往往都会不同程度冲击人类社会的伦理价值观念和基本秩序，冲击人类福祉、人类尊严和人类的权利。新兴科技提出了生命科学技术活动的道德边界、人类自身将走向何方的伦理问题，这通常超出了治理者以往所常规关注的范围。

例如，面对新兴的人类胚胎基因编辑技术，国内外均存在巨大争议。对于到底适不适合、应不应该对人类胚胎进行基因编辑，修改致命的遗传疾病基因或其他基因，激进、保守、中立，乐观、悲观、平和等各种观点并呈❶，可谓各逞机锋，各有所得。

对此，乐观的观点如哈佛大学科学家斯蒂芬·平克（Steven Pinker），他在《生物伦理道德律令》❷一文中呼吁，人们不要以阴谋论和反科学态度阻止生物技术发展，个人当然必须受到保护，我们已经有足够的安全保障和知情同意措施。今天的生物伦理道德的主要目标可以归纳为一句话：让开道路。生物医学研究近于西西弗斯，而我们需要做的最后一件事，就是让满屋子所谓伦理学家来帮助把岩石推下大山。

悲观的观点如库尔特·拜尔茨，他指出："它使得人的自然体在迄今无法想象的程度上变成了可以通过技术加以支配的东西……自我进化过程也可以在没有固定发展目标的情况下启动，

---

❶ 王康. 人类基因编辑实验的法律规制：兼论胚胎植入前基因诊断的法律议题 [J]. 东方法学，2019（1）：5-20.

❷ PINKER S. The moral imperative for bioethics [N/OL]. The Boston Globe, 2015-08-01 [2021-07-30]. https://www.bostonglobe.com/opinion/2015/07/31/the-moral-imperative-for-bioethics/JmEkoyzlTAu9oQV76JrK9N/story.html.

这恰恰因为它是一个'自我进化'的过程……'没有目的的过程'是一个隐喻——我们永远无法知道，人类胚胎基因实验对人类的自身进化所设定的下一个目标是什么，我们目前所能预测到的可能只有一个：风险！"❶

当然，平和的分析观点也不少，在 2015 年中山大学首次作出胚胎基因编辑实验的风波中，《经济学人》就此发表题目为"编辑人类：基因增强的前景"❷ 的封面文章指出，"基因编辑技术是一个福音，但是引发了实践意义和哲学意义上的许多重大问题。在实践意义上，这一技术可能在剪切目标脱氧核糖核酸（DNA）时发生脱靶，这在实验室中可能无关紧要，但在人体上则可能造成严重伤害。在哲学意义上，提出了对人类扮演上帝的忧虑，尽管实验中的这些胚胎无法发育成熟，但终有一天可生长发育的基因改造胚胎会被设计出来。不过，如果这一技术能够在人体上被证明是安全的，能够让人类过上更健康、更长寿和质量更好的生活，它就应当得到拥抱。这一胚胎基因改造技术具有远大前景，但需要由法律来监管"。

可以看出，随着科技进展，每个人都会有自己的伦理标准和判断。但无论是伦理大家或是科研巨子，还是普通的社会公众，其给出的判断都可能是个人的、直觉的，并没有经过理性检验的。例如，欧洲专利局（EPO）在具体专利申请案件的审查实践中曾采纳的标准为"公众厌恶原则"，即认为"只有在社会一般大众认为该发明非常令人厌恶，而令人无法想象如何能授予其专利时，才会将该专利排除在专利保护范围之外"。❸ 但

❶ 库尔特·拜尔茨. 基因伦理学：人的繁殖技术化带来的问题［M］. 马怀琪，译. 北京：华夏出版社，2001：288 – 289.

❷ DAVIES K. Editing humanity：The prospect of genetic enhancement［J］. The Economist，2015.

❸ 王媛媛. 欧洲人类胚胎干细胞技术专利适格性研究及启示［J］. 法制与社会，2019（12）：207 – 208.

是，不同国家，不同民族，不同文化传统，不同生命理念，以及随着科技发展和人们思想的开放程度的不同，公众对于一项发明的可接受程度也是不断变化的。此时，所谓的"公众厌恶原则"似乎很不靠谱。尤其是，这些判断还很大程度上取决于个体观察者的社会经济立场——你是患病还是健康，你是富有还是贫穷，你是生产者还是消费者，是发达国家还是发展中国家的民众，是处于利益关联之外还是利益关联之内等。身患运动神经疾病的世界著名科学家斯蒂芬·霍金就特别支持人类胚胎干细胞研究，他认为人类胚胎干细胞研究有可能使针对许多不治之症的治疗方法发生革命性变化，对开发治疗运动神经元疾病和帕金森综合征等疾病的方法至关重要。他在英国《独立报》发表声明，批评欧洲部分国家和美国试图禁止人类胚胎干细胞研究的行动，他认为禁止人类胚胎干细胞研究无异于反对利用死者捐赠的器官。霍金在声明中说："我强烈反对欧盟任何取消对胚胎干细胞研究资助的打算。欧洲不应该跟着布什（美国前总统）走"。面对人类基因编辑技术，霍金也曾说过："法律能禁止人类编辑基因，但人性无法抵挡诱惑"。❶

对于很多普通人而言，我们既不可能像患病的科学家霍金一样，感同身受地热切盼望人类胚胎干细胞的研究，支持人类胚胎干细胞研究，也不会在事不关己时，冷静客观地看到法律、伦理与人性的深层方面。只是会直觉地感受到某种担忧。比如国外研究者 Gordijn 在讨论各种新技术时表示了担忧，他认为人们把身体作为一种可更换零件的机器并期望可以越修越好，身体和技术不断交织，界限越来越模糊，最终"生命商业化"和

---

❶ 顾钢，何屹. 在生命的毁灭与再造间徘徊：欧盟就人类胚胎干细胞研究达成妥协方案 [N]. 科技日报，2006 – 07 – 26（002）；梁琦. 从不幸科学事件看科学研究管理 [J]. 武汉科技大学学报（社会科学版），2019，21，(3)：294 – 297.

"身体工具化"等道德滑坡现象会不断涌现。●

尤其是，在新闻媒体和部分公众反对意见的推波助澜之下，这些担忧还可能莫名其妙地被误解和放大化，一些科学研究甚至还可能被"妖魔化"：由于该研究领域对于公众而言相去甚远，公众尚不明白该研究具体是什么且意味着什么，相关伦理道德、社会争议又极具迷惑性，此时的公众意见、公众厌恶，就很可能是拉人背书的逃避滔滔舆情的方式，而非理性的选择。此时，判断谁的标准更为可取，伦理学就会发生作用。

伦理学是关于道德规范的理论，可以用来指导人们以及政府的决策。换言之，伦理学能够将纯技术的专业判断和超出专业之外的判断有机结合在一起，伦理学就是对人的行动或其决策的是非标准进行理性研究的学科。为了对处于巨大争议的事项作出准确的判断，需要了解的伦理规范非常多，既包括单纯的科技伦理或科研伦理范畴的内容（如学术规范），也包括医学伦理（医疗伦理）和生命伦理等范畴的内容。

科技伦理主要是指科技创新活动中调节人与社会、人与自然、人与人关系的行为规范，代表着科技发展中应恪守的价值观念、应担负的社会责任。科技与人类的伦理观念之间存在碰撞与张力，由此带来了科技与伦理之间的冲突，使科技伦理问题浮出水面。尤其是，在科技发展的后果与人类直接相交互的领域，例如医疗、生命科学、大数据、人工智能、环境保护等领域，科技与伦理之间存在相对较多的矛盾和冲突点。

医学伦理和生命伦理可以被认为是科技伦理中的一个分支。托马斯·A. 香农在其著作《生命伦理学导论》中指出："生命伦理学是从中心和边缘地带审查技术、医学和生物学应用于生

● GORDIJN B. Converging NBIC technologies for improving human performance: a critical assessment of the novelty and the prospects of the project [J]. The Journal of Law, Medicine & Ethics, 2006, 34 (4): 726 – 732.

命时所提出的问题和伦理维度"。❶ 因此，它是一门用伦理学的方法研究与生命有关的伦理问题，将生物生命与文化、法律、政治、历史、哲学、宗教、文学等社会各种价值体系相结合的交叉学科。生命伦理学关乎个人选择、集体认知、宗教法则、国家政策、社会规则等所有层面对生命科学运用于生命诞生、存在和终结的观点和认识。

随着伦理认识、伦理规则的发展成熟，很多伦理规则逐渐演变为法律，伦理法制化的特点明显。在伦理与法律的关系中，伦理是一种软约束，是社会的约定俗成；法律是一种硬约束，在一定意义上是伦理规范的具体化。法律是最低的标准和要求，伦理往往是更高的规范，最终将科技活动纳入法律与伦理共治的轨道。相应的，研究者、行政者必须熟悉相关的法律规定。例如，法国制定了生命伦理法，韩国有生命伦理安全法，德国有胚胎保护法和干细胞法，英国有人类受精与胚胎法案（又称为人类生殖与胚胎学法）和人类无性生殖法，比利时有人类研究法，日本有人类克隆技术规范法，澳大利亚有禁止人类生殖性克隆人法案等，各种国际组织、行政主管部门还制定了大量的规章、指南、共识等文件。我国亦然，国家层面建立了国家科技伦理委员会；颁布的《民法典》❷《科技进步法》《基本医疗卫生与健康促进法》《生物安全法》《人类遗传资源管理条例》等多部法律文件规定了生物科学技术研究中伦理审查方面的原则性规定。此外，还有十余部部门规章、规范性文件等，例如，常用的有《人类辅助生殖技术规范》《人类精子库基本标准和技术规范》《人类辅助生殖技术和人类精子库伦理原则》以及《人胚胎干细胞研究伦理指导原则》四部规范性文件，具体

---

❶ 史军. 权利与善：公共健康的伦理研究［D］. 清华大学，2008.

❷ 为表述简洁，在不影响读者理解的情况下，本书中有关我国法律文本直接用了简称，其完整表述前面应有"中华人民共和国"。——编辑注

指导伦理道德审查，并由这些法律和规范一起约束科研共同体的行为。

　　那么，在科学、伦理、法律的三角关系之中，通常认为，科学解决的是"是不是"的问题，伦理解决的是"该不该"的问题，法律解决的是"准不准"的问题。对于新兴生物技术而言，尤其是人类胚胎干细胞技术、人类辅助生殖技术、治疗性克隆技术、生殖系基因编辑技术等，科学、伦理、法律三者通常是融合在一起，难舍难分的，其相互之间的冲突呈现出日益加剧的态势，由此，生命技术领域的科学研究所面临的伦理和法律环境也相当敏感。科学家、法学家、伦理学家们均加入了这场空前激烈的交流、对话、内省与合作之中。如我国著名生物伦理学家翟晓梅教授所言，生物医学科学的进步需要伦理学的导航，每一项涉及人类的生物医学研究必须得到伦理学的辩护，这是生活在文明社会的人类在追求自身进步的过程中必须向生命做出的庄严承诺。❶

　　因此，生命伦理学和生命科学技术两者之间的关系并非是对立的，而是相互制约、相互促进的。伦理研究必须建立在科学研究的基础之上，反之科学研究也必须建立在伦理研究和规范的基础之上。生命科学的快速发展促进了生命伦理学的诞生和快速发展，并成为最具发展潜力的交叉学科。生命伦理学的作用是引导生命科学不会毫无约束的发展，以免其引致全人类的灾难而导致生命科学走向灭亡。脱离了伦理学这种形而上学维度思考的生命科学是盲目的，脱离了生命科学的生命伦理学是空洞的，必须将伦理学和生命科学、生物技术有机结合，深入反思新科技背景下的人伦关系、法律关系、社会秩序，推进伦理和法律在生命科技新领域的运用。生命科学研究必须在科

---

❶ 翟晓梅，肖薇. 在医学进步与伦理保护中寻找平衡［N］. 健康报，2010 -08 - 20（006）.

学利益与人道利益之间、在科学与人文之间，寻求某种结合和平衡，使科学研究符合人类伦理价值追求，为社会造福，为民谋利。

二、伦理道德审查是我国专利法的法定要求

回顾历史，1474 年威尼斯共和国颁布的专利法开创了科技立法的先河，此后，科技法律的内容和形式不断得到丰富和发展。在当今时代，科技法成为一个新的法律部门，科技法治成为法治领域的亮丽风景。科技法律的诞生使得现代科技具有鲜明的"法性"，即现代科技是一种法律现象，现代科技的研发和应用必须在法律轨道上进行。❶

从 20 世纪 50 年代起，国际上开始广泛探讨现代科学技术及其应用的伦理问题。近些年，随着基因编辑、人工智能等新兴科学技术快速发展，科学技术越发深刻地改变甚至颠覆自然进化法则、人类的生存方式、人类与自然的关系，扩展了人类对未来的想象和担忧，由此伦理问题越来越凸显，伦理的规制越来越不可或缺。作为科技创新形成知识产权的主阵地，这些与科技飞速发展互相伴生的新兴科技伦理治理，也摆在了国家知识产权局专利局的面前，其必须直面这场来自科技、伦理和法律之间的冲突和对撞。

（一）我国根据专利法的规定进行伦理道德审查

生物技术研发获得的是无形的智力成果和技术，应当采用知识产权的保护形式，尤其是采用专利权的形式来保护相关研究成果最为合适，我国专利法应当成为生物技术的研究者保护其劳动成果的首选法律和最佳选择。专利制度也应该敞开胸怀，

---

❶ 何士青. 现代科技发展的法伦理思考 [J]. 求索，2020（2）：78 – 85.

积极拥抱这些新兴的生物技术。以干细胞技术为例，有人认为，我国专利法肯定了动植物品种的生产方法可以授予专利，专利审查指南也肯定了生物技术发明中的基因、DNA 片段、药品的制备方法等可以授予专利，所以没有理由单独排除人类胚胎干细胞的制作方法。对人类胚胎干细胞的制作方法不应当有类似的顾虑，这只是一种技术技能和方式方法，是一种应当受法律保护的智力成果。可以看出，这是一种单纯从技术层面思考问题的方式。或者，就如爱因斯坦所言，科学是一种强有力的工具。怎样用它，究竟是给人类带来幸福还是带来灾难，完全取决于人自己，而不取决于工具。因此，只需在技术实施层面进行国家水平的监管和规范即可，并不需要对其研发或知识产权权利化的过程施以过多的限制。

但是，事情并不是如此简单。对于科学与伦理的关系，可能不应简单地适用事实与价值二分法，认为科学属于事实判断的领域，伦理属于价值判断的领域，二者互不相关，或者关系甚微。事实上，当今科学的发展，尤其是生命科学和生物技术的发展，一再明白无误地昭示，事实与价值是密切相关的，生命伦理是内在自生的，而不是外部强加或者虚构的。例如，生命科学已经越来越关系到人的尊严、平等、权益这些敏感的价值领域，自觉或不自觉地与伦理纠缠在一起。因此，将人类胚胎干细胞技术、人类辅助生殖技术、人类生殖系基因编辑技术等科技成果纳入专利保护，具有相当的复杂性。在这个过程中，专利审查部门需要面对的，不仅是科学技术层面的考量，还有在 20 多年专利审查中的艰难选择。

我国于 2001 年加入世界贸易组织（WTO），WTO 最重要的知识产权协议就是《与贸易有关的知识产权协定》（TRIPS），其第 27 条第 2 款规定，各成员为了保护公共秩序或道德，包括保护人、动物或植物的生命或健康，或者为了避免对环境造成严重损害，有必要制止某些发明在其领土内进行商业上实施的，可以将这些发明排除在可享专利性以外，但是以这种除外并非仅仅因为法律禁止实施为限。可以看出，WTO 已经要求生物技术发明不得违反公共秩序、社会公德及危害人类、动物、植物的生命与健康，对相关专利申请的发明创造需要符合公序良俗或伦理道德要求作出了明确规定。

在此框架之下，我国《专利法》第 5 条第 1 款规定，发明创造的公开、使用、制造违反了法律、社会公德或者妨害了公共利益的，不能被授予专利权；第 2 款规定，对违反法律、行政法规的规定获取或者利用遗传资源，并依赖该遗传资源完成的发明创造，不授予专利权。

对于《专利法》第 5 条第 1 款中规定的社会公德，《专利审查指南（2010）》（2019 年修订）第二部分第一章第 3.1.2 节对其作出进一步解释，"社会公德，是指公众普遍认为是正当的并被接受的伦理道德观念和行为准则。它的内涵基于一定的文化背景，随着时间的推移和社会的进步不断地发生变化，而且因地域不同而各异。专利法中所称的社会公德限于中国境内。

发明创造与社会公德相违背的，不能被授予专利权。例如，带有暴力凶杀或者淫秽的图片或者照片的外观设计，非医疗目的的人造性器官或者其替代物，人与动物交配的方法，改变人生殖系遗传同一性的方法或改变了生殖系遗传同一性的人，克隆的人或克隆人的方法，人胚胎的工业或商业目的的应用，可能导致动物痛苦而对人或动物的医疗没有实质性益处的改变动物遗传同一性的方法等，上述发明创造违反社会公德，不能被授予专利权。

但是，如果发明创造是利用未经过体内发育的受精 14 天以内的人类胚胎分离或者获取干细胞的，则不能以"违反社会公德"为理由拒绝授予专利权。"

可见，对发明进行伦理道德（社会公德）审查，是专利法的法定要求。专利审查部门需要审查发明的合伦理道德性。而且，专利法中所称的社会公德限于中国境内，也就是说，是按照中国的伦理道德观念进行审查。正如陈竺所述❶，生命伦理具有世界性，也具有民族性。我们需要按照中华民族的伦理道德观念作出自己的判断。

学界对此也存在少量误解，例如，有人认为❷，我国对于生物技术专利问题缺乏相应的伦理方面的规定，属于伦理缺位。我国虽然初步建立了专利伦理审查制度，但仅在《专利法》第5条中作了"可专利性的道德例外"规定，该条明确了公共利益和社会公德评价的伦理原则，但较为抽象，缺乏具体的伦理审查依据和标准，不易于操作。在实践中，《专利法》规定的新颖性、创造性、实用性原则实际上取代了伦理原则。

可见，从直观感受的角度而言，社会公众对发明专利伦理道德审查实践接触较少，并且，由于伦理道德话题过于敏感，从专利审查角度公开讨论发明创造的伦理道德审查也很少，社会对于专利审查部门的伦理道德审查所起到的作用及具体的审查标准，还缺乏更为直观的感受，无形中会觉得伦理缺位、伦理道德审查若有若无。这也是专利审查部门需要进一步推进、明确这一部分工作的动力所在。

总之，从技术角度而言，在生物技术领域，从事干细胞技术、辅助生殖技术、基因编辑技术等研究的创新主体选择专利制度保护其科技成果并不难，难的是专利审查部门需要直面这些高度争议的新兴技术，基于我国的《专利法》《专利法实施细

---

❶ 陈竺. 和而不同：生命伦理的世界性与民族性 [J]. 中国医学伦理学, 2006, 19 (4)：3.

❷ 杜珍媛. 生物技术专利法律原则的伦理分析进路：以罗尔斯的正义论为视角 [J]. 山东科技大学学报（社会科学版）, 2016, 18 (1)：6.

则》，以及相应的伦理学规则和审查标准，参考国家政策及国际伦理规则的最新进展，针对每一起个案，作出正确的关于伦理道德审查的判断。

（二）其他国家对发明专利的伦理道德审查

世界范围内，无论是从体量和规模，还是就在世界上的影响力而言，较大的专利局一共有五家，分别是中国国家知识产权局（CNIPA）、欧洲专利局（EPO）、美国专利商标局（USPTO）、日本特许厅（JPO）和韩国知识产权局（KIPO），简称 IP5。

欧洲专利体系以平衡发明人利益和社会利益为目的，因此，欧洲专利制度非常强调伦理道德原则。1998 年欧洲议会和欧洲联盟理事会通过《关于生物技术发明的法律保护指令》（98/44/EC），该指令第 6 条第 1 款规定，如果发明的商业性利用违反公共秩序或道德，则该发明应被认为不具有专利性，第 2 款规定，以下发明被认为是不能授予专利权的：（a）克隆人的方法；（b）改变人生殖系遗传同一性的方法；（c）人胚胎的工业或商业目的的应用；（d）可能导致动物痛苦而对人或动物没有任何实质性医疗益处的，改变动物遗传同一性的方法，以及由此方法得到的动物。

《欧洲专利公约（2000 年修订案）》（EPC 2000）第 53（a）条规定，下列发明将不授予专利权："凡是其商业实施会违反公共秩序或者道德的发明，但是不能仅仅因为这种实施被某些或者全部缔约国的法律或者条例所禁止而认为其实施违反公共秩序或者道德"。EPC 2000 实施细则第 28 条进一步规定，根据第 53（a）条，下列生物技术发明不能授予欧洲专利权：（a）克隆人的方法；（b）改变人生殖系遗传同一性的方法；（c）人胚胎的工业或商业目的的应用；（d）可能导致动物痛苦而对人或动物没有任何实质性医疗益处的、改变动物遗传同一性的方法，以及由此方法得到的动物；EPC 2000 实施细则第 29（1）条中规定：不同形成和发展阶段的人体，不构成可授予专利的发明。也就是说，欧洲法律制度中，明确规定了生物技术的可专利性排除的情形，将伦理问题纳入生物技术专利审查体系中。

美国专利制度虽然不明言伦理道德审查，并且也曾通过美国联邦最高法院的司法判例豪言"太阳之下任何人造万物均可专利"，但在专利审查的早期阶段，美国也在通过其专利法第101条实用性条款下对道德行为的审理，进行授权客体的排除。例如，美国的 Story 法官在 *LOWELL v. LEWIS* 案中的经典判词：法律的全部要求就是，发明不应当损害社会的安宁、良好的政策和健康的道德。后来，随着2011年韦尔登修正案被添加到《美国发明法案》，包括人类胚胎、胎儿在内的发明客体才真正在法律意义上被否定专利适格性。该修正案现已成为《美国发明法案》第33（a）条规定，即"尽管有其他法律规定，但不能对指向或包含人类有机体的申请授予专利"。

《日本特许法》和《日本专利审查基准》直接设置有公序良俗审查条款，通过特许法（即专利法）第32条的公序良俗条款，进行伦理道德审查。《日本特许法》第32条规定，对有害公序良俗以及具有公众健康风险的发明不能授予专利权。《日本专利审查基准》进一步规定，发明的实施必然存在有害公序良俗及具有公众健康风险的情况下，发明不能被授予专利权。

《韩国专利法》第32条也规定，对违反公共秩序或道德或危害公共健康的发明不能授予专利权。在韩国，一项被认为会引起扰乱公共秩序，严重的道德判断错误或危害公共健康的发明不应被视为可授予专利权。

因此，世界主要专利局对于专利申请，实际上都存在相应的伦理道德约束，都在以不同方式，守护人类的道德伦理。

（三）发明专利伦理道德审查的必要性

对于专利法中是否有必要设置公序良俗条款，是否需要伦理道德审查，主要观点大致可分为两类：第一种观点认为，目前科研诚信缺乏，数据造假事件频发，生命伦理危机深重，专利审查中伦理道德审查严重缺位，应大力强化专利伦理道德审查。第二种观点则截然相反，认为目前的专利伦理道德审查过严，已经不适当地压制了科技创新的发展，专利审查中应该"去伦理化"或"伦理最小化"。

也即，第一种观点认为，应该大力强化伦理审查。原因在于，在生物科技创新领域，为了应对行业内日益激烈的竞争，很多生物技术研究领域急功近利的现象严重，频频出现科学家造假事件，加剧了科技风险问题。例如，2005 年底，韩国所谓"克隆之父"黄禹锡被揭发论文作假；2014 年日本科学家小保方晴子在《自然》在线发表论文，提出利用酸浴和挤压等方法可以培养出 STAP 细胞，后经日本理化学研究所调查委员会发布调查结果，认定小保方晴子在 STAP 细胞论文中有篡改捏造等造假问题，属于学术不端行为；2018 年 10 月，皮艾罗·安维萨涉嫌学术造假的事件再度引发撤稿风波。哈佛大学医学院及其附属布莱根妇女医院建议，从多个医学期刊上撤回哈佛大学医学院教授、再生医学研究中心主任皮艾罗·安维萨的论文，撤稿数量达 31 篇，这些论文均涉嫌伪造和篡改实验数据；现年 78 岁的安维萨于 2001 年和 2003 年分别发表两篇论文，因"发现"心脏含有干细胞（c-kit）而出名。这些 c-kit 细胞，据称可以再生心肌，从而可以用于治疗心脏病。然而，国际上很多实验室试图重复这一结果却没能成功。直到 2014 年，美国辛辛那提儿童医院心血管生物学家杰弗里·摩尔肯丁课题组首次用遗传实验证明，小鼠心脏中的 c-kit 细胞几乎从未产生新的心肌细胞。

同样，我国近年来大规模撤稿事件也屡次爆发。2015 年 8 月，德国施普林格（Springer）出版集团撤回了 61 篇来自中国作者的论文，2017 年 4 月，该出版集团旗下《肿瘤生物学》

（*Tumor Biology*）撤回了 107 篇来自中国作者的论文，两次撤稿潮的动因均是论文作者编造审稿人及同行评审意见。这样大规模且非常集中地针对同一个国家的撤稿现象实属罕见。对此，王凤产利用 Retraction Watch 数据库（专门跟踪撤稿事件的数据库），检索研究了 2007 ~ 2018 年世界主要国家的撤稿总量（包括期刊论文、会议论文或摘要）及研究论文的被撤销量的分布❶，其中，世界撤稿总数为 18703 篇，中国撤稿总数最多（9276 篇），其次是美国（2830 篇）、印度（929 篇）。中国的总撤稿率最高，每万篇论文中被撤销了 22.7 篇。撤销原因包括虚假评审、主动撤稿、著作权问题、未获得作者允许、作者反对、数据问题、捏造数据、数据错误、图像问题、方法错误、结果问题、抄袭、重复发表等。其他针对诸如 SCI - E 数据库的研究结果也反映了类似的规律。❷

　　其中，国内影响最大的当属"韩春雨事件"。2016 年 5 月 2 日，韩春雨团队在《自然·生物技术》（*Nature Biotechnology*）期刊在线发表题为"DNA - guided genome editing using the Natronobacterium gregoryi Argonaute"（利用 NgAgo 进行 DNA 引导的基因组编辑）的论文，该成果被宣传为一项替代目前通用的 Cas9 的基因组编辑新技术，对当下最前沿的 CRISPR - Cas9 基因编辑技术发起挑战，打破了国际基因编辑技术的垄断，实现了中国高端生物技术原创零的突破。一时甚至被誉为"诺贝尔奖级"的 NgAgo - gDNA 基因编辑技术惊艳登场，令人振奋，而且是"小作坊"创出大名堂，其爆炸性的新闻效应不言而喻。这让韩春雨从河北科技大学一位默默无闻的年轻副教授，一夜之

---

❶　王凤产. 中国撤稿现状调查 [J]. 中国科技期刊研究，2019，30（12）：1360 - 1365.

❷　范姝婕，付晓霞. 2008—2017 年中国作者科学引文索引扩展版（SCI - E）收录论文撤稿情况分析及思考 [J]. 编辑学报，2019，31（1）：51 - 55.

间成为创造"诺贝尔奖级"科研成果的名人。但在后续不可重复实验的重重质疑之下,2017 年 8 月 3 日,韩春雨及其团队主动撤回了其发表在《自然·生物技术》的论文。从"一鸣惊人"到"一地鸡毛","韩春雨事件"暴露出当今中国科技界的诸多问题,中国重塑学术生态的道路任重道远。

除了科研诚信、学术品行因素以外,在现实科研世界中,中国科技界以至世界科技领域也面临着科技发展所带来的伦理风险。例如,2016 年科学家张进第一个采用线粒体移植疗法(mitochondrial replacement therapy,MRT)诞下首位"三亲婴儿";2017 年任晓平等号称世界第一例头移植实验模型在中国完成;2018 年贺某奎主导胚胎基因编辑研究,导致世界首例基因编辑婴儿在中国诞生,这个"世界第一"不仅丝毫不值得庆祝,反而成为科学界的耻辱、伦理上的一道深深的伤疤。再加上一些单位以欺骗手段对中国儿童进行的所谓"转基因黄金大米"实验,诸多创新行为严重挑战人类的伦理道德观念。

可以看到,这些科研诚信问题所反映出的科研伦理治理问题,以及生命科技发展所引发的生命伦理治理问题,不仅得到社会各界的广泛关注和担忧,还触及科技伦理、生命伦理的一些深层次思考,成为学界和社会热议的话题,这些科学家以及科学共同体的研究成果,极大地挫伤了人们对其的期许和信任。道德审判的声音、理性反思的视角叠加法律的拷问,成为考察这些事件和案例的多重向度。

对应上述科研诚信与生命伦理问题,在专利申请中,同样会出现大量的非正常专利申请,专利审查部门需要面对的专利申请也是良莠不齐、泥沙俱下的局面。加之生物科技领域的科技发展本身就面临诸多伦理道德问题争议,由此,很多人主张,应该大力强化生命科学技术领域专利申请的伦理道德审查,认为"伦理"语义下的创新责任是创新主体对社会共有价值与道德理念框架的遵守，任何违背这一框架的创新行为都未实现"伦理"内的创新责任。当专利审查部门面对这样的专利申请案件时，发明伦理应该是首先需要审查的内容。

在此基础上，针对我国专利伦理道德审查的现状，有人认为我国的专利制度太过功利主义色彩，一方面确实激励了科学技术的发展，另一方面却面临着道德枯槁的问题。生命科学技术领域专利在实践中忽视了利益平衡，忽视了基本人权和人类尊严问题。

总之，基于国内科研领域存在的诸多问题及其造成的不良影响，以及各种新兴技术引起的伦理挑战，第一种观点认为我国的专利伦理审查是存在不足的，轻点儿说是伦理缺位，重点儿说则到了"道德枯槁"的地步，已经导致了一种伦理困境。因此，转而要求在授予其专利权时强化专利申请中的伦理审查，提高涉及公共利益的专利技术的道德伦理性，以达到对生物技术的伦理约束。并认为现阶段的伦理审查条款在实践中经常被专利审查员忽视，使其形同虚设，没有起到伦理道德的指引作用，由此应该更加大力地强化伦理道德审查。

与第一种观点相对，第二种观点认为，专利法应"价值无涉"或"价值中立"，主张在专利适格性判断的问题上回避伦理判断，即所谓的"去伦理化"或"伦理最小化"。从而保障科研自由最大化和伦理约束最小化。这就是在专利法理论与实务界出现的"去伦理化"的主张。

第二种观点认为，专利法不应涉及伦理价值判断，即生物技术是否可以授予专利，除非立法明确排除某一类专利主题的可专利性，执法和司法中应避免以主观的道德判断驳回专利申请或认定专利申请不是适格的专利主题。专利法是技术性规范，应保持单纯的技术色彩，不宜对发明创造进行有关公共利益和社会公德的审查与评价。其理由概括有三点：一是社会公德和公共利益的道德判定缺乏具体的标准，具有复杂性、动态性和地域性，并难以统一；二是专利权授予与否不影响专利技术的实施，违反道德的技术并没有因不被授予专利权而阻止实施；三是随着科技的发展，知识产权客体的不断扩张，许多新的技术领域不断产生新的知识产权客体，对专利申请进行伦理道德审查将延误国家科技、产业发展的重要机遇。只有不限制或不去约束其发展，才能使中国的科技实力更快地赶上其他发达国家。

此外，从行政职能角度来说，我国部分学者对此也有更加简洁直白的表述，认为伦理是科学技术部、国家卫生健康委员会等需要考虑的问题，生物医学研究的项目已经接受了它们的管制和监督，国家知识产权局专利局并不需要再次考虑伦理的问题。即便科研中违法使用了生物材料，也与专利行政管理部门无关。

可以看出，无论是从专利法的功能角度，还是从国家知识产权局专利局的职能角度，这种意见认为，专利法和专利局主要应该鼓励创新、激励创新，单纯从技术角度对技术创新作出评价，不适合对技术进行伦理道德评判。

应该说，以上两种观点都比较极端，第一种观点是想痛下猛药，迫切希望专利审查部门更加严格地审查伦理道德问题，做好科技创新上游可能存在的伦理审查不力的一道保障；第二种观点则根本不想让专利审查部门插手伦理道德问题，反而希望其心无旁骛，只从技术本身对发明创造进行审查。

但任何观点走向极端，都可能是错误的，也是危险的。专利制度设计的基础是，国家通过保护发明人的发明创造，授予一定期限的独占权，换取发明人将其发明成果向社会公开，从而解决发明人与社会之间的利益关系。因此，专利授权本质上是一种国家行为。作为一种国家行为，其行为本身就应包含符合社会伦理的内涵，国家不应该也不可能授予一种违反社会公德的发明创造以独占权。专利权不得违反社会公德属于专利权自身所应包含的规定，不会因为专利法的立法宗旨是激励发明创造而有所改变。换言之，伦理正当性是专利权赖以存在的基础之一，实质违背社会伦理的技术方案必然难以实现促进科学技术发展和社会进步的立法宗旨。

历史经验表明，对于我国而言，放任科学自由最大化和伦理约束最小化的政策都是不合适的，它不能避免那些不符合伦理的科学研究和应用，也使监督成为不可能。例如有一种观点认为❶：尽管技术是客观中立的，但我们在技术的选择上无可避免地会带上主观色彩，技术的选择和使用依赖于人的主观偏好，不可能做到绝对的客观中立。国家鼓励或者禁止什么样的发明，其背后都体现了立法者的价值取向和道德倾向，法律工作人员在判断是否授予一项智力成果专利保护时，不可能做到完全回避伦理判断。而且，科学技术部、国家卫生健康委员会、国家药品监督管理局等行政部门确实是科研项目伦理审查的重要一环，但是专利法和专利审查部门也是构筑保障公序良俗的多道屏障之一。专利法中伦理观念和道德标准的引入与实施并不与其他强制法相冲突，专利法不是杜绝他人违反社会公德的利器，也不是调整上述社会关系的专门法，其无法阻止他人的违法或违反社会公德的行为，但不应提供刺激这些行为的发生和发展的诱因。专利法中设置公序良俗条款，就是授权行政或司法人员对专利申请进行道德审查，完全排除行政或司法人员的价值判断和道德决疑是不可能的。在例如人类胚胎干细胞、人类辅助生殖技术等相关生命科学技术发明是否具有专利适格性这一类问题中，专利审查员适用专利法中的公序良俗条款，无可避免地承载着守护人类尊严和底线伦理的重任。因此，在专利法

---

❶ 张宵. 我国生物技术专利保护存在伦理缺位［D］. 郑州：河南工业大学，2018.

中设置公序良俗条款是恰当的，而且是必需的。

习近平总书记高度重视科技创新。在中国科学院第十九次院士大会、中国工程院第十四次院士大会（两院院士大会）上发表重要讲话时，习近平总书记指出，进入 21 世纪以来，全球科技创新进入空前密集活跃的时期，新一轮科技革命和产业变革正在重构全球创新版图、重塑全球经济结构。但是，科技的快速发展不仅深刻影响着人类的生活，而且带来一些挑战，其中包括生命科学的发展给生命伦理带来的全新挑战。对此，我国需要不断加强科技发展的潜在风险研判和防范，加强相关法律、伦理、社会问题研究，建立健全保障科学技术健康发展的法律法规、制度体系、伦理道德，从而规范科技前沿领域的相关研究。

因此，《专利法》"去伦理化"并不可行，《专利法》第 5 条构筑的保护屏障不应轻言放弃。国家授予一项技术以专利权是国家运用公权力对其进行保护，包含对这种权利的赞许与保护，如不包含社会伦理道德方面的判断标准，则有悖于专利法的立法宗旨。它的正当与否全在于其欲实现的目的和已发生的效果，在于其蕴含的价值观和对该价值观实现的程度。一项生物科学技术是否授予专利，符合伦理是其前提和必然要求。我们在专利审查实践中应该充分发挥专利法有关公序良俗条款的功能，对生物技术相关的专利主题或保护客体进行严格的道德审视，排除有违伦理标准申请的可专利性。

一方面，专利伦理审查为知识产权的扩张确立了伦理边界，发明创造必须受伦理规制，符合我国的伦理道德标准，另一方面，专利伦理审查也规范和约束了科研主体和市场主体的行为。在国家科技伦理治理体系之中，作为不可缺少的一个环节，专利审查部门的伦理道德审查可以起到的作用包括但不限于：明确负责任创新的伦理要求，鼓励负责任创新的研发方向，支撑和共同构筑国家科技创新的伦理道德规范体系，弥补从基础研究到临床研究各级伦理审查存在的不足。

三、发明专利伦理道德审查的特点

我国对于科研伦理方面的讨论，更多还是停留在学界层面，公众很少有了解。就某一主题，例如人类胚胎干细胞研究或者人类辅助生殖技术相关研究，不会存在像西方发达国家那样，上升到国家层面，有时甚至在文化战争层面，进行充分的、公开的讨论。很多伦理规则出台以后，也没有在事后进行深入的规则解读和指导。很多情况下，相应的参与方习惯了对此讳莫如深，沉默是金。

科研伦理如此，关于发明专利的伦理道德审查，社会上的公开讨论则更是少之又少。

（一）发明专利伦理道德审查与科研项目伦理审查的异同

1. 科技伦理的多头管理现状

目前，我国关于生命科学技术的伦理规制和监管是各有分工，多头管理。在上游的基础研究阶段，涉及科学技术部、国家卫生健康委员会等，以及相应的地方管理机构、地方研究单位；在中游的科研成果权利化阶段，尤其是知识产权化阶段，涉及国家知识产权局专利局；在科研成果的下游应用研究及产业实施阶段，涉及国家卫生健康委员会、国家药品监督管理局以及其地方管理机构等，它们分别负责临床前研究、临床研究、临床试验以及药品制品监管中的伦理审查。

因此，生命科学技术研究并非是一蹴而就，通常是分阶段进行的。研发主体为了更好地保护其研发成果，在研发项目进行的前期、中期、后期均有可能将其科研成果进行专利申请。

在研发上游或下游出现的伦理问题，均有可能在专利申请中出现。并且，研发主体通常为占据一个有利的时间点，相应专利申请往往不会等到进入临床研究阶段，才进行专利申请布局，更多是在基础研究阶段完成，如在细胞水平试验、动物模型水平试验完成以后，就着手进行专利布局。我们通过对大量的专利申请时机分析可以发现，相关领域专利申请的时机多数处于基础研究已经完成而临床研究还未开展的阶段，处于基础研究和临床研究之间。这也就意味着，专利审查部门在对专利申请进行伦理审查的过程中，多数可能是处于中游的位置。

其中，上游和下游的伦理审查均由伦理委员会来执行。在伦理委员会的级别设置和工作方式上，现行的伦理委员会设置分为三级：国家级、省级和机构级，并实行主体责任制。机构自行设立的伦理委员会承担主要的伦理审查，并且其决定可以作为最终审查决定。更高级别的伦理委员会接受重大项目或有争议项目的伦理审查。如果涉及多个单位的合作项目，或者涉及生物材料的馈赠，则需要双方单位的伦理委员会共同进行审查。我国目前的各级伦理委员会职责分工明确，对科学研究的伦理学审查是基本完善的。

但是，在这种多头管理局面之下，也存在一系列的问题。中国科协创新战略研究院的部分有识之士已经指出❶，这种管理存在的相应问题至少包括：一是治理主体不明确。科技伦理的治理涉及法律、行政、学术监督、环境保护等诸多领域，有许多部委、机构、科研院所、高校、企业乃至社会力量都参与其中，但未形成明确的治理主体来系统性推进科技伦理的治理工作。二是治理对象不守纪律、不讲规矩。在面临学界声名、财富、地位等因素的诱惑之下，部分科研工作者、企业界人士乃

---

❶ 葛海涛，李响. 面向2035的科技伦理治理体系建设 [J]. 中国科技论坛，2020（5）：7 – 8.

至媒体界违背科技伦理的事件屡见不鲜，有些人以各种方式掩盖或合理化其行为，对治理带来了挑战。三是治理体系不健全。科技伦理问题变化迅速，涉及面广，需要来自法律、监管、宣传、教育等诸多方面的综合体系的保障，实施伦理敏感的敏捷治理，这大大提高了治理体系的建设难度。四是治理措施不到位。政府在涉及人的健康等领域出台了一系列科技伦理规范，但是量少而分散，仍需统筹规划。我国作为科技大国，相关产业分布广泛，社会的复杂程度给法规与政策的落实带来不少困难。

因此，我国的科研伦理治理，还有很长的路要走。以上伦理治理中出现的问题，也必然会同样出现于专利审查之中，迫切需要监管各方发挥合力，共同支撑起我国科研伦理治理和建设的重任。

2. 伦理审查异同对比

如上所述，在这种多头管理之下，各管理主体所进行的伦理审查可以分为上游、中游、下游三段式监管。以人胚胎干细胞研究为例，其主要特点或明显区别如表 1 - 1 所示。

表 1 - 1　上、中、下游不同伦理监管主体的审查异同对比

审查阶段 审查对比	上游的科研项目 伦理审查	中游的专利申请 伦理审查	下游的临床科研 伦理审查
审查客体	基础研究试验项目	专利申请	临床研究试验项目
审查主体	科研机构伦理委员会（科研机构内部的伦理委员会）	审查员或复审员；在专利申请的初审和实审阶段通常各由一位审查员独任审查，如至复审阶段，则通常由三位复审员组成合议组进行审查，特殊情况下组成五人合议组进行审查	医疗机构伦理委员会（医院内部的伦理委员会）

续表

审查阶段 审查对比	上游的科研项目 伦理审查	中游的专利申请 伦理审查	下游的临床科研 伦理审查
审查内容 及范围	审查对象为课题的研究方案；审查范围包括伦理性审查与科学性审查	审查对象为专利申请文件，包括专利申请的权利要求书和说明书；审查范围包括《专利法》第 5 条的伦理道德审查以及全面审查专利授权条件	审查对象为课题的研究方案；审查范围包括科学性审查和伦理性审查
审查标准 & 审查依据	《人胚胎干细胞研究伦理指导原则》	《专利法》《专利法实施细则》《专利审查指南》	《干细胞临床试验研究管理办法（试行）》《药物临床试验质量管理规范》《涉及人的生物医学研究伦理审查办法》《药物临床试验伦理审查工作指导原则》《生物医学新技术临床应用管理条例（征求意见稿)》《人类辅助生殖技术管理办法》《人类辅助生殖技术规范》《人类精子库基本标准和技术规范》《人类辅助生殖技术和人类精子库伦理原则》《涉及人的临床研究伦理审查委员会建设指南（2020版)》等

可以看出，首先，处于中游的专利审查部门所负责的伦理审查，面对的仅是创新主体的科研成果。如果上游的科研项目无创新成果产出，或者创新成果并没有选择申请专利，则专利审查部门的职责范围无法触及其伦理审查。而创新主体申请专利的时机，一般会把握在创新成果出现的早期阶段，从而争取早日占领先机，此时多数情况下尚未进行临床前研究或临床研究。因此，专利申请伦理审查涉及下游的临床研究伦理审查的情形也是少之又少，重点多在基础研究。

其次，对于已经进入专利审查部门的专利申请，绝大部分专利申请不会涉及伦理道德审查的问题，尤其是在机械领域、电学领域、化学领域。伦理道德审查的主战场仅在于生物医药领域，将来还会逐渐扩展至计算机技术与人工智能等领域。因此，从绝对数量上而言，需要考察伦理问题的专利申请，在专利审查部门审查总量中，并不会占据很高的比例。

最后，对于领域适合、保护主题存在伦理争议、需要考量伦理道德因素的专利申请，专利审查部门在依据《专利法》《专利法实施细则》《专利审查指南（2010）》以及相关伦理指导原则、伦理审查规则进行伦理道德审查的过程中，需要与专利申请人（包括国外申请人）就最新的科技伦理认识进行意见交换，从而完成专利伦理审查。

3. 审查主体对比

在不同阶段、不同部门进行伦理道德审查的对比中，专利审查部门与伦理委员会的对比会凸显出审查主体上的差异。

在各国采取的众多科研伦理规范手段中，建立伦理委员会是最常见的一种。伦理委员会往往被誉为"保护受试者权益的守门人"，它不仅是涉及人的生物医学研究项目审查的执行者，同时也是监督者。世界卫生组织（WHO）也对各国生命伦理委员会的体制化建设提出了要求，其组成包括生物医学专家、伦理学家、哲学家、法律学家、社会学家和心理学家等多学科、多部门的人员。不同国家的人胚胎干细胞伦理委员会还可能包括律师、生物医学或行为学研究专家、临床医学或卫生保健专家以及人文科学、卫生管理、政府与公众事务专家，甚至宗教学家、神学家、普通民众等。我国在《人胚胎干细胞研究伦理指导原则》第 9 条规定："从事人胚胎干细胞的研究单位应成立包括生物学、医学、法律或社会学等有关方面的研究和管理人员组成的伦理委员会，其职责是对人胚胎干细胞研究的伦理学及科学性进行综合审查、咨询与监督"。可以看出，伦理委员会的组成人员需要多方面的背景，而这也是专利审查员一人所不能完全兼备的。

对于伦理委员会在伦理审查实践中的现状，据中国科学技术协会 2018 年有关科技工作者科研伦理意识的调查报告显示❶，我国伦理委员会建设存在较严重的滞后，除了医疗卫生机构，绝大多数单位没有伦理审查机构，科研伦理管理制度和组织建设严重滞后。调查报告显示，87.5% 的医疗卫生机构建有伦理委员会或伦理审查机构，而高校、科研院所、企业中这一比例很低。即使在建有伦理委员会的单位中，很多伦理委员会的运行管理也存在较大问题，例如没有伦理审查及其相关程序的成文规定、缺乏对伦理审查申请受理时限的明确规定、缺乏快速审查机制等。可见，在这种现状之下，伦理委员会的伦理审查是存在不足的，还需要多层次的审查保障。

关于专利审查部门的伦理审查现状，则需要看到，生命伦理学在 20 世纪 70 年代末传入中国，以 1979 年在中国广州召开医学辩证法讲习会为起点，以我国著名生命伦理学家邱仁宗教授出版的图书《生命伦理学》为标志，开始相关学科的研究和

❶ 操秀英. 提升科研伦理水平要补齐制度短板：来自我国科研伦理现状的调查（二）[N]. 科技日报，2018 – 01 – 22 (4).

课程教育，生命伦理学已经有 40 余年的发展历程。在国家层面，1998 年中国成立首个国家级的伦理研究中心，即国家人类基因组南方研究中心伦理法律与社会问题研究部。但整体而言，伦理教育培训缺失、伦理委员会建设滞后等因素，大大制约了科技工作者科研伦理意识的提升。对此，华中科技大学生命伦理学研究中心执行主任、人文学院哲学系主任雷瑞鹏教授曾直言："我国科研伦理水平与科技发展速度严重不匹配"。❶ 因此，迫切需要提高科研人员的伦理意识，科研伦理制度建设也需跟上。专利审查员受限于所学专业，对生命伦理学的整体了解是有限的。他们仅仅是接触过一些科技伦理有关的内容，多数没有受过生命伦理学相关的专业课程系统训练，并不了解该领域的《医学与哲学杂志》《中国医学伦理学》《自然辩证法通讯》《医学与社会》《哲学动态》等这类期刊及其讨论的学术观点，多数也未就生命科学技术领域各新兴技术分支的伦理学，包括遗传伦理学或基因伦理学、纳米伦理学、神经伦理学、合成生物伦理学、信息技术伦理学等作过系统的研究。因此，在审查该类专利案件时，相应伦理问题有可能被忽视。

从以上两方面的对比分析来讲，无论是伦理委员会，还是专利审查部门，两方面的能力建设均需要增强。两者应该是相辅相成、互促互利的关系。

4. 审查内容对比

当伦理委员会针对某一研究方案进行伦理审查时，其审查的内容是该研究方案。这样的方案有详有简，有的只是实验设计初期的试验方案，很简单粗糙；有的则比较规范，内容详实细致。但整体而言，其审查的重点在于研究者切实要做什么，

---

❶ 操秀英. 提升科研伦理水平要补齐制度短板：来自我国科研伦理现状的调查（二）［N］. 科技日报，2018－01－22（4）.

开展什么实验项目，相应的生物材料获取、参与的受试者是否符合伦理要求等。

而当专利审查员针对专利申请文件进行伦理审查之时，其审查的内容是权利要求书、说明书等。从审查内容而言，专利审查与针对研究方案进行伦理审查最大的不同在于，其审查的内容不仅仅是某一科学试验项目是否符合伦理原则或伦理规则，即专利申请文件中所体现出的发明人真正实施的实验例或实施例的试验项目是否符合伦理原则或伦理规则。专利审查的对象是权利要求书和说明书，其不仅包括具体实施的实验例或实施例，也包括申请人、发明人在其所实施的实验及其实验结果的基础上，所要求保护的所有创新主题，即权利要求所要保护的发明创造。这些权利要求既包括产品，也可能包括方法；既包括实施例的内容，也包括其基于实施例和实验数据所能延伸、概括的所有应用场景，以及基于这些应用场景的所有用途或应用。这些内容往往会突破具体实施例的范畴，打破不同研究阶段的限制，例如，在基础研究、临床前研究、临床研究、产业实施之间自由切换。其整体构成专利申请的权利要求书，其中会记载申请人所要保护的主题类型和范围，代表了申请人的权利诉求，也代表了其所要谋求实现的欲望与意图。

因此，专利伦理审查与伦理委员会的伦理审查相同之处在于，都需要核实其具体进行的实验是否符合人类伦理，但专利伦理审查还要审查申请人在申请专利时所谋求的权利，以及其延伸出来的权利诉求。这种诉求能走多远，也就相应地审查到哪里。例如，实施例的实验属于治疗性克隆范畴，但是，专利申请的权利要求书已经拓展到生殖性克隆范畴，则明显是不允许的。

（二）发明专利伦理道德审查的难点

1. 隐蔽性

2018 年 11 月，贺某奎在第二届人类基因组编辑国际峰会前夕发布了其在基因编辑婴儿研究的创新成果，当时与会人员，包括科学家、记者以及社会公众都很难理解到底发生了什么。大多数人不知道这意味着什么，或者有什么利害关系。不知道基因修饰生殖细胞（精子或卵子）及胚胎与基因修饰其他细胞（体细胞）之间的区别，不知道在修饰胚胎以后将胚胎植入女性体内与否有何差异，更不必说由此改变未来世代基因所引起的更深层次的问题——伦理、法律和社会问题。人们对于如此爆炸性信息都可能无感，其他生命伦理学问题就更隐蔽了。因此，伦理学问题就成为一个只有公众看到它、认识到它，才会知晓其存在的问题。

2. 争议性

伦理议题往往高度争议。例如，关于人类增强技术，随着生物医学技术对身体与生命的深度干预逐渐加深，利用技术手段增强人类生物学功能成为一个重要的目标，即生物医学技术正在"超越治疗"而成为生物医学增强技术。正如美国总统生命伦理委员会发表在《超越治疗：生物技术与幸福追求》报告中所示："生物医学技术目前正在'超越治疗'，以追求增强或改造生命为目的。主要包括更好的后代（产前诊断、胚胎选择、胚胎基因工程）、在运动方面的卓越表现、不老的身体（生命延长技术）、快乐的灵魂（记忆改变和情绪增强）。"由此，"当代生物医学技术不仅寻求治疗疾病，而且是控制、管理身体和精神的重要手段与过程，它们不再是健康技术，而是生命技术"。例如，我们可以通过生物医学技术重塑人的情绪、情感、欲望和意志力，提高认知能力，增强记忆、智力和注意力，甚至可以设计未来的生命形态——在基因组层面进行胚胎设计。概言之，生物医学技术在新的层面对身体与生命进行干预、塑造与设计，是面向未来维度以突破人类生物限制和生命缺陷为宗旨。由此，生物医学增强技术不可避免地会带来争议，形成诸如超人类主义和生物保守主义等派别，围绕生命的性质、新优生学的选择、社会自由权利的限度、社会分裂的风险、技术的政治管制等问题逐步展开。

类似的这些争议也会延伸到专利审查部门。如对于人胚胎干细胞相关发明，有人认为需要进行专利保护，有人反对进行专利保护；有人认为，人胚胎干细胞产品和方法均不能保护，有人则认为不应将人胚胎干细胞及其研究成果混为一谈加以等同对待，人胚胎干细胞属于一种物质，如果不符合专利授予的条件就不应授予专利，但人胚胎干细胞的提取、利用、培育方法，甚至人胚胎干细胞的衍生物是可以授予专利权加以保护的。2005 年前后，EPO 面对环保组织、人权组织等的抗议和抵制，曾经一度暂时停止受理人胚胎干细胞技术的专利申请和对人胚胎干细胞专利的审查，担心引火烧身，可见其争议之大。

3. 复杂性

伦理问题具有动态变迁性，我国《专利审查指南（2010）》指出，社会公德的含义较为广泛，经常因时期、地域的不同而有所变化。这都凸显了社会公德的可变性、动态性。除了规则层面的变化，还具有来自技术上的变化性和复杂性。

一项生命科学技术或者医疗技术，在初始时，尽管也有伦理争议，但随着技术发展和普遍实施，公众就会习以为常，伦理不再成为问题。但技术的发展不会止步，还会衍生出新的伦理问题，导致伦理问题的复杂性。例如，人类辅助生殖技术发展至今，已经成为治疗不孕不育症最有效的方法之一。在临床应用上，人类辅助生殖技术除用于治疗不孕不育症，也应用于遗传病阻断及生育力保存等领域。目前，在开展人类辅助生殖技术应用的过程中，围绕配子和胚胎的遗传学研究、胚胎移植策略及生育力保存等研究也在如火如荼地进行，一系列研究成果陆续发表。未来人类辅助生殖技术应用可能涉及配子或胚胎的基因治疗、干细胞治疗等，这些技术的安全性以及涉及的伦理问题也将越来越突出，需要多学科联合解决。可以看出，人类辅助生殖技术的伦理问题已经不再局限于传统范畴，而是涉及遗传病阻断、生育力保存、配子和胚胎的遗传学研究、配子或胚胎的基因治疗、干细胞治疗等诸多领域。

再以干细胞技术为例，其既包括干细胞技术本身，也包括与干细胞相关的基因编辑、线粒体移植、神经技术、合成生物学、纳米技术和异种移植技术等，这些高度敏感技术几乎均与胚胎和干细胞相关。甚至原本被认为是为规避伦理问题而诞生的诱导性多能干细胞（iPSCs）技术，也会随着技术发展，产生出嵌合胚胎、人造精子或人造卵子、人胚胎模型或类胚结构等诸多新的伦理问题。

4. 具体伦理规范滞后

针对特定领域的特定问题，我国系统开展相关伦理、法律和社会问题（ELSI）的研究还很缺乏，基础不牢，问题多发。而且，在生命科学研究伦理治理上，尽管也需要上位的抽象的伦理原则的指引，以明确相关的价值目标，但简单提出一些道德原则对于具体指导一线的伦理审查意义不大。例如，国际干细胞研究协会（ISSCR）在 2016 版的《干细胞研究和临床转化指南》提出干细胞研究的基本伦理原则❶，包括五方面内容，即研究机构的诚实正直、将患者/参与者福祉置于首要地位、尊重

---

❶ Guidelines for stem cell research and clinical translation, international society for stem cell research, 2016。

患者和研究对象、透明度、社会和分配的公正。但实际上，在伦理审查中，真正起作用的是该指南中的具体伦理规则。再比如，国内学者张宵指出❶，生物技术专利保护必须符合公平原则、尊重原则、利益平衡原则和不伤害原则。但仅以此指导审查还是会毫无头绪。因为该领域公知的伦理原则尽管是生命伦理学中最具有普遍性、客观性的道德原则，给该领域的研究者提供了容易掌握的道德标准，但这些原则在一定程度上存在空洞盲目、抽象模糊，不够具体和清晰的问题，对于具体问题、处于特定情境下的道德选择，对于生命科学实践的具体指导具有较大的不确定性，无法为伦理审查提供有效指导，提供清晰、明确、统一的伦理学审查结论。

由此，当前需要更为具体的伦理规范。但是我国的现状是，相关的法律规定过于原则和上位，具体伦理规范非常缺乏。而且，既有的规定尚不够明确、具体、细化，缺乏指导性和可操作性，且多年没有修改。例如，我国关于人类辅助生殖技术的法律文件主要有《人类辅助生殖技术管理办法》《人类精子库管理办法》等行政规章，虽然其对人类辅助生殖技术的法律问题部分有所涉及，但已明显不能满足实践的需要。主要表现在规范效力低，内容过于简单，不能涵盖所有需求，难以起到应有的保障作用。

关于伦理规范的制定工作，目前的做法（由多个政府部门负责监督）是碎片化的，且由于能力或阻力因素，制定过程缓慢。往往是出现重大事件以后，各部门集中制定、多头制定的现象明显。集中制定的优点是能迅速建立起科技伦理的法律和政策体系，但缺点也很明显：一是对问题的调研较为仓促，对所规制对象的认识不够深刻；二是集中制定必然需要大量移植

---

❶ 张宵. 伦理学视角下的生物技术专利保护问题研究 [D]. 郑州：河南工业大学，2018.

和借鉴国外相关制度，这就会产生本土化程度不够的问题；三是实践检验较短，缺乏"试行"的缓冲期。

5. 伦理审查先行与专利审查及时性要求

无论是伦理委员会的伦理审查，还是专利申请中的伦理审查，都鲜明地体现出伦理审查的重要性，科技项目立项和专利行政审查中，首先需要考虑伦理的问题，伦理审查先行的特点明显。雷瑞鹏教授对此指出❶，伦理审查先行既有科学意义，也有其必要性。新兴技术的应用导向性强、复杂性高，诸多风险不仅是科学判断，更是价值判断。因而其中涉及的伦理审查需要跨学科专家来共同参与、不断完善，并且要在研究一开始就将伦理问题考虑进去。专利审查中，也明确体现出伦理先行的特点，《专利法》第 5 条是首先需要审查的条款。

翟晓梅教授也指出❷，一项新技术刚出来时，经常会面临来自伦理学界的质疑声。从伦理学视角对新技术进行讨论时，通常有两个纬度，一是技术的安全性问题，二是根本性的道德立场问题。随着时间的推移和技术的进步，技术的安全性问题将会逐渐得到解决，非常典型的例子就是人类辅助生殖技术。1978 年 7 月 25 日，世界上第一例试管婴儿在英国出生。但是直到 2010 年，"试管婴儿之父"英国剑桥大学教授罗伯特·爱德华兹才获得当年的诺贝尔生理学或医学奖。当时有媒体说这是"迟到"的诺贝尔奖，这项技术之所以在 30 多年后才获奖，正是因为一项技术的安全性是需要时间来考量的。现在，辅助生殖技术经过多年的实践考验，最终扫清了伦理障碍，得到公众的认可。至于根本性的道德立场问题，实际上，现在生物医学

---

❶ 雷瑞鹏，邱仁宗. 新兴技术中的伦理和监管问题 [J]. 山东科技大学学报（社会科学版），2019，21（4）：1 – 11.

❷ 方曲韵. 科学研究怎样守好伦理之门 [N]. 光明日报，2019 – 08 – 01（16）.

界在讨论一项新技术在道德层面存在的问题时，都会关注一个重要方面，即这项技术在投入实际应用时的社会价值。科学家在推动科学发展的过程中，要思考这项研究是否真的对患者有帮助，是否对科学知识的增长具有价值。创新不仅是科学层面的事情，更是价值层面的事情。因此，在做相关决策时，首先要将创新和伦理统筹考虑，鼓励真正具有社会价值的创新。

可以看出，两位伦理学大家都特别重视在决策的第一时间、在研究一开始就将伦理问题考虑进去。但是，与之相对，对于这一首先需要考虑的问题，我们可用的伦理规则却不多。我国生命科技领域相关伦理规则存在滞后的问题，且较为严重。

这同时给专利审查留下了一个难题。大量创新成果为谋求权利保护，会第一时间涌向国家知识产权局专利局。而对于一件专利申请而言，专利审查的准确、及时的要求不会给专利审查员留出充裕的审查时间，专利申请人希望从专利审查工作中尽快获取审查结果。换言之，伦理审查自身需要的是一套反应快速灵敏的治理体系，其核心是在有法可依、有规可循的基础上，针对科技的迅速发展、科技伦理问题的变化，能够做到在伦理层面的敏捷反应。在此之前，科研过程中的伦理风险必须被适当公开和充分讨论，进而保障相关方在过程中进行适当的解释说明、辩解或干预，给舆情反应保留足够的缓冲时间，减少因突发科技伦理事件而引起舆情剧烈反应。

一方面，专利法要求进行伦理道德审查，而且专利审查有及时性的要求；另一方面，由于伦理道德问题所牵涉的隐蔽性、复杂性、争议性、规则滞后以及伦理问题的国际性、民族特殊性、国家特殊性等，对于发明创造是否违反社会公德的审查，专利审查员往往难以把握对所谓"当前中国境内普遍接受和认同的道德观念和行为准则"如何解释，通常会按照《专利审查指南（2010）》列举的若干违反伦理道德的情形，进行确定规则的简单套用，如此来对专利申请进行审查。而对于《专利审查指南（2010）》没有列出的情形，实际审查实践中存在的不确定性较大。

从实践效果看，这种审查模式有其实际可操作性。正是由于社会公德标准自身难以衡量的特点，而且专利审查员也未接受过专门的生命伦理学和社会价值观的判断训练，那么最好的办法就是按照《专利审查指南（2010）》的指引，认定《专利审查指南（2010）》列举情形下的发明创造违反伦理道德即可。这也导致在专利审查中，对于这一问题的趋易避难、简化繁难的处理方式：伦理问题比较明确的，可以简明处理；伦理问题存在争议的，能够回避则回避，例如，如果专利申请案件还存在其他比较确定的实质缺陷，而且不予授权结论比较明确，即使存在伦理争议，也可以一定程度回避该争议，达到正确结案的审查结果。

按照如上方法审查，只能对发明专利的伦理道德审查做到基本应对。在科研领域各专项伦理规则和《专利审查指南（2010）》中有关伦理道德审查的规范情形未及时与时俱进的情况下，专利制度应对新兴技术伦理审查的储备，明显是不足的。这种不足传导至专利伦理审查，专利审查员单靠自身的伦理认知和价值判断，往往难以应对。

可能有些人认为，对发明创新的伦理道德审查无非是一系列国家政策，包括科技政策、卫生健康医疗政策等，国家的政策允许就可以做，不允许就不可以做，并没有什么可以讨论的余地。这种观点值得商榷，其忽略了科技政策在制定之前必然来源对科技发展及其伦理问题的准确把握与研究，也忽略了科技政策在制定之后，仍需要行政部门准确理解、把握和执行，以及制定后的科技政策随着科技发展，仍然需要与时俱进地不断调整与发展。因此，这种举重若轻、坐而论道，以为无须躬身入局、入世就可透视千载的态度，并不足取。专利审查必然会在生命科技飞速发展、生命伦理学的不断发展和应用中经受考验，纸上谈兵的理论终难切合现实，难以解决实际问题，矫枉过正的伦理学理论也必然会过度干扰科研自由和科学的发展。

四、专利审查在国家科技伦理治理体系中的定位

2019 年 7 月，中央全面深化改革委员会第九次会议审议通过了《国家科技伦理委员会组建方案》，指出在未来发展过程中我国应当进一步加强并特别关注科技的健康发展和合理使用，让科技趋利避害、健康发展，做负责任的科技大国。由此正式拉开了大力建设中国科技伦理体系的序幕，国家科技伦理治理体系的建设提升到了新的高度。

从国家科技伦理体系的角度思考，国家科技伦理治理的整体体制机制包括了伦理审议、伦理规制、伦理互动、伦理监督等很多不同的层面。如前所述，国家知识产权局专利局承担的主要是伦理规制或伦理监督层面的一部分工作，更多的伦理监管、伦理规制工作仍是由国家卫生健康委员会、科学技术部、中国科学院、国家药品监督管理局等行业主管部门及其地方机构来承担。因此，专利审查在科技伦理审查体系中所发挥的作用，通常应该遵从以下四个原则。

1. 守土有责，不失位、不越位

专利制度本身是一种带有一定功利性的制度，作为一种制度工具和竞争工具，用来促进科技进步与经济社会发展。在人类胚胎和/或干细胞研究领域内更多的共识是，如果人类胚胎和干细胞相关生物技术能够有利于阐明和发现人体发育机理、生殖机制以及疾病遗传的病因，相关产品能够起到较好的治疗作用，长久而言对人类有益，剩余胚胎最终无法避免需要销毁的

命运，那么完全可以容忍该类研究并不显著的道德风险。况且，在上游的科研立项、下游的市场准入等均有严格的伦理监管，其他行政乃至刑事法律规范仍然可以对公共利益起到保障作用的情况下，处于中游的专利审批既不能越俎代庖地像上游的科研立项那样重新进行研究伦理的审查，也无法对将来干细胞产品市场化中的行为进行伦理监管。

从根本上而言，专利审查部门并非生物技术伦理道德监管的主战场。专利审查部门所能和所应起到的作用，更多只是守好自己专利行政审查的本职，对于明显冲击伦理道德的情况，进行补充把关的作用。既不能把自己当作守护伦理观念的唯一机制或者最后防线，深闭固拒，严防死守，甚至把上游科技伦理允许进行的科学研究，或者国家投入巨资支持的重大科学研究，以存在伦理道德缺陷为由拦截在中游的专利伦理审查之下；也不能简单套用欧洲的伦理审查标准，避免与我国自身的伦理审查标准不相协调，明显造成与创新型国家建设、高质量发展的宏观政策、国家大力支持和鼓励干细胞技术发展的科技政策、我国现行的科技伦理审查标准与专利保护政策的不一致。

2. 上下联动，横向协同

职能分工决定各伦理审查主管部门只能在其职责范围内，各司其职，各管一段。技术领域特点也决定人类胚胎和/或干细胞研究既涉及胚胎干细胞领域，也涉及辅助生殖技术领域，甚至还广泛涉及材料领域、机械领域、光电领域、大数据、计算机信息技术领域等。例如，在技术交叉融合的大背景之下，一项发明涉及的仅是属于纸张制造领域的一种防伪纸，但其中用于防伪的个性化 DNA 信息的应用可能也会涉及基因增强的相关伦理问题；或涉及一种基于数字全息成像确定胚胎质量表现参数而分析卵子或胚胎样本的方法或设备；或涉及用于自动化检测体外培养胚胎的发育条件的变化和/或异常的计算机实施方法；涉及用于评价卵母细胞和胚胎的代谢成像方法；或涉及计算机辅助的胚胎选择方法；或涉及用于在微流体装置中产生胚胎的过程等。尽管专利申请的绝对数量并不大，但技术领域分布已经比较广泛。

在相关伦理审查上，国家知识产权局专利局在依据《专利法》《专利法实施细则》《专利审查指南（2010）》以及相关伦理指导原则、伦理审查规则进行伦理治理的过程中，不仅需要与专利申请人就最新的科技伦理认识进行意见交换，而且需要与其他伦理监管部门、科研界、伦理界、法律界、社会公众等不断协调和持续互动。通过联动与协同，不仅在专利局内部形成一致的伦理审查标准，而且在各主管部门之间，也应保持伦理审查标准一致。

3. 尊重和辩证看待上游的伦理审查结果

对于国内申请人的专利申请而言，针对已经过上游监管部门相应的医学伦理委员会的伦理审查，并获得审查通过、批准实施的研究项目所进行的专利申请，专利审查部门通常需要保持适当的尊重和谦抑。例如，在2015年中山大学黄军就针对人类胚胎进行基因编辑中，采用了一种特殊的人类胚胎，即利用的是在辅助生殖临床（试管婴儿临床）中异常受精自然产生的、因无法正常发育而被废弃的三原核受精卵（3PN）。该三原核受精卵一般可以进行若干次细胞分裂，但极少部分能发育到囊胚阶段，无法发育成正常的胎儿。在试验中，该被废弃的三原核受精卵被作为模拟早期胚胎的试验材料，且相关试验在48小时后终止。在2013年12月，根据《人类辅助生殖技术管理办法》和《人胚胎干细胞研究伦理指导原则》的要求，该研究经过相应的医学伦理委员会的伦理审查（中山大学第一附属医院医学伦理委员会），并获得审查通过、批准实施，相应捐献三原核受精卵的患者也签署了知情同意书❶。中国科学院周琪院士 2016 年点评该项研究工作认为，我国对早期胚胎的基因编辑有相应的伦理规范，该项研究经过了严格的伦理审查，符合我国相关研究规范。2015 年 12 月，在美国华盛顿召开的人类基因组编辑国际峰会上，国际峰会主席戴维·巴尔的摩（David Baltimore）也认为该项工作符合中国的法律和中国的伦理管理条例。通过该案可以看出，对于此类已经在研究阶段经过严格的伦理审批的发明，在专利申请审查阶段，处于其下游的专利审查部门应该充分考虑上游的伦理审批过程和审批结果。

对此，国外一些专利局的合理做法可能有助于我们参考。例如，由于瑞典的涉及人类研究的伦理评估法案（*The Swedish Act on Ethics Review of Research Involving Humans*）强制规定对于涉及人类的研究项目必须通过地方伦理委员会的预先审核，瑞典专利局（SPRO）在对相关专利申请进行审查时会充分考虑伦理委员会的评估意见。瑞典专利局认为，如果一项研究项目通过了伦理委员会的评审，那么基于该项目的发明在申请专利时无须重复进行伦理评估，即视为符合社会道德和社会伦理。反之，对于未通过伦理委员会评审的研究项目所形成的发明创造，通常被认为是不符合社会公德和社会伦理，其发明也不具有可专利性。瑞典专利局通过这种模式确保科研伦理规范与授予专利权的伦理道德规范保持一致，同时也使研发项目的获准与研发成果的可专利性保持一致，从而减少引发相关争议的可能性。❷ 通过这些做法可以看出，专利行政机构对伦理委员会的伦理审查结果表现了适当的尊重，保持不同机构的伦理标准的一

---

❶ 梁普平，黄军就. 推开人类胚胎基因研究的神秘大门 [J]. 生命科学，2016，28（4）：421 – 426.

❷ 刘李栋. 人胚胎干细胞相关发明的可专利性 [D]. 上海：上海交通大学，2012.

致性和避免重复审查的浪费问题。

当然，这一问题也不会如此简单，必要时还需要辩证看待。如果上游的研究项目在伦理审查中确实存在问题，比如伦理审查流于形式，或者有证据表明申请中存在明显的违背伦理的证据。以贺某奎人类胚胎基因编辑婴儿事件为例，该研究项目在上游研发阶段也进行了伦理审查，但是存在重大问题。当专利申请人就此研发结果向专利审查部门专利局提出国内或国际专利申请时，并在审查中向专利审查部门提交伦理审查机构的伦理审查结果，专利审查部门应该客观看待该伦理审查结果，不能盲从那些相对而言并不规范甚至存在造假或舞弊嫌疑的上游的伦理审查结果。

此外，对于国外申请人的专利申请而言，由于我国与国外的相关伦理标准不尽相同，相应国外发明进入中国申请专利时，必然需要根据我国的伦理审查标准独立进行审查。此时，如果专利申请显示其发明已经经过伦理委员会审查并获准同意，如具有机构审查委员会（IRB）或独立伦理委员会（IEC）的审批许可，则需要客观看待国外的伦理审查结果，在明确发明中所述实验行为的性质或类别，仔细了解国内和国外伦理审查标准异同的基础上，根据我国的伦理道德标准，确定其审查结果。

4. 时刻注意下游反馈

尽管专利审查很少涉及下游的临床研究、临床应用和产业实践，但是，相信在未来，下游的专利权运用中发生的问题，也会不断负反馈到中游的专利审查部门。从而体现出相关专利权行使的复杂性。

以人类胚胎干细胞为例，国家知识产权局专利局在 2019 年修改《专利审查指南（2010）》以后，"人类胚胎干细胞不属于处于各个形成和发育阶段的人体"的排除性定位，以及删除原来的"人类胚胎干细胞及其制备方法，均属于专利法第五条第一款规定的不能被授予专利权的发明"的规定，进一步明确了人类胚胎干细胞可以予以专利保护。当人类胚胎干细胞纳入专利保护之后，必须面对的问题就是，专利技术转化和实施所引发的人类胚胎干细胞的市场化、商业化。

我们知道，有些专利保护之物可以买卖、交易，但物与物的差异很大。专利保护之物有些是有生命的，有些则是没生命的。有生命的，正如生物世界的多样性，也有着千差万别。人类胚胎干细胞不但是"物"，还是一个活物；不但是一个活物，还是一个有着多胚层发育潜能的活物。因此，人类胚胎干细胞作为一种特殊物，也决定了人类胚胎干细胞专利也是一种非常特殊的专利，可能会触及人类细胞商品化或多能性细胞商品化中的一些深层次问题。

换言之，允许人类胚胎干细胞技术的相关研发成果予以专利授权，国家专利行政部门可以阶段性完成激励科研创新、技术进步、保护专利权人合法权益的制度目标。但在专利技术的后续研究及实施转化中，或者在相应知识产权成果的市场化、商业化的过程中，专利行政部门并不能保障相应专利的实施不会产生对生命伦理的冲击、对人的尊严和人的本质的挑战以及对人的自主自由权利、个人隐私权利的侵犯等。甚至很有可能，一旦运用或处理不当，就可能引发非常严重的伦理道德问题和法律问题。在生命科学领域，这种预警性思考从来不会缺席，也从来不会多余。因此，通过专利审查部门的伦理审查也并不是有关对伦理问题思考的结束，后续的专利实施、运用等还会涉及一系列的综合监管。

因此，专利制度对部分授权专利客体的接纳仅仅是开始，后续的专利实施运用、进入市场，还需要有很多的规范和调适，市场监管、法律监管、道德伦理监督均要跟上。相关专利权的行使必须在尊重人的尊严与身体和隐私不受侵犯的基本原则得到维护的条件下运行。当然，我们知道，干细胞从研究成果到临床应用的最后一公里非常艰难，受到非常严格的管控，我国未来还需要抓住这一时间窗口，未雨绸缪，布局未来，尽早建立和形成专业高效的监管体制机制。

五、小 结

《宪法》第 47 条规定，中国公民有进行科学研究的自由。《科学技术进步法》第 8 条规定，国家保障科学技术研究开发的自由，鼓励科学探索和技术创新。人类胚胎和/或干细胞研究是人类文明发展史上一项光明的事业，我国应该支持科学家积极开展这方面的研究。

当然，我国的科技发展走到了高地，科技伦理也需要站在高地。强化科技伦理治理是确保科技创新风险可控、健康有序的内在要求，能够为科学发展创造良好的伦理环境与氛围，保护和促进科学的健康发展。

党中央和政府高度重视对科技的伦理治理和法理引导。[1] 对待生命科学伦理，科学和合理的态度应该是，既需严肃慎重，又要灵活客观。[2] 纵观医学发展历史，人类的科学理性和道德智慧总能较好地解决科学发展与伦理问题的矛盾，总会在科学价值与道德价值之间找到有利于人类自身生存和发展的平衡点。

正如中国社会科学院哲学研究所研究员、科学技术和社会研究中心主任段伟文所指出的，我们应该做的就是，在不束缚创新的前提之下规避伦理风险。强化伦理监管、细化相关法律法规和伦理审查规则，既不是抽象地设置科研禁区，也不是制

---

[1] 张吉豫. 认真对待科技伦理和法理 [J]. 法制与社会发展, 2020, 26 (3): 2.

[2] 丘祥兴, 张春美, 高志炎, 等. 治疗性克隆及人类胚胎管理伦理问题的调查和讨论 [J]. 中国医学伦理学, 2005 (6): 4-8.

约创新和创造，而是旨在厘清具体科技活动的伦理风险，通过明晰的价值准则、统一的伦理规范和透明的监管程序，促使科技人员不忘科技以人为本的初心，将价值权衡与伦理考量纳入科技活动的全过程，将伦理需求内置于研究与创新之中，进行负责任的研究和创新。❶

　　未来的发明专利伦理道德审查，将作为国家科技伦理治理体系的一个重要环节，作为面向国内外创新表明中国态度的一个窗口。因此，必须立足于我国国情和科技发展的实际需求，具备前瞻性视野，以科技的向善发展、负责任发展为核心导向，实现国家科技政策与专利审批政策有效衔接，共同推动我国科学技术健康发展，高质量发展。

---

❶ 刘垠. 多方参与　协同共治　推动科技向善：专家畅谈加强科技伦理治理 [N]. 科技日报, 2021 – 12 – 20 (001).

我还是胚胎的时候，你的眼睛就看见我了。

——《圣经》

惊奇和敬畏让我们无时不谨记这是人类最初的样子，让我们无刻不警醒这不仅仅是普通细胞。

——美国纽约黑斯廷斯中心生物伦理学家
约瑟芬·约翰斯顿

自受精时刻起，我将保持对人类生命的最大尊重。

——《日内瓦宣言》

我们在这个基础知识领域已经探索了很久，但依然比较迷茫。我们了解了细胞分化的主要原理，但迄今仍需要更详尽地认识发育微环境，更多地了解细胞与细胞以及细胞与生长因子间的相互作用，更多地了解维持分化状态稳定性的表观遗传学。

——2007 年诺贝尔生理学或医学奖获得者
马丁·埃文斯

非人为安排的生命开始的偶发性，与赋予人类生命道德形态的自由之间是有联系的。

——德国哲学家尤尔根·哈贝马斯

第二章　人类胚胎干细胞技术

生命科学技术在 21 世纪得到了迅猛的发展，其对整个社会进步起着重大促进作用的同时，也带来了很多伦理、法律、社会上的问题。其中，一部分生命科研技术涉及对人胚胎的操作，如人类辅助生殖技术、人类胚胎干细胞技术、治疗性克隆技术、人兽混合胚胎研究技术、人类胚胎基因编辑技术等，不一而足。使用人胚胎进行科研活动是当下生命科学界绕不开的重要问题。❶

而且，这些涉及人胚胎的科研活动的各类科技成果还会首先反映到专利申请中，与人胚胎创新成果相关的各种伦理道德、法律、社会问题亟须得到合适的解决与应对。因此，在我国的专利审查中，不仅需要直面其复杂的技术问题，还需要直面其引发的复杂的法律问题和敏感的伦理问题。尤其是，在当下科技迅猛发展的情况下，国家专利行政部门对生命伦理、社会公德标准如何把握，如何更新发展以应对这些新的挑战，如何使生命伦理、社会公德在理论与实践上与时俱进，并与我国科技社会协调发展等诸多问题也同样摆在了其面前。

在这些涉及人胚胎的专利申请中，最大的两个技术领域就是干细胞技术领域和辅助生殖技术领域，并以干细胞技术领域为最，干细胞研究是近年来生物学领域的前沿与热点。1999 年、

---

❶ 段伟文. 胚胎实验研究的伦理审视 ［D］. 合肥：合肥工业大学，2019.

2000 年和 2003 年，世界权威杂志《科学》三次将干细胞研究成果评为世界十大科技进展之一。干细胞专利申请涵盖了干细胞研究的方方面面，请求保护的主题包括干细胞分离提取方法、分化方法、利用方法等，相应的产品包括各类干细胞、干细胞系、干细胞分化的细胞系、经遗传修饰的细胞等。

干细胞是一类具有自我更新和多向分化潜能的细胞，涉及人体生长发育中的一系列命运决定。由于细胞的命运决定是一个宏大的概念，它包含细胞离开当前生长状态之后发生的一切变化，例如细胞增殖、分化、凋亡、静息、重编程等。对于干细胞而言，维持自身分化潜能同样是命运决定的一部分。如果将细胞命运决定的机制看作一套复杂而精密的控制系统，那么信号通路便是其中的数据链——信号通路通过对少数关键分子的活化和抑制，如同杠杆一般轻易撬动了细胞命运的走向。因此，在干细胞的应用上，干细胞在机体病损细胞、组织或器官的修复、重建或替代方面具有巨大潜能，被认为是再生治疗中重要的"种子"细胞。干细胞制剂作为干细胞治疗产品，有望成为继药物、医疗器械之后的第三类疾病治疗产品，并可能在一些现有治疗手段无法治愈的疾病中发挥更好的治疗效果。在部分情况下，干细胞也被称为前体细胞（precursor cell）或祖细胞（progenitor cells），例如神经祖细胞、胰腺祖细胞。

按照来源，干细胞可以分离自成人（如骨髓、脂肪）、胎盘、脐带、胚胎或胎儿组织等，并大体可以分为胚胎干细胞和成体干细胞两种类型。成体干细胞来自成体，不存在需要破坏胚胎的问题，相关的伦理问题较少，但其并不具有也不能代替人类胚胎干细胞所具有的优势和作用。1998 年人类胚胎干细胞技术诞生，其也被誉为万能细胞、万用细胞，具有分化为人类个体中 250 余种细胞的特性，该特性使得再生生物学成为当今生命科学研究中最受瞩目的领域。在人组织胚胎发育机理研究、药物研发和筛选、肿瘤发病机理探讨、组织工程和干细胞移植治疗、干细胞基因治疗等方面均具有巨大的应用前景。

因此，按照人类胚胎干细胞技术发展倒叙，而人体早期发育正叙的顺序，并兼顾人类干细胞技术领域和人类辅助生殖技术领域两大领域的技术发展关系的角度，包括人类胚胎干细胞在内的各类干细胞的形成，如图 2-1 所示，其大体发展过程如下：在体外做试管婴儿的情形下，首先由来自不孕不育患者夫妇的精子（sperm）、卵子（oocyte/egg）通过受精发育为受精卵（zygote），受精卵通过胚胎发育（embryonic development），陆续经 2、4、8 细胞期，形成桑椹胚、囊胚，囊胚阶段也被称为胚泡（blastocyst），这些胚胎均属于植入前的胚胎，是一种体外胚胎，在此阶段，科学家可以从剩余胚胎的囊胚或胚泡的内细胞团中分离获得人类胚胎干细胞（human embryonic stem cells，hESC/hESCs）。质量良好、正常发育的胚泡或囊胚经着床或植入，发育出胚外支持结构——胎盘（placenta），从而形成植入后的胚胎（implanted embryo）；植入后的胚胎继续发育，即到了胎儿发育阶段（fetal development），此时，胎儿的成长发育环境离不开胎盘和羊水提供的滋养，从羊水中可以分离获取源自羊水的干细胞，例如羊水间充质干细胞（AFMSC）、羊水干细胞（AFS）等，从出生后获得的胎盘（placenta）、脐带（umbilical cord）等则可以获得来自胎盘或脐带的各种干细胞，例如胎盘间充质干细胞（PMSCs）、胎盘造血干细胞（PHSCs）等；胎儿分娩出生以后，成为婴儿，从婴儿、儿童的身体或其进一步发育的人类成体，均可分离获得各种成体干细胞，如间充质干细胞（MSC）、造血干细胞（HSC）等。这既是人体发育的次序，也是人体各类干细胞依序出现的大致次序。

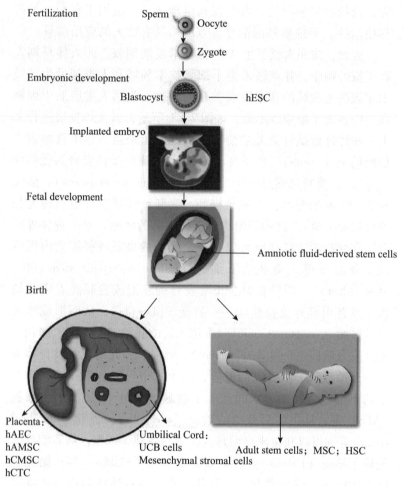

图 2 - 1 人类从受精至出生各发育节点可分离的干细胞类型❶

在这个过程中，人胚胎及人类胚胎干细胞的专利申请所涉

❶ GAVRILOV S, LANDRY D W. Ethics in regenerative medicine [J]. Regenerative Nephrology, 2011: 401 - 408.

及的伦理道德问题也较为复杂。因为人类胚胎干细胞的制备或其来源涉及需要损毁或破坏人类早期胚胎，由此围绕人胚胎的道德地位、法律地位一直争议不断，而且随着技术进步，人胚胎的来源和类型五花八门，也直接催生了科技进步与人类胚胎尊严的各种矛盾冲突，科研活动对胚胎的使用不可避免引发了大量难解的伦理问题。例如，胚胎保护、生命的界定、人的定义以及人类胚胎干细胞的来源、克隆问题、嵌合体问题、科研规范、人体商业化问题以及可能带来的社会效果等，各国处理这些问题时还要考虑国家宗教、道德、法律标准等诸多社会复杂问题。可以说，生命科学在发展的道路上，始终和伦理问题同行。

此时，彼此的意见冲突和对立的各方不得不直面这一复杂难解的焦点问题，通过不断地交流碰撞、深化研究和重新认识，思考如何兼顾两者的利益，以期规范以胚胎为对象的干细胞科研活动，解决传统伦理体系与当下社会科技进步的冲突，协调两者发展，推动社会文明进步。

我国在 2019 年《专利审查指南（2010）》修改以前，对人类干细胞及其相关的发明是否应给予专利保护这一问题，相关审查政策和审查标准比较严格，引起的相关争议也很多。这些争议不仅有伦理道德和法律规则层面的争议，而且在技术层面，也存在很多误解。解决这一复杂问题，无论是从法律、政策层面，还是从伦理学视角，首先都需要从技术本身的真正理解开始，从最基础的基本术语、概念的解析入手，追本溯源，正本清源，彻底厘清我国在《专利审查指南》中所述"人胚胎""人类胚胎干细胞""动物胚胎干细胞"等基本术语概念的含义，辨析"人胚胎"和"人类胚胎干细胞"这两个概念之间的逻辑关联，以及"人类胚胎干细胞"与"动物胚胎干细胞"这两个概念之间的逻辑关联，从而为准确适用审查标准奠定一个良好的基础。这是解决纷乱如麻局面的不二法门。

一、人胚胎及人类胚胎干细胞的基本概念

（一）基本概念辨析的意义

在依据专利法进行发明专利的伦理道德审查的过程中，准确界定审查标准中的相关技术术语/概念是之后准确进行法律适用的前提。术语/概念的问题不仅是理解所有专利申请案件、确定专利申请技术事实的前提，也是讨论相关法律问题的前提，简言之，术语/概念的理解和辨析是一切专利审查的前提。

在国外有名的涉及胚胎干细胞的专利案件中，无论是美国威斯康星校友研究基金会（Wisconsin Alumi Research Foundation，WARF）胚胎干细胞专利复审案和欧洲版的 *WARF* 案，还是欧洲 *Brüstle* 案和国际干细胞公司孤雌胚胎案等，各个案件中的争议权利要求涉及的到底是什么样的保护主题或内容，其各自所涉及的人胚胎或人类胚胎干细胞有何特点，各胚胎或胚胎干细胞之间如何区分和界别，都是必须了解的基本事实。只有明白了技术事实，才能形成有效的讨论，并为之后逐步明确其法律定位、法律适用奠定一个扎实的基础。

国内专利审查案件当然也是如此。审查中经常会遇到一些新的干细胞类型，这时首先需要辨析其生物种类、组织来源、多能性等级，从而为接下来的法律适用奠定一个良好的基础。例如，2006 年日本科学家山中伸弥发明的诱导性多能干细胞、2013 年北京大学邓宏魁研究团队发明的由小分子化合物诱导体细胞逆分化为化学诱导性多能干细胞（CiPSC），从技术上而言，它们是不是人类胚胎干细胞，与人类胚胎干细胞是什么关系都是需要辨明的。此外，专利申请中还会出现很多新的、五花八门的概念或自定义概念，例如"非胚胎干细胞""非胚胎干、非生殖、

非胚胎生殖细胞""多能成体祖细胞（MAPC）""极小胚胎样干细胞（VSEL）""胚叶细胞 - 类似性干细胞（blastomere - like stem cells，BLSCs）"，它们都是什么细胞，是否属于我国专利审查指南中所谓"人类胚胎干细胞"的范畴；拟胚体〔（embryoidbodies，EB/EBs）中文常翻译为类胚体、胚胎体、拟胚体、拟胚胎居多，偶尔也译为胚体、胚胎体等〕又是什么，是否为胚胎等，都需要有所依据。

甚至审查中遇到一些耳熟能详的概念，也需要根据案情仔细辨析其真实含义。例如，某一专利申请中涉及的"动物""灵长类动物"与我国法律法规、部门规章、规范性文件等规定的含义是否一致，其在权利要求中出现时应该如何解释，其中出现的"人胚胎干细胞"应该是广义解释还是狭义解释，广义解释广到哪儿，狭义解释又狭到哪儿，均是需要明辨的。否则就会造成审查中的事实认定出现问题。当然，这些概念的辨析过程无非是就个案而言的一个准确理解发明的过程。

最重要、最核心的是，从审查规则角度而言，《专利审查指南（2010）》相关审查标准中所涉及的"人胚胎"（或"人类胚胎"）和"人类胚胎干细胞"（或"人胚胎干细胞"）两个概念。它们并非是个案中出现的技术概念，而是对所有相关案件均有约束意义的审查规则中出现的技术概念。因此，它是在技术上和法律上会不断涉及的两个基础概念。

但是，需要指出的是，目前关于人胚胎及人类胚胎干细胞两个基本概念的认识和使用比较混乱，因此，就非常有必要了解和知悉这些概念在使用上的差异。

（二）基本概念使用上的混乱

这里，我们刻意打破时间先后界限，打破空间和地域的界限，打破国际界限，探究一下关于"人胚胎"和"人类胚胎干细胞"的定义和使用情况，可以发现一些有意义的差别。并且，这种差别可以提供一些我们未来解决问题的思路。

1. 人类胚胎干细胞的技术起源

熟悉人类胚胎干细胞研究历史的人们都知道，尽管 1981 年动物胚胎干细胞技术就已经实现，但由于动物与人的差异，人类胚胎干细胞技术在很长一段时间，迟迟没有进展。人类胚胎干细胞研究真正取得里程碑式的突破是在 1998 年 11 月，《科学》杂志发表了一篇名为"人类胚泡来源的胚胎干细胞系"的文章，介绍了第一株人类胚胎干细胞系的分离、培养和鉴定过程。这是胚胎干细胞研究中划时代的一件大事。研究者是美国威斯康星大学麦迪逊分校的詹姆斯·汤姆森教授（James Thomson），他从不育症夫妇捐赠的辅助生殖的剩余胚胎中，即从人类早期胚胎，也称之为胚泡的内层细胞团分离培养出第一例人类胚胎干细胞系（hESC/hESCs，有时进一步简称为 hES）。[❶] 具体而言，他将 36 个取自体外受精（in vitro fertilization，IVF）的新鲜或冻存人类早期胚胎进行体外培养，其中 14 个胚胎发育到了囊胚期，在这 14 个囊胚中又有 5 个分别建系成功。在其分离得到的 5 个独立胚胎来源的 ES 细胞系中，其中 3 个为具有正常 XY 核型的人类男性胚胎干细胞（H1、H13 和 H14），2 个为具有正常 XX 核型的人类女性胚胎干细胞（H7 和 H9）。这些建系的人类胚胎干细胞系既保持了早期胚胎正常二倍体核型特征，又具有向胚胎三个胚层来源的所有细胞分化的潜能，在理论上可以诱导分化成为机体中所有种类的细胞，而且该人类胚胎干细胞在体外可以大量扩增、筛选、冻存和复苏而不会丧失原有的特性。

---

❶ THOMSON J A，ITSKOVITZ – ELDOR J，SHAPIRO S S，et al. Embryonic stem cell lines derived from human blastocysts ［J］. Science，1998，282（5391）：1145 – 1147.

这一事件，被认为是人类胚胎干细胞研究历史上的开山之作，奠基之始，荣登 1999 年《科学》杂志"十大科学成就"之首，于 2000 年再度入选"世界十大科学成果"，并由此拉开了人类胚胎干细胞领域研究的热潮，从此开始，人类胚胎干细胞研究在争议声中，不断向深度、广度扩展。

因此，从人类胚胎干细胞技术起源的角度，很多人将人类胚胎干细胞作如上解释。即狭义的人类胚胎干细胞专指来自人类囊胚或胚泡内细胞团的具有三胚层发育能力的多能干细胞（pluripotent stem cell，PSC），也就是说，其是一种三胚层多能干细胞，而非全能干细胞。而且，也可以看出，从这一技术发展伊始，剩余胚胎就是获取人类胚胎干细胞的主要来源，诞生于 1978 年的试管婴儿技术是催生人类胚胎干细胞技术产生的基础——没有试管婴儿技术提供人类剩余胚胎，也就不会有人类胚胎干细胞技术的产生。胚胎干细胞技术和辅助生殖技术两大领域之间，从开始就存在巨大的渊源，很多技术问题、法律问题和伦理问题，都必须对两个技术领域进行统筹考虑。

此外，也是在 1998 年，几乎与詹姆斯·汤姆森教授同时，美国约翰霍普金斯大学的约翰·吉尔哈特教授（John Gearhart）从流产胎儿组织中分离出了胚胎生殖细胞，培养成功第一例人类胚胎生殖细胞（human embryonic germ cell，hEGC）。❶ 关于人类胚胎生殖细胞与人类胚胎干细胞的关系，后续会详细分析。

2. ISSCR 的定义

根据 2016 版《干细胞研究和临床转化指南》❷，在 ISSCR 的

---

❶ SHAMBLOTT M J, AXELMAN J, WANG S, et al. Derivation of pluripotent stem cells from cultured human primordial germ cells [J]. Proceedings of the National Academy of Sciences of the United States of America, 1998, 95（23）：13726 - 13731.

❷ LOVELL - BADGE R, ANTHONY ERIC, BARKER R A, et al. Guidelines for stem cell research and clinical translation [R]. International Society For Stem Cell Research, 12 MAY, 2016.

术语定义中，采取胚胎学家的惯常定义方式，胚胎（embryo）被界定为是从受精卵第一次卵裂到妊娠期第9周的所有发育阶段，包括2细胞期、4细胞期、8细胞期、桑椹胚、胚泡等植入前胚胎发育的特定阶段。此后的时间段用"胎儿"（fetus）这一术语来描述。"胎儿"表述的是胚胎发育完成以后，当胚胎主要结构已经形成到出生前这一阶段，胎儿期一般是指受精后第7~9周直至婴儿出生。可以看出，ISSCR将胚胎分为胚胎和胎儿两个时间段（只是国内外对其明确的分界点存在多种说法，目前第7周、第8周、第9周的说法均有）。此外，从分化潜能和发育潜能角度，ISSCR对干细胞的多能性等级分为：全能性（topipotent）、多能性（pluripotent）、专能性（multipotent）、单能性（unipotent）四个等级。进一步追溯至2006版《人类胚胎干细胞研究行为指南》❶和2008版《干细胞临床转化指南》❷也可知，ISSCR从2006年以来一直坚持这种胚胎和胎儿二分的认识，并且，在2008版《干细胞临床转化指南》中，其更是将人类胚胎干细胞与胎儿干细胞并称，作为并列审查对象。❸也即，在胚胎干细胞和成体干细胞二分的情况下，其是将胎儿干细胞纳入成体干细胞范畴，并非胚胎干细胞。而在2006版《人类胚胎干细胞研究行为指南》中，其第4.2节明确提及全能性或多能性细胞。其对"全能性"的定义是：能够分化为机体中发现的全部细胞类型，包括能够支持胎盘等胚外结构的一种细胞状态。单个全能性细胞经在子宫内分裂，可以发育为完整有机体。可见，

---

❶ ISSCR. Guidelines for the conduct of human embryonic stem cell research [R]. International Society For Stem Cell Research, 2006.

❷ ISSCR. Guidelines for the clinical translation of stem cell research [R]. International Society For Stem Cell Research, 2008.

❸ 王太平，徐国彤，周琪，等. 国际干细胞研究学会《干细胞临床转化指南》[J]. 生命科学，2009，21（5）：747–751.

其强调了全能性是指细胞具有能够分化为生物体所有细胞及胎盘等胚外支撑性附属结构以及单个细胞能够在子宫内通过分裂发育产生完整的生物有机体的能力。2016 版《干细胞研究和临床转化指南》也继承了这一对全能性的解释。多能性则是指单个细胞具有能分化成生物体中所有组织的能力，但是不具有单独维持完整有机体发育的能力，例如因为它缺乏产生胎盘的支持性附属胚胎结构的能力。

可以看出，在 ISSCR 层面，胚胎与胎儿之间的关系是明晰的；人类胚胎干细胞与胎儿干细胞的关系也是明确的，两者并不存在所属关系；并且对何为全能性、何为多能性进行了明确定义，全能性与多能性的界限是分明的。

3. 我国学界不同领域的使用

生物医学领域的科学家群体、伦理学界、法律界等学界所使用的概念则比较杂乱，有的同如上的技术起源解释，人类胚胎干细胞指 hESC 和人类胚胎生殖细胞，有的专指 hESC 而不包括人类胚胎生殖细胞；有的则指出其包括全能干细胞、多能干细胞、专能干细胞；也有的根据人类胚胎干细胞的获取途径进行界定，人类胚胎干细胞明显涵盖了来自流产胎儿的胎儿干细胞、从通过体细胞核移植（somatic cell nuclear transfer，SCNT）技术产生的核移植胚胎中提取的干细胞、由孤雌胚胎发育至囊胚阶段产生的干细胞等。由于涉及各种教科书及文章来源众多，这里不再一一列举。总之，生物领域的科学家、伦理学家以及法律学者对"人类胚胎干细胞"这一概念的使用具有较大的多样性，呈现出明显的不一致。

4. 我国部分标准的定义

以 2017 年制定的《干细胞通用要求》（T11/CSSCR 001—

2017）为例❶（这是我国首个干细胞通用标准，属于团体标准），在该标准的术语和定义中，对相关术语进行如下区分定义：全能干细胞、多能干细胞、胚胎干细胞、核移植胚胎干细胞、诱导性多能干细胞、成体干细胞。其中多能干细胞是能够分化成多种类型细胞的干细胞，并备注："多能干细胞包括胚胎干细胞、核移植胚胎干细胞、诱导性多能干细胞等"；胚胎干细胞是指源自早期胚胎中内细胞团的初始未分化细胞，可在体外无限制地自我更新，并且具有向三胚层细胞分化潜能的干细胞。

可以看出，《干细胞通用要求》采取了将每一种细胞采用狭义定义、精准定义的方式，将全能干细胞单列出胚胎干细胞之外，胚胎干细胞和核移植胚胎干细胞也单独定义，均用专门术语进行了界别；并且，在多种细胞之外，另设一个上位概念——多能干细胞，概括性收录胚胎干细胞、核移植胚胎干细胞、诱导性多能干细胞三种细胞。这种定义的明显特点或优点是，如此狭义定义的概念指代比较专一，不会发生误认和混淆。目前，该标准已经被 2020 年 8 月 30 日发布的《干细胞通用要求》（T/CSCB 0001—2020）标准代替❷，但新标准仍保留了同样的定义模式：也即，全能干细胞（TSC）与多能干细胞（PSC）是并列关系，两者不相统属；多能干细胞中，其中一个类型为人类胚胎干细胞；在此之外，是成体干细胞。

再以中国细胞生物学学会 2019 年 2 月 26 日发布，2019 年 8 月 26 日实施的团体标准《人胚胎干细胞》（T/CSSCR 002—2019）❸为例，其将人胚胎干细胞（human embryonic stem cell）

---

❶ 中国细胞生物学学会干细胞生物学分会. 干细胞通用要求　非书资料：T11/CSSCR 001—2017 ［S］. 北京：中国标准出版社，2017.

❷ 中国细胞生物学学会. 干细胞通用要求　非书资料：T/CSCB 0001—2020 ［S］. 北京：中国标准出版社，2020.

❸ 中国细胞生物学学会. 人胚胎干细胞　非书资料：T/CSSCR 002—2019 ［S］. 北京：中国标准出版社，2019.

定义为：可在体外无限制地自我更新，并且具有向三胚层细胞分化潜能的源自人着床前胚胎中未分化的初始细胞。在其技术要求部分，明确规定原材料的获取应符合《人胚胎干细胞研究伦理指导原则》，在关键质量属性中，以表格的形式载明了细胞形态为应呈克隆团生长、克隆边缘清晰、核质比高、形态均一，克隆内细胞与细胞之间接触紧密，在细胞鉴别上应具有人的 D3S1358、vWA 等 16 个等位基因；细胞标志蛋白为 Oct4 阳性率≥70%，NANOG 阳性率≥70%、TRA – 1 – 81 阳性率≥70%、SSEA – 4 阳性率≥70%。

可以看出，其在定义人胚胎干细胞时，同时强调了其三胚层细胞分化的属性和人着床前胚胎来源。结合后续关键质量属性中的细胞形态、细胞鉴别和细胞标志蛋白等，基本可以确定，这里的人胚胎干细胞应该不包括全能干细胞。

5. 行政规章或规范性文件中的定义

以 2003 年制定的《人胚胎干细胞研究伦理指导原则》❶ 为例，该伦理指导原则第 2 条规定，其所称的人胚胎干细胞包括人胚胎来源的干细胞、生殖细胞起源的干细胞和通过核移植所获得的干细胞。可以看出，这一对人类胚胎干细胞的定义，采取了广义的定义和解释方式：完全从来源的角度进行定义，不仅包括人胚胎来源的所有干细胞，还包括人生殖细胞起源的所有干细胞，并明确规定了从体细胞起源的通过核移植所获得的干细胞也在其范畴之内。尽管其如上第 2 条的定义部分没有特别提及胎儿干细胞，但是第 5 条又规定，用于研究的人胚胎干细胞只能通过下列方式获得：①体外受精时多余的配子或囊胚；②自然或自愿选择流产的胎儿细胞；③体细胞核移植技术所获

❶ 人胚胎干细胞研究伦理指导原则［EB/OL］.（2021 – 05 – 03）［2003 – 12 – 24］. http://www.scrcnet.org/download/eccr_31.pdf.

得的囊胚和单性分裂囊胚；④自愿捐献的生殖细胞。第5条明白无误地昭示出，从流产胎儿获取的胎儿干细胞属于人类胚胎干细胞。其第7条规定，禁止买卖胚胎和胎儿组织，也显示出，似乎胚胎和胎儿是并称关系（即两者之间似乎是有所区分的一种并列关系）。

有些文件虽未发布，但通过这些规范性文件的征求意见稿或建议稿也可以看出一些意见分歧。例如，可以参见2015年《干细胞临床试验研究管理办法（试行）》（征求意见稿）❶，其第2条指出，用于干细胞治疗的干细胞主要包括成体干细胞、胚胎干细胞以及诱导的多能干细胞。成体干细胞包括自体或异体、胎儿或成人不同分化组织，以及发育相伴随的组织（如脐带、羊膜、胎盘等）来源的造血干细胞、间充质干细胞、各种类型的祖细胞或前体细胞等。可以看出，在干细胞分类上，其采取三分法，将干细胞分为成体干细胞、胚胎干细胞以及iPSC；且在概念归属关系上，明确将胎儿组织来源的干细胞纳入成体干细胞，而非胚胎干细胞。显然，不同部门对此认识存在直接冲突。此外，还可以参见2014年《人类成体干细胞临床试验和应用的伦理准则（建议稿）》，其第26条指出，成体干细胞（adult stem cell，ASC）：是从胎儿或成年组织来源的一类干细胞，如骨髓、皮肤、肠道、脂肪、肝脏、大脑、脐带、脐带血、胎盘等组织中均可提取的干细胞，它是组织发育和修复再生的基础，与胚胎干细胞"全能性"不同，具有一定的分化"可塑性"。❷

可以看出，在我国部分行政规章或一些规范性文件的起草

❶ 2015年3月25日发布的《干细胞临床试验研究管理办法（试行）》（征求意见稿）中的第2条，在2015年8月发布的定稿中被删除。——作者注

❷ 国家人类基因组南方研究中心伦理学部. 人类成体干细胞临床试验和应用的伦理准则（建议稿）[J]. 中国医学伦理学，2014，27（2）：191-194.

中，尤其是在极为重要的人类胚胎干细胞专项伦理指导原则中，对人类胚胎干细胞这一概念，倾向于进行宽泛的定义。这种宽泛的定义，与人类胚胎干细胞前述的技术起源解释、ISSCR 等国际专业组织的解释、学界使用、国家的专业标准等均不完全相同，不同文件之中体现出对人类胚胎干细胞的理解和解释极不一致，造成非常严重的混乱。

以上，仅仅是示意性列举了该领域曾经存在的一部分术语概念的定义，其他还有很多，包括各个国际组织、各个国家的科技机构、技术管制机构等的定义，以及相关法律定义，不再赘述。通过如上示例，已经可以看出，在人类胚胎干细胞这一领域，术语概念差异很大，参差不齐。这些差异很大的术语/概念并存，说明现实中的使用状况非常混乱，相关法律问题的讨论者很有可能并没有站在一个共同的事实基础上，从而可能会给将来的法律适用留下隐患，造成混乱。

6. 基本概念使用差异的小结

在以上概念使用的差异中，较为明显的差异就是，对相关概念的广义定义与狭义定义的差异。尤其是，在极为重要的针对人类胚胎干细胞制定的专项伦理指导原则《人胚胎干细胞研究伦理指导原则》中，对人类胚胎干细胞这一概念，倾向于进行宽泛的定义。而且这种宽泛的定义，与 1998 年人类胚胎干细胞诞生之初的技术起源解释、ISSCR 等国际专业组织的解释以及与国家标准或团体标准等均不完全相同，造成较为严重的混乱。整体而言，对"人类胚胎干细胞"的定义差异至少体现在以下多个层面。

第一，人胚胎概念外延的差异。在概念的广度上，核移植胚胎、孤雌生殖胚胎、孤雄生殖胚胎、单倍体胚胎、胚胎模型、嵌合胚胎等各种非自然受精的胚胎类型能否纳入以及如何纳入"人胚胎"范畴，从而相应决定各种类型的人胚胎来源的胚胎干细胞的差异。这是人胚胎概念外延的差异，也是人类胚胎干细胞概念外延的差异。比如，在《干细胞通用要求》中，胚胎干细胞、核移植胚胎干细胞并列属于多能干细胞，那么核移植胚胎干细胞是否属于胚胎干细胞存疑。这些问题需要辨析和解决。同时其也反映出，"人胚胎"概念与"人类胚胎干细胞"概念之间的某种关系。

第二，人胚胎概念内涵的差异。人胚胎的本质是什么？在时间上，胚胎与胎儿的关系是什么，胚胎能否涵盖胎儿阶段；在空间上，胚胎与胎儿的关系界定，比如，当处于在体与离体、体内与体外的不同空间位置时，两者关系的界定；在生命上，在体成活与离体死亡对这种关系有无影响等，以及由此决定的胎儿干细胞是属于胚胎干细胞还是成体干细胞的认识差异。其概念内涵既涉及"胚胎"与"胎儿"的差异，也涉及人类胚胎干细胞与胎儿干细胞的差异，此外，还涉及"人胚胎"与流产胎儿的一系列关系认定。

第三，干细胞分化能力等级差异。在干细胞分化能力等级上，除了多能性细胞以外，人类胚胎干细胞是否还包括全能性、专能性、单能性干细胞类型？不同干细胞之间是多能性等级的差异，这个问题的解决就是叩问人类胚胎干细胞这一概念可以走多远，也是在叩问，考虑人类胚胎干细胞问题，能不能像《人胚胎干细胞研究伦理指导原则》第2条规定的那样，将人胚胎干细胞认定为人胚胎来源的干细胞、生殖细胞起源的干细胞和通过核移植所获得的干细胞，即仅考虑胚胎来源，而不考虑其分化能力等级的细胞属性。

面对所有差异，最后归结为对"人类胚胎干细胞"这一概念本质的追问，"人类胚胎干细胞"的本质到底是什么：是否仅仅限定了其来源，只要其来源于人胚胎，同时也属于干细胞，就属于人类胚胎干细胞这一范畴。这些疑问需要我们逐步解开。

（三）《专利审查指南》中"人类胚胎干细胞"的概念实践

众所周知，现行的《专利审查指南（2010）》（2019 年修订）及以往版本中均未直接给出"人类胚胎干细胞"的定义。但从人类胚胎干细胞相关审查标准的研究和制定❶、《专利审查指南》审查标准的某些细化规定、人类胚胎干细胞相关专利审查实践❷ 三个层面分析可以得出，《专利审查指南（2010）》（2019 年修订）中"人类胚胎干细胞"的含义很可能是广义上的含义，当初制定审查标准时，是想通过这一概念对来源于人胚胎的所有干细胞予以规范的意图的。至少在审查实践层面上，人胚胎干细胞逐渐被认为是指源自人胚胎的所有干细胞，在专利审查部门内部的一些细化规定中，就曾出现全能性人类胚胎干细胞和非全能性人类胚胎干细胞的区分。

例如，在国家知识产权局专利局，马文霞等研究指出"人胚胎"是从受精卵开始到新生儿出生前任何阶段的胚胎形式，包括卵裂期、桑椹期、囊胚期、着床期、胚层分化期的胚胎等。而其来源也应包括任何来源的胚胎，例如，体外受精多余的囊胚、体细胞核移植技术所获得的囊胚、自然或自愿选择流产的胎儿等。因此，在专利法框架内，人胚胎干细胞既包括从早期胚胎内细胞团获取的胚胎干细胞，其能分化为胚胎三个胚层来源的所有细胞；也包括受精卵在受精后数日内分裂的卵裂球，这些细胞具有全能性；以及包括从胚层分化后的胚胎获得的干细胞，其性能更接近于成体干细胞。专利法框架内的人类胚胎

---

❶ 张清奎，等. 人类干细胞的专利政策研究，国家知识产权局办公室软课题，课题编号：B0503，医药生物发明审查部，2006 年 9 月 26 日；冯小兵，等. 专利制度适应技术发展的初步研究：以生物和计算机技术为例，国家知识产权局学术委员会 2011 年度专项课题研究项目，课题编号：ZX201102，2012 年。

❷ 冯怡，马文霞. 人干细胞相关中国专利申请概况及其审查基准探讨：由杰龙公司终止干细胞疗法研究谈起［J］. 中国发明与专利，2012（3）：89 - 91.

干细胞范畴不同于科学界的通常认识，相关专利申请涉及的伦理道德问题也更为复杂。也就是说，国家知识产权局专利局内部已经注意到，专利审查实践中的人类胚胎干细胞范畴不同于科学界的通常认识。

当然，国家知识产权局专利局之外，一些研究者也注意到"人胚胎"以及"人类胚胎干细胞"的范围不清晰，并导致部分来源特定胚胎的胚胎干细胞发明的可专利性受到影响。外界多认为，专利审查部门对此倾向于扩张性解释。重庆大学法学院刘媛博士研究指出，通过采用宽泛的概念外延，我国构建了对人类胚胎干细胞技术的专利适格性的高压之势。❶ 具体而言，多个复审案件中先后指出，"人胚胎"涵盖从受精卵开始到新生儿出生前任何阶段的胚胎形式，包括卵裂期、桑椹期、囊胚期、着床期、胚层分化期的胚胎等，并且"人胚胎"的来源囊括任意来源的胚胎。因此，植入前的胚胎、从捐献者体内采集卵细胞后准备当作医学垃圾废弃的受精卵或早期胚胎收集而得到的胚胎以及捐献者不想要的极早期胚胎（如通过人工流产废弃的极早期胚胎）都属于"人胚胎"。❷ 另外，在其他专利复审请求审查决定❸中，复审合议组指出"人胚胎不应仅限于自然状态下的受精卵开始到新生儿出生前的形式；来源于科技发展中出现的非自然状态下形成的胚胎的干细胞，按照《人胚胎干细胞研究伦理指导原则》规定，皆属于人胚胎干细胞；从生命伦理层面出发，生殖细胞起源的干细胞属于人胚胎干细胞，因此，卵细胞孤雌激活获得孤雌胚胎属于人胚胎；不同的国家和地区具有不同的文化和伦理道德观念，其发展变化也未必是一致的，

---

❶ 刘媛. 欧美人类胚胎干细胞技术的专利适格性研究及其启示 [J]. 知识产权，2017（4）：84－90.

❷ 参见专利复审请求审查决定第 91797 号。

❸ 参见专利复审请求审查决定第 89657 号。

不应以欧洲对于孤雌生殖细胞是否属于人胚胎的变化左右我国专利的审查"。

这些意见也似乎反映出，尽管国家知识产权局专利局在专利审查政策上，在 2019 年之前的很长一段时间内，并未按照我国 2003 年《人胚胎干细胞研究伦理指导原则》第 5 ~ 6 条的规则进行专利伦理道德审查，而是根据《专利审查指南》的规定进行审查，但是在解释人类胚胎干细胞的范围时，却经常引用或无意中参照《人胚胎干细胞研究伦理指导原则》第 2 条和第 5 条的相关规定。也即，国家知识产权局专利局也选择和采用了一种广义解释人类胚胎干细胞含义的做法，在实际的法律适用上，无形中就给了专利审查进行严格适用的政策空间与现实可能。由此我们该如何认识这一对人类胚胎干细胞的逐渐扩大化的解释呢？

我们认为，既需要考虑术语概念之"名"或"名义"的问题，也需要关联考虑与其相关的伦理问题，即"实"的问题。如果只是术语/概念的表述之异、称呼之别，不影响有关其实体的伦理判断，那么就只是名称或称呼上的问题，甚至只是习惯问题，影响不大；但如果该称呼、解释、用法反映的是认识上的差异，进而导致伦理判断上的差异，甚至是错误，就应该予以澄清。简言之，其中的"名"与"实"均需要关注。而且，从专利法适用和专利审查指南中审查标准辨析的角度而言，不仅有必要厘清后者所述"人胚胎""人类胚胎干细胞""动物胚胎干细胞"等基本术语/概念的含义或内涵，而且需要思考"人胚胎"和"人类胚胎干细胞"这两个概念之间的逻辑关联，以及"人类胚胎干细胞"与"动物胚胎干细胞"这两个概念之间的逻辑关联，从而为准确适用专利审查标准奠定一个良好的基础。

（四）《专利审查指南》中"人类胚胎干细胞"的含义

《审查指南（2006）》开始出现"人类胚胎干细胞"和"动

物的胚胎干细胞"两个概念。如前所述,《专利审查指南》并没有给出人类胚胎干细胞的定义(也没有给出动物胚胎干细胞的定义)。因此,就需要研究这个概念的准确含义。

首先,回顾历史。早在 2001 年,国家人类基因组南方研究中心伦理委员会就提出《人类胚胎干细胞研究的伦理准则(建议稿)》,其指出,人类干细胞有两种分类方法,一种是按分化潜能的大小分类,可分为全能干细胞、多能干细胞和专能干细胞三种。另一种是按人类干细胞的来源分类,可分为胚胎干细胞和组织干细胞,亦称成体干细胞(somatic stem cell,SSC)两大类。可见,基于分化潜能和细胞来源的两种分类方式并立,是干细胞领域使用已久的通行分类模式。但是,根据这种分化潜能和细胞来源并立的分类模式,对应具体细胞而言,其既有细胞来源,又具有其各自分化潜能属性的特点,也即两者是同时存在的,均需要作出认定。例如,在该建议稿中,全能干细胞被定义为具有发育成完整个体的潜能,它可分化成为全身 200多种的细胞类型,构建机体的任何组织或器官,最终可发育成完整的个体。受精卵和胚胎发育很早期的卵裂细胞为全能干细胞。但是,该定义没有直接回答全能干细胞是不是胚胎干细胞的问题。那么,我们按照其来源分类模式,其也只能归类为胚胎干细胞,而不可能分入或纳入成体干细胞。由此,在这样的两种分类方法并立且来源二分的传统分类模式之下,会出现全能性人类胚胎干细胞或者人类胚胎全能干细胞的称谓或理解。宫福清主编的《医学伦理学》将干细胞按照生存阶段和来源不同,分为成体干细胞和胚胎干细胞;按照分化潜能的不同,将胚胎干细胞进一步分为三类:全能干细胞、多能干细胞和专能干细胞。可以看出,该定义就是从干细胞的分离来源的角度,阐述了源自人胚胎或从人胚胎分离的干细胞均为人胚胎干细胞。❶ 在诸如此类的传统分类模式之下，人类胚胎干细胞必然要包括全能干细胞和专能干细胞等。

其次，关照现实。人类胚胎干细胞技术经过 20 年发展，所涉及的细胞类型早已经突破了按分化潜能分为全能干细胞、多能干细胞和专能干细胞三种与按照来源分为胚胎干细胞和成体干细胞两大类的时期，其发展过程是不断演变的。例如，从分化潜能上，有人提出干细胞具有 totipotent、plenipotent、pluripotent、multipotent、oligopotent、monopotent（unipotent）六种类型的多能性等级；按照来源，也不是简单的胚胎和成体二分，而是至少可以分为成体干细胞、胚胎干细胞、胎儿干细胞、诱导性多能干细胞等类型；还涌现了基于不同胚胎类型、不同分化潜能、不同发育潜能、不同形成方式的更多种类的人类干细胞。而且，最重要的是，在干细胞研究中，胚胎干细胞是人体内最原始的细胞，具有较强的再生能力，但胚胎干细胞又绝不仅仅是简单的自上而下的分化，而是可以通过各种各样逆转生命流程的技术，如重编程技术来逆转细胞命运，如将体细胞重编程逆转为诱导性多能干细胞，将胚胎干细胞经重编程逆转发育为类似受精卵卵裂球细胞的类 2 细胞期（2C - like）细胞等。也就是说，无论是经自然分离，还是经人工诱导技术，会形成各种各样的属性各异的干细胞类型。每类干细胞都需要仔细辨识，明确与其相关的分化潜能、发育潜能及伦理问题。此时，在这种越来越复杂的情势之下，如何归类处理，取决于我们的智慧。

最后，在概念的定义上，部分研究者已经作出了广义与狭义不同方向的探索。利用他山之石，也可以管窥其中的各自利弊所在。需要我们注意的是，2001 年通过、2002 年修改的《人

❶ 宫福清. 医学伦理学 [M]. 北京：科学出版社，2013：6.

类胚胎干细胞研究的伦理准则（建议稿）》对"人类胚胎干细胞"采取了狭义的定义，明确规定人类胚胎干细胞是胚胎发育早期胚泡内细胞团的一组细胞。但是，短短的一年之后，2003年发布的《人胚胎干细胞研究伦理指导原则》却规定了一个非常宽泛的人类胚胎干细胞定义，可以看出，其经历了一个巨大的方向转变。如前所述，《人胚胎干细胞研究伦理指导原则》第2条规定，该指导原则所称的人胚胎干细胞包括人胚胎来源的干细胞、生殖细胞起源的干细胞和通过核移植所获得的干细胞。该定义由于过度强调来源和起源，而可能忽略了其所应具有的属性特点和技术本质，其定义中的"人胚胎来源的干细胞""生殖细胞起源的干细胞"和"通过核移植所获得的干细胞"均容易造成非常宽泛的理解。例如，对于"人胚胎来源的干细胞"，由于仅限定了"人胚胎来源"，可能被认为包含了第1～40周的不同时期胚胎（或胎儿）所产生的各种干细胞；对于"生殖细胞起源的干细胞"，则由于仅限定了"生殖细胞起源"，可能被认为包含从原始生殖细胞（primordial germ cell, PGC）分离的胚胎生殖细胞，或者精原干细胞（SSCs）等，以及由终末分化的生殖细胞（germ cells, GCs），如精子、卵子所形成的孤雌胚胎干细胞、孤雄胚胎干细胞、孤雌单倍体干细胞、孤雄单倍体干细胞等，目前对雌性生殖干细胞（female germline stem cells, FGSCs）或卵巢干细胞是否存在尚有争议；对于"核移植所获得的干细胞"这一概念，即使考虑14天界限，仅仅考虑核移植胚胎的来源，其干细胞的范围也会远远超出人类胚胎干细胞的范畴。如果再加上对不同类型的"人胚胎"和"生殖细胞"的可能的宽泛理解，就可能造成最后被定义的"人类胚胎干细胞"与国内外的通常认识存在较大差距，严重偏离了"人类胚胎干细胞"这一概念的本意，其合理性有待商榷。换言之，2003年《人胚胎干细胞研究伦理指导原则》第2条和第5条对"人类胚胎干细胞"采取如此宽泛的定义，其真实的含义存在很大的不确定性，而且会造成应用上的混乱。

邱仁宗教授对此深有同感。他在 2004 年"评《人胚胎干细胞研究伦理指导原则》"一文中指出："这样一种文件需要有术语的定义，例如什么是囊胚、单性分裂囊胚、遗传修饰囊胚？它们分别指称什么？同样，单性复制技术、遗传修饰指什么？对这样一些术语应该界定。其次，条文之间有不一致之处。例如第 5 条列举了人胚胎干细胞的来源，未提单性复制技术和遗传修饰，但在第 6 条加上了单性复制技术和遗传修饰。给人的感觉是，似乎是文件起草者将这两种学界未经充分讨论更未经伦理考查的技术偷偷塞了进来"。❶ 可见，对于该《人胚胎干细胞研究伦理指导原则》，在制定时，外界就存在很多争议。无论是当时还是目前，最大的问题仍在于相关的术语概念高度不清楚，大家对相关概念的内涵不能完全把握，以致在后续使用中无形增加了很多疑问。

其他一些研究者，例如华东政法大学的肇旭博士则在专著中详细地指出了《人胚胎干细胞研究伦理指导原则》在条款的严密性、确定性、可操作性等方面存在不足，包括值得商榷的十个方面的问题。❷ 其中，在术语概念方面，其指出关于"生殖细胞起源的干细胞"纳入人类胚胎干细胞并不符合国际通说，将"自然或自愿选择流产的胎儿细胞"是否应作为人类胚胎干细胞来源存疑，指导原则中"生殖细胞"和"配子"两个术语并用存在混乱，"胚胎"与"囊胚"两个术语并用混乱，"单性分裂囊胚"和"单性复制技术"并用及其含义的不明确等，均

---

❶ 邱仁宗. 评《人胚胎干细胞研究伦理指导原则》［J］. 医学与哲学，2004（4）：1.

❷ 肇旭. 人类胚胎干细胞研究的法律规制［M］. 上海：上海人民出版社，2011：104 – 114.

包括在内。部分研究者甚至认为，这一部门规章在明确性上存在重大缺陷❶，对于"胚胎""囊胚""单性分裂囊胚""遗传修饰囊胚"等概念的内涵未作解释和说明。可以看出，《人胚胎干细胞研究伦理指导原则》尽管为我们确定了人类胚胎干细胞相关的研究边界，但是，这种划界方式或定义方式，仍然存在很多问题，外界存在众多异议。

从《人类胚胎干细胞研究的伦理准则（建议稿)》和《人胚胎干细胞研究伦理指导原则》两个文件的两种定义策略的直接对比，我们可以很容易看出其各自利弊得失。很难想象，从1998年人类胚胎干细胞技术起源以来，"人类胚胎干细胞"这样一个在技术上有所专指的技术概念，可以被定义得如此之大。不但很难理解和使用，即使勉强使用，也会有很多顾虑：不知如此理解、如此适用是否存在错误。

这样的前车之鉴对于国家知识产权局专利局在处理类似问题上，应该有所启示。那么问题出在哪呢？我们推测，在定义的理念和方向上，《人胚胎干细胞研究伦理指导原则》更多的是考虑通过宽泛的定义以监管周全，避免出现伦理监管的空白或死角，涉及来源于胚胎、生殖细胞、核移植技术的干细胞全部纳入监管。这明显是过度考虑了行政监管的周全，却部分牺牲了其在科学上的基本合理性。由此定义出来一个无法认清全貌的大而无当的"人类胚胎干细胞"。

因此，综合历史、现实和经验教训，并参考国外使用该概念的经验，我们认为，在"人类胚胎干细胞"这一概念的把握上，主要的教训是，仅仅根据人胚胎的来源来界定"人类胚胎干细胞"的范围明显是不合适的。

那么，对于这一概念的定位，我们还需要考虑什么呢？这

---

❶ 孟凡壮. 克隆人技术立法的宪法逻辑 [J]. 学习与探索，2018 (9)：70－76.

里可能需要注意的是，整体考虑"胚胎干细胞"这一术语，而不能把它拆解成"胚胎的干细胞"或者"来自胚胎的干细胞"。"胚胎干细胞"英文词源对应的英文是"embryonic stem cell, ESC"，英文中的核心词是"embryonic"。对于这样一个舶来的英文概念，"embryonic"中文的解释包括"胚胎的""萌芽期的""萌发期的""雏形的""初期的"等含义，如此看上去，"胚胎干细胞"到底能否指代来自胚胎来源的所有干细胞的含义呢，还是不确定。对此，可以借鉴一下日本的译法，从中或许可以略窥一斑。日本一些研究者，如南条雅裕、反町洋等，将"embryonic stem cell"译为"胚性干细胞"。显然其没有翻译为"胚源干细胞"，可能这一点才是关键。这里的所谓"胚性"，其含义是指具备胚胎性质的，具备向所有三个胚层的分化能力。

换言之，尽管"人类胚胎干细胞"这一概念，需要强调其人胚胎的来源（胚源），但更重要的是，其还需具备人胚胎的属性（胚性）。如果仅意在其来源，则所有来源于胚胎的干细胞，包括来自胎儿的各种干细胞等，均会纳入人类胚胎干细胞范畴。显然，这是极不合理的。

因此，在专利审查中，围绕审查标准中所涉及的核心技术概念"人类胚胎干细胞"的定义、解释和使用问题上的矛盾，关键在于如何做好减法，而不是加法。在该认识的基础上，我们尝试来确定一下"人类胚胎干细胞"的技术概念，以及其概念的内涵和外延。并提出以下七点想法供商榷。

1. "人类胚胎干细胞"这一概念通常应专指具有三胚层发育多能性的 hESC

在没有自定义的情况下，通常即以源自人类囊胚或胚泡内细胞团经体外分离培养获得的高度未分化的多能性细胞，来指称人类胚胎干细胞。由于来自内细胞团的胚胎干细胞的产生早于胚层命运决定，这种三胚层多能干细胞具有产生所有三个胚层的细胞和组织的潜能，但却失去了发育成完整个体的能力，发育潜能受到一定的限制。也就是说，当体外受精胚胎发育经过卵裂球、桑椹胚阶段以后，发育分裂成为由 32 ~ 64 个细胞组成的早期囊胚或称胚泡，该胚泡腔外层由一层细胞围成，称为滋养外胚层（trophectoderm，TE），一端为内细胞团（inner cell mass，ICM）。内细胞团细胞具有分化成个体中包括生殖细胞在内的各种细胞的潜能，但是由于无法产生胎盘在子宫发育时必需的一些组织而无法发育成完整个体，因此，分离自内细胞团的细胞属于三胚层多能干细胞。如果把这种内细胞团细胞放到女性的子宫中，它并不能发育成胎儿。

也就是说，hESC 仅仅为一种三胚层多能干细胞（pluripotent stem cell，PSC），是"人类胚胎干细胞"这一技术概念及其发现的本义。如此理解和解释，才能保障科学概念或技术概念的统一性，保证专利审查部门内外在技术识别上的一致性。

如此理解其含义范围，重点关注了人类胚胎干细胞分离自早期人类胚胎，具体是受精卵发育至 6 天左右（囊胚阶段）。这里的要点有：将 hESC 这一概念狭义专指；明确人类胚胎干细胞所具有的是多能性，而非全能性。

多能性是 hESC 的一个重要特征。目前，hESCs 的多能性在体内和体外都被得到证明。鉴定 hESC 是否具有三胚层分化多能性的方法主要是通过体外培养形成拟胚体或类胚体（EB）进而分化成三个胚层的能力，以及体内接种免疫缺陷动物以后形成畸胎瘤（teratomas）再分化形成三个胚层的能力。具体而言，在体内，通常是将 hESC 注射入重度联合免疫缺陷小鼠（SCID 小鼠），形成含三个胚层衍生物的畸胎瘤。畸胎瘤是指含有衍生自三个胚层（内胚层、中胚层以及外胚层）的组织的多个谱系的肿瘤，这与通常仅具有一种细胞类型的其他肿瘤不同。畸胎瘤形成是针对多能性的标志性测试。在体外，则悬浮培养

hESC，形成拟胚体，拟胚体中的细胞分别具有三个胚层特异的分子标志物。拟胚体是培养物中的 hESC 自发形成的一种球状胚胎样结构，其由有丝分裂活跃并且在分化的 hESC 的核心和有三个胚层完全分化的细胞的周边组成。

美国国立卫生研究院（NIH）制定的《人类干细胞研究指南》❶ 对此也持狭义说，与人类胚胎干细胞 1998 年技术起源保持一致，hESC 这一概念专指多能性人类胚胎干细胞（pluripotent human embryonic stem cell），即传统意义上的人类胚胎干细胞。

至于人类胚胎干细胞所涉及的人胚胎类型，应秉持开放态度，只要符合如上的胚源（人胚胎来源）、具有如上的胚性（至少是三胚层多能性），则不拘所涉及的人胚胎是体外受精胚胎，还是人核移植胚胎（克隆胚胎）、孤雌胚胎、单倍体胚胎等来源。例如，对于核移植胚胎而言，存在对应的核移植胚胎干细胞；对于单倍体胚胎而言，存在对应的单倍体胚胎干细胞（haploid embryonic stem cells，haESCs）。

至于对人类胚胎干细胞已经建立了某些共性表征和鉴别标准，如国际上已经有了人类胚胎干细胞的标准，主要从两方面进

---

❶ 在《人类干细胞研究指南》（*National Institutes of Health Guidelines for Research Using Human Stem Cells*）中，对人类胚胎干细胞的定义如下："For the purpose of these Guidelines，'human embryonic stem cells（hESCs）'are cells that are derived from the inner cell mass of blastocyst stage human embryos，are capable of dividing without differentiating for a prolonged period in culture，and are known to develop into cells and tissues of the three primary germ layers. Although hESCs are derived from embryos，such stem cells are not themselves human embryos."并注释其于 2010 年 2 月 23 日进一步为呼应公众意见将该定义修改为："For the Purpose of the Guidelines，'human embryonic stem cells（hESCs）'are pluripotent cells that are derived from early stage human embryos，up to and including the blastocyst stage，are capable of dividing without differentiating for a prolonged period in culture，and are known to develop into cells and tissues of the three primary germ layers."总之，无论先后定义，人类胚胎干细胞均指分离自胚胎或胚泡、具有三胚层分化多能性的细胞。

行限定，包括表达的基因和分化的能力。人胚胎干细胞表达的细胞表面抗原包括 SSEA－3、SSEA－4、TRA－I－60 和 TRA－I－81，其通常用作未分化的人胚胎干细胞标志物。其他的标志物还包括端粒末端转移酶和碱性磷酸酶活性，以及用于证明其多能性的转录因子 Oct4、Sox2 和 NANOG。

诸如此类的人类胚胎干细胞的鉴定标准仅仅是科学意义上和技术层面上的，一方面相应鉴别技术会不断发展；另一方面，相关鉴别技术也会逐渐向其他类型人胚胎的胚胎干细胞扩展。在专利法适用层面，通常仅需关注如上所述胚源和胚性，在伦理道德审查方面，通常无需引入此类标准作为准确鉴识的依据。通常不会因为某一标记或标志物的有无，而排除来源于人类体外受精胚胎、人类核移植胚胎、孤雌胚胎、单倍体胚胎等来源的胚胎干细胞为非人类胚胎干细胞。在伦理判断上，通常也无此必要性。

2. 特殊考量全能干细胞，"人类胚胎干细胞"的特殊情形例外

与多能干细胞不同，全能干细胞比较特殊，其来源于胚胎的卵裂球或桑椹胚，而非内细胞团。在部分情况下，也将受精卵纳入全能干细胞范畴。如图 2－2 所示，当人类受精卵分裂到 2 个、4 个、8 个、16 个细胞时为一实心球体［8 细胞期前称为卵裂球，16 细胞期时称为桑椹胚（morula）］，此时每个卵裂球细胞仍然保持全能性，将任意一个卵裂球细胞放置到适当的子宫中，都可以发育成一个完整的个体。因此，全能干细胞（卵裂球细胞）不仅具有自我更新和分化形成任何类型细胞的能力，还具有能够发育成完整的个体的能力。即全能干细胞不但可以分化为胚胎发育中三个胚层的全部种类的细胞，还可以分化为胚胎发育所必需的胚胎外组织，如由滋养层形成的胎盘和脐带等（而这一点是 hESC 所不具有的能力）。当然，对于全能干细

胞是否能够扩展到桑椹胚细胞，存在一定争议，有人认为到了16个细胞的桑椹胚细胞阶段以后，仍具备全能性；有人认为真正的全能干细胞仅仅是受精卵以及2细胞期细胞、4细胞期细胞、8细胞期细胞。

在坚持如上狭义解释"人类胚胎干细胞"概念的基本原则的前提下，面对全能干细胞，还需要一些特殊考虑。这些特殊考虑至少包含如下两个不同的角度。

一种是现实中必须进行的特殊考量。在某些法律规范、行政规章中，实质上已经将全能干细胞（人胚胎卵裂球细胞）纳入"人类胚胎干细胞"范畴，例如日本在使用"人类胚胎干细胞"这个概念时，是包含全能性细胞与多能性细胞两种情形的；或者在专利申请文件中存在相应的自定义、通过专利申请内容的记载可以确定其在"人类胚胎干细胞"这一概念的使用上明显涵盖了全能干细胞。此时，或者从法律上和技术上，"人类胚胎干细胞"这一概念包含了全能干细胞。这种特殊情形的出现，意味着我们在考量"人类胚胎干细胞"时，必须将全能干细胞纳入其中。同时也意味着，不同的专利申请，其在使用"人类胚胎干细胞"这一概念进行细胞类型的指称时，含义可能完全不一样，这是在专利审查中需要注意的。

另一种特殊考量是，即使不存在如上将全能干细胞纳入"人类胚胎干细胞"范畴的情况，两者之间是各自表述、各自狭义解释的。这种情况之下，"全能干细胞"与"人类胚胎干细胞"概念明确，两者不存在交叉关系。此时，对于全能干细胞所涉及的伦理问题，需要特别考量。其所面对的伦理问题，有不同于狭义的 hESC 的方面，必须单独作特殊考量和处理。

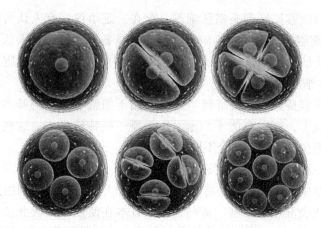

图 2-2　人类胚胎正常卵裂示意●

　　在两种特殊考量的情形之下，需要认识到，某些情况下，既然"人类胚胎干细胞"这一概念已经扩展到包括全能性人胚胎干细胞和多能性人胚胎干细胞，在审查中就需要同时考虑这两种细胞所涉及的伦理问题的相同方面和不同方面：相同方面是指，两种细胞均来自人胚胎，涉及相同的与人胚胎来源相同的伦理问题；不同方面则是指，两种细胞来自不同时期的人胚胎，全能干细胞来自更早的胚胎卵裂球时期，涉及与细胞全能性有关的更多的伦理问题，而多能性人胚胎干细胞来自内细胞团，具备的仅是三胚层多能性，并非全能性，其不涉及与全能性有关的伦理问题。

　　因此，对于《专利审查指南》中的"人类胚胎干细胞"这一技术概念，通常应认为，其狭义专指多能性人类胚胎干细胞。但并不意味着对全能干细胞不予伦理规制。恰恰相反，全能干

　　● VALENZUELA A. Embryonic or adult stem cells? what's the difference? ［EB/OL］. （2018 - 05 - 03） ［2021 - 05 - 30］. https：//losalgodonescelltherapy. com/blog/embryonic - or - adult - stem - cells - whats - the - difference.

细胞需要伦理规制，而且是特别的伦理规制：由于其自身具有的特殊属性，其所面对的伦理问题，不能与人类胚胎干细胞等量齐观。

全能干细胞本身及其应用中涉及特殊的伦理问题主要包括，全能干细胞本身与《专利审查指南》中所谓"处于各形成和发育阶段的人体"的关系，关于此点，后续在评述2019年《专利审查指南（2010）》修改时，我们还会详细讨论，这里不再展开。另外，利用全能干细胞来制备hESC、利用全能干细胞作为供体细胞进行核移植等诸如此类的全能干细胞的各种应用中，鉴于全能干细胞近于胚胎的独特地位，其是否还会涉及其他的独特的伦理问题，也有待充分的讨论。

总之，对于两种细胞的关系，无论是否处在同一概念统摄之下，均需要独立考量两方面的伦理问题。如果刻意仅关注了多能性的狭义的人类胚胎干细胞，则势必会忽略全能干细胞特有的伦理问题，例如，按照2019年之前的专利审查标准，仅关注狭义的人类胚胎干细胞来自于人类胚胎，可能会涉及破坏胚胎从而存在"人胚胎的工业或商业目的的应用"这一点，单独从狭义的人类胚胎干细胞的角度，是不存在问题的。在专利审查中，对于新出现的一些不必破坏人类胚胎但必须使用胚胎来制备胚胎干细胞的方法发明，当时的审查观点认为其包含人胚胎的工业或商业目的的应用，有违人类社会伦理道德。其相应的支撑案例为："专利申请要求保护一种人类胚胎干细胞的制备方法，其包括在不破坏胚胎的情况下，取8～16个细胞的受精卵，分离出单个细胞加以培育，从而获得胚胎干细胞系，而卵裂球中剩余的细胞依然能够继续形成胚泡，进而发育成健康的胎儿。"

在该案例中，专利审查员认为，该发明虽然未对人类胚胎造成损害，但这种方法在制备人类胚胎干细胞的过程仍然要使用卵裂期的人胚胎作为原料进行生产，显然这类方法也属于人胚胎的工业或商业目的的应用，不能被授予专利权。

可以看出，该案例涉及的是从胚胎中取出一个全能干细胞进行制备和应用，其主角是全能干细胞。专利审查员在类似案件的审查处理过程中，并没有特别提及全能干细胞的利用是否会触及更多的伦理问题，还是围绕该全能干细胞仍然要来自胚胎，由此发明存在"人胚胎的工业或商业目的的应用"，来进行违反伦理道德的定性。因此，在"人胚胎的工业或商业目的的应用"这一极具威慑力的标准之下，关于全能干细胞本身及其利用的一些伦理问题，似乎还没有经过充分的讨论。

总之，全能干细胞是一个特殊的存在，就某种意义而言，无论是从"胚源"的角度，还是从"胚性"的角度，其似乎都更属于人类胚胎干细胞，无法将其排除出去。国外也偶见将全能干细胞纳入人类胚胎干细胞范畴的类似的分类方法，但总体而言，并不多见。如表 2-1 所示。

表 2-1　一种胚胎干细胞比较少见的分类方式

干细胞类型	典型细胞	分化谱系
全能干细胞	胚胎干细胞（例如受精卵）	可分化为任何细胞类型
多能干细胞	胚胎干细胞和诱导性多能干细胞	可分化为任何三胚层细胞

从我国专利审查实践来看，实际上，早在 2006 年左右专利审查员便将全能性胚胎干细胞与非全能性胚胎干细胞区分对待。在 2006 年专利局研究制定人类胚胎干细胞的相关专利政策时，有相关的早期研究课题指出，全能性人胚胎干细胞具有发育成完整人体的潜能，属于处于各个形成和发育阶段的人体。当受精卵分裂到 8~16 个细胞时，分离的胚胎干细胞或细胞系具有全能性，将全能性胚胎干细胞作为人体的一个发育阶段而归于

《专利法》第5条规定之下，应是明智之举。而非全能性人类胚胎干细胞（在胚胎发育到16个细胞以后），分离出的胚胎干细胞或细胞系不再具有全能性，无法发育成完整的人体。因此对于非全能性人类胚胎干细胞，不能将其作为人体发育的一个阶段加以反对。❶ 此后，2009～2011年制定的内部标准中对此也有明确的规定：全能性人类胚胎干细胞作为人体的一个发育阶段，违反《专利法》第5条第1款的规定，不能被授予专利权。由此可以看出，在政策研究和审查实践中，对于该概念的内涵和相关伦理问题的处置，一开始就是二分对待的。

当然，人胚胎的发育过程中，胚胎除了正常卵裂以外，也会存在异常卵裂。如图2-3所示，在异常卵裂的情况下，可能

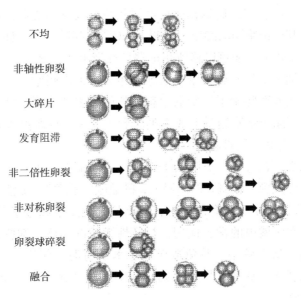

不均

非轴性卵裂

大碎片

发育阻滞

非二倍性卵裂

非对称卵裂

卵裂球碎裂

融合

图2-3 人类胚胎异常卵裂示意（专利 ZL201510412577.8 附图）

---

❶ 张清奎，等. 人类干细胞的专利政策研究，国家知识产权局办公室软课题，课题编号：B0503，医药生物发明审查部，2006年9月26日，参见第90页。

还会形成不具有全能性的卵裂球细胞。因此，对于卵裂球细胞的全能性，也需要具体问题具体分析，具体案件具体对待，对此需要辩证的、更加全面的认识。

此外，也应注意到，如果在需要特殊考量的情形下，将全能干细胞纳入人类胚胎干细胞范畴，也会存在很多不适，甚至是滑稽。在通常可以区分表述的情况下，还是应尽量区分表述，避免引起误解误认。例如在 2006 年伊琳娜·克利曼斯娅等在《自然》杂志上发表文章，宣称已经从人类早期胚胎中培育出胚胎干细胞，而且这一方法并不影响胚胎的正常发育，取出进行实验用的单细胞后的卵裂球依然能够继续发展成胚泡，形成胚胎，发育成健康的胎儿。在此情形下，发明者实际上就是将胚胎的单个卵裂球细胞取出来，经过培育，发育为囊胚阶段，进而采取其内细胞团的细胞，获得 hESC。而胚胎的其余卵裂球细胞并不受影响，还可以移植并正常发育为胎儿。此时如果认为，全能干细胞也是人类胚胎干细胞，那么这种由胚胎卵裂球细胞培育形成人类胚胎干细胞的过程，从中文表述来看，就演变成由人类胚胎干细胞制备形成人类胚胎干细胞，也即由 A 制备出A，多少有些滑稽难解。

总之，在对"人类胚胎干细胞"这一概念的解释上，应该注意严谨准确：在概念的内涵上，既兼顾"胚源"，更注重"胚性"。在考察中文概念的同时，注重从其英文本源考察其本意，注重其在领域内的常态使用，与胚性无关的非原初细胞，不宜纳入这一概念统摄，避免造成概念术语的混乱使用。换言之，如果无胚源，或者无胚性，则应该不属于"人类胚胎干细胞"概念范畴。

全能性细胞需要特殊考量的是，从来源上而言，其来源于胚胎，属于胚胎细胞；从属性上而言，其属于干细胞，是一种具有全能干性的细胞，因此从"胚源"和"胚性"两个方面考虑，将其列入人类胚胎干细胞似乎都当之无愧。这是一个需要思考的很重要的方面。

但是，需要注意的是，如果全能干细胞与人类胚胎干细胞不加区分，统而称之，也会造成很大的混乱和误认。人们尽管也认可 2 细胞期至 16 细胞期（即卵裂球细胞或桑椹胚细胞）的细胞具有全能性，但习惯上更多将其称之为全能干细胞，而不认为其属于人类胚胎干细胞，实际上既有 1998 年技术诞生之初狭义的人类胚胎干细胞的先入为主的影响，也有区别表述、辨清差异的需要。否则，就会造成两者的混淆，不但不能厘清这些细胞之间的关系，反而淡化了全能干细胞与人类胚胎干细胞的重要区别，从而忽视或淡化了只有全能干细胞才存在的伦理问题。

尤其是，目前的科学研究中，对于人类胚胎干细胞的研究，已经呈现出向上和向下两个方向的延伸：人类胚胎干细胞不仅可以向下分化出各种分化细胞、终末细胞，人类胚胎干细胞还会向上实现细胞命运逆转，通过重编程和逆分化，无限逼近 2 细胞期细胞（2C - like 细胞），即逼近全能干细胞。未来两种细胞之间不仅是可以互相转化的，而且是可以可逆转化的。面对如此技术，如果再对全能干细胞与人类胚胎干细胞不加区分，统称人类胚胎干细胞，就会造成更多的混淆和表述不便。

值得注意的是，从专业标准的角度而言，我国已有《干细胞通用要求》《人胚干细胞》和《人诱导多能干细胞》三项标准。透过这些标准可以发现，作为国内干细胞领域最专业的学术团体，中国细胞生物学学会对于人类胚胎干细胞的界定，三项标准均特别强调和重视"胚源"和"胚性"两个方面：胚源方面，限定了"源自人着床前胚胎中未分化的初始细胞"；胚性方面，重点在于"可在体外无限制地自我更新"和"具有三胚层细胞分化潜能"。综合三项标准来看，《干细胞通用要求》中特别示出了全能干细胞与多能干细胞，指出多能干细胞为可在体外无限制地自我更新和具有三胚层细胞分化潜能，胚胎干细胞源自早期胚胎中内细胞团的初始未分化细胞；在《人诱导多能干细胞》中则定义其为，由人体细胞经重编程获得的具有自我更新能力和向三胚层细胞分化潜能的一种干细胞。因此，可以明显看出，在我国专业领域的相关标准中，对于人类胚胎干细胞，已经明确其与全能干细胞不同，仅属于多能干细胞。

总之，对于两种细胞的关系的处理，以及对于人类胚胎干细胞这一概念，应保持一定的原则性、狭义性，严格解释其含义范围，必要时还可以保持一定的开放性、包容性。特殊情形下，也不绝对反对将全能干细胞纳入"人类胚胎干细胞"的范畴。总之，无论如何定义其范畴，最终应保障在伦理和法律治理上，不应出现无法规制的空白区间，避免从人类受精卵至囊胚阶段的内细胞团细胞（即狭义的人类胚胎干细胞）这样两个端点之间，出现一段没有定性的细胞的空白区间，从而实现技术概念周延灵活，进退自如。

3. 一个开放空间——全能干细胞与人类胚胎干细胞之间的细胞以及接近人类胚胎干细胞的细胞

前已述及，人类胚胎干细胞在某些情形下可能包括全能干细胞与狭义的人类胚胎干细胞。除了它们两者以外，在距离两者较近的位置，还有两大类细胞与它们也比较接近，而且可能面临类似的伦理问题。

第一类细胞位于人类胚胎干细胞的上游，就是介于全能干细胞与多能性人类胚胎干细胞之间的一类细胞。在自然分离的情形下，这一类细胞在全能干细胞的下游，但在人类胚胎干细胞的上游，比如位于晚期桑椹胚与早期囊胚之间的细胞，而在人类胚胎干细胞等多能干细胞逆向转化诱导的情况下，其也可以由人类胚胎干细胞等细胞逆向转化或重编程而来。该类细胞所具有的发育潜力、分化潜力介于全能性和多能性之间，有人已经将其多能性称之为"plenipotent"。

另一类则位于人类胚胎干细胞的下游，但处于一个非常接近人类胚胎干细胞的时期。比如 hEpiSCs。目前对 hEpiSCs 仅持理论上的保留态度，专利审查实践中通常不涉及。这里的 hEpiSCs 并非人表皮干细胞（human epidermal stem cells），而是指人上胚层干细胞（human epiblast stem cells）。理论上的 hEpiSCs 应该是，来自人胚胎的上胚层，预期可能会具有三胚层分化多能性，但不具有胎盘分化能力的一种细胞类型，可能与 hESC 比较接近，甚至非常接近。因此，从"胚源"和"胚性"两个方面分析，hEpiSCs 理论上可能属于人类胚胎干细胞。需要指出的是，人类胚胎干细胞分离自着床前（移植前），而若想获得 hEpiSCs，则只能从着床后（移植后）的胚胎获取。由于伦理上的原因，人类不能从植入女性体内的成活胚胎发育阶段获得这一细胞，至今尚未分离获得 hEpiSCs，其目前仅是一种理论上有很大可能性存在的干细胞，无法确切知晓其多能性表现等，仅属于在技术概念层面、理论探讨层面，因此，对"人类胚胎干细胞"这一概念某种程度上应持一种开放性的态度。

与此相对，在动物胚胎干细胞的相关研究中，由于动物并不涉及过多的伦理担忧，关于动物的 EpiSCs 的研究已经很多（如小鼠或大鼠的胚胎上胚层干细胞），在动物上胚层干细胞与动物胚胎干细胞比较的层面，已经存在相当多的比较研究。进而这种比较研究还会进一步延及人类胚胎干细胞与鼠上胚层干细胞（mEpiSCs）之间的比较。所以，从这一角度讲，可以让"人类胚胎干细胞"这一概念对 hEpiSCs 持开放态度，其既是一种开放空间，也是一种未知空间。但现实中由于几乎没有类似案件存在，尚无需处理相关伦理问题。

这一相对开放或包容的观点，部分可以得到一些学者的观点的支持，如理查德·L. 甘德（Richard L. Gardner）等在有关干细胞生物学的专著❶中指出，"ES 细胞"一词的使用应限于源自植入前孕体或植入后孕体的多能细胞，这种细胞能够形成功能性配子，还兼具形成后代全系体细胞的能力。可以看出，其在胚胎干细胞的定义或范围上，也特别强调三谱系分化能力或全谱系分化能力，以及生殖细胞的分化或衍生能力，与众不同的是，其还特别指出，这种能力可能来自植入前孕体（胚胎），也可能来自植入后孕体（胚胎）。我们的理解是，其分别对应于来自植入前胚胎内细胞团的 hESC 以及来自植入后着床胚胎的 hEpiSCs。因此，将理论上的 hEpiSCs 归入人类胚胎干细胞范畴似乎有其一定合理性。

总之，关于处于全能干细胞与狭义的人类胚胎干细胞之间的 plenipotent 细胞，以及紧邻胚胎着床之后产生的 hEpiSCs，这些细胞未来如何归属，伦理问题如何处理，随着科学技术发展，还有很多的研究和探讨空间，但确实与全能干细胞和狭义的 hESC 具有某些相似性，尤其是它们可能均具有三胚层多能性，应持谨慎保留态度。

4. 人类胚胎癌细胞不应纳入"人类胚胎干细胞"范畴

人类胚胎癌细胞也称人胚胎肿瘤细胞（human embryonal carcinoma cell，hECC）。有的细胞分类方式认为，人类胚胎干细胞根据其来源途径有四种，分别为胚胎干细胞（ESC）、胚胎生殖细胞（EGC）、胚胎癌细胞（ECC）以及由体细胞核移植胚胎的囊胚获得的胚胎干细胞（ntESC）。并认为在这四种途径中，最早应用于人类胚胎干细胞研究的就是胚胎癌细胞。1984 年，

---

❶ 丹尼尔·R. 马沙克，理查德·L. 甘德，大卫·戈特利布. 干细胞生物学[M]. 刘景生，张均田，译. 北京：化学工业出版社，2004.

詹姆斯·汤姆森和约翰·吉尔哈特所在的两个研究小组分别报道从人畸胎瘤组织中获得可以分化为神经细胞等其他类型细胞的细胞系，以及之后的 Pera 等人报道从人畸胎瘤中获得可以分化为三个胚层来源的不同类型组织的细胞系。但是胚胎癌细胞来源于肿瘤组织，常常含有非整倍体核型的细胞，因而有别于正常组织来源的干细胞，所以在研究和应用中的作用有限。可以看出，诸如此类的分类方法，均将人类胚胎癌细胞纳入人类胚胎干细胞的范畴。

那么，这种胚胎癌细胞是否应纳入人类胚胎干细胞范畴呢？我们认为，虽然胚胎癌细胞和胚胎干细胞之间确实具有某些相似，且胚胎干细胞异种移植以后可能会导致畸胎瘤并产生胚胎癌细胞，但来源、核型等不同点也很多。而且，早在 1998 年人类胚胎干细胞技术起源以前，人类胚胎癌细胞技术已出现，两者还是存在很多差异的。其合理的处置方式应该是，胚胎癌细胞可纳入人类多能干细胞（hPSCs）这个上位概念的范畴，而非人类胚胎干细胞的范畴。由此，由人类胚胎干细胞、人类诱导性多能干细胞（hiPSCs）、人类胚胎癌细胞和人类胚胎生殖细胞等共同组成人类多能干细胞。简言之，胚胎癌细胞属于人类多能干细胞（PSC），但不是胚胎干细胞，两者是并列关系。并且，人类胚胎癌细胞来源于人畸胎瘤组织，与来源人胚胎的 hESC 所面临的伦理问题也截然不同。因此，两者无论从技术本质上，还是在伦理问题上，都存在较大的不同。在专利审查中，通常不宜将人类胚胎干细胞的概念扩展至人类胚胎癌细胞。

5. 人类胚胎生殖细胞和胎儿干细胞不应纳入"人类胚胎干细胞"范畴

至于胎儿干细胞（FSC）和人类胚胎生殖细胞，同样也不应纳入专利审查指南中"人类胚胎干细胞"的范畴。对此，我们

比较赞同美国国家科学院（NAS）的人类胚胎干细胞研究指南❶
中的解决办法。在该指南中，其将所规范的人类干细胞分为 a、
b、c 三类。

　　a 类是人类胚胎干细胞或其衍生物，包括为生殖目的或为研
究目的制造的胚泡或桑椹胚获得的人类胚胎干细胞或其衍生物，
或者由体细胞核移植（NT）技术或孤雌/孤雄生殖产生的人类
胚胎干细胞或其衍生物。

　　b 类是其他类型的人干细胞，包括①人类成体干细胞；②衍
生自胎儿组织的胎儿干细胞或人类胚胎生殖细胞；以及非胚胎
来源的人多能细胞，例如精原干细胞或诱导性多能干细胞。

　　c 类是由美国国立卫生研究院资金支持、美国国立卫生研究
院指南规制和批准的人类胚胎干细胞。

　　从中可以看出，美国保持了狭义指代人类胚胎干细胞的一
贯做法，对于衍生自胎儿组织的胎儿干细胞和人类胚胎生殖细
胞，美国明确其均不属于人类胚胎干细胞范畴，而是列入其他
类型的人类干细胞。对于 NAS 的这种划分模式，我们是赞同的：
即认为，胎儿干细胞和分离自受精后 4~9 周（我国部分研究者
扩展到 5~11 周龄流产胚胎生殖嵴）胚胎的原始生殖嵴的人类
胚胎生殖细胞均并非人类胚胎干细胞范畴，不仅因为其分离自
流产胚胎或流产胎儿组织，也因为其多能性与人类胚胎干细胞
并不相同。尽管在 1998 年这两种技术几乎一同出现，但是人类
胚胎生殖细胞从一开始，就不同于人类胚胎干细胞：其既无人
类胚胎干细胞之名，也无人类胚胎干细胞之实。换言之，其本
来就并非人类胚胎干细胞。如图 2-4 所示，在连续发育的链条

---

❶　Human Embryonic Stem Cell Research Advisory Committee, National Research
Council. Final report of the national academies' human embryonic stem cell research advisory
committee and 2010 amendments to the national academies' guidelines for human embryonic
stem cell research [M]. Washington, D. C. : National Academy of Sciences, 2010.

上，尽管表面上人类胚胎干细胞与人类胚胎生殖细胞两者都可称之为多能干细胞，但两者根本上的区别是比较明显的。

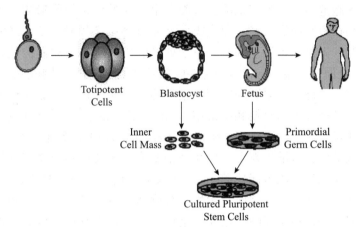

图2-4 人类胚胎干细胞和人类胚胎生殖细胞的不同分离阶段的差异❶

　　在知识的传播中，1998 年美国 Thomson 等从早期胚胎建立了人类胚胎干细胞，Gearhart 等从流产胎儿的生殖嵴建立了人类胚胎生殖细胞，由于人类胚胎干细胞和人类胚胎生殖细胞在生长形态、特性方面极为相似，有时人们常把胚胎生殖细胞也称为胚胎干细胞。但实际上，基于胎儿生殖嵴原始生殖细胞所建立的人类胚胎生殖细胞与从囊胚或胚泡的内细胞团分离获得的人类胚胎干细胞本质上不是一类细胞。美国 NIH 和 NAS 历来都是将人类胚胎干细胞和人类胚胎生殖细胞分别处理的。两者不仅细胞不同，面临的主要伦理问题也各不相同。

　　具体而言，1998 年，约翰·吉尔哈特从流产胎儿生殖嵴原始生殖细胞建立人类胚胎生殖细胞之时，系从第 5~9 周流产胎

---

❶ WHITE R. Human embryonic stem cells（hES）and genetic therapy［EB/OL］.（2018 - 05 - 03）［2021 - 05 - 30］. http：//faculty. msj. edu/whiter/STEMCELL-FACTS. htm.

儿生殖嵴获取的人类胚胎生殖细胞。从胚性上而言，对于来自第5~9周流产胎儿的干细胞，当下并不适合将其归入人类胚胎干细胞范畴。尽管有推测，人类最早的原始生殖细胞形成也是大约在原肠胚形成时，即人类胚胎发育到第2周时，就已经能检测到人类原始生殖细胞，位于卵黄囊内胚层靠近尿囊的位置（人类原始生殖细胞被认为是在胚胎发育早期，紧贴外胚层的一群细胞，逃离了原肠胚时期的谱系命运决定，迁移入胎儿生殖嵴的微环境中的早期胚胎细胞）。由于技术和伦理道德的限制，科学家们还无法捕获首个在原肠形成之前出现的原始生殖细胞。也就是说，最早的人类原始生殖细胞或者人类胚胎生殖细胞的分离获取时间还可能比第5~9周大大提前，但是，即使如此，从目前由多能干细胞向原始生殖细胞体外定向分化体系的相关研究可知，相关细胞分化大体遵循了由胚胎干细胞或诱导性多能干细胞诱导分化为类上胚层细胞（epiblast – like cells, Epi-LCs）或者类中胚层细胞（induced mesoderm – like cell, iMLC），然后再生成原始生殖细胞或者原始生殖细胞样细胞（PGCLCs）的步骤。从此意义上而言，尽管两者名义上均为多能干细胞，但原始生殖细胞或者胚胎生殖细胞毕竟是由人类胚胎干细胞分化得来，因此，实质上人类胚胎干细胞的多能性等级还是要高于原始生殖细胞，两者在多能性上并不相同或等同，至多只是该细胞的生长行为和分化潜能与胚胎干细胞类似。胚胎生殖细胞虽然与胚胎干细胞具有很多类似的分化潜能，但是，胚胎生殖细胞还是显示了相当多的特定基因标记。似乎并不适合在人类胚胎干细胞这一概念之下将胚胎生殖细胞纳入。当然，在基于人类胚胎干细胞与原始生殖细胞或人类胚胎生殖细胞多能性比较的确切研究证据方面，我们也应秉持开放性态度，如果有确切证据证实原始生殖细胞或人类胚胎生殖细胞具有与人类胚胎干细胞相同的三胚层分化多能性，甚至还会获得原始状态的三胚层多能性，我们也并不否认此点。但这也只能说明，其具有与人类胚胎干细胞类似的多能性。综合考虑胚源和胚性，还是不适合在人类胚胎干细胞概念之下纳入人类胚胎生殖细胞。而且，由于胚胎生殖细胞与胎儿干细胞一样，分离自流产胎儿，其与分离自胚胎的人类胚胎干细胞所面临的伦理问题，也不具有可比性。

同前述全能干细胞的情形类似，对于如上人类胚胎癌细胞、胎儿干细胞及人类胚胎生殖细胞的三种情况，需要指出的是，在某些专利申请个案中，可能会存在将它们纳入人类胚胎干细胞这一概念统摄的情况。同时，不排除在部分行政规章或规范性文件的制定中，也有可能将这三者任一或其组合，纳入人类胚胎干细胞这一概念之下予以规制。但是，整体而言，这三者无论从来源、属性还是所存在的伦理问题的性质，与狭义的人类胚胎干细胞是不一样的。因此，不建议将它们纳入我国《专利审查指南》所述的人类胚胎干细胞概念的范畴。

关于此点，还可以参考本领域的相关专项研究，例如肇旭的《人类胚胎干细胞研究的法律规则》❶ 一书，其也同样没有将胚胎生殖细胞纳入人类胚胎干细胞范畴，而是单列为其他干细胞类型。可见，仅仅关注干细胞在分化能力上具有某些近似性，或具有某些近似表现，即把它划分入人类胚胎干细胞，可能并不十分妥当。

6. 诱导性多能干细胞不属于人类胚胎干细胞已经得到广泛共识

由体细胞重编程而形成的人类诱导性多能干细胞具有独特的属性：一方面，其在诱导重编程以后，具有类似人类胚胎干细胞的多能性，因此，从某种角度上而言，可以认为两者具有

---

❶ 肇旭. 人类胚胎干细胞研究的法律规制 ［M］. 上海：上海人民出版社，2011：5 – 10.

类似的多能性；另一方面，其明确自己并非来自人胚胎，完全不具有"胚源"。因此，诱导性多能干细胞技术属于人类胚胎干细胞出现以后涌现的一种新兴技术，替代技术，可以很明确地说，其不属于人类胚胎干细胞。

2006 年出现诱导性多能干细胞以后，干细胞按其来源分为胚胎干细胞、成体干细胞的传统二分模式就悄悄发生了改变。目前，对于干细胞分类，各种文献上常见的是胚胎干细胞、成体干细胞、诱导性多能干细胞的三分模式。而在干细胞分类的权威著作或相关标准中，常见的是将人类胚胎干细胞与人类诱导性多能干细胞两者作各种横向对比研究，但从没有将人类诱导性多能干细胞纳入人类胚胎干细胞范畴。专利审查实践中，国家知识产权局专利复审委员会（现为专利局复审和无效审理部）第 77660 号复审决定涉及对人类胚胎干细胞与人类诱导性多能干细胞两者关系的讨论，以及对此作出的认定，细节参见后续对 20 多年审查历史部分的详述。这些也充分说明，人类胚胎干细胞与人类诱导性多能干细胞既不属于成体干细胞范畴，也不属于人类胚胎干细胞范畴。

当然，在特殊情况下，可能会有一些特殊安排。但这种特殊安排通常有特定背景，并未得到广泛认可。如《人类成体干细胞临床试验和应用的伦理准则（建议稿）》第 2 条认为，人类成体干细胞是指人体各种组织或器官内具有自我更新和分化潜能的特定多能或专能细胞。它存在于人体的各种组织和器官中，如骨髓、大脑、皮肤、脂肪、肝脏、角膜、胃肠道、肌肉等，以及胚外组织，如羊水、脐带、脐带血、胎盘、羊膜。目前已分离到造血干细胞、神经干细胞、上皮干细胞、间充质干细胞等。诱导性多能干细胞也属于成体干细胞的一种。❶ 可以看出，

---

❶ 国家人类基因组南方研究中心伦理学部. 人类成体干细胞临床试验和应用的伦理准则（建议稿）[J]. 中国医学伦理学，2014，27（2）：191 – 194.

在特定文件的起草制定中，特意将诱导性多能干细胞归入成体干细胞，推测可能与监管范围的人为设定和划分有关，但实际上这样规定已经造成与对成体干细胞"存在于人体的各种组织和器官中"的定义内部存在明显矛盾。这种认识一般不会获得广泛认可。

因此，明确的是，人类诱导性多能干细胞是一种既不同于人类胚胎干细胞，也不同于成体干细胞的非胚胎来源的干细胞。在多能性上，普遍认为人类诱导性多能干细胞为多能干细胞。所以，在很多场合下，人类胚胎干细胞与人类诱导性多能干细胞经常被指称为人类多能干细胞。或者说，在人类多能干细胞的概念之下，两个最典型的代表就是人类胚胎干细胞与人类诱导性多能干细胞，它们分别代表了非胚胎源和胚胎源的人类多能干细胞。

需要指出的是，即使人类诱导性多能干细胞在细胞类型或本质上不归属人类胚胎干细胞，也并不完全意味着其必然无需讨论伦理问题，而是在另一个层面，即并非在人类胚胎干细胞制备的范畴，研判其是否存在伦理问题。例如，通过体细胞进行人类诱导性多能干细胞制备，普遍认为可能涉及的伦理问题较少或无，但是，利用人类诱导性多能干细胞进行后续各种应用时，有时则未必不会触及伦理问题。

7. 关于"类胚胎干细胞"或者"胚胎样干细胞"

"类胚胎干细胞"或者"胚胎样干细胞"通常是指具有典型的胚胎干细胞（参比的胚胎干细胞）的一个或多个但并非全部特征的细胞。一般视不同语境，其含义也千差万别。

例如，当用来表述和指称小鼠胚胎干细胞以外的其他哺乳动物物种的胚胎干细胞，包括猪、牛、羊、兔的胚胎干细胞等时，一些研究者经常使用诸如"embryonic stem like – cells""ESC – like lines""ESL 细胞系""ES 样细胞系"等概念，以显示这些物种的胚胎干细胞与典型的小鼠胚胎干细胞或人类胚胎干细胞相比具有不同的或独特的特点，例如专利 CN107227292A；在 2006 年前后诱导性多能干细胞技术刚刚诞生之时，一些学者经常使用"类胚胎干细胞"这一概念来表述刚刚发现的诱导性多能干细胞，认为诱导性多能干细胞非常类似于胚胎干细胞。后来，在持续改进诱导性多能干细胞技术之时，对利用这些诱导性多能干细胞改进型技术所获得的干细胞有时也仍称作"类胚胎干细胞"（参见专利 CN101970664B、CN101970661B）。

另外，在指内源性多能干细胞（endogenous pluripotent stem cell，ePSC）时，迄今为止已分离的主要类型的内源性多能干细胞是极小胚胎样干细胞（very small embryonic - like stem cells，VSELs）。这一类细胞是美国路易斯维尔大学的 Kucia 于 2006 年发现，分离自骨髓、脐带血、胎盘等，数量极为稀少（0.01%），体积又极小（在小鼠中直径为 3 ~5μm，在人类中直径为 3 ~7μm），被称作"遗漏的珍珠"，其表达胚胎干细胞的细胞标志分子如特异性胚胎抗原（SSEA -1）和转录因子 Oct4、Nanog 以及 Rex -1，保持跨胚层分化的多能干细胞活性。有人认为，其是在胚胎形成过程中迁移并在成体组织中存在的少量的处于静止休眠状态的原始多能干细胞，但目前此观点尚未得到确切证实，其生物学起源以及与其他原始干细胞的关系也不明确［存在来源于类上胚层细胞（EpiLCs）或原始生殖细胞的假说］。也有部分科学家并不承认存在此类干细胞。按照目前的来源，如其存在，其本质仍是具备多能干细胞特性的成体干细胞。其中，涉及极小胚胎样干细胞的典型专利申请包括 CN101573441A、CN102333861A、CN102395683A、CN103748215A 等。

来自成体组织或器官的多能干细胞有时也往往被冠以"类胚胎干细胞"或者"胚胎样干细胞"的称谓：诸如专利 CN101384708A 涉及从成人牙周滤泡组织分离的滤泡胚胎神经嵴

干细胞（FENC），专利 CN104204190A 中涉及从人类间叶基质富集和分离筛选的多能性人类间叶共同先驱细胞（MCPCs），专利 CN103805557A 中提及源于人、小鼠、猪等睾丸组织的多能干细胞等，均被指称为类胚胎干细胞。

根据如上至少四种示例，已经可以看出，当我们使用"类胚胎干细胞"或者"胚胎样干细胞"或类似概念时，既可能指向真正的胚胎干细胞，也可能指向的仅是诱导性多能干细胞或者不同组织、不同来源、不同多能性的成体干细胞。

总结以上七点对人类胚胎干细胞这一概念的辨析和比较可知，"人类胚胎干细胞"这一概念具有相当的复杂性。狭义解释和精准解释"人类胚胎干细胞"的概念，对相关专利审查能起到避免概念混淆和精准定位的益处，也有助于准确把握不同类别的干细胞各自面临何种伦理问题。

（五）《专利审查指南》中"人胚胎"的含义

相对于"人类胚胎干细胞"这一概念，"人胚胎"概念也很复杂。

对于传统意义上的受精胚胎，从不同角度进行表述，也会有不同称呼，例如自然受精胚胎、受精胚胎、体内胚胎、体外胚胎、体外受精胚胎、冷冻胚胎、早期胚胎、前胚胎、早早期胚胎、剩余胚胎、三原核胚胎、嵌合胚胎、废弃胚胎等。对于非自然受精胚胎，也有众多不同名称，例如体细胞核移植胚胎、孤雌胚胎（孤雌生殖胚胎）、孤雄胚胎（孤雄生殖胚胎）、单性胚胎、单倍体胚胎、多倍体胚胎、孤雌单倍体胚胎、孤雄单倍体胚胎、嵌合体胚胎、杂合胚胎、混合胚胎、聚合胚胎、三亲胚胎、半克隆胚胎、合成胚胎、胚胎模型、胚状结构、类原肠胚等。因此，"人胚胎"这一概念的外延早已不同于传统胚胎学时期，而是不折不扣地已经进入现代胚胎学的兼容并蓄的时代。

对此，国外在相关法律的规制中，采取了将不同胚胎类型分别定义的方式。如日本 2000 年人类克隆技术规范法第 1 条阐明其立法宗旨，第 2 条即是定义部分。该条除了定义胚胎（embryo）、生殖细胞（germ cell）、未受精卵（unfertilized egg）、体细胞（somatic cell）、胚性细胞（embryonic cell）、人类受精胚胎（human fertilized embryo）、胎儿（fetus）以外，还一口气定义了九种特定胚胎，所谓的特定胚胎是指人类分裂胚胎（human split embryo）、人类胚性核移植胚胎（human embryonic nuclear transfer embryo）、人类体细胞核移植胚胎（human somatic cell nuclear transfer embryo）、人类－人类嵌合胚胎（human－human chimeric embryo）、人类－动物杂合胚胎（human－animal hybrid embryo）、人类－动物融合胚胎（human－animal clone embryo）、人类－动物嵌合胚胎（human－animal chimeric embryo）、动物－人类克隆胚胎（animal－human clone embryo）、动物－人类嵌合胚胎（animal－human chimeric embryo）。也即在一部法律中可以看到这么多的胚胎类型，即使其每一种胚胎类型均有明确定义，有时也很难区分这些特定胚胎之间的准确关系。其中，通过该法，特别需要重点考量的是嵌合胚胎/杂合胚胎问题：不同的嵌合/杂合方法、嵌合/杂合胚胎中人类细胞的不同比例、嵌合/杂合胚胎的不同用途，在如此多的不同的情况下，如何认定该嵌合胚胎/杂合胚胎是属于人胚胎还是动物胚胎，界线如何划分，也是其暴露出的问题之一。而且，日本的这部法律制定时间较早，发展到现在，显然这还不是胚胎的全部。

不仅人胚胎问题如此复杂，即便是人的类胚、拟胚，也非常复杂。面对这些名之为"胚"的术语概念，在技术意义上，或者至少在中文译名称上，有时很难或无法分辨其到底是不是人胚胎。

1. 拟胚体

拟胚体是指通过人类胚胎干细胞的聚集获得的直径为 200 ～

4000μm 的多细胞球。通常通过将胚胎干细胞（即 2000 个左右的胚胎干细胞）重悬浮在培养基悬滴（从培养皿的塑料盖悬垂的液滴）中来实现。在植入动物中之后或进一步体外培养之后，拟胚体分化并形成多种非多能性细胞类型，但是不能组织形成生物体，未见其具有全能性或具有发育成人潜能的报道。拟胚体培养和植入允许评估细胞系的分化潜力或启动胚胎干细胞的分化作为形成更加分化的细胞类型的中间步骤。拟胚体不可能像真正的胚胎一样，具备全能性。迄今为止，使用胚胎干细胞形成的拟胚体不能形成囊胚或胎盘组织，因此它们不能用于获得胚胎或活动物。换言之，拟胚体的形成仅是由胚胎干细胞培养经聚集而形成的细胞聚集体，并无滋养层干细胞或胎盘干细胞参与形成，最终也无法用于获得胚胎或活动物，与真正的胚胎相差甚远，实际上不应被认为属于人胚胎。其获取通常有两条途径：①胚胎→胚胎干细胞（多能干细胞）→拟胚体；②成体细胞→诱导性多能干细胞→拟胚体。也即，拟胚体是人类胚胎干细胞或诱导性多能干细胞在悬浮培养基中生长时，培养过程中形成的多能干细胞的三维（3D）聚集体，培养物中的人类胚胎干细胞或诱导性多能干细胞自发地形成一种球状胚胎样结构，其由有丝分裂活跃并且在分化的人类胚胎干细胞或诱导性多能干细胞的核心和自所有三个胚层完全分化的细胞的周边组成，有助于后续分化。在生长和分化后，拟胚体会发展成囊状胚状体，具有充满液体的空腔和内胚层样细胞的内层。诱导性多能干细胞已形成拟胚体并且具有周边的已分化细胞。可以看出，无论哪一条途径，其均是从多能干细胞得来，属于多能干细胞的下游应用技术（参见专利 CN102686724A）。

2. 胚状体

胚状体对应的英文比较复杂，包括 embryoid、blastoids、iBlastoids 等不同表达。美国洛克菲勒大学的研究人员利用人类胚胎干细胞在实验室中构建出早期人类胚胎模型,并将其称之为胚状体(embryoid);中美科学家联合开发了一种能从人多能干细胞得到囊胚样结构的 3D 培养方法,他们将该结构称为 "human blastoids",其中文译名有胚状体、类胚泡、类囊胚等。❶ 澳大利亚科学家 Jose M. Polo 等从重编程的人成纤维细胞在实验室构建人囊胚的 3D 模型,并称其为诱导胚状体(iBlastoids)或诱导性类胚泡。❷ 这些被称为胚状体、类胚泡或诱导性类胚泡的胚状结构,更多的是指向人类胚胎模型(embryo models)或胚泡模型(blastocysts models),是一种人工构建的胚胎结构、胚胎样结构或囊胚样结构,更合适的称谓可能是胚状构建体(embryo – like artifacts)或者类胚泡结构(balstocyst – like structures)。总体而言,这些 3D 胚胎模型多数并不是真正的人类胚胎或人类胚泡。目前关于对其的最新定位,以及如何处理其与人胚胎的关系,可以参考国际干细胞研究协会(ISSCR)2021 版《干细胞研究和临床转化指南》。❸

3. 类胚体

类胚体使用的英文也为 blastoid,但含义明显是不同的。具体而言,此处的类胚体是指,从至少一个滋养层细胞和至少一个多能和/或全能细胞形成双层的细胞聚集体,并培养所述细胞聚集体以获得人工囊胚或类胚体。这种人工囊胚具有围绕囊胚腔的滋养外胚层样组织和内部细胞团样组织。以后还可以通过将类胚体放置在代孕母体的子宫中或通过在体外生长所述类胚体,以从类胚体生长胚胎、胎儿。具体地,双层细胞聚集体是

---

❶ YU L, et al. Blastocyst – like structures generated from human pluripotent stem cells [J]. Nature, 2021, 591: 620 – 626.

❷ XIAODONG L, JIA PING T, JOSE M P et al. Modelling human blastocysts by reprogramming fibroblasts into iBlastoids [J]. Nature, 2021, 591 (7851): 627 – 632.

❸ ISSCR Guidelines for Stem Cell Research and Clinical Translation: Version 1. 0 [EB/OL]. [2021 – 05 – 30]. http://www.isscr.org.

由滋养层细胞外层和胚胎干细胞内层构成的，经培养基中培养，直至类胚体形成。此处的类胚体与真正的人类胚胎很接近，实际上是一种重组的人类胚胎，或合成的人类胚胎。而且，对于这种重组或合成的人类胚胎，其也像真正的人胚胎那样，将整个胚胎发育阶段划分为"类胚体"阶段和"胎儿"阶段，与真正的人"胚胎"与"胎儿"的界别是完全相同的。

　　那么，对于如此复杂多样的类胚结构，具体在伦理问题上有何不同以及如何分别处理呢？在 ISSCR 2021 版《干细胞研究和临床转化指南》中，其将人类胚胎模型区分为基于干细胞的不完全性胚胎模型（non - integrated stem cell - based embryo models）和基于干细胞的完全性胚胎模型（integrated stem cell - based embryo models），两者的研究性质和伦理问题差距很大。对于不完全性胚胎模型而言，由于其缺乏必要的胚外细胞类型，即使尝试将其植入人或动物的子宫，一般也不会具有独立发育为人的合理预期。完全性胚胎模型则不然，由于其完全来自干细胞系，而且包含胚胎细胞和胚外细胞两种类型，在适当的培养条件下，理论上或实际中，其可能具有完全发育能力。但即使如此，对于后者，也有观点认为其毕竟源自干细胞系，并不是一个真正的人类胚胎（bona fide human embryos 或 genuine human embryos）。即便其最终被证明已经无限接近于后者，它们也不可能具有真正胚胎才具有的典型的表观遗传标记，并会失去某些对于可育胚胎而言必需的特定细胞状态。根据 2021 版《干细胞研究和临床转化指南》的分类方式可以看出，前述类型（2）中的"胚胎"多数属于不完全性胚胎模型，而类型（3）中的类胚体则应属于完全性胚胎模型。

　　4. 类胚胎

　　有人将通过改变核移植技术（altered nuclear transfer, ANT）、孤雌胚胎技术、畸胎瘤技术等产生的胚胎类型，甚至还有人将诱导性多能干细胞、化学诱导性多能干细胞等称之为类胚胎,意图与真正的胚胎作出区分。也即类胚胎是一种类似于胚胎的实体,具备胚胎的一些特征(如可作为胚胎干细胞的来源),但又缺少必要的元素使其发育为人。但很多人同时也担心,随着科技发展,例如,通过印记基因的修饰,也可能会解决某些孤雌胚胎无法发育成完整生物体的问题,孤雌胚胎暂时无法完成发育全程,也许只是短时期内的事,一切都还未知(在动物孤雌胚胎上所取得的进展也加剧了这些担忧)。所以,对于这些所谓的类胚胎,到底是不是人胚胎,有人认为无法从技术上进行准确界定,还有待时间加以检验。

可以看出,随着技术的最新进展,无论是拟胚体、胚状体、类胚体、类胚胎等中文名称,还是 “embryoid” “blastoids” “iblastoids” “embryoid bodies” 等英文名称,其对应的都可能是性质和结构完全不同的胚胎样结构。无论是胚胎还是类胚胎结构,两者都非常复杂,而且,未来还会包含各种可能。

早在 2007 年,澳大利亚的科学家们为了探讨人胚胎的定义问题,曾详细比较了 22 种人类胚胎的 13 种特点或属性,包括其雄性配子、雌性配子、受精、配合、卵裂、桑椹胚、胚泡、移植潜能、原肠分化、发育为胎儿的潜能、活体出生潜能、核基因组遗传、线粒体基因组遗传贡献,并分析了在定义胚胎时需要考虑的四个核心问题:❶ ①人类胚胎的生物学定义是否需要考虑活体出生潜能;②人类胚胎的生物学定义是否需要考虑受精和/或配合这一因素;③人类胚胎是否应排除那些多种物种 DNA 的技术;④人类胚胎的定义是否包含了发育的时间点。在对上述四个问题一一给出分析和回答的基础上,科学家们对这 22 种胚胎给出了是否属于人类胚胎的回答。但是这也只是一种尝试,

---

❶ FINDLAY J K, GEAR M L, ILLINGWORTH P J, et al. Human embryo: a biological definition [J]. Human Reproduction, 2007, 22 (4): 905 – 911.

是一家之言。

在 2011 年 10 月 18 日，欧洲联盟法院（以下简称"欧盟法院"，CJEU）作出著名的 *Brüstle v. Greenpeace e. V.*（Case C – 34/10）案判决和 2014 年 12 月 18 日 *International Stem Cell Corporation v. Comptroller General of Patents, Designs and Trademarks*（Case C – 364/13）案判决以后，由于欧盟法院最终判决认为孤雌胚胎不属于人胚胎，全欧科学院（ALLEA）发表了一份声明，表示非常欢迎欧盟法院在该案中对人胚胎定义的一些澄清，例如，欧盟法院在其定义中强调"单独具有发育成人类个体的固有能力""仅仅启动发育程序是不充分的"等。但同时，ALLEA 也对法院"人胚胎"的这种定义方式表示了一定程度的担忧，随着科学技术进展，这可能造成之前被认为因单独不具有发育成人类个体的固有能力的而被认为不属于人胚胎的，后来还可能被认为属于人胚胎，从而造成"人胚胎"概念的自动进化或自动滑行。❶ 也即，即便重新进行了人胚胎的定义，该定义也可能是高度流变和高度不确定的。

通过以上几个示例（尚不包括有关胚胎最新的发展），我们已经可以充分看出，对"人胚胎"作出准确定义的复杂性。

在如此复杂的现实情势面前，需要明确的是，在专利审查中，我们追究"人胚胎"的定义，无非是存在违反《专利法》第 5 条"人胚胎的工业或商业目的的应用"的情形。因此，专利审查中最大的问题，或最根本的问题，是厘清"人胚胎的工业或商业目的的应用"规定的本意，"人胚胎的工业或商业目的的应用"的判断是一个整体判断，并非首先判断某种胚胎是否

---

❶ ALLEA Permanent Working Group Intellectual Property Rights. ALLEA statement on patentability of inventions involving human "Embryonic" pluripotent stem cells in europe [EB/OL]. [2021 – 05 – 30]. https：//www. allea. org/wp – content/uploads/2017/10/Statement_Stem_Cells_2017 – Digital. pdf.

属于"人胚胎",如果是人胚胎,然后直接给出涉及该胚胎的专利申请存在"人胚胎的工业或商业目的的应用"的结论。因此,在对"人胚胎"概念的把握上,以下三点可能更为重要。

(1)继续保持"人胚胎"概念在技术上的开放性和包容性

我们均认可,人类受精胚胎和人类核移植胚胎属于典型的人胚胎。人类受精胚胎(包括体内胚胎和体外胚胎)和人类核移植胚胎经发育以后,分别对应自然生殖或辅助生殖娩出的婴儿或克隆意义上的克隆人。而且,在发育阶段上,胚胎植入前有卵裂球期、桑椹胚期、囊胚期,植入后(或着床以后)还有原肠胚、神经轴胚等阶段。除少数国家,例如日本在相关法律中对人类受精胚胎与人类克隆胚胎单独定义以外,多数国家没有单独定义,而是以人类胚胎统称之。

以此为基础,从技术上而言,我们也会注意到,人胚胎的类型越来越多,成活的、死亡的、受精的、非受精的、体内的、体外的、有缺陷的、无缺陷的、能发育成生物体的、不能发育成生物体的、单倍体的、二倍体的、多倍体的、孤雌的、孤雄的、嵌合的、杂合的、混合的、聚合的,五花八门,无奇不有。与其按照某一框架去生搬硬套、约束和限制、压缩和限缩"人胚胎"的内涵,不如以静制动,给技术发展以空间,开放性、包容性地接纳它们,在技术上承认它们都以各种名义的、各种属性的"人胚胎"而存在。

只是,其中的一些特殊问题需要尽早明确。例如在我国,并未规定全能干细胞属于胚胎。对于全能干细胞,德国是将处于 2~8 细胞期胚胎中的人类全能干细胞同样视为人胚胎;日本在 2000 年人类克隆技术规范法中,也把人类分裂胚胎纳入胚胎范畴。根据我国《专利审查指南》的规定,并没有把人类胚胎干细胞纳入"人胚胎"的范畴。因此,首先需要明确的是,对于 8 细胞期胚胎中的 8 个全能干细胞,我国并不认为其属于胚胎，而是作为细胞来处理。人胚胎与细胞两者的界限是分明的。此外，"人胚胎"包不包括胎儿，"人胚胎"与流产胎儿、流产胚胎、堕胎、终止妊娠胚胎、生化妊娠胚胎、异位妊娠胚胎、多胎减胎胚胎等的关系，这些均是需要考量的一些基本问题。后续会结合有关专利审查指南修改章节、胎儿干细胞相关章节、相关案例详细分析。

对于孤雌胚胎是否属于"人胚胎"也存在相当的争议，关于其是否属于人胚胎，争辩者可以有各种论证。在"一种获得孤雌胚胎干细胞系的方法"一案的审查决定中，原专利复审委员会合议组结合《人胚胎干细胞研究伦理指导原则》第 2 条的规定，认为生殖细胞起源的干细胞属于人类胚胎干细胞，因此卵细胞孤雌激活获得的孤雌胚胎属于人类胚胎。这就涉及一个非常有意思的话题：我们在论证孤雌胚胎到底是不是人胚胎时，其合理的理由及判定依据是什么。例如，我国《人胚胎干细胞研究伦理指导原则》第 2 条规定："本指导原则所称的人胚胎干细胞包括人胚胎来源的干细胞、生殖细胞起源的干细胞和通过核移植所获得的干细胞"。那么这里的"生殖细胞起源的干细胞"的真实含义实际上是指包括原始生殖细胞来源的胚胎生殖细胞呢，还是如该案原专利复审委员会合议组理解的另有所指？更有意思的逻辑问题是，我们在论证孤雌胚胎到底是不是人胚胎时，是先直接解决人胚胎的归属，还是先间接解决相应细胞是不是人类胚胎干细胞的问题，由其是否属于人类胚胎干细胞再推导得出其是否属于人胚胎？这是一个很有意思的蛋鸡悖论似的疑问。该问题后续会在孤雌胚胎部分进行详细展开。也可以看出，关于《人胚胎干细胞研究伦理指导原则》第 2 条、第 5 条、第 6 条到底应该如何准确理解，是一个非常关键的问题，在本章以及 2019 年《专利审查指南（2010）》修改部分，我们还会详细讨论。

也就是说，解决人胚胎归属或定义等类似争议时，可能会牵涉一系列令人意想不到的问题。即以有无发育成完整个体潜能而论，随着今后的科技发展，如印记基因的修饰，也可能会解决某些孤雌胚胎无法发育成完整生物体的问题，孤雌胚胎无法完成发育的全程，也许只是短时期内的事，一切都还未知。所以，简单地以某一标准判定"人胚胎"概念的进出与准入，似乎并不是一个明智的选择。甚至在很多情况下，即使欧盟法院的司法判例否认孤雌胚胎为人胚胎，科学家们从技术角度也未必认可这一结论。

归纳起来，解决这个问题，有两个思路：第一个思路是从"人胚胎"中排除出某些特殊类型的胚胎，如认定孤雌胚胎不属于人胚胎范畴，从而一劳永逸地解决"人胚胎的工业或商业目的的应用"法律适用的可能性，欧洲司法采取的是这样的解决路线，并带动 EPO 进行了相应改变；第二个思路则是，不在"人胚胎"的定义上、概念的外延上煞费苦心，进行特定胚胎的定点清除或排除，因为随着技术发展，这种排除永远是无法穷尽的，而是从伦理规则层面以及从"人胚胎的工业或商业目的的应用"的法律适用层面，进行整体解释和整体规制。

第一种解决思路依赖于个案的排除，而且某种程度上，会导致技术问题和法律问题发生混淆，或者导致科学家们所认定的"人胚胎"与法律所认定的"人胚胎"产生巨大的不一致。第二种解决思路实际上是将技术问题和法律适用问题分开，给"人胚胎"技术发展和"人胚胎的工业或商业目的的应用"法律适用，都留下充足的弹性空间，我们更赞同后者。对于专利审查部门而言，后者的思路也是一种积极有为的思路，积极应对的思路，而非被动应对和尊重司法结论的方式。

需要注意的是，这里所谓保持"人胚胎"概念在技术上的开放性和包容性，并不等于将传统上认为不属于胚胎的对象也认定为人胚胎。例如拟胚体，本质上是多能干细胞的 3D 聚集体，不能被视为人胚胎。比如，在对专利申请案 CN200980163164.3 的审查中，基于胚状体能够分化为来自内胚层、中胚层和外胚层的个体形成所必需的所有细胞，以此认定该申请所述"胚状体"属于人胚胎，进一步认定发明涉及对于人胚胎的工业或商业目的的应用。申请人在陈述意见中指出，在体外培养条件下，所有的干细胞都缺少由卵细胞所提供的基本元素，并不能发育为胚胎。虽然能产生人类身体的全部细胞（包括在胎盘中发现的细胞），但不能很好地组织好这些细胞的细胞不是胚胎，如果将这些细胞转移到子宫中，它们将产生肿瘤，而不是胎儿。该申请所述细胞聚集物具有分化为三个胚层的能力，并不意味着其已经分化为胚胎。最终，原专利复审委员会合议组也放弃了该意见。可以看出，无论是原专利复审委员会合议组还是申请人，通常均不认为可以将拟胚体或胚状体视为人胚胎。

（2）区分"人胚胎"判定与伦理道德审查的法律适用

"人胚胎"的判定是一种事实认定，"人胚胎的工业或商业目的的应用"的判定则是《专利法》第 5 条的法律适用，两者之间具有关联，但并不是一种必然关系，也即，不是只要发明中的胚胎类型属于"人胚胎"，发明就会必然触及"人胚胎的工业或商业目的的应用"的法律适用。对于这一关系的把握和认识至关重要，如此可以保持其各自发展的灵活性。

很多人看到了审查实践中对"人胚胎的工业或商业目的的应用"的扩张性适用所产生的阻滞效应，也并不完全认同这种扩大适用的结论。但在分析时，通常将其归因为这是由于对"人胚胎"概念的宽泛解释或扩张性解释。例如在《专利审查指南》修改期间，相关修改草案说明中指出：由于审查指南中存在上述定义缺失、模糊的问题，造成审查实践中，对于"人胚胎"概念的理解出现了由"窄"变"宽"的前后波动过程，在早期的复审决定中，对于"人胚胎"概念的理解是强调胚胎或胚胎干细胞能否发育为完整个体。2015 年以后，外延极其宽泛的"人胚胎"概念开始被确立，在多个案件中，原专利复审委员会合议组先后提出，"人胚胎"包括从受精卵开始到新生儿出生前任何阶段的胚胎形式，有卵裂期、桑椹期、囊胚期、着床期、胚层分化期的胚胎等，并且"人胚胎"的来源包括任意来源的胚胎。植入前的胚胎、从捐献者体内采集卵细胞后准备当作医学垃圾废弃的受精卵、通过早期胚胎收集得到的胚胎以及捐献者不想要的极早期胚胎（如通过人工流产废弃的极早期胚胎）都属于"人胚胎"，但其中某些胚胎已不可能发育为个体。因此，审查标准中概念的不明确，会导致出现不同的理解方式，甚至偏离合理的范围而采用过于宽泛的概念外延，这将不利于鼓励那些基于不破坏通常理解的人胚胎来获取人类胚胎干细胞的新技术的不断涌现和产业转化。

可以看出，这些分析，还是围绕和聚焦于"人胚胎"概念。很多人都认为，"人胚胎"和"人类胚胎干细胞"两个概念的宽窄，是讨论所有问题的起点，是争议的核心，也是争议解决的重要归宿和落脚点。但真正的根结是不是这样呢？

我们认为，在这一问题上，固然，"人胚胎"概念的扩张性解释越来越难以为继。随着人类胚胎及干细胞技术发展的多样性和复杂化，随着对相关伦理认识的越发完整和清晰，未来的专利审查应该是准确解释、分类施策：不同的人胚胎或人类胚胎干细胞，需要面对的伦理道德问题以及其伦理道德问题的性质也完全不同，即使存在伦理问题，也并不仅限于"人胚胎的工业或商业目的的应用"，需要有不同的处理方式。现阶段只用"人胚胎"或者"人胚胎的工业或商业目的的应用"的一个大箩筐儿，装不下这么复杂的问题。以前的胚胎和胎儿不分、能否发育完整个体潜能不分、是不是真正的人类胚胎干细胞模糊不清、人类胚胎干细胞到底具备的是全能性还是多能性的认定混乱等大而无当的时代该结束了。

但是，如何结束这种大而无当的时代，解决思路可能不是从"人胚胎"概念上入手，而是应该让"人胚胎"的技术认定与"人胚胎的工业或商业目的的应用"的法律适用脱钩，保持其各自发展的灵活性，两者之间不是只要属于"人胚胎"，则在伦理道德审查上就必然触发"人胚胎的工业或商业目的的应用"的必然关系。换言之，现阶段，对于"人胚胎"概念完全可以宽容一些，自适一些，给科学家们留下充足的发展空间，科学家们认为某种胚胎是人胚胎，我们并不粗暴地予以反对，专利审查应该做的是追根溯源，明确给出"人胚胎的工业或商业目的的应用"的准确解释和本来含义，彻底摒弃原来只要认定属于"人胚胎"，就必然触犯"人胚胎的工业或商业目的的应用"的简单粗暴的法律适用。

在科学技术层面，科学家们可以给众多的实体冠以胚胎、胚状体、胚状结构的称谓，以表征和区分它。当对"人胚胎"概念作出技术认定时，不是在伦理道德意义上所作出的一种认定，其涉及的仅是一个客观现实、技术事实的表述。判定某种胚胎属于人类胚胎，但可能是体内胚胎，也可能是体外胚胎；可能是受精胚胎，也可能是非受精胚胎；可能是移植胚胎，也可能是剩余胚胎、废弃胚胎；可能有发育为人个体的能力，也可能不具备此潜能等。仅仅是清楚地认定个案的相关技术事实并不复杂。这些被冠以胚胎名号的实体，有的并不属于"人胚胎的工业或商业目的的应用"意义下伦理道德需要规范的范畴，或者说，这一类胚胎并不涉及之前典型胚胎才能涉及的伦理道德问题。

而"人胚胎的工业或商业目的的应用"则是依据《专利

法》第 5 条第 1 款，从伦理道德角度所作出的一种法律适用和法律认定，与伦理道德的判断与认定直接关联，有其法律规定意义上的特定含义，有其特定的关照。其本意并非只要发明创造涉及人胚胎，就一定落入"人胚胎的工业或商业目的的应用"。此时需要就"人胚胎的工业或商业目的的应用"作出专门的解释。在判断"人胚胎的工业或商业目的的应用"之时，既需要考虑其所欲规范的情形和真正的目的，也要考虑胚胎和干细胞技术的巨大流变。随着技术发展，不同胚胎所面临的伦理问题并不是相同的，例如，体外受精胚胎面临的是破坏胚胎与胚胎道德定位的问题，克隆胚胎所面对的主要问题则是克隆人的伦理问题，孤雌胚胎和诱导性多能干细胞可能很少有伦理争议，嵌合胚胎则面临其属于人还是动物以及损害人类尊严的问题等。

这样，既兼顾了随着人类胚胎干细胞技术和人类辅助生殖技术发展造成的人胚胎类型的复杂化的趋势和无法穷尽的特点，能够在技术上、概念上和名称上，不需要特别排除哪些不是人胚胎，也避免了后续在法律适用上将所有涉及人胚胎的发明创造均予以驳回，对"人胚胎的工业或商业目的的应用"机械适用，对本身并不涉及伦理问题的，甚至是本来就为规避相关伦理问题的发明创造造成不正当的压制。从而形成一种技术概念从宽从实，尊重现实和现状，同时又在专利法的法律适用上严谨、灵活，因地制宜、分门别类处理的管理态势。

而且，如果将"人胚胎"认定与"人胚胎的工业或商业目的的应用"的法律适用完全等同，直接挂钩，也会导致当前技术与法律适用上的诸多冲突。例如，2019 年修订的《专利审查指南（2010）》第二部分第一章第 3.1.2 节就"违反社会公德的发明创造"增加了"但是，如果发明创造是利用未经过体内发育的受精 14 天以内的人类胚胎分离或者获取干细胞的，则不能以'违反社会公德'为理由拒绝授予专利权"的修改。可以明显看出，通过上述修改后，即便属于"人胚胎"，甚至是人受精胚胎，也并不必然导致"人胚胎的工业或商业目的的应用"。利用了该人胚胎、破坏该人胚胎来制备人类胚胎干细胞，也不必然导致"人胚胎的工业或商业目的的应用"。实际上，《专利审查指南（2010）》这种对"人胚胎的工业或商业目的的应用"适用的排除式修改，其解决的并不是目前实际审查操作中对"人胚胎"认识比较混乱的问题，而是对"人胚胎的工业或商业目的的应用"的适用比较混乱的问题。因此，对"人胚胎"认定与"人胚胎的工业或商业目的的应用"的法律适用，两者已经到了必须脱钩的时候，需要基于对"人胚胎的工业或商业目的的应用"的准确解释，正确进行相关法律适用。

（3）不同人胚胎类型的伦理道德问题需要独立考量

在正确解释"人胚胎的工业或商业目的的应用"本意的基础上，独立衡量涉及不同类型的人胚胎发明是否存在以及存在何种伦理道德问题。换言之，此时就需要分门别类地确认不同胚胎类型，各自会触及哪些伦理问题。例如，是否涉及"人胚胎的工业或商业目的的应用"，如果不涉及，是否还会涉及其他的伦理问题。

具体来说，人的嵌合胚胎、杂合胚胎、聚合胚胎、三亲胚胎、未来各种人造精卵制备的胚胎、半克隆胚胎、胚胎模型、类胚结构、胚状体、合成胚胎、类原肠胚、基因编辑胚胎等，根据我国相关法律规定，还会涉及哪些新的伦理问题，均需要在仔细研判事实的基础上，一一明辨。总体而言，"人胚胎的工业或商业目的的应用"并非是人胚胎所涉伦理问题的全部，而只是很小的一部分。具体可参见本书第七章的内容。

总之，在各种胚胎并存之下，每一种胚胎所面对的伦理问题，可能都是不同的。需要因地制宜、分门别类地独立裁断。

二、人类胚胎干细胞与动物胚胎干细胞的异同

在生命科学的发展过程中，一种新技术的出现，往往都离不开其具体的生物背景。例如，2006 年日本的山中伸弥博士首次发现和建系诱导性多能干细胞之时，是在小鼠中进行研究的，应该说，最早研究的是动物的诱导性多能干细胞。而在人类诱导性多能干细胞的研究上，樱田一洋等和山中伸弥研究组几乎同时在 2007 年发表文章或申请专利，由此在一段时间之内引发了到底谁才是人类诱导性多能干细胞的发明者的争论。同理，扩展至基因编辑技术领域，我们也熟知，美国两个重量级研究团队对谁才是真核生物基因编辑技术（CRISPR/Cas）的首创者也存在不小的争论，并诉诸了法律。这些均说明，同样的一项技术施之于不同的生物，可能会存在或大或小的差异。

专利制度之下，干细胞领域需要规范的不仅是与人胚胎、人类胚胎干细胞相关的发明，还会涉及、也必然会涉及与动物胚胎、动物胚胎干细胞相关的发明。尽管目前专利法对两者规制的手段不尽相同，甚至差异很大，但对两者的全面把握却是非常必要的。

（一）为什么比较两者异同

这里之所以要把这一问题谈一谈，除了因为在专利审查中会同时涉及人类胚胎干细胞与动物胚胎干细胞，理解两者差异至关重要，更为重要的是，通过理解两者异同，一方面，有助于我们牢记人与动物的差异，避免以动物胚胎干细胞的知识或视角去认识人类胚胎干细胞，避免某些误认误读误解；另一方面，关注两者共性，从法律体系内两者的某些逻辑关系出发去思考问题，例如，从如何定义动物胚胎干细胞的视角，重新反

观人类胚胎干细胞的某些定义和处置的妥当性，思考法律在规制人类胚胎干细胞与动物胚胎干细胞两者之间的逻辑关联。这样去思考和处理问题，才能够在体系内自洽，在逻辑上成立。

　　动物胚胎干细胞与人类胚胎干细胞在概念上既有很多相同之处，也有很多歧异之处。如果对歧异之处把握不准，就会在技术认识上以及法律适用上，造成很大的错误。由于动物种类太多，不可能一一比较。这里，我们以哺乳动物中最典型的模式动物——啮齿类的小鼠或大鼠来说明此点。例如，人与小鼠尽管均具有多能性胚胎干细胞、全能性胚胎干细胞，但两者的多能性胚胎干细胞、全能性胚胎干细胞之间存在很多差异，这是非常重要的差异点。

　　同理，对于两者的相同之处或逻辑关联之处，也需要有所把握。从两者概念上而言，动物胚胎干细胞与人类胚胎干细胞在某些方面是需要一致的：假如动物胚胎干细胞的概念涵盖了来自动物的畸胎瘤的胚胎癌细胞或者涵盖了不仅有全能性的动物胎儿干细胞、动物胚胎生殖细胞，那么将其纳入"动物品种"的限制范畴合理与否，就需要考量《专利审查指南》规定的本意。如果并不合理，我们就需要考虑，是否应该随社会上各种不同的分类方法随波逐流。以及，这种在动物身上确定的细胞归类模式，客观上又会如何影响对人类胚胎干细胞的理解和处置。当然，在如此关联考虑的同时，又需要同时看到，动物与人伦理问题的不同，处死试验动物获取其胎儿，进而获取其胚胎癌细胞、胎儿干细胞、胚胎生殖细胞等，只要遵照试验动物相关福利原则，几乎不存在伦理争议，但同样的方法显然不适于人类，人类通常只能从体外合法获得的畸胎瘤组织、合法获得的流产胎儿组织，分离获得这些细胞。所以，两者异同的比较、分析，是一个需要不断反思和破立循环的过程。

　　下面，我们示意性地一一分析这些异同。

在很多人的认识深处，包括专利审查部门内部，参考见于图书、期刊、报纸等文献资料，和参与相关伦理问题讨论的很多科学家、法学家、伦理学家，对于人类胚胎干细胞的全能性，有一些以讹传讹的色彩，没有注意仔细区分。大部分观点认为人类胚胎干细胞是全能性的，且针对的是来自人类囊胚的内细胞团细胞。

并且，在专业的论文❶中：有时也可以看到，对于胚胎干细胞具有全能性还是具有多能性，有人会认为其具有全能性，也具有多能性，整体逻辑上可能非常混乱。

专利审查部门内部也有人认为，在专利法框架内，并非所有的人胚胎干细胞都具有发育全能性，对于从早期胚胎内细胞团获取的能分化为胚胎三个胚层来源的所有细胞的胚胎干细胞，以及受精卵在受精后数日内分裂到 8 ~ 16 个细胞时的卵裂球，这些细胞仍然保持全能性，而对于胚层分化后的胚胎获得的干细胞，这些细胞通常不再具有全能性。显然，这种观点认为，从早期胚胎内细胞团获取的人类胚胎干细胞和人类胚胎卵裂球细胞均具备全能性。

可以看出，对于来自囊胚或胚泡内细胞团的人类胚胎干细胞的分化潜能、发育潜能误解太深。也就是说，我们对卵裂球细胞具有全能性的把握是对的，但对于分离自内细胞团的细胞而言，即狭义的人类胚胎干细胞而言，这一点无疑是一个明显的错误。

其实，早在 2001 年《人类胚胎干细胞研究的伦理准则（建议稿）》第 3 条就指出："人类胚胎干细胞是胚胎发育早期胚泡内细胞团的一组细胞。它们是多能干细胞的主要来源，因此是干细胞研究中的重点与热点"。发展至 2021 年，这一对来自人类胚胎内细胞团来源的人类胚胎干细胞的分化潜能系多能性的认定结论，至今仍没有改变。人类胚胎干细胞仅仅只是具有三

---

❶ 周燕. 我国干细胞研究中的伦理危机与法律困惑及其国家管理的研究 [D]. 重庆：第三军医大学，2009.

胚层分化多能性，并非全能性。各界人士对其误解太深，可能
是由于一种说法流传日久，也就变"真实"了。

　　但这种错误，在很多时候大行其道，并至今仍被误认。细
究这种错误的根源，一方面，推测与受到动物胚胎干细胞的影
响有关。因为很多研究已经提出，来自动物的（小鼠）囊胚内
细胞团的小鼠胚胎干细胞具有全能性（至于其是采用什么方法
如何证实的，以及这种证实现在仍然存在何种争议，后续还会
述及）。所以，在没有仔细分辨的情形下，人们就以为人类胚胎
干细胞也具有全能性了。

　　另一方面，在专利申请中，普遍存在自定义的情况。申请人
对人类、灵长类、非人灵长类、动物、哺乳动物、动物胚胎等术
语会有自己的定义。此时，权利要求中、说明书中的概念理解，
需要结合这种自定义予以考虑，换言之，对相关事实的认定，既
需要考虑领域内的通识，法律上及规范性文件上的规定，也需要
结合申请人的自认或自定义。这时，会涉及人类胚胎干细胞与动
物胚胎干细胞相区分的问题，两者在伦理审查上差异巨大。

　　因此，有必要把两者的异同略作分析。小鼠胚胎干细胞在
1981 年就已经由马丁·埃文斯和马修·卡夫曼建系，2007 年其
发明者获得诺贝尔生理学或医学奖。对于高级灵长类动物，在
14 年以后的 1995 年，猴子胚胎干细胞才得以建立，人类胚胎干
细胞建系则要推迟到 1998 年。这近 18 年的研究迟滞，不仅说明
了动物与人两者在研究伦理上所面临的巨大差异，也说明了两
者之间在细胞建系的技术上、细胞的特性上有很多的不同。例
如，小鼠胚胎干细胞的克隆形态呈球形隆起，而人类胚胎干细
胞是扁平的单层克隆；在小鼠胚胎干细胞中，经适当处理剂处
理后的单一的胚胎干细胞是可以继代培养的，而在人类胚胎干
细胞中，单一胚胎干细胞培养会引发细胞死亡，经常是以细胞
团的方式进行继代；在小鼠胚胎干细胞中，维持未分化状态的

因子是白血病抑制因子（LIF），而在人类胚胎干细胞中，维持未分化状态的因子则是碱性成纤维生长因子（bFGF），对 LIF 并无应答；在小鼠胚胎干细胞中，其 2 条染色体均处于活性状态，而在人类胚胎干细胞中，其 1 条染色体处于未活化状态等。

（二）多能性上的异同

生命始于一颗受精卵，受精卵经过不断分裂进入囊胚期后，囊胚的外层将形成胎盘等胚胎外组织，供应胚胎发育所必需的营养物质和氧气，另一部分是内细胞团，大约有 20 个细胞，聚集在囊胚内的一端。内细胞团的细胞能够进一步分化为三个胚层，逐渐形成不同的组织和器官。内细胞团的细胞能够形成胚胎外组织以外的所有体细胞以及生殖细胞，这种特性被定义为多能性。

从横向对比的角度而言，在多能性上，或者更确切点说，在传统的或狭义的胚胎干细胞层面，异种物种之间（最为常见的是人类与小鼠之间），其胚胎干细胞不仅表现出物种差异，还呈现出完全不同的多能性状态（pluripotent state），如果触及这个层面，事情还会更加复杂一些。❶

根据培养条件、基因表达及功能特性的不同，人类胚胎干细胞可分别处于两种不同的多能性状态：始发态（primed state）和原始态（naive state）。目前对于人类胚胎干细胞的研究发现主要来源于在始发态人类胚胎干细胞中的研究，在常规培养条件下，人类胚胎干细胞一般处于始发态，其培养条件和状态定义也更为成熟。

在小鼠中，根据细胞来源的胚胎发育时间，小鼠胚胎干细胞可以被分为原始态多能性（naive pluripotency）和始发态多能性（primed pluripotency）两种多能性状态。这两种状态的细胞

---

❶ 陈一飞，赖东梅. 人类及小鼠胚胎干细胞的不同多能性状态［J］. 中国细胞生物学学报，2011，33（10）：1166 – 1172.

在发育上相互联系，但具有不同的形态、自我更新维持条件、信号依赖、发育性质、基因表达及表观遗传学特征、单克隆形成率等，并且在特定的条件下可以相互转化。通常，如图 2 - 5 所示，来源于植入前囊胚的内细胞团的小鼠胚胎干细胞（来源于早期胚泡，第 3.5 日胚胎）处于原始多能性状态，来源于植入后胚胎的上胚层的小鼠上胚层干细胞（来源于后期胚泡，第 4.5 日胚胎），则处于始发态的多能性状态。

通过如上介绍可以看出，人类胚胎干细胞的发育潜能曾一度被认为低于小鼠胚胎干细胞，传统条件下从内细胞团分离和培养的人类胚胎干细胞的生物学特征更接近始发态多能性状态。❶ 2007 年开始，人们尝试各种方法建立原始态的人类胚胎干细胞，直到后来人类原始态胚胎干细胞的发现，证明了人类胚胎干细胞可以表现出与小鼠胚胎干细胞相似的性质。现在，关于人类原始态多能性相关研究是近年来干细胞及重编程领域的研究热点和难点，与传统的始发态相比，原始态具有更强的可塑性，在早期胚胎发育研究及未来临床应用中具有更广阔的前景。尤其是在近 10 年的研究中，科学家们取得了一系列重要进展，系统比较了人类原始态和始发态多能干细胞的蛋白表达差异，建立了公共原始态/始发态多能干细胞转录组数据库，建立了较为稳定的人类原始态多能干细胞的培养和诱导条件，并通过抗体库筛选，发现了一系列能够用来分离、指征和鉴定原始态多能干细胞和中间细胞群体的特定细胞表面蛋白，为原始态多能干细胞的纯化、分离以及诱导和培养体系的进一步优化提供了重要基础。❷

---

❶ 艾宗勇，赵淑梅，李天晴. 灵长类原始态多能干细胞的研究与挑战 [J]. 中国科学：生命科学，2015，45（12）：1203 - 1213.

❷ BI Y，TU Z F，ZHANG Y P，et al. Identification of ALPPL2 as a naive pluripotent state - specific surface protein essential for human naive pluripotency regulation [J]. Cell Reports，2020，30（11）：3917 - 3931. e5.

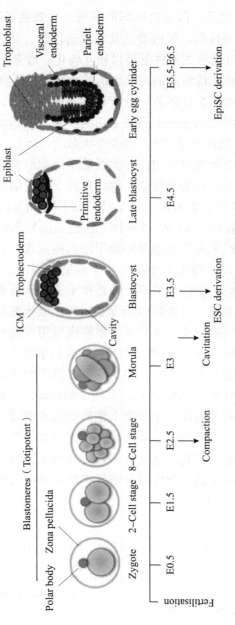

图 2 - 5　小鼠胚胎干细胞与小鼠上胚层细胞多能性状态

　　如图 2 - 6 和图 2 - 7 所示，通过如上对胚胎干细胞多能性状态的研究、认知和发展过程可以看出，伴随着这些越来越深入的研究发现，尽管人类与小鼠的胚胎干细胞均具备两种多能性状态，但是，两者在传统意义上自内细胞团分离的胚胎干细胞的多能性状态以及多能性状态维持的分子机制等存在明显差异，代表着不同的发育阶段。换言之，从多能性状态、自我更新的特性和形态方面而言，传统的人类胚胎干细胞仅对应于小鼠上胚层干细胞，人类胚胎干细胞更类似于小鼠外胚层干细胞，而不是小鼠胚胎干细胞，人类胚胎干细胞与小鼠外胚层干细胞两者均为始发态多能性。而由于社会道德和伦理的限制，科学家们还无法获取胚胎着床后的人类上胚层干细胞。

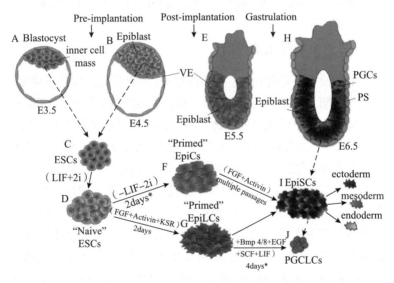

图 2 - 6　小鼠胚胎干细胞与小鼠外胚层干细胞多能性状态对比

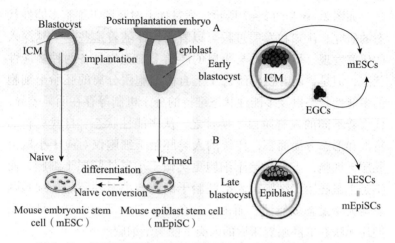

图 2-7　小鼠胚胎干细胞与人类胚胎干细胞在多能性上的关系

（三）全能性上的异同

生命始于一颗受精卵，受精卵经过不断分裂，经历桑椹胚、囊胚等时期，成长为早期胚胎，逐渐形成不同的组织、器官，最后成长为完整的成熟的个体。这个渐进的过程就是发育。发育过程中，只有受精卵和较早期的分裂球（卵裂球）能够形成完整的生物体和胚外组织，这种特性被称为全能性。

早在 2000 年左右，对于胚胎的这种全能性，国际生物伦理委员会（IBC）就指出，胚胎具有能够发育成完全的人的潜能，具有能够成为人类社会成员的潜在可能性，这是一个生物学上的事实，也是一个让我们面临道德压力的事实。[1] 再如，孤雌生殖胚胎之所以在很多国家和地区被认为并不属于传统意义上的人类胚胎，或并不适于等同自然胚胎看待和处理，也是以该孤

---

[1]　文希凯. 国外胚胎干细胞利用立法综述 [G] //国家知识产权局条法司. 专利法研究（2002）. 国家知识产权局条法司，2002：11.

雌胚胎细胞不具备发育为人的全能性（或发育为完整的人个体的潜能）或能够完成整个人体发育程序为依据。可见，胚胎的全能性是决定人胚胎属性和范畴的一个非常重要的衡量因素。

全能性对于胚胎很重要，当然对全能干细胞也很重要。其可能涉及这些全能干细胞与生殖细胞及胚胎的根本关系及定位，以及全能干细胞是否需要特殊的制度安排等。

从全能干细胞层面进行横向对比，人类与不同的动物物种之间，其全能干细胞具备全能性的阶段也是各不相同的。例如，在哺乳动物中，小鼠的受精卵和 2 细胞期卵裂球被认为具有发育为全部有机体的能力，而在其他哺乳动物中，如兔、羊、牛、猴，全能性则可延及 4 细胞期和 8 细胞期阶段的卵裂球。对于人类而言，一般认为，至少 8 细胞期阶段的卵裂球具备全能性。❶

可见，对于全能干细胞而言，其如何归类，是纳入胚胎还是纳入胚胎干细胞范畴，在面对"人类胚胎干细胞"和"动物的胚胎干细胞"相关主题的审查时，它们在技术细节上的这些区别，无论在技术事实认定，还是相关法律适用上，也是需要专利审查员仔细辨别和注意的。

在全能性的理解上，我们需要详细地了解人或动物的胚胎发育过程。哺乳动物通过融合雄性和雌性生殖细胞（分别为精子和卵子），组合形成第一个细胞（受精卵或合子）来自然生育。由受精卵发育到桑椹胚，它是包含 8～20 个细胞的球形胚胎细胞结构，此时，桑椹胚的细胞是全能的，意味着这些细胞能够分化成任何胚胎或胚胎外细胞类型。当桑椹胚成熟时，形成内部充满流体的空腔。这一事件与桑椹胚细胞分化成外层

---

❶ LE R R, HUANG Y X, ZHAO A Q, et al. Lessons from expanded potential of embryonic stem cells: Moving toward totipotency [J]. Journal of Genetics and Genomics, 2020, 47（3）: 8.

（滋养外胚层）和内部细胞团（即内细胞团或成胚细胞）相关，这种成腔的细胞结构被称为囊胚。囊胚的滋养细胞进一步发育以形成外胚盘锥体，最终与子宫的内壁相组合，形成胎盘。胎盘是将发育中的胎儿连接到子宫壁以允许通过母体的血液供应进行营养摄取、废物消除和气体交换的器官。内细胞团由具有分化成任何身体组织的能力，并由多能的细胞构成。内细胞团细胞也形成某些胚胎外组织，如卵黄囊。囊胚通过滋养外胚层和内细胞团的细胞的增殖和分化进一步自然发育成胚胎干细胞之外的细胞。来自内细胞团的细胞发育的第一步，导致形成动物的组织的上胚层和形成卵黄囊的组织的原始内胚层。在上胚层中，细胞通过形成三个胚胎层并继续分化。合在一起，它们将形成成年动物中存在的所有不同组织类型。三个胚层分别是内胚层、外胚层和中胚层，内胚层将发育成胃肠道和呼吸道，外胚层将发育成神经系统、毛发和指甲，中胚层将发育成肌肉和结缔组织。三个胚胎层形成之后，胚胎结构变成原肠胚。由于任何胚胎层中的细胞不能自然分化形成源自于其他胚胎层之一的组织，因此胚胎层中的细胞是专能而不是全能或多能的。通过胚胎层的进一步分化、增殖和组织化，原肠胚经过该领域中已知的各个不同发育阶段发育成胎儿。

如图 2-8 所示，我们也可以清楚地、形象地理解，来自内细胞团的胚胎干细胞所具有的多能性与全能性所具有的差异：内细胞团细胞无法分化发育出滋养外胚层的细胞和组织，进而无法发育出完整的胚外胎盘结构，只能分化为原始外胚层、原始内胚层，原始外胚层再分化为外胚层、中胚层、内胚层以及生殖细胞的各种细胞谱系。这也侧面说明了多能性与全能性的差别所在。

除了上述全能干细胞（卵裂球细胞）的区别，来自内细胞团的动物胚胎干细胞以及其他的动物多能干细胞也在很多方面

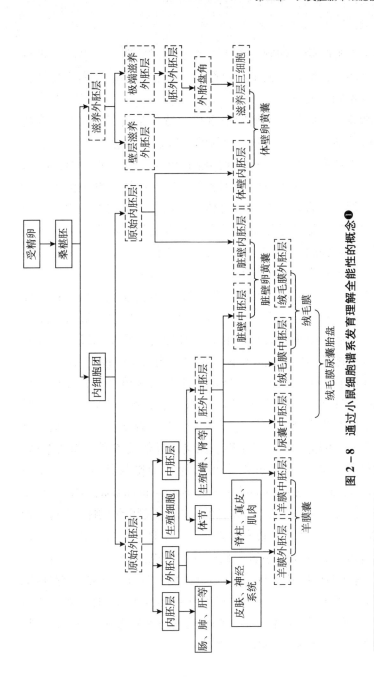

图 2-8 通过小鼠细胞谱系发育理解全能性的概念❶

❶ R. 兰萨，A. 阿塔拉. 干细胞生物学基础：原著第三版 [M]. 张毅, 叶棋浓, 译. 北京：化学工业出版社, 2020：78.

不同于人类胚胎干细胞。由于该类动物试验不受过多的伦理审查因素制约，所以，关于动物胚胎干细胞的多能性和全能性验证，也不同于人类。

啮齿类动物胚胎干细胞最重要的特征是具有生殖系嵌合能力，所谓啮齿类动物胚胎干细胞的生殖系嵌合能力，通常是指，其胚胎干细胞具有高度未分化的潜能和具备正常的二倍体核型，当与正常桑椹胚聚集或注射到囊胚腔时，胚胎干细胞能参与胚胎发育形成嵌合体，参与嵌合体多种组织、器官的发育。最为常用的方法就是通过显微注射或其他方法将胚胎干细胞导入受体胚胎中，胚胎干细胞可以广泛参与受体各种组织的形成，甚至可以嵌合到生殖系中进行种系传递。有人认为，胚胎干细胞参与生殖系嵌合的能力是衡量胚胎干细胞全能性的最直接和最有说服力的指标。由此，利用这种能力，可以生产嵌合体动物模型，当胚胎干细胞为重组胚胎干细胞时，重组的胚胎干细胞被植入胚泡腔内发育成嵌合体，还可以用来生产转基因动物。

在此基础上，验证动物胚胎干细胞的全能性时，存在一种特殊的验证技术，就是四倍体补偿技术，也称为2N-4N嵌合胚胎技术或两步克隆法。如前所述，由于啮齿类胚胎干细胞具有生殖系嵌合能力，就可以采用该四倍体补偿技术产生新的个体。该四倍体补偿技术是近年来兴起的胚胎操作技术（tetraploid complementation 或 tetraploid embryo complementation，TC）。是将四倍体胚胎（4N）与二倍体胚胎（2N）或胚胎干细胞聚合，形成2N-4N嵌合体。其技术原理是，二倍体胚胎经理化诱导可产生四倍体胚胎（比如小鼠二倍体胚胎经电融合可产生四倍体胚胎），这些四倍体胚胎与孤雌/孤雄胚胎一样往往不能发育到期。Graham等发现，当正常受精的二倍体胚胎或小鼠胚胎干细胞与四倍体胚胎聚合形成嵌合胚后，则有可能对其发育加以拯救，获得存活个体，此即为四倍体补偿技术。

研究发现，胚胎干细胞与四倍体胚胎形成嵌合体的过程中，胚胎干细胞广泛参与胚体、尿囊、羊膜、绒毛膜中胚层和卵黄囊中胚层的形成，而四倍体胚胎细胞具有明显的胚外组织限制性分布（发育）特性，四倍体胚胎细胞最终只分布至胎盘滋养层、卵黄囊膜、尿囊膜、胎盘等胚外组织，而基本不参与胎儿及胚外中胚层组织的发育，故通过该技术获得的动物可以为完全二倍体胚胎或胚胎干细胞来源的。❶ 因此将胚胎干细胞与四倍体胚胎嵌合，使二者的发育能力互相补偿，就有可能得到完全由胚胎干细胞发育而来的个体，所得到的小鼠称为胚胎干细胞小鼠。Nagy 等在 1993 年首次用聚合法得到了完全由胚胎干细胞发育而来的胚胎干细胞小鼠。随后，更多人利用四倍体囊胚注射法来获得胚胎干细胞小鼠。四倍体补偿技术（TC）被认为允许形成遗传修饰物种，同时避免嵌合体形成。

出于伦理学的考虑，对人类胚胎干细胞还不能用如上嵌合体技术进行多能性评价，在非人灵长类动物胚胎干细胞研究方面，经试验目前不具有形成嵌合体的能力，即对恒河猴等灵长类胚胎干细胞进行嵌合体分析时，未能得到嵌合体后代。这也是啮齿类动物与非人灵长类动物及人类之间的很重要的一个区别。这一结果提示人类胚胎干细胞的发育潜能还存在诸多未知，还需要深入研究辨识。

四倍体补偿技术诞生以后，逐渐在胚胎干细胞全能性测试、多能性测试、基因功能研究、胚胎发育机理研究、动物克隆等诸方面均有非常广泛的应用，有人认为，从此检验细胞全能性有了一个"黄金标准"，即将多能干细胞注入四倍体胚胎，如果能获得完整的动物个体，该个体完全由注射进去的多能干细胞

---

❶ 匡颖，孙霞，邓涛，等. 四倍体补偿技术的建立及其应用 [J]. 生物化学与生物物理进展，2008（3）：304 – 311.

发育而来，就能够证明移入进去的多能干细胞是全能性的。❶❷但也有人认为，四倍体补偿技术仅仅只是评价多能干细胞的嵌合体形成能力的一种方法，也是体内评价细胞分化潜能的最严格的方法，并非是验证细胞全能性的方法，因此，其仅是验证多能性的金标准。❸

除了动物胚胎干细胞全能性的验证，四倍体补偿技术也广泛用于其他多能干细胞——例如诱导性多能干细胞全能性的研究。2009 年，周琪的研究团队首次利用诱导性多能干细胞通过四倍体囊胚注射得到存活并具有繁殖能力的小鼠。研究中制备了 37 株诱导性多能干细胞系，其中 3 株诱导性多能干细胞系获得了共计 27 个活体小鼠，经多种分子生物学技术鉴定，证实该小鼠确实从诱导性多能干细胞发育而成。其中一些小鼠可以发育成熟并繁殖后代，这是世界上第一次获得完全由诱导性多能干细胞制备的活体小鼠，产生了世界上第一只由黑鼠皮肤细胞重编程后得到的诱导性多能干细胞小鼠。有力证明了诱导性多能干细胞具有真正的全能性。这项工作为进一步研究诱导性多能干细胞技术在干细胞、发育生物学和再生医学领域的应用提供了技术平台，将诱导性多能干细胞研究推到了新的高度，也为中国在这一国际热点研究领域取得领先地位作出了重要的贡献。❹ 该实验回答了诱导性多能干细胞是否具有与胚胎干细胞相

❶ NAGY A，ROSSANT J，NAGY R，et al. Derivation of completely cell culture - derived mice from early - passage embryonic stem cells［J］. Proceedings of the National A-cademy of Sciences，1993，90（18）：8424 - 8428.

❷ Wang Z Q，KIEFER F，URBÁNEK P，et al. Generation of completely embryonic stem cell - derived mutant mice using tetraploid blastocyst injection［J］. Mechanisms of Development，1997，62（2）：137 - 145.

❸ 李旭，彭柯力，张金鑫，等. 印迹基因修饰使孤雌胚胎干细胞获得四倍体补偿能力［J］. 生物工程学报，2019，35（5）：910 - 918.

❹ 周琪，曾凡一. 通过四倍体补偿实验证明 iPS 细胞具有发育全能性［J］. 中国基础科学，2010，12（3）：18 - 20，65.

同的多能性这一问题，首次证明诱导性多能干细胞可以达到完全重编程的状态，进而获得诱导性多能干细胞动物。该项成果入选美国《时代周刊》2009年十大医学突破。❶ 此外，同年还报道了多例类似的研究结果。❷❸❹

至此，人们对诱导性多能干细胞的认识也发生了转变。之前认为诱导性多能干细胞虽具有一定的多潜能性，但与胚胎干细胞相比仍有差距。关于诱导性多能干细胞在功能上与胚胎干细胞的异同，科学家注意到，动物诱导性多能干细胞与胚胎干细胞具有同样的多能性特点，包括多能基因的表达、三胚层分化潜能、生殖系嵌合能力，甚至是四倍体补偿能力。然而诱导性多能干细胞与胚胎干细胞是否完全一样，是否具有相同的安全性，是诱导性多能干细胞应用的关键问题。科学家们比较了诱导性多能干细胞和胚胎干细胞的转录组、蛋白组以及表观组，揭示了诱导性多能干细胞与胚胎干细胞的差异，对诱导性多能干细胞的生物安全性进行了深入探讨。关于诱导性多能干细胞与胚胎干细胞的相似性主要有三种看法：第一种看法认为，诱导性多能干细胞与胚胎细胞之间存在明确的微小差异，可以找到严格区分两者的特异性标志物。D－D区在多数小鼠诱导性多能干细胞内是沉默的，这可能是诱导性多能干细胞特有的，但通过比较不同发育潜能的诱导性多能干细胞，证明D－D区的沉

---

❶　王昱凯，周琪. 细胞重编程改写细胞命运：细胞的返老还童：2012年诺贝尔生理学或医学奖简介［J］. 自然杂志，2012，34（6）：327－331.

❷　BOLAND M J, HAZEN J L, NAZOR K L, et al. Adult mice generated from induced pluripotent stem cells［J］. Nature，2009，461（7260）：91－94.

❸　KANG L, WANG J L, ZHANG Y, et al. iPS cells can support full－term development of tetraploid blastocyst－complemented embryos［J］. Cell Stem Cell，2009，5（2）：135－138.

❹　ZHAO X Y, LI W, ZHUO L, et al. iPS cells produce viable mice through tetraploid complementationnear－final version［J］. Nature，2009，461（7260）：86－90.

默是重编程因子表达异常导致的，而且 D – D 区的开放和沉默可以作为判断诱导性多能干细胞能否具有四倍体补偿能力的标准。第二种看法认为，诱导性多能干细胞和胚胎干细胞是两个在基因组水平和表观组水平有很高相似性的群体。第三种看法认为，诱导性多能干细胞某些特定基因位点的表观组具有可变性，这些位点是重编程异常的热点，不是所有的诱导性多能干细胞在所有这些热点区域都存在异常，异常热点的不同组合造成了诱导性多能干细胞的异质性。总之，对于诱导性多能干细胞与胚胎干细胞的异同以及对于诱导性多能干细胞的安全性问题的讨论，始终是诱导性多能干细胞走向应用的必须克服的瓶颈，对于诱导性多能干细胞的评判也需要进一步的探索。❶

除此之外，四倍体补偿技术的证明之路还继续向前，指向了孤雌胚胎干细胞的全能性研究。对于孤雌胚胎干细胞而言，由于其全部来源于母源基因组，因缺失父源基因而不具备四倍体补偿的能力。为了使孤雌胚胎干细胞也具备发育到个体的能力，呈现与受精卵来源的胚胎干细胞类似的多能性，借助 CRISPR/Cas9 系统对孤雌来源的孤雌胚胎干细胞中的两个重要母源印记基因的差异甲基化区域（differentially methylated region，DMR）进行单等位基因敲除（如 H19 – DMR，IG – DMR），获得双基因敲除（DKO）的孤雌胚胎干细胞。结果表明，孤雌胚胎干细胞虽然来源于母源基因组，但是其形态特征、多能干性标记分子的表达水平、体外神经分化能力与受精卵来源的胚胎干细胞基本一致。最后，通过基因修饰的双基因敲除的孤雌胚胎干细胞可以通过四倍体补偿获得发育到期的胎儿，表明经过印迹基因修饰的孤雌胚胎干细胞也具有发育成完整个体的能力。从而为再生医学研究提供了一类具有主要组织相容性复合基因

---

❶ 李鑫，王加强，周琪. 体细胞重编程研究进展 [J]. 中国科学：生命科学，2016，46（1）：4 – 15.

匹配且多能性良好的资源细胞。可见，至少在小鼠上，通过印记基因编辑和修饰以后的孤雌胚胎、孤雄胚胎，未来可能获得完全健康的成体孤雌小鼠、孤雄小鼠，正常的孤雌、孤雄成体动物呼之欲出。❶

　　由此，在动物身上，动物胚胎干细胞、动物诱导多能干细胞，甚至基因编辑修饰以后的动物孤雌胚胎干细胞均被验证了具备全能性，这大大超出了人们的传统认知。关于四倍体补偿技术到底是不是全能性验证的金标准，以及其所验证的到底是不是全能性，还存在争议（参见后述"全能性是什么"一节）。对于这个问题，我们还需要继续关注该技术的后续进展，包括不同的动物胚胎干细胞和不同方法获得的诱导多能干细胞，即不同重编程方法获得的不同重编程程度的诱导多能干细胞，是否均具有全能性等。总之，在动物胚胎干细胞方面，其所具有的到底是全能性，还是仅是多能性，这一方面还需要更加开放的研究、论证和最终确认。2020 年出版的干细胞领域专著《干细胞生物学基础》就指出，人们曾将胚胎干细胞称为"全能细胞"，因为至少在小鼠中它们被证明能够产生各类胎儿细胞，在特定条件下还可生成整个后代。但"全能细胞"用在胚胎干细胞上不太适合。全能性这一术语在经典胚胎学中是用于描述具有形成整个孕体并由此独立产生新个体的能力的细胞。到目前为止，能够做到这一点的细胞只有卵裂早期的卵裂球。❷

　　当然，我们必须看到的是，四倍体补偿技术用于动物也许不存在伦理问题，但用于人的话，为验证人类细胞全能性而进行四倍体补偿实验，验证其是否可以发育为独立生存的完整人

---

❶　李旭，彭柯力，张金鑫，等. 印迹基因修饰使孤雌胚胎干细胞获得四倍体补偿能力 [J]. 生物工程学报，2019，35（5）：910 – 918.

❷　R. 兰萨，A. 阿塔拉. 干细胞生物学基础：原著第三版 [M]. 张毅，叶棋浓，译. 北京：化学工业出版社，2020：13.

体或健康生命，不仅不存在相同或类似的技术，即使存在，受限于存在生殖性克隆以及触犯人类尊严等伦理问题，也不可能被伦理和法律所允许进行此类试验。因此，目前为止，四倍体胚胎补偿还只是一个仅在动物上使用的技术。

（四）从多能性到全能性

在自然状态下，发育是一个单向的自上而下的生命旅程。从全能性的受精卵，到多能性的内细胞团，再到三胚层的各种细胞，直至成体细胞，全能性和多能性逐渐丧失。最终，终末分化的体细胞不再具有分化成其他细胞能力，这一过程在自然状态下是不可逆的。

随着生命科学的蓬勃发展，体细胞核移植技术、诱导性多能干细胞技术、小分子化合物诱导性多能干细胞技术等的出现，科学家们已经能通过特殊的技术手段，将终末分化的成体细胞重新逆转为具有多能性甚至全能性的细胞，这种逆转过程被称为体细胞重编程（somatic cell reprogramming）或简称为重编程（reprogramming）。这些发现也颠覆了人们认为发育不可逆转的传统观点，揭示发育是一个可以逆转的表观遗传变化的过程，即细胞核 DNA 甲基化、组蛋白甲基化及乙酰化等。而且，研究人员不再满足于将体细胞重编程逆转为多能干细胞，而是继续探索由多能干细胞重编程为全能干细胞，这一逆转发育流程，将发育时钟拨回最早的发育阶段，最早的细胞类型阶段的研究已经开始。那么，从多能性到全能性，会充满哪些挑战，又会有哪些发现呢？

1.2C－like 细胞的研究进展

通常认为，精卵细胞结合以后，启动受精卵基因组的激活程序，标志着生命的开始。此时，受精卵和 2 细胞期胚胎（卵裂球）被认为具有全能性，能够发育成全部有机体，相应的全能干细胞位于金字塔的最顶端，能够发育为所有细胞类型。当其发育至多能干细胞阶段时，全能性细胞失去其全能性，此后，多能性的胚胎干细胞仅能发育为胚内的所有细胞类型。

在受精之后，胚胎处于单细胞或 2 细胞期，细胞具有"全能性"，能够形成完整胚胎，同时还有胎盘和脐带。在发生几轮细胞分裂之后，细胞快速失去形成胚胎的可塑性，从全能细胞变为多能细胞，处于囊胚期的胚胎干细胞虽然不能再单独形成一个新的胎儿，但可以继续通过细胞分化过程形成组成身体的各种组织。

科学家们已经可以成功地诱导分化的体细胞重编程形成多能干细胞，但一直无法诱导形成全能干细胞。2015 年德国科学家成功获得了与胚胎早期阶段具有相同特性的全能干细胞，这些全能干细胞甚至还具有一些更为有趣的特性。德国科学家在这项研究中发现，在体外培养多能干细胞的过程中，一小部分全能细胞会自然出现，并将其称为 2C – like 细胞（因与 2 细胞期胚胎类似）。由此，胚胎干细胞家族又增添一种称之为 2C – like 的细胞新成员。随后研究人员将这些细胞与早期胚胎阶段的细胞进行比对发现一些共同特征，以及一些使其能与多能干细胞进行区分的特征。❶

研究人员观察到该 2C – like 细胞的 DNA 凝集化程度更低，并且一种负责染色质组装的蛋白质复合物 CAF – 1 也消失。CAF – 1 可能通过保证 DNA 包在组蛋白周围维持干细胞的多能性。基于这一假设，研究人员通过抑制 CAF – 1 复合体表达，导致染色体重编程进入一种凝集化程度更低的状态，成功地诱导出具有全能性的干细胞。随后，通过下调 CAF – 1 蛋白的染色质组装活性，法国和日本科学家也在小鼠身上，由多能细胞诱导获得了

❶　德国科学家获得培养全能干细胞诱导的新技术［J］. 生物医学工程与临床，2015，19（5）：503.

一种近似于早期胚胎的 2C - like 细胞，如图 2 - 9 所示。

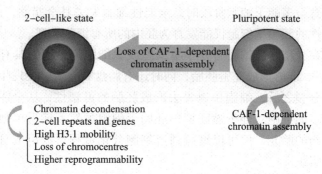

图 2 - 9　胚胎干细胞由多能性状态逆转为 2C - like 状态

2019 年 6 月，来自哈佛大学医学院的张毅教授的研究团队发现，多能干细胞向全能干细胞转变过程中会经历一个中间细胞状态，并且经历两个阶段的转录组变化。除此以外，文章还揭示了多个调控这个转变过程的因子，包括 Myc 和 Dnmt1。❶ 2020 年，该课题组进一步揭示了由 2C - like 细胞到多能性细胞的转录组全景上的变化。❷

2020 年 1 月，中国科学院广州生物医药与健康研究院陈捷凯课题组研究指出 H3K9 甲基化酶 SETDB1 在全能性重编程中的作用，其敲除可促进多能性向全能性转换，具体即 *Setdb*1 基因敲除的小鼠胚胎干细胞大量激活 2C - like 细胞以及 ZGA 时期特异表达基因，表明其可能被重编程至 2C - like 状态，一种具有胚内胚外分化潜能的全能性状态。该研究结果表明 *Setdb*1 介导的 H3K9 甲基化对多能性建立以及胚胎干细胞存活的重要作用，

---

❶　FU X D, WU X J, DJEKIDEL M N, et al. Myc and Dnmt1 impede the pluripotent to totipotent state transition in embryonic stem cells [J]. Nature Cell Biology, 2019, 21 (7): 835 - 844.

❷　FU X D, DJEKIDEL M N, ZHANG Y. A transcriptional roadmap for 2C - like - to - pluripotent state transition [J]. Science Advances, 2020, 6 (22): eaay5181.

进一步强调了 SETDB1 在早期胚胎发育过程中的重要地位。❶

可以看出，这些研究均围绕多能胚胎干细胞的诱导重编程，探索多能干细胞向全能干细胞命运转变过程中的影响因素。换言之，2006 年诞生的诱导性多能干细胞技术实现了体细胞向多能干细胞的诱导转变，而 2015 年以来出现的 2C－like 细胞诱导技术，则进一步开启和实现了从多能干细胞到全能干细胞的神奇命运转变之门，如图 2－10 所示。

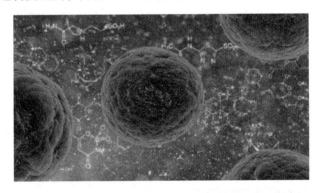

图 2－10　多能干细胞向全能干细胞转变后的 2C－like 细胞

尽管目前的研究多集中于小鼠上，鲜有人类的 2C－like 细胞的报道。但从小鼠上的研究进展可以预期，人的 2C－like 细胞的时代似乎并不久远了。未来，围绕该类具有全能性的 2C－like 细胞，究竟如何定位和进行伦理审查，还需要拭目以待。

2. 扩展潜能干细胞的研究进展

扩展潜能干细胞（expanded potential stem cells），也称扩展多能干细胞（extended pluripotent stem cells），简称 EPSCs。建立于鼠的 4 细胞期或 8 细胞期的卵裂球细胞，或针对现有的胚胎

---

❶　WU K, LIU H, WANG Y, et al. SETDB1－mediated cell fate transition between 2C－like and pluripotent states［J］. Cell Reports, 2020, 30（1）: 25.

干细胞（ESCs）的逆向诱导，EPSCs 具有扩展多能性，不仅具有形成胚内细胞系的多能性，还具有形成胚外细胞系或组织（ExEm）例如滋养层细胞和组织的能力，而且其可以形成类胚泡结构，为早期胚胎发育研究提供了一个很好的模型，有助于研究全能性的分子基础。❶

在这方面，作出较大贡献的是 Sanger 研究院的刘澎涛博士。他的研究团队 2017 年在《自然》期刊上发表文章，❷ 从小鼠 8 细胞期卵裂球中首次发现一类新型干细胞 EPSCs，从而将发育时钟拨回到最早的细胞类型阶段。这类扩展潜能干细胞比目前的干细胞系具有更大的扩增潜力，具有发育胚胎中第一细胞的特征，保留了最早细胞所需的发育特征，可以发育成任何类型的细胞。并且该研究团队随后从胚胎干细胞、诱导性多能干细胞、着床前的胚胎等均成功实现了扩展潜能干细胞的建立，❸ 如图 2 - 11 所示。

在此基础上，这种方法很快就应用到人体中❹，并且顺利获得了人类的扩展潜能干细胞。

鉴于这些科学进展，人们对全能性的认识也开始不断调整和校正。欧洲和美国多位科学家由此呼吁指出，全能性定义应

---

❶ LE R R, HUANG Y X, ZHAO A Q, et al. Lessons from expanded potential of embryonic stem cells: Moving toward totipotency [J]. Journal of Genetics and Genomics, 2020, 47 (3): 8.

❷ YANG J, RYAN D J, WANG W, et al. Establishment of mouse expanded potential stem cells [J]. Nature, 2017, 550 (7676): 393 - 397.

❸ YANG J, RYAN D J, LAN G C, et al. In vitro establishment of expanded - potential stem cells from mouse pre - implantation embryos or embryonic stem cells [J]. Nature Protocols, 2019, 14 (2): 350 - 378.

❹ GAO X F, NOWAK - IMIALEK M, CHEN X, et al. Establishment of porcine and human expanded potential stem cells [J]. Nature Cell Biology, 2019, 21 (6): 687 - 699.

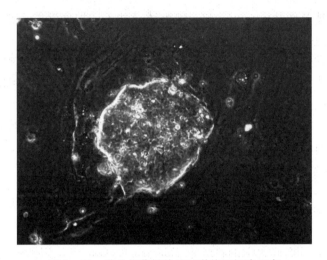

图 2 – 11　逆分化获得的扩展潜能干细胞示意

该使用更加严格的标准。❶ 即全能性通常是指由一个细胞能够发育成建构孕体所需的所有分化细胞的能力，孕体则是指胚胎及其附属结构及其相关的膜，包括胚胎，胎盘和羊膜，孕囊和卵黄囊。但如何在体外检测或测试其特性，目前的认识尚不完全。尽管 2C – like 细胞或者扩展潜能干细胞均具有扩展的多能性，但是否这些细胞就是全能性细胞，或者仅仅是具有较 ESC 更强的可塑性，目前还在讨论中。未来通过 2 细胞期细胞、2C – like 细胞、扩展潜能干细胞以及 2C – like – ESC 等的详细比较，会逐渐揭示它们之间的真正异同。

（五）全能性到底是什么

在再生医学中，生物体再生的细胞学基础在于细胞全能性。

---

❶ POSFAI E，SCHELL H P，JANISZEWSKI A，et al. Evaluating totipotency using criteria of increasing stringency ［J］. Nature Cell Biology，2021，23（1）：49 – 60.

四倍体补偿技术、2C - like 细胞诱导技术、扩展潜能干细胞技术的进展以及科学家们对全能性的重新认识与反思，都在随时更新我们对干细胞全能性的传统认知。从技术层面，细胞全能性似乎越来越复杂，人们迫切希望科学能够准确地回答细胞全能性的基本概念，即全能性到底是什么？全能性细胞的分子标记特征是什么？其与多能性的边界是什么？全能性的分子基础、分子机理是什么？人类、动物以至植物的细胞全能性的诱导发生机理有哪些共性、哪些区别？从法律层面，未来越来越多的全能性的人类胚胎干细胞到底应该如何定位？对于这些来自生命科学的最基础、最底层的问题，还需要我们深入地研究和思考。

美国犹他大学的科学家 Maureen L. Condic 认识到❶，围绕全能性这一概念，人们的认识存在巨大的混乱：无论是在科学共同体内部，还是在社会上，均是如此。并由此导致日益增加的对科学研究的伦理上的反对意见。因此，正确阐明全能性这一概念非常重要。他进而指出，美国国立卫生研究院就全能性给出了两种完全不同的定义，一种是指能够发育成全部有机体的能力；另一种则指能够分化为全部组织和细胞的能力。这两种不同的定义是很多混乱产生的源头。

在这种全能性使用非常混乱的状况下，Maureen L. Condic 进一步指出以下几种情况均并非全能性。

第一，参与发育并不是全能性。例如，当将干细胞注射入早期胚胎或利用四倍体补偿技术验证注射入的干细胞的发育能力时，如果能够发育成所有或多数组织或细胞时，就错误地解释这是干细胞具有全能性的证据。这种认识忽视了一个事实，干细胞只是参与了胚胎发育程序，而非启动了胚胎发育程序。

---

❶ CONDIC M L. Totipotency：What it is and what it is not［J］. Stem Cells and Development，2014，23（8）：796 - 812.

在这个过程中，是早期胚胎或有缺陷的四倍体胚胎主导形成完整个体的这一过程，如图 2-12 所示。

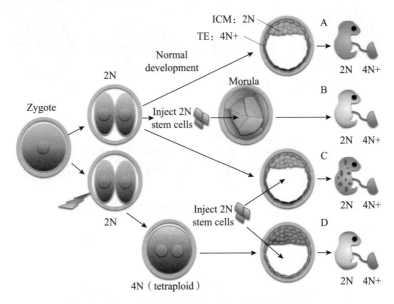

图 2-12　参与发育程序不同于启动发育程序

第二，共同参与发育程序不是全能性。例如，当将 32 细胞期的桑椹胚阶段的胚胎进行分解和重新聚合时，这些重新聚合的细胞与四倍体细胞重新形成了一个新鲜的胚胎，并且可以由此产生活的动物或者标准的胚泡，如图 2-13 所示。

同理，在双胞胎的产生过程中，由于其可以借由切割胚泡期的胚胎而产生双胞胎，有人认为，这证明了胚泡是包含全能性细胞和多能性细胞的混合体。如果该结论成立，那么，我们通常从内细胞团分离的胚胎干细胞也应该是全能性细胞和多能性细胞的混合体。实际情况却是，当胚泡切割时，并没有重新启动胚胎发育程序，而是一种胚胎修复程序，如图 2-14 所示。

第三，表达在早期胚胎中发现的分子标记并不是全能性，如2C‒like细胞，即是如此。

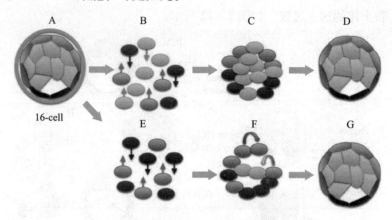

图2‒13　共同参与发育程序并不是全能性

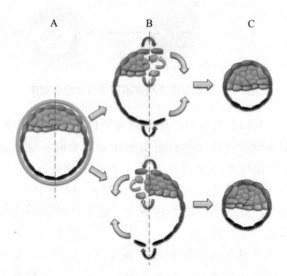

图2‒14　胚胎修复程序并非胚胎启动发育程序

　　第四，行为表现非常类似于胚胎或者仅仅看上去非常像胚胎也并不是全能性。

　　除了指出以上都是对全能性的误解，Maureen L. Condic 在文章中还特别提及了胞质（cytoplasm）对全能性的重要作用，指出全能性不仅是细胞核的一种状态，而且特定类型的胞质状态也是全能性的一部分。最后，Maureen L. Condic 提出"plenipotent"这一概念，意图解决在全能性方面这种认识上的混乱。如图 2－15 所示，plenipotent 状态是介于全能性和多能性之间的一种状态，但不是全能性。

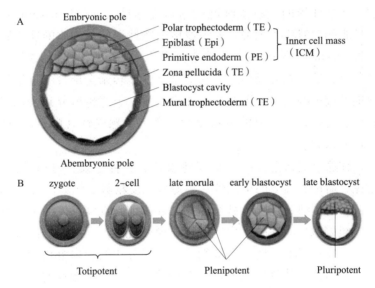

图 2－15　处于全能性与多能性之间的"plenipotent"示意

　　另一位对全能性进行深入反思的科学家也来自美国。美国阿拉巴马大学的科学家 Kejin Hu 研究指出❶，尽管各种文献通常称受精卵和早期卵裂球具备全能性，但是并没有仔细分辨，受精卵和早期卵裂球具备全能性是完全不同的分子基础。无论我

---

　　❶ HU K. On Mammalian Totipotency：What is the molecular underpinning for the totipotency of zygote？[J]. Stem Cells and Development，2019，28（14）：897－906.

们按照严格意义还是宽松意义上的对全能性的通常的定义和理解（单个细胞独立地发育成完整健康的个体的能力，或者单个细胞具有分化为组成躯体和支撑发育的所有组织和细胞类型的能力），都大大忽略了其遗传意义上、表观遗传意义上以及生物化学意义上所具有的含义。

当提及哺乳动物受精卵的全能性时，实际上是指三个层面上的全能性：遗传全能性、表观遗传全能性以及重编程全能性。遗传全能性指的是核或细胞的遗传完整性（genetic integrity），与细胞的功能状态无关。表观遗传全能性指的是细胞的遗传感受性（genetic competency）或活性状态，决定其全能性的遗传因子是否激活，也可以称之为功能全能性或转录全能性。重编程全能性或重编程能力则是指，细胞在独立于遗传组分和表观遗传状态之外，所具有的生物化学意义上的感受性（biochemical competency）。

在这个基础上，结合干细胞领域的各种进展，可以看出，首先，遗传意义上的全能性并不专属于受精卵。例如，自 1960 年开始的体细胞克隆青蛙至今，无数体细胞克隆、体细胞核移植、卵裂球全能性的发现等都可以说明此点。因此，我们人体内的所有不同类型的二倍体细胞，包括分化的和未分化的，胚胎来源的还是体细胞来源的，在遗传上，均是全能性的。在这个意义上，遗传意义上的全能性并不是一个很好的、能够区分受精卵和其他任意正常的二倍体体细胞的一个特征。

其次，受精卵也并不属于表观遗传意义上的全能性状态。这一部分的认识来源于受精卵与 2 细胞期卵裂球、父系母系基因组等的比较，发现受精卵时期的基因组已经被激活并准备发育，但全能性实际上是 2 细胞期卵裂球的胚系基因组激活（EGA）完成后才具有的一种状态，而非受精卵基因组激活（ZGA）后的一种状态。受精卵的主要功能就是表观遗传意义上的重编程，通过受精卵的重编程，细胞才具备了全能性。因此，其提出一种修正后的对全能性的认识模型，如图 2 - 16 所示。

上述对受精卵细胞的全能性、全能胚胎干细胞等的研究，代表了最新的一些科学进展。这些科学进展和科学反思，为我们打开了一条新的思考之路，原来，围绕胚胎干细胞的多能性及全能性，竟有如此之多的争论，原本以为是真理的一些定见、定论，可能需要重新考量。

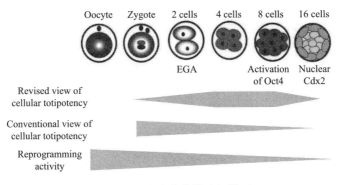

图 2 - 16 小鼠全能性认知模型

据不完全考证，至少在 1912 年，德国发育生物学家 Wilhelm Roux 就提出了"全能性"这一概念，发展到现在，这一概念已经使用了 110 年。百余年来，可以看出，人们对其的认识日益翻新，随着对全能性的认识越来越深入，未来相应与胚胎干细胞多能性和全能性相关的法律规则如何适用，也会越来越复杂。

这些科学进展所反映出的复杂性，也会反映到专利审查中。专利审查员无法回避的是，基于对细胞全能性或多能性的认定，选择性适用相关的法律，对于涉及人类胚胎干细胞应用的伦理道德判断，首先需要分析和区分细胞的发育潜能。具体来说，需要看说明书中是否明确记载了利用所述干细胞制备出完整的生物体，还需要分辨其验明的是否是真正的全能性。这些科学最新认知，能够对准确判断相关技术事实，辨明全能性这一百多年未解的谜题，起到一定作用。也提示我们，科学永远存在大片未知的区域，胚胎之于我们，是人类生命的萌芽；同样，人类在认识自身层面，仍处于萌芽期。

技术只能回答能不能做成功的问题，但要不要做、应不应该做却是伦理层面的问题。

——前卫生部副部长黄洁夫

自然科学呼唤伦理、法学的介入，以保证高新生命科技为人类趋利避害提供帮助。事实上，伦理与科技的矛盾常需要法律来协调和化解。法律必须对所有重要的生活事件和利益冲突进行调整。❶

——西南政法大学徐娟

当我一想到要将该抗体用于人体试验时，我的手似乎就在颤抖。

——法国著名科学家路易斯·巴斯德

这可能是最坏的结果，这意味着人们可以在欧洲进行基础研究，但研究成果却不能在欧洲使用。

——欧洲 *Brüstle* 案的主角布鲁斯托

---

❶ 徐娟. 人工辅助生殖法律规制中的公私权平衡 [J]. 人民司法（应用），2018（34）：58 – 65.

第三章 发明专利的伦理道德审查标准

科学技术作为推动生产力进步的重要动力，其发展往往具有超前性。在一定程度上会超过当前的社会发展状态与大众能够接受的意识观念范围。利用人类胚胎进行科学研究的活动，例如进行人类胚胎干细胞研究，从一开始就超越了当时社会伦理的可接受范围，导致国内外很多人在观念上以及伦理道德规范内还不能接受。其从发现到应用经历了一个艰难的过程，每一次进步都需要付出代价，都曾引起过巨大的争议，需要长时间的充分讨论、否定之否定式的认知、多种因素的权衡判断，才能逐步缓解技术上存在的伦理冲突。因此，新生事物的出现和发展一定是充满艰难与阻碍的，具有曲折性。

并且，受科技发展所限，人类胚胎干细胞技术上的缺陷使得各方，尤其是伦理学家们，不断质疑研究活动进一步推进的合理性。很多人疑惑，在付出破坏胚胎的代价后，能否换来技术的进步。此外，由于过高的期望、巨大的利益诱惑，一度造成未经证明确切疗效的干细胞进行大规模临床应用的乱象，加之目前技术水平不足或者科研工作者操作上的失误，一旦临床应用出现严重问题，如对胚胎基因的错误操作导致致病基因甚至遗传至后代，产生难以挽回的后果。更加危险的是，有些人利用该技术从事有恶意目的的研究，从而危害人类和社会。本来胚胎研究操作的实验活动的伦理争议就很大，再加上受当前技术发展水平的制约，技术风险使得伦理争议被进一步扩大。

相对于其他生物技术发明，人类胚胎干细胞技术带来的伦理学争议显得尤为突出。由于涉及胚胎的取得、利用、抛弃，而胚胎具有发育成为完整个体的潜能，很多国家将其视为"人"，那么人类胚胎干细胞技术的研究不可避免会对人类胚胎进行破坏，这就等于变相杀害一个"人"来造福一群人。由此，人类胚胎干细胞的研究不仅仅是具有独一无二的临床应用价值，更有其背后带来的伦理争议，使得对于胚胎干细胞的研究变得复杂而富有挑战性。

因此，随着人类胚胎干细胞技术兴起，各国专利局开始陆续研究出台相关审查标准，司法领域也很快涌现了相关司法判例。我国在 2001 年开始面对各类人类胚胎干细胞相关专利申请，《审查指南（2001）》首次提出和规定了针对生物技术有关伦理道德审查的标准，将生物技术发明纳入社会公德和社会公共利益的考量。可见，从时间上而言，我国对涉及人胚胎或人类胚胎干细胞发明专利的相关伦理道德的规制，几乎是与国际同步的。下面就专利审查指南等相关审查标准的修改变化过程及既往审查标准中存在的问题进行初步分析。

一、发明专利伦理道德审查标准的演变

1. 专利法层面

1984 年颁布的《专利法》第 5 条规定，对违反国家法律、社会公德或者妨害公共利益的发明创造，不授予专利权。之后 1992 年、2000 年、2008 年和 2020 年修改的《专利法》对此条都没有作出修改。因此，我国专利制度自始即规定，发明创造不得违反社会公德，发明专利需要面对道德审查，考量伦理道德。

2. 《专利审查指南》层面

《专利审查指南》中对违反社会公德的发明创造的审查标准的说明随着技术的发展和申请情况的变化而变化。

（1）《审查指南（1993）》

《审查指南（1993）》第二部分第一章第 2.2 节规定了违反国家法律、社会公德或妨害公共利益的发明创造的情形，均没有明确列举涉及人胚胎或干细胞的相关规定。

（2）《审查指南（2001）》

《审查指南（2001）》第二部分第一章第 2.2 节规定所列举的违反社会公德的例子与《审查指南（1993）》一样，并没有就人胚胎或人胚胎干细胞相关发明是否违反社会公德进行规定。但在专门针对化学、生物领域的发明的第十章第 7.1.2.4 节规定，对于涉及生物技术的发明，如果其商业开发有悖于社会公德或者妨害公共利益，那么这样的发明将被认为是属于《专利法》第 5 条所规定的不授予专利权的发明。以下的发明将被认为属于上述不授予专利权的发明：①克隆人的方法以及克隆的人；②改变人生殖系遗传身份的方法；③人胚胎的工业或商业目的的应用；④可能导致动物痛苦而对人或动物的医疗没有实质性益处的、改变动物遗传身份的方法，以及由此方法得到的动物。这一规定的内容与欧洲议会和欧盟理事会于 1998 年通过的《关于生物技术发明的法律保护指令》第 6 条第 2 款的规定完全相同。

可以看出，《审查指南（2001）》针对当时生物技术的最新发展，第一时间及时出台了伦理道德相关审查标准，列明了其中涉及的四种情形。一方面，从时效性、反应性上看，国家知识产权局专利局及时响应了生物技术的最新科学进展和国际专利制度的变迁。另一方面，也要看到，当时，这些规定的位置是放在就化学生物领域专利审查进行专门规定的第十章，且指明限于生物技术发明，社会公德与公共利益是并称的，该四种情形属于有悖于社会公德或者妨害公共利益，但并未明确属于哪一端；其所列明的四种情形中，出现了"人胚胎的工业或商业目的的应用"这一情形，但还没有出现"人类胚胎干细胞""动物的胚胎干细胞"等概念，对胚胎干细胞的审查还未直接作出规范。

因此，在出台该规定以后的 2001～2006 年，由于当时对人类胚胎干细胞、动物的胚胎干细胞等发明的审查尚处于摸索阶段，加之从该项规定溯源的角度而言，拿来主义的移植色彩浓重，并没有对该四种情形如何正确理解和使用作出进一步说明，这一时期对于"人胚胎的工业或商业目的的应用"这一情形如何在审查中把握适用，并不是非常清晰，也存在一段逐步探索和逐渐明朗的发展过程。

（3）《审查指南（2006）》

《审查指南（2006）》将《审查指南（2001）》规定从第二部分第十章挪到了第二部分第一章关于《专利法》第 5 条的规定部分，即《审查指南（2006）》第二部分第一章第 3.2 节"违反社会公德的发明创造"规定，发明创造与社会公德相违背的，不能被授予专利权。例如，带有暴力凶杀或者淫秽的图片或者照片的外观设计，非医疗目的的人造性器官或者其替代物，人与动物交配的方法，改变人生殖系遗传同一性的方法或改变了生殖系遗传同一性的人，克隆的人或克隆人的方法，人胚胎的工业或商业目的的应用，可能导致动物痛苦而对人或动物的医疗没有实质性益处的改变动物遗传同一性的方法等，上述发明创造违反社会公德，不能被授予专利权。

并且，《审查指南（2006）》第二部分第十章增加第9.1.1.1 节和第 9.1.1.2 节，第 9.1.1.1 节"人类胚胎干细胞"规定：人类胚胎干细胞及其制备方法，均属于专利法第五条规

定的不能被授予专利权的发明"；第 9.1.1.2 节规定"处于各形
成和发育阶段的人体"规定："处于各个形成和发育阶段的人
体，包括人的生殖细胞、受精卵、胚胎及个体，均属于专利法
第五条规定的不能被授予专利权的发明"；并且在第 9.1.2.3 节
"动物和植物个体及其组成部分"规定："动物的胚胎干细胞、
动物个体及其各个形成和发育阶段例如生殖细胞、受精卵、胚
胎等，属于本部分第一章第 4.4 节所述的'动物品种'的范畴，
根据专利法第二十五条第一款第（四）项规定，不能被授予专
利权。动物的体细胞以及动物组织和器官（除胚胎以外）不符
合本部分第一章第 4.4 节所述的'动物'的定义，因此不属于
专利法第二十五条第一款第（四）项规定的范畴"。

至此，我国关于人胚胎、人胚胎干细胞、动物的胚胎干细
胞的审查标准基本形成。应该说，从修改内容的体量上看，《审
查指南（2006）》是生物技术领域专利审查规则修改变化很大的
一次。至少有以下几点明显的改变。

首先，《审查指南（2001）》规定由专章的特殊规定提升至
一般规定，从整体体例上而言，伦理道德审查的地位和重要性
提升；并且，第十章的专章规定部分首次增加有关人类胚胎干
细胞、动物胚胎干细胞的相关规定，整体审查标准进一步细化
完善。

其次，明确《审查指南（2001）》规定的四种情形的定位，
将分散的规定进行集中统一。由专章的特殊规定提升至一般规
定以后，不再遵循原来的社会公德与公共利益并指的方式，而
是直接列入第一章第 3.2 节"违反社会公德的发明创造"，首次
明确了"人胚胎的工业或商业目的的应用"等四种情形属于违
反社会公德。而且，将第一章原有规定示出的情形"带有暴力
凶杀或者淫秽的图片或者照片的外观设计，非医疗目的的人造
性器官或者其替代物，人与动物交配的方法"与原第十章列举

的四种情形合并以后，类似规定进行了集中统一，例如，"人与动物交配的方法"原本就属于生物技术领域可能出现违背伦理道德的情形，其与克隆人的方法等四种情形合并以后，相近的规定能够安置于一处，避免了同类审查标准的过于分散。

再次，对《审查指南（2001）》规定的四种情形进一步修改细化、调整。将"人生殖系遗传身份"修改为"人生殖系遗传同一性"，增加了"改变了生殖系遗传同一性的人"；将"动物遗传身份"修改为"动物遗传同一性"，并删除了《审查指南（2001）》规定的第四种情形中提及的"以及由此方法得到的动物"。也就是说，同样是针对改变遗传同一性，对于改变人生殖系遗传同一性的方法，《审查指南（2006）》增设了"改变了生殖系遗传同一性的人"；而对改变动物遗传同一性的方法，《审查指南（2006）》特意删除了"改变了动物遗传同一性的动物"。这也是一个重要的细节改变。

最后，明确了《审查指南（2006）》第二部分第十章第9.1.1.1节和第9.1.1.2节的新增规定的伦理道德审查的定位。《审查指南（2006）》第二部分第十章第9.1.1.1节和第9.1.1.2节的新增规定虽然仅仅是规定相应情形"属于专利法第五条规定的不能被授予专利权的发明"，并未明确这些情形是由于违反国家法律、违反社会公德还是妨害公共利益。但在这些规定之上的第9.1.1节，明确示出了"在本部分第一章第3.2节中列举了一些属于专利法第五条规定的不能被授予专利权的生物技术发明类型。此外，下列情况也属于专利法第五条规定的不能被授予专利权的发明"。通过这样的过渡，实际上明确了其与第一章第3.2节"违反社会公德的发明创造"的关系。也就是说，这些新增规定一出现，就明确了伦理道德审查的定位。

此外，对于新增的第9.1.1.2节"处于各形成和发育阶段的人体"和第9.1.2.3节"动物和植物个体及其组成部分"，通过直接对比可以发现，两者均涉及人或动物的"各个形成和发育阶段"或人或动物个体，但是，由于专利法所称的动物不包括人，自此以人或动物的各个形成和发育阶段或其个体为主题的发明就开始走向不同的审查命运。人的各个形成和发育阶段或其个体，受《专利法》第 5 条规制（还包括"改变了生殖系遗传同一性的人"和"克隆的人"）；动物的各个形成和发育阶段或其个体，则受《专利法》第 25 条"动物品种"规制。并且，需要注意的是，《审查指南（2006）》不仅是对人类胚胎干细胞、动物的胚胎干细胞等发明首次作出明确规定，而且是对生殖细胞、受精卵、胚胎等首次明确规定，其中所涉及的人类胚胎干细胞、动物的胚胎干细胞、人的生殖细胞、受精卵、胚胎以及动物生殖细胞、受精卵、胚胎等诸多新增概念，均未有明确定义，为其在之后的审查适用埋下了扩大解释上的不确定性。

尤其是，《审查指南（2006）》第二部分第十章第 9.1.2.3 节对于"动物的胚胎干细胞"并未定义，考虑当时的技术发展水平，从 Nagy 等在 1993 年就首次用聚合法得到了完全由胚胎干细胞发育而来的小鼠等技术的出现，使得很多人在对动物胚胎干细胞到底具备的是全能性还是多能性上，可能认识不尽相同。也未有证据显示出，此处的"动物的胚胎干细胞"是否包括动物的全能干细胞。因此，对于其新增规定所涉及的"动物的胚胎干细胞"范围的理解，可能并不一致。

根据《审查指南修订导读 2006》的说明可知，确立是否属于动物品种的划界标准在于是否具有生长为个体的能力。但这里并没有明确，是单个的动物的胚胎干细胞在子宫等中可以独立成长为个体，还是不拘于单个或独立与否，只要动物的胚胎干细胞可以生长为个体即可。例如，依赖四倍体胚胎补偿技术进行补偿以后，注入四倍体胚胎的动物的胚胎干细胞能发育为小鼠，算不算动物的胚胎干细胞具有成长为个体的能力，还无法明确。

（4）《专利审查指南（2010）》

《专利审查指南（2010）》第二部分第一章第 3.1.2 节的规定与《审查指南（2006）》第二部分第一章第 3.2 节完全相同，也即《专利审查指南（2010）》完全继承了《审查指南（2006）》的规定，没有任何修改，由此，《审查指南（2006）》的规定一直沿用至 2019 年。

（5）《专利审查指南（2010）》（2019 年修订）

2019 年 9 月，国家知识产权局发布第 328 号公告，对《专利审查指南（2010）》作出修改。其中就有多处涉及人类胚胎干细胞的相关规定。主要修改涉及三处：一是将从"未经过体内发育的受精 14 天内的囊胚分离或获取干细胞的技术"从"人胚胎的工业或商业目的的应用"中排除；二是删除了第二部分第十章第 9.1.1.1 节"人类胚胎干细胞及其制备方法，均属于专利法第五条第一款规定的不能被授予专利权的发明"的规定；三是在原来的"第二部分第十章第 9.1.1.2 节 处于各个形成和发育阶段的人体，包括人的生殖细胞、受精卵、胚胎及个体，均属于专利法第五条第一款规定的不能授予专利权的发明"后增加一句"人类胚胎干细胞不属于处于各个形成和发育阶段的人体。"

2019 年通过对《专利审查指南（2010）》修改，新的审查标准得以建立，其自 2019 年 11 月 1 日起施行，构成现行的审查标准。后续我们会就此现行新标准进行专章分析，这里暂且不谈。

整体分析以上五个版本的《专利审查指南》可以看出，我国关于胚胎及胚胎干细胞的审查标准主要形成于《审查指南（2001）》和《审查指南（2006）》之中。其中，"人胚胎的工业或商业目的的应用"的审查规定自 2001～2019 年，历经了 18

年的审查实践运行，关于"人类胚胎干细胞及其制备方法均属
于专利法第五条第一款规定的不能被授予专利权的发明"的规
定也在审查实践中运行了 13 年之久，并在 2019 年得以修改。并
且，这种修改完全是一种颠覆性的改变，由严格不授予专利权
转变为可授予专利权。因此，就有必要了解，这些原有审查标
准的审查规定到底存在哪些问题，为什么需要修改。

　　下面，我们从原有审查标准本身解析的角度，谈谈早期审
查标准存在的不确定和模糊之处。

二、发明专利伦理道德审查标准中的不明确性

　　通常，审查标准的制定，均具有一定的研究支撑、调研支
撑。2005～2006 年，我国着手制定人类胚胎干细胞相关发明的
审查政策和审查标准，从目前能够获取的信息来看，我国当时
深入研究了胚胎干细胞相关的法律规定、道德伦理、国家政策
以及干细胞研究和干细胞产业的实际情况等，综合考虑之下，
最终采取了严格限制的总体政策方向，对胚胎干细胞相关专利
申请加强伦理道德审查，并一直持续到 2019 年。

　　2019 年《专利审查指南（2010）》修改在提及其修改背景
时，重点指出了两个方面的修改原因，其一，目前的审查标准
与政府的支持政策、我国的科研实力、技术的发展状况以及伦
理道德观念的变化不相适应；其二，现有审查标准中的相关规
定不明确、审查实际操作存在不一致。显然，第一个原因是政
策性原因，第二个原因才是审查实践中的真实生态，真实反映。
而且，其明确指出了原有的审查规定不明确、执行不一致的问
题。这就需要从源头思考原有审查标准到底存在什么不明确的
问题。

　　总结原有审查标准不难发现，《审查指南（2006）》和《专

利审查指南（2010）》两个版本的审查标准在形式上是很明确的，人类胚胎干细胞相关专利审查中使用和适用的主要有三条规则（除以下三条，还包括改变人生殖系遗传同一性的方法或人、克隆人及其克隆方法等情形，但由于审查实践中涉及较少，这里暂不展开），依据《专利审查指南（2010）》包括如下三条规则。

① 违反社会公德的发明创造：人胚胎的工业或商业目的的应用违反社会公德，不能被授予专利权（《专利审查指南（2010）》第二部分第一章）。

② 人类胚胎干细胞及其制备方法，均属于《专利法》第 5 条第 1 款规定的不能被授予专利权的发明（《专利审查指南（2010）》第二部分第十章）。

③ 处于各个形成和发育阶段的人体，包括人的生殖细胞、受精卵、胚胎及个体，均属于《专利法》第 5 条第 1 款规定的不能被授予专利权的发明（《专利审查指南（2010）》第二部分第十章）。

通过分析不难发现，虽然三条规则分布在《专利审查指南（2010）》的不同位置，却同时归属于《专利法》第 5 条第 1 款。并且，规则①明确了其原因是违反社会公德，而规则②和③虽然没有直接明确原因，但通过援引指南第一章第 3.1.2 节，即其通过在第 9.1.1.1 节的上位小节第 9.1.1 节中指出："在本部分第一章第 3.1.2 节中列举了一些属于专利法第五条第一款规定的不能被授予专利权的生物技术发明类型。此外，下列情况也属于专利法第五条规定的不能被授予专利权的发明"，也间接表明了规则②和③的情形实际上也归入伦理道德审查范畴。因此，这三条审查规则均定位于违反社会公德，属于伦理道德审查，这一点是确定的。

部分研究者也曾作出推测，认为可以合理推定在中国"人类胚胎干细胞及其制备方法"属于"违反社会公德的发明创造"
而不能被授予专利权。❶ 但是，涉及同一条款，出于同样的违反
社会公德的理由，三条规则并行放在一起以后，这三条之间规
则的逻辑关系，还是颇费疑猜的。也即，在规则②与规则①之
间的关系上，两者形式上是并列关系，实质上又似乎存在从属
关系，因为人类胚胎干细胞及其制备方法最大的伦理问题在于，
胚胎干细胞的制备无法绕开人胚胎，需要使用和破坏人胚胎。
而如果两者完全独立，明确不存在直接关联，则人类胚胎干细
胞及其制备方法违背社会公德的原因，一定不是归因于"人胚
胎的工业或商业目的的应用"，唯其如此，其才能与规则①区分
开，也才是规则②并立的理由所在。一旦如此，"人胚胎的工业
或商业目的的应用"如何解释，又会成为连环的疑问。所以，
在《专利审查指南》这种递进式完善审查规则的过程中，各个
规则之间的逻辑关系、违反伦理道德的原因解析，一定程度上
存在令人费解的疑问，反映了审查标准逻辑关系上的不清晰、
不明确。

　　《审查指南（2016）》首次同时引入了"人类胚胎干细胞"
和"动物的胚胎干细胞"两个授权客体的概念，并一直保留至
2010 版审查指南。前者见于《审查指南（2006）》第二部分第
十章第 9.1.1.1 节，后者则见于第 9.1.2.3 节。显然，"人类胚
胎干细胞"和"动物的胚胎干细胞"两者均被排除于授权客体
之外，但排除原因各不相同，前者被认为不符合《专利法》第
5 条第 1 款；后者则被认为属于动物品种。尽管在这种制度安排
之下，两种客体的审查在执行上可以并行，表面上也并不矛盾。
但为在执行中对审查标准的理解埋下了隐患，例如，"动物的胚
胎干细胞"如何解释？是所有来源于动物胚胎的干细胞都属于

---

❶ 刘李栋. 浅析我国人胚胎干细胞发明的可专利性［J］. 医院管理论坛，
2013，30（4）：9 – 13.

"动物品种"吗？如果不是，那"动物的胚胎干细胞"的范围应包括哪些细胞？接下来，由"动物的胚胎干细胞"横向对比"人类胚胎干细胞"，两者除了"人"与"动物"的对象不同以外，其"胚胎干细胞"的含义是不是相同的？所有这些疑问最终都会聚焦和直接上升到对《专利审查指南》中"人类胚胎干细胞"和"动物的胚胎干细胞"两个概念以及相应的"人类胚胎"和"动物胚胎"的各自含义和范围的追问和省思之中。这就是《专利审查指南》中的第二个不确定之处，这种不确定是在审查规则制定以后的审查执行中，由审查规则的理解和执行所必然会催生的技术上的追问，也可以称之为技术上的不清楚：《专利审查指南》中所述的"人类胚胎干细胞"和"动物的胚胎干细胞"到底应该如何理解，是否应该在技术上自洽和一致等。具体而言，动物的卵裂球细胞——也即全能干细胞，具有无可争议的全能性，通常应该将其纳入"动物的胚胎干细胞"范畴予以动物品种上的规制；既然"动物的胚胎干细胞"包括全能干细胞，那么是不是"人类胚胎干细胞"也要同理执行？诸如此类交叉关联的谜题，需要我们一一解开。

第一种审查标准逻辑关系上的不明确和不清楚，造成当面对人类胚胎干细胞及其制备方法的相关案件时，专利审查员在说理论证中并不确定规则①和规则②之间真正的逻辑关系，大部分专利审查员直觉性地选择用规则①去处理案件，而很少直接简明的应用规则②。而且这种选择似乎仅仅是遵照一种审查惯性。

而如上"人类胚胎干细胞"和"动物的胚胎干细胞"概念或技术上的不明确、不清楚，也造成专利审查员有时无法判断所审查的具体干细胞在技术上是否属于《专利审查指南》中所述的"人类胚胎干细胞"或"动物的胚胎干细胞"，对是否可以援引规则②进行审查不能确定——由于适用规则②的前提是需要明确指向人类胚胎干细胞，由此也把案件引向了"人胚胎的工业或商业目的的应用"的规则①路径。即使比较确定发明属于人类胚胎干细胞及其制备方法的情况下，也很少有专利审查员直接适用此条规则，将发明直接拒于门外。由此，规则②虽然非常简洁明了，实践中却逐渐演变为只是决定案件走向的那个无形的"上帝之手"，它自己反而很少直接抛头露面、发挥作用。

　　不仅如此，横向对比前述规则③和有关"动物胚胎干细胞"属于"动物品种"的两处规定也可以看出，在审查实践中，专利申请人和审查员两方面都不可避免地会逐渐触及对"动物的胚胎干细胞"为什么属于"动物品种"的思考，而恰恰《专利审查指南》对此没有给出非常明确的解释。到底是不是因为其具有全能性呢？颇费猜疑。前述已经提及，根据《审查指南修订导读 2006》的说明可知，当时确立是否属于动物品种的划界标准或划分点在于，是否具有生长为个体的能力。如果"具有生长为个体的能力"约等于"全能性"的话，或者，仍然从"具有生长为个体的能力"角度进行判断，动物的卵裂球细胞具有生长为个体的能力，那么，"动物的胚胎干细胞"这一概念就应该包括了动物的卵裂球细胞。由此，对于相应的"人类胚胎干细胞"而言，人类的全能干细胞（卵裂球细胞）应该如何定位，就成为需要关联思考的问题。如果其应纳入人类胚胎干细胞范畴，那么全能性的人类胚胎干细胞是否属于处于各个形成和发育阶段的人体，是否属于生殖细胞，是否属于胚胎，就会成为下一步需要思考的问题。此时，当专利审查中面对全能性的人类胚胎干细胞这一审查主题时，是该用规则①、规则②、规则③，还是三条规则全用呢？这又是一连串的不确定。所以，这样就产生了第三个不确定，技术概念上的不确定，又连带可能会造成审查规则之间的整体逻辑关系混乱，逻辑关系不确定。

　　当存在这么多的不确定之时，审查员在具体案件的审查中，就会选择一条相对稳妥的、相对而言比较有把握的路径。

　　总之，由于基本概念界定缺失、法律规定过于简明、法律漏洞需要填补、争议案件无法回避，大量争议案件就"拥堵"在了"人胚胎的工业或商业目的的应用"这条路上，成为其不可承受之重。当问题集中到"人胚胎的工业或商业目的的应用"以后，紧接着就产生了一系列需要明确的问题，什么是"人胚胎的工业或商业目的的应用"？是不是研究中用到了胚胎就属于"人胚胎的工业或商业目的的应用"，就一定违反社会公德，如果不是，那么什么样的"人胚胎的工业或商业目的的应用"会导致违反社会公德？一系列的疑问都需要专利审查员在审查过程中来给出回答。实践中，对这一问题的回答，专利审查员给出的回答是不一致的。可以说，这三个不确定是后述审查标准执行不一致的根本原因。

　　如前所述，由于在 2019 年《专利审查指南（2010）》修改之前，多数涉及胚胎干细胞的案件已经采取了规则①解决；而 2019 年《专利审查指南（2010）》修改，主要是删除规则②，并针对规则③增加了"人类胚胎干细胞不属于处于各个形成和发育阶段的人体"的限定，相当于修改以后规则②和③两条路径已经关闭，造成的直接结果包括，围绕人类胚胎干细胞授权客体问题的判断，又重新回到规则①的解决路径。因此，2019 年《专利审查指南（2010）》修改以后，专利审查的焦点再一次聚焦到规则①适用的判断上来。"人胚胎的工业或商业目的的应用"始终是专利审查员与申请人最关注和容易引发争议的焦点所在。

　　如前所述，人类胚胎干细胞领域大量的发明专利伦理道德审查问题，都堵在了"人胚胎的工业或商业目的的应用"一条路上，成为其不可承受之重。如何基于欧洲作出如此规定的本意以及我国《专利审查指南》修改后关于剩余胚胎的排除等，审慎研判"人胚胎的工业或商业目的的应用"规定的真正本意，正确解释"人胚胎的工业或商业目的的应用"的含义，将人类胚胎干细胞领域的大量发明精准分流，分类施策，是当前专利审查迫切需要思考的问题。并且，干细胞技术的伦理道德审查和辅助生殖技术的伦理道德审查，早已经过了单纯关注是否需要破坏胚胎与否的时代，随着干细胞技术和辅助生殖技术的飞速发展，这两个领域内的各种新兴伦理问题层出不穷，诸如嵌合胚胎、胚胎模型、三亲胚胎、合成胚胎、单倍体胚胎、胚胎基因编辑等各种新生伦理问题，也非"人胚胎的工业或商业目的的应用"所能完全涵盖。未来生物技术领域伦理道德审查的出口必然是多路径的，分门别类单独考虑的。

三、发明专利伦理道德审查标准的细化

可以看到的是，即使《审查指南（2006）》和《专利审查指南（2010）》已经明确规定了相关审查标准，但对于审查实践中纷繁的事实，基本概念和审查标准规定上的不明确，专利审查员在其具体把握上还是会出现各种不同的理解。因此，国家知识产权局专利局曾经几度尝试研究和细化相关审查标准，以方便专利审查员审查操作，并统一审查尺度。

在 2010 年左右，在认为不违背审查指南规定的审查标准的情况下，相关专利审查部门也曾对胚胎干细胞相关审查标准进行逐步细化（并非仅针对胚胎干细胞，而是面向医药生物领域）。这其中包括 2009～2011 年制定和修订《审查操作规程（实质审查分册）》，2011 年推出的《医药生物技术领域专利审查指导手册》（上、下册），2010 年推出《生物制品领域发明专利申请审查基准（试行）》等内部文件，也包括在一些比较大型

的内部研讨会上，经多方研讨形成一些统一审查标准和尺度的会议纪要性文件。这些文件在一定时期内，确实起到了指导专利审查和统一审查尺度的作用。但是，这些对审查规则细化上的努力，也只是将"人胚胎"和"人类胚胎干细胞"等概念进行宽泛解读，并且逐步明确地将如上所述规则②纳入为规则①的一种下位情形，细分了全能性人类胚胎干细胞和非全能性人类胚胎干细胞，并且对人类胚胎干细胞分化成的细胞、器官或组织、人类胚胎干细胞的维持、扩增、富集、诱导分化、修饰方法等，均持相对严格的审查标准。由此，此段时期内，人类胚胎干细胞相关发明的审查标准是比较严格的。

但是，随着对人类或动物胚胎干细胞的技术本质的认识加深，相关伦理认识的不断讨论和明晰，以及伴随着 2019 年《专利审查指南（2010）》修改后新的审查标准，这些曾经的内部审查规则也需要重新审视。

四、人类生命伦理与动物实验伦理的异同

在考虑人类胚胎干细胞相关发明专利伦理道德审查标准时，有一个必须思考和处理的问题，即专利审查所关注的动物实验伦理是什么，两者之间具有何种关系。解释清楚这一问题，对于准确把握人类胚胎干细胞相关发明专利伦理道德审查标准也会有一定作用，对在厘清动物胚胎与人胚胎的差异、动物胚胎干细胞与人类胚胎干细胞的异同的基础上，厘清人类胚胎干细胞相关发明专利伦理道德审查标准，也具有一定的辅助作用。

从对比分析的角度而言，动物胚胎干细胞的研究历史、相关发明专利申请历史和审查历史都要远远地早于人类胚胎干细胞发明，所以，在讨论涉及人胚胎和人类胚胎干细胞发明专利的伦理道德审查标准之前，首先需要明了动物实验伦理与人类

生命伦理的异同，从而才能在同时审理动物胚胎干细胞与人类胚胎干细胞相关发明专利时，真正合理把握和处理好相关的伦理问题。

前已述及，动物胚胎干细胞的制备会涉及大量的破坏动物体外胚胎和体内胚胎的情况，其多能性或全能性的验证会涉及大量的动物胚胎干细胞生殖系嵌合试验以及验证胚胎干细胞多能性的接种畸胎瘤的试验，由动物胚胎干细胞制备动物实验模型或转基因动物时会涉及不同动物胚胎或干细胞嵌合或杂合的试验等，通常情况下，这些实验方法均是该领域经典的实验方法，并不为伦理道德所禁止。因此，动物胚胎干细胞的相关研究很少受到伦理道德因素的限制。

但是，需要注意的是，对于动物实验的相关伦理问题，并非没有规制。至少可以区分为专利审查所关注的动物实验伦理和其他部门制定的关于实验动物的伦理规范。

从专利审查角度而言，《专利审查指南》规定的与动物有关的伦理审查情形包括：人与动物交配的方法，可能导致动物痛苦而对人或动物的医疗没有实质性益处的改变动物遗传同一性的方法，上述发明创造违反社会公德，不能被授予专利权。可以看出，这两种情形尽管理论上存在，但在审查实践中比较少见，并且，改变动物遗传同一性的方法虽然并不少见，但是加上"可能导致动物痛苦而对人或动物的医疗没有实质性益处"限定以后，符合"对人或动物的医疗没有实质性益处"的改变动物遗传同一性的方法就极少了，因为多数围绕改变动物遗传同一性的方法的发明，可能还是将动物或动物模型作为研究工具，研究手段，其目的在于人类医学或动物医学的进步，所以，在专利审查实践中，利用这一条规则的情形也极其少见。这也就造成，围绕有关动物实验伦理的相关案件和讨论极少。从制定规则的角度而言，《审查指南（2006）》在违背伦理道德部分特意删除了"改变了动物遗传同一性的动物"这一重要的细节改变，也说明对此有些加以淡化。

从我国其他管理部门的伦理监管来看，科学技术部制定了《实验动物管理条例》（2013 年修订）；2012 年，中国疾病预防控制中心颁布了《关于非人灵长类动物实验和国际合作项目中动物实验的实验动物福利伦理审查规定（试行）》；2017 年农业部制定了首部农场动物福利行业标准《动物福利评价通则》；2018 年，国家质量监督检验检疫总局、国家标准化管理委员会联合发布了《实验动物福利伦理审查指南》（GB/T 35892—2018）国家标准等。尤其是在国家标准《实验动物福利伦理审查指南》中，明确规定了伦理委员会的职责及审查总体要求，提出八大审查原则，其中即包括福利原则和伦理原则，并在该伦理原则之下，明确提出要尊重动物生命和权益，遵守人类社会公德。制止针对动物的野蛮或不人道的行为；实验动物项目的目的、实验方法、处置手段应符合人类公认的道德伦理价值观和国际惯例。并详细规定了三种情形不予通过审查：对人类或任何动物均无实际利益或无任何科学意义并导致实验动物痛苦的各种动物实验；对有关实验动物新技术的使用缺少道德伦理控制的，违背人类传统生殖伦理，把动物细胞导入人类胚胎或把人类细胞导入动物胚胎中培育杂交动物的各类实验；以及对人类尊严的亵渎，可能引发社会巨大的伦理冲突的其他动物实验。

从以上与专利审查所关注的动物实验伦理对比的角度也可以看出，由其他管理部门进行伦理监管的动物实验伦理或者动物福利伦理原则所关注的要更宽广。一方面，动物实验有其单独的不同于人类的伦理审查和伦理管理；另一方面，两者的伦理，在某些方面又是有交叉的，动物实验伦理需要考虑的方面中，不仅包括动物福利、动物痛苦等，而且包括人类社会公德、人类传统生殖伦理以及人类尊严等。因此，两者既有明显的不同，也有互相交叉的内容。尤其是涉及人细胞与动物细胞嵌合、杂合等的过程中，这些问题就为两者所共同关注。

学者们对动物实验相关伦理问题的研究比较多，但从专利审查角度去关注动物实验中的伦理问题，数量极为有限。从国内来看，目前仅有重庆大学法学院刘媛探索性研究分析了专利适格性判断中的动物福利问题。● 从国外来看，尤其是其发源地欧洲来看，在有关动物福利伦理的规则适用中，即使是面对肿瘤鼠专利——一种故意制造的致癌基因被激活的荷瘤小鼠的动物模型，面对动物可能遭受的痛苦、可能的环境风险等质疑，欧洲在早期最终也还是维持了授权决定。可以看出，欧洲对于"可能导致动物痛苦而对人或动物的医疗没有实质性益处的改变动物遗传同一性的方法"，刻意进行了缩小解释，并认为专利法不适于解决由此引发的潜在问题。但是，2020～2021年，一些新的案例再一次摆在 EPO 的面前，这一规则的适用可能还会面临各种争议，仍然具有不确定性。

因此，为准确了解人胚胎及人类胚胎干细胞专利相关伦理道德审查标准，本章仅就人类生命伦理与动物实验伦理两者之间的关系与异同作简单分析，意在提示两者之间确实会有一些交叉关系，但本章所着意的落脚点主要在于人类生命伦理，对动物实验相关科研伦理要求、伦理审查执行标准等，后续不再作进一步展开。

五、小　结

专利审查标准是指导专利审查的基础性文件。新的审查标准中不可避免地会引入新的技术概念。随着人类胚胎干细胞技

● 刘媛. 专利适格性判断中动物福利问题研究［J］. 大连理工大学学报（社会科学版），2018，39（1）：87－92.

术的飞速发展，以及不同领域不同作者不同表述中带有的明显不同的目的性，在各种不同的讨论语境下，"人胚胎"及"人类胚胎干细胞"的隐含的含义差异可能还是很大的；并且 2006 年以来《专利审查指南》确立的主要审查标准中缺乏对术语概念的界定，相关规定之间的逻辑关系模糊不清。由此导致，在人类胚胎干细胞相关发明专利伦理道德审查标准的适用上，从技术层面和法律层面，均出现了非常模糊的空间，这将给专利审查实践带来极大的不确定性。

正是由于这种技术、法律上的不明确性，在实际的法律适用上，无形中就给了专利审查进行严格适用的政策空间与现实可能，这种严格适用会越走越远，表现为不断偏离合理的范围而采用过于宽泛的"人胚胎"和"人类胚胎干细胞"的概念，并通过这种宽泛解释进行"人胚胎的工业或商业目的的应用"的法律适用，短期看，有可能直接损伤一些创新主体的积极性；长远看，有可能不利于鼓励医学科学研究和进步，不利于人类健康及人类福祉。

在通常的法律和政策框架之外，生命科学的研究和发展还受到从伦理角度的特殊审视。生命科学研究触及人类对诸如健康、食品以及环境安全的基本需求，并且触及诸如人类尊严和人体完整性等基本价值观，因此要受到强大的公共利益和伦理考量。❶

——世界知识产权组织专利法常设委员会

《国际专利制度报告》

当人类胚胎与病人的权益发生冲突时，我们往往赞同牺牲前者而保障后者，这与堕胎的理由是相类似的。在对不同的人类生命形态的抉择上，不可能有什么理性的理由，起决定作用的是人类的感受性。这包括感知者主体的感受性与被感知者自身的感受性，前者往往取决于后者。❷

——中国社会科学院哲学研究所甘绍平

一方面，厌恶感可能只是一种习惯的偏差，或对不熟悉的事物的一种未经反省的本能反应而已。不一定是智慧的表现。另一方面，这种反应可能只是某些宗教价值上的深层偏见，而没有理由可讲的。

——生殖和基因伦理学专家波尼·斯坦伯克

以福山为代表的学者认为完全放任自流的态度或大范围禁止生物技术的发展都具有误导性。"现在每一个人都急于亮出伦理立场，支持或反对各种技术。但很少有人仔细地观察到底需要什么样的制度，允许社会对技术发展的步调与范围进行管控。"真正合理的做法是国家必须从政治层面规范技术的发展与应用。❸

——中国矿业大学马克思主义学院张灿

❶ WIPO 专利法常设委员会秘书处. 国际专利制度报告 [M]. 国家知识产权局条法司，译. 北京：知识产权出版社，2011：70 - 72.

❷ 甘绍平. 克隆人：不可逾越的伦理禁区 [J]. 中国社会科学，2003 (4)：55 - 65，205.

❸ 张灿. 超人类主义与生物保守主义之争：生物医学增强技术的生命政治哲学反思 [J]. 自然辩证法通讯，2019，41 (6)：69 - 75.

第四章 人类胚胎干细胞和人类辅助生殖两大技术领域《专利法》第 5 条审查

——案例记述的 20 多年审查历史

人类胚胎干细胞技术自 1998 年诞生，已经历经了 20 多年的研究发展。

随着人类胚胎干细胞技术的诞生，相关的专利申请几乎同步出现。虽然早期的部分个案，例如美国 *WARF* 案的相关同族专利申请，并没有第一时间出现在我国（美国威斯康星大学最早申请了利用灵长类剩余胚胎获得胚胎干细胞的专利 US5843780A）。我国相关专利申请的变化趋势与国际上人类胚胎干细胞技术的发展总体上仍然是基本一致的：真正意义上的人类胚胎干细胞的发明出现在 2000 年，其申请号为 CN00815326A，公开号为 CN1387565A，发明名称为"人胚胎干细胞的造血分化"，申请人是美国的威斯康星校友研究基金会。自 2000 年开始，涉及人类胚胎干细胞的专利申请量在我国大幅增加，截至 2004 年，向中国专利局❶提交的干细胞专利申请量已超过欧洲和日本，仅次于美国。

需要指出的是，在我国干细胞专利申请高速增长和发展的过程当中，在人类胚胎干细胞技术诞生以前的 1988～1998 年，我国就已经少量出现涉及胎儿细胞或胎儿细胞库、胎儿成体干

---

❶ 这是国家知识产权局专利局当时的名称。——编辑注

细胞系等的发明。从中也可以看出，人类胎儿干细胞从一开始就不是以人类胚胎干细胞的身份出现的，而是作为一种特殊的成体干细胞，其出现和技术发展，要远远早于人类胚胎干细胞。

国家知识产权局专利局从 2000 年开始逐步接触和处理人类胚胎干细胞相关专利申请，直面胚胎干细胞技术带来的挑战。2001 年之后，国家知识产权局专利局的相应审查部门派人员学习调研国外专利制度对胚胎干细胞技术的最新回应和审查态度，经过一段自由探索和研究借鉴，经审慎分析研判，逐渐总结完善，于 2006 年制定形成了相应的审查标准，并一直沿用至 2019 年《专利审查指南（2010）》修改之前。应该说，伴随着这些审查标准，我国胚胎干细胞专利审查也走过了近 20 年。其中，在 2006 ~ 2019 年，我国是唯一一个直接以禁止性规定的形式，明确将人类胚胎干细胞及其制备方法排除于专利授权客体之外的国家。

历史的发展并非如此简单，而是进进退退，螺旋形前进着。经过 20 多年的审查历史，一些问题，逐渐明晰了，而有些问题，仍然没有解决。前事不忘后事之师，分析和研究过往的专利审查历史，今后就可能少走弯路。如果对以往审查历史缺乏分析、总结、内省，不去批判性地看待自己走过的道路，今后仍会产生疑惑和混乱。因此，我们不仅需要了解国外的经典案例，诸如美国的 *WARF* 案、欧洲 2011 年的 *Brüstle* 案和 2014 年国际干细胞公司孤雌胚胎案，认识国外随着技术发展其审查标准、思想认识的变迁，也更迫切需要研究我们自己的专利审查历史，以鉴往知来。当然，在这个过程中，也必须把既往案例放到具体的历史背景中去考察和分析，才能了解我们走过了一条怎样的路，以及我们曾经对各种胚胎干细胞发明所持的一种怎样的态度。

需要注意的是，以下对发明专利伦理道德审查历史的回顾性总结中，有大量案例涉及 2019 年《专利审查指南（2010）》修改之前的审查历史，这一点需要读者们明辨。

一、人类胚胎干细胞领域发明专利申请的伦理道德审查

在干细胞技术领域，对于胚胎干细胞技术而言，因为其需要从胚胎中获取干细胞，由此相关的干细胞技术同时涉及胚胎和相关干细胞。但是，对于诸如诱导性多能干细胞技术而言，其只涉及干细胞，而不直接涉及胚胎。这里我们统称为干细胞技术领域的发明。当涉及胚胎时，由于所涉及的胚胎类型较多，不同类型的胚胎所涉及的伦理问题也不尽相同。为表述方便，以下按照受精胚胎、流产胎儿、各类非受精胚胎（包括核移植胚胎和孤雌胚胎）以及诱导性多能干细胞的讲述顺序，分门别类对此进行回顾、总结和分析。

（一）受精胚胎（剩余胚胎）

人类受精胚胎即以精子卵子结合形成受精卵这种方式得到的胚胎。从受精方式而言，人类受精胚胎的获得会有不同的受精方式，例如自然受精、人工授精、体外受精等。随着人类辅助生殖技术发展，受精过程既可能在体内完成，也可能通过体外辅助生殖技术完成。所以，人类受精胚胎其实包括有不同类型，专利审查中需要注意分辨。

其中，第一种受精方式为自然受精。也即，最常见的受精方式就是自然受精和自然受孕。男女经性交途径，男性精子进入女性身体以后，精子经长途跋涉，最终只有一个幸运儿进入

卵子，完成受精，卵子即自行关闭，然后经雌雄原核结合，形成合子（受精卵）。可以看出，这种经男女两性结合在体内产生的受精胚胎是一种标准的体内受精胚胎。

第二种受精方式是人工授精（artificial insemination，AI）。人工授精是指用人工方式将精液注入女性体内以取代性交途径使其妊娠的一种方法。根据精液来源不同，又分为丈夫精液人工授精（artificial insemination by husband，AIH）和供精人工授精（artificial insemination by donor，AID），前者也称为同源受精或同质受精，后者也称为异源受精或异质受精，俗称"借种受精"。可以看出，虽然人工授精借助了人工助力，但这种经由人工授精技术，将男性精子导入女性体内而在女性体内产生的人工授精胚胎仍然是体内受精胚胎。也即，无论自然受精，还是人工授精，两种受精方式产生的均是体内受精胚胎。

第三种则是体外受精方式，相应的受精技术即体外受精—胚胎移植技术（IVF – ET）及其各种衍生技术，是指从女性体内取出卵子，在器皿内培养后，加入经技术处理的精子，待卵子受精后，继续培养，到形成早早期胚胎时，再转移到子宫内着床，发育成胎儿直至分娩的技术。此时，针对成熟卵子可以通过卵胞浆内单精子显微注射或细胞质内单精子注射（ICSI）技术使其受精，通常这种情况一般比较适合于人工辅助生殖技术中的男性少精或无排精者。此时，这种经体外受精辅助生殖而产生的受精胚胎，与前者明显不同之处在于，前两种方式形成的为体内受精胚胎或体内胚胎，第三种受精方式产生的为体外受精胚胎或体外胚胎，通常也称为 IVF 胚胎。

并且，这种体外受精胚胎系通过人工干预环境产生，因此也被称为人工胚胎（从体外人工操控这种精卵结合的受精方式而言属于人工的）。因为其产生在体外，当涉及需要保藏这种胚胎时，需要使用到玻璃化冷冻胚胎技术，此时则又称为冷冻胚胎（frozen embryo）。"冷冻胚胎"这一概念指冷冻保存起来的体外受精胚胎，包括经体外受精以后发育至 2~3 天的 8 细胞期的体外受精胚胎，或者发育至 5~6 天的囊胚期的体外受精胚胎。通常，其发育至 2~3 天还是 5~6 天，一般根据胚胎移植时是选择在 8 细胞期移植还是在囊胚期移植而定。

　　至此已经可以看出，对体外受精胚胎的称谓是非常复杂多样的。在美国、英国等国家，针对体外受精胚胎，有时也用一个专门术语称之为"前胚胎"（pre - embryos）。"前胚胎"指体外受精胚胎的尚未植入孕体并不满两周（14 天以内）的阶段，此时由于尚未植入孕体，胚胎自然也还未"着床"（受精卵附着在子宫壁上），所以称之为"前胚胎"。当时美国、英国等创造"前胚胎"这一概念代替"胚胎"这个术语时，意图将其与植入体内的着床胚胎相区分。换言之，多少有些排除其属于真正的胚胎的意图，或将之纳入准胚胎范畴。通过使用这一术语，它们想要传达给大众的信息是，尚处于实验室中的胚胎实验对象并不是人类胚胎，不同于胚胎研究的反对者所使用的措词"未出生的孩子"（认为 14 天以后着床的胚胎才能称为未出生的胎儿）。我国的官方文件中，很少使用这一概念，但在辅助生殖技术领域的部分行政规章中，存在"早早期胚胎"这一概念，"早早期胚胎"这一概念强调其发育时期，通常没有排除其属于胚胎的隐含含义。后来，欧盟法院 2011 年 10 月 18 日就德国联邦最高法院提交的 *Brüstle v. Greenpeace e. V.* 案所作出的裁决中，通过对人胚胎的定义表明，欧盟法院否定和禁止从胚胎概念中划分出前胚胎概念。所以，在我国，更多的提法还是称呼其为体外受精胚胎、体外胚胎、IVF 胚胎、人工胚胎、冷冻胚胎、早早期胚胎等，很少述及前胚胎。此外，国内有人将胚胎植入后的第 1~8 周胚胎称之为胚前期和胚期，实际上是与第 8 周以后或第 9 周的胎儿期区分。所以，"胚前期"和"前胚胎"两种指代所应用的对比对象并不相同，两者的内涵还是有很大差异的，需要注意仔细分辨。

此外，受精胚胎和非受精胚胎、体内胚胎和体外胚胎，也并非完全对应的概念。在相关的试验研究中，体内胚胎既有可能是受精胚胎，也可能是非受精胚胎，例如体内的人类受精胚胎为自然胚胎，但移植入体内的体细胞克隆胚胎则为非自然胚胎；同理，体外胚胎也可能是人类辅助生殖技术产生的受精胚胎或其他非受精胚胎，不再赘述。

对于体外胚胎（IVF 胚胎）而言，情况也比较复杂，分为两种情形：①因人类生殖目的而产生的为植入子宫而产生的胚胎（包括植入子宫的胚胎和不孕症治疗后剩余下来的保留且捐献用于研究的胚胎）；②单纯为研究目的或为生成干细胞目的而采用卵母细胞受精方法产生的胚胎，这一类胚胎需要由捐献的配子（卵母细胞和精子）专门制备和产生。情形①属于为医疗目的、为生殖目的、为植入子宫目的而产生的胚胎，其又继续分为适合于植入子宫的胚胎和超过实际需求的剩余胚胎（Surplus Embryo），也称之为废弃胚胎。对"剩余胚胎"概念通常有两种理解❶：一是指通过促排卵治疗获得卵子，体外受精胚胎移植之后剩下的胚胎，其强调"剩余""剩下"；二是指患者不想要的胚胎，其强调"废弃"。仔细推究的话，剩余胚胎和废弃胚胎这两个概念的侧重属性是有差异的。但日常理解上经常将两者混同，多数情况下也无伤大雅。也有观点认为，"剩余胚胎"实际上包括有用的剩余胚胎、被淘汰出局的胚胎以及被遗忘的胚胎。通常意义上而言，剩余胚胎指辅助生殖中超过实际需求而多余出来的胚胎。在科学实验中，使用剩余胚胎的情形较多。在专利审查中，很少会遇到专门为研究目的产生的情形②的胚

❶ 薛亚梅，吕杰强. 体外受精：胚胎移植中剩余胚胎去向的伦理思考 [J]. 中国医学伦理学，2007（4）：46 – 47，62.

胎，常见的是利用情形①的剩余胚胎。

因此，我们主要针对最常见的胚胎类型——剩余胚胎（或剩余囊胚）进行阐述。基于剩余胚胎，分离和获取人类胚胎干细胞，进而细胞建系，是从分离胚泡的内细胞团开始。目前分离内细胞团的方法主要有三种：免疫外科法、组织培养法和显微分离法。

免疫外科法实用率较高，成功率高。1998 年，詹姆斯·汤姆森即使用该方法。其需要先用链酶蛋白酶处理胚胎，除去胚胎的透明带，然后用抗人的种属特异性抗血清孵育去透明带的囊胚，再用非同种新鲜血清孵育囊胚，囊胚的滋养层细胞发生免疫溶解，清洗、去除死亡的空泡状滋养层细胞后可获得大量的内细胞团细胞。这种方法可以较为完整地除去滋养层细胞，但含有动物源性抗体和补体，会对人类胚胎干细胞造成潜在污染。显微分离法也称为机械分割法，是直接在显微镜下用细针去除滋养层细胞，吸取分离内细胞团的细胞。组织培养法涉及用激素处理囊胚，延迟其着床，然后将延迟着床的囊胚接种到滋养层上进行体外培养，之后用玻璃细针挑取分离内细胞团细胞。这三种方法中，第一种需要去除透明带，然后用种属特异性抗血清孵育；第二种方法直接将囊胚体外培养，然后分离内细胞团细胞；第三种方法则直接处理胚泡。因此，采用这三种方法获取人类胚胎干细胞都会破坏人胚泡。后续又发展出全胚培养法、激光法、单卵裂球法等。全胚培养法与免疫外科法类似，激光法采用激光将滋养层细胞杀死，单卵裂球法为从 8 细胞期的单卵裂球获取单个卵裂球，尽管不以牺牲胚胎为代价，但也存在短暂暴露破坏透明带的问题。❶

从剩余胚胎获取人类胚胎干细胞，通常存在破坏胚胎的步

---

❶　陈枕枕，牛昱宇. 人胚胎干细胞建系的研究进展［J］. 生命科学，2018，30（8）：906–910.

骤。有人认为，这无异于杀害人类早期生命，存在生命伦理之忧。因此，2019 年专利审查指南修改之前，在我国的专利审查中，认为这种通过破坏人胚胎获取人类胚胎干细胞的行为涉及"人胚胎的工业或商业目的的应用"，不符合《专利法》第 5 条规定。由于人类胚胎干细胞的原始来源确实会触及破坏胚胎的问题，围绕这一问题，在我国专利审查指南的严格规定之下，即人类胚胎干细胞及其制备方法均属于《专利法》第 5 条第 1 款规定的不能被授予专利权的发明等相关规定，申请人多数情况下不会就此过度争辩，对人类胚胎干细胞产品主题也不会存在奢望。主要的争议焦点转而出现在人类胚胎干细胞的下游应用发明上，即利用已经建系的人类胚胎干细胞实施的发明，其包括针对对象是人类胚胎干细胞的发明，完全不涉及破坏胚胎，诸如专利 CN200480012427A（通过使用闭合吸管玻璃化方法低温贮藏人胚泡来源的干细胞）、CN200510024978A（冻存胚胎干细胞的复苏方法）的发明，也包括利用已建系的人类胚胎干细胞进行下游分化细胞的发明，并主要以后者为主（例如人类胚胎干细胞的维持、扩增、富集、诱导分化、修饰方法等下游技术），这一类发明较多，不再一一列举。

后者这一类发明通常会在发明内容中提及其方法实施时所使用的人类胚胎干细胞的各种可能来源，包括人类胚胎干细胞的商业购买途径、非商业获取渠道以及最初的原始来源。由此就存在一个原始来源追溯的问题。2011 年的欧洲 *Brüstle* 案中，欧盟法院裁定，制备神经前体细胞的前提是从处于胚泡期的人胚胎获得干细胞，并因而对胚胎造成破坏。当实施发明方法时先要求破坏人胚胎或者以人胚胎用作基础材料，那么即使在专利申请的方法中没有提到人胚胎的应用，这种情况下也不能被授予专利权。可见欧洲对此一直持比较保守的做法，坚持对人类胚胎干细胞的原始来源进行追溯。我国在专利审查实践中开始也持类似的观点，但逐渐摒弃了对人类胚胎干细胞原始来源进行无限追溯的做法，其间也有反复和不断认识深化。围绕该类主题是否存在违反《专利法》第 5 条的问题，很长时间存在争议，并且这一争议的解决大致经过了如下四个阶段的变迁。

1. 早期开明时期

2000 年左右，对于涉及人胚胎和人类胚胎干细胞等技术的发明创造的专利审查，专利局还处于审查标准探索阶段。当时，对于来自胎儿组织的细胞系的发明、人类胚胎干细胞的分化方法的发明等，专利审查是比较宽容的。例如，针对首件人类胚胎干细胞专利申请（CN00815326），专利局予以了授权，授权公告号分别为 CN1087777C（2002 年）、CN1228443C（2005 年），且授权权利要求并未涉及对所涉及的人类胚胎干细胞附加任何条件限定（例如具体商用细胞系或已建系干细胞的限定）。同一时期，对于体细胞核移植技术相关发明创造，也有较为宽泛的专利授权，如授权专利 CN1280412C（2006 年）。❶ 甚至在 2006 年统一审查标准以后，在《审查指南（2006）》新审查标准的施行探索过程中，审查中还是允许申请人限定为"非人""非人灵长类"的胚胎干细胞以及通过"所述灵长类胚胎干细胞不包括通过破坏胚胎得到的人胚胎干细胞"的排除而得以授权。例如美国威斯康星校友研究基金会授权公告号为 CN100372928C（2008 年）、CN100540657C（2009 年）的专利。

2. 严格标准时期

《审查指南（2006）》施行以后，关于涉及人胚胎和人类胚胎干细胞等技术的发明创造的伦理审查应该把握至何种程度，

---

❶ WANG A Y T, MAHALATCHIMY A. Human stem cells patents：Emerging issues and challenges in Europe, United States, China, and Japan［EB/OL］. (2018 - 04 - 03)［2021 - 05 - 03］. https：//halshs. archives - ouvertes. fr/halshs - 01756840/document.

一直存在研究和讨论。2009～2011 年，专利局通过研究，逐步明确了相关标准，围绕人类胚胎干细胞的相关审查标准越发严格。很多涉及人类胚胎干细胞分化方法的发明，如人类胚胎干细胞生成胚状体的方法、人类胚胎干细胞分化为心肌细胞的方法等发明，虽然针对相关人类胚胎干细胞已经限定到"已建系"，仍均未获得授权，当时全是追溯人类胚胎干细胞原始来源的观点。同期代表性的复审决定包括第 17820 号、第 22325 号、第 27204 号、第 25050 号等。针对"人胚胎"的解释，则采取了最宽泛的解释，代表性的如第 18784 号复审决定，其决定观点指出："任何从人类胚胎获得干细胞的方法、步骤都涉及人胚胎的工业或商业目的的应用，与社会公德相违背，属于专利法第 5 条所规定的不能被授予专利权的发明。对于'人胚胎的工业或商业目的的应用'，应当认定其中的'人胚胎'是从受精卵开始到新生儿出生前任何阶段的胚胎形式，包括卵裂期、桑椹期、囊胚期、着床期、胚层分化期的胚胎等。其来源也应包括任何来源的胚胎，包括体外受精多余的囊胚、体细胞核移植技术所获得的囊胚、自然或自愿选择流产的胎儿等"。并且，对于所利用的人胚胎干细胞能够通过商业途径获得，认为无论何种来源，其原始来源都是人类胚胎，只有通过破坏人类胚胎才能够获得人胚胎干细胞，仍属于"人胚胎的工业或商业目的的应用"。也即，这段时期，对伦理道德审查，采取的是追根溯源的观点。

3. 部分松动时期（曙光初现时期）

严格的审查标准遭到了申请人激烈的反对，在 2010 年前后一系列复审决定的严格标准与申请人激烈意见的对撞之下，专利局相关专利审查部门对人胚胎干细胞相关应用的发明主题能否授权的观点也开始研究和反思。随着人类胚胎干细胞不断建株成功，研究者已经能够通过商业渠道从公共库获得人类胚胎干细胞株，因此他们在进行下游技术的开发时不一定需要使用人胚胎并从中分离胚胎干细胞，这类发明的技术方案并不包含从胚胎中获取胚胎干细胞的步骤，其中使用的人类胚胎干细胞直接来源于商业渠道。对于这一类的发明创造，其中使用的人类胚胎干细胞的原始来源与其技术方案的实施并没有必然的关系。

　　2010 年 6 月，在第 24343 号复审决定中，终于迎来了转机。涉案专利是北京大学专利申请 CN200610089307.9（诱导人胚胎干细胞向肝脏细胞分化的方法及其专用培养基），在申请人将权利要求涉及的人类胚胎干细胞限定到实施例中的具体细胞系——H1 细胞系的情况下，该案予以撤驳。同年 9 月召开的医药生物领域业务研讨会对此审查标准进行了肯定和确认。会议在对人胚胎干细胞系应用发明的伦理道德判断总体应持审慎态度的前提下，考虑了国家政策、《人胚胎干细胞研究伦理指导原则》的规定、我国对胚胎干细胞研究的产业政策、我国该领域专利申请态势等综合考量提出，在限制人胚胎滥用导向层面，可将允许利用的人类胚胎干细胞系限于成熟且已商业化的品系，客观上形成既不过度限制科技发展，又不鼓励培育新的人类胚胎干细胞系的专利政策。并指出在审查操作中，需要关注申请文件记载的全部方案，而不能仅仅判断权利要求的技术方案中是否存在从人胚胎获得胚胎干细胞的步骤。利用已知人类胚胎干细胞系的发明，应考虑人类胚胎干细胞系是否属于成熟且已商业化的品系，必要时可以要求申请人举证。之后，国家知识产权局的相关课题❶对此标准也予以了确认；专利审查部门从 2012 年开始

---

　　❶　宫宝珉，李人久，葛永奇，等，从直接撤销的医药领域复审案例探讨审查标准执行一致的推进，国家知识产权局学术委员会 2013 年度课题，课题编号 Y130504，2013 年 11 月。

公开撰文倡导，在审查中不宜无限溯源。[1] 此后，类似案例陆续大量出现。包括第 76279 号、第 115107 号、第 115088 号、第 155065 号等复审决定中，均在权利要求限定为一些具体的成熟且已商业化的细胞系的基础上撤销驳回。部分复审决定直接指出，相关使用特定人类胚胎干细胞系诱导分化为下游分化细胞的发明，并非侧重于对人胚胎进行操作以用于商业或工业目的，相关特定的人类胚胎干细胞系是现有技术已建立的一类人类胚胎干细胞品系，其可在体外无限增殖，形成成熟稳定的细胞株系，为科研院所、企业等广泛使用，是本领域公知的成熟且已商业化的人类胚胎干细胞系。在此基础上，对涉及使用这些已建立的常规细胞系构成对人胚胎的破坏而违背社会公德作为不授权的理由并不妥当，这既对限制人类胚胎滥用，维护伦理道德无所裨益，又在客观上过度限制了科学技术的发展。可见，这一阶段，专利审查部门开始允许利用商购途径获得的现有人类胚胎干细胞系。

4. 持续松动时期

审查松动以后，势必引发一系列的连锁反应，"成熟且已商业化的细胞系"是仅限于美国的 H1、H7、H9 等细胞系吗？如果不是，还有哪些国家的哪些细胞系可以？或者，在此类发明中，对于已建系的人胚胎干细胞系，应不应该区别对待等，就都提到了讨论的桌面上。

2012 年专利复审委员会作出第 42698 号复审决定，允许申请人限定到"已建立的未分化 pPS 细胞系"，并加以否定性排除"不包括直接分解自人胚胎或胚泡的 pPS 细胞或胚胎干细胞"，即双保险限定所述人胚胎干细胞"已建系"和"所述已建立的

---

❶ 冯怡，马文霞. 人干细胞相关中国专利申请概况及其审查基准探讨：由杰龙公司终止干细胞疗法研究谈起 [J]. 中国发明与专利，2012（3）：89 - 91.

细胞系不包括直接分解自人胚胎或胚泡的 pPS 细胞或胚胎干细胞"。首次明确了在权利要求中未对已建立的人类胚胎干细胞系进行具体限定的情况下（未限定到成熟且已商业化的具体品系），通过排除式限定使涉及人胚胎干细胞的技术方案具备可专利性。

　　第 42698 号复审决定所界定的审查标准，曾作为中国的标志性案例，介绍给国外的创新主体。❶ 2012～2013 年涉及美国杰龙公司的第 46359 号、第 56657 号复审决定也均采取了类似标准，在权利要求限定到已建系人类胚胎干细胞以后撤销驳回。此后，陆续有大量复审决定在"已建系"或"已确立的细胞系"的基础上，将其通常理解为已经建立的常规细胞系，排除了直接从人胚胎或胚泡分离制备胚胎干细胞的技术内容，而撤销驳回。包括第 73397 号、第 83865 号、第 86792 号决定等。

　　需要指出的是，在这一过渡阶段中，出现了一些执行上的不一致，部分复审合议组并不认可"已建系"的限定能够克服《专利法》第 5 条第 1 款的缺陷，相关歧义主要在于对"已建立的人胚胎干细胞系"应作如何理解：例如第 27204 号、第 51929 号、第 75314 号、第 78768 号、第 97723 号复审决定。因此，这一段时期内，允许限定到"已建立的人胚胎干细胞系"和不允许限定到"已建立的人胚胎干细胞系"两种做法是并行的。

　　反映到专利实质审查中，这种复审后流程的观点不一致，使得实审流程的审查员一时无法确定如何把握。在专利实质审查中最具代表性的案件是专利申请号为 CN201410217168.8（人胚胎干细胞的分化）的专利申请案件。该申请请求保护一种使多能干细胞群分化成表达胰腺内胚层谱系特征性标志物的细胞

　　❶ WANG A Y T, MAHALATCHIMY A. Human stem cells patents—Emerging issues and challenges in Europe, United States, China, and Japan［EB/OL］. (2018－04－03)［2021－05－03］. https：//halshs. archives－ouvertes. fr/halshs－01756840/document.

群的方法，权利要求 1 中限定了"所述多能干细胞是确立的多能干细胞系"，说明书实施例中具体采用的是商业化的细胞系 H1。在该案的审查中，对于该案是否仍属于《专利法》第 5 条规定的情形，实质审查部门内部仍存在诸如："权利要求 1 虽然限定了'确立的多能干细胞系'，但多能干细胞系的确立过程也可能涉及从人胚胎起始进行胚胎干细胞分离的过程，因此一般对于权利要求中出现的涉及人胚胎干细胞应当具体限定为商用的人胚胎干细胞系，或者明确限定非胚胎来源。说明书对于人胚胎干细胞的定义并不限于商业化来源的人胚胎干细胞，因而说明书包含属于《专利法》第 5 条所不能授予专利权的人胚胎干细胞的内容，应指出《专利法》第 5 条的缺陷让申请人进行排除"等反对意见。对此，实质审查部门在 2015 年 9 月通过业务指导的方式，回答了这些疑问：已经确立的多能干细胞系或人胚胎干细胞系其追根溯源均来自人体或胚胎，权利要求已明确限定是"已确立"的细胞系，该领域已有诸多已确立的多能干细胞系存在，并且该发明的目的并不在于如何获得人胚胎干细胞，而在于如何促进人胚胎干细胞系进一步分化成特定细胞群的方法，实施例采用的也是商业化的细胞系 H1，即该申请仅是对已确立的多能干细胞系（人胚胎干细胞系）的合理应用，所涉及的细胞系仅作为原材料而存在于技术方案中，而不涉及获得其的方法及制备过程，对其原始材料的获得方式无限追溯的方式显得不合理。在即已存在相关的严格监管机制下，专利审查员在能力范围内尽到相应规范义务即可。

专利复审委员会 2015 年底作出第 103528 号复审决定，其对于驳回及前置意见坚持"说明书以及权利要求书中所使用的多能干细胞可以来源于市售的人胚胎干细胞系 H1、H7 和 H9 以外的其他人胚胎干细胞系，这些细胞系无法排除是在破坏人胚胎的基础上获得的；即使是确立的人胚胎干细胞系也可能要重新建立，其获得仍然可能使用人胚胎"的观点，该复审决定指出：权利要求 1～36 明确限定了"其中所述多能干细胞为确立的人胚胎干细胞系"，已将涉及直接使用和破坏人胚胎的相关内容删除或排除在外，基于说明书的内容，可以认为该发明分化方法所使用的人胚胎干细胞系是已经确立或建立的常规稳定的人胚胎干细胞系，本领域中存在合理的途径获取所述常规稳定的胚胎干细胞系，无须直接使用或破坏人胚胎来获取。另外，本领域技术人员公知，所谓已确立的胚胎干细胞系，是由早期人胚胎内细胞团或原始生殖细胞经体外抑制培养而筛选出的细胞，所述细胞在体外经过多次继代培养后，适应了体外环境，能够在连续传代中保持旺盛的增殖能力和良好的多向分化潜能，并且不发生不符合需要的分化，也就是说，所述细胞系是已经在体外具有无限增殖能力的稳定、成熟的细胞，一旦成功建立细胞系后，新的胚胎干细胞就可以通过体外传代培养来获得，无须重复使用胚胎来获得细胞。因此，该发明所述已确立的人胚胎干细胞系的获得并不需要反复重新建立细胞系，虽然其最初来源于人胚胎，但由于其已经能够在体外稳定传代，使得本领域技术人员能够不再破坏胚胎而重复获得，不应再对其原始来源进行无限的追根溯源而认为其违反社会公德，将人胚胎干细胞的使用范围限定至所述已确立的常规稳定的细胞系，既可以限制人胚胎的滥用，又能够在适当范围内鼓励相关领域的科技创新，符合当今中国的社会公德。❶

该决定对权利要求中的"已确立的胚胎干细胞系"的限定到底应该如何理解进行了较为合理的解读，对 2010 年以来一以贯之的适度放宽政策再次进行了确认。经此决定以后，诸如对"已建立的人胚胎干细胞系"的各种不同解释（例如第 78768 号

❶ 国家知识产权局专利复审委员会. 以案说法：专利复审、无效典型案例指引［M］. 北京：知识产权出版社，2018：9－10.

复审决定和第 86792 号复审决定的解释完全不同）以及相应的不同审查处理逐渐统一，也算为究竟对人胚胎干细胞下游应用发明放宽到何种程度的争议在专利局内部逐渐画上了句号。此后，复审过程中由此维持驳回的案件基本绝迹，例如在 2021 年 11 月作出的最新的第 280879 号复审决定案中，对于发明涉及的已建系的人多能干细胞，复审合议组不再支持无限溯源，撤销了原审查部门作出的驳回决定。实审中也开始陆续出现将专利申请的权利要求限定到已建系、已确立细胞系的授权案件，如专利申请 CN201080033700.0、CN201080033697.2 等案件。

总结这些典型实审、复审案例可以看出，从可商购的人胚胎干细胞系放宽到已建系的人胚胎干细胞系，中间经历了一段复杂、曲折和震荡的过程。对于涉及通过剩余胚胎建系以及此后利用已建系的人胚胎干细胞系完成的发明创造，其并不依赖于特定的人类胚胎干细胞株，不同来源的人类胚胎干细胞都可以实施，审查实践中不宜对其中所使用的人类胚胎干细胞的来源作过分追溯，也不宜过分厚彼薄此，独独青睐某些商售细胞系，不适当地扮演市场之手的角色。由此专利审查逐步由前期的"无限溯源"审查方式向仅进行"直接来源"溯源转变。2010 年第 24343 号复审决定、2012 年第 42698 号复审决定、2015 年第 103528 号复审决定的作出，具有阶段性渐进的里程碑式的导向作用。这样进行解释，既是一种对"人胚胎的工业或商业目的的应用"的排除，也是对"人胚胎的工业或商业目的的应用"的标准进行细化和明确，使申请人和专利审查员都更便于把握。至此，压在人胚胎干细胞应用技术头上的大山基本移除，申请人方面、创新主体方面的激烈意见暂时获得了一定程度的缓解。并且，相对而言，较为宽松的审查标准更容易激发公众的科研热情，促进了人胚胎干细胞的下游应用技术和科技的进步。

可以看出，随着认识深化，对这一问题采取最简洁的处理，反而是最好的方法。以前的表面上采取双保险式、多层保险式的限定反而可能引发歧义，例如，部分案件首先限定所述细胞或细胞系是"已建立的人胚胎干细胞（系）"，然后再附加以"所述已建立的人胚胎干细胞（系）不包括直接分解自人胚胎或胚泡的 pPS 细胞或胚胎干细胞"。实际上，这样的多层限定的味道和感觉反而怪怪的，只要进行溯源，哪一个已建系的人胚胎干细胞不是分离自人胚胎或胚泡呢，尤其是那些常用的细胞系。所以在这一问题上，完全没有必要过多要求、过度质疑。要求越多，质疑越多，引发的麻烦越多。

但是，也必须看到，这一切均是在人胚胎干细胞的下游应用技术上作文章。只要"人类胚胎干细胞及其制备方法均属于《专利法》第5条第1款规定的不能被授予专利权的发明"这座大山还在，上游的源头问题就仍没有解决。

横向对比发现，在 2001 年的美国布什总统执政时期，严格限制联邦资金用于胚胎干细胞研究，规定联邦资金只能用于已经建系的人类胚胎干细胞系的相关研究，防止研究者进一步建系而继续破坏胚胎。但是，该禁令并不能限制私人资金支持的研究者们。直到 2009 年奥巴马总统彻底解除此禁令。USPTO 也从未对已经建系的人类胚胎干细胞的应用予以过多的伦理规制。因此，美国对于人胚胎干细胞建系研究和建系后的应用研究，实际上一直没有实行过真正的限制。在欧洲，对于人类胚胎干细胞建系后的应用研究，欧洲科学与新技术伦理委员会（该委员会根据欧盟《关于生物技术发明的法律保护指令》第7条成立）在其 2002 年发布的涉及人类干细胞发明专利道德问题的意见也认为，基于医疗或者其他目的，将未经修饰的人类胚胎干细胞转变为基因经过修饰的干细胞系或者特定分化的干细胞系是不存在道德障碍的。也就是说，美国和欧洲并没有对人类胚胎干细胞的下游应用施以伦理上的限制。

如前所述，我国在专利审查上，直到 2015 年，才算真正放开了人类胚胎干细胞建系后的应用研究。

（二）流产胎儿

胚胎与胎儿是早期人类生命发育的先后两个阶段，成活胎儿由受精胚胎发育而来。但并不是所有胚胎均能活产，其中有相当比例的会出现自然流产或自愿选择流产。基于流产胎儿分离和获取胎儿干细胞，也是一种较为常见的获取干细胞的途径之一。这里，我们没有将其与基于受精胚胎或剩余胚胎获取人类胚胎干细胞等同，而是单独列出，详细的原因，后面还要逐渐述及。

对于从流产胎儿组织分离获取干细胞的技术，我国早期也不乏相关授权案件，例如专利申请 CN97190080.9（2002 年）、授权专利 CN1087777C。并且，我国早在 2003 年出台的《人胚胎干细胞研究伦理指导原则》中，明确规定了允许通过自然或自愿选择流产的胎儿获取人类胚胎干细胞。尽管我们并不认为，从自然或自愿选择流产的胎儿获取的干细胞属于人类胚胎干细胞，但是，其允许该种获取方式的态度是明显的。

但是，自 2006 年以来，我国专利审查实践中还是采取了较为严格的审查标准。通过国家知识产权局早期研究课题的信息可知，❶ 在针对使用流产胚胎组织制备相关干细胞的专利申请到底应如何处理的最初讨论中，已经出现了不同声音，并且当时就已经注意到《人胚胎干细胞研究伦理指导原则》中的相关规定。只是综合权衡之下，还是选择了从严解释人胚胎、将出生前的各阶段胎儿都纳入人胚胎范畴的处理策略，认为流产胎儿

---

❶ 张清奎，等. 人类干细胞的专利政策研究，国家知识产权局办公室软课题，课题编号：B0503，医药生物发明审查部，2006 年 9 月 26 日，参见第 67 页、第 81 页。

属于人胚胎。在此前提下，认为由流产胎儿组织和器官中分离干细胞的方法涉及人胚胎的工业或商业目的的应用，有悖于伦理道德，属于不能授予专利权的发明主题。2009年以后审查标准进一步发展细化，形成了较严的关于从流产胎儿分离胎儿干细胞的审查标准。

实际上，按照上述标准，在将流产胎儿纳入胚胎范畴的过程中，由于将胎儿纳入胚胎处理，针对胎儿干细胞的问题，自然就归入胚胎干细胞范畴，不仅如此，相应的涉及胎儿体细胞的发明也受到了波及。无论胎儿干细胞还是胎儿体细胞，究其来源，均来自胎儿（胚胎），就会面临来自胚胎的相同问题，就会触及"胚胎的工业或商业目的的应用"。按照这样的逻辑进行审查的话，从胚胎到胎儿，从上游至下游，从胎儿的干细胞至体细胞，就全都波及了。例如专利申请号为CN03805524.4的专利申请案，其涉及一种人胎儿膀胱来源的上皮细胞，应属于一种胎儿体细胞，而非胎儿干细胞，也被以违反《专利法》第5条驳回，并被后续第16697号复审决定维持。所以，肇始于对人胚胎的宽泛解释，围绕胎儿干细胞和/或胎儿体细胞的伦理道德审查一步步越走越远。

下面，我们通过一些具体案例进行回顾和思考。

1. 城户常雄案

这是一个典型的涉及胎儿干细胞的案件，很有代表性，也是一件相对较新的已经见于报道和讨论的案件。❶ 由于该案的申请人为城户常雄，简称为"城户常雄案"。该案的发明涉及一种分离的人神经细胞以及一种体外培养该神经细胞的方法。该发明专利在实质审查中，以违反《专利法》第5条的原因被驳回。

---

❶ 王媛媛，闫文军. 人胚胎干细胞专利授权中的伦理障碍：从城户常雄专利申请在中、美、日、欧的审查谈起［J］. 科技与法律，2019（3）：66－73.

具体理由是：发明涉及从人胎儿中分离得到人神经干细胞系，相关细胞系均是分离自人胚胎神经组织，属于人胚胎的工业或商业目的的应用，且权利要求删除"人胎儿"修改不符合《专利法》第 33 条的规定。复审以后，该案以超范围修改的原因被维持驳回。城户常雄不服，向北京知识产权法院起诉。北京知识产权法院于 2018 年 12 月 21 日判决驳回诉讼请求，法院判决的主要理由也是修改超范围，判决中对是否违反社会公德进行了阐述："在中国境内，涉及人胚胎的工业或商业目的的应用，是违反社会公德的，是不能被授予专利权的。而根据本申请实施例 1、4、5 中所记载的内容，本申请权利要求中涉及的人神经细胞，其是从人胎儿脊髓中获得的。根据本申请原申请文件记载的上述信息可以确认，本申请所述的人神经细胞的获得使用了人胚胎，且本申请的目的是在工业或商业上应用所述人神经细胞，因此，属于'人胚胎的工业或商业目的的应用'的情形，进而可以确定，其是违反中国境内社会公德的"。判决进一步指出，从受精后的第 1 周到第 38 周，都属于胚胎学上的胚胎发育时期。因此，该申请中从人胎儿中获取的细胞属于对人胚胎的工业或商业目的的应用。根据该申请原申请文件所记载的内容，人神经干细胞均来自于人胎儿，而通篇未见原申请文件表述可以从其他已经成熟建系的人胚胎干细胞获得上述人神经干细胞。

应该说，这是一件由法院的司法判决确认了专利实审和复审行政程序做法的案件。法院不仅确认了复审决定正确，还特别指出"从受精后的第 1 周到第 38 周，都属于胚胎学上的胚胎发育时期"，坚持了将胎儿纳入胚胎、由胚胎一统天下的认识。

该案仍然值得我们重新思考之处在于，该案由《专利法》第 5 条引发《专利法》第 33 条的修改问题，因此，《专利法》第 33 条的争议只是表象，深层次的问题仍然是《专利法》第 5

条审查问题。该案吸引我们思考的，首先是申请人的辩解意见，以及说明书对相关信息的原始记载。申请人认为，该申请所使用的人胚胎的神经组织来源于先进生物科技资源公司（advanced bioscience resources inc. , ABR），该公司属于非营利性机构，位于美国加利福尼亚州，通过该公司获得的神经组织是通过常规操作的手术方法得到的，包括早期或中期的流产。这些丢弃的神经组织被用于提供给世界各地的科学家。因此，该申请使用的人胚胎的神经组织符合《人胚胎干细胞研究伦理指导原则》第 5 条第 2 项的规定，不违反社会公德并符合《专利法》第 5 条 第 1 款 的 规 定。并列举专利申请号为 CN00815326.4、CN200310119431.1、CN200510011325.0 等专利申请的审查过程供审查员参考。同时，修改后的权利要求限定"其是在不违反社会公德的情况下获取的"，满足《专利法》第 5 条第 1 款的规定。

　　该案说明书第 0103 段记载："本发明中所用的分离的哺乳动物神经干细胞和/或神经祖细胞，可以从哺乳动物，优选灵长类动物，例如但不限于人类的中枢神经系统获得。少突胶质细胞的祖细胞和前祖细胞已知存在于中枢神经系统的白质中。因此，分离用于本发明所用细胞的适合来源包括，但不限于视神经、胼胝体和脊髓。此外，使用本领域中已知的方法，可从哺乳动物胎儿，优选灵长类动物的胎儿，例如，但不限于人的胎儿来衍生分离的干细胞。在一些实施方式中，分离的干细胞从获得自人胎儿脊柱的人胎儿脊髓组织制备。在一优选实施方式中，本发明使用的分离的细胞从 8 ~ 24 周孕龄，优选为 12 ~ 18 周孕龄的胎儿脊髓获得。例如，通过商业公司，如先进生物科技资源公司，其具有 IRB 许可和捐赠者的知情同意后，可以得到人类胎儿脊柱。可以将脊髓组织从脊柱分割下来，除去脑膜和外周神经。然后分离、洗涤组织并放置在包含允许细胞增殖的生长培养基的培养容器中"。

在专利审查中，被审查员质疑的细胞来源问题，全部是本领域所公知的细胞的可能来源，其既包括成体细胞来源，也包括胎儿细胞来源。申请人只是示意性地进行了列举。并且特别指出，当涉及使用人胎儿脊柱的人胎儿脊髓组织获取细胞时，是经过伦理审查委员会（IRB）许可和捐赠者的知情同意的。对这种层层递进表述优选方式的理解，合理的理解应该是，如果通过胎儿组织来获取目的细胞，首先，需要经过伦理审查和知情同意，而不可能理解为申请人需要通过杀死有生命的胎儿来获取。其次，需要我们思考的是，该案同族专利的审查命运，尤其是各国对权利要求中出现"胎儿"两个字的态度（因为该案在中国的审查命运就是由于删除"人胎儿"三个字引发）。

USPTO 一贯对授权客体和伦理审查相对宽松的态度不消说了。其同族专利授权权利要求 3 中明确限定所述人神经干细胞源自人类胎儿神经组织。

即便是对此非常保守的欧洲，也根据二分模式，区分了人胚胎和人胎儿为两个不同时间阶段，认为来自于胚胎的细胞不行，来自于流产胎儿的则允许。其授权权利要求 1 中明确限定了"所述细胞源自哺乳动物胎儿而非人类胚胎"；权利要求 13 否定性限定了"所述细胞非源自人类胚胎"；权利要求 15 的方法不仅限定了所述细胞分离自哺乳动物中枢神经系统，还在第一步就明确限定从人类胎儿神经组织进行分离。

日本同族专利的相关授权权利要求 4、19 中在限定所述人神经细胞时，更加明确地限定其分离自"胎龄 8 ~ 24 周的人脊髓或人胎儿骨髓"。

也就是说，"人胎儿"字眼不仅堂而皇之地出现在国外授权的权项中，而且，还明白地展示出，这种细胞是通过胎儿骨髓分离获取的，并不会因此存在伦理道德问题。该案中北京知识产权法院一再强调"在中国境内"和"中国境内社会公德"，似乎也在向国外申请人暗示，中国关于胎儿的伦理道德观念要区别于其他国家。类似案件还包括第59995号复审决定案。也就是说，我国的审查标准不仅与美国、日本的相对宽松标准不同，甚至与最为保守的欧洲也不同。在自流产胎儿组织获取干细胞问题上，我们是最严格的。这是我们需要认真思考的。

2. 胎儿细胞的原始来源追溯

前已提及，原始来源为人类受精胚胎的人类胚胎干细胞的下游应用发明常常涉及溯源问题，胎儿干细胞或胎儿细胞相关下游应用发明同样如此。

2013年第53991号复审决定的发明涉及一种制备单克隆抗体的方法，需要使用人类胎儿肝干细胞。驳回决定认为发明依赖于人类胎儿肝干细胞，需要从人类胚胎/胎儿获取干细胞，违反《专利法》第5条规定。复审过程中，专利复审委员会合议组作出直接撤销驳回决定认为，虽然发明依赖人类胎儿肝干细胞，但是技术方案并未明确记载从人类胚胎获取干细胞的步骤，而且本领域存在成熟的人类胎儿肝干细胞系，可通过商业途径获得，发明的实施不涉及对人胚胎的工业或商业目的的应用，不存在伦理道德问题。该案的美国、欧洲、日本同族专利也均授权。

另一件案件涉及第35060号复审决定（2011年），要求保护的发明仅涉及胎儿细胞B（保藏号为ECACC no. 96022940的PER. C6细胞）及其用途，该胎儿细胞B已经由专利程序保藏，并可商购；该胎儿细胞B衍生于原代人胎儿细胞A（原代人胚胎视网膜母细胞HER），细胞A已高度商业化，且分离自胎儿。专利审查员以原代细胞A直接涉及人胚胎的工业或商业目的的应用，胎儿细胞B也间接涉及人胚胎的工业或商业目的的应用，不符合《专利法》第5条，驳回专利申请。经复审，复审决定以"利用可商购获得的细胞系且未使用人胚胎的发明创造不属于人胚胎的工业或商业目的的应用"为由撤销了驳回决定。之后该案及其美国、欧洲、日本同族专利均授权。

通过这些案件的实审、复审过程可以看出，关于涉及使用胎儿细胞系的发明，也逐渐与人类胚胎干细胞相关审查标准趋同，在具有可利用的商购细胞系的情况下，不赞成无限溯源。换言之，留给申请人的一线生机在于，最好其涉及使用的胎儿细胞或干细胞存在商用细胞系。如果不存在，仍然需要从胎儿分离获取，就会存在违反《专利法》第 5 条规定的问题。

3. 胎儿细胞的保藏与来源追溯

2010 年以后，业界已经了解，人胚胎干细胞相关应用的专利审查不宜无限追溯原始来源的审查标准。但是，对于细胞原代追溯，还没有人提及。尤其是，涉及胎儿细胞或胎儿干细胞的案件中，原代追溯通常发生在存在细胞保藏的情形之下，且会出现连续的系列申请，而涉及人胚胎干细胞的发明很少涉及生物材料保藏。这也是胎儿干细胞或胎儿细胞案件与人类胚胎干细胞相关案件的明显不同之处。总之，这一类涉及生物材料保藏的胎儿细胞或胎儿干细胞案件，可为我们思考细胞原代追溯或当代追溯问题打开突破口。

例如，涉及一种来自胎儿组织的特定体细胞的系列申请案。该案申请号为 CN201210371784. X，涉及"人胚肺成纤维细胞株及利用其生产手足口病毒疫苗的方法"。该发明涉及一种人胚肺二倍体成纤维细胞株 Walvax‑2，并在申请日前在国家知识产权局指定的保藏机构进行保藏。该案在实质审查中被驳回，驳回理由是该申请请求保护一株人胚肺二倍体成纤维细胞株 Walvax‑2，说明书明确记载了 Walvax‑2 细胞株的制备方法包括如下步骤：胚胎水囊引产后及时送往实验室，无菌条件下取出肺组织，撕去肺组织表面的膜等。由于胚胎水囊属于胚胎的范畴，"取出肺组织"即对胚胎进行了分离、破坏，属于人胚胎的工业或商业目的的应用。因此，该申请要求保护的人胚肺二倍体成纤维细胞株 Walvax‑2 是必须使用人胚胎才能完成的技术方案，有违人类社会伦理道德，不能被授予专利权。该案后来提起复审，2015 年 11 月 27 日专利复审委员会合议组作出维持驳回决定的第 101483 号复审决定。由此，该来自胎儿组织的原代细胞系的专利申请最终没有获得权利。

申请人的后续系列申请包括申请号为 CN201310463655.8（申请日为 2013 年 10 月 8 日）的专利申请，发明为"人胚肺成纤维细胞株在制备甲肝疫苗中的应用"。实质上是原代细胞的第二用途发明。专利审查员同样在第一次审查意见中指出了其违反《专利法》第 5 条第 1 款的问题，申请人陈述意见如下：

第一，该专利申请中涉及的人胚肺二倍体成纤维细胞株 Walvax‑2 已在国家知识产权局指定的保藏机构进行保藏。且细胞株在中国专利 CN201210371780.X 中进行了公开，本领域的普通技术人员可依法从保藏机构获取细胞株重现该发明的技术内容，并不需要对人类胚胎再次进行破坏和利用，不属于《专利法》第 5 条规定的"人胚胎的工业或商业目的的应用"，不属于"违反社会公德的发明创造"。

第二，专利审查员不应对技术方案涉及的"生物材料"无限追溯。来源于人体的细胞株从严格意义上来说都来源于胚胎的分化，这些细胞株举不胜举，如常用的人胚胎肾细胞 293、人胚肺成纤维细胞株 MRC‑5 等，涉及这类人类细胞的授权发明专利更是无数。该发明涉及的细胞株在中国专利 CN201210371780.X 中已进行公开，并公布了细胞株的历史。该发明审查就不应再追溯历史，无须无限追溯其生物材料的原始来源。

专利审查不应对技术方案涉及的"生物材料"公开形式区别对待。审查指南中认可的公开形式，如在国家知识产权局指定的保藏机构保藏且已公开，在商业公司中公开销售或文章公开发表并承诺 20 年内可提供。这三种公开形式的法律效果都是一样的，目前市场上使用的人胚肺成纤维细胞株 MRC－5 细胞株（ATCC CCL171）、人胚肺成纤维细胞株 WI－38 细胞株（ATCC CCL75）、人胚肺成纤维细胞株 EL299 细胞株（ATCC CCL137）、人胚肺成纤维细胞株 IMR－90 以及国内人胚肺成纤维细胞株 KMB－17、人胚肺成纤维细胞株 2BS 等都是从胎儿肺组织建立的细胞株，它们中的一些通过发表文章的形式公开，或公开销售的形式公开，也有一些通过专利保藏的形式公开，例如中国专利 CN97190080.9，人胚肺成纤维细胞株细胞株 LB-HEL（KCTC 0127BP）。可见细胞系的再次利用并不需要再次对胚胎进行破坏。因此，发明没有违背中国的伦理道德标准，不是《专利法》第 5 条禁止授权的客体。

之后的审查过程中，专利审查员认可申请人的陈述意见，在后的系列申请案件得以授权。申请人及公众可以不用再破坏胚胎获取相应细胞株，其可获得性、公开性、合伦理性，也可以得到合理的辩护。

但是，通过这样一系列案件，可能对之前的审查标准发出一个灵魂的拷问：因为系列申请涉及的或者使用的是同一个细胞。面对同一保藏细胞的不同用途，尽管在先申请已经进行了生物材料保藏，但由于带有原罪仍然违《专利法》第 5 条而不能授权；在后申请由于已经建系和保藏、获取细胞不再需要通过流产胎儿获取，从而不违反《专利法》第 5 条而授权。使用同一细胞的同类型发明授权结果迥异，而且似乎都言之成理。按照这样的逻辑，它似乎将我们带入了一个基础发明、核心发明无法授权，而改进发明、后续发明却能够获权的悖论之中。即，对于胎儿体细胞/胎儿干细胞而言，其初始分离由于涉及从胚胎或胎儿获取，而具有道德上的"原罪"，被定位涉及"人胚胎的工业或商业目的的应用"，无法授权；后续针对该细胞的继续改进或第二用途发现等，以新的申请出现，则可以授权。

因此，我们需要关注和深刻思索的问题是，为什么会造成同类型，甚至同一细胞的不同应用发明授权结果迥异。造成这一现象的深层次原因，难道是生物材料保藏和系列申请引起的吗？生物材料保藏能解决伦理道德缺陷问题吗？如果其能解决，为什么没能解决最初申请专利违反《专利法》第 5 条的问题；如果其不能解决，后续的系列申请因何获得了《专利法》第 5 条的豁免。如果陷于个案，我们可能永远走不出这个困局。还是应该跳脱出来，从一个更高的层次重新思考：在专利法意义上，从流产胎儿组织获取干细胞或细胞到底是否违反社会公德；从人体成体获取干细胞与从胎儿获取干细胞有何不同；从流产胎儿获取干细胞与从成人尸体获取干细胞有何不同。未来对于这个案件的连续追问只是暂时解读为，当生物材料保藏完成之时，就是破坏胚胎原罪消除之时呢？还是有更好的、一劳永逸的解决方案呢？希望未来的实践能回答这一切。

我们还可以思考在干细胞领域，隐身/失灵的生物材料保藏制度。一方面，我们可以发现，在干细胞相关专利申请中，只有极少数专利申请涉及生物材料保藏，即相关干细胞系的保藏，绝大多数申请不涉及生物材料保藏，这一规律需要进一步研究和关注。另一方面，在极少数涉及生物材料保藏的案件中，例如，早在 *WAFR* 案同族专利在欧洲审查期间，EPO 就所建细胞系在美国国立卫生研究院保藏一事认为，即便考虑保藏因素，只要原始说明书没有公开除使用人胚胎以外其他获取人胚胎干细胞的方法，仍然认为违反社会公德。也就是说，生物材料保藏不能成为回避社会公德问题的手段。

造成人类胚胎干细胞领域很少涉及人胚胎干细胞保藏的一部分原因在于其保藏存储需要严格的质控标准和先进的技术力

量。通常需要专门的机构来承担干细胞的存储保藏和分配发放的管理职能，这种专门机构通常称之为干细胞库。例如，美国国立卫生研究院干细胞库（CRM）、2004年成立的英国干细胞库（UKSCB）、日本的JCRB细胞保藏中心、日本理化研究所的RIKEN生物资源细胞中心、美国威斯康星大学的Wicell干细胞库、韩国国立卫生研究院干细胞库等。

干细胞库的管理不仅需要遵照国家相关的法律法规及国内外相关的伦理准则，包括《人类遗传资源管理暂行办法》，还需要建立和执行配套的管理规范、管理体系、干细胞库质量管理过程模式、质量管理体系标准。例如，其深低温冷冻保藏和分发、发放、调配均有其特殊性：需要特殊的制备、存储、质检、总控环境及仪器设备；具有复杂的管理框架以及特定管理流程与流向；分发或发放也需要执行特殊的审核程序。国际干细胞联盟（ISCF）以国际干细胞倡议（ISCI）和国际干细胞库倡议（ISCBI）的项目形式，促进各干细胞保藏机构的对话交流，促进干细胞储藏、检测、分发等国际标准化工作。ISCF也是目前干细胞保藏存储及分配管理方面的主要规则制定者，在国际上相继出台了具有重要影响的关于用于研究的人胚胎干细胞的存储及使用的国际共识指南❶及用于临床的多能干细胞的保种工作的发展的考虑要点。❷

由此，只有极少数人胚胎干细胞的保藏选择到用于专利程序的生物材料保藏的国际保藏单位（IDAs）进行保藏，例如美

---

❶ The International Stem Cell Banking Initiative. Consensus guidance for banking and supply of human embryonic stem cell lines for research purposes [J]. Stem Cell Reviews and Reports, 2009, 5 (4): 301 –314.

❷ ANDREWS P W, BAKER D, BENIVINISTY N, et al. Points to consider in the development of seed stocks of pluripotent stem cells for clinical applications: International Stem Cell Banking Initiative (ISCBI) [J]. Regenerative Medicine, 2015, 10 (2 suppl): 1 –44.

国典型培养物保藏中心（ATCC）等保藏机构。

4. 胎儿干细胞或胎儿细胞与其他干细胞的关联

胎儿组织和细胞不仅与胎儿干细胞本身相关，也与核移植克隆胚胎、诱导性多能干细胞等密切相关。最典型的是，核移植、诱导性多能干细胞等技术中也会经常提及可以使用胎儿体细胞或胎儿干细胞进行。此时，问题就会更加复杂。这一点，在著名的日本国立大学法人京都大学中山伸弥诱导性多能干细胞案（专利 200680048227.7，发明名称为"核重新编程因子"）中即有明显体现。

该案在实质审查过程中并没有涉及《专利法》第 5 条的问题，历经多次审查意见通知书后授权。换言之，当时实质审查中，并不认为诱导性多能干细胞技术存在伦理问题。专利授权以后，在后续的无效宣告请求过程中（第 26398 号无效决定），请求人提出了敏感的胎儿细胞问题。即该案的争议焦点之一在于，该申请说明书实施例中记载的是利用胎儿来源的人皮肤成纤维细胞制备诱导性多能干细胞，其是否属于人胚胎的工业或商业目的的应用。无效宣告请求人指出：该专利实施例 12 记载了将胎儿来源的人皮肤成纤维细胞用于制备诱导性多能干细胞，"胎儿"属于"人胚胎"的范畴，在涉案专利未记载成熟且已商业化的品系来源的情况下，应当认为所述胎儿皮肤成纤维细胞的获取需要在破坏人胚胎的基础上进行。

对此，第 26398 号无效宣告审查决定指出，对于涉及既可直接从胎儿中获取，也可商购获得的细胞的发明，如果该发明的目的之一即为避免从胎儿获取某种细胞而导致的伦理问题，同时说明书中没有涉及任何对胎儿进行操作的内容，并且本领域技术人员可以确认现有技术中存在可商购获得所述细胞的途径，则应当认为说明书已从整体上排除了直接从人胚胎中获取相应细胞的技术内容，不应当将相关内容解释为直接从胎儿获取；对于不具有发育全能性的人类细胞而言，如果其获得及制备不涉及任何破坏或使用人胚胎的方法和操作过程，则所述细胞本身及其制备没有涉及人胚胎的工业或商业目的的应用，不能因为发明具有某种潜在的应用可能性而认定其违反公众普遍认为是正当的，并被接受的伦理道德和行为准则。

可以看出，在既有的审查标准之下，无效决定一定程度上采取了巧妙的迂回的态度，实际上既有无奈，也有遗憾：其将说明书实施例 12 中提到了"胎儿来源的人皮肤成纤维细胞"限缩性解释为仅表述其原始来源是胎儿，而非表明该细胞是从胎儿直接获取的，进而将所述"胎儿来源的人皮肤成纤维细胞"理解为通过商业途径可获得的成纤维细胞系，而非直接从人胚胎获得，实际上部分存在硬生生将敏感问题绕开不谈的缺憾。我们更希望处理类似案件时，无论构建诱导性多能干细胞的初始细胞是否可以取自胎儿该类案件审查的关键核心在于，这种取自胎儿的过程是否伤害或破坏了胎儿，是否为我国伦理所允许，这才是《专利法》第 5 条审查的实质所在。

5. 涉及流产胎儿来源的人胎盘干细胞或人滋养层干细胞

前已述及，流产胎儿相关伦理问题的认定，不仅涉及胚胎干细胞与胎儿干细胞关系的认定，还涉及胎儿干细胞与胎儿体细胞是否涉及相同的伦理问题的认定，即还会涉及胎儿体细胞相关伦理问题的认定。不仅如此，流产胎儿还会进一步触及胎体组织和器官以外的胎盘干细胞或胎盘体细胞的问题。也就是说，流产过程势必造成流产胎儿组织和器官以及胎盘组织的一起分离，相应也就会与胎儿干细胞、胎儿体细胞、胎盘干细胞、胎盘体细胞等均有所关联。

在专利申请 CN201380071949A，发明名称为"通过调节 miR - 124 分化干细胞的方法"案中（与此案类似的系列案例还包括 CN103561751A、CN110016463A、CN109536438A），发明涉及由哺乳动物滋养层干细胞或胎盘干细胞分化为胰腺祖细胞。其发明点主要在于，通过调节 miR－124 来分化人滋养层干细胞的方法，由此产生分化细胞。还提供了使用该分化细胞治疗疾病的方法，该分化细胞是表达胰岛素、β 调理素和 C－肽的胰腺祖细胞。

这里，发明就涉及利用哺乳动物滋养层干细胞，这个细胞可以是人滋养层干细胞，并且，需要使用孕龄 6～8 周的胎盘滋养层组织获得人滋养层干细胞。而该胎盘滋养层组织需要使用胚胎绒毛膜绒毛制备获得，说明书实施例 1 记载"胚胎绒毛膜绒毛（embryonic chorionic villous）经由腹腔镜手术（laparoscopic surgery）从妇女体内的早期异位妊娠（孕龄为 6～8 周）的输卵管获得"。

在专利审查中，审查员注意到对异位妊娠进行腹腔镜手术与自然或自愿流产的区分，认为在人胚胎或胎儿的自然或自愿流产中，娩出后的废弃物胎盘和脐带的使用并不违反社会公德。但是，异位妊娠胚胎的绒毛膜绒毛或绒毛膜绒毛的获取与自然娩出后的胎盘和脐带等废弃物不同，其是尚处于发育中的完整人胚胎或胎儿的一部分，这与对娩出胎儿后与胎儿剥离开来的胎盘和脐带的利用显然不同。通过腹腔镜等外科手术获取绒毛会使人胚胎面临风险，而损害异位妊娠的人胚胎的存活和继续发育，是公众普遍不能接受和认可的。从而认为，专利法意义上的"人胚胎商业或工业目的的应用"包括了对人胚胎完整结构的利用。由此将其法律适用扩展到了胎盘干细胞或滋养层干细胞。

该案专利在美国、日本、欧洲的同族专利均已授权，相应授权权利要求均为体外由哺乳动物滋养层干细胞或胎盘干细胞分化为胰腺祖细胞的方法，并且，所述哺乳动物包括人。可以看出，其他国家和地区的专利局并未就此引发伦理道德的争议。

那么，在前述由胎儿干细胞扩展到胎儿体细胞以及由胚胎或胎儿干细胞扩展到胎盘干细胞或滋养层干细胞的过程中，到底对该类案件的伦理问题如何看待，这需要我们理性把握和深思。

该案中，说明书第 77~97 段详细记载了可以获得滋养层干细胞或胎盘干细胞的方法（摘录）：

发明提供了来源于异位妊娠的人滋养层干细胞（hTS 细胞）作为 hES 细胞的替代物用于产生祖细胞的用途。在一些实施方案中，来源于异位妊娠的 hTS 细胞不涉及人胚胎的破坏。在另一种情况下，来源于异位妊娠的 hTS 细胞不涉及活的人胚胎的破坏。在另一种情况下，hTS 细胞来源于与不存活的异位妊娠相关的滋养层组织。在另一种情况下，异位妊娠不会导致活的人胚胎。在另一种情况下，异位妊娠威胁母亲的生命。在另一种情况下，异位妊娠是输卵管的、腹部的、卵巢的或子宫颈的。

在一些实施方案中，本文的哺乳动物滋养层干细胞（例如，hTS 细胞）可以从脐带、羊水、羊膜、华顿氏胶（Wharton's jelly）、绒毛膜绒毛、胎盘或异位妊娠分离。

在一种情况下，本文的哺乳动物滋养层干细胞（例如，hTS 细胞）可以从羊膜穿刺术活检物或从羊水中分离。

在另一种情况下，可以在植入前遗传学诊断（PGD）过程中，例如与生殖疗法例如体外受精（IVF）组合，从卵裂球活检物获得本文的哺乳动物滋养层干细胞（例如，hTS 细胞）。

在另一种情况下，本文的哺乳动物滋养层干细胞（例如，hTS 细胞）可以由产前绒毛膜绒毛取样（CVS）获得。

在一种情况下，本文的哺乳动物滋养层干细胞（例如，hTS 细胞）可以在足月妊娠后从胎盘活检物获得。在一种情况下，本文的哺乳动物滋养层干细胞（例如，hTS 细胞）可以在阴道分娩或剖腹产分娩后从胎盘分离。

在一些实施方案中，本文的哺乳动物滋养层干细胞（例如，hTS 细胞）可以从妊娠早期绒毛膜绒毛取样（例如，8+3 至 12+0 周胎龄）或来自剖腹产分娩的足月胎盘分离。

　　在一种情况下，本文的哺乳动物滋养层干细胞（例如，hTS 细胞）可以根据下面的程序从足月（例如，38 ~ 40 周妊娠）胎盘分离。

　　在另一种情况下，本文的哺乳动物滋养层干细胞（例如，hTS 细胞）可以根据如下的程序从分娩后的人胎盘分离。

　　在另一种情况下，本文还提供了用于获得哺乳动物滋养层干细胞（例如，hTS 细胞）的方法，该方法包括：（a）在异位妊娠（例如，妊娠 4 ~ 6 周、5 ~ 7 周或 6 ~ 8 周）的输卵管处获得胚胎；以及（b）从胚胎的绒毛滋养层获得干细胞。在一些实施方案中，胚胎可以从未破裂的异位妊娠获得。在一些实施方案中，未破裂的异位妊娠可以是处于受精后少于 6 周的阶段。绒毛滋养层可以包含细胞滋养层。

　　在另一种情况下，胚胎绒毛膜绒毛可以从具有异位妊娠（例如，胎龄 5 ~ 7 周）的女性的未破裂的植入前胚胎的输卵管获得。

　　此外，本申请说明书实施例 1（第 158 段）还记载：

　　本实验获得了高雄医学大学医院人文学科研究与伦理委员会的机构审查委员会的批准。异位妊娠衍生的 hTS 细胞从知情同意的捐赠者获得。胚胎绒毛膜绒毛从人文学科研究与伦理委员会的机构审查委员会批准的具有异位妊娠（胎龄 5 ~ 7 周）的女性的未破裂的植入前胚胎的输卵管获得。

　　通过如上公开信息可以看出，对于胎盘干细胞或滋养层干细胞的类似案件，我们需要分析问题的两个方向，第一，生物材料的获取方式在现实中客观存在，其本身并不体现出违法或违反伦理，只有不当地利用此获取方式才会违背伦理；第二，发明中所述对特殊胚胎（例如异位妊娠的人胚胎）进行利用，也即其胎盘组织或滋养层组织的获取和利用，是不是就是通过腹腔镜手术来杀人。从说明书列举的多达十余种的获取方式中，我们可以了解到，无论是羊膜羊水穿刺取样、植入前遗传学诊断取样、产前绒毛膜绒毛取样、腹腔镜手术取样、流产或分娩后获取等不同手段，这些方式均是医疗实践中现实存在的取样方式，更是法律上、伦理上允许的方式。这些方式的列举以及客观的举例说明其并未违背伦理，只是表述了现有技术广泛存在的并且是公知的获取方式。当其选择性地通过腹腔镜手术手段获取时，显然就此手术，不可能也不应该理解为，此时是研究人员对不知情不同意的孕妇实施手术杀害胎儿，而只能是医生在孕妇知情同意的情况下，对于她自己出现的异位妊娠，选择用手术手段进行自愿流产。这也是实施例中说明"本实验获得了高雄医学大学医院人文学科研究与伦理委员会的机构审查委员会的批准。异位妊娠衍生的 hTS 细胞从知情同意的捐赠者获得。胚胎绒毛膜绒毛从人文学科研究与伦理委员会的机构审查委员会批准的具有异位妊娠（胎龄为 5~7 周）的女性的未破裂的植入前胚胎的输卵管获得"的原因。因此，此类案件的本质，归根结底，还是流产胎儿组织或器官的获取和利用中的伦理问题，而不是在胎儿娩出之前，破坏、损害甚至是杀死异位妊娠的人胚胎，从而使其不能存活和继续发育的问题。

相信，以上五类不同类型的案例，能够从不同侧面，触及胎儿干细胞和/或胎儿体细胞、胎盘干细胞和/或胎盘体细胞专利审查中的一些深层次问题、体系性的制度设计问题，能给我们以反思。

（三）体细胞核移植胚胎

非受精胚胎即并非是以精子卵子结合形成受精卵这种自然的方式获得的胚胎，这一类胚胎中最典型的就是体细胞核移植胚胎和单性胚胎（例如孤雌胚胎）。由这些胚胎相应获得的干细胞属于非分离自人类受精胚胎的干细胞，也有人将其称为"类胚胎干细胞"或"胚胎干细胞样细胞"。

体细胞核移植技术或类似的克隆技术也是获取胚胎干细胞的有效方式之一，其与人类自然受精胚胎一样，首先要形成核移植胚胎，然后从胚胎中提取胚胎干细胞。其基本技术路线是将供者的体细胞移植到去核的卵母细胞，使其重编程并发育成囊胚，然后从囊胚内细胞群中分离出与供者基因相同的胚胎干细胞。运用这种克隆技术获取胚胎干细胞可解决人体器官移植的两个根本性问题，即免疫排斥和供体来源不足，为自体移植呈现了很大的可能性。所以也被称为"治疗性克隆"（therapeutic cloning）。核移植后的融合细胞可以重编程已经高度分化的体细胞，说明在卵母细胞中可能有一些诱导细胞重编程的启动因子，使体细胞表观遗传发生变化重新获得分化的多潜能性。而且，后来证实这种体细胞核移植胚胎也具有全能性，具有分化形成新的个体的能力。因此，从重编程的角度讲，其与后续的诱导性多能干细胞具有类似的机理或渊源，只是实现重编程的手段不同：体细胞核移植技术通过卵母细胞实现重编程，而诱导性多能干细胞则通过转入转录因子组合实现重编程。

这里需要指出的是，核移植的过程就是一个制造和形成核移植胚胎的过程，而非分离胚胎干细胞的过程。在核移植胚胎形成以后，后续同样可以在核移植胚胎的内细胞团获得相应的核移植胚胎干细胞。但在如下相关专利的审查中，早期的很多案件均把审查焦点集中在核移植形成核移植胚胎的过程，更具体一点，集中在"克隆人"上；而在核移植胚胎形成以后，对涉及基于该核移植胚胎分离获取干细胞的相关伦理审查则极少。这是目前为数不多的该类复审案件的一个很大的特点，表现出一个完全不同的审查特点。

1. "克隆人"第一案

随着1997年克隆羊"多莉"问世，美国马萨诸塞大学提交的申请号为CN97198083A的专利申请就摆到了我国专利审查员的面前。2002 年此案经审查被以不符合《专利法》第 5 条规定为由驳回，由此后续诞生了涉及人胚胎和/或胚胎干细胞专利审查的最早的决定——第 4327 号复审决定（2004 年）。需要指出的是，尽管该案涉及的是核移植技术，但并非是仅仅要求保护克隆羊"多莉"的获取技术，而是进行了扩展，要求保护如下的技术方案：

1. 一种制备胚胎干细胞样细胞的方法，包括下列步骤：（i）在适于形成核转移单元的条件下，在去核动物卵母细胞中插入希望的分化的人或哺乳动物细胞或细胞核，其中该卵母细胞来源于与人或哺乳动物细胞不同的动物种类；（ii）活化所得的核转移单元；（iii）培养所述活化的核转移单元直到超过 2 细胞发育期但不超过 400 细胞发育期；且（iv）从所述培养的核转移单元的细胞分离胚胎细胞。

可以看出，该方案强调了"卵母细胞与核移植细胞属于不同的动物种类"，即供体细胞与受体细胞的动物种类不同，是一种异种核移植技术，包括将人的体细胞核移植入不同种的动物卵母细胞的技术方案。相关的方法权利要求有二，一种是权利要求 1 的制备胚胎干细胞样细胞的方法，另一种是制备胚胎细胞的方法。产品权利要求 18～23 涉及"胚胎干细胞样细胞"或"人胚胎干细胞样细胞"，权利要求 35～40 涉及"胚胎干细胞样细胞"或"人胚胎干细胞样细胞"。

需要指出的是，对于当时新出现的体细胞克隆技术或核转移技术，该案件实审、复审的焦点并未涉及与人胚胎有关的问题，争议焦点只是克隆人的判断。并没有就人的体细胞克隆胚胎或其胚胎干细胞依据《专利法》第 5 条审查给出全面的回答。例如，人的体细胞克隆胚胎是否属于人胚胎，将胚胎培养到 400 个细胞发育期如何定位，从所述培养的核转移单元分离出胚胎细胞是否属于破坏胚胎等，异种核移植与同种核移植有何不同的伦理要求，尤其是涉及人与动物之间的一种核移植如何对待等，特别是用动物的去核卵母细胞与人类的细胞核结合形成的胚胎，其主要遗传物质来自于人类，这种形式称作"胞质杂交"（cybrids）或细胞质杂合体，形成的是一种人和动物的杂合细胞或杂合胚胎。对于相应的胞质杂交胚胎，我国到底持何态度，均没有得到回答。

因此，该案只就当时的争议焦点——克隆人的判断给出了判断指引："在判断一项发明创造是否属于克隆人的发明时，应该全面考虑该发明申请的权利要求书和说明书中记载的技术内容，并从其发明目的和发明请求保护的范围出发，如果该发明的发明目的与克隆人有关并且请求保护的技术方案的使用或商业开发只能应用于克隆人，则该发明违反《专利法》第 5 条的规定，属于不授予专利权的发明"。

具体至该案中，第 4327 号复审决定进一步指出，胚胎发育经历受精卵分裂期、桑椹胚期、胚泡期，在受精后约 8 天，胚泡植入子宫。目前，克隆人的方法不可或缺的一个步骤是将处于胚泡期的胚胎移植入人体子宫，如果不包括此步骤将不成其为一个克隆人的方法。该申请权利要求 1 和 28 的保护主题是"制备胚胎干细胞样细胞或胚胎细胞的方法"，其中相应的步骤是将胚泡期的内细胞团分离培养，或从胚泡期或桑椹胚期的胚胎分离胚胎细胞，此步骤即已表明本发明方法所涉及的胚胎不可能发育成一个完整的个体。结合权利要求书和说明书中记载的其他技术内容，可以确定该申请请求保护的仅仅是"制备胚胎干细胞样细胞的方法"和"制备胚胎细胞的方法"，而不是克隆人的方法或克隆人。该发明的发明目的不是克隆人或者将其作为克隆人方法的一个步骤，不属于《专利法》第 5 条所规定的不授予专利权的发明。并在此基础上，撤销了国家知识产权局原审查部门于 2002 年 12 月 6 日作出的驳回决定。需要指出的是，复审撤销驳回决定以后，该案在复审后的继续审查中，结案结果是视为撤回，此案最终并没有获得授权。该案同族专利在其他国家也均未获得授权。

2. "克隆人"第二案

第 5972 号复审决定案涉及上海杰隆生物工程股份有限公司专利申请 CN99119951.0（一种获得治疗性克隆植入前胚胎的制备方法）。该专利申请的技术方案涉及异种动物之间的核移植，由人体细胞核与去核山羊卵母细胞形成重构卵，所获得的胚胎是山羊和人的杂合胚胎。

经实质审查，该案被以不符合《专利法》第 5 条规定为由驳回。具体的，驳回决定涉及三方面的理由：一是该发明属于克隆人的方法；二是该发明涉及人胚胎的工业或商业目的的应用；三是该发明的胚胎属于杂合胚胎，改变了人的生殖系遗传身份。

该案复审过程中，申请人在权利要求 1、11 中分别修改增加了"附加条件是所述的方法不包括早期胚胎继续发育的步骤"或"其中所述的重构卵仅用于治疗性克隆而不用于克隆人"的限定。修改后的权利要求 1 和权利要求 11 如下：

1. 一种治疗性克隆植入前胚胎的制备方法，其特征在于，该方法由以下步骤构成：

（a）提供去核的非人哺乳动物供质卵母细胞和用于供核的人体细胞；

（b）用显微注射法，将用于供核的人体细胞直接注射入所述的去核供质卵母细胞，形成重构卵；或者将用于供核的人体细胞直接注射入非人哺乳动物的卵周隙中，再用电刺激法使人体细胞融合进卵母细胞内，形成重构卵；

（c）对所述的重构卵进行激活处理，形成激活的重构卵；

（d）将所述的激活的重构卵移植到非人寄母动物的输卵管中，作短暂培养，再回收发育的早期胚胎，附加条件是所述的方法不包括早期胚胎继续发育的步骤。

11. 一种获得重构卵的制备方法，其特征在于，该方法由以下步骤构成：

（a）提供去核的非人哺乳动物供质卵母细胞和用于供核的人体细胞；

（b）用显微注射法，将用于供核的人体细胞直接注射入所述的去核供质卵母细胞，形成重构卵；或者将用于供核的人体细胞直接注射入非人哺乳动物的卵周隙中，再用电刺激法使人体细胞融合进卵母细胞后，形成重构卵；

（c）对所述的重构卵进行激活处理，形成激活的重构卵，其中所述的重构卵仅用于治疗性克隆而不用于克隆人。

复审决定指出，权利要求 1 涉及一种治疗性克隆植入前胚胎的制备方法，请求人明确限定权利要求 1 的方法仅由四个步骤组成，其中不包括早期胚胎继续发育的步骤，即不包括胚胎发育成个体（人）的步骤。所述治疗性克隆与生殖性克隆即克隆人的方法在形成重构卵、经激活使其发育成囊胚的阶段都相同，区别在于克隆人的方法接着将囊胚移植到子宫中使其发育成为个体，而治疗性克隆只是将囊胚中胚胎干细胞在体外分化为特定组织和器官而不植入体内发育为个体，可见，权利要求 1 的方法是治疗性克隆方法的前一部分，也是克隆人方法的前一部分，也就是说，权利要求 1 的方法既可以用于治疗性克隆也可以用于克隆人，但是由于权利要求 1 的主题已经限定该方法的目的是用于治疗性克隆，即排除了用于克隆人的目的，因此，权利要求 1 的方法不是克隆人的方法。

但是，由于权利要求 1 的方法是得到植入前胚胎的方法，所述胚胎是由含有人细胞核和动物细胞质的重构卵发育成的杂合胚胎，这种杂合胚胎细胞的细胞核中含有人的全套遗传物质，细胞质中含有非人哺乳动物的遗传物质，一般认为细胞质中的遗传物质的表达主要为细胞生命活动所需能量服务，对细胞的整个表现不会产生很大影响，而来自人细胞核中的遗传物质则指导胚胎细胞产生人体蛋白，使这种杂合胚胎细胞主要表现人体细胞的特性，即本质上该胚胎细胞属于人的生殖细胞，但由于该生殖细胞胞质中掺入非人哺乳动物的遗传物质，导致该生殖细胞可同时具有人的遗传信息和非人哺乳动物的遗传信息。请求人在提出复审请求时的意见陈述中也举例说明由人体细胞核与去核山羊卵母细胞形成的重构卵获得的胚胎是山羊和人的杂合胚胎。因此，权利要求 1 和权利要求 11 的方法属于改变了人生殖系的遗传身份的方法，有悖于社会公德或公共利益。基于上述理由，合议组维持了驳回决定。

可以看出，该案复审决定关于克隆人的认定基本与前述第4327 号复审决定相同，在修改后权利要求的基础上，没有坚持原驳回决定的意见，由第三个驳回理由——改变了人的生殖系遗传身份有悖社会公德，维持了驳回决定。该案之所以没有使用驳回决定中的前两点理由，推测合议组考虑了将人与动物杂合胚胎认定为人胚胎可能存在疑惑之处，审慎地排除了"人胚胎的工业或商业目的的应用"的驳回理由，且由于权利要求增加限定了"附加条件是所述的方法不包括早期胚胎继续发育的步骤"或"其中所述的重构卵仅用于治疗性克隆而不用于克隆人"等，也使得相应方法不适合再坚持其属于克隆人的方法的认定意见。所以，该案虽以克隆人争议始，但并未以克隆人认定终，而是一个少有的以"改变了人的生殖系遗传身份有悖社会公德"理由结案的案件。

同时，还可以看出，在类似案件的专利审查之中，会面临各种冲突和抉择。该案中，发明确实指明系以治疗性克隆为目的，也限定了"附加条件是所述的方法不包括早期胚胎继续发育的步骤"，但同时，发明也明确涉及"将所述的激活的重构卵移植到非人寄母动物的输卵管中，作短暂培养，再回收发育的早期胚胎"。也就是说，其包括将胞质杂交胚胎移植入动物体内进行培养和发育的步骤，并非仅仅是体外胚胎的培养和胚胎干细胞的分离获取。此时，如何认定该发明中进行了胚胎移植和胚胎培养和发育的步骤的性质，会非常敏感和具有争议性，很可能会面临不同的意见。专利审查员就是需要在这些矛盾之中进行审慎的权衡和取舍。此外，随着对技术和伦理认识的进展，对于权利要求 11 的重构胚胎的认识，还可能发生变化。后续我们在嵌合胚胎、杂合胚胎以及异种核移植技术层面，还会展开讨论。

也可以看出，在 2004 ~ 2005 年，在体细胞核移植技术诞生之初的早期的专利申请审查实践中，大家最担心的，就是该技术在克隆人方面的应用，担心其在此方面造成的重大社会影响。而胚胎干细胞方面的一些其他伦理审查焦点，诸如通过破坏胚胎获取胚胎干细胞等，反而均没有触及。从以上这些案件的审查时间来看，这些案件主要分布在距 1997 年克隆羊"多莉"诞生以后不久的 2004 ~ 2005 年，正好位于《审查指南（2006）》相关严格标准出台之前。从而也可以看出，在 2006 年之前的一段时期之内，在专利审查中，对于涉及此类从核移植胚胎（克隆胚胎或克隆胚）分离获取胚胎干细胞的技术，审查中很少适用"人胚胎的工业或商业目的的应用"这一标准，审查的重心当时主要落在"克隆人"的方面。

（四）孤雌胚胎

单性胚胎、单倍体胚胎以及多倍体胚胎均属于非自然胚胎类型。单性胚胎（uniparental embryo），重点在于其只来自单亲，只有母亲或父亲一方的遗传成分，但染色体加倍以后仍具有二倍体基因组，所以通常也称之为孤雌胚胎或孤雄胚胎。单倍体胚胎（haploid embryo）仅有一套基因组，通常由精细胞或卵细胞激活产生，染色体组并未加倍，所以是单倍体胚胎。同理，多倍体胚胎含有多倍体基因组。例如，四倍体胚胎、2n/4n 嵌合体胚胎等各种复杂的染色体组或染色体组倍性的胚胎。

这些相对少见的胚胎类型也均可产生相应的干细胞，并具有多能性。这样的胚胎通常无法发育为后代。申请人有时也称其为"无性生殖物"，认为其仅有胚胎之名，但并不真正属于人胚胎，也不属于人的发育阶段。相应其产生的胚胎干细胞也称作孤雌胚胎干细胞（parthenogenesis embryonic stem cells，pESCs）、单倍体胚胎干细胞。

我国早期专利审查实践中遇到的主要是孤雌胚胎，并成为专利审查争议焦点。此类案件数量相对较少。部分案件的审查过程已经茫不可考。可考的案件中，较早的孤雌胚胎案件出现在实审阶段，而非复审阶段。例如申请号为 CN200810026658.4 的申请，这是一件国内申请。发明的权利要求涉及要求保护一种具有两条活性 X 染色体的人孤雌胚胎干细胞系及其衍生物。该案审查时间为 2010 ~ 2011 年，历经两次审查意见通知书后被以不符合《专利法》第 5 条驳回，2011 年此案驳回失效。驳回决定指出，人类胚胎干细胞的来源主要有三种：正常受精囊胚、核移植囊胚、孤雌囊胚。该案利用人工激活获得孤雌囊胚后，建立人类孤雌生殖胚胎干细胞系，并且证明这些孤雌生殖胚胎干细胞具有一般胚胎干细胞的特性，因此该利用孤雌生殖获得的胚胎干细胞系仍然属于人类胚胎干细胞，并不会因为申请人所述的不具备全能分化能力而排除在人类胚胎干细胞的范围之外。最终，该案没有获得授权。

在实质审查中，这样的审查结论有可能申请人并不认可，所以，一些申请在实质审查被驳回以后，申请人就会寻求复审讨个说法。目前这样的案件有三件。

第一个复审案件是申请号为 CN200680043279.5（单性生殖

激活人类卵母细胞用于产生人类胚胎干细胞）的案件，该案的申请人为美国的国际干细胞公司。其发明要求保护的权利要求涉及：产生人孤雌胚胎干细胞的方法，从人类供体单性生殖激活的卵母细胞得到的具有核型为（46，XX）的人孤雌胚胎干细胞，人孤雌胚胎干细胞的分化细胞，相关的干细胞库、细胞库，治疗需要所述治疗的对象的方法，产生克隆人胚胎干细胞系的方法等。该案实质审查中审查员指出，对于权利要求请求保护一种产生人类胚胎干细胞的方法，由说明书公开的内容可知，该方法所用的卵母细胞来源于人类，尽管其制备的是单性人类胚胎，但还是属于人类胚胎。因此该方法涉及人胚胎的工业或商业目的的应用，属于《专利法》第 5 条第 1 款规定的不能被授予专利权的发明。

对于权利要求请求保护分离的干细胞，由说明书公开的内容可知，所述干细胞分离自人类胚胎，尽管其涉及的是单性人类胚胎，但还是属于人类胚胎。因此涉及人胚胎的工业或商业目的的应用，属于《专利法》第 5 条第 1 款规定的不能被授予专利权的发明。申请人答复认为，通过人卵母细胞的单性生殖激活形成的胚泡不具有成为人的潜能。通过单性生殖激活的卵母细胞（即孤雌生殖体）不能发育至足月，因而不能成为人体。孤雌生殖体代表了多能干细胞的一个可选来源，其多能细胞不具有发育成整个人体的潜能。因此产生孤雌生殖体的方法不牵涉胚胎的破坏，也不能构成克隆人的方法。审查员对此认为，"人胚胎"是指从受精卵开始到新生儿出生前任何阶段的胚胎形式，包括卵裂期、桑椹期、囊胚期、着床期、胚层分化期的胚胎等，其来源也应包括任何来源的胚胎，包括体外受精多余的囊胚、体细胞核移植技术所获得的囊胚、自然或自愿选择流产的胎儿等。正常受精囊胚、核移植囊胚、孤雌囊胚都是人类胚胎干细胞的来源，利用人工激活获得孤雌囊胚后，建立的人类孤雌生殖胚胎干细胞系具有一般胚胎干细胞的特性，因此利用孤雌生殖获得的胚胎干细胞系仍然属于人类胚胎干细胞，并不会因为申请人所述的不具备全能分化能力而排除在人类胚胎干细胞的范围之外。而且孤雌激活所用的卵母细胞来源于人类，尽管其制备的是单性人类胚胎，但还是属于人类胚胎，在其制备过程中也必须使用人的生殖细胞，同样涉及对人胚胎的工业或商业目的的应用，不能授予专利权。

该案在 2010～2012 年经审查终被驳回。驳回以后，申请人不服提起复审。专利复审委员会合议组在《专利法》第 5 条适用上坚持了与实质审查类似的观点。最终该案视为撤回。

第二个复审案件是申请号为 CN200880018767.X、发明名称为"源于人单性生殖胚泡的患者特异性干细胞系"的发明专利申请案，也是美国国际干细胞公司的一件专利申请案件。2014年 9 月，专利复审委员会作出第 73216 号复审决定。发明涉及一种源于单性生殖胚泡的分离的人干细胞系，其中所述胚泡和所述干细胞系缺少父系印记。驳回决定认为，发明涉及将人卵母细胞活化为人胚胎，并从该胚胎的内细胞团产生人胚胎干细胞，属于人胚胎的工业或商业目的的应用，不符合《专利法》第 5 条第 1 款规定。申请人认为，中国的专利法以及相关规定中并没有关于人胚胎的明确定义，应当认定"人胚胎"是从受精卵开始到新生儿出生前任何阶段的胚胎形式。孤雌生殖体不是人胚胎，其不会发育成人类，不能够发育到期，不是人胚胎的等同物。对此，该案复审决定认为，《专利法》第 5 条涉及违反社会公德的"人胚胎的工业和商业目的的应用"中的"人胚胎"并不仅限于自然状态下人类胚胎的发育过程，也不应将不受精的和不能发育到期的胚胎形式排除在"胚胎"之外。该申请的人单性生殖胚泡经历了与传统的从受精卵开始的人胚胎同样的发育历程，形成了同样形态的胚泡，并从其内细胞团中分离出干细胞，因此，这样的胚泡也属于胚胎的一个发育阶段，属于《专利法》第 5 条第 1 款意义上的"人胚胎"，对其进行破坏而获取多能干细胞有违于人类伦理道德。

　　第三个复审案件是申请号为 CN201010266776. X、发明名称为"一种获得孤雌胚胎干细胞系的方法"的发明专利申请案。其申请人为湖南光琇高新生命科技有限公司。2015 年，专利复审委员会作出第 89657 号复审决定。需要指出的是，该案复审决定作出之时，欧洲著名的孤雌胚胎案的大幕已经落下，结论对欧洲申请人非常有利。该专利申请的发明涉及一种获得孤雌胚胎干细胞系的方法，该孤雌胚胎干细胞是来源于体外受精过程中产生的 1PN 胚胎。申请人认为，传统意义的胚胎均始于受精卵，胚胎是从有性生殖而言，专指受精 8 周前的胎体，受精 9 周后的胎体则称为胎儿。该申请所述的"1PN 胚胎"是来源于体外受精过程中没有受精的卵母细胞，并不破坏已经受精的卵细胞即胚胎，相当于是体外受精的一个副产物。其形成根本不存在受精过程，只涉及卵细胞，仅是卵细胞孤雌激活后形成的胎体，不具有发育潜能，通常在移植到子宫后不久就会死亡。该申请本身并不需要利用人类胚胎，也不存在破坏人类胚胎可能。"1PN 胚胎"不属于传统"胚胎"的范畴，不属于专利法意义上的"胚胎"。且从来没有任何行政法规中将专利法所涉的"胚胎"扩展到"无性生殖"的范畴，域外的欧洲也认可孤雌细胞不属于人胚胎的范畴。尽管该意见现在看来具有一定合理性，但是按照当时的标准，合议组还是选择了从严处理，最终该案复审决定认为："人胚胎的工业和商业目的的应用"中的"人胚胎"的理解不应仅限于自然状态下的受精卵开始到新生儿出生前的形式。人孤雌胚胎经历了与传统的从受精卵开始的人胚胎同样的发育历程，以及形成了同样形态的囊胚，并从其内细胞团中分离出干细胞，这样的囊胚也属于《专利法》第 5 条第 1 款意义上的"人胚胎",对其进行破坏而获取多能干细胞有违于人类伦理道德。此外,根据《人胚胎干细胞研究伦理指导原则》第2条规定,生殖细胞(例如卵子)起源的干细胞属于人胚胎干细胞,卵细胞孤雌激活获得孤雌胚胎属于人胚胎。

可以看出,当时我国对于孤雌胚胎及其孤雌胚胎干细胞的审查标准还是比较严格的。在国外,国际干细胞公司上述申请的同族专利多数已经授权,包括俄罗斯的 RU2511418C2、澳大利亚的 AU2014240375B2、加拿大的 CA2683060C、美国的 US9920299B2、欧洲的 EP2155861B1 等。可见,类似案件在欧洲和美洲,陆续得到了认可和授权。

前述第二个复审案件被维持驳回以后,我国还存在其申请号为 CN201510018547.9 的分案申请,其也于 2018 年 9 月被驳回,其驳回理由包括该申请说明书所记载的内容不符合《专利法》第 5 条规定。具体而言,驳回决定指出,该申请所涉及的将人卵母细胞活化获得的单性生殖胚胎和单性生殖胚泡仍然属于人胚胎,相应从该胚胎的内细胞团产生的细胞也属于人胚胎干细胞,该申请说明书所记载的发明创造涉及人胚胎的工业或商业目的的应用,违反社会公德,属于《专利法》第 5 条第 1 款所规定的不授予专利权的范围。

该分案申请被驳回后,申请人于 2018 年 12 月 20 日向国家知识产权局提出复审请求。国家知识产权局于 2018 年 12 月 29 日依法受理了该复审请求,然后此案的后续复审过程恰好跨越了 2019 年《专利审查指南(2010)》修改前后两个时间阶段。而且此分案关于《专利法》第 5 条的审查,还关联到其母案 CN200880018767.X 的复审决定,如前所述,母案的前述复审决定维持了该申请属于《专利法》第 5 条第 1 款所规定的不授予专利权的范围的驳回决定。因此,从这个意义上而言,该分案是在 2014 年欧盟法院(CJEU)的 C-364/13 案判决的外部环境变化、我国 2019 年《专利审查指南（2010）》修改以后的内部环境变化之后，一个非常重要的决定。

最终，该复审案于 2021 年 10 月 13 日作出第 277831 号复审决定。就《专利法》第 5 条第 1 款，复审决定指出，涉及人胚胎的工业或商业目的的应用的发明创造因违反社会公德，不能被授予专利权。但是，如果所述多能人干细胞从卵母细胞单性生殖活化产生的人胚胎分离，鉴于该单性生殖人胚胎本身不具备发育成人体的潜能，不属于常规意义的人类胚胎，因此不属于违反社会公德的情形，不属于根据《专利法》第 5 条第 1 款规定的不授予专利权的范围。

进一步，合议组分析指出，该案所述的多能人干细胞是从卵母细胞单性生殖活化产生的人胚胎分离，鉴于该单性生殖人胚胎缺乏父系基因印记，本身不具备发育成人体的潜能，不属于常规意义上的人类胚胎，因此不属于违反社会公德的情形。此外，欧洲法院于 2014 年 12 月 18 日对 C－364/13 案的判决也明确了指令第 6（2）（c）条应解释为：如果经国内法庭判定，根据现有科学技术其本身不具备发育成人体的潜能，则经孤雌生殖刺激分裂且进一步发育的非受精人卵细胞不构成"人胚胎"。

综上所述，尽管该申请涉及从卵母细胞单性生殖活化产生的人胚胎分离或获取多能人干细胞的内容，但是由于所述单性生殖人胚胎缺乏父系基因印记，根据现有技术不具备发育成人体的潜能，不属于常规意义的人类胚胎的范畴，因而该案不属于违反社会公德所述的人胚胎的工业或商业目的的应用，不属于根据《专利法》第 5 条第 1 款规定的不授予专利权的范围。

至此，关于孤雌胚胎及孤雌胚胎干细胞的发明是否会违反《专利法》第 5 条的规定的争论，似乎基本可以画上一个句号了。需要注意的是，在该分案复审过程中，合议组发出的复审通知书中，也曾经一度坚持了与驳回决定类似的意见，但后续在最终的决定中应该是收回了此意见，也可见这一转变之难。

从该系列案也可以看出，申请人在辨明孤雌胚胎是否属于人胚胎时，同时提到了对人胚胎的认定。不同申请人在对何者属于"人胚胎"进行争辩时，对于"人胚胎"的认定，也是不同的：美国国际干细胞公司主张"人胚胎"是从受精卵开始到新生儿出生前任何阶段的胚胎形式，国内的湖南光琇高新生命科技有限公司则认为"传统意义的胚胎均始于受精卵，胚胎是专指有性生殖而言，专指受精 8 周前的胎体，受精 9 周后的胎体则称为胎儿"。可见，通过申请人的争辩意见也可以看出，无论国内还是国外，既有胚胎与胎儿二分的观点，也有胚胎一以贯之的观点。

总之，孤雌胚胎伦理争议的主要焦点在于其是否属于"人胚胎"范畴，如果其不属于人胚胎，所谓人胚胎的工业或商业目的的应用也就成了无本之木。另外，也需要看到，单性胚胎技术本质上是由单一配子（精子或卵子）获得胚胎干细胞的技术，本身也是同诱导性多能干细胞技术一样，是为了回避对人胚胎的损害，且有很多重要的研究价值。至于其是否会随着技术的发展，也有其自身独特的伦理风险存在，则需要我们继续保持观察。

（五）诱导性多能干细胞

哺乳动物胚胎细胞在早期发育阶段具有分化成各种类型组织和器官的分化全能性或多能性，随着细胞的分化和组织器官的形成，处于分化末端的体细胞逐渐失去了这种特性。2006 年，日本的山中伸弥和高桥雅代研究小组用体外基因转染技术，用 Oct4、Sox2、c - Myc、Klf4 等 4 个因子（又被称为 Yamanaka 因子）将小鼠成纤维细胞成功诱导成为 $Fbx15^+$ 的多潜能细胞系。次年，山中伸弥研究小组使用 Yamanaka 因子，詹姆斯·汤姆森研究小组使用 Oct4、Sox2、Nanog 和 Lin28 4 个因子，将人的体细胞诱导成为诱导性多能干细胞获得成功，这一成果被《自然》

和《科学》分别评选为当年第一和第二大科学进展。由于该技术不需使用卵母细胞并且在诱导获取多能干细胞过程中不会形成胚胎，避免了许多伦理问题，此后很快吸引了许多科学家纷纷将研究重点转移至诱导性多能干细胞研究。

2012 年，日本的山中伸弥和英国的约翰·戈登因发现了可以将成体细胞逆转成类似胚胎干细胞的诱导性多能干细胞的方法而获得了诺贝尔生理学或医学奖。在这项技术发明之后，诱导性多能干细胞技术更新的速度惊人，诱导方法很快就从开始的外源基因导入方法过渡到了重组蛋白诱导法。现在，只需要简单的化学诱导技术，就可以将体细胞直接转化成诱导性多能干细胞。

总体而言，诱导性多能干细胞技术不会形成胚胎，诱导性多能干细胞本身也并无胚胎之名，不能直接归入哪一类胚胎或胚胎干细胞，只好将其单列讨论。而且，这是一类自其诞生之日起，就是为了巧妙避开由人胚胎分离获取人胚胎干细胞的相关伦理争议而诞生的技术，加之其申请人不再满足于仅要求保护其创制方法，而是同时要求保护其诱导性多能干细胞产品，在 2019 年《专利审查指南（2010）》修改之前，囿于前述的关于人胚胎干细胞等发明的严格审查标准，申请人通常对人类胚胎干细胞产品授权不抱奢望，那么它的伦理审查又会面临哪些问题呢，我们接下来对此作一一分析。

1. 诱导性多能干细胞与胚胎干细胞的关系

第 77660 号复审决定案涉及专利申请号为 CN200810091841.2、发明名称为"制备多潜能干细胞的方法，试剂盒及用途"的国内发明专利申请。该发明涉及诱导因子 UTF1、Rex1（ZFP42）和 p53 基因抑制剂的至少一种用于诱导性多能干细胞产生的用途以及一种制备诱导性多能干细胞的方法。驳回决定认为，该申请涉及人胚胎干细胞的制备方法，且诱导性多能干细胞的靶细胞来源于新鲜的胚胎包皮组织、胎肺和成体包皮组织所获得的三种细胞，因此该申请技术方案的实施需使用人类胚胎作为原料进行分离，涉及对人胚胎的工业或商业目的的应用，属于《专利法》第 5 条第 1 款规定的不能被授予专利权的发明。可以看出，国内关于诱导性多能干细胞的制备，也经常使用胚胎组织、胎儿组织的初始细胞来源。

复审请求人认为："多潜能干细胞"与"胚胎干细胞"是完全不同的概念，说明书记载了使用的靶细胞是"人成纤维细胞"来进行"人诱导多潜能干细胞"的诱导等描述，都是为了证明该申请所诱导得到的诱导性多能干细胞具有类似于胚胎干细胞的功能，但其并不是胚胎干细胞；该发明申请要求保护的技术方案中涉及的人成纤维细胞不是必须使用人类胚胎作为原料进行分离，其可以利用成体包皮组织或其他现有技术中可获得的人成纤维细胞，因而不涉及人胚胎的工业和商业目的的应用，并未涉及人胚胎的使用，该发明不属于《专利法》第 5 条第 1 款规定的不能授权专利权的范围。

该案专利复审委员会合议组最终在第 77660 号复审决定中明确，人胚胎干细胞的分离需要通过对人胚胎进行操作，因而属于人胚胎的工业或商业目的的应用，而通过诱导得到的多潜能干细胞虽然具有全能性，但其并不是胚胎干细胞，只是性质与胚胎干细胞相似，因此该申请并不涉及人胚胎干细胞的制备方法。说明书相关记载的内容只是为了证明该申请诱导的诱导性多能干细胞具有类似于人胚胎干细胞的功能，而不是制备人胚胎干细胞的方法。可以看出，该案中，对于诱导性多能干细胞与人类胚胎干细胞的关系，决定明确认为，诱导性多能干细胞不属于人胚胎干细胞。

2. 诱导性多能干细胞无效案

说到诱导性多能干细胞，不得不说到山中伸弥；说到山中伸弥，不得不说申请号为 CN200680048227.7 的"核重新编程因子"案。该案实质审查过程没有涉及《专利法》第 5 条，艰难地历经五次审查意见通知后授权。然后，无效考验如期而至。

相关的无效决定涉及第 26398 号无效宣告审查决定，决定日是 2015 年 6 月。这是截至目前涉及干细胞方面的少有的无效案件。也是至今较为考验专利审查标准和审查智慧的一个案件。虽然其主要涉及诱导性多能干细胞，但由于此案同时涉及诱导性多能干细胞本身是否具备全能性问题、诱导性多能干细胞移植至胚泡或子宫产生嵌合体胚胎或嵌合体的问题以及使用敏感的胎儿细胞制备诱导性多能干细胞的问题，实际上，这一案件综合检验或拷问了专利局关于人类胚胎干细胞的审查标准的很多方面。

该案中，无效请求人认为，授权权利要求 1 ~ 14 和说明书涉及人胚胎的工业或商业目的的应用，不符合《专利法》第 5 条第 1 款的规定。第一，涉案专利权利要求 1 ~ 14 及说明书均没有排除使用人类胚胎作为原料进行制备的内容，说明书实施例 12 清楚记载了将胎儿来源的人皮肤成纤维细胞诱导重新编程用于制备诱导性多能干细胞，所述"胎儿"属于"人胚胎"的范畴，在涉案专利未记载成熟且已商业化的品系来源的情况下，本领域的常规理解是所述皮肤成纤维细胞的获取需要在破坏人胚胎的基础上进行，而且涉案专利通篇没有表明通过其他方式获取胎儿人皮肤成纤维细胞，因而，按本领域常规理解其制备过程需要使用人胚胎，应当认为涉案专利涉及对人类胚胎的操作。第二，涉案专利权利要求 1 ~ 14 及说明书均没有排除制备人类胚胎干细胞的内容，涉案专利实施例 4 和 7 分别涉及将制备的诱导性多能干细胞移植到胚泡并移植到假孕小鼠的子宫中，在受精后形成了胚胎以及将制备的诱导性多能干细胞移植到 C57BL/6 小鼠的胚泡中诞生了嵌合体小鼠，而实施例 12 已证实在人类胎儿皮肤成纤维细胞中导入 4 个基因能获得形态上类似于胚胎干细胞的细胞，因而，当将上述方法应用到人类细胞时，建立的诱导性多能干细胞移植到子宫将具备发育成有生命的"人"的可能。

因此，在该案中，无效请求人质疑该案不符合《专利法》第 5 条第 1 款的主要理由有二，一是胎儿来源的细胞问题；二是诱导性多能干细胞移植产生胚胎及嵌合体问题。

关于胎儿来源的细胞问题，第 26398 号无效决定认为，该发明提供了具有诱导体细胞核重新编程作用的核重新编程因子及通过体细胞的核重新编程制备诱导性多能干细胞的方法。根据说明书的记载，现有技术中存在由于使用人胚胎而产生的伦理性问题，而利用该发明方法产生的诱导性多能干细胞"能够利用它们作为没有排斥反应和伦理性问题的理想的多能性细胞"，使用该发明提供的核重新编程因子，不使用胚和胚胎干细胞就可以简便且再现性强地诱导分化细胞核的重新编程，可以建立与胚胎干细胞具有同样的分化和多能性和增殖能力的未分化细胞－诱导性多能干细胞，可见该发明的目的之一即为避免从胎儿获取某种细胞而导致的伦理问题。虽然该专利说明书实施例 12 中提到了"胎儿来源的人皮肤成纤维细胞"，但是说明书并未记载任何从胎儿获得人皮肤成纤维细胞的具体内容，而且根据说明书的描述，皮肤成纤维细胞既可以是胎儿来源的，也可以是成体来源的，实施例 4 的结果也显示所鉴定的核重新编程因子不只对胎儿成纤维细胞，而且对成熟的成体成纤维细胞均具有诱导重编程作用，因此实施例 12 中所述的"胎儿来源"的限定应当理解为人皮肤成纤维细胞的原始来源是胎儿，进行这样的限定的目的在于表明该细胞原始来源与实施例 4 和 13 中的原始来源为成体的皮肤成纤维细胞加以区别，而非表明该细胞是从胎儿直接获取的。在该专利优先权日之前，现有技术中存在可通过商业途径普遍获得的正规途径。因而，所述"胎儿来源的人皮肤成纤维细胞"应该理解为通过商业途径可获得的成纤维细胞系，而非直接从人胚胎获得，此外，根据涉案专利说明书的描述，其技术方案是通过对筛选鉴定的核重新编程因子的有效组合以实现制备诱导性多能干细胞以及改善细胞的分化和/或增殖能力的目的，虽然实施例 12 中使用了胎儿来源的人皮肤成纤维细胞，但其目的仅是验证所述核重新编程因子及其方法不仅对成熟体细胞有效，而且对胎儿期的体细胞同样有效，而权利要求所述技术方案的实施并没有涉及人胚胎的使用，也不依赖于人胚胎的使用。

关于诱导性多能干细胞移植产生胚胎及嵌合体问题，第 26398 号决定认为：对于不具有发育全能性的人类细胞而言，如果其获得及制备不涉及任何破坏或使用人胚胎的方法和操作过程，则所述细胞本身及其制备没有涉及人胚胎的工业或商业目的的应用。本领域技术人员已知，多能性细胞虽然具有分化出多种组织的潜能，但却失去了发育成完整个体的能力。该专利的诱导性多能干细胞正是一种多能干细胞，由该专利所述方法制备的诱导性多能干细胞虽然具有分化多能性，但并不能独自发育成个体，如前所述，该专利实施例 4 和 7 中的嵌合体是通过将诱导性多能干细胞"移植到胚泡中"产生的，因此诱导性多能干细胞不能单独生成克隆化的个体，实施例中制备嵌合体小鼠的目的仅是验证该专利制备的诱导性多能干细胞具备多能性，而且该专利说明书中并没有记载利用诱导性多能干细胞制备人类胚胎的技术方案。因此，不能仅仅因为发明具有某种潜在应用的可能性而认定其违反社会公德。本领域技术人员已知，即便是通常情况下不具备任何生殖或分化能力的成熟体细胞，也有可能通过克隆技术等特定的分子生物学手段发育为完整的个体。具体到该案，不能因为该专利所述方法建立的诱导性多能干细胞在经过特定分子生物学技术手段处理后存在具备发育成有生命的"人"的可能性，而认为该专利所述的核重新编程因子以及利用其制备诱导性多能干细胞的方法违反了社会公德。

该案对专利局内部和社会公众的重大意义不言自明，例如，其入选 2015 年复审十大案件之首，国内外对中国专利保护诱导性多能干细胞技术的正面评价等。但是，也需要看到，这个决定的作出，必然要囿于我国有关人胚胎及胚胎干细胞、嵌合体、胎儿细胞有关审查标准及一直以来的严格做法，实际上相当于"带着镣铐起舞"，一些做法还是存在值得推敲之处。

该决定中较为要旨性的部分是，权利要求中对发明目的解释以及人胚胎含义的解释。决定指出，对于既可直接从胎儿中获取，也可商购获得的细胞的发明，如果该发明的目的之一即为避免从胎儿获取某种细胞而导致的伦理问题，同时说明书中没有涉及任何对胎儿进行操作的内容，并且本领域技术人员可以确认现有技术中存在可商购获得所述细胞的途径，则应当认为说明书已从整体上排除了直接从人胚胎中获取相应细胞的技术内容，不应当将相关内容解释为直接从胎儿获取。

诱导性多能干细胞技术发展的动因或发明目的是获取人胚胎干细胞的胚胎来源较少以及需要破坏人胚胎来获取胚胎干细胞，为了避免从人胚胎获取干细胞，发展出了从人体细胞进行诱导重编程的诱导性多能干细胞。但在该案中，当决定中的"胚胎"被代换为"胎儿"，这种看似不经意的概念替换，实际上，讨论的已经不是一个问题了：避免从胚胎获取干细胞与避免从胎儿获取某种细胞根本不是一回事儿。为了避免从胚胎获取干细胞，发明人选择从体细胞进行重编程制备诱导性多能干细胞，但用于重编程的起始体细胞可以是其他成体细胞，也不排斥从胎儿组织获取该体细胞。发明人也恰恰是这么做的。所以，从发明目的角度而言，即便我国没有严格将胚胎区分为胚胎和胎儿两个阶段，决定将发明目的确定为"该发明的目的之一即为避免从胎儿获取某种细胞而导致的伦理问题"，也是存在疑问的。如果发明目的真是如此，发明就不会在说明书中反复出现诱导性多能干细胞起始细胞使用或利用的是胎儿成纤维细胞的问题了（前述第 77660 号复审决定案件也是如此）。因此，摆在专利复审委员会合议组面前的难题就是，在国外，只要不涉及破坏人类胚胎就不涉及伦理问题了，而在我国，还要论证发明同样不涉及使用胎儿组织和胎儿细胞。无效决定如此曲意周全，虽有不得已的苦衷，实际上也难以自圆其说。

　　可见，即便是年度十大案件，也存在相当多的可商榷之处。究其原因，还是在于我国关于流产胎儿获取干细胞或细胞相关发明的伦理审查标准。整体而言，无论如何艰难，该案维持诱导性多能干细胞专利权利有效的方向是值得肯定的。ISSCR 2016 版《干细胞研究和临床转化指南》对于通过遗传学或化学重编程（例如诱导性多能干细胞）方法从体细胞获取多能干细胞，只要该研究不产生人类胚胎，也不涉及人类全能或多能干细胞研究应用的敏感方面，就只需要对受试者进行审查，而不需要专门的人类胚胎研究监管（EMRO）程序。尤其是，该指南中明确指出，只要不会创造胚胎或全能细胞，将人类体细胞重编程为多能干细胞（比如诱导性多能干细胞）的研究可以免去 EMRO 流程。享受这一免除伦理审查监管待遇的，只有"用人类胚胎获取的已建系的干细胞进行的研究"与诱导性多能干细胞研究两项。也即，ISSCR 认为，由于诱导性多能干细胞并不来自于人类胚胎，应区别于对胚胎干细胞的管理，其管理的主要指向是供体细胞募集程序以及针对全能性诱导性多能干细胞的后续可能的生殖性克隆的使用监管。也就是说，不仅国外认为诱导性多能干细胞的制备并无伦理问题，而且认为其无需进行额外的伦理审查。我国也需要认真思考伦理监管力量的主要投向。避免无谓、无效的审查，甚至是对创新研究的消耗和拖累。

　　在上述无效决定作出两年以后，2017 年作出的第 133709 复审决定涉及的是一个诱导性多能干细胞技术诞生 4 年以后的 2010 年的一件专利申请。该发明涉及一种培养人神经干细胞的方法，并限定所述神经干细胞是通过在含有 LIF 因子的培养基中培养胚胎体获得的。发明的目的是开发从诱导性多能干细胞衍生的胚胎体和/或神经干细胞的培养条件，所述条件适合神经干细胞的神经元分化，为了增强所述细胞分化为神经干细胞的能力，需要先形成胚胎体，在说明书实施例 1 中，通过在细菌培养皿中用添加有 5% KSR 的培养基悬浮培养多能干细胞 30 天来制备胚胎体。

可以看出，发明中涉及很多术语概念。它们是什么关系需要解释说明。分析之下可以得出，实际上，该发明所述的"胚胎体"并非胚胎，其英文原文为 embryoid bodies，简称 EB 或 EBs，中文常翻译为类胚体、拟胚体、胚状体居多，偶尔也译为胚体、胚胎体，目前未见其具有全能性或具有发育成人潜能的报道。该发明获取神经干细胞的两条途径如下所示：

① 胚胎干细胞（多能干细胞）→胚胎体（拟胚体）→神经干细胞；

② 成体细胞→iPSC（多能干细胞）→胚胎体（拟胚体）→神经干细胞。

也即，拟胚体是胚胎干细胞或诱导性多能干细胞当在悬浮培养基中生长时，培养过程中形成的多能干细胞的 3D 聚集体，培养物中的胚胎干细胞或诱导性多能干细胞自发地形成一种球状胚胎样结构，其由有丝分裂活跃并且在分化的胚胎干细胞的核心和自所有三个胚层完全分化的细胞的周边组成，有助于后续分化。在生长和分化后，拟胚体会发展成囊状胚状体，具有充满液体的空腔和内胚层样细胞的内层。诱导性多能干细胞也形成拟胚体并且具有周边的已分化细胞。可以看出，无论哪一条途径，其均是从多能干细胞得来，属于多能干细胞的下游应用技术。且拟胚体由多能干细胞培养和分化而来，不可能像真正的胚胎一样，具备全能性。

该案复审过程中，专利复审委员会合议组两次发出复审通知书，从神经干细胞逆向上溯到制备诱导性多能干细胞的初始细胞——人胚胎成纤维细胞，指出说明书中没有明确记载日本京都大学提供的"人胚胎成纤维细胞"是来源于已建立的、成熟的，并且是从商业渠道获得的细胞系，因而这些"人胚胎成纤维细胞"的制备和建立过程都可能需要使用和破坏人胚胎，涉及人胚胎的工业或商业目的的应用，从而违背伦理道德。最后以此维持驳回决定。

相对于山中伸弥诱导性多能干细胞案经受了授权和无效两重考验和专利复审委员会合议组曲意回护、最终专利得以保全的情况相反，该诱导性多能干细胞下游分化细胞的发明审查终止于专利复审委员会合议组对诱导性多能干细胞来源细胞的"原罪"的追溯和对说明书记载内容审查的穷追不舍之中。其追溯之远，也超出我们通常的预期。尤其是，该案决定在处理"人胚胎成纤维细胞"（实际上是胎儿成纤维细胞）问题上，明显与第 26398 号无效宣告审查决定采取了不同的标准，产生了不一致。

在众多的涉及干细胞的案件中，诱导性多能干细胞专利案件算是与人胚胎关系最远的一类，也仍然逃脱不了人胚胎"这只大手"的覆盖。以上存在审查标准执行不一致的情况也说明，诱导性多能干细胞技术与人胚胎原本毫不相干，甚至是为了避免破坏人胚胎，但由于我国在专利审查中胚胎和胎儿不分，从受精开始到胎儿出生，一以贯之以胚胎对待，导致涉"胎儿"的专利申请也就成了涉"胚胎"的专利申请。

这些案件也说明，当专利局制订涉胚胎或干细胞相关审查标准时，必须通盘考虑各种胚胎之间和/或干细胞的关联关系。实际上，随着技术发展，不仅诱导性多能干细胞可以来自胎儿细胞，胎儿细胞又来自于胚胎，反复追溯必然都是胚胎；甚至诱导性多能干细胞后续应用也会重新与核移植技术、嵌合胚胎技术进行复合和融合，由诱导性多能干细胞制备克隆胚胎、由诱导性多能干细胞与人胚胎或胚胎干细胞进行融合或由诱导性多能干细胞制备嵌合胚胎并发育成体，由诱导性多能干细胞制备精子卵子并受精发育为胚胎等，后续应用也是再度回到胚胎。由此，对于该类申请就存在一个上溯、下延的程度。因为，生命是反复轮回的：从细胞到胚胎，再从胚胎到细胞，周而复始，循环无穷。

关于诱导性多能干细胞的下游应用会涉及哪些伦理问题，后续我们还会述及。

二、人类辅助生殖领域发明专利申请的伦理道德审查

涉及人类胚胎的研究既包括人类胚胎干细胞研究，也包括与干细胞或干细胞系并无明显相关的单纯针对胚胎的研究，例如胚胎基因组修饰以及胚胎嵌合体等。换言之，涉及胚胎的技术并不总是局限于干细胞领域，还包括人类辅助生殖技术领域。

在这个领域，典型的发明常常是只涉及人类胚胎，但并不涉及干细胞的一类发明创造。也就是说，这一类技术仅涉及针对或使用人胚胎，以人胚胎为研究对象或实施对象，涉及对人胚胎进行操作，但并不涉及破坏或毁坏胚胎，也不涉及由其分离干细胞。

具体而言，所谓人类辅助生殖技术，主要指其中的体外受精－胚胎移植（IVF－ET）技术，即试管婴儿技术。该技术是从母体中取出卵子，与男性的精子通过一定的医疗手段在体外结合后，待胚胎在试管中发育成前期胚胎后移植回母体子宫内。手术中为了保证较高的成功植入率，一般会选择培育多个胚胎，再选择一

个或两个胚胎成功植入母体后，剩下的胚胎进行冷冻保藏，就是多余的冷冻胚胎。可见，剩余胚胎或冷冻胚胎尽管可以为以后的干细胞提取提供胚胎来源，但人类辅助生殖技术仅属于干细胞技术的上游技术，并不涉及干细胞。正是由于人类辅助生殖技术的发展，为后续干细胞技术发展提供了主要的人类胚胎来源。

　　进一步，人类辅助生殖技术可以具体细化为两类：一类是胚胎制备、培养和保存技术，例如一种离体悬浮培养胚胎方法、一种用于胚胎或细胞的冷冻液及其用途、一种胚胎体外着床模型的建立方法等；另一类则是胚胎检测和评估技术，主要涉及人工授精、人工辅助生殖技术相关领域或相关医疗诊断领域，例如胚胎植入前遗传学诊断技术，包括胚胎筛选、胚胎鉴定、检测或评估、胚胎分级、植入前检测、植入后检测、胚胎潜能或发育潜力评估、胚胎质量评估等。所使用的手段包括各种物理检测手段、化学检测手段或生物检测手段等。主要涉及在胚胎移植前对胚胎进行选择，根据一定标准找出最具发育潜能的胚胎进行移植以提高种植率及妊娠的成功率。

　　为取得更好的妊娠结局，对辅助生殖技术中的各种流程、细节进行改良不仅能够在科研、临床上取得成效，同时也催生出不少的发明专利申请。相关的发明专利申请主要集中于以下三个方向。

　　第一，涉及胚胎体外培养的发明创造：通过培养装置、培养方法、培养液成分、冷冻胚胎的保存条件等因素为胚胎的体外培养创造更好的条件，为后续的植入提供生长发育状态更好的胚胎。技术主题包括一种离体悬浮培养胚胎方法、一种用于胚胎或细胞的冷冻液及其用途、一种用于胚胎体外培养的培养液等。

　　第二，涉及植入前评估胚胎质量的发明创造：通过形态或基因等指标进行分析和预测，挑选活力更高的、妊娠存活概率更高的胚胎植入。

技术主题涉及胚胎筛选、胚胎鉴定、检测或评估、胚胎分级、植入前检测、植入后检测、胚胎潜能或发育潜力评估、胚胎质量评估等。所使用的手段包括各种物理检测手段、化学检测手段或生物检测手段等。广泛使用的指标是胚胎形态学筛选，例如传统的 Gardner 分级系统，利用显微镜下囊胚形态进行评分和分级，但是形态学指标仍然存在局限性，且较为依赖操作人员的观察和经验。因此，在标准化的形态学特征监测（细胞周期时间和细胞运动模式、形状等）方法以外，胚胎培养液检测、囊胚活检基因分析、胚胎分泌蛋白质组等标准化技术也是常见的评估方法。根据对胚胎的介入程度和介入类型，由强至弱可大致分三类，一是基于胚胎活检技术，取囊胚期胚胎的滋养层细胞进行基因分析。受精后第 5 天，胚胎发育成两种不同的细胞类型，滋养外胚层细胞（发育为胎盘）和内胚层细胞（发育为胎儿）。囊胚期活检只取滋养外胚层细胞进行检测，而保持将要发育为胎儿的内胚层细胞的完整性，理论上不会损害胎儿发育。二是基于胚胎成像技术，通过显微镜成像技术测定细胞参数，例如卵裂球的形态变化、分裂节点等参数，光学密度、透明带厚度，进而利用细胞参数进行胚胎的诊断、评估。三是基于胚胎培养液的检测技术。胚胎发育过程中会从培养液中吸收营养物质以满足细胞的生长和分化，同时也会向培养液中分泌代谢产物；囊胚在着床前，也会分泌大量蛋白因子参与母胎分子对话和信号交换，以使两者协调同步发育，并且识别子宫内膜，介导着床过程的完成。因此，通过测定胚胎培养液中特定的营养物质和代谢物的含量变化可以判断胚胎的活力和发育潜能，通过对囊胚培养液中某些与囊胚质量特异相关的蛋白质进行含量检测，可以对囊胚的质量、种植发育潜能进行评价。

第三，涉及植入前遗传学诊断（PGD）、植入前遗传学筛查（PGS）、植入前遗传学测试（PGT）的发明创造：在胚胎移植前通过形态或基因等指标进行分析，排除染色体异常、单基因遗传病等不健康胚胎。

一般而言，这些发明专利申请会在说明书记载的实施方式中述及人胚胎的体外操作，其胚胎来源多为体外受精中的废弃胚胎，或待移植胚胎；其技术实施的目的多为使胚胎的状况变得更好，或者选择更好的胚胎。

在专利审查实践中，这一类专利申请主题可能涉及《专利法》第 5 条和/或第 25 条第 1 款第 3 项的问题。其中，对于《专利法》第 5 条而言，审查实践中的伦理审查关注点集中于"人胚胎的工业或商业目的的应用"而导致的违反社会公德的情形。遗憾的是，经过对总计约 80 件实质审查案件的回顾性研究，目前的审查执行标准并不一致，表现出对这一问题的认识分化严重。

首先，从同族专利审查对比的角度而言，即国内外审查对比的角度而言，我们选取不同时间段的部分代表性案件（4 件）探索性地进行了国外专利审查分析❶。这些同族专利的发明主题涉及诸如评估解冻细胞（胚胎）的存活能力的方法、区分有发育能力的和发育停止的等级 I 胚胎的方法、用于确定雌性受试者通过辅助受精获得或将获得的胚胎的植入潜力的测定法、与培养箱一起使用的用于人胚胎、卵母细胞或多能细胞的自动化成像和评价的装置、用于自动化检测体外培养胚胎的发育条件的变化和/或异常的计算机实施方法等。可以看出，相关技术可能广泛涉及胚胎制备、培养、检测，并可能广泛分布于医药、材料、机械、光电或计算机等技术领域。调查发现，无论结案与否或者授权与否，USPTO、JPO、EPO 等在专利审查过程中均未因为案件涉及人胚胎而指出相关专利申请存在伦理道德问题。尤其是 EPO，也均并未指出伦理道德问题。这些初步结果可供我们思考。

---

❶ 该 4 件案件申请号具体为：CN200780010271.3（其分案为 CN201310225929.X）、CN200780027637.8、CN201180056954.9、CN201380055588.4（其分案为 CN201910982050.7）。

其次，我们重点调查了国内专利申请案件的审查情况。大体情况如下：不涉及《专利法》第 5 条伦理道德审查的案件总计达到了 45 件❶，占据绝大多数。包括实审审查员初始即认为

❶ 该 45 件涉案专利分别为（以下申请号均为中国专利申请号）：018138071（涉及在培养基中培养捐赠的冷藏人原核胚胎）、200680050781.9 [涉及一种辅助生殖技术（ART）方法，包括胚胎培养和胚胎检测]、200610023878.2（含有某中药的混合物用于制备准备冻融胚胎移植子宫内膜的药物的用途）、200680031124.X（一种提高辅助生殖技术中女性对象妊娠率的方法）、200680032241.8（涉及一种培养卵母细胞和/或 IVF 胚胎的方法）、200780027901.8（涉及人胚胎体外培养和监测，基于卵裂球分裂和运动的胚胎质量评估）、200780027637.8（用于确定雌性受试者通过辅助受精获得或将获得的胚胎的植入潜力的测定法）、201080028232.8（基于数字全息成像确定胚胎质量表现参数而分析卵子或胚胎样本的方法或设备）、201080047415.4（确定人类胚胎或多潜能细胞的发育潜力的方法）、201080025898.8（用于选择对于妊娠结果具有高潜能的感受态细胞和感受态胚胎的方法）、201080030583.2（涉及以辅助生殖技术自卵母细胞生产胚胎的方法）、201080032029.8（基于培养液评估 IVF 胚胎的方法）、201210428780.0（基于卵裂球分裂和运动的胚胎质量评估）、201310705183.2（基于卵裂球分裂和运动的胚胎质量评估）、201280017696.8（用于确定人类胚胎的发育潜力的方法，检测人类胚胎中的非整倍性的方法）、201280035768.1（基于卵裂球的卵裂和形态的胚胎质量评估）、201280033155.4 和 201310705183.2（用于预测哺乳动物胚胎发育能力的方法）、201380040406.6（基于卵泡发育的胚胎质量评估）、201310705183.2（基于卵裂球分裂和运动的胚胎质量评估）、201310225929.X（评估解冻细胞的存活能力的方法）、201380055588.4（分案 201910982050.7）（用于自动化检测体外培养胚胎的发育条件的变化和/或异常的计算机实施方法）、201480013092.5（用于评价卵母细胞和胚胎的代谢成像方法）、201410443757.8（成像并评估胚胎、卵母细胞和干细胞）、201410457756.9（基于卵裂球的卵裂和形态的胚胎质量评估）、201410227658.6（一种通过测定 IVF 培养液中 β-hCG 浓度预测胚胎活力的方法）、201410443757.8（用于将培养中的人类胚胎自动成像的设备）、201480013092.5（用于对卵母细胞或胚胎的质量进行评价的方法）、201480017795.5（用于评估哺乳动物卵母细胞导致分娩、植入、形成植入前胚泡或胚胎和/或导致受精的体外方法；制备胚胎的方法）、201480045819.8（用于测定胚胎质量的体外无创方法）、201480045819.8（分案 202010558318.7）（测定胚胎质量的体外无创方法）、201510002244.8（一种来自人辅助生殖囊胚植入前进行出生安全性预测的试剂盒）、201580014122.9（用于分析胚胎发育的方法和设备）、201510220115.6（用于胚胎发育质量评估的精子长非编码 RNA 检测方法）、201510220546.2（一种用于胚胎发育质量评估的试剂盒和使用方法）、201510198145.1（检测人类胚胎染色体微缺失和微重复的方法）、201510359029.3（体外检测胚胎 α-地中海贫血基因突变的方法及引物组合物）、201510746098.X（利用囊胚培养液检测胚胎染色体异常的方法）、201610225668.5（一种筛选优良发育囊胚的无创检测方法）、201610784370.8（一种通过选择移植胚胎来降低试管婴儿患者异位妊娠发生率的方法）、201610977766.4（一种体外胚胎培养液及其提高胚胎抗冻性和解冻复苏率的方法）、201611144294.0（一种体外胚胎培养液及其提高胚胎抗冻性和解冻复苏率的方法）、201710333845.6（一种囊胚培养液）、201710840325.4（在人辅助生殖囊胚植入前进行出生安全性预测的试剂盒）、201810064065.0（人组蛋白 H3 Ser10 和 H3 Ser28 在鉴定人早期胚胎的发育分期中的应用）、201811254848.1（一种基于多模态的胚胎妊娠结果预测装置）。

该类案件不存在《专利法》第 5 条的伦理道德问题，或者虽然审查过程曾评述指出涉及《专利法》第 5 条的伦理道德问题但之后又放弃该审查意见，或者虽曾评述指出过涉及《专利法》第 5 条的伦理道德问题但之后申请人通过修改克服而授权的案件。从数量上来看，该类案件占据绝大多数；从时间分布上来看，该类案件在 2001～2018 年均有分布，表现出较长的持续性和稳定性。

在国内专利案件实质审查中，另一种主要的审查情形是，专利审查员（也包括复审合议组）主要使用的审查条款是《专利法》第 25 条。包括对此类案件审查员仅指出《专利法》第 25 条第 1 款的问题（疾病的诊断方法或治疗方法），而未指出存在《专利法》第 5 条的问题，或者虽然曾经指出《专利法》第 5 条的问题，但后来又放弃转而指出《专利法》第 25 条第 1 款的问题；也包括一部分在实质审查阶段以《专利法》第 25 条第 1 款驳回而在复审阶段被撤销驳回的案件。总之，该种审查模式的主要审查条款涉及《专利法》第 25 条第 1 款，而基本不涉及《专利法》第 5 条。这一类审查情形的案件达到了 22 件。❶ 其

---

❶ 该 22 件涉案专利包括（以下申请号均为中国专利申请号）：200780027637.8（用于预测辅助受精中植入成功性的测定法和试剂盒）、200880002177.8［用于确定体外受精（IVF）结果的方法视撤］、201180056954.9（用于胚胎、卵母细胞和干细胞的自动化成像和评价的装置、方法和系统）、201280035768.1（分案 201410457756.9）（用于确定胚胎质量的方法）、201280033155.4（体外评估哺乳动物胚胎发育潜力的方法）、201410691013.8（计算机辅助的胚胎选择方法）、201480002409.5（胚胎评估方法）、201410457756.9（基于卵裂球的卵裂和形态的胚胎质量评估）、20141071828.5（利用颗粒细胞端粒长度来判断胚胎发育潜能的方法）、201480002409.5（一种根据分裂行为对体外受精治疗胚胎进行评估的等级分类方法）、201480024119.0（基于图像的人胚胎细胞分类的装置、方法和系统状态）、201480045819.8（用于测定胚胎质量的方法）、201410718285.2（利用颗粒细胞端粒长度来判断胚胎发育潜能的方法）、201510412577.8（一种基于时间参数和卵裂模式组合的胚胎质量评估方法）、201510746098.X（一种利用囊胚培养液检测胚胎染色体异常的方法）、201510220546.2（一种用于胚胎发育质量评估的试剂盒和使用方法）、201510220115.6（用于胚胎发育质量评估的精子长非编码 RNA 检测方法）、201510220546.2（用于胚胎发育质量评估的试剂盒）、201610341493.4（一种通过选择发育潜能良好的胚胎来改善试管婴儿临床结局的方法）、201680029461.9（可溶性 CD146 作为生物标志物在选择用于植入哺乳动物的体外受精胚胎中的用途）、201610576174.1（褪黑素在预测卵巢储备、IVF－ET 结局中作用的研究方法）、201810552757.X（一种利用蛋白芯片对囊胚质量判断的方法）。

中，根据其将胚胎质量评估方法认定为《专利法》第 25 条第 1 款规定的诊断方法或治疗方法的审查意见可以大体推知，该部分案件中的相当大部分应该隐含一种认识：该类案件不存在《专利法》第 5 条的伦理道德问题。

在约 80 件案件中，只有 12 件案件，❶ 审查员指出《专利法》第 5 条第 1 款问题，目前此类案件尚处于实审未决状态或复审未决状态，或者已经因为指出的违反《专利法》第 5 条第 1 款而已经视撤或已经被驳回，也有部分案件经过复审予以维持驳回。

可以看出，在人类辅助生殖领域，涉及胚胎制备、培养、检测、评估的案件类型众多，而且可能分散在各个审查部门，不同部门、不同审查员对其审查上的把握，也不尽相同。

特别需要指出的是，不仅在实质审查中对此类案件还未形成统一意见，处于后审阶段的复审程序对此的态度可能也并未统一，部分案件表现是非常严格的，两件典型案件如下。

第一件是在 2013 年作出的第 50837 号复审决定案。该发明涉及一种评估解冻细胞的存活能力的方法，驳回决定所针对的权利要求 1 如下："1. 一种评估人解冻细胞的存活能力的方法，

---

❶ 该 12 件涉案专利包括（以下申请号均为中国专利申请号）：200780010271.3（评估解冻细胞的存活能力的方法、区分有发育能力的和发育停止的等级 I 胚胎的方法）、201180056954.9（一种与培养箱一起使用的用于人胚胎、卵母细胞或多能细胞的自动化成像和评价的装置）、201280068943.7（体内形成的人胚胎的收集和处理，涉及一种子宫灌洗系统或设备）、201310225929.X［一种评估解冻细胞（胚胎）的存活能力的方法］、201410227658.6（通过胚胎体外培养液评估胚胎发育和种植潜能的方法）、201680013592.8（体外胚胎的生殖和选择）、201610523133.6（一种利用不含透明带的囊胚培养液检测胚胎染色体异常的方法）、201610784370.8（通过选择移植胚胎来降低试管婴儿患者异位妊娠发生率的方法）、201680013592.8（用于在微流体装置中产生胚胎的过程）、201680049146.2（一种胚胎培养基及其改善体外培养的胚胎发育的方法）、201711016714.1［一种对胚胎培养液进行单细胞简化代表性重亚硫酸盐测序（scRRBS）的方法］、201811647225.0（一种利用囊胚培养液检测胚胎健康状况的方法和产品，中通回案实审未结）。

其中所述细胞是配子、胚胎、核体、推定的干细胞群体、干细胞前体群体或者干细胞群体，所述方法包括在含有众多氨基酸的培养基中培育解冻细胞和测定该培养基中至少一种氨基酸的浓度变化。"驳回理由认为：要求保护的评估人解冻细胞的存活能力的方法、区分有发育能力的和发育停止的人等级 I 胚胎的方法属于人胚胎的工业或商业目的的应用，不符合《专利法》第 5 条第 1 款的规定。

　　申请人则认为：发明仅仅涉及的是"评估人解冻细胞的存活能力"，没有对胚胎进行操作和接触，并非旨在鼓励或者教导任何将胚胎应用于商业目的，更不涉及贩卖胚胎、克隆人或其他违法公共道德的行为。相反，对于众多的不孕不育患者而言，该发明为他们提供了提高生活质量的重要手段，通过消除多生、实现优生，有助于改善妇女和儿童的健康。因此，该发明不仅不违反社会公德，反而具有道德和伦理上的优势。

　　该案合议组发出复审通知书后，申请人将权利要求删除了涉及培育人胚胎的部分，仅涉及对培育人胚胎之后的培养基进行评估，新提交的权利要求 1 如下："1. 一种区分有发育能力的和发育停止的人等级 I 胚胎的评估方法，其包括测定已用的等级 I 胚胎培养基中至少一种选自下组：赖氨酸、甘氨酸、色氨酸、精氨酸、谷氨酸、谷氨酰胺和丙氨酸的氨基酸的浓度变化，其中所述培养基含有众多氨基酸。"

　　第 50837 号复审决定认为，这种区分有发育能力的和发育停止的胚胎的方法是以培养胚胎或胚胎干细胞的培养基作为测定对象，因而这种方法是以在培养基中培育胚胎或胚胎干细胞为前提，其必然包括培育胚胎或胚胎干细胞的步骤，对人胚胎或胚胎干细胞进行了操作和接触，这种操作和接触是为了开发相关的评估技术，并获取市场独占权的商业目的。因此，该申请属于人胚胎的工业和商业目的的应用。不符合《专利法》第

5 条第 1 款的规定。

第二件是 2019 年作出的第 183417 号复审决定案。该发明涉及对体外培养胚胎的自动化监控，权利要求 1 的发明主题为"一种用于自动化检测体外培养胚胎的发育条件的变化和/或异常的计算机实施方法"。该案实审过程中审查员并没有指出涉及《专利法》第 5 条的问题，而是以创造性驳回。在复审过程中，该案合议组依职权审查指出发明涉及《专利法》第 5 条的问题。具体为：该申请的人胚胎的自动化检测方法属于人胚胎的工业或商业目的的应用，违反社会公德，属于《专利法》第 5 条第 1 款规定的不授予专利权的范围。发出复审通知书后，申请人将权利要求修改为"一种用于确定胚胎质量的系统"或"一种计算机"的保护主题。复审决定认为，虽然权利要求 1 ~ 45 已经删除，但该申请说明书中仍包含大量针对人胚胎的自动化检测的内容和技术方案，其属于人胚胎的工业或商业目的的应用，违反社会公德，属于《专利法》第 5 条第 1 款规定的不授予专利权的范围。最终此案以不符合《专利法》第 5 条第 1 款规定、不符合《专利法》第 22 条第 3 款规定维持了驳回决定。

除上述两件案件之外，另有一部分进入复审程序的相关主题的案件，通过分析其复审通知书或者作出的复审请求审查决定，也可以看出其在《专利法》第 5 条法律适用问题上，显示出一些倾向性观点。例如，原审查部门以不符合《专利法》第 5 条第 1 款规定为由驳回，或者以《专利法》第 5 条第 1 款以外的其他理由驳回；复审合议组在复审阶段，并未指出申请违反社会公德的问题。具体如申请号为 201510412577.8 的专利申请案，实审部门以胚胎评估方法属于《专利法》第 25 条第 1 款的疾病诊断方法为由驳回申请，后经复审撤销了驳回决定，该复审决定中复审合议组并未涉及依职权审查《专利法》第 5 条的方面；申请号为 200780027637.8 的专利申请案在复审程序中，合议组在复审通知书中指出预测胚胎植入成功性的方法属于疾病治疗方法，也并未涉及依职权审查《专利法》第 5 条的问题。

在申请号为 2011800569549 的专利申请案中，前审部门以申请违反社会公德、不符合《专利法》第 5 条第 1 款的规定为由驳回；在复审程序中，合议组在复审通知书中依职权审查仅提出权利要求 1 ~ 7 属于《专利法》第 25 条第 1 款规定的疾病诊断方法范畴，并未提及是否属于《专利法》第 5 条第 1 款的问题，该案最终因复审请求人未在复审通知书指定的期限内答复而视撤，未作出复审决定。但也基本可以看出，复审合议组在《专利法》第 5 条第 1 款适用上的倾向应该是，认为该体外培养人胚胎并成像的方法并不违反《专利法》第 5 条第 1 款的规定。

通过上述案件，尽管可以看出复审中似乎已经有一些方向转变的迹象，但仍不是非常明朗。对此，最直接表态的是 2021 年 5 月 19 日作出的第 259759 号复审决定案。该案涉及一种体外利用囊胚培养液检测囊胚健康状况的方法，并限定其方法包括如下步骤：

（a）提供第一囊胚培养体系，所述第一囊胚培养体系含有体外培养天数为 D5 – D6 的囊胚；

（b）将所述囊胚转移到含新鲜囊胚培养液的第二囊胚培养体系中进行换液培养，所述换液培养的时间为 T1，从而获得经培养的囊胚培养液；

（c）将所述经培养的囊胚培养液取出，从而获得无细胞的经培养的囊胚培养液，即为检测样本；和

（d）对所述检测样本进行基因检测，从而鉴定所述囊胚的健康状况。

驳回决定的理由是，该申请涉及人胚胎的工业或商业目的的应用，因而属于《专利法》第 5 条第 1 款规定的不能授予专利权的情形。

申请人不服，提出复审请求时新修改的权利要求书如下：

1. 用于体外利用囊胚培养液检测囊胚健康状况的方法的模块在制备用于辅助诊断囊胚健康状况的设备中的用途，其中所述方法的特征在于，包括步骤：

（a）收集乏囊胚培养液，其中，在所述收集之前，在体外培养天数 D5－D6，进行培养液的更换，将第一囊胚培养体系更换为含新鲜囊胚培养液的第二囊胚培养体系，经体外换液培养时间 T1，自所述第二囊胚培养体系收集所述乏囊胚培养液，其中 T1 时间为 2~8 小时；

（b）将所述乏囊胚培养液取出，从而获得无细胞的经培养的囊胚培养液，即为检测样本；和

（c）对所述检测样本进行基因检测，从而鉴定所述囊胚的健康状况。

复审请求人认为：社会公众对辅助生殖技术在伦理道德上存在普遍认同性，与促进健康胎儿出生的这些辅助生殖技术相关的发明创造是符合专利法所称之"社会公德"的发明创造。在中国的专利审查实践中，涉及胚胎用过的培养液和囊胚腔液的操作和收集并将之作为检测样本的发明创造，并不构成对社会公德的任何违背。

在此基础上，复审合议组直接作出撤销驳回决定的复审决定。合议组在决定中指出，在辅助生殖过程中，为了提高健康胚胎的植入乃至后期健康胎儿的出生，对体外培养的、植入前胚胎进行健康筛查，对患者乃至整个社会都有积极和进步的意义。为了保证检测结果的准确性，需要依赖可靠技术获取可用于检测的胚胎遗传物质，对于这种用于辅助生殖目的的、不会对胚胎造成伤害的植入前胚胎检测样本的获取，目前从伦理道德上已经能够被患者和社会公众所接受，已广泛应用于临床的胚胎植入前遗传学筛查和基因检测中。对于该申请而言，首先，

根据该申请文件所记载的内容，该申请涉及制备基因检测样本或染色体检测样本的方法，以及体外利用检测样本检测囊胚健康状况的方法和装置，上述发明的技术方案本身并不涉及后续将健康人胚胎移植到母体中从而获得健康的胎儿及人类个体的步骤。其次，该发明的发明点在于对获取作为检测样本的囊胚培养液或囊胚腔液的方法进行改进，虽然所述方法包括了培养囊胚获取囊胚培养液的步骤，以及可选地对囊胚透明带进行打孔获取囊胚腔液的步骤，其中后者可增加核酸物质的起始量以利于后续的扩增和检测，但上述步骤在专业人士的操作下，通常并不会对植入前胚胎（通常不会超过 7 天的体外培养时间）造成伤害，影响其正常发育。正如该申请说明书中反复强调的，"在本发明中，在囊胚期进行胚胎观察，评级，以及冻存，对囊胚期的操作不会对胚胎造成损伤，本发明选择在 D5 囊胚期进行激光打孔及体外培养，是在不影响胚胎发育的前提下进行的。"因此，该申请的专利申请文件中记载的发明创造本身并不涉及人胚胎的工业或商业目的的应用，且对检测样本获取方法的改进本身对于辅助生殖技术的完善和发展是有利的，符合当前中国社会普遍认可的伦理道德。

上述实审案件和复审决定显示出，在人类辅助生殖领域，源于人类胚胎干细胞领域的严格伦理审查做法有渐渐扩散至辅助生殖领域的倾向，并使得这一类案件未来的审查前景非常不明朗。由此，胚胎干细胞技术领域与辅助生殖领域到底有哪些异同，两者之间到底有哪些千丝万缕的技术上的关联。在法律适用上，人类辅助生殖领域中不需要破坏胚胎的培养胚胎技术、检测胚胎技术与需要破坏人胚胎的人类胚胎干细胞发明相比，两者在伦理审查上，是不是等量齐观，两个领域各自都有哪些伦理规则，这些伦理规则有哪些需要我们统筹考量，是一个值得我们深入思考的问题。

在这一领域专利审查的总体趋势是，随着讨论增多和认识深入，相关伦理审查的标准可能会渐趋合理。后续我们就此还会进一步作较为全面的分析。

三、小　结

随着新技术发展进步，干细胞技术领域、人工辅助生殖技术领域、再生医疗技术领域等全新的保护客体、新的审查难题被不断提交到专利局，专利局只有不断面对。而专利审查一路走来，每走一步，都带上了深深的历史的烙印，应该说，其中也不无深深的遗憾。从目前各种公开发表的资料看，20多年专利审查中，外界对专利局的审查应对并不是全部认可：干细胞技术领域中，社会美誉度较高的案件是针对诱导性多能干细胞的第26398号无效宣告审查决定案，其作为2015年度十大案件，受到各方关注和多种赞誉；而受到较多质疑的则有如孤雌胚胎系列案。推测这与在国外已经认可孤雌胚胎并不属于"人胚胎"范畴因而认为该发明并不触及"人胚胎的工业或商业目的的应用"的大背景下，专利局仍持严格标准有关。而在人类辅助生殖领域中，由于该类案件可能分布于专利局的各个部门，并不限于生物医药领域，目前已经初步显露，把握和执行上的标准不尽一致。考虑到人类辅助生殖技术在包括我国在内的世界各国均早已广泛实施，体外胚胎制备和胚胎检测已经成为常规技术，但存在的相关伦理认识的巨大落差警示我们需要及时防微杜渐。

从前面的介绍已经可以看出，之所以2001～2019年，《专利法》第5条涉"人胚胎的工业或商业目的的应用"的法律适用越来越严，一部分根源在于"人类胚胎"或"人胚胎"的概念越来越宽，不仅包括了传统意义的有生命的自然胚胎，还涵盖了胎儿或流产胎儿、克隆胚胎、孤雌胚胎，从而将其适用延伸到了不具有生命的流产胎儿、不具有发育为人的能力的孤雌胚胎等"胚胎"形式上，甚至通过将胚胎扩展到胎儿、由胎儿干细胞扩展到胎儿体细胞，从而适用到与胎儿体细胞有关的诱导性多能干细胞发明主题上。在"人胚胎"的解释上进行扩大适用，有时还会无限追溯，导致基于人胚胎建系的人类胚胎干细胞应用的下游发明等也面临严格的公众道德审判，非常不利于科技创新，尤其是基础研究的创新。这种扩大适用有时还会扩展到并不涉及破坏胚胎的使用形式，例如非干细胞领域的人工辅助生殖技术领域。

　　20 多年来，人类胚胎干细胞相关专利申请从宽松到禁止、再从禁止到部分宽松。既是一个艰难的选择的历史，最终也是一个历史的选择。

我们不清楚人类最早的祖先究竟是如何在狂风暴雨、恶兽环伺的境遇中求得生存的，可无论如何，他们为这个星球延续了一脉自诩为"会思考的动物"。早在几千年以前，会思考的人就已经仰望苍穹追问自身为何物、从哪里来、往何处去、为什么而活着，又如何才能幸福地活着……一声声追根究底、难解的发问，不必也不可能探寻始作俑者是谁，只需承认它们极具穿透力，亘古不衰，直至今当每一个稍稍成熟的生命都会在不经意的什么时候与之共鸣。而人类历史之绝大部分，都是人在这样那样发问的同时努力创设、变更、革除、再造制度的过程。各个地区、各个族群的人在不同时期把其对人类幸福的不同定义（其实绝大部分人并非创设定义的主体，而是接受某种定义的主体，无论接受在多大程度上是非自愿的），渗入到制度的建构、存废之中。不仅如此，制度一旦形成，人的行为样式就会受到制度的整型，制度的整型功能甚至会延伸到人的心理、意识、观念等精神领域，以至于制度的转型不但是规则之重构，更是人的精神之再塑。这就是人与制度之间生生不息、永久流动的对话。❶

——沈岿

　　早期人类胚胎有权获得特殊的尊重，但这种尊重并不必然包括享有像人一样的所有法律与伦理上的权利。

——美国卫生与公共服务部伦理指导委员会

　　我知道，胚胎干细胞研究引起有意志的人们的关注，每个人都试图根据它们个人的宗教和道德信念做正确的事。我没有回避这种个人的自我反省，任何人都不应该回避。我真心地发现，人类胚胎干细胞研究是对生命的真正肯定。这是一个年轻的家庭作出选择的直接结果，没有强制或补偿，他们捐赠了未植入的受精卵，将其用于研究。否则受精卵将会被丢弃或者永远冻结。捐赠无用的受精卵就像母亲的一次生命的选择，孩子在一次交通事故中悲惨死亡，母亲决定捐赠她孩子的器官，拯救另一位母亲的孩子。这是慈善事业的真正巅峰，如此自由地给予他人生命。公众支持干细胞研究，是对生命的肯定延续，是确保以最高的道德标准执行的最好方式。❷

——玛丽·泰勒·摩尔

---

❶　萧瀚. 法槌十七声：西方名案沉思录［M］. 北京：法律出版社，2007.
❷　R. 兰萨，A. 阿塔拉. 干细胞生物学基础：原著第三版［M］. 张毅，叶棋浓，译. 北京：化学工业出版社，2020：381.

第五章　2019 年《专利审查指南（2010）》修改与解读

2019 年 9 月 23 日，国家知识产权局发布第 328 号公告，对《专利审查指南（2010）》作出修改并予以发布；同年 12 月 31 日，国家知识产权局又发布第 343 号公告，再次对《专利审查指南（2010）》作出修改和发布。因此，严格说起来，2019 年的一年之中，针对《专利审查指南（2010）》修改了两次。但是由于第二次修改只涉及《专利审查指南（2010）》第二部分第九章，不涉及人类胚胎干细胞，这里我们以 2019 年《专利审查指南（2010）》修改指代 2019 年 9 月 23 日的第一次修改。

《专利审查指南（2010）》（2019 年修订）面向社会公布以后，人们经过细心研读会发现，针对人类胚胎干细胞的内容有非常重大的修改，与以往禁止对人类胚胎干细胞及其制备方法予以授权的限制性规定相比，修改后的审查指南大大放宽了原来存在于人类胚胎干细胞专利授予上的各种限制和桎梏。一方面，通过人类胚胎干细胞相关审查标准的修改，我国生物技术领域的专利制度安排迎来了一次颠覆性和革命性的变化，甚至有人认为这是一个令再生医学迎来再生的时刻，值得特别铭记。另一方面，很多人对这种转变完全没有预料，甚至对这种华丽转身感觉有些太过突然，对一些修改内容不能完全理解。因此，如何学习领会 2019 年《专利审查指南（2010）》修改的精神要义，如何认识其时代价值和意义，以及修改以后仍存在哪些疑问或问题，均是需要我们审慎分析判断的。

一、人类胚胎干细胞相关审查规则的修改

2019 年《专利审查指南（2010）》修改，围绕胚胎干细胞主题，主要修改内容包括如下三个部分。

第一，在《专利审查指南（2010）》第二部分第一章第3.1.2 节末尾增加一段："但是，如果发明创造是利用未经过体内发育的受精 14 天以内的人类胚胎分离或者获取干细胞的，则不能以'违反社会公德'为理由拒绝授予专利权"。

第二，删除《专利审查指南（2010）》第二部分第一章第9.1.1.1 节"人类胚胎干细胞"，该节下相应内容"人类胚胎干细胞及其制备方法，均属于专利法第五条第一款规定的不能被授予专利权发明"一并删除。

第三，将《专利审查指南（2010）》第二部分第十章第9.1.1.1 节删除以后，《专利审查指南（2010）》第二部分第十章第 9.1.1.2 节"处于各形成和发育阶段的人体"上升为第9.1.1.1 节，并增加规定"人类胚胎干细胞不属于处于各个形成和发育阶段的人体"。修改后的第 9.1.1.1 节的内容调整为："处于各个形成和发育阶段的人体，包括人的生殖细胞、受精卵、胚胎及个体，均属于专利法第五条第一款规定的不能被授予专利权的发明。人类胚胎干细胞不属于处于各个形成和发育阶段的人体。"

可以看出，这三点修改中，最核心的是《专利审查指南（2010）》第二部分第十章第 9.1.1.1 节的整体删除，这是"人类胚胎干细胞及其制备方法"授权客体限制上的"最大紧箍咒"，它的删除，不仅是对"人类胚胎干细胞及其制备方法"授权客体的放开，而且是一种更为整体意义上的放开，使其从《专利法》第 5 条第 1 款禁止之下的彻底抽身脱离，从而为"人

类胚胎干细胞及其制备方法"授权客体打开了一扇门。另外两点修改，则是局部细节上的进一步放开和明确：一方面，在保留《专利审查指南（2010）》第二部分第一章第 3.1.2 节"人胚胎的工业或商业目的的应用"与社会公德相违背的相关规定的基础上，针对利用人类胚胎分离或者获取干细胞的一种特定情形，伦理道德审查从宽，予以局部放开，这就又为"人类胚胎干细胞及其制备方法"授权打开了一扇窗，而且打开的是创新主体出入较多、分量较重的一扇窗。另一方面，进一步明确"处于各形成和发育阶段的人体"的范围，清楚明白地规定"人类胚胎干细胞不属于处于各个形成和发育阶段的人体"，避免对人类胚胎干细胞主题的审查滑向或落入"处于各形成和发育阶段的人体"的深渊，又为"人类胚胎干细胞"主题的授权之路填平了一个大坑。

所以，从整体上看，2019 年《专利审查指南（2010）》修改以后，"人类胚胎干细胞及其制备方法"授权客体的大门打开了，一扇重要的大窗也打开了，道路上的坑坑洼洼也提前填平了，专利局摆出了一副开门揖客、开明延揽人类胚胎干细胞相关发明的姿势，似乎为人类胚胎干细胞及其制备方法授权客体清除了障碍，并且铺平了道路。

巨变之下，相比于以前的众多限制与桎梏，现在摆在申请人、创新主体面前的是非常重大的利好和一片坦途。那么，到底是不是这样呢？2019 年《专利审查指南（2010）》修改应该如何合理解读呢，我们接下来再仔细分析。

二、人类胚胎干细胞相关审查规则修改的意义与成果

2019 年《专利审查指南（2010）》修改，顺应了人类胚胎干细胞技术的快速发展和创新主体对相关技术专利保护的迫切

需求，具有深刻的意义。关于此次修改的意义，至少表现在以下两个方面。

（一）部分放开人类胚胎干细胞及其制备方法的授权客体限制

作为规范人类胚胎干细胞相关发明的审查标准，2019 年《专利审查指南（2010）》修改后出台了新的审查标准，有着非常重要和深远的意义。特别是部分放开了"人类胚胎干细胞及其制备方法"的授权客体限制，但又并非完全放开。

1. 人类胚胎干细胞产品有望成为授权客体

回忆 2019 年之前的审查标准不难发现，限于明确的规定，人类胚胎干细胞产品根本无法成为授权客体，由此在专利审查中也很少遇到人类胚胎干细胞产品权利要求。专利审查中，在干细胞溯源问题上产生颇多争议的均是人类胚胎干细胞下游应用的发明主题，并非人类胚胎干细胞产品本身。在 2019 年《专利审查指南（2010）》修改后，破除授权限制，专利审查将有可能直接面对部分人类胚胎干细胞产品保护主题。

2. 人类胚胎干细胞制备方法将成为授权客体

如果发明创造是利用未经过体内发育的受精 14 天以内的人类胚胎分离或者获取干细胞的，其分离和获取既然不违反社会公德，相应的，其分离制备方法自然也就可以成为授权主题。

正如修改说明所言，此次修改不再对未经过体内发育的受精 14 天以内的人类胚胎分离或者获取干细胞技术的专利保护以《专利法》第 5 条为由完全排除。从而实现了对于部分胚胎干细胞研究相关发明给予适当专利保护的目的，解决了早前一刀切的局面，符合我国产业科研政策的规定，也符合相关伦理道德的要求。

破除人类胚胎干细胞的授权客体障碍以后，围绕人类胚胎干细胞及其制备方法，到底会涌现出哪些具体发明情形，相应审查标准、审查标准执行向何处去，例如，仅仅是分离获取了胚胎干细胞、没有经过任何修饰或改变的细胞系能不能满足申请专利的条件，专利审查中应适用哪一条款处理，是否会涉及生物材料保藏和遗传资源披露问题等，一切都还需要经过专利申请和审查实践来回答，我们拭目以待。

（二）14 天规则正式纳入我国人类胚胎干细胞专利伦理审查标准

通过《专利审查指南（2010）》第二部分第十章第 9.1.1.1 节的整体删除以及第二部分第一章第 3.1.2 节末尾增加的一段"但是，如果发明创造是利用未经过体内发育的受精 14 天以内的人类胚胎分离或者获取干细胞的，则不能以违反社会公德为理由拒绝授予专利权"，不仅部分放开了授权客体限制，而且是通过引入国外公认的 14 天规则的形式，放开了授权客体限制。这里面涉及一系列的考量。

1. 剩余胚胎用于科学研究的合伦理性

民法视角下，体内早期胚胎的法律地位等同于胎儿，因此，利用体内的人类早期胚胎分离或者获取干细胞，无论如何不可能被法律或伦理所允许。2019 年《专利审查指南（2010）》修改所涉及的是未经过体内发育的受精 14 天以内的人类胚胎，即体外的早期胚胎，更确切一点说，通常主要涉及的是剩余胚胎（可能包括因人类生殖目的或单纯为研究目的构建的胚胎）。这些剩余胚胎主要的来源即为人类辅助生殖技术。从 1978 年世界上第一例试管婴儿路易斯·布朗在英国呱呱坠地以来，人类辅助生殖技术得到了长足发展，从第一代试管婴儿到第三代试管婴儿，为成千上万的不孕患者带来了天伦之乐。并且，随着人类辅助生殖技术的飞速发展，相应的就会产生多余的胚胎（剩余胚胎）。目前世界上还有成千上万的试管冷冻胚胎。人类辅助生殖领域，各医院的体外受精剩余胚胎的去向一般为五种：①继续冷冻或许有一天被用于生殖目的；②保持冷冻直至自然死亡；③转赠他人用于生殖；④用于科研；⑤被抛弃而死亡，即冷冻5年后经一定程序予以销毁。如果前三种不能实现（我国体外受精剩余胚胎目前尚不允许捐赠他人，因此除非继续缴纳费用冷冻保存，否则只能选择医疗方法废弃或捐献科研），在胚胎所有者知情且同意的情况下，将其用于科学研究，总比被直接抛弃而死亡更好。从生物学层面来说，剩余胚胎处于前胚胎阶段，尚未分化神经和大脑，处于无知觉和感觉阶段，并不具备人所具备的意识和个体特征，不能等同于人，可为研究所用。但胚胎具有发育成人的可能性，应比一般生命物质享有更高的道德地位。在人胚胎干细胞研究中，胚胎募集者和科研人员应始终铭记治病救人的初衷，保护剩余胚胎捐献者的知情权和自主选择权，避免胁迫诱导其捐献剩余胚胎进行科研，避免剩余胚胎的买卖和滥用，避免私自使用剩余胚胎进行科学研究，同时严防商业化。

因此，将剩余胚胎捐献科学研究是高尚的，可以挽救更多人的生命。在充分尊重胚胎并做好知情同意的前提下，将辅助生殖剩余胚胎用于研究是符合伦理的。目前对于这些剩余胚胎，通行的做法是在法定所有人的同意下，捐赠出来用作科学研究。将剩余胚胎用于科学研究是处置胚胎的一种方式，而且是一种较为合理的处置方式。英国干细胞生物学家菲利普·希金斯·施瓦茨（Philip Hitchins Schwartz）在其文章"the ethics of use embryos in research"中就曾分析指出"部分胚胎因其内在缺陷和临床实践困难，将永远不会选择植入。因此一些胚胎干细胞的提取会被认为在道德上是可以接受的"。这种做法已被多数国家和多数人所认可，并没有被认为是对生命的摧毁。用作科学研究，还被认为是对人类的贡献，是值得赞誉的。其中的一个原因即在于，与其任由剩余胚胎的保存耗费大量物力财力，浪费医疗资源，不如造福于民，用于科学研究，支持人类胚胎干细胞研究事业，这也切合公共利益、国家利益和广大人民的根本利益。

2. 14 天规则已经得到广为认可

14 天规则最早来自英国的人类受精与胚胎委员会，也称瓦诺克委员会（Warnock Committee）的建议，是指自受精之日起，开展人类胚胎体外研究在体外培养人类胚胎的时间不能超过 14 天，通常即胚胎试验不能超过胚胎发育的第 14 天。支撑该规则背后的主要原因在于，从胚胎发育生物学的角度，需要考量胚胎的结构和功能两个方面：14 天以内，此时的体外胚胎尚处于着床之前，仅仅是一群细胞团，还没有进行组织分化和神经发育，尤其是胚胎的神经系统还未发育，不具有感知能力，不会感觉到疼痛。第 14 天起，原胚条出现，胚胎开始形成身体的中轴，分出头和脚的方向，中枢神经系统开始发育和出现，由此作出预防性假设，胚胎此时可能会感觉到疼痛，因此，将胚胎体外研究的可允许时间范围限制在神经系统发育之前以确保胚胎不会感受到疼痛，14 天可作为胚胎发育的里程碑，主张胚胎发育第 14 天起神经系统出现可视为"人"。同时，14 天之前，胚胎有可能分裂为两个独立的"双胞胎"，而 14 天以后胚胎已经趋于稳定，不会分裂为双胞胎，产生两个生命。原肠期的原条形成代表了胚胎发育个体化最早的点，是划分生物个体化的时间界限，14 天以内的胚胎因为原条形还没有出现，所以不算作是独立生命个体，而 14 天以后原条形成，细胞开始分化，生命的独特个性就开始形成了。该规则自 1990 年即被英国纳入人类生殖与胚胎学法，此后世界上其他国家纷纷效仿，包括美国的迪克修正案、德国的胚胎保护法、加拿大的三理事会政策宣言（涉及人类研究的伦理指导）、丹麦的人工生殖法、瑞典的试管授精法、日本的人类胚胎干细胞起源及应用原则、印度的涉及人类项目的生物医学研究的指导方针、新加坡的人类干细胞研究以及人类克隆和其他禁止法案第 8 条、韩国的生物伦理学与安全法、巴西的生物安全法等均将其纳入。从此，14 天成为辅助生殖技术中体外胚胎或受精卵在试管内得以妥当保存的极限时间。

在中国，《人类胚胎干细胞研究伦理原则和管理建议（讨论稿）》（1999 年）第 2 款第 4 项、《人类胚胎干细胞研究的伦理准则（建议稿）》（2001 年）第 13 条以及《人胚胎干细胞研究的伦理指导原则》（2003 年）第 6 条均指出，禁止使用超过 14 天的胚胎。应该说，2019 年《专利审查指南（2010）》修改之后对《专利法》第 5 条公共道德审查所引入的适度放开，即"未经过体内发育的受精 14 天以内的人类胚胎分离或者获取干细胞的，则不能以违反社会公德为理由拒绝授予专利权"的相关规定，并未超出我国人胚胎干细胞研究伦理指导原则所规范的基本内容，且在国内经受了长期的检验，获得了科学界、产业界、伦理学界的广泛共识。这也意味着，如此放开是相对稳妥的。

当然，需要注意的是，虽然 14 天规则已经正式纳入我国人类胚胎干细胞专利伦理审查标准，但仅仅是部分纳入，其针对的是"未经过体内发育的受精 14 天以内的人类胚胎分离或者获取干细胞的"的情形，即体外受精胚胎，换言之，即剩余胚胎，并未涉及诸如非受精胚胎的体细胞核移植胚胎、单性复制技术或遗传修饰获得的囊胚等。这一点我们后续还会讨论。

国内有些人可能认为，从目前的技术而言，人类胚胎在体外不可能发育到 14 天（即不到 14 天就会死亡），因此限定"体外发育 14 天"并无实际意义。这种认识显然低估了人胚胎体外培养技术的飞速发展。实际上，目前人类体外胚胎培养技术已经可以逼近 13 天，并由此国际上最近开始出现解除 14 天期限的呼声。因此，14 天期限意义重大，并非无任何实际意义。

　　总之，2019 年《专利审查指南（2010）》的修改，使我国在关于使用体外受精胚胎获取干细胞研究的伦理审查标准上，一举超越 EPO 的严苛的审查标准，与美国、日本等审查标准基本相当。我国人类胚胎干细胞研究的创新主体们，也迎来了前所未有的良好局面。而欧洲由于仍然坚持当需要通过破坏胚胎来获取胚胎干细胞时，相关利用人胚胎的发明仍不得授予专利权，只能像我国在 2019 年《专利审查指南（2010）》修改以前那样，退而求其次，谋求对人类胚胎干细胞的下游技术授予专利权。

三、修改以后尚存的模糊地带和争议之处

　　2006 ~ 2019 年，关于人类胚胎干细胞相关专利的审查，旧有的审查标准一直未变，且整体上而言，呈现一种较为严格的限制态势。应该说，无论是申请人还是专利审查员，经过长期的专利申请和审查实践，已经养成了一定的历史惯性。

　　1999 ~ 2015 年，干细胞与再生医学领域研究成果先后 11 次入选《科学》杂志年度十大科学突破。2012 年，体细胞重编程的诱导性多能干细胞技术更是一举获得诺贝尔生理学或医学奖，成为干细胞研究和探索过程中的一个重要里程碑。而且，干细胞领域的巨大发展前景吸引了世界各国的广泛关注，得到各国政府的高度重视和支持。为使得专利审查与科技政策相适应，国家知识产权局在《知识产权重点支持产业目录（2018 年本）》中将干细胞与再生医学、细胞治疗、人工器官以及大规模细胞培养及纯化、生物药新品种等涉及人类胚胎干细胞相关技术的领域纳入健康产业、先进生物产业予以重点保护，以促进重大新药研制、重要疾病防控和精准医学、高端医疗器械等领域发展。为更好地发挥专利保护制度在推动干细胞技术研发和产业

化的作用，应当建立并完善干细胞与再生医学、细胞治疗相关的知识产权授权标准体系，形成能够激励干细胞技术创新、研发和广泛社会应用的知识产权保护制度。因此，形势发展已经不容我们再踌躇不前，必须抓住机遇，完善生物技术领域的专利制度安排，国家知识产权局的相关政策需要尽快落地，以与国家相关研发政策顺利衔接并具体落实到专利审查标准规范中，所以，2019 年《专利审查指南（2010）》修改带有明显的政策色彩、导向色彩。

但是，由于人胚胎干细胞相关问题涉及复杂的技术问题、法律问题、伦理道德问题等，也涉及众多的部门协调，绝非专利局和相应创新主体能独立解决的，加之深入研究和修订讨论的时间有限，很多问题短时间内未必考虑得非常完善。所以，在具体细节上，2019 年《专利审查指南（2010）》修改仍有很多讨论和完善的空间。

我们认为，2019 年《专利审查指南（2010）》修改以后，在取得了巨大成果和进展的同时，未能明确之处仍有很多。这些不明确之处既包括指南修改解读中对既往标准和伦理问题作出的总结所呈现的一些令人难解的疑问，也包括对一些新增实体修改内容在理解上可能存在的疑问。

（一）指南修改的原因模糊不清

在关于 2019 年《专利审查指南（2010）》修改原因的解释上，一定程度存在模糊不清、讳莫如深的缺陷。例如，关于人类胚胎干细胞相关审查标准的修改，其解释为"由于技术的局限性，早期获取人类胚胎干细胞只能通过破坏人自生胚胎的方式，导致人类胚胎干细胞的科学研究面临较大的伦理争议"❶。

---

❶ 2019 年《专利审查指南》修改解读［EB/OL］.（2019 – 11 – 08）［2022 – 04 – 20］. http：//www. gov. cn/zhengce/2019 – 11/08/content_5450187. htm.

也即，2019 年《专利审查指南（2010）》修改解读中引入了一个用语"自生胚胎"，并认为"破坏人自生胚胎"是早期导致人类胚胎干细胞研究面临较大伦理争议的主要原因。对此，我们同时检索、核实了中国知网（CNKI）中涉及"自生胚胎"讨论的文章以及涉及讨论人类胚胎和胚胎干细胞相关伦理问题的文章（检索截止时间为 2022 年 2 月 28 日），发现"自生胚胎"是一个极为生僻和少见的、具有某些自定义术语性质的概念（仅有两篇文献在全文中提及"自生胚胎"或"自生的胚胎"，而且，两者含义并不一致。❶❷ 另外两篇 2017 年文献虽然使用了"自生胚胎"这一术语，但不是在科学意义上使用，仅是一种对人的比喻），并且没有一篇文章提及是由于"破坏人自生胚胎"而导致人类胚胎干细胞研究面临较大伦理争议。需要注意的是，同期 CNKI 中讨论人类胚胎及干细胞研究相关伦理问题的文章已经达到 7000 多篇。可见，在总结 1998 年人类胚胎干细胞技术诞生以来的既往伦理争议时，2019 年《专利审查指南（2010）》修改解读引入了一个比较生僻的且含义非常不确定的概念，很可能导致在其后的理解和适用中存在一定迷惑。即使读者不会误解且意识到其本意可能是在表述"受精胚胎"，其后续解释还会存在与此关联的连带问题。

2019 年《专利审查指南（2010）》修改解读还涉及对"体内胚胎"和"体外胚胎"的解析。人类胚胎干细胞技术自 1998

---

❶ 游雪晴，徐建华. 人类克隆：在伦理的边界内求解［N］. 科技日报，2005 - 01 - 05.

文中游雪晴等在核移植胚胎的意义上使用"自生的胚胎"这一概念，其"自生"类似"自体"的含义.

❷ 林晓龙，姜桦，陈彤. 诱导性多能干细胞的研究进展及应用前景［J］. 中国医药生物技术，2010，5（1）：49 - 52.

文中林晓龙等使用"自生胚胎"这一概念表述胚胎干细胞来源，从而与诱导性多能干细胞作出对比，此时"自生胚胎"应意指受精胚胎。可以看出，不同场合下不同表述者所自定义的含义均不同。

年诞生伊始，用于制备人类胚胎干细胞时所使用的人类胚胎就是体外受精胚胎，具体而言是一种人类辅助生殖技术中多余出来的剩余胚胎，相关伦理争议均围绕体外受精胚胎或体外剩余胚胎（冷冻胚胎）进行，通常是不会涉及体内胚胎的。因为无论是自然生殖中的胚胎或胎儿，还是辅助生殖中移植和着床以后的胚胎或胎儿的生命权、健康权和各种其他权益，都受到各国刑法、民法或民法典的保护，科学家不可能在科学研究中使用妊娠妇女体内的生长的或成活的胚胎（胎儿）。因此，从这些角度而言，在人类胚胎干细胞研究中，根本不会涉及人类胚胎干细胞的所谓"体内获取技术"，去与人类胚胎干细胞的"体外获取技术"作出横向对比。如此一来，2019 年《专利审查指南（2010）》修改解读中的关于"随着科技的不断发展，人类胚胎干细胞领域不断涌现出新技术，体外获取技术已成为目前人类胚胎干细胞的主要获取途径，这就避免了从体内获取干细胞的相关伦理争议"也可能会向公众传达出一种误解：之所以之前关于人类胚胎干细胞研究存在伦理争议，就是因为之前的技术是从体内获取人类胚胎干细胞，而且这种从体内获取人类胚胎干细胞实际上就是从体内自生胚胎获取。如果真的如此，就绝不可能只是触及伦理问题。

实际上，反观指南修改内容，2019 年《专利审查指南（2010）》修改涉及的重点是针对基于 14 天以内的体外受精胚胎进行胚胎干细胞研究予以放开，其实，这一技术从人类胚胎干细胞技术诞生之始的 1998 年即已存在，并且始终涉及的是体外胚胎，而非体内胚胎。因此，2019 年《专利审查指南（2010）》修改与所谓人类胚胎干细胞体外获取技术的科技发展以及与人类胚胎干细胞的替代技术进展到底有无关系，是存疑的。

我们认为，2019 年《专利审查指南（2010）》修改解读尽管并非指南修改内容本身，但该修改解读在无形之中，承担着总结历史、面对未来、解释原因、解疑释惑等作用，如果在既往人类胚胎干细胞研究产生伦理争议的真正根结问题上仍有不清楚，存有瑕疵，势必导致该修改解读的读者或公众作出不同的理解：如果相信如此解释者，会误以为原来获取人类胚胎干细胞就是从体内获取，大大误导公众；如果不相信如此解释者，读者自己了解人类胚胎干细胞的获取原本一直就是一种体外获取技术，这一点从来没有变过，那么，2019 年《专利审查指南（2010）》修改的真正原因实际上可能并非是针对其获取技术"从体内"到"从体外"的转变。换言之，并非出于技术进展上的原因。那么接下来又会对为何修改、修改后真正的原因（例如我国科技政策与科研实力、伦理道德观念转变或者专利审查政策调整）存在疑虑。由此，公众很难探寻到该次修改之后的真正原因和历史脉络，修改解读也就没有真正达成其使命。

（二）存在并不明朗的模糊地带

我国《人胚胎干细胞研究的伦理指导原则》（2003 年）第 5 条明确规定，用于研究的人胚胎干细胞只能通过下列方式获得：①体外受精时多余的配子或囊胚；②自然或自愿选择流产的胎儿细胞；③体细胞核移植技术所获得的囊胚和单性分裂囊胚；④自愿捐献的生殖细胞。其第 6 条进一步规定，进行人胚胎干细胞研究，必须遵守以下行为规范：利用体外受精、体细胞核移植、单性复制技术或遗传修饰获得的囊胚，其体外培养期限自受精或核移植开始不得超过 14 天。

也就是说，《人胚胎干细胞研究的伦理指导原则》（2003 年）既规定了可允许的获取人胚胎干细胞的四种方式，也规定了囊胚的体外培养不得超过 14 天。在 2019 年《专利审查指南（2010）》修改以后，从胚胎干细胞的来源（第 5 条）而言，只是放开了伦理指导原则中的一部分情形，另外的情形均不涉及；

从 14 天规则所涉及的胚胎类型（第 6 条）而言，只是放开了伦理指导原则中的一种情形，其他三种情形也均不涉及。对此，2019 年《专利审查指南（2010）》修改解读指出，此次修改不再对未经过体内发育的受精 14 天以内的人类胚胎分离或者获取干细胞技术的专利保护以《专利法》第 5 条为由完全排除。从而实现了对于部分胚胎干细胞相关发明给予适当专利保护的目的，解决了之前一刀切的局面，符合我国产业科研政策的规定，也符合相关伦理道德的要求。

如此规定，其不可避免造成的困惑之处在于，伦理指导原则中规定的其他情形怎么办，甚至伦理指导原则中也没有规定的其他情形怎么办，为何 2019 年《专利审查指南（2010）》修改仅选择了"未经过体内发育的受精 14 天以内的人类胚胎分离或者获取干细胞的"这样一种"偏向"？因此，对于剩余胚胎以外的其他非破坏人体外受精胚胎的相关技术，例如，来源于流产胎儿的胎儿干细胞及其制备方法、体细胞克隆胚胎及其干细胞、孤雌生殖胚胎及其干细胞等，在 2019 年《专利审查指南（2010）》修改后到底持何态度，仍不甚明朗。

对于这些情形，仔细理解相关的专利审查指南修改草案说明或者指南修改说明，其隐隐透露出一些信息，比如一些相关说明明确指出"包括孤雌生殖、诱导性多能干细胞技术已经避开了现有的伦理争议焦点"，似乎隐含着孤雌生殖胚胎、诱导性多能干细胞等不再涉及伦理道德问题。另外，专利审查指南修改草案说明还指出"外延极其宽泛的人胚胎概念被确立，但其中某些胚胎已不可能发育为个体。因此审查标准中概念的不明确，会导致出现不同的理解方式，甚至偏离合理的范围而采用过于宽泛的概念外延，这将不利于鼓励那些基于不破坏通常理解的人胚胎来获取人类胚胎干细胞的新技术的不断涌现和产业转化"，似乎也隐含示出，对于不可能发育为个体的胚胎（例如孤雌胚胎），并不赞成将其纳入"人胚胎"范畴。但是否如此理解，并无来自审查规则的较为直接的依据。因此，能够确认的仅仅只有"未经过体内发育的受精 14 天以内的人类胚胎分离或者获取干细胞的"情形。

换言之，2019 年《专利审查指南（2010）》修改单单释出"未经过体内发育的受精 14 天以内的人类胚胎分离或者获取干细胞的，则不能以违反社会公德为理由拒绝授予专利权"情形之下的红利，是否兼具举重以明轻的示范意义，对于相较人类受精胚胎（或剩余胚胎）而言，伦理争议相对更少或更小的胚胎类型，是否可以比附、参照或类推适用，还有待有识之士未来进一步予以解答。

并且，对于 2019 年《专利审查指南（2010）》修改明确释出的这一份红利，应该如何准确理解，也还有探讨空间。仔细分析"未经过体内发育的受精 14 天以内的人类胚胎分离或者获取干细胞的"这一情形可知，其强调了三个要点为：其一，所使用的人类胚胎为体外胚胎而非体内胚胎；其二，所使用的人类胚胎为受精胚胎而非非受精胚胎；其三，所使用的人类胚胎为 14 天以内胚胎而非 14 天以外胚胎。三者组合在一起强调的是，在制备干细胞中所使用的是"14 天以内的体外受精胚胎"，据此可以明确其不包括核移植胚胎、孤雌胚胎（它们均非受精胚胎）等。但是，仍有没有明确的情形包括：①该胚胎是否属于人类辅助生殖领域的剩余胚胎还是待植入胚胎；②该胚胎是否包括专门为研究目的而人工制备的胚胎。

实际上，对于第①种情形，即辅助生殖领域为植入子宫而生成的，并且拟植入子宫的胚胎（待植入胚胎）。伦理上和法律上均不可能允许对其进行破坏性操作，也不可能获得试管婴儿手术患者的知情同意。如果破坏待植入体外受精胚胎的事情真有发生，不但会引发民事侵权诉讼，甚至可能需要承担刑责。

尽管其含义上并未明显排除，但通常是不可能存在的，研究者、创新主体、专利申请人、发明人等基本不可能获得此种胚胎，并堂而皇之开展研究。因此，专利审查实践中，这种情形可以忽略不计。

而对于第②种情形，即专门为研究目的采用卵母细胞受精的方法产生的胚胎，其与人类辅助生殖中制造胚胎的主要区别在于，前者制造胚胎的目的单纯是为了科学研究，制造胚胎即为了摧毁胚胎以提取干细胞，而后者的目的是解决不孕不育问题，当初制造胚胎是为了使其有机会发育为胎儿，进而出生。国外对此的态度也是区别对待的，相对较为严格，鼓励能使用辅助生殖的剩余胚胎就尽量使用剩余胚胎，如果不能通过使用剩余胚胎进行研究，必须专门为研究而通过捐献的精子、卵子制造出某种特定胚胎的话，需要专门的伦理审批。如表 5 - 1 所示，通常而言，为生殖目的产生胚胎和为研究目的制备胚胎是两个完全不同的事，两者的性质完全不同，后者涉及的伦理问题更为复杂：人类辅助生殖技术的实施中，当丈夫患无精症等疾病时，存在由他人精子进行的供精人工授精或供精体外受精 - 胚胎移植；当妻子患卵巢早衰等疾病时，通过她人捐赠卵子，也可存在供卵体外受精 - 胚胎移植。尽管此时精子或卵子为非夫妻双方来源，但毕竟还有一半遗传物质来自丈夫或妻子。而为研究目的制备胚胎，则属于典型的"捐精 + 捐卵体外受精 - 胚胎移植"或"供精 + 供卵体外受精 - 胚胎移植"，或称捐卵异质体外受精，其雌雄配子均来自陌生的没有婚姻关系的捐赠者，由此产生的伦理问题和法律问题也更为复杂。

表 5 - 1　为生殖目的体外制造胚胎与为研究目的体外制造胚胎的异同

卵源	夫精	捐精
妻卵	妻卵同质体外受精	妻卵异质体外受精
捐卵	捐卵同质体外受精	捐卵异质体外受精

对此，到底是否合乎伦理，研究者们为我们提供了一种分析路径。例如，有人从直觉判断：对于辅助生殖剩余的胚胎，制造胚胎的目的是自然的、值得尊重的；对于专门制造胚胎用于研究，即专门为研究目的而制造胚胎则是不自然的、不值得尊敬的。持该判断的人有一个隐含前提，即胚胎的道德地位取决于胚胎制造者的意图。但仔细分析，该直觉判断是有问题的。难道说，孩子的道德地位取决于父母怀孕时的意图吗？这显然不符合逻辑。因此，<u>上述直觉判断应该予以修正。</u>❶ 这是众多研究者之中的一家之言，代表了人们在判断过程中，有可能经历不断否定之否定的过程。

因此，当专门为分离人类胚胎干细胞而有意和主动制造胚胎时，就会涉及更为复杂的问题，例如，这样的胚胎到底能否制造、如何获得捐献配子（供精和供卵）、制造胚胎所需的配子获取的正当性、为特定研究目的利用捐献配子特别制备产生胚胎是否合乎伦理道德、该雌雄配子制作胚胎的伦理和法律适合性（是否血亲婚配、是否存在基因单一化等）、该类胚胎由谁来制备又由谁来监管，以及胚胎制备以后精子供体、卵子供体的所有权、知情同意权、处分权等，应该接受更为严格的专门伦理审查。

在国外，对此都有严格的禁止性规定，例如，欧盟第六框架计划（FP6）规定，不资助以获取干细胞为目的建立人胚胎的研究；西班牙关于辅助生殖技术的法律规定，禁止不以生殖为目的的技术受精行为，以维护体外早期人类胚胎的法律尊严；澳大利亚在 2002 年通过涉及人类胚胎研究法案，保证不能因收集干细胞的目的而单独地创造胚胎，2002 年通过人类克隆禁止法案，禁止为研究目的而创造人类胚胎，除了为怀孕目的，创

---

❶ 罗会宇，雷瑞鹏. 我们允许做什么？：人胚胎基因编辑之反思平衡［J］. 伦理学研究，2017（2）：111－117.

造人类胚胎的行为被视为犯罪；在加拿大的三大研究理事会政策宣言中，针对涉及人类研究的伦理指导明确指出，为研究目的而特别创造胚胎是不道德的；法国 2002 年的生命伦理法禁止以研究目的而创造胚胎或者创造干细胞。可见，在一些国家，对于非生殖目的的受精与生殖目的的受精，以及相应产生的胚胎及干细胞，其相互之间的差异是非常大的。可列入这一名单的国家还有德国、印度、日本等。有人统计，目前只有 12 个态度最开放的国家允许为研究目的制造胚胎，包括英国、瑞典、俄罗斯、韩国、比利时等是少数允许专门为研究目的制造胚胎的国家之一。其中英国在 1991～1999 年，共有 53497 个胚胎被用于研究，绝大多数为剩余胚胎，但其中专门为研究目的而制造的胚胎有 118 个。❶

　　我国对此的态度则稍微晦涩不明。在 2003 年干细胞伦理指导原则制定之前，卫生部医学伦理学专家委员会提出的《人类胚胎干细胞研究的伦理原则和管理建议（讨论稿）》和中国医学科学院和医科大学生命伦理学研究中心提出的《人类胚胎干细胞研究的伦理原则和管理建议》明确指出："人类胚胎干细胞来源应该主要用（ⅰ）人工流产后的胎儿组织或（ⅱ）体外授精成功后多余的冷冻胚胎或冷冻配子。在严格控制的条件下，如有充分的特殊理由，也可用（ⅲ）在捐献者知情同意条件下捐赠的配子通过体外授精产生胚胎，获得干细胞。在严格控制的条件下，如有充分的特殊理由，也可用（ⅳ）在捐献者知情同意条件下捐赠的体细胞和卵子，通过体细胞核转移技术产生胚胎，获得干细胞。捐赠卵子必须经受痛苦的手术，并可能有种种不良后果，应鼓励公民及其家属死后捐赠卵子或卵母细胞。建立干细胞系后，应尽力避免用（ⅲ）和（ⅳ）这两个来源。"

　　❶ 肇旭. 人类胚胎干细胞研究的法律规制［M］. 上海：上海人民出版社，2011：28，57，69-74.

　　根据以上讨论稿可以看出，在 2002～2003 年起草制定伦理原则时，是讨论了在辅助生殖目的以外制备体外受精胚胎和核移植胚胎的事项的，原则上同意可以有第三条路，但被课以"严格控制""有充分的特殊理由""捐献者知情同意"等严苛的条件。

　　后续的发展大家是知道的。2004 年《人胚胎干细胞研究伦理指导原则》出台时，其第 5 条规定，用于研究的人胚胎干细胞只能通过下列方式获得：①体外受精时多余的配子或囊胚；②自然或自愿选择流产的胎儿细胞；③体细胞核移植技术所获得的囊胚和单性分裂囊胚；④自愿捐献的生殖细胞。

　　可以看到，尽管语言表述已经发生了变化，但是在《人类胚胎干细胞研究的伦理原则和管理建议》中的（ⅰ）、（ⅱ）、（ⅲ）、（ⅳ）对应的应该就是《人胚胎干细胞研究伦理指导原则》第 5 条中的②、①、④、③，当然在文字表述上已经或大或小有所调整。并且，对于后两种情形，《人胚胎干细胞研究伦理指导原则》舍弃了"严格控制""有充分的特殊理由""捐献者知情同意"等条件。这就使得为研究目的，利用自愿捐献的生殖细胞，专门制备受精胚胎，某种程度上已经成为可能。只是在把握上，相关操作和执行上的细节，不得而知。我国哪些科研机构执行过如此胚胎的专门制备和审批，也不得而知。

　　对此，有研究者认为❶，关于用自愿捐献的生殖细胞获得人胚胎干细胞这种途径必须在严格控制的条件下，必须有充分的理由，还必须使捐献者知情同意、进行知情选择，签署知情同意书之后进行。这种自愿捐献的配子通过体外受精产生胚胎从而获得干细胞，这种方法是主动地创造胚胎来获得干细胞。这在伦理上就产生了三个争论焦点，即胚胎可否创造、怎样获得

---

　　❶ 张瑞莹，周郦楠. 胚胎干细胞应用及其伦理学问题［J］. 中国组织工程研究与临床康复，2007（15）：2919－2922.

捐献的配子、为了研究而捐献配子产生胚胎合乎伦理道德吗？目前由于流产胎儿和即将废弃的胚胎组织比较丰富，这种获取人胚胎干细胞的方式没有使用，只有当将来有足够的科学证据和社会赞同力、有足够的伦理理由为之辩护时才能进行。即使是将来干细胞的某些重要研究必须有这种方式创造胚胎才能进行时，也必须随时接受相关部门的监督检查，而且伦理学要求捐赠者和受试者必须知情同意，进行知情选择、签署知情同意书，研究人员必须遵守保密原则维护捐赠者和受试者的隐私权。

那么，对于我国到底是否允许为研究目的制造胚胎，学界一些研究认为，相关认识是有分歧的。

李才华研究认为❶，为研究目的通过体外受精培植的人类胚胎是被利用的工具，这与道义论是相悖的。人类生命被创造，在研究中被损毁，这被认为是不道德的。我国与加拿大、美国和大部分的欧洲国家在法规上禁止为研究目的创造胚胎。但对于相关法规没有明示。相似的观点则从分析指导原则本身入手，江琼柳认为，我国《人胚胎干细胞研究伦理指导原则》第 5 条第 1 款对干细胞研究的来源作出规定，体外受精时多余的配子或囊胚是获得用于研究的人胚胎干细胞的方式之一。该条文将用于胚胎干细胞研究的体外胚胎限制为医疗生殖领域产生的剩余胚胎，反向解释可得，我国不允许基于干细胞研究之目的而制造体外胚胎。❷

此外，还有研究指出❸，这种方式还没有被科学界和社会选择。与死亡流产胎儿和即将废弃的胚胎这两种被动的干细胞来

---

❶ 李才华. 胚胎干细胞研究的伦理思考［A］//中华医学会、中华医学会医学伦理学分会. 中华医学会医学伦理学分会第十九届学术年会暨医学伦理学国际论坛论文集. 中华医学会、中华医学会医学伦理学分会：中国自然辩证法学会医学与哲学杂志社，2017：5.

❷ 江琼柳. 冷冻胚胎之处分规则研究［D］. 上海：华东政法大学，2016.

❸ 谭篆丽. 干细胞研究与应用的伦理思考［D］. 天津：天津医科大学，2013.

源相比，如果为研究的目的用主动创造的胚胎来获取干细胞与为了生殖的目的主动产生一个胚胎是两件完全不同的事。因为为生一个孩子以配子人工授精产生一个胚胎和为研究目的捐献配子产生一个胚胎性质完全不同。尽管人类胚胎可能不被认为有与一般意义的人一样的道德地位，但为研究目的把人类胚胎作为工具来使用没有给予胚胎适当的尊重和关心，是视胚胎为工具而不是目的。而且主动捐献配子将面临许多社会问题。当将来有足够的科学证据、社会赞同力及足够的伦理理由，可为研究或治疗的目的而产生胚胎辩护时，这种直接的捐献和主动创造或将可以重新讨论。

可以看出，我国有很多意见是反对专门为了研究目的制造胚胎并分离获取干细胞。如果在专利申请实务中，科学界确实没有选择此种方式，专利审查部门也就无需面对此种情形，局面就会简化很多。但也需要指出的是，专利审查中，直接面对的，不仅仅是国内的专利申请，还有国外的申请。前已述及，国外对待为研究目的制造体外胚胎获取干细胞是态度不一的，必然也会连带造成，专利申请中偶尔会存在这种不一的情形。此时，我国就必须明确对此种制备胚胎的态度，专利审查部门也需要明确对此的态度。

通过以上分析可以看出，相比于《人胚胎干细胞研究伦理指导原则》，2019 年《专利审查指南（2010）》修改时，刻意没有使用前者第 5 条第 1 款中的第一种情形"体外受精时多余的配子或囊胚"中的两个字"多余"，使得其含义不仅包括了第一种情形，即辅助生殖中为植入子宫的目的而生成的、超过实际需求从而剩余下来、经捐赠者知情同意、被捐赠用于研究的体外受精胚胎（即剩余胚胎），还可能包括了前者第 5 条第 1 款中的第（四）种情形，即由自愿捐献的生殖细胞制备获得人胚胎干细胞。但是，对于该第四种情形，实践中到底应该如何把握，我国理论界和实践上，均没有经过充分的公开讨论，虽然包括中国协和医科大学生命伦理学中心、中国科学院科技政策与管理科学研究所、北京大学医学部的部分学者进行了初步探讨❶，认为用捐献的精子和卵子在实验室里人为制造胚胎从而获取干细胞存在争议，是对胚胎的不尊重，严重侵犯了人类生命的尊严，尽管在实际的研究项目审查中不排除"自愿捐献卵子"这种获取干细胞的方式，但伦理委员会要严格从事，确保捐卵者的完全的知情同意，对如何严格行事并未形成明确的结论。因此，实践中我国到底如何执行，实际上还是黑箱，对于专利审查中如何把握，也成为一个难题。

在2019年修订的《专利审查指南（2010）》修改解读中提及，受精14天以内的囊胚还没有进行组织分化和神经发育，从体外发育14天以内的囊胚获得人类胚胎干细胞不存在违背伦理道德的问题，我国在2003年颁布的《人胚胎干细胞研究伦理指导原则》第6条第1款规定，"进行人类胚胎干细胞研究，必须遵守以下行为规范：利用体外受精、体细胞核移植、单性复制技术或遗传修饰获得的囊胚，其体外培养期限自受精或核移植开始不得超过14天"。可见，支撑2019年《专利审查指南（2010）》修改的依据，落到了该伦理指导原则第6条所重点强调的14天规则，并未引述第5条的内容。

因此，对于2019年《专利审查指南（2010）》此处的修改，我们认为，其本意是放开从14天以内的体外受精胚胎获取人胚胎干细胞，而且稳妥起见，应该只是放开14天以内的体外受精的剩余胚胎。这样理解，似乎可能更为合理。至于专门为研究目的而人工制备的胚胎，目前并没有特别明确的说法，还有待后续更为公开详细的讨论，并需要进一步明确。

---

❶ 张新庆，樊春良，陈琦. 对人类胚胎干细胞来源的伦理审视［J］. 中国医学伦理学，2007（6）：56-58.

（三）"人胚胎"的概念仍未明晰

根据 2019 年《专利审查指南（2010）》修改说明，尽管已经认识到专利审查指南没有对"人胚胎"以及"工业或商业目的的应用"等概念作出明确的界定，存在定义缺失、模糊的问题，也注意到了在审查实践中，随着技术发展，对于"人胚胎"概念的理解出现了由"窄"变"宽"的前后波动过程，外延极其宽泛的"人胚胎"概念开始被确立，导致可能已经偏离合理的范围而采用过于宽泛的概念外延，已经不利于鼓励那些基于不破坏通常理解的人胚胎来获取人类胚胎干细胞的新技术。但是，客观而言，仍没有解决"人胚胎"等术语概念上的定义缺失、含义模糊及实践混乱的问题。

也即现阶段，多种人胚胎共同存在是一种客观事实，均名为胚胎也是客观事实。所以，问题不在于它们名义上是不是叫人胚胎，称为人胚胎，而是需要明确此胚胎与彼胚胎之间的差异，确定在专利法意义上各自应如何定位。当事情发展已经引起如此多的争议之时，就需要分析其中的细节性差异。反之，没有胚胎之名，却有其之实，应该如何处理，也需要一一加以分析，给出规范的做法。这一切悬而未决的问题，都需要明确。

分析 2019 年《专利审查指南（2010）》修改没有解决这一问题的原因，确实有客观困难。围绕人类胚胎干细胞相关授权客体问题及其伦理审查，之所以产生和存在诸多混乱，归根结底就在于，很多基础概念在技术和法律两个层面都是不清楚的，混乱的。具体可参见本书第二章的相关内容。因此，追溯起来，首先需要对这些基础概念给出回答和定位。而且，不仅是就"人胚胎"概念、"人胚胎"的内涵或外延给出界定，还要在与其相关的一系列平行概念上厘清头绪，辨析清楚。例如关于"生殖细胞""胚胎""胚胎干细胞"的基本概念，以及这些基本概念之间的关系。

《专利审查指南（2010）》（2019 年修订）中，常常是"生殖细胞""胚胎""胚胎干细胞"三者并称的，也就是说，"胚胎干细胞"是一个较为独立的存在，既没有把人类胚胎干细胞纳入"生殖细胞"的范畴，也没有把人类胚胎干细胞纳入"人胚胎"的范畴（参见第二部分第十章第 9.1.1.1 节）。从技术角度而言，围绕人类胚胎干细胞的定位，技术上或法律上就一直存在两个争议问题：一个是人类胚胎干细胞是否属于生殖细胞，另一个则是人类胚胎干细胞是否属于胚胎。

例如，在著名的美国科学院、工程院和医学科学院联合发布的《人类基因组编辑：科学、伦理学和治理》和英国纳菲尔德生命伦理学理事会的《基因编辑和人类生殖》报告中即指出，所谓体细胞，是指其中包含的遗传信息不会传递给下一代的那些细胞，占人体细胞中的绝大多数。而生殖细胞（又称配子）则是指能够繁衍后代的细胞，包括精子、卵子、受精卵和胚胎干细胞。❶❷ 在表述人类基因编辑与将生殖细胞和体细胞作为对义语的语境下，上述两个报告均明确地将人类胚胎干细胞纳入生殖细胞的范畴。可见，这样的问题似乎也并非空穴来风，哗众取宠。同时，对所谓"生殖系基因编辑"这一概念内涵的理解，也需要我们重新予以审视。

对于人类胚胎干细胞是否属于胚胎这一问题，进行生物学研究使用的人类胚胎干细胞基本是从卵子受精 5 天后形成的胚泡中分离提取而得。也即，人类胚胎干细胞来自胚胎，再确切

---

❶ The National Academies of Sciences, Engineering, and Medicine. Human genome editing: Science, Ethics, and Governance [M]. The National Academies Press, 2017.

❷ Nuffield Council on Bioethics. Genome Editing and Human Reproduction: Social and Ethical Issues [EB/OL]. (2018 – 07 – 17) [2021 – 05 – 03]. https://www.nuffieldbioethics.org/publications/genome – editing – and – human – reproduction.

点说，其来自人胚胎或胚泡的内细胞团。表面上看，人胚胎干细胞来自胚胎，只是其中的一部分，并不等于就是胚胎。那为何又出现了人类胚胎干细胞是否属于胚胎的问题或争议呢？其实，这一问题并非伪问题，这也正是生命科学研究回到生命源头之后的复杂和吊诡之处。这一问题不但真实存在，而且在德国联邦最高法院提交的 *Brüstle v. Greenpeace e. V.* 案中，德国联邦最高法院还将这一问题抛给了欧盟法院，德国联邦最高法院向欧盟法院提交的三个问题之首即为：如何理解关于生物技术发明的法律保护指令第 6（2）（c）条意义的"人类胚胎"概念？是包含了从卵子受精开始的人类生命的所有发展阶段，还是必须具备其他条件，例如达到一定的发展阶段？是否包含未受精但植入了成熟人类细胞的细胞核的人类卵子，或未受精但通过孤雌生殖的方式进行刺激而分裂并继续发展的人类卵子？是否包含从处于囊胚期的人类胚胎获得的干细胞？对于这一连串发问中的最后一个问题，欧盟法院在 2011 年 10 月 18 日作出的裁决中并没有直接回答，而是把这一棘手问题又抛给了各成员国，由各成员国国内法院根据技术的发展来判断和决定，由囊胚期人类胚胎获得的干细胞是否足以启动人的发育程序，从而确定人胚胎干细胞是否属于人胚胎。❶ 可见，欧盟法院的标准是，判断人胚胎干细胞是否属于胚胎的标准并不是其是否具有胚胎的名称，而在于其是否具有全能性、足以启动和完成人的发育程序这一实质，以从其"实"而不是据其"名"。

德国的胚胎保护法在定义胚胎时直接指出，胚胎是指从原核融合时起的受精和发育的人类受精卵细胞，也包括分离自胚胎、在适当环境下、能够分裂和发育为单个个体的全能性细胞；

---

❶ 范长军，李波. 人类胚胎干细胞技术的可专利性：欧洲法院 Brüstle v. Greenpeace e. V. 专利案述评［J］. 科技与法律，2014（3）：558－571.

德国的干细胞法也进行了同样的定义。❶

在美国，至少在基因编辑的语境下，其已经将人类胚胎干细胞纳入生殖细胞范畴；在德国，则把人全能性细胞以法定形式纳入人胚胎范畴。如此还能说，"生殖细胞""胚胎""胚胎干细胞"三者之间毫无关系吗？所以，问题并没有人们想得那么简单。

从这些争议中也可以看出，"人胚胎"概念的解决，既需要考虑我们目前能够看到的多种胚胎和干细胞并存、"人胚胎"概念外延不断扩大等造成的混乱，也要回答"生殖细胞""胚胎""胚胎干细胞"这些基础概念之间的关系，这样才能彻底厘清这团乱麻。同理，对于"人类胚胎干细胞"的概念，也不能寄希望于简单解决。

（四）人类胚胎干细胞与人体的关系仍存争议

对于人类胚胎干细胞与人体的关系，2019 年《专利审查指南（2010）》修改给出了干脆利落的明确回答，即人类胚胎干细胞不属于处于各个形成和发育阶段的人体。这一回答避免了将人类胚胎干细胞主题审查滑向"处于各个形成和发育阶段的人体"，对于分离自胚泡或囊胚的内细胞团的人类胚胎干细胞，由于其仅具备多能性，或者说，仅具备三胚层多能性，这一点结论不存疑问，而且各国也比较一致，很多国家已经将此类人类胚胎干细胞予以专利授权。各国之所以认为人类胚胎干细胞属于可授权客体而非人体，可能是由其所具有的多能性属性所决定的。

---

❶ HEINEMANN T. Developmental totipotency as a normative criterion for defining the moral status of the human embryo [J]. Japanese Association for Philosophical and Ethical Reseaerches in Medicine, 2015.

　　至于其多能性的验证，鉴定人类胚胎干细胞是否具有三胚层分化能力的方法主要通过体外培养形成拟胚体或者异源接种形成畸胎瘤的能力，来进行体外的实验验证。实际上，出于伦理的原因，人类是不可能允许将来自内细胞团的人类胚胎干细胞再度制备为胚胎的，例如，依赖于一个现成的囊胚期的人胚胎，去掉其中的内含物，保留滋养层，再将人类胚胎干细胞输入该滋养层中，然后植入母体子宫中。这种利用人类胚胎干细胞重新制备人类胚胎并植入人体以测试其发育潜能性的可能性，伦理上是不可能被允许，也不可能发生的。这一点，人类伦理与动物实验伦理是截然不同的。对于小鼠、大鼠的胚胎干细胞或者诱导性多能干细胞等，则完全可以采取类似手段，以验证该类细胞具有的到底是多能性还是全能性。并且，即便真的如此测试，其验证的也无非是分离的人类胚胎干细胞的多能性，而非全能性，因为其还是需要保留原来的囊胚滋养层细胞，此时的人类胚胎干细胞无法分化为胎盘。

　　目前比较确定的是，来源于内细胞团的人类胚胎干细胞仅是多能性人类胚胎干细胞，不具有发育为完整人体的潜能。我们对这一类来自内细胞团的人类胚胎干细胞给予专利保护，并不会触碰伦理道德底线。

　　可以认为，对于传统意义上的或者狭义的人类胚胎干细胞而言，即分离自胚泡或囊胚的内细胞团的人类胚胎干细胞，它们不属于"处于各个形成和发育阶段的人体"的结论不会引发疑问。

　　但是，考虑到部分人所理解的"人类胚胎干细胞"这一概念也可能包含受精卵发育至 8 细胞期或 16 细胞期之前的卵裂球细胞，甚至还要延及桑椹胚时期的细胞，而该阶段的人类胚胎干细胞公认具有全能性，在"人类胚胎干细胞"这一概念包括了全能干细胞的情况下，则 2019 年《专利审查指南（2010）》

修改也可能引发一些争议或疑惑。特别需要指出的是，2019 年《专利审查指南（2010）》修改说明中提及"人类胚胎干细胞具有无限增殖及分化全能性"，即认为"人类胚胎干细胞"具备的是分化全能性，而不是多能性，或者至少包括了全能性细胞，涵摄了全能干细胞。即据此推测，2019 年《专利审查指南（2010）》修改似乎是在广义尺度上使用此概念，其既包括卵裂球细胞（为全能性细胞，具有分化为所有细胞的能力，可以分化出三个胚层所有细胞及胎盘细胞），也包括分离自囊胚或胚泡时期的内细胞团细胞（为多能性细胞，具备三个胚层细胞分化能力，但不具备胎盘细胞的分化能力。这种多能性并非全能性，通常称之为三胚层多能性，也有人称其为亚全能性）。

如本书第二章相关内容所述，尽管我们并不赞成如此混淆人类胚胎干细胞这一概念，以避免造成术语概念上的使用混乱，但是，这里也确实不可避免存在一些容易令人误解之处。而且，全能干细胞和多能干细胞与"处于各个形成和发育阶段的人体"的关系，也确实是需要予以辨明的。因此，在假设 2019 年《专利审查指南（2010）》修改中的"人类胚胎干细胞"这一概念包括全能性人类胚胎干细胞的前提下，我们这里探讨一下这一规定。也即，对于其中所可能包括的"全能性人类胚胎干细胞"到底属不属于"处于各个形成和发育阶段的人体"的认定，可能的疑问包括如下两点。

（1）技术层面上而言，单个全能干细胞可以独立发育为人体

人体的自然发育过程始于人类的精卵结合，形成受精卵，受精卵再分裂，形成人类胚胎干细胞。其中，最开始的几次卵裂（2～8 细胞期的卵裂球阶段）形成的是全能干细胞，全能干细胞再分裂形成多能性的人类胚胎干细胞，继之以三胚层形成、组织/器官发育、胎儿娩出，形成人类个体。并且，在不断卵裂

的过程中，除受精卵分裂后仍保持单个胚胎的情形以外，受精卵也可能分裂为具有发育全能性的双胞胎或三胞胎，即单卵双胎形式的双胞胎现象，以及少见的同卵三胞胎等。从遗传学的角度看，受精卵是可以分裂为两个独立生长发育的受精卵的，即人们常说的"同卵双生"，其受精卵发育为胚胎的具体数量是不确定的。从人类的自然发育进程而言，断言"人类胚胎干细胞不属于处于各个形成和发育阶段的人体"似乎背离了实际。从分离出的单个的全能性人类胚胎干细胞的发育潜能而言，其具有全能性则意味着，在适宜的条件下，其来自母体和父体的遗传基因可以不断自主地朝着下一个新的阶段进行发育，这是一种全新的、携带遗传信息的、持续不断发育的、独特的生命，将来可以发育为明确的、完整的人类生物有机体。换言之，如果未曾遭受到来自自身或者外部不可抗力的摧毁，或者是被剥夺了适宜的生存环境，那么全能性人类胚胎干细胞无疑会通过自我导向，不断从一个阶段向着下一个阶段发展，促进自身的成熟，直至发展为人体。而且，这种发育上的全能性仅依赖于它自身，无须进行前述"人类胚胎干细胞＋滋养层细胞"那样的重构胚胎的过程。

因此，全能干细胞是一类非常特殊的细胞，而且，围绕全能干细胞与人体关系的这一认定，并非是专利审查内部的专有问题，而是牵一发动全身，涉及国家、社会生活、法律、科技发展等方方面面。

（2）法律层面上而言，绝大多数国家拒绝对全能干细胞授予专利权

人类的受精卵就是一个最初始的全能干细胞，在受精卵继续分化的过程中，至少在前几次的卵裂之中，确切地说，是受精后的 8 细胞期或 16 细胞期之前，可以分化出许多全能干细胞。此时分离获得的干细胞是全能性的，实质上其基本等价于

受精卵。所以，才引发了此时的人胚胎干细胞是不是胚胎的争议问题。也可以看出，一个具有全能性的人类胚胎干细胞甚至比那些不具备发育为人个体能力的胚胎（如孤雌胚胎）更有资格被称为胚胎。此时，如何对全能性人胚胎干细胞的性质进行归类具有决定性的意义。其能够发育成完整的人的潜能是一个生物学上的事实，也是一个不同于其他细胞，让人们面临道德威压的事实。

早在 2006 年专利局研究制定人类胚胎干细胞的相关专利政策时，认为全能性人胚胎干细胞具有发育成完整人体的潜能，属于处于各个形成和发育阶段的人体。相关课题明确指出，当受精卵分裂到 8~16 个细胞时，此时分离的胚胎干细胞或细胞系具有全能性，将全能性胚胎干细胞作为人体的一个发育阶段而归于《专利法》第 5 条规定之下，应是明智之举。而非全能性人类胚胎干细胞（在胚胎发育到 16 个细胞以后），分离出的胚胎干细胞或细胞系不再具有全能性，无法发育成完整的人体。因此对于非全能性人类胚胎干细胞，不能将其作为人体发育的一个阶段加以反对。❶

到了《审查指南（2006）》和《专利审查指南（2010）》，其均是把"人胚胎干细胞及其制备方法"和"处于各形成和发育阶段的人体"（包括人类胚胎），并列作为《专利法》第 5 条第 1 款排除的不可授予专利权主题的情形的。这两版《专利审查指南》第二部分第十章第 9.1.1.1 节和第 9.1.1.2 节并立的规定容易让人认为，"人胚胎干细胞及其制备方法"不符合《专利法》第 5 条第 1 款规定是与因属于"处于各形成和发育阶段的人体"而不符合《专利法》第 5 条第 1 款规定的理由是不同的。换言之，彼时"人胚胎干细胞"不予授权，并非是因为其属于

---

❶ 张清奎，等. 人类干细胞的专利政策研究，国家知识产权局办公室软课题，课题编号：B0503，医药生物发明审查部，2006 年 9 月 26 日，参见第 90 页。

"处于各形成和发育阶段的人体"。事实上，专利审查实践中也是区分全能性人胚胎干细胞和非全能性人类胚胎干细胞的。例如，2009～2011 年制定的审查标准对此直接明确规定，全能性人类胚胎干细胞作为人体的一个发育阶段，违反《专利法》第 5 条第 1 款的规定，不能被授予专利权。

下面示意性列举了一个案例（摘录）：

权利要求：一种人胚胎干细胞，其特征在于，通过……的培养，其可以发育成人类胚胎。

案例分析：该发明请求保护的胚胎干细胞可以自我更新和分化形成任何类型细胞，属于全能性人类胚胎干细胞，具有发育成完整人体的潜力，其属于人体的一个发育阶段。另外，全能性人类胚胎干细胞的制备过程必须使用人类胚胎进行分离，从这个意义上来说，也涉及伦理道德的问题。在审查中，应当注意，当受精卵分裂到 8～16 个细胞之前，此时分离的胚胎干细胞或细胞系都具有发育全能性。

我国台湾地区对此有明确规定，认为对违反道德、有害健康、妨害公共利益的发明，禁止授予专利权。例如，克隆人和克隆人的方法；改变人遗传性状的产品或方法；由任何全能性细胞或人和动物生殖细胞制备的任何嵌合体或方法。另外，如果发明要求保护形成的人体或发育的方法，发明具有形成人类的潜能，例如培养人全能性人类胚胎干细胞，均会被禁止授权。可见，我国台湾地区对于全能性胚胎干细胞也没有予以放开。

了解完国内，我们再看看国外对此的认识。

根据美国国会于 2004 年通过的维尔顿修正案（*The Weldon Amendment*）、美国发明法案第 33 条第 1 款以及美国专利审查程序手册（MPEP）等可知，美国明确禁止对克隆人、人类胚胎、胎儿在内的客体授予专利权❶❷, 即对 "人类有机体"（human organism）不予专利。但并不认为多能性的胚胎干细胞属于 "人类有机体"而被排除于授权范围之外❸❹❺, USPTO 最早予以授权的诸如 WARF 专利也是类多能性的人胚胎干细胞。至于美国对全能性人类胚胎干细胞的态度, 以及其所把握的全能性人类胚胎干细胞与人类胚胎及生殖细胞到底是什么关系, 目前相关标准还不明朗。也就是说, 当我们在认识美国对 "人类有机体"和人类胚胎干细胞两种客体在专利法上是分别对待的时候, 一定需要看到, 美国在解释人类胚胎干细胞这一概念时, 一直是狭义解释, 人类胚胎干细胞专指来自于囊胚或胚泡内细胞团的胚胎干细胞, 而不包括来自胚胎卵裂球的全能干细胞。所以, 可以得出对于美国发明法案中的 "人类有机体" 概念的内涵和外延, 应不包括狭义的人类胚胎干细胞。

通过一些权威机构或个人的观点也可以看出美国对此的真实立场。例如, 在 WARF 专利授权以后, 美国国立卫生研究院国家环境卫生科学研究所（NIEHS）的重量级人士 David

❶ Congress Bans Patents on Human Embryos. NRLC – backed Weldon Amendment Survives BIO attacks ［EB/OL］. ［2019 – 03 – 13］. http：//nrlc. org/Killing_Embryos/Human_Patenting/WeldonAmendmentEnacted. pdf.

❷ Biotechnology Industry organization. New Patent legislation sets dangerous precedent and stifles research ［EB/OL］. ［2021 – 06 – 03］. http：//www. recallsallylieber. org/Killing_Embryos/Human_Patenting/BIOfactsheet2003. pdf.

❸ 刘媛. 欧美人类胚胎干细胞技术的专利适格性研究及其启示 ［J］. 知识产权, 2017（4）：84 – 90.

❹ USPTO's Memorandum. Claims Directed to or Encompassing a Human Organism ［EB/OL］. ［2019 – 03 – 13］. http：//www. uspto. gov/aia_implementation/human – organismmemo. pdf.

❺ 2105 Patent Eligible Subject Matter—Living Subject Matter ［R – 10. 2019］［EB/OL］. ［2019 – 03 – 13］. https：//www. uspto. gov/web/offices/pac/mpep/s2105. html.

B. Resnik 就撰文❶详细分析了人类尊严的含义、人类尊严的基础、谁具有人类尊严，同时明确指出，全能性人胚胎干细胞类似于胚胎，具有发育为人类成体的潜能，属于人类生命并具有道德价值，其权利应类似于移植前的胚胎，不能被轻易地杀死，或者被作为财产。因此授予全能性的人类胚胎干细胞以专利违反人类尊严。而多能性的人类胚胎干细胞则不然，其不能发育为人类成体，不属于人类生命，不具有道德权利，因此，其可以被买卖和授予专利。可以看出，美国国内对此也是区分对待的观点。一方面，其对狭义的人类胚胎干细胞为何予以授权进行了说明；另一方面，也对全能干细胞为何不能予以授权进行了解释。美国的这一观点与德国法律体系中将人胚胎卵裂球细胞（全能干细胞）直接等同于人胚胎，实际上难分轩轾。

　　欧洲对此规定则较为明确。2005 年的"第二个 16c 报告"认为❷，根据《关于生物技术发明的法律保护指令》第 5 条第 1 款规定，在不同的形成和发育阶段的人体不能成为可专利性的发明，由于全能干细胞能各自发展成人类个体，考虑到人的尊严，全能干细胞是不具有专利性的。并且，在欧洲内部较为保守的德国，其 1990 年制定的胚胎保护法是限制与禁止胚胎相关研究、使用最严厉的法律之一。德国胚胎保护法第 8 条第 1 款规定，其所述的胚胎，不仅包括受精卵，也包括经胚胎分裂而分离获得的能够在适当条件下发育为人类个体的全能性细胞。也即，受精的、有发育能力的人类卵子自细胞核结合时起成为该法意义的胚胎，人类胚胎自卵子受精开始即成为"人"，而不是在子宫着床之后。并且，受精卵分裂至 8 细胞期阶段的全能

---

❶　RESNIK D B. Embryonic stem cell patents and human dignity ［J］. Health Care Analysis，2007，15（3）：211 - 222.

❷　1998 年欧盟通过的 98/44/EC 指令第 16（c）条规定：欧盟委员会将定期向欧洲议会和理事会作出关于生物技术和遗传工程领域中专利法律的发展及建议的报告。

胚（即8细胞期之前的胚胎）中所包含的全能干细胞在德国法律上等同于胚胎。❶ 即使是在欧洲最为开明的英国，也对全能性胚胎干细胞保持了高度的敏感，认为其属于处于各个发育阶段的人体，明确不允许授予专利权❷。根据英国专利法附录A2第3（a）条以及英国专利局审查指南，其中均明确规定❸，处于各生长和发育阶段的人体不能被授予专利权，鉴于人类全能干细胞具有发育成完整人体的潜能，在某种程度上可以被认为是等同于人体本身，因此人类全能干细胞不能被授予专利权。❹❺❻❼ 这是很少见的由一个国家就全能性人类胚胎干细胞与各个形成和发育阶段的人体的关系作出如此直白和明确的规定。此外，

---

❶ 相关法条原文为：The Embryo Protection Act, Section 8, definition：(1) for the purposes of this Act, an embryo shall already mean the human egg cell, fertilized and capable of developing, from the time of fusion of the nuclei, and further, each totipotent cell removed from an embryo that is assumed to be able to divide and to develop into an individual under the appropriate conditions.

❷ 刘强，徐芃. 英国人类胚胎干细胞可专利性问题研究：兼论对我国专利法的借鉴意义 [J]. 大庆师范学院学报，2019，39（5）：45 - 53.

❸ Inventions involving human embryonic stem cells [EB/OL]. (2015 - 03 - 25) [2019 - 03 - 13]. https：//www. gov. uk/government/publications/inventions - involving - human - embryonic - stem - cells - 25 - march - 2015.

❹ The Patents Act 1977 [EB/OL]. [2019 - 03 - 13]. https：//www. Gov. uk/government/uploads/system/uploads/attachment_data/file/647792/Consolidated_Patents_Act_1977_1_October_2017. pdf.

❺ SHUM J. Moral disharmony：human embryonic stem cell patent laws, warf, and public policy [J]. Boston College International and Comparative Law review, 2010, 33 (1)：153 - 178.

❻ Statutory Guidance. Inventions Involving Human Embryonic Stem Cells [EB/OL]. (2014 - 06 - 27) [2019 - 03 - 13]. https：//www. gov. uk/government/publications/inventions - involving - human - embryonicstem - cells/inventions - involving - human - embryonic - stem - cells - 27 - june - 2014.

❼ Examination Guidelines for Patent Applications Relating to Biotechnological Inventions in the Intellectual Property Office [EB/OL]. [2019 - 03 - 13]. https：//www. gov. uk/government/uploads/system/uploads/attachment_data/file/512614/Guidelines - for - Patent - Applications - Biotech. pdf.

2011 年欧盟法院就 *Brüstle v. Greenpeace e. V.* 案所作出的裁决中，也再次强调，《关于生物技术发明的法律保护指令》第 5 条第 1 款规定，人的身体在产生与发展的每个阶段都不是可专利的发明。至于从处于囊胚期的人类胚胎获得的干细胞，欧盟法院认为，交由德国联邦最高法院根据技术发展来判断，其是否足以使人的发展程序的启动成为可能性，从而确定是否属于指令第 6 (2)（c）条意义的人类胚胎。也就是说，该判决对人类全能干细胞和多能性细胞分别表明了观点：一方面，再次强调了人全能干细胞属于处于各形成和发育阶段的人体，不可授予专利；另一方面，对于来自人类囊胚的多能性细胞，保持了某种开放性，把判断其是否属于胚胎的权利交给时间、交给技术发展、交给各成员国来作出判断。实际上，在技术上和法律上，都留下了充足的回旋空间，保持了一定的开放性。

日本方面的相关资料不多。但也可以看出，其对人胚胎干细胞，也是区分全能性和多能性两种细胞来处理。❶ 并指出，全能性人类胚胎干细胞实质上同受精卵类似。在日本人类克隆技术规范法中，把人类分裂胚胎（human split embryo）纳入胚胎范畴。

在学界方面，国外学界曾就全能性人类细胞是否可以成为授权主题，在干细胞领域的主流期刊《干细胞》上爆发过一场激烈的争论，争论的核心就在于：全能性／多能性与可专利性的关系。话题首先由德国马克斯·普朗克知识产权研究所的学者引发，❷ 他们认为，在定义上，人类全能性细胞具有分化为体细

---

❶　引地进. ヒトES細胞の特許性について ～ヒト胚の破壊は公序良俗に違反するか～ ［D］. 東京：東京大学，2006.

❷　KATJA T V, BOJAN V. Commentary：Is totipotency of a human cell a sufficient reason to exclude its patentability under the european law? ［J］. Stem Cells, 2007, 25：3026 – 3028.

胞谱系（内胚层外胚层中胚层三个胚层）、生殖细胞系以及胚外组织如胎盘的所有细胞谱系的细胞的能力，这一能力并不构成其被排除于可授权客体的充足理由。根据欧盟《关于生物技术发明的法律保护指令》第 5 条第 1 款，其明确规定，处于各形成和发育阶段的人体，不能成为可授权主题。人类全能性细胞既具有发育为完整人类机体的能力，也具有仅仅产生人类机体的不同组织和器官的能力。因此，当分析和评判人类全能性细胞的授权客体问题时，应该区分该人类全能性细胞的位置（是否位于人体）、它们的产生方法（分离自人体还是由其他衍生的技术手段产生）等因素。对此，另一位德国学者表示反对❶，他认为，人类全能性细胞不予授权的主要原因在于其伦理问题。而这一伦理问题不仅与人类全能性细胞分离自胚胎有关，即便不是从自然胚胎获取该人类全能性细胞，而是利用人为的替换手段，其伦理问题仍然存在。例如，在实验室，利用四倍体补偿技术验证其具有发育为可独立生存的个体的能力。可以看出，不同学者对于全能干细胞不予授权的标准未必一致，对于从人胚胎自然分离的全能干细胞，多数人观点一致，而对于人工赋予其全能性的干细胞，包括由多能性细胞诱导得到的全能干细胞，则可能存在争议。

需要特别指出的是，法国在人类胚胎干细胞的研究伦理原则和法律框架逐步发生深刻变革的过程中，尽管其也在不断调整原来深闭固拒的态度，不再一味禁止人类胚胎干细胞研究，但是，法国国家健康和生命科学伦理委员会在逐渐放宽的过程中，确定了两个原则作为伦理委员会分析这一问题的基本框架，其中之一即"可接受的人类细胞商品化的本质和限界"。并且，法国民法典规定，人体的任何部分不能成为财产。这一规定完

---

❶ HANS－WERNER D. Totipotency/pluripotency and patentability［J］. Stem Cells，2008，26：1656－1657.

全禁止了人类细胞和干细胞在法国的商业化。对于人类全能干
细胞而言，由于其具有发展成为完整的人个体的潜力，似乎也
应该就可接受的人类细胞商品化的本质和边界进行重点考量。

　　我国学界的研究也涉及此问题，学者韦东、黄越、刘李
栋❶❷❸❹等建议，明确多能性的胚胎干细胞发明具有可专利性，
可以成为我国专利法保护的客体。在韦东、刘李栋、吴秀云等
的研究中❺，则进一步区分指出，全能性胚胎干细胞具有发育成
完整个体的潜能，应以是否具有全能性为界限，对干细胞发明
予以区分处理，具有全能性的人胚胎干细胞不能成为可授予专
利权的客体。2019 年《专利审查指南（2010）》修改草案征求
意见稿面向社会公开以后，也有部分学者表达了对该问题的关
注❻，认为按照指南征求意见稿的规定，对于所有类型的干细胞
发明均认为符合伦理道德规范，似有矫枉过正之嫌，毕竟全能
干细胞仍然较为明显地涉及伦理道德问题，没有区分全能干细
胞和非全能干细胞仍有不妥之处。

　　在我国专利审查实践中，受传统观点影响，第 17820 号、

---

❶　韦东. 人胚胎干细胞相关发明可专利性研究 ［D］. 上海：华东政法大学，
2011.

❷　韦东. 人胚胎干细胞相关发明可专利性研究 ［A］//中华全国专利代理人
协会. 发展知识产权服务业，支撑创新型国家建设：2012 年中华全国专利代理人协
会年会第三届知识产权论坛论文选编（第一部分），中华全国专利代理人协会：中
华全国专利代理人协会，2011：20.

❸　黄越. 论人类胚胎干细胞发明的可专利性 ［D］. 上海：华中科技大学，
2012.

❹　刘李栋. 浅析我国人胚胎干细胞发明的可专利性 ［J］. 医院管理论坛，
2013，30（4）：9 - 13.

❺　吴秀云，潘荣华. 人胚胎干细胞发明的可专利性探讨 ［J］. 科技管理研究，
2015，35（6）：128 - 133.

❻　刘强，徐芃. 英国人类胚胎干细胞可专利性问题研究：兼论对我国专利法
的借鉴意义 ［J］. 大庆师范学院学报，2019，39（5）：45 - 53.

第 22325 号、第 27204 号等复审决定对此也直接进行了认定。❶例如，在第 27204 号复审决定中，发明涉及一种"人胚胎干细胞衍生的造血细胞"，该案专利复审委员会合议组认为，"未分化的人胚胎干细胞群"本身具有分化的全能性，其可以分化发育为人的完整个体，可将其归为处于各个形成和发育阶段的人体，不能被授予专利权的发明。这是为数不多的在决定中将具有分化全能性的人胚胎干细胞直接归为"处于各个形成和发育阶段的人体"的案例。

综上，基本可以得出，对于全能干细胞，在法律上和伦理上，各个国家和地区对其都采取了一种特别处理的方式，由于全能干细胞能发展成为人类个体，其地位基本等同于胚胎或受精卵。在世界范围内，似乎尚未有任何国家和地区，将全能干细胞作为一种财产权利予以授权。因此，其不具有可专利性，目前尚未见任何国家和地区允许向来自人类胚胎的全能干细胞授予专利权。

在这个基本认知的基础上，重新回到 2019 年《专利审查指南（2010）》修改，如此修改的本意仍然需要仔细探究：其规范的范围是否仅止于多能性的人类胚胎干细胞，还是兼具全能性与多能性人胚胎干细胞。如果人类胚胎干细胞包括人类全能干细胞，则 2019 年《专利审查指南（2010）》修改加入的"人类胚胎干细胞不属于处于各个形成和发育阶段的人体"的论断，与目前国内外的认知和实践还存在某种程度的巨大差异，还有很大探讨的空间。全能性人胚胎干细胞所具有的特殊性是否决定了其应享有不同于多能性人胚胎干细胞的特定的伦理利益，可能还需要广泛的讨论和达成共识。如果修改所涉及的人类胚胎干细胞仅指狭义的人类胚胎干细胞，即分离自囊胚或胚泡内

❶ 刘强，蒋芷翌. 我国人类胚胎干细胞可专利性问题：以专利复审委员会决定为样本 [J]. 福建江夏学院学报，2018，8（1）：37 - 44，61.

细胞团的多能性细胞，则其明显不具备全能性，与修改解读中对其具备分化全能性的定性又明显相悖。并且，如果指南中所有涉及人类胚胎干细胞这一概念均仅指狭义的人类胚胎干细胞，则 2019 年修订的《专利审查指南（2010）》对于来自人胚胎的全能干细胞也缺乏审查规则，存在法律空白。总之，这一问题仍存在疑问。

（五）尚未理顺相关审查规则之间的逻辑自洽

2019 年《专利审查指南（2010）》修改以后，直接涉胚胎干细胞相关的授权客体条款有《专利法》第 5 条第 1 款和《专利法》第 25 条第 1 款（4）项。对应的 2019 年修订的《专利审查指南（2010）》第二部分第十章相关章节及审查标准如下：

第一，第 9.1.1.1 节：处于各形成和发育阶段的人体。

处于各个形成和发育阶段的人体，包括人的生殖细胞、受精卵、胚胎及个体，均属于《专利法》第 5 条第 1 款规定的不能被授予专利权的发明。人类胚胎干细胞不属于处于各个形成和发育阶段的人体。

第二，第 9.1.2.3 节：动物和植物个体及其组成部分。

动物的胚胎干细胞、动物个体及其各个形成和发育阶段例如生殖细胞、受精卵、胚胎等属于本部分第一章第 4.4 节所述的"动物品种"的范畴，根据《专利法》第 25 条 1 款第（4）项规定，不能被授予专利权。

将两者排列在一起，可以明显看到两者之间存在太多的相同和不同。

①相同之处：同涉及胚胎干细胞，同涉及生殖细胞、受精卵、胚胎及个体；

②不同之处：前者涉及人，后者涉及动物；前者涉及"处于各形成和发育阶段的人体"的认定，后者涉及"动物品种"

的认定；且两者涉及的专利法条款不同。

除了这种直观的异同对比以外，人们还会进行相关的延伸思考。这种延伸思考，主要包括以下三点逻辑自洽。

其一，在两者规定并存的情况下，两者"胚胎干细胞"的概念含义是否一致？其各自内涵是什么，从而在概念的内涵和外延上两者能否自洽。

其二，在两者规定并存的情况下，人类胚胎干细胞不属于处于各个形成和发育阶段的人体的理由是什么，动物的胚胎干细胞属于"动物品种"的理由是什么？一进一出之间，两者能否自洽。

其三，在两者规定并存的情况下，并基于人类胚胎干细胞和动物胚胎干细胞均存在全能性或多能性两种理解，将胚胎干细胞理解为至少包括全能干细胞时，认为全能性的人类胚胎干细胞不属于处于各个形成和发育阶段的人体是否合理？而当认为胚胎干细胞仅指狭义的多能性胚胎干细胞时，那么认为非全能性的仅具有多能性的动物胚胎干细胞属于"动物品种"是否合理？以及此时为何在对动物品种的研判中要遗漏掉全能干细胞，似乎也无法自圆其说。由此，两者对比之下，无论是将指南中出现的"胚胎干细胞"单独理解为全能干细胞，还是单独理解为多能干细胞，似乎都存在无法自洽的问题。

总之，在两者横向对比分析之下，两者的胚胎干细胞概念上的自洽、全能性和/或多能性属性上的自洽以及审查规则自洽的逻辑问题就会浮出水面。表面上看，似乎是随着动物胚胎干细胞技术和人类胚胎干细胞技术的发展，当涉及动物胚胎干细胞和人类胚胎干细胞的专利申请出现以后，随着其陆续涉及"处于各个形成和发育阶段的人体"和"动物品种"的认定以后，引发了诸多混乱，所以专利审查指南一再地单独予以规定来进行明确。但是，其中的问题根源何在，是我们需要继续理顺思路的关键。❶ 尤其是，专利审查内部，在 2012 年，相关课题研究已经发现我国针对"人体的发育阶段/动物品种"的这一认定标准不一致的问题。但是，2019 年《专利审查指南（2010）》修改，仍没有解决这一问题，就这一问题亟须确立合理的标准并统一标准。关于胚胎干细胞相关审查规则的修改，尽管《专利法》第 5 条与第 25 条界限分明，不相统属，但是人类胚胎干细胞与动物的胚胎干细胞却有着千丝万缕的关联。因此，很多情况下，需要将两者统筹考虑。

　　分析问题的根源，可能在于人类胚胎干细胞术语概念使用上，长期以来存在的扩大化倾向、动物胚胎干细胞的全能性与人类胚胎干细胞全能性认识的混淆以及既往专利审查中对全能性人类胚胎干细胞认定为处于各个形成和发育阶段的人体的先入为主、根深蒂固的认识等，使得人们在理解 2019 年《专利审查指南（2010）》修改后的规定时，不由自主地将全能干细胞纳入了人类胚胎干细胞的范畴，而如果纳入以后再进行理解，似乎就会存在如上几点巨大的风险。而若同美国一样，仅狭义理解人类胚胎干细胞这一概念，其意专指来自于内细胞团的多能干细胞，而不包括全能干细胞，则虽然修改后的规定可以成立，但是，又会直接与 20 多年专利审查实践中一直宽泛处理人胚胎和人类胚胎干细胞这两个概念的审查实践产生不一致，无形中法律未规范的空间也会增大，出现了一段法律空白，即对于来自人类胚胎的全能干细胞（至少是卵裂球细胞）就可能处于无法可依的局面。

---

　　❶　早在 2012 年，国家知识产权局相关课题对此即有过分析，针对"人体的发育阶段/动物品种"的认定，提出要统一"人体的发育阶段/动物品种"的认定标准，并指出指南中存在的是"自然发育过程标准"，审查实践中同时存在"发育全能性标准"，并分析了相关利弊及问题。具体参见：冯小兵，等. 专利制度适应技术发展的初步究——以生物和计算机技术为例，国家知识产权局学术委员会 2011 年度专项课题研究项目，ZX201102，2012 年。

因此，我国关于这一问题的规范，后续还需要深入的讨论。参考世界发展大势，未来的发展方向必然是，精准地分门别类，精准地分类施策，针对全能干细胞，需要单独作出明确的规范。综上，我们认为，对于 2019 年《专利审查指南（2010）》修改后的一些规定，可能还会在相当长的时间内，有待时间的考验，未来也应在讨论成熟的基础上，继续修改完善。

四、专利制度之下人类胚胎研究的特殊伦理考量

通过 2019 年修改《专利审查指南（2010）》，专利制度对人类胚胎干细胞敞开了胸怀。

应该说，这是在一次次法律与伦理的对话之后，经历了 2006～2019 年的深入思考之后，所形成的结论。尤其是，对于多能性而非全能性人类胚胎干细胞而言，这次修改确实是一次巨大的、根本性的转变，意义重大。但科技、法律与伦理之间的互动，可能还远没有结束。相反，对于其中的棘手问题，预计还需要有相当长的时间来进一步认识和不断的调试。

尘埃落定，总结得失，我们可以仔细梳理一下思路。初步可以形成以下三点思考。

（一）专利制度参与引导和规范生物技术伦理

我国专利法并非一部纯技术性的规范，还有伦理上的考量，承担着守护科学研究的伦理道德的任务，并通过《专利法》第 5 条第 1 款的规定来规范和体现。

生物技术领域技术人员都很熟悉，除胚胎以外，还可以从骨髓、血液、肝脏、皮肤、脂肪、胎盘和脐带等多种渠道获得干细胞，作为一种生物材料，各类生物细胞专利也已授权无数。通常，从上述渠道获取干细胞很少会引起伦理上的争议，并已

经授权了大量的相关专利。比如第 14444 号复审决定涉及一种脂肪抽吸手术产生的脂肪来源的干细胞，该复审决定认为利用脂肪抽吸手术产生的脂肪提取干细胞并不违反社会公德。但是，胚胎来源的干细胞比较特殊，引发了大量伦理争议。为何人胚胎来源的人类胚胎干细胞仍会引发国内外长时间的争议或担忧，其原因到底何在？实际上，这就是生命科学遇上专利制度所引发的特殊关照。在通常的法律和政策框架之外，生命科学的研究和发展还受到从伦理角度的特殊审视。生命科学研究触及人类对诸如健康、食品以及环境安全的基本需求，并且触及诸如人类尊严和人体完整性等基本价值观，会受到强大的公共利益和伦理考量。❶ 因此，专利制度遇上生命科学，对其进行伦理考察，额外关注也就不足为奇了。

既然生物技术、生命科技需要特殊的伦理考量，那么，就需要明确，我们对人类胚胎干细胞的这种伦理考量，都考量哪些内容呢？换言之，专利制度关于人胚胎干细胞的伦理道德审查，都审查哪些内容呢？我们接下来分析。

（二）人类胚胎研究伦理问题的本质所在

在我国专利制度安排之下，生命伦理问题是纳入社会公德（public morality）范畴考量的。当进一步放开视野，将探究的眼光放之于社会各领域则可以看出，涉及胚胎干细胞相关伦理的研究很多，简单地在主题中以关键词"干细胞"和"伦理"检索，可以在 CNKI 获得检索结果达 1800 多条，如果以关键词"伦理"和"胚胎"进行检索，则可以获得 7000 余条搜索结果。可见这一问题受到的关注之深。另外也可以看到，这些众多的讨论人类胚胎和干细胞伦理问题的文献中，仅有少部分涉及专

---

❶　WIPO 专利法常设委员会秘书处. 国际专利制度报告 [M]. 国家知识产权局条法司，译. 北京：知识产权出版社，2011：70 – 72.

利，大多数并没有在专利制度的视角下探讨该问题，也说明人类胚胎干细胞伦理问题并非仅仅是专利制度所关注的问题。

关于人类胚胎干细胞伦理问题，初始时专利行政部门有很多人认为，人胚胎干细胞相关发明在专利审查过程中，面临伦理争议的主要原因在于，人类胚胎干细胞的提取不可避免地要破坏和毁灭胚胎，伤害人类生命。实际上，这仅是 2019 年之前的专利审查指南原有审查标准与科学技术部及卫生部 2003 年颁布的《人胚胎干细胞研究伦理指导原则》并存两套伦理规则并行所致的误解。20 多年来，随着国内外关于干细胞研究伦理规范的明确建立，各国已经在相关伦理规范的指导和制约下，井然有序地推进和开展干细胞研究，只要符合相关伦理规范，人胚胎干细胞的分离获取和科研行为并不必然地具有原罪，或至少已经视为不具有原罪。只是在专利申请的审查中，由于我国之前的严格规定，专利审查的重心较多地落在了是否破坏和毁灭胚胎之上。但是 2019 年《专利审查指南（2010）》修改引入 14 天以内的体外受精胚胎的例外以后，这一点似乎也完全失去了基础。

也有人认为，对于人类胚胎干细胞的伦理道德问题的争论根本就是基于两个问题，一是胚胎干细胞的来源问题，二是由于胚胎干细胞的全能性，涉及生殖性克隆（即克隆人）的问题。这种认识比只关注人胚胎干细胞的来源涉及破坏和毁灭胚胎已经进步了，但还不是全部，甚至不是主要的关注点。因为，前者关注干细胞来源，其关注的是人胚胎的破坏，而人胚胎是人类胚胎干细胞的前世，而非人类胚胎干细胞本身；后者关注生殖性克隆，其关注人类胚胎干细胞未来的应用，是人类胚胎干细胞的后世，也不是人类胚胎干细胞本身。当然，上述的前世、后世均需要关照，关注它从哪里来，又到何处去。但我们更需要关注的是人类胚胎干细胞的现世，关注人胚胎干细胞其本身。

聚焦于人类胚胎干细胞本身的授权伦理。

　　换言之，我们需要思考，专利审查部门在考量涉及人胚胎、人类胚胎干细胞技术的伦理道德审查问题时，为什么要考量人类胚胎干细胞的制备方法、应用方法等的实施是否会涉及破坏胚胎，是否会导致工业或商业目的的应用，是否为克隆人，以及人类胚胎干细胞自身作为财产权利的合伦理性等，它从哪里来又到何处去的问题，真正的本质是什么。

　　我们的答案是人类尊严。这是人类胚胎研究伦理问题的本质所在。实际上，我们之前所考虑过的破坏胚胎、克隆人等层面的考量，最终也会落到人类尊严，但两者并不是人类尊严所需要考量问题的全部。人类尊严才是人类胚胎和/或干细胞领域，相关授权主题所需要考虑的最主要的问题，也是可能面临的伦理风险的最主要部分。

（三）专利制度之下的人类尊严

　　当我们思考《专利审查指南（2010）》（2019 年修订）第二部分第一章第 3.1.2 节"违反社会公德的发明创造"中规定的"人与动物交配的方法""改变人生殖系遗传同一性的方法或改变了生殖系遗传同一性的人""克隆的人或克隆人的方法""人胚胎的工业或商业目的的应用"等发明创造违反社会公德、不能被授予专利权之时，是否也曾思考，是什么原因，使得这些情形违反社会公德？

　　当我们思考《专利审查指南（2010）》（2019 年修订）第十部分第 9.1.1.1 节"处于各形成和发育阶段的人体"规定之时，可能也会有一个问题萦绕在心间，需要一个合理的解释：为什么处于各个形成和发育阶段的人体，包括人的生殖细胞、受精卵、胚胎及个体，均属于《专利法》第 5 条第 1 款规定的不能被授予专利权的发明。

我们认为，这些问题的回答，归根结底，都会涉及人类尊严。如果这个社会，可以随意将人兽杂交，可以随意设计改变人类生殖系从而生产人造人或克隆人，可以随意买卖、授受人类的生殖细胞、受精卵、胚胎，或者可以将人类的生殖细胞、受精卵、胚胎进行无形财产化、商业化，继而进行工业或商业目的的应用，最终其贬低的都是生而为人的万物之灵的人类的尊严。

那么，当面对人类胚胎干细胞及相关细胞进行相关伦理问题的考量时，尤其是，当保护主题为产品权利要求时，同样需要考虑人类尊严。例如，当我们面对全能干细胞时，对于一种具有发育全能性的生命体，其相关的法律伦理、权利伦理、财产伦理就很复杂。此时就不能简单地以位于上游的针对胚胎干细胞的胚胎来源的研究伦理审查或者以位于下游的胚胎干细胞的克隆应用或临床应用的监管，等价于胚胎干细胞专利的授权伦理审查。如果按照这样的说法，这与生命科学允许对人开展各种生物医学研究，相关研究符合伦理规范，就应该对被研究的人也授予专利权一样荒诞不经。而其中，最主要的就是没有考虑全能干细胞自身的伦理问题，即人格尊严。这里我们需要看到全能性的人类胚胎干细胞相较于其他授权细胞所不同的特性。

在破坏胚胎和克隆人以外，对于来自人胚胎的全能干细胞的伦理审查而言，实际上还有另一层伦理关照，也是最为重要的一层关照：关于人的生命尊严、人格尊严、财产伦理等。实际上，国外的研究者也早已指出，在整个生物工程、遗传工程领域，每一步科学进展所面对的最大的挑战，也就是科学对人类尊严的挑战与测试。❶ 在这一层关照中，其探讨的就是全能性

---

❶ ATTANASIO J B. Science tests human dignity: the challenges of genetic engineering [J]. SMU Law Review, 2000, 53 (2): 455–459.

人胚胎干细胞具有发育为人胚胎和人的能力，本质上就是人的生物学生命，群体意义上，其应具有人类尊严，个体意义上，其具有人格尊严，不应该成为一种私权意义上的财产或商品。

需要指出的是，在欧洲，关于全能性人类胚胎干细胞不予授权的原因，也被认为其基础就是人类尊严。❶ 这一点，与我们的认识也恰好是相同的。全能干细胞本身之所以引发如此特殊关照，之所以必须坚守伦理道德底线，就在于其是在守护人类整体的生命尊严和任何个体的人格尊严，避免人类自身沦为工具。这应该是一条不可逾越的分界线。

生命尊严是人所固有的，是人的自然属性，只要是人类成员，就拥有超越于其他物种的生命尊严。德国联邦宪法法院在一项判决中写道，有人的生命的地方，就有人的尊严；起决定作用的并不在于尊严的载体是否意识到这种尊严或者知道保护这种尊严。从开始便建构在人的存在中潜在的能力就足以对这种尊严作出论证。

因此，生命科技、生物技术最大的伦理问题，就是生命尊严。于人而言，在相关发明的伦理审查中，首要的考量，也是最终的考量，归根结底就是人类尊严。正如中国人民大学韩大元教授所指出的❷："在科技发展的背景下，我们当然要充分肯定科技发展给人类文明带来的积极作用，但法学的使命不是赞赏科技发展带来辉煌的成就。人类之所以需要法治，就是要思考科技可能带来什么样的非理性的后果，如何通过法治降低科技发展可能带来的风险与非理性，如何通过宪法控制科技对人

---

❶ Developments and implications of patent law in the field of biotechnology and genetic engineering［EB/OL］.［2019－03－13］. https：//eur－lex. europa. eu/legal－content/EN/TXT/？uri＝CELEX％3A52005DC0312.

❷ 韩大元. 当代科技发展的宪法界限［J］. 法治现代化研究，2018，2（5）：1－12.

类文明、尊严与未来的威胁。"

五、《专利审查指南（2010）》修改以后的悦纳与调试

整体而言，2019 年《专利审查指南（2010）》修改以后，成绩与问题是并存的。一方面，我们欣喜地看到，人类胚胎干细胞授权客体障碍放开，很多发明创造类型会被解除之前的伦理束缚，创新主体、专利申请人积极拥抱和接纳这一大利好，会有大量的新的可授权的保护主题涌入专利审查部门。另一方面，2019 年《专利审查指南（2010）》修改以后，还有一些问题，尤其是一些根深蒂固的老问题仍没有解决，新的问题也开始逐渐显示出一些端倪。因此，后续审查中，还需要立足新的审查标准，在新的审查实践中，对新规则予以适应和调适。维护人类社会的伦理道德，保护人类尊严，防止社会公众对相关发明研究及专利制度产生厌恶和不满情绪。同时，避免专利制度对人类胚胎干细胞科学研究和医疗技术发展的不合理限制，积极鼓励和支持那些既不违反社会道德又对人类疾病治疗有重大价值的人类胚胎研究和/或干细胞研究及其技术发展。

我们无法逃避解放胚胎干细胞研究这一趋势，我们不能把我们自己与国际上生物技术和基因技术研究所取得的进步隔离开来。

——德国前总理格哈德·施罗德

加强我国生命科学伦理体系的建设，促进科学与伦理的共同发展，寻求生命科学与伦理道德之间的平衡点，是生命伦理学的首要任务，也是它存在的重大理由。

——陈竺

科学追求的真与法学期待的善，都离不开人类对于美的期待。

——范建得

科学家不会不尊重反对这项研究的人的信仰，但是科学家和医生更关注那些正忍受着疾病折磨的弱者。

——哈佛大学前校长劳伦斯·萨默斯

科学是一种强有力的工具。怎样用它，究竟是给人类带来幸福还是带来灾难，全取决于人自己，而不取决于工具。

——阿尔伯特·爱因斯坦

人是目的，任何时候任何人，都不能把他只是当作工具来加以利用。

——德国哲学家伊曼努尔·康德

在对人的研究上，科学与社会的利益永远不能优先于此研究项目给人本身所带来的福利。

——《赫尔辛基宣言》

为了能够掌握未来的任务，我们必须对新事物保持开放的态度。此种对于不同的事物与新事物原则上开放的态度，以及研究未知事物的开放态度，吾人称之为宽容。

——德国哲学家阿尔图·考夫曼

第六章 《专利法》第 5 条的法律适用

引 言

从 1998 年首次分离获得人类胚胎干细胞至今，人类胚胎干细胞技术发展已经走过了 20 余年的历史。伴随着技术发展的风风雨雨，人们对胚胎干细胞技术的认识不断更新，同时也在其所触及的各个领域，例如伦理道德、知识产权、公共政策、生物安全等方面不断经历天人交战。曾经的很多争议已经可以得出结论，但也有一部分争议仍然扑朔迷离。

历史是一面镜子，到底有哪些经验和教训值得我们汲取，是我们需要认真思考的一个问题。而且，面对 2019 年《专利审查指南 (2010)》修改的巨变以及后续应该如何准确执行的问题，不了解、不总结我们的过去，很难说能够很好地面对我们的未来。从鉴往知来这个层面，有必要对人类胚胎干细胞既往的审查历史和经验作一总结和分析，从中发现问题，正视问题，思考完善，才可能期望在未来的时间里更好地实现我国专利制度的宗旨。

查找和分析问题，一般有两个途径，一个是外部，一个是内部。对于人类胚胎干细胞领域依据《专利法》第 5 条审查适用中的主要问题，可以从以下两个方面梳理，并互相印证。一方面是专利审查内部当前的审查实践，例如专利复审/无效层面是审查矛盾的集中反映，是主要争议焦点所在；而专利实质审查层面，由于各种原因，很多问题并没有反映到复审后流程，属于沉默的一隅，也需要关注，才能看到该领域审查问题的全貌。另一方面，则主要来自社会，从学术研究层面，倾听知识产权学界、专利代理界、法律界人士等外部研究和社会反馈，听到外部的声音，听到他们的评价、意见与建议。不同研究者在不同阶段，对干细胞专利申请审查标准的变化过程、变化结果均有过阶段性的总结和分析，例如，李慧惠对 2013 年以前的 27 件涉干细胞专利复审无效案件进行了分析，其中讨论了涉及《专利法》第 5 条的案件有 11 件❶；刘强对专利复审委员会 2017 年以前的决定进行了系统性的分析❷；此外，还有很多硕士论文、期刊文献刊载了研究者们对这一问题的思考，这里不再一一列举。

但是，即使是综合这些内部和外部反馈出的信息，发现问题，寻找解决办法，也仍然是一件艰难的事情。例如，对于体细胞核移植技术而言，据前述系统介绍涉及人胚胎或干细胞领域的发明专利审查现状可以看出，对于核移植技术和体细胞核移植胚胎，已经存在诸如第 4327 号、第 5972 号复审决定等重要决定，让我们对"克隆人的方法""人胚胎的工业或商业目的的应用""改变人生殖系遗传身份"的认定及法律适用具有重要的借鉴意义。我们也需要看到，早期的一系列涉及体细胞核移植技术的案件在专利审查实践的法律适用中存在多样性。虽然关于体细胞核移植胚胎存在一系列专利申请，但是，这些审查实践至今仍然没有系统性地回答有关体细胞核移植胚胎的定位问

---

❶ 李慧惠. 干细胞专利申请审查标准的演化：基于专利法第 5 条 [A] //中华全国专利代理人协会. 2014 年中华全国专利代理人协会年会第五届知识产权论坛论文（第三部分）. 中华全国专利代理人协会，2014：11.

❷ 刘强，蒋芷塑. 我国人类胚胎干细胞可专利性问题：以专利复审委员会决定为样本 [J]. 福建江夏学院学报，2018，8（1）：37－44，61.

题，涉及体细胞核移植胚胎的发明是否以及如何适用"人胚胎的工业或商业目的的应用"，这些都还没有得到很好的解决。就克隆人、嵌合体、杂合体、改变人生殖系遗传身份、改变人遗传同一性等问题，虽然也确定了一些分析方法、判断准则，但是，随着技术发展、伦理认识提升，国际上技术研发态势演变，对于 2004～2007 年的专利案件，现在是否仍要遵循相同的审查标准，都是值得我们探究的问题。因此，围绕体细胞核移植技术，相关克隆胚胎及其干细胞的审查，还有很多的疑问需要我们去探索和解明。体细胞核移植胚胎如此，其他胚胎类型也大致如此。

另外，面对未来，由于 2019 年《专利审查指南（2010）》修改涉及颠覆性的一些修改变化，实际施行中预计也会遇到各种各样的新的问题。因此，面对这些新问题和之前已经存在的老问题，若想系统性地解决人类胚胎干细胞领域专利审查中的困惑和疑难，是一件非常艰难的事情。这里，我们只能不揣浅陋，从专利审查内外发现的部分问题着手，尝试着从分门别类、分类施策的角度，在以下八个方面进一步推进对发明专利伦理道德审查中的法律适用的探索：①专利法意义上的"人胚胎的工业或商业目的的应用"的本意；②涉及剩余胚胎的发明创造；③涉及流产胎儿的发明创造；④涉及核移植胚胎的发明创造；⑤涉及孤雌胚胎的发明创造；⑥涉及诱导性多能干细胞的发明创造；⑦辅助生殖技术领域涉及人胚胎发明创造的伦理道德审查；⑧《专利法》第 5 条伦理道德审查中的其他问题。

其中，在干细胞技术领域，主要探讨问题①～⑥和⑧，在辅助生殖技术领域，主要探讨问题⑦，意图进一步谋求统筹考量两大技术领域的伦理道德审查标准。

总之，不同人胚胎类型的伦理审查问题，我们均需要一一面对。"我们无法逃避解放胚胎干细胞研究这一趋势，我们不能把我们自己与国际上生物技术和基因技术研究所取得的进步隔离开来"。这是 2005 年德国前总理格哈德·施罗德对德国大众一番高屋建瓴的劝诫。对于我国而言，也同样如此，专利审查尤其不能回避国内外生物技术研究所取得的进步。并且，"随着人类胚胎干细胞技术的迅速发展和人们对重大疾病医疗方法的渴望，胚胎干细胞的研究正逐渐走出伦理学的阴影。正是在这样的趋势下，我国专利法应该适当地考虑逐步放宽对人类胚胎干细胞相关发明的授权标准"。❶ 这是国内有识之士在 2008 年提出的主张放宽对人类胚胎干细胞相关发明授权限制的呼声。随着 2019 年《专利审查指南（2010）》修改已经完成，生命伦理道德认识不断向前发展，我们对于 2019 年《专利审查指南（2010）》修改以后的法律适用，应该有更加深入的重新思考。

一、专利法意义上的"人胚胎的工业或商业目的的应用"的本意

在专利审查实践中，《专利审查指南（2010）》（2019 年修订）第二部分第一章第 3.1.2 节规定的"人胚胎的工业或商业目的的应用"既是专利审查部门拒绝授予人类胚胎干细胞相关发明专利权的主要情形，也是反对人类胚胎干细胞相关技术予以授权的主要理由。因此，厘清"人胚胎的工业或商业目的的应用"的准确含义，就显得尤为重要。而对其准确含义的探索和解明，需要至少两个层面的考察：一是，这一规则的本源解释，即起源地的本意；二是，这一规则后来的发展演变，即中国对其含义的新发展。

一方面，在日本特许法及其审查基准、美国发明法案（AIA）及美国专利审查程序手册（MPEP）中，均没有关于

---

❶ 何敏，肇旭. WARF 胚胎干细胞专利复审案分析［J］. 科技与法律，2008（5）：24 - 27.

"人胚胎的工业或商业目的的应用"违反公序良俗因而不具有可专利性的具体规定。"人胚胎的工业或商业目的的应用"对应的英文为"uses of human embryos for industrial or commercial purposes"，这条规定源自欧洲。因此，追根溯源，首先需要从欧洲本源地去探索该规定的本意。这其中，既包括欧盟法院或欧洲专利局层面的解释，也包括欧盟部分成员国的解释和执行。

另一方面，我国从2001年就将"人胚胎的工业或商业目的的应用"纳入专利审查标准，这一标准在我国也已经运行了20多年。无论是2019年《专利审查指南（2010）》修改之前，还是2019年《专利审查指南（2010）》修改之后，它都属于违反社会公德的情形之一，尽管2019年《专利审查指南（2010）》修改前后，围绕人类胚胎干细胞相关审查规则进行了颠覆性的改变。那么，此时也需要围绕我国20多年审查历史以及审查规则的调整变化，详细解析这一规则落地中国及在我国的发展演变中，适应中国国情而发展演变出的新的含义。

（一）起源地的本意——基于欧洲专利审查和司法实践的视角

欧洲专利体系以平衡发明人利益和社会利益为目的，在EPC 2000和《关于生物技术发明的法律保护指令》中规定了生物技术的可专利性排除，将伦理问题纳入生物技术专利体系中。1997年，欧洲人权与生物医学公约明确规定，在法律允许的范围内，应当保护用于胚胎试验的胚胎，禁止出于试验目的进行人类胚胎的生产。1998年，该指令明确禁止将人胚胎用于工业和商业目的。这是"人胚胎的工业或商业目的的应用"的最早出处。此后EPC 2000实施细则第28条也引入了与此相同的规定。

需要注意的是，1998年既是欧盟《关于生物技术发明的法律保护指令》颁布的年份，也是人类胚胎干细胞技术在美国诞生的年份。由于在该指令颁布的时候,第一个人类胚胎干细胞还没有被分离和建系,因此指令对是否授予专利权的客体只提到人类胚胎,没有提到人类胚胎干细胞。也由此,虽然根据指令的规定,人胚胎的工业或商业目的的应用被视为违反伦理道德,不能被授予专利权,但在欧洲,对于"人胚胎的工业或商业目的的应用"的范畴尚未统一和确定。例如,对于何为"人胚胎"以及"工业或商业目的",公序良俗的具体内涵是什么,都没有明确表述,加上欧洲不同的历史文化背景,各个国家和地区内部在对待人类胚胎干细胞相关发明的可专利性问题的态度是有所差异的。❶ 换言之,当时不仅我们对何为"人胚胎"以及何为"人胚胎的工业或商业目的的应用"存在各种争论,实际上,在其发源地欧洲,也同样存在这个问题。其中,一个非常重要的原因在于,欧盟成员国之间对人类胚胎干细胞的研究态度不一,意大利和德国禁止胚胎干细胞研究;英国、比利时、瑞典允许胚胎干细胞研究和细胞核移植;法国、丹麦、希腊、芬兰、爱沙尼亚、拉脱维亚、斯洛文尼亚和瑞士允许胚胎干细胞研究,但禁止细胞核移植。欧盟成员国参差不齐的态度,使得对"人胚胎"以及"人胚胎的工业或商业目的的应用"的解释,尤其是各方都能接受的解释,变得尤为艰难。

因此,这就需要从欧洲专利审查和司法实践的视角,对其进行细节上的解读。对于经历过 *Brüstle* 案以来一系列对申请人不利司法判决的欧洲的严格的伦理审查态势,有悲观的评论者认为,欧洲就像进入了一种晦暗不明、只存一线微光的所谓暮光之境(the twilight zone)。❷并指出这可能是最坏的结果,这意

❶ 王媛媛. 欧洲人类胚胎干细胞技术专利适格性研究及启示 [J]. 法制与社会,2019 (12): 207 – 208.

❷ CURLEY D. Stem cell patenting in Europe – the twilight zone [J]. Genomics Society & Policy,2008,4 (3): 1 – 9.

味着人们可以在欧洲进行基础研究，但研究成果却不能在欧洲使用。似乎欧洲在此点上，太过保守和严苛。但整体而言，从欧洲的多年审查实践中仍可以发现，其对于人类胚胎干细胞的专利审查标准也是不断放宽的，这也符合了干细胞科学研究的发展趋势。

整体上而言，要想准确理解"人胚胎的工业或商业目的的应用"在其发源地欧洲的本意，至少涉及三方面的追问：一是，整体上分析而言，"人胚胎的工业或商业目的的应用"与"人胚胎的应用"的关系，换言之，"人胚胎的工业或商业目的的应用"是否等于"人胚胎的应用"；二是，局部细节上分析而言，"人胚胎的工业或商业目的的应用"中的"人胚胎"的含义是什么，其内涵、外延的边界；三是，"人胚胎的工业或商业目的的应用"中，何谓"工业或商业目的的应用"，对于人胚胎而言，除了"工业或商业目的的应用"，还有何种目的的应用，它们在伦理上具有何种伦理差异。

1. "人胚胎的工业或商业目的的应用"不等于"人胚胎的应用"

在美国已经授权的人类胚胎干细胞专利中，最著名的是 WARF 所持有的 3 项专利，包括指向灵长类胚胎干细胞的专利 US5843780A 和其后明确指向人类胚胎干细胞的专利 US6200806B1，以及延续专利 US6200806B1 的专利 US7029913B2，该系列专利权案在美国的诉讼影响巨大。当该系列专利申请进入欧洲以后，就产生了欧洲版的 *WARF* 案（公开号为 EP0770125A1）。这既给了 EPO 第一次适用"人胚胎的工业或商业目的的应用"的机会，也是 EPO 解释"人胚胎的工业或商业目的的应用"本意的机会。

在欧洲版 *WARF* 案的专利审查中，EPO 上诉技术委员会认为，对于"人胚胎的工业或商业目的的应用"应作狭义解释。

因为从立法背景看，指令最早起草的条文是较为笼统的、泛泛的"使用人胚胎的方法"不能授予专利权，但指令的最终文本是"人胚胎的工业或商业目的的应用"，这表明治疗或诊断方面的应用是可以被授予专利权的。总体而言，对"人胚胎的工业或商业目的的应用"不应作出扩大性的解释。对"人胚胎的工业或商业目的的应用"的禁止，不应适用至具有治疗或者诊断目的的发明。

可以看出，在欧洲，指令的本意并不是想把所有使用或利用到人胚胎的方法，全部拒之门外。在其理解和适用中，需要注意到，其规定"人胚胎的工业或商业目的的应用"应予禁止，实际上意味着，人胚胎的非工业或商业目的的应用，是允许的，可以授权的。例如，人胚胎的治疗或诊断目的的应用就属于典型的人胚胎的非工业或商业目的的应用。

基于欧洲本源的解释，我们需要注意到，欧洲从一开始适用就强调需要避免扩大解释，并非所有"使用或利用人胚胎的方法"均属于"人胚胎的工业或商业目的的应用"。如果将其理解为所有"使用或利用人胚胎的方法"均属于"人胚胎的工业或商业目的的应用"，从一开始就偏离了其本意，导致了错误的扩大化适用。

在我国专利审查实践中，申请人在面对个案的审查时，部分情况下也会极力说明此点。比如，在公开号为 CN105441385A 的专利申请的审查中，申请人针对专利审查员指出的该专利申请涉及人胚胎的工业或商业目的的应用的审查意见指出，体外受精技术已经在中国广泛使用，在其过程中，必然会产生许多胚胎，也会销毁很多胚胎，但没人会质疑该技术是否有违法律和道德。所以，体外受精技术并不属于人胚胎的工业或商业目的的应用，此时，可以将其归入人胚胎的医疗性应用。专利审查指南仅禁止违反伦理的人胚胎的工业或商业目的的应用，并未禁止人胚胎的任何应用，尤其是不违反伦理和符合伦理道德的那些应用。实际上，这种争辩观点，也是从生命科学领域的整体，尤其是考虑了辅助生殖技术领域的医疗产业现状，而非孤立地仅限于干细胞领域的角度，对此提出了反推和反思。但是，这些观点很容易被沉没于个案中，没有得到很好的重视。

2. 欧洲"人胚胎的工业或商业目的的应用"中"人胚胎"的范围

首先，如前所述可知，欧洲对于从胚胎与流产胎儿获取细胞是区分对待的。换言之，在欧洲"人胚胎的工业或商业目的的应用"的法律适用中，并不包括对从流产胎儿获取胎儿干细胞的约束。

其次，基于 2014 年欧盟法院对国际干细胞公司孤雌胚胎案的裁决可以看出，其纠正了 2011 年在 *Brüstle v Greenpeace e. V.* 案中对人胚胎所作的广义解释，当时判决认为每一个卵子从受精开始被认为是人的胚胎，未受精但植入了体细胞核的卵子以及未受精但通过孤雌生殖技术进行诱导分化而继续发育的卵子，也属于指令第 6（2）（c）条所指的人类胚胎。欧盟法院 2014 年的最终裁决认为，将未受精但通过孤雌生殖技术进行诱导分化而继续发育的卵子纳入"人胚胎"的范围的前提是，此类卵子必须具有"发育成为一个完整个体的潜能"，并由此构成对"人胚胎"作广义解释的一个关键限制。欧盟法院特别指出，*Brüstle* 案中把未受精卵子列入"人胚胎"的条件是，其拥有启动人类发育进程的能力。但为达到对"人胚胎"进行正确区分归类的目的，此情况下该词语被理解为，未受精人类卵子必须具有发育成为人类的内在能力，而并非事实上仅仅只是启动了发育的进程。所以，从目前科学知识来看，如果自身不具有发育成为人的内在能力，受到孤雌刺激而分裂和继续发育的未受精人类卵子就不属于"人胚胎"。这一裁决受到了科学界和产业

界的热烈好评,《自然》杂志也赞赏其"清除了干细胞专利在欧洲的道路"。❶

从以上两个示例明显可以看出,在欧洲,适用"人胚胎的工业或商业目的的应用"的前提是,相关胚胎必须符合其对"人胚胎"的定义或解释。如果本身就非"人胚胎"范畴,自然就不会涉及"人胚胎的工业或商业目的的应用"。我们在引入和借鉴欧洲这一审查标准时,如果只看到欧洲建立了这一严格的审查标准,而没有看到其对这一标准谨慎适用和排除适用的一面,即其在适用中具有的这一关于"人胚胎"的严格准入门槛,也会在无形之中,将其进行没有边界的扩大化适用,从而错误地打击了原本不该打击的专利申请。

3. 三种目的的应用的本意及不同命运

对于利用人胚胎进行科学研究和利用,在欧洲至少存在三种目的表述:一是(纯粹)科研目的的应用,二是工业或商业目的的应用,三是治疗和诊断目的的应用。在欧洲,这三种目的的应用是不同的。因此,如何区分以及其各自伦理判断会面临什么样的结果,就需要我们进一步了解。

(1) 人胚胎的科研目的的应用

欧洲 *Brüstle* 案中,德国联邦最高法院将 *Brüstle v. Greenpeace e. V.* 案提交欧盟法院,在欧盟法院就此所作出的裁决中,对于何为"人胚胎的工业或商业目的的应用"认为,其含义包括了为科学研究目的而使用人类胚胎。❷

在此案中,德国联邦最高法院向欧盟法院提交的第二个问题是:如何理解"为工业或商业目的的对人类胚胎的利用"?是

---

❶ 刘媛. 欧美人类胚胎干细胞技术的专利适格性研究及其启示 [J]. 知识产权, 2017 (4): 84 – 90.

❷ 范长军, 李波. 人类胚胎干细胞技术的可专利性: 欧洲法院 Brüstle v. Greenpeace e. V. 专利案述评 [J]. 科技与法律, 2014 (3): 558 – 571.

否也包含为科学研究目的的利用？欧盟法院对此指明，专利的授予原则上包含其工业或商业利用。该解释获得了关于生物技术发明的法律保护指令中"理由部分"第 14 项的证实。该项规定，专利赋予其所有人有权拒绝第三人为工业或商业目的实施发明的效力。因而专利权原则上与工业或商业行为相关联。但即使一定要在科学研究目的与工业或商业目的之间进行区分，为科学研究目的的对作为专利申请主题的人类胚胎的使用也不能与专利本身及专利权分离开来。该指令序言部分第 42 项指出，《关于生物技术发明的法律保护指令》第 6（2）（c）条规定的不可专利性不适用于"用于诊断或治疗目的且为了人类胚胎的发育而使用于人类胚胎的发明"。为科学研究目的的对作为专利申请主题的人类胚胎的使用并不能与工业或商业利用相分开，因而也不具有可专利性。虽然科学研究的目的应当与工业或商业应用目的有所区别，但当人胚胎科研目的的应用构成专利申请的主题时，已经不能将专利本身与其附属的权利区分开来。因而，作为专利申请的主题，人胚胎科研目的的应用与不授予专利权的人胚胎的工业或商业目的的应用不能区分开来。因此，欧盟法院认为，人胚胎的科研目的的应用不能获得专利权保护。也即，指令第 6（2）（c）条规定的"人胚胎的工业或商业目的的应用"的含义包括了为科学研究目的而使用人类胚胎。

可以看出，欧洲详细论证了人胚胎的科研目的的应用与人胚胎的工业或商业目的的应用的关系，详细分析了它们之间存在的无法区分的紧密关联关系。从而认为此时"人胚胎的工业或商业目的的应用"的含义包括了为科学研究目的而使用人类胚胎。相关论证逻辑严密，值得借鉴。

（2）人胚胎的治疗或诊断目的的应用

细究之下，无论是较早的欧洲版 *WARF* 案，还是欧洲 2011 年的 *Brüstle* 案等，均反复提及，在欧洲人胚胎的治疗或诊断目的的应用是不违反伦理道德的，也即对人胚胎的治疗或诊断目的的应用进行了"人胚胎的工业或商业目的的应用"法律适用上的排除。但是，对于如何认识欧洲的"人胚胎的治疗或诊断目的的应用"，以及为何"人胚胎的治疗或诊断目的的应用"可以从"人胚胎的工业或商业目的的应用"中所排除，国内则很少有人讨论，并形成正确的认识。

　　首先，关于何为欧洲的"人胚胎的治疗或诊断目的的应用"，我们可以从一些蛛丝马迹中探寻。前述这些欧洲的司法判决中均在提及"人胚胎的治疗或诊断目的的应用"可以从"人胚胎的工业或商业目的的应用"适用中排除之时，还提及诸如"若其涉及应用于人胚胎的治疗或诊断目的并有利于人胚胎的发育（如校正畸形和提高存活机会），则可以被授予专利权"，或者"只有为诊断或治疗目的且为了人类胚胎的发育而用于人类胚胎的应用，才有可能成为专利保护的客体"等。据此可以看出，其所述的这些应用应该是为了促进人胚胎的发育，例如去剔除其遗传缺陷，从而校正其畸形和提高其存活机会。也就是说，其所指是针对辅助生殖技术领域涉及培养人胚胎、促进人胚胎生长发育以及对人胚胎进行遗传疾病检测等方面的发明。所以，思考这一问题，必须不再局限于干细胞技术领域，而是需要跳出干细胞技术领域，从涉及人类胚胎研究技术的全视角去看待这个问题。

　　其次，为何"人胚胎的治疗或诊断目的的应用"可以从"人胚胎的工业或商业目的的使用"中排除呢？关于这一点，需要考虑到，其之所以在欧洲的伦理审查中被特别排除，并不是因为人胚胎的治疗或诊断目的的应用在将来并不会用于产业上的制造或使用，也不是欧洲对于人胚胎的治疗和诊断性的应用不再从疾病的诊断和治疗方法方面予以审查（这一类发明除了部分会落入"疾病的治疗和诊断方法"范畴的发明以外，还存在大量产品保护主题或非疾病治疗和诊断方法的发明），而是，当其对人胚胎从治疗或诊断方面进行应用时，就已经具备了合伦理性的理由，其可以得到伦理上的合理辩护，从而欧洲不再从公序良俗的角度追究其伦理问题。这也是国内外对于辅助生殖技术早已产业化的原因。

换言之，在辅助生殖技术领域，其面对的患者对象均是不孕不育患者，出于治疗或诊断目的，出于解决不孕不育问题的目的，医院实施辅助生殖技术，制备和培养相关人胚胎，并为了获得高质量、无遗传疾病的胚胎，针对人胚胎进行遗传缺陷检测，消除其潜在问题，提高胚胎移植后的存活机会等，所有这一切，在伦理上都是正当的，不会触及"人胚胎的工业或商业目的的应用"。所以，欧洲从一开始，就把人类辅助生殖技术，从"人胚胎的工业或商业目的的应用"中剥离了出来。而我国在进行"人胚胎的工业或商业目的的应用"法律适用时，一些案件并没有注意到这一差别，反而进行了扩大适用。从而将这一早已规范化实施的技术，以及社会上广泛认可并受益的技术，纳入"人胚胎的工业或商业目的的应用"的打击范围之内，不得不说，这既是对欧洲专利制度尤其是伦理道德审查制度缺少全面了解的结果，也是对我国辅助生殖技术领域相关伦理规范缺乏了解的结果。

4. "人胚胎的工业或商业目的的应用"不等于"人类胚胎干细胞的工业或商业目的的应用"

专利伦理审查中还有一种容易出现的扩大适用倾向是，很容易将"人胚胎的工业或商业目的的应用"误解为"人类胚胎干细胞的工业或商业目的的应用"。在极少数审查案例中曾经有审查意见指出，将人类胚胎干细胞用于商业目的，可视为违反社会公德。实际上，两者是不能完全等同的，也没有必然关系。

我们在学习这些欧洲的规则和案例之时，需要注意到，在

前述欧洲版 *WARF* 案中，EPO 认为，对于该专利申请中的人类胚胎干细胞产品，根据该申请说明书中的记载，获得所述细胞的方法包括从移植前胚胎分离组织和在给定条件下培养内细胞团细胞，而以胚胎作为起始材料产生工业应用的产品应认为属于胚胎的工业应用。该申请并未记载获得所述人类胚胎干细胞的其他方法，故本领域技术人员为实现该发明，不可避免地需要进行该申请中记载的特定步骤，而且必须以移植前的胚胎作为起始材料，所述的人类胚胎干细胞与以胚胎作为起始材料的制备方法是不可分割的。因此，人类胚胎干细胞产品不能被授予专利权。可以看出，尽管欧洲不允许该涉及人类胚胎干细胞的发明授权，但从其就人类胚胎干细胞产品权利要求与其制备方法权利要求的关系的论证来看，之所以欧洲对人类胚胎干细胞产品也予以否定，是因为申请中并未记载获得所述人类胚胎干细胞的其他方法，故不可避免地需要进行该申请中记载的特定步骤，由此产品与制备方法两者的伦理道德审查问题是紧密关联的。相反，如果后续的发明涉及的是人类胚胎干细胞的下游应用，彼时人类胚胎干细胞的获得已经不需要从头破坏人胚胎，则不应受此之限。也就是说，相关利用人类胚胎干细胞的方法不应该在"人胚胎的工业或商业目的的应用"的范围之内。❶❷ 在 2011 年欧洲 *Brüstle* 案中，绿色和平组织认为相应专利及其用途的主题违反公共道德时，所主张的理由也指出，因为其涉及的神经前体细胞来自于人类胚胎干细胞，根据当时的技术，生产神经前体细胞时需要破坏胚胎。换言之，如果相应

---

❶ 韦东. 人胚胎干细胞相关发明可专利性研究［D］. 上海：华东政法大学，2011.

❷ 韦东. 人胚胎干细胞相关发明可专利性研究［A］//中华全国专利代理人协会. 发展知识产权服务业，支撑创新型国家建设：2012 年中华全国专利代理人协会年会第三届知识产权论坛论文选编（第一部分）. 中华全国专利代理人协会：中华全国专利代理人协会，2011：20.

的干细胞可以不从头破坏胚胎，即不存在这一问题。EPO 上诉委员会判例法中的 T 1374/04、G 2/06、T 522/04 等案例，也均强调了"只能使用必然会破坏人胚胎的制备方法"来获得权利要求所要求保护的产品，由此才导致相应产品相应主题落入 EPC 2000 第 53（a）条和 EPC 2000 实施细则第 28（c）条规制范围。

因此，EPO 对于此点仍然认为，即使权利要求中没有提及人胚胎的利用，例如，权利要求只是一种人类胚胎干细胞产品，但是只要专利权的实施只能以破坏人胚胎的方式获得其原材料才能实施，则不能获得专利权。但是，这里指的是人类胚胎干细胞的分离制备方法需要使用人类胚胎，并非是指人类胚胎干细胞的工业或商业目的的应用，两者不能混为一谈。那些通过不直接使用人类胚胎的方法获得的下游产物，不会因 EPC 2000 实施细则第 28（c）条而无法获得授权。这一点也可以从欧洲部分国家和地区专利局的做法即可略窥一斑。对于"人类胚胎干细胞的工业或商业目的的应用"，部分欧洲国家是具有高度灵活性的，并没有将其纳入"人胚胎的工业或商业目的的应用"。

欧洲对胚胎干细胞研究持支持观点的国家有英国、法国、比利时和瑞典等。WARF 案以后，英国专利局修订相关审查指南，指出对于有关人类胚胎干细胞的相关发明，只要能证明其在申请日或优先权日，此项发明不是通过破坏人体胚胎的方法来获得，在满足授予专利权的实质性条件的情况下就能被授予专利权。在实践中，英国专利局向人类胚胎干细胞相关下游技术的发明授予专利权。英国专利局认为除了直接从人类胚胎获得干细胞的方法，其他涉及胚胎干细胞的研究并不属于人胚胎的工业或商业目的的应用，也不违背英国的公共政策或社会道德，因此可以授予专利权。

瑞典专利法的第 s1.c.3 条等同于《关于生物技术发明的法律保护指令》第 6（2）（c）条，所以同样排除了"人胚胎的工业或商业目的的应用"发明的可专利性。但是,瑞典专利局对此条款作出解释认为,只有在相关发明本身涉及使用和破坏人胚胎的情况下才不具有可专利性;换言之,只要发明本身不直接利用、破坏胚胎就具有可专利性。在这种专利制度框架下,瑞典专利局对 WARF 申请的一项从人类胚胎干细胞诱导造血细胞的发明授予了专利权。

(二) 引进国的发展——基于中国专利审查规则及实践的视角

2001 年我国在专利审查中引入欧盟《关于生物技术发明的法律保护指令》中的相应伦理审查规则以后,相应专利审查规则在我国已经运行了 20 余年。在这个过程中,我国生命科学领域伦理规则以及发明专利伦理审查规则的发展,实际上并没有局限于照搬欧洲的做法,而是广泛吸收借鉴美国、日本等国家的一部分做法以及一些国际伦理规则,我国 2003 年制定的《人胚胎干细胞研究伦理指导原则》,2005 年联合国大会中国反对生殖性克隆、支持治疗性克隆的表态及投票,均是其选择和态度的一部分。因此,来自欧洲的"人类胚胎工业或者商业目的的应用"这一规则在本土化以后,又有很多新的发展,其含义也不再局限于其发源地的本意。

1. 2019 年《专利审查指南 (2010)》修改之前

(1) 各技术领域通用的基本含义

关于禁止人胚胎的工业或商业目的的应用,其最基本的含义应包括,防止出现如买卖胚胎、器官或组织、私自培育人体等,损害人类的权利,违反社会公德。❶ 正如 2003 年《人胚胎

---

❶ 刘强,蒋芷翌. 我国人类胚胎干细胞可专利性问题:以专利复审委员会决定为样本 [J]. 福建江夏学院学报,2018,8 (1):37-44,61.

干细胞研究伦理指导原则》第 7 条所规定，禁止买卖人类配子、受精卵、胚胎或胎儿组织；2001 年《人类辅助生殖技术管理办法》第 22 条明确规定了"买卖配子、合子、胚胎的"需要承担行政责任和刑事责任。这应是其基本含义或题中应有之义，严禁将人胚胎的获取商业化。任何涉及人胚胎的技术领域，无论是胚胎干细胞技术领域，还是辅助生殖技术领域等，均须如此，概莫能外。胚胎商业化会引发很大的伦理问题，等同于在买卖生命，直接的胚胎交易是将胚胎视为与普通商品并无区别，但胚胎的价值显然是不可被估量的，这违背了人类的道德准则，更是对人类尊严的伤害与蔑视。

对于专利审查之中，如何把握人类配子、受精卵、胚胎或胎儿组织的买卖行为或商业化行为的具体内涵，可以参照我国的一系列相关规定，其界定并不难。例如，我国香港特区通过的人类生殖科技条例，对此就有比较详细的规定，某种程度上可以作为参考，其明确规定：严禁订明物质（包括卵子、精子、胚胎）的商业交易，行为类型主要包括，一是购买、出售任何人类卵子、精子、胚胎、胎儿，或者它们所拥有的细胞组织的行为；二是相关生殖技术应用程序中的任何寻找、谋取人类配子、胚胎或胎儿及其细胞组织等的介绍性、中介性的行为；三是发出要约或者要约邀请，或者进行有关人类配子、胚胎或胎儿及其细胞组织的买卖商议的行为；四是管理或者参与控制与人类配子、胚胎或胎儿及其细胞组织有关的任何不法团体，抑或是服从这些团体所提出的相关行动安排；五是针对购买或者销售人类配子、胚胎或胎儿及其细胞组织所进行的任何发布广告以及其他类似性质的行为。❶ 此外，也可以参照我国《人类辅助生殖技术和人类精子库伦理原则》确立的严防商业化的原则，

---

❶ 刘长秋. 生命法史考［J］. 时代法学，2011，9（6）：14－21.

主要内容为：对于要求采用辅助生殖技术的人群，相关医疗机构及其医务工作人员必须严格审核，依法依规进行操作，绝对禁止因收受钱财而滥用技术的危险行为；对于要求提供精子和卵子的捐赠者，必须严格审查其行为动机，严禁非法购买、销售精子、卵子的行为，但捐赠卵子、精子的人员拥有获得由此产生的误工、交通损失进行补偿的权利。

　　需要指出的是，关于专利法意义上的禁止"人胚胎的工业或商业目的的应用"的基本含义，我们需要避免一些貌似非常合理，实际却很脱离实际的解释方法。例如，部分人可能会字斟句酌地分析认为，对于"工业或商业目的"，工业是指在工厂进行批量生产和制造，商业是指以货币为媒介进行交换从而实现商品的流通的经济活动；"应用"，依《现代汉语词典（第7版）》的解释，同"使用"，而"使用"的释义是：使人员、器物、资金等为某种目的服务。字面理解，使用是为了达到某种目的而用到人或器物。而且，《专利法》第22条第4款规定的实用性意味着专利应当能够在工业或产业上实施，因此，通常要求专利权保护的方案均是出于工业或商业目的的，毕竟专利制度下的专利权人通过实施专利、许可他人实施专利以及制止他人侵权来获得经济利益。在此分析基础上，辅助生殖技术领域那些对人胚胎进行培养或检测的步骤，实际上就是使用了人胚胎，应用了人胚胎。在第50837号复审决定案中，将"对人胚胎进行了操作和接触"认定为对人胚胎的"使用"或"应用"。如果如此说文解字的话，可能会与辅助生殖技术领域的医疗实践直接冲突：大量试管婴儿在医院出生的过程中，都经历了胚胎制备、培养、检测，最后才被植入，发育为胚胎，如果这样的操作和接触均会违背伦理道德，那就相当于将社会上广为实施的辅助生殖技术领域的试管婴儿技术的专利权完全否定了。因此，如此解释，表面上看似非常严谨，实际上却谬之千里。这也是我们需要极力避免的对"人胚胎的工业或商业目的的应用"一种简单武断的解释方法。

（2）"人胚胎的工业或商业目的的应用"仅及于"人胚胎"本身，不应及于已建系的或可商购的人类胚胎干细胞的工业或商业目的的应用

2019 年《专利审查指南（2010）》修改以前，我国明确规定人类胚胎干细胞及其制备方法不能被授予专利权。但是，即使是在如此严苛的时期，正如本书第四章所述 20 余年的专利审查历史，专利审查也有一个逐渐放开成熟商用人类胚胎干细胞系以及已经建系的人类胚胎干细胞系的下游应用的跌宕起伏的审查历史。也就是说，在 2019 年《专利审查指南（2010）》修改以前，申请人已经可以放心地开展人类胚胎干细胞的下游应用研究，并可以及时获得保护。

除了下游应用以外，专利审查内部也认识到，随着干细胞技术的进步，如图 6-1 所示，出现了一些新的胚胎干细胞分离方法并不需要破坏胚胎，在"利用胚胎"与"破坏胚胎"不再同时发生的情况下，仍然将《专利审查指南（2010）》中所称"人胚胎的工业或商业目的的应用"广义解释为任何利用胚胎的发明创造，并将这一类发明创造都认定为违反社会公德实际上已经不再合理。实践中，也已经有多个复审决定中指出，不破坏胚胎，就不构成工业或商业目的的应用。❶ 例如，"如果无须破坏任何人胚胎，则发明并不涉及人胚胎工业或商业目的的应用。""如果有证据表明诱导分化方法的实施并不必然需要破坏人类胚胎，则该方法不因涉及人胚胎的工业或商业目的的应用而有悖于伦理道德。"❷

---

❶ 刘媛. 欧美人类胚胎干细胞技术的专利适格性研究及其启示［J］. 知识产权，2017（4）：84-90.

❷ 参见专利复审请求审查决定第 76279 号、第 24343 号。

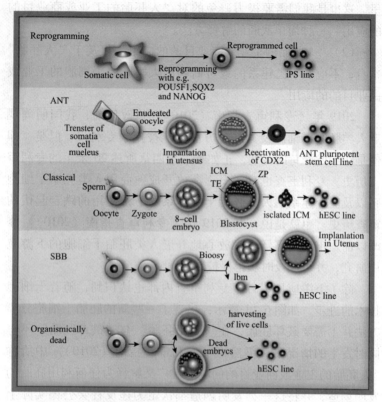

图 6 - 1　典型的不需要破坏成活胚胎获取多能干细胞的方式❶

　　另外，在 ISSCR 层面的伦理准则中，将科学研究分为不同类型，其中第一种类型就是常规研究，如用已有的人类胚胎干细胞（细胞系）进行的研究。其只需要履行行政审批的简易程序。可见，从科研管理上而言，使用已经建系或商业化的人类胚胎干细胞（细胞系）进行的研究，已经被归属为常规研究，

❶ GAVRILOV S, LANDRY D W. Ethics in regenerative medicine ［J］. Regenerative Nephrology，2011：401 - 408.

不再进行专门的伦理审查。

2. 2019 年《专利审查指南（2010）》修改之后

我国对于"人类胚胎工业或者商业目的的应用"的最大发展在于 2019 年《专利审查指南（2010）》修改。并且，与其说是发展，更应该说是一种颠覆。因为，2019 年修订的《专利审查指南（2010）》第二部分第一章第 3.1.2 节第 2 段之后新增一段"但是，如果发明创造是利用未经过体内发育的受精 14 天以内的人类胚胎分离或者获取干细胞的，则不能以违反社会公德为理由拒绝授予专利权"的修改，不仅意味着释出了一种"违反社会公德"的例外情形，同时释出了"人胚胎的工业或商业目的的应用"适用中的一种例外情形。因此，2019 年《专利审查指南（2010）》修改以后对"人胚胎的工业或商业目的的应用"的理解，就需要进一步校正。并且，这种重新解释和校正，本质上已经与欧洲的本意相差很远了，2019 年《专利审查指南（2010）》修改某种程度上就是对欧洲"人胚胎的工业或商业目的的应用"规定的近于彻底的颠覆。

如前所述，欧洲尽管在"人胚胎"范围的解释上以及在"人胚胎的治疗或诊断目的的应用"与"人胚胎的工业或商业目的的应用"关系的处理上，已经尽量限制了"人胚胎的工业或商业目的的应用"的适用，但是，其对需要破坏人胚胎，只能利用破坏人胚胎的方式才能实施的发明，至今没有放开限制。但是，2019 年《专利审查指南（2010）》修改放开以后，实际上，利用未经过体内发育的受精 14 天以内的人类胚胎分离或者获取干细胞的，也已经不在该限制范围内。换言之，即便因上述原因破坏了人胚胎，也不再属于"人胚胎的工业或商业目的的应用"而违反社会公德。

在我国科研实践中，使用剩余胚胎制备人类胚胎干细胞是符合相应伦理指导原则的。制备好人胚胎并完成胚胎移植以后，对于辅助生殖技术领域中的剩余胚胎，到期销毁也是剩余胚胎的常规处理方式，因为胚胎和受精卵并不能无限期地保存。因此，2019 年《专利审查指南（2010）》修改以后，在人类胚胎干细胞的专利审查中，对于为制备人类胚胎干细胞而破坏早期胚胎与"人胚胎的工业或商业目的的应用"不再具有必然关系，相对而言，社会比较容易接受。

（三）小　结

从中国和欧洲对"人胚胎的工业或商业目的的应用"含义解释的发展演变过程来看，整体而言，是一个对"人胚胎的工业或商业目的的应用"不断限缩解释的过程。尤其是在中国，"人胚胎的工业或商业目的的应用"适用的空间已经被大大压缩。

在这个过程中，我们需要看到的是，"人胚胎的工业或商业目的的应用"既不等于所有涉"人胚胎的应用"，也不等于"人胚胎干细胞的工业或商业目的的应用"。人胚胎的相关应用涉及各种胚胎、各种目的以及是否需要破坏胚胎等，最终在法律适用中是否解释为"人胚胎的工业或商业目的的应用"，则需要看其是否在所在国家或地区违反社会公德。违反社会公德与"人胚胎的工业或商业目的的应用"的关系，本质上是本与末的关系：只有最终违反社会公德，才属于"人胚胎的工业或商业目的的应用"；不是因为其属于"人胚胎的工业或商业目的的应用"，而必然违反社会公德。此处不宜本末倒置。

根据欧洲本源解释，如前所述的案例以及参见 2014 年 EPO 的 T2221/10 决定等，欧洲除了对需要重新破坏人胚胎获取人类胚胎干细胞系的发明严格禁止以外，欧洲在很多方面已经表现出明显的放宽态势。至少对于胎儿干细胞发明、孤雌胚胎及其干细胞发明、辅助生殖领域涉及人胚胎的诊断或治疗目的的应用，并不在欧洲"人胚胎的工业和商业目的的应用"所规范的范围之内。并且，"人类胚胎干细胞的工业或商业目的的应用"在欧洲大部分国家和地区也不受到限制。

根据中国自身的发展，我国禁止买卖人类配子、受精卵、胚胎或胎儿组织，宽容已建系的或可商购的人类胚胎干细胞的工业或商业目的的应用，并且，完全放开了"利用未经过体内发育的受精 14 天以内的人类胚胎分离或者获取干细胞的发明创造"这一需要破坏人胚胎的情形。因此，我国舶来的"人类胚胎干细胞的工业或商业目的的应用"已经突破了其发源地欧洲的局限，与其本意拉开了距离，可以说是又前进了很大的一步。这也使得今后审查中有关"人胚胎的工业或商业目的的应用"的解释更加复杂。

早在 2012 年，在专利审查部门内部[1]就有研究提出，对"人胚胎的工业或商业目的的应用"应作狭义解释，不应作扩大性的解释。从专利法的立法目的来看，对此作狭义解释也是比较合理的。今后专利审查在"人胚胎的工业或商业目的的应用"的解释和适用中，既要充分吸收和理解欧洲起源地的本意，放开对胎儿干细胞发明、孤雌胚胎及其干细胞发明、辅助生殖技术领域涉及人胚胎的诊断或治疗目的的应用的限制，也要继续走好中国自己的路，服务好中国的创新和发展。

2019 年《专利审查指南（2010）》修改表明，对于"人类胚胎干细胞的工业或商业目的的应用"，我国已经不再拘泥于欧洲的认识，而是结合中国的国情、传统文化、社会道德、研发水平和发展目标，制定或修改相应的新的审查标准，选择给予这类发明创造以专利保护。通过这种专利保护，一方面能够促进竞争，推动我国人类胚胎干细胞技术的发展和进步；另一方面切实保护

---

[1] 冯小兵，等. 专利制度适应技术发展的初步究：以生物和计算机技术为例 ZX201102，国家知识产权局学术委员会 2011 年度专项课题研究项目，2012 年。

我国研究人员的智力劳动成果，保护发明创造的积极性，利大于弊。

二、涉及剩余胚胎的发明创造

在本书第四章，我们已经详细讨论了涉受精胚胎（剩余胚胎）发明专利的 20 余年审查历史。其中，由于彼时在我国专利审查指南的严格规定之下，人类胚胎干细胞及其制备方法均属于《专利法》第 5 条第 1 款规定的不能被授予专利权的发明，当时主要的争议焦点转而出现在人类胚胎干细胞的下游应用发明上，即利用成熟的商购细胞系或已经建系的人类胚胎干细胞所实施的发明，并介绍了专利局对此审查政策调整和审查标准转变的曲折过程，在专利审查上，我国对已建系人类胚胎干细胞的应用研究予以放开的时间要比美国晚约 18 年。并可以看出，当时的审查标准调整还是在人类胚胎干细胞的下游应用技术上，上游的人胚胎的源头问题仍没有得到解决。

视野回望，在德国，比较普遍的观点是人的生命从受精卵开始，而受精卵一旦形成，即是有生命的，拥有人的权利，毁掉它即等同于杀人，是不合道德的。因此，德国 1991 年的胚胎保护法严格禁止人类胚胎干细胞研究。但是尽管这样，2002 年德国联邦议院通过胚胎干细胞进口法案，虽然禁止科学家从人类胚胎中制造新的胚胎干细胞，但准许在严格限制下进口人类胚胎干细胞用于科研目的。也就是说，德国选择了一种"曲线救国"开展研究的方式，来面对全球胚胎干细胞研究这一巨大的机会。德国式的谨慎、坚守与妥协背后，何尝不是对不能错过这场科技盛宴的战略抉择。只有放宽对人类胚胎干细胞研究的限制，才不会在生物和基因技术研究领域错失发展机遇。

但是，也需要看到，德国这种通过进口人类胚胎干细胞而

部分放开人类胚胎干细胞研究，却未彻底放开人类胚胎用于干
细胞研究的折中和保守政策也势必具有代价：如果用于研究的
人类胚胎干细胞均基于进口，虽然可以避免破坏本国的人胚胎，
可以假他国之细胞实现自己的研究目的，但相关研究并非基于
本国人群的人胚胎和胚胎干细胞系，不仅会造成胚胎干细胞研
究资源缺乏，研究成本上升，在临床应用上，也可能面临对德
国人群缺乏系统研究的境地，研究成果在德国的适用性会大打
折扣，并且仍然会面临实际应用的"最后一公里"等问题。

　　在 2019 年《专利审查指南（2010）》修改以前，我国在专
利审查中逐渐放开人类胚胎干细胞下游应用研究的政策，实际
上与彼时的德国的选择是类似的。当时有人认为，这种折中的
标准可以向专利局之外传递出一种鼓励和促使申请人在发明创
造的时候不再从头破坏人胚胎来获取人类胚胎干细胞，转而利
用替代技术或购买成熟的商用人类胚胎干细胞系的导向，避免
研究触及破坏胚胎的伦理问题。但是，这种只在人类胚胎干细
胞层面或其下游技术层面的研究放开只会助长这样的一种局面：
技术先发国家手头握有成熟的建系技术及建系细胞，稳稳掌握
研究优势，后发研究国家由于不能自主建系，势必形成研究依
赖，不能主宰自己的命运。再加上，如果研究细胞多为国外来
源，与国内人群存在匹配性、适合性等各种问题，到临床应用
时，研究成果要么是徒然为他人作嫁衣，要么是无法在国内实
用。最终，我国人类胚胎干细胞的科研和应用势必会在一定程
度上受制于国外的干细胞机构，对国内自主研发的胚胎干细胞
相关技术也并不能起到实质性的保护作用。

　　此外，已建系的干细胞系在体外传代培养中也会发生特性
丧失、基因突变等，会逐渐减少和淘汰，必须依赖新建立的干
细胞系供国内外研究使用。在特定的研究中，多数现有细胞系
为针对特定疾病设计，研究者需要根据自身研究需求，获得符

合自身需求的干细胞系。而且，培养技术不断发展，原有的干细胞系存在动物饲养层细胞导致动物源病毒传播的问题，应用于人类时容易引发免疫应答与排斥，原有的细胞系会逐渐不再适用于人类疾病治疗研究，也需要不断开发新的细胞系、新的培养技术，使得干细胞研究与应用更加安全。从这些角度而言，指望不再从头破坏胚胎，指望已经建系的胚胎干细胞系一劳永逸地解决胚胎干细胞全部需求问题，既是不讲政治、盲目信任科学无国界的天真，在技术上也是非常不现实的。

因此，这种折中处理的政策并不能解决实际问题，中间还隔了一层，也是最关键的一层：没有直接放开人类胚胎干细胞制备研究。因此，2019 年《专利审查指南（2010）》修改就是选择进步与发展，大力支持和发展我国人类胚胎干细胞建系研究，选择在发展之中进行监管。

那么在放开以后，我国干细胞研究伦理与干细胞专利授权伦理已经保持一致。在后续执行中，到底还有哪些问题需要注意呢？我们认为可能需要注意以下七点。

（一）主角是剩余胚胎

对此，本书第五章已经有过详细的分析，2019 年修订的《专利审查指南（2010）》第二部分第一章第 3.1.2 节第 2 段之后增加了"但是，如果发明创造是利用未经过体内发育的受精 14 天以内的人类胚胎分离或者获取干细胞的，则不能以违反社会公德为理由拒绝授予专利权"的修改，该修改内容主要针对和适用的情形就是剩余胚胎。换言之，其针对的是体外胚胎，而非体内胚胎；针对的是受精胚胎，而非非受精胚胎；针对的是 14 天以内的早期胚胎，而非 14 天以后至 40 周的任何其他时期的胚胎（或胎儿）。在专利审查实践中，一般很少会涉及专门为研究目的而人工制造的人胚胎，更不会遇到利用拟植入子宫的胚胎（待植入胚胎）进行胚胎干细胞分离。因此，从这个意义上讲，在专利审查中，2019 年《专利审查指南（2010）》修改增加的内容主要需要适用的情形，就是剩余胚胎。

　　明确这一点，是讨论和认定相关法律、伦理问题的前提。这一点不清楚，往往会把此论题不适当地扩展或放大到任何人胚胎，如此就会既没有聚焦于特定技术领域，也没有聚焦于特定法律领域，还没有聚焦于特定时空之下的人胚胎（实际上，这里的 14 天界限是时间限制，未经过体内发育则是指体外胚胎的空间限制），从而把相关事实混淆，规范混淆，就会处处显露出难以定位或难以辨认的困惑与茫然。对于专利审查中所涉及的人类受精胚胎，需要具有时间观念、空间观念。生命不能脱离时空而存在，人的生命的界定既需要考虑时间因素，也需要考虑空间因素。

（二）剩余胚胎的含义辨析

　　通常而言，剩余胚胎专指辅助生殖中超过实际需求而多余出来的胚胎。也即，在不孕不育患者辅助生殖临床治疗中，为了保证治疗的成功性，会通过超排卵技术采集多个卵子，也即需要使用促排卵药物，一般来说，一次手术提取 8～15 个卵子，40%～70% 的卵子能够成功受精，进而发育为胚胎。获得多个胚胎以后，每个胚胎都在体外培养发育为早期胚胎。然后经过一系列筛选，为保证移植手术成功率，同时也减少多胎妊娠对母婴的伤害，每次胚胎移植手术移植 2～3 个胚胎，或者最终选择 1 个高质量的胚胎植入。剩余的胚胎则予以冷冻，等待后期的治疗需要，如第一次植入失败或者想要多个胎儿。处于移植待定期间的这些剩余的胚胎实际上仍是有可能植入的，胚胎被冷冻存储很大程度的原因在于这些胚胎可以发育成人，只是暂时没有满足植入体内的需求，而一些患者往往会尝试多次植入治疗后才能够成功。而且随着技术的进步，冷冻胚胎的保存时间越来越长，可以植入的时间也不断增长。例如在以色列，一名 39 岁的妇女成功在体内植入了她冷冻保存 12 年之久的胚胎，并随后生育出正常的婴儿。

总之，在完成一次完整的体外受精－胚胎移植手术以后，可能有剩余胚胎。从胚胎植入成功率以及冷冻胚胎技术进步两层因素考虑，剩余胚胎通常指的是成功完成移植以后，患者诞下孩子，且无再次生殖的意愿，或者前次手术虽然未能成功移植但患者已明确无进一步的移植需求，从而真正确定剩余或多余出来的人胚胎。也即，其属于剩余或多余这一点，已经是确凿事实，不是待定事实。由此，这些剩余下来的胚胎就成为真正意义上的剩余胚胎了。

但是，有时在部分语境下，剩余胎儿或剩余胚胎这一概念反而专指已经植入的胚胎，甚至是能够发育为胎儿的胚胎，这就需要注意区分。例如，为提高辅助生殖技术妊娠率，相关技术规范允许在体外受精治疗周期中为患者移植 2～3 个胚胎，从而造成医源性多胎的发生率远高于自然状态。由于多胎妊娠对母婴生命会造成极大威胁，增加流产、产后出血、新生儿畸形或死亡等诸多风险，加重社会负担，因此，我国辅助生殖有关伦理原则和技术规定，对多胎妊娠应当进行减胎。此时的减胎只是医生按照胚胎发育位置等表面因素选择减灭胚胎，不仅对剩余胎儿的继续发育会造成一定威胁，而且无法保证剩余胚胎没有发育缺陷。在该语境下，此处所使用的"剩余胚胎"和"剩余胎儿"用语，实际上是指减胎术后余留的胚胎或胎儿，其在植入以后，侥幸逃过减胎术一劫，将来有可能成功诞下为婴儿，进而成为自然人的胚胎或胎儿，与前述属于弃之不用的剩余胚胎的含义完全不同，而且其发育位置（位于体内）、发育时间（已经是 14 天以后）等也完全不同。因此，需要注意避免在此意义上理解"剩余胚胎"这一概念。通常所述的"剩余胚胎",均是指前述体外受精－胚胎移植中剩余下来的胚胎,是真正意义上的剩余胚胎。

在某些专利文献中(例如公开号为 CN105441385A 的专利公开文本),说明书中这样使用"剩余胚胎"或"剩余的胚胎"这一术语❶:"在某些前述的任何实施方案中,从胚胎取出卵裂球而不破坏胚胎的剩余部分。可培养和/或冷冻保存剩余的胚胎(胚胎减去取出的卵裂球)。在某些实施方案中,将剩余的胚胎培养充分的时间,以证实所述剩余的胚胎可继续分裂(如仍是有活力的),然后当证实活力后,将所述剩余的胚胎冷冻保存。在某些其他实施方案中,剩余的胚胎立即进行冷冻保存"。可以看出,此时,该专利文献中的所谓"剩余的胚胎"是指将处于卵裂球时期的胚胎分离出单个卵裂球以后,胚胎所剩余的部分。这一部分通常仍称为胚胎,它仍会保留胚胎活性,并可以在后续步骤中植入子宫,发育为胎儿。显然,在这种语境下,我们需要关注中文"剩余的胚胎"所对应的英文表述为"the remaining embryo",其也不是通常所说的剩余胚胎(surplus embryo)的含义。

广义上而言,剩余胚胎通常也包括无移植可能性的废弃胚胎。例如,2015 年黄军就等首次针对人类胚胎进行基因操作,成功修改人类胚胎的 DNA,当时所使用的人胚胎就是人的三原核胚胎,其本质上属于无活性的人胚胎,不可能进行子宫植入。

---

❶ 英文原文为: In certain embodiments of any of the foregoing, a blastomere is removed from an embryo without destroying the remainder of the embryo. The remaining embryo (the embryo minus the removed blastomere) can be cultured and/or cryopreserved. In certain embodiments, the remaining embryo is cultured for a time sufficient to confirm that the remaining embryo can continue to divide (e. g. , is still viable), and then once viability is confirmed, the remaining embryo is cryopreserved. In certain other embodiments, the remaining embryo is immediately cryopreserved.

（三）剩余胚胎的主要伦理争议

专利审查放开人类胚胎干细胞制备，就必然会触及破坏人胚胎，也即通过破坏剩余胚胎，来制备干细胞。此时，由于分离提取人类胚胎干细胞必定会损毁胚胎。于是，剩余胚胎是否属于生命、是否等同于人、研究人类胚胎干细胞是否等同于毁灭生命等问题均成为争论的焦点。

早在 2005 年，美国众议院通过议案，要求美国政府放宽对人类胚胎干细胞研究的限制，改变 2001 年以来关于不允许用联邦经费资助胚胎干细胞研究的做法时，时任总统布什迅速作出反应，表示会予以否决，不会改变当时的政策，并说他的生命文化中根本没有多余的胚胎这回事，为了拯救生命而毁灭生命是不道德的，决不能跨越这条有可能牵涉摧毁胚胎生命的重要的人伦界线。可见，即使研究面对的是剩余胚胎，也会存在巨大的伦理争议。

反对利用剩余胚胎进行科学研究的学者形象地指出，尽管科学家们所使用的剩余胚胎将来并不会被用于胚胎移植和发育为人类，但这些受精卵并不情愿最终会死亡，像一片雪花一样消逝。他们是一个个体，唯一特性的个体，他们内在的遗传指令想驱动着他们朝向这一目标发育。此时，科学家们，破坏了这一切，跨过了伦理界限。因此，人类胚胎干细胞研究就是在挑战道德底线。

这基本上就是对利用剩余胚胎用于干细胞研究的主要伦理争议。这里面，涉及对剩余胚胎的价值和地位的讨论和认定，实际上是涉及对什么才是人的认识及讨论。

（四）剩余胚胎的法律定位

在我国法律中，关于人类胚胎立法呈现出分散的特点，散见于《民法典》《人类辅助生殖技术管理办法》《母婴保健法》等法律法规中。相关法律一般多从体内胎儿（体内未出生的胎儿）的角度予以规定，通常不涉及体外胚胎。

我国对于体外胚胎的法律地位，有"主体说""客体说""折中说"等观点。"主体说"即将人的体外胚胎视为人，从而坚决捍卫胚胎的人格权利、赋予胚胎以自然人的权利。但是，"主体说"并不可取，也不可行。倘若把体外早期人类胚胎视为人，医生将无权对胚胎进行冷冻保存，因为这等于冷冻人。然而早期人类胚胎尚未被植入母体，自己又不能独立维持生命，必须借助类似于子宫的试管，否则会面临灭亡的命运。冷冻行为究竟合法，还是非法，通常具有理性的监护人都很难甚至无法回答和解决这些难题。倘若将体外早期人类胚胎视为主体，任何人既无权丢弃、销毁胚胎，也不能将胚胎捐做科学研究之用。按照主体说，销毁多余的胚胎无异于谋杀，对胚胎进行科研也会侵犯其生命权。因此，倘若采纳主体说，将会严重阻碍医学研究和医疗技术的创新与进步，不利于增进现有人类的生命与福祉。❶ 将体外胚胎作为法律上的"人"难以与当前的法律相衔接，也与常人的认知不符。

反对"主体说"的人认为，剩余胚胎具有发育成人的潜在可能性，但是具有变成某种东西的可能性并不意味着其就拥有已经变成该种东西所具有的地位。例如，单个的精子能够使卵子受精，成为受精卵，然后是胎儿，但这并不认为精子在发育到相应的阶段之前就能够享有胎儿的身份。我们不会把胎儿的身份赋予精子，那么为什么我们就应该把人的身份赋予胚胎呢。况且，部分剩余胚胎，因为医疗的原因不能被植入子宫，或者是由于不孕不育患者的决定不被植入子宫，就不具有发育成人

---

❶ 徐海燕. 论体外早期人类胚胎的法律地位及处分权 [J]. 法学论坛，2014，29（4）：146–152.

的潜在可能性。此外，胚胎不具有自我意识，也不能自我决断，因而缺乏拥有人的尊严的条件。

"客体说"则把胚胎与一般物体相提并论，直接否定了胚胎的生命潜能与道德地位，这种做法显然也不可取。部分激进的观点认为，胚胎和精子、卵子一样，只是一团细胞组织，是未分化的细胞群。这种仅将其视为细胞团的说法，尽管也是事实，但某种程度上，也有淡化其地位之嫌。

因此，学术界多持折中观点，认为胚胎是处于人与物中间的人格物或伦理物，道德地位高于一般物，但也不具备自然人的民事权利和民事能力。2014 年"无锡人体冷冻胚胎权属纠纷案"所引发的人类胚胎法律地位的思考也揭示了胚胎并不是普通的"物"。

关于这种相对折中的定位，还可以参照干细胞研究以外的一些事实予以佐证。例如，一方面，我们大力倡导保护母婴权益；另一方面，必要时，我们又需要以合理的理由终止妊娠（参见《母婴保健法》第 18～19 条和《产前诊断技术管理办法》等），包括对早孕人群终止妊娠。甚至由于当事医院或妇幼保健院在产前检查和产前诊断中存在过失，未能检测出胎儿的先天缺陷，就此对胎儿的父母未尽合理告知义务，致使孕妇未能及时终止妊娠，出现"不当出生"（wrongful birth，包括胎儿先天畸形、唐氏综合征等各种染色体遗传疾病），很多当事人选择将当事医院或妇幼保健院告上法庭，主诉其侵犯了原告的知情权、选择权和决定权。换言之，医院和医生的这种行为导致患者没能及时终止妊娠。再例如，实施体外受精－胚胎移植时，女方受孕后可能出现 3 个及以上胎儿，即多胎妊娠，为确保母胎安全，需行减胎处理，即多胎妊娠减胎术（MFPR）。减胎和人流在本质上是一致的，即仅以父母的意志杀死尚未出生的生命。这些均表明，我国并未将体外的胚胎甚至体内的胎儿，视为真正意义上的"人"。

另外，除了剩余胚胎保存到期必须销毁的情形以外，在卫生监督执法实践中，对非法开展人类辅助生殖技术的案件（超范围行医或非法行医）的处理中，涉及对相关冷冻胚胎的处理。在处置非法开展人类辅助生殖技术案件中的冷冻胚胎时，对于胚胎当事人放弃冷冻胚胎处置权的情况，采取了委托相关机构或部门对冷冻胚胎进行销毁。例如，2016 年上海市某生物科技有限公司在未取得医疗机构执业许可证擅自从事人类辅助生殖技术案中，执法人员要求该公司联系当事人双方到案配合调查，而在联系到当事人后，双方均表示放弃胚胎处置权，最终该公司在执法人员的见证下对其进行了销毁。❶ 这些也均说明，我国并未将体外冷冻胚胎视为真正意义上的"人"。

但是，不将人胚胎等同于人，尤其是，不将剩余胚胎等同于人，并不意味着对其没有保护。就民法而言，有著名的(2014) 锡民终字第 01235 号民事判决可以供我们了解，法律对人胚胎相关所有权及其他权益保护的处理；就刑法而言，2021年以前我国没有设立专章或专罪来规制危害人类胚胎的行为，只能适用传统罪名。针对盗取人类胚胎行为，并无"非法获取人类胚胎"的罪名；针对人类胚胎的商业化行为，也并无"非法销售或购买人类胚胎罪""为买卖胚胎从事中介服务罪"来对人类胚胎的商业化行为进行规制。❷ 对此，新的刑法修正案新增了非法植入基因编辑、克隆胚胎罪。胚胎保护将有法可依。溢出伦理范畴，仍可能构成犯罪。

当然，无论是民法意义上的保护，还是刑法意义上的保护，

❶ 何中臣，张检，罗蓝，等. 人类辅助生殖技术案件中冷冻胚胎处置问题刍议 [J]. 中国卫生监督杂志，2020，27（2）：116 - 119.

❷ 陈小贞. 人类胚胎的刑法保护探微 [J]. 金华职业技术学院学报，2020，20（2）：64 - 68.

都不能仅仅依靠某种直觉，不适宜地过度强调或提升人胚胎的法律地位。武汉大学法学院法学博士陈金林认为，刑法意义上的"人"的起点的确定，是一个规范性的判断，没有必要为了追随自然科学的步伐而将"人"的起点提前至"受精"或者"着床"；对于母体之外的生殖细胞、胚胎或者离开母体环境不能独立存活的早期胎儿，最多只能作为财产加以保护❶；道德伦理层面"保护生命"的提倡，能在一定程度上影响刑法是否设置特定的保护民众道德伦理情感的犯罪，但并不影响刑法意义上的"人"的起点的确定。如果将受精卵或早期的胚胎视为刑法上的"人"，一个着床失败、丧失生命力的受精卵就是一具"尸体"，流产也就意味着有"人"死亡，警察必须进行"尸检"以判断着床失败或流产是自然因素还是人为因素所致。孕妇避孕失败后服用事后紧急避孕药阻碍着床，或者孕妇情绪不好、吃了妊娠期不能吃的食物导致流产，都可能构成故意杀人罪或过失致人死亡罪。同理，一些如"三分钟梦幻无痛人流"的广告就等同于赤裸裸的杀人宣传。可见，将早期的生命形态视为刑法意义上的"人"，将严重冲击当前刑法意义上的"人"的观念，它未必会使受精卵或胚胎具备"人"的尊贵地位，反倒可能会让"杀人罪"变得与早期流产一样琐碎和常见，并因此稀释刑法上的"人"的价值。

（五）剩余胚胎的道德地位

实际上，我国在人类胚胎干细胞研究的伦理争议中，并没有出现美国那种随着不同总统上任轮番上演的禁与放的循环、否定之否定的翻转。我国在 2003 年伦理框架已经非常明确，对体外受精－胚胎移植中的剩余胚胎研究实验采取谨慎开放的态

---

❶ 陈金林. 刑法意义上的"人"的起点：多维度的综合分析 [J]. 政治与法律，2015（3）：77－88.

度，2003 年发布的《人胚胎干细胞研究伦理指导原则》也体现了这一点。我国对于最典型的胚胎类型——体外受精 - 胚胎移植中的剩余胚胎和为了研究目的创造的体细胞核移植胚胎，均允许进行研究。❶

从伦理学视角出发，1948 年《日内瓦宣言》以来认为人胚胎与人享有等同的尊严地位，坚决反对任何伤害胚胎的行为的保守观点，经过 70 多年的发展，早已不再适合当今的现状。我国从开始就并未因此执念于其特殊物的道德地位或"法律地位"而因噎废食，深闭固拒。尤其是，我国文化中对人的胚胎用于研究的障碍较小，研究不但得到政府的支持，也得到公众的支持。

人类胚胎属于人的生物学生命，但不是人类的人格生命，不具有人的全部价值，不拥有人的权利。尤其是，植入前的 14 天以内的体外胚胎没有神经和大脑，不存在产生意识与自我意识的基础，处于无知觉和感觉的阶段，不具备人所具备的意识和个性特征。且在此阶段自然死亡率非常高，即使是植入的胚胎，目前临床妊娠率也只有 30% ~ 40%，仍会有相当一部分胚胎可能终止发育（例如着床失败、生化妊娠或流产），在多胎植入情况下，还可能涉及人为减胎。因此，在多数人的伦理直觉中，并没有将胚胎与人等同。

在著名的生殖门诊失火的思想实验的情境下，如果只能拯救其中一个，那么面临应该救房间中的一个小女孩还是十个冷冻胚胎的选择题时，多数人会选择救小女孩，而不是人类冷冻胚胎。正如甘绍平先生所言，在对不同的人类生命形态的抉择上，不可能有什么理性的理由，起决定作用的是人类的感受性。当我们在人类胚胎或其他形态的人类生命之间必须作出抉择时，

---

❶ 李勇勇. 人类干细胞研究与临床转化的伦理和管理研究［D］. 北京：北京协和医学院，2018.

人类胚胎本身的状态给我们造成的感受绝不会与婴儿、孕妇或病患者给我们造成的感受完全一样。

但是，在受精卵形成的一刻，新的生命开始了，无论它是在子宫里还是在医院或研究者的试管里。尽管胚胎干细胞多数来源于试管婴儿技术产生的多余胚胎，这些剩余胚胎注定要被摧毁或废弃，该人体外胚胎也毕竟具有未来发展成人的潜质，虽然不应赋予胚胎以与人等同的道德地位，不承认它是人，也不能与普通物等同，应当赋予一定的道德地位，并予以尊重，从人类尊严的角度予以保护，这种尊严是从其存在的那一刻即开始的。没有充分的理由，不能随意操纵、损害乃至杀害胚胎。即使理由充分，对于胚胎的操纵和研究，也需要经由一系列公认的程序。

有效地治疗千百万人的疾病可能就是这样一个充分理由，由于人类胚胎干细胞研究和临床应用的潜在医学价值是显而易见和值得寻求的，挽救千千万万患者宝贵生命是对人类生命价值的最高尊重，它与人类所追求的伦理标准也应该是一致的。哈佛大学前校长劳伦斯·萨默斯表示，科学家不会不尊重反对这项研究的人的信仰，但是科学家和医生更关注那些正忍受着疾病折磨的弱者。因此，从医用目的和从造福人类的角度，开展科学研究，能够得到伦理道德的认可与辩护。尤其是在相关法律法规监管之下，将辅助生殖中的剩余胚胎用于科学研究，是合乎伦理的。只是应有的尊重和程序应该包括：人类胚胎用作研究必须是体外的，胚胎的研究不能超过 14 天，胚胎不是商品，不能买卖等。我国的国家人类基因组南方研究中心伦理委员会的专家们认为，应大力支持我国科学家开展此项研究，它是 21 世纪人类文明发展史上的一项伟大成就。在全世界 70 多亿人口中，任何科学研究的主旨都不能背离保障全人类最基本的生存权和发展权，这是全世界普遍认同的价值观。明确人类胚胎干细胞研究的伦理定位，既能给科学家以广阔的空间来发展科学、造福于民，又能充分尊重人类胚胎、尊重人的权利和尊严，为人类的生存和发展不断开拓新领域。

因此，对于剩余胚胎用于科研的合理态度是，积极鼓励人胚胎及其干细胞研究和创新，不否认来源合理的胚胎用于科学研究，允许胚胎研究在相关的法律和伦理原则指导下进行，积极推进科研创新和医学进步。同时给予其特殊尊敬，用于研究的人胚胎理应在研究中受到应有的尊重。其伦理含义就是，在干细胞研究中对于人类胚胎的获取、保存、利用、处置等应该有一定的合适的规范，例如，获得捐赠者的知情同意，经过伦理审查、行政批准，所用胚胎都应有有关来源、保存、使用、处置情况的记录，以备相关人员查阅等。同时，要对涉及人类胚胎的干细胞研究进行必要的、合适的监督。这样做的一个好处是，有利于公众的普遍理解。

总之，在伦理与科学的关系上，我们的伦理规范需要为科研探索提供良好的舆论环境和创新激励，要相信我们的科学共同体，避免因循守旧、裹足不前、自缚手脚，而错失发展的绝好机会。要相信，人类的科学理性和道德智慧能较好地解决科学发展与伦理问题的矛盾，在科学价值与道德价值之间找到有利于人类自身生存和发展的平衡点。好的伦理观念必须适应人类自身的利益，有利于人类追求最佳的生存状态，伦理判断应由社会终极目的和意义来定位。如果胚胎研究是为了攻克目前人类面临的各种疾病，胚胎及胚胎干细胞研究可以增加关于胚胎发育的知识，增加关于严重疾病的认识，提供能够应用于开发治疗严重疾病的方法，由此再生与补救人体衰退或者受损的器官，未来预期可以挽救无数病人的宝贵生命，那么保护胚胎的道德义务就要让位于这个更高的道德目的。人类胚胎干细胞研究最终会增进人类健康福祉，防控重大遗传疾病对医学发展、人类健康产生正面的影响，是一项值得支持的人道主义事业，应能得到伦理辩护。

（六）伦理道德审查的范围和重点

当利用剩余胚胎制备胚胎干细胞时，通常有两种技术路线：一种是从受精卵发育至囊胚阶段，分离提取囊胚的内细胞团；另一种则是，在胚胎处于卵裂球阶段时，分离出单个的卵裂球，然后培养该卵裂球，直至胚胎干细胞阶段。2019 年《专利审查指南（2010）》修改以后，指南第二部分第一章第 3.1.2 节新增的"发明创造是利用未经过体内发育的受精 14 天以内的人类胚胎分离或者获取干细胞的"至少应该包括了这两种情形。在 2019 年《专利审查指南（2010）》修改以前的专利审查中，对于利用分离的卵裂球进行胚胎干细胞制备的，有时也会面临《专利法》第 5 条法律适用的时代，至此也应一并终止了。

由此，基于相同的逻辑，对于那些非干细胞领域的应用，如辅助生殖技术领域的植入前遗传学诊断方法，一种制备单个卵裂球染色体的方法（例如 CN100457902C）等，考量其依据《专利法》第 5 条法律适用时，也应注意逻辑一致，通常也无须再指出违反《专利法》第 5 条的问题。

总之，在考量 2019 年《专利审查指南（2010）》修改背后的规制范围时，应该有站位全局的角度，不应仅囿于干细胞技术领域，还要从不同领域的关联性的角度，准确进行法律适用，避免造成专利审查内部明显的伦理标准不一致的情况发生。

审查标准的规制范围确定以后，还需要注意的是，审查重点和审查限度。尽管在科研中，我国允许使用剩余胚胎进行胚胎干细胞研究，但科研立项中的伦理审查涉及相当多的细节。例如，参考《人类胚胎干细胞研究的伦理准则（建议稿）》第 8 条、第 13 条可知，相关研究需要胚胎捐献者的知情同意，属于辅助生殖多余的胚胎，研究者应向捐献者说明该胚胎将在研究过程中被损毁，不允许将人类胚胎产生的胚胎干细胞用于非治疗目的，胚胎捐献的操作者与胚胎干细胞研究者应严格分开，保护胚胎干细胞供者与受者的身份和各种信息等。

即使是其中的一个环节，例如研究者在获得知情同意的操作层面，也会涉及更多的细节，如仅需要男女双方一方同意还是双方都同意使用胚胎作为科学研究之用，是否需要具体告知这些同意用作研究之用的捐献者这些胚胎会被用作研究干细胞的来源，谁来征求同意并且在怎样的环境之下，是否要告诉捐献者这些胚胎可能用于商业用途等，这些细节的完善会有助于胚胎捐献和用于研究更加规范。❶

履行完如上知情同意程序，在实际利用人类剩余胚胎进行人胚胎干细胞建系的研究中，相应的伦理管理细节也是非常琐碎的，每一步都不可马虎。如签订知情同意书、胚胎募集、建系、递交国际干细胞库等多种程序，每一程序均会涉及琐碎的伦理细节。对此，北京大学人民医院生殖医学中心的石程等对此有比较详细的介绍❷，这里不再赘述，感兴趣者可以参考相关资料。目前，我国对于规范干细胞实验室操作的伦理准则相对于技术进步来说，也显得较为滞后。此外，涉及胚胎来源、胚胎归属、胚胎选择、胚胎使用、胚胎保存、胚胎废弃等方方面面，也均会涉及伦理问题。

这里需要指出的是，专利申请文件并非科研立项阶段的伦理审查请求书，对涉及基于剩余胚胎进行干细胞制备的发明创

---

❶ 朱文清. 胚胎干细胞技术应用的知情同意问题研究［A］//中华医学会、中华医学会医学伦理学分会. 中华医学会医学伦理学分会第十九届学术年会暨医学伦理学国际论坛论文集. 中华医学会、中华医学会医学伦理学分会：中国自然辩证法学会医学与哲学杂志社，2017：2.

❷ 石程，王承艳，沈浣. 人胚胎干细胞建系研究中的伦理管理［J］. 国际生殖健康/计划生育杂志，2012，31（1）：29-31.

造，专利审查一般应抓大放小，避免陷入对以上部分伦理细节的查究之中。也即，在专利审查程序中，如果基于专利申请文件，已经能够确认相关发明创造是利用未经过体内发育的受精14天以内的人类胚胎分离或者获取干细胞的，且无明显案内证据能够说明发明违背相关伦理原则，即可以直接得出发明创造不违反《专利法》第5条的结论。专利审查机构通常不能越俎代庖，扮演伦理委员会的角色，就相关伦理审查细节进行追究。换言之，专利审查中的伦理道德审查不应过多关注琐碎的伦理审查细节，主要把握对创新的监管方向即可。具体监管还是要交由专业的管理部门进行。

（七）14天规则还不可超越

14天规则最早由1990年英国的人类受精与胚胎委员会（Warnock委员会）和1994年美国的NIH分别正式将其纳入该国的伦理原则，并很快成为有关人类胚胎体外培养研究的一个国际公认的规则，其诞生要远早于人类胚胎干细胞技术产生的时间。我国在2003年科技部和卫生部联合颁布《人胚胎干细胞研究伦理指导原则》后，同样引入了该规则。

因此，对于专利审查而言，2019年《专利审查指南（2010）》修改，将14天规则正式纳入我国人类胚胎干细胞专利伦理审查标准，一定程度上有其必然性。ISSCR 2016年《干细胞研究和临床转化指南》对于任何想跨过14天期限的人类胚胎或人类胚胎样结构培养研究，也曾严格将其纳入禁止研究的项目，严格禁止开展此类研究。

世界范围内，无论14天规则是作为一种公共政策工具，作为生命伦理原则之一，还是作为法律条款入法，都非常成功。在科研实践中，"14天规则"在过去都得到了严格的遵守。因为原胚条在视觉上是可见的，并且胚胎在培养基中的培养天数是可数的，该原则为研究提供了明确的具有实际可操作性的限制终点。

但是，科学研究无止境，伦理上的讨论也从来没有停止。我国于 2019 年才刚刚将其纳入专利审查规则，国外围绕 14 天规则改革的呼吁早在 2016 年就开始了。

也就是说，在生命科学领域，由于一系列令人目眩神摇的科研进展，自 2016 年以来，人们开始提出对 14 天期限重新考虑。这些科学进展主要有以下几个方面。

首先，胚胎体外培养技术上的突破。2016 年，Deglincerti、Shabazi 分别在《自然》和《自然细胞生物学》（*Nature Cell Biology*）杂志上发表文章，声称其研究开发出的胚胎体外培养技术能够将胚胎在体外培养长达 13 天，在此之前人类胚胎的培养最多只能在体外维持 7~9 天。同样在 2016 年，英国剑桥大学发育生物学家 Magdalena Zernicka - Goetz 团队和美国纽约洛克菲勒大学的 Ali H. Brivanlou 团队首次报告了能让人体胚胎培养至 12~13 天的系统，而且培养皿中的人体胚胎能"植入"培养皿底部，之后，细胞外层开始分化成早期胎盘和其他类型的细胞，用于支持胚胎发育，细胞内部也发育出胚体和卵黄囊前体，这是向胚胎输送血液的早期结构。这些科研团队在快到 14 天时都遵守 14 天规则，结束了实验。

其次，实验室产生了合成胚胎。科学家们能够从人类胚胎干细胞在培养基中培养产生三个胚层，Warmflash 等研究表明，足够的空间等条件能够诱发人类胚胎干细胞的自我组织重建并实现重演原肠胚时期类似的发育事件，产生具有胚胎类似结构的生物体，即合成胚胎。也即，现在一些科研人员开始寻找替代方法，通过干细胞技术打造合成胚胎样结构。Brivanlou 团队对这一体系作了更进一步的研究。2018 年 5 月，研究人员利用混合生长因子，诱导形成了"组织者"细胞。这些特殊细胞能在动物体内引导周围细胞形成从头到尾的体轴。不过，14 天规则在一定程度上限制了科学家们，使他们无法见证人体组织者细胞的活动。一些科学家认为，合成胚胎并不是真正的胚胎，生物学发育潜力存在不确定性，植入后无法发育成人类。14 天期限对于合成胚胎不适用。

最后，新近出现的胚胎模型研究、原肠胚研究、类器官（organoids）研究等。例如，英国剑桥大学科学家制备了原肠胚类似物，突破 14 天的极限，将其培养到 18～21 天。该类原肠胚已经发育出了心脏和神经系统的原始组分，但是还缺乏形成脑和其他细胞类型以形成健全的胎儿。科学家们认为，这种类原肠胚仍然只是一个精密的人工结构，可以避开胚胎伦理上的限制。但当该结构越发先进、越发近似于生命时，就不得不面对伦理边界的挑战。英国、日本等国家，也并不反对胚胎模型研究。因为认为它们并不具有发育为个体的潜能❶❷❸❹。

这些科学进展导致重新权衡 14 天规则利弊的声音开始出现，一些科学家开始呼吁，人类胚胎体外研究的 14 天期限可能会阻碍该领域的科学发展，应该重新考虑人类胚胎体外研究的时间限制，使得科学家们对人类胚胎研究更加深入，带来更大的科学受益、社会受益以及潜在的医疗受益。若继续执行上述规则，则可能会错过研究产生巨大影响的科学问题，他们发出

---

❶ APPLEBY J B，BREDENOORD A L. Should the 14 – day rule for embryo research become the 28 – day rule？［J］. EMBO Molecular Medicine，2018，10（9）：e9437.

❷ CHAN S. How and why to replace the 14 – day rule［J］. Current Stem Cell Reports，2018，4（3）：1－7.

❸ 3HYUN I，WILKERSON A，JOHNSTON J. Embryology policy：Revisit the 14 – day rule［J］. Nature，2016，533（7602）：169.

❹ BREDENOORD A L，CLEVERS H，KNOBLICH J A. Human tissues in a dish：The research and ethical implications of organoid technology［J］. Science，2017，355（6322）：eaaf 9414.

疑问：如果科学技术能够突破14天的界限，且没有别的办法可以获得这一方面对人类有价值的信息，那么14天是否应重新商榷？因此是时候考虑更新这一规则了。部分科学家甚至认为，应该跨过这个非常不便的、鲁莽制定的规定。

以上这些科学活动及伦理规则的最新发展，一方面显示出，对14天规则开始了重新思考和讨论，部分领域已经对14天规则提出了质疑；另一方面也意味着，未来我们在专利审查中，可能会逐渐面对14天期限以外的发明的出现。

这些科学进展为进一步了解人类胚胎发育的更高级阶段以及研究流产的致病机制带来了机会，但关于是否应该延长14天期限的争论，各方观点显然不一。学界很多人认为应该将14天期限延长到21天，以便让科学家更好地了解流产发病机制，以及胚胎衍生的干细胞在治疗疾病方面的潜力，获得重要的科学受益和潜在的医疗受益。反对这一立场的观点认为如果仅仅为了迎合科学发展而延长14天期限，会导致道德滑坡。2016年以来，包括英国纳菲尔德生命伦理学理事会在内，针对人类胚胎的14天期限研究限制进行过讨论，提出了各种理由，也提出了各种延长至14～21天或者14～28天的方案，从而可以了解人类发育的全部阶段（科学家们可以从流产胎儿组织获取第28天以后的人类发育情况，目前只有第3～4周是研究禁区），彻底解决第3～4周的发育黑箱问题。甚至提出是否可以考虑采取双轨制进行管理，即14天规则被保留用于胚胎体外操纵性研究，但对于人类胚胎的体外观察性研究活动可以取消或延长限制。

但是，14天规则在目前仍被各个国家研究机构视为符合实际且合法的底线，❶ 也常被作为政策性评价手段用于衡量胚胎研究的道德地位。因此，尽管亟待对14天期限之外涉及的伦理学

---

❶ 刘军，曾令烽，包文虎，等. 干细胞诱导分化、衍生配子研究及伦理学问题探讨［J］. 中国科技论坛，2018（3）：152－158.

问题和相关监管性法规进行重新审视，但 14 天规则本身在一段时期内，可能还极难撼动。其中，冷静的声音还是很多的，包括负责制定英国现有胚胎干细胞研究政策的玛丽·诺瓦克女士。相对客观、冷静的立场认为，重新考虑 14 天规则，并不是对人类胚胎道德地位新的伦理决定，而是对科学进展和社会情境的反应，不应将对该原则的修改视为"道德滑坡"。不过立即对其进行修改时机尚不成熟，需要对胚胎研究的科学可行性和有效受益进行慎重评估，也需要对公众的态度进行更广泛的调查，不能仅仅根据人类胚胎体外研究即将带来的科学上的潜在受益而对 14 天期限的规定进行修订。我国翟晓梅教授等也认为，尽管为了获取更多的科学受益和社会受益而对该原则进行重新修订是可以得到伦理学辩护的，但短期内对其进行修订尚无必要。修订这一原则还需要更多的科学进展和更为广泛的对社会政治背景的讨论。❶❷

　　实际上，真正的原因可能在于，当初 14 天规则的出台，经历了社会背景、政治背景和科学背景的重重考虑，本身具有比较坚实的基础，而且该 14 天规则确立以后，在世界范围内，得到了很好的守护、遵守与执行，促进了人类胚胎相关研究活动的正常进行，同时保证了公众对监管系统和科学研究工作的信任。应该尽量避免这一由人类建立的伦理堤坝，再次面临人类主动找出各种理由把它拆毁或毁掉的局面。而且，对于实验室产生的合成胚胎、类原肠胚等的研究时间限制问题，讨论重点可以集中在合成胚胎是否应该被视为胚胎以及如何来界定合成胚胎的道德地位的问题，或者开辟专门伦理规则和专项例外的

---

❶ 李勇勇. 人类干细胞研究与临床转化的伦理和管理研究 [D]. 北京：北京协和医学院，2018.

❷ 李勇勇，翟晓梅. 人类胚胎研究"14 天期限"原则的伦理学探讨 [J]. 医学与哲学（A），2018，39（6）：26 – 29.

审查形式，而不是重新修订 14 天期限的问题。对于这一事项，不宜草率应对，影响伦理规则的公信力。也由此，尽管已经有过诸多讨论，但目前还没有任何国家或国际机构正式提出修改 14 天规则。因此，一段时间之内，14 天规则仍然极难撼动，并成为专利审查中一道不能逾越的限制。

需要注意的是，2021 年版《干细胞研究和临床转化指南》[1]出台后，其影响最大的一点修改就是将原来绝对禁止进行"体外培养任何人类完整的植入前胚胎超过 14 天或至原胚条形成"从第三类研究中去除，转而将其移入至需要专门审查的第二类研究类别。但预期这一规则修改，直接影响更多的还是胚胎模型或类胚结构的培养时限：对于胚胎模型而言，鉴于受精并不是生成人类胚胎模型的起始点，14 天规则作为一种"时间"尺度，当面对基于干细胞来源的胚胎模型之时，14 天期限仅具有有限的价值，并不适于用来限制胚胎模型的培养时间。而对于真正的人类受精胚胎，短时间内，还不太可能允许超越 14 天限制。

三、涉及流产胎儿的发明创造

在本书第四章，我们讨论了涉及流产胎儿的典型案例，其中，通过这些案例可以发现，各版专利审查指南的"人胚胎的工业或商业目的的应用"中，均未对人胚胎的来源进行限定，因此可认为包括任何来源的胚胎，其中也包括"流产胚胎"。按照这一推理，在将流产胎儿纳入"人胚胎"范畴后，针对胎儿

---

[1] ISSCR guidelines for stem cell research and clinical translation [EB/OL]. (2021 – 05 – 26) [2021 – 06 – 30]. https：www. isscr. org/docs/degault – source/all – isscr – guidelines/2021 – guidelines/isscr – guidelines – for – stem – cell – research – and – clinical – translation – 2021. pdf？ sfvrsn = 979d58b1_4.

干细胞的问题，自然就归入人类胚胎干细胞范畴，不仅如此，相应的涉及胎儿体细胞的发明也受到了波及：无论胎儿干细胞还是胎儿体细胞，其均来自胎儿（胚胎），就会面临来自胚胎的相同问题，就会触及"人胚胎的工业或商业目的的应用"。按照这样的逻辑进行专利审查实践，造成了从胚胎到胎儿，从上游至下游，从胎儿干细胞到胎儿体细胞，全都受到影响。所以，肇始于对人胚胎的宽泛解释，围绕获自流产胎儿的胎儿干细胞和胎儿体细胞的伦理道德审查也一步步越走越远。但是，通过与国内外创新主体的多方互动，围绕涉及流产胎儿或人类胎儿干细胞相关发明专利适用《专利法》第5条的审查实践中，我们也发现了很多问题，并引发了对以往的审查做法以及未来审查方向的重新思考。分析以往这种审查做法的肇始之由，可能有如下三方面的原因。

第一，认为流产胚胎属于人胚胎的范畴。2019年《专利审查指南（2010）》修改未对"人胚胎的工业或商业目的的应用"中胚胎的来源进行限定，因此可认为包括任何来源的胚胎，也即包括"流产胚胎"。可以认为，这是一条较为核心的理由。在一些特定案例中，例如，权利要求请求保护"一种可表达外源性基因的人神经干细胞的制备方法"，该方法包括了从"流产胚胎"分离"前脑组织"的步骤。在该案审查中即据此认为，专利审查指南没有对"人胚胎的工业或商业目的的应用"中胚胎的来源进行限定，因此可认为包括流产胚胎，从而权利要求的方法属于违反伦理道德的范畴，不应授予专利权。

第二，认为来自流产胎儿的胎儿干细胞属于人胚胎干细胞。相关发明的目的是通过利用流产胚胎来获得胎儿干细胞，由于"人胚胎"包括"流产胚胎"，所以胎儿干细胞也即人胚胎干细胞，该观点也似乎得到了2003年《人胚胎干细胞研究伦理指导原则》的支持，其规定人类胚胎干细胞的获取方式包括自然或自愿选择流产的胎儿细胞。在胎儿干细胞属于人胚胎干细胞的前提下，2019 年之前对人类胚胎干细胞及制备方法持严格禁止授权态度。因此，此类发明申请违反伦理道德，不应授予专利权。

第三，认为基于流产胎儿（或其组织和器官）的科研应用属于商业目的的应用。这种观点认为，虽然人工流产在中国是合法的，但是为了商业目的而对死亡的胚胎进行分裂、分割的行为，既属于人胚胎的工业或商业目的的应用，难于为公众所接受。

但是，专利审查部门内部也存在一个疑问：利用流产胚胎的发明是否真的违反伦理道德？一方面，存在如上几种理由，因此似乎可以认为人胚胎包括任何来源的胚胎，从而此类发明不应授予专利权；另一方面，我国又允许利用自然或自愿选择流产的胎儿细胞开展研究工作（参见《人胚胎干细胞研究伦理指导原则》），也允许人类胚胎干细胞研究，从横向分析来看，似乎又没有违反伦理道德。

虽然存在这样的纠结，但是由于专利法和专利审查指南对于胚胎的发育程度没有明确进行限定，因此审查实践中仍将出生前的各阶段胎儿都纳入胚胎的范畴。在此前提下，由胎儿的组织和器官中分离成体干细胞的方法涉及胚胎的工业或商业目的的应用，有悖于伦理道德，属于不能授予专利权的发明主题。

2006 年相关审查基准中对此明确解释为：如果发明的技术方案涉及直接来自胎儿的组织或者使用了来自胎儿的组织，那么无论其目的是用于获得人胚胎干细胞及其制备方法，还是用于其他目的，这种技术方案均属于"人胚胎的工业或商业目的的应用"，违反社会公德，属于《专利法》第 5 条第 1 款规定的不授予专利权的主题。

在 2009～2011 年，或者更长一段的时间内，专利审查部门在执行审查时，对于"人胚胎的工业或商业目的的应用"的适用，很多案例体现出，认为应当认定其中的"人胚胎"是从受精卵开始到新生儿出生前任何阶段的胚胎形式，包括卵裂期、桑椹期、囊胚期、着床期、胚层分化期的胚胎等。其来源也应包括任何来源的胚胎，包括体外授精多余的囊胚、体细胞核移植技术所获得的囊胚、自然或自愿选择流产的胎儿等。

至此，如果说自 2006 年开始研究人类胚胎干细胞相关审查政策和审查标准时，对涉流产胎儿发明纳入"人胚胎的工业或商业目的的应用"的观点尚存一定疑虑的话，到了 2011 年，这一做法就比较明确了。上述对人胚胎范围的认定，已经像"标准语段"一样，出现在众多的决定和审查意见之中。

时至今日，回顾这一段审查历史，全面审视胎儿干细胞研究与人类胚胎干细胞研究的创新历程，并横向对比其他专利审查部门的做法等，我们认为，可以系统性地观察这些审查做法及 20 多年来的利弊得失，对于这一"标准"的把握，是时候作出适度反思和调整了。

一些学者，例如，中国科学院大学知识产权学院的王媛媛、闫文军❶通过发生在我国的城户常雄专利案（该案的细节可参见本书第四章）所涉一种从胎儿骨髓分离获得的神经干细胞专利申请的曲折的审查过程，并结合中国、美国、日本、欧洲等对该案的审查标准差异，看到我国对涉及胎儿干细胞的专利申请的授权条件把关最为严格，建议放宽专利授权中的伦理审查标准。并且相关的解决思路仍然是，将胎儿干细胞纳入人类胚胎干细胞，在此范畴之下谋求限制人胚胎的范围，使专利授权中的伦理审查与科学研究中的伦理准则一致。但是，归根结底，这并不是一个限制人胚胎范围的问题，真正的人胚胎的范围是

---

❶ 王媛媛，闫文军. 人胚胎干细胞专利授权中的伦理障碍：从城户常雄专利申请在中、美、日、欧的审查谈起 [J]. 科技与法律，2019（3）：66–73.

无法限缩的。如果这类案件均按照该案中北京知识产权法院判决的思维进路，认为"从受精后的第 1 周到第 38 周都属于胚胎学上的胚胎发育时期，因此本申请中从人胎儿中获取的细胞属于对人胚胎的工业或商业应用"，即认为受精后第 1 ~ 38 周都属于人胚胎，体外胚胎与体内胎儿不分、体内胎儿与流产胎儿不加区分，则这一类案件永远走不出困局，专利局和创新主体也永远走不出困局。

这一问题的实质在于，胎儿干细胞的问题本就不该在人类胚胎干细胞范畴加以讨论和解决。胎儿并不同于胚胎，胎儿干细胞也并不属于人类胚胎干细胞，关于流产胎儿的伦理问题与人胚胎的工业或商业目的的应用的伦理问题实质上完全不在一个层面。接下来，针对从流产胎儿组织分离获取干细胞的技术，我们从如下三个方面，递进性分析这一问题：①对胚胎和胎儿的基本认识和定位；②对胎儿干细胞的基本定位；③流产胎儿相关的伦理道德问题。在此基础之上，给出分析，在涉及经流产胎儿获取干细胞时，专利审查指南中相关"人胚胎的工业或商业目的的应用"应该如何适用。

（一）关于胚胎和胎儿的基本认识和定位

对胚胎和胎儿的基本认识和定位，涉及法律定位和生理学、医学、生物学定位两个层面。

在法律意义上，理论和实践中对"胎儿"的法律定义尚未明确。通常认为，法律意义上的胎儿是指"自受胎之时起，自出生完成之时止"。还有少部分学者认为胎儿应从受精 14 天着床开始，多数学者将处于妊娠过程的生命体都称为胎儿，受精即受胎，胎儿是指从受精卵开始至分娩完成这一时期的生物体。著名民法学家胡长清、龙卫球等将处于妊娠过程的生命体都称作胎儿，母体内的早期胚胎事实上被视作胎儿处理；徐开墅先生认为❶, 胎儿应当是还在怀孕女子体内的胚胎, 或者是还没有诞临的胎儿; 胡长清先生认为❷: 从受孕的时候开始, 一直到孕育完成、出生之日, 在母体子宫之中成长的生命, 才能称之为胎儿。可以看出, 以上的这些胎儿定义并未完全依照生理学、医学、生物学的界定标准, 将受精卵、胚胎纳入胎儿的范围之内❸, 法律上完全以胎儿统而称之, 司法实践中很少区分早期胚胎和胎儿。例如, 《母婴保护法》中涉及产前诊断、终止妊娠、性别鉴定等的条款, 使用的均是"胎儿"这一概念, 自始就没有涉及"胚胎"。

在少数情况下, 在相关的法律或规范中, 有时也同时出现"胚胎"和"胎儿"两个法律概念。例如, 有 2003 年制定的《人胚胎干细胞研究伦理指导原则》第 7 条规定, 禁止买卖人类配子、受精卵、胚胎或胎儿组织;《民法典》也在不同条款中分别出现了"胚胎"和"胎儿"两个法律概念。那么在两者同时出现的情况下, 如何界别呢。此时就需要参考生理学、医学、生物学上的界定。

在生理学、医学、生物学上, 在自然生殖状态下, 出生之前, 妊娠过程大约需要 280 天, 即 40 周。针对体内胚胎, 我国通常将人类受精卵至出生之前的时间段划分为两个阶段: 胚胎期和胎儿期。以妊娠第 8 周为界, 前期称之为胚胎 (从受精到第 8 周), 后期才称之为胎儿 (从第 9 周至出生)。❹ 胚胎期起始于生殖细胞的结合, 标志着一个细胞, 即受精卵发育为初具人形的个体, 是个体发育的最关键时期。ISSCR 和很多国家也规定

---

❶ 郭明瑞, 房绍坤, 唐广良. 民商法原理 (一) [M]. 北京: 中国人民大学出版社, 1999: 382 - 383.

❷ 徐开墅. 民商法辞典 [M]. 上海: 上海人民出版社, 1997: 518 - 519.

❸ 胡长清. 中国民法总论 [M]. 北京: 中国政法大学出版社, 1997: 60 - 63.

❹ 石玉秀. 组织学与胚胎学 [M]. 北京: 高等教育出版社, 2008: 210 - 230.

了相近的二分模式或划界规则。例如，祝彼得主编的《组织学与胚胎学》一书，将受精卵形成至第8周末定义为胚胎期，自胚胎发育第9周至分娩定义为胎儿期；《英国百科全书》也将人类胚胎定义为精子与卵子结合后发育7～8周内的生命体。第8周以后的胚胎由于其外形开始发育，尤其是手足逐步分开，逐渐接近人形而称为胎儿，第8周末心脏已形成，B超亦可见心脏搏动，这时胚胎也开始出现脑波。我国诸如《妇产科学》等教科书也持此论❶❷：其明确规定第1～2周为前胚胎期，第3～8周为胚胎期，第9周至分娩为胎儿期。而在涉及辅助生殖技术的情况下，由于其并非自然受精，而是体外受精，然后将体外受精胚胎通过胚胎移植的手段，植入女性体内，就不仅涉及体内胚胎时期，而且涉及移植前的体外胚胎时期，所以，受孕体的形成与发育又可以分为三个时期：前胚胎期、胚胎期以及胎儿期，也称试管婴儿三阶段。"前胚胎"也称"植入前胚胎""早期胚胎"（pre - embryo, pre - implantation embryo, proto - embryo）或者体外受精卵。在我国人类辅助生殖技术领域，还存在"早早期胚胎"的称谓，具体参见《人类辅助生殖技术管理办法》第24条对"体外受精"的定义，其意指移植前的体外受精胚胎，通常其细胞分裂阶段更加靠前。"前胚胎"指的是体外胚胎或冷冻胚胎尚未植入孕体并不满两周（第1～14天以内）的阶段，是受精胚胎在母体以外的一个特殊阶段的称谓。该受精后14天内的人胚胎包括大约200个细胞，此时人体胚胎还没有大脑、四肢、情感、知觉、意识以及器官，事实上它们没有任何不同的结构或形态（神经发育大概始于第18天）。大约在受精14天后，在前胚胎被移植并安然舒适地着床坐落于子宫

❶ 熊静文. 体外胚胎的处理：协议解释与利益衡量 [J]. 烟台大学学报（哲学社会科学版），2019, 32（1）: 26 - 36.

❷ 谢幸，苟文丽. 妇产科学 [M]. 8版. 北京：人民卫生出版社，2013.

后，才开始形成人体专门组织。因此在辅助生殖技术领域，"胚胎"指已满 14 天但不满 8 周的阶段；"胎儿"是指 9 周后的阶段。部分国家的相关法案，例如加拿大的人类辅助生殖法案，直接将胚胎定义为自受精以来发育 56 天以内的人类有机体。这就精确到日了。

比较特殊的是日本。日本关于人类胚胎的唯一法律是 2000 年制定的人类克隆技术规范法。在该法中也对"胚胎"和"胎儿"等诸多概念下了定义，❶ 依该法律，胚胎系指"胎盘开始形成之前的、经人或动物胎内的发育过程具有成长为一个个体的可能性的一类细胞或细胞群"；胎儿则指"在胎盘开始形成之后的、经人或动物胎内的发育过程具有成长为一个个体的可能性的、人或动物胎内的细胞群，包括胎盘及其他附属物"。可以看出，在日本的法律中，明确以胎盘开始形成为界，区分胚胎和胎儿。通常而言，在第 8 周末开始形成胎盘，是一个比较广泛的说法。因此，从这个角度而言，这种分法与国内外相对通行的 7~9 周区分，也大同小异。

可见，无论是自然生殖，还是辅助生殖，依据生理学的发育时期，将胚胎与胎儿二分是国内外共同遵循的基本规则。而且，通常从第 9 周开始（即 8 周 56 天以后），不再称之为胚胎，而是称为胎儿。

除此以外，部分研究者还提出了在第 28 周、第 22~23 周或者第 24 周也需要分界的观点，因为第 28 周以后的胎儿已经发育

---

❶ 胚：一の細胞（生殖細胞を除く）又は細胞群であって、そのまま人又は動物の胎内において発生の過程を経ることにより一の個体に成長する可能性のあるもののうち、胎盤の形成を開始する前のものをいう。胎児：人又は動物の胎内にある細胞群であって、そのまま胎内において発生の過程を経ることにより一の個体に成長する可能性のあるもののうち、胎盤の形成の開始以後のものをいい、胎盤その他のその附属物を含むものとする。

至可以离体存活❶，最新的现代医疗技术甚至已经可以使得第22周或第23周的胎儿离体存活，因此也有人想以此为界限定义胎儿成为人的时间点。但是，整体上而言，该划分模式影响力不如前述的胚胎与胎儿二分模式普遍。通常，这些较大的周数分界一般主要用于保护未出生儿童权利相关伦理问题，以及作为严格限制或禁止终止妊娠的时间点。

到了胎儿发育后期，关于胎儿与人（新生儿）的界别，除了周数或时间因素以外，还必须考虑空间上的差异。例如，到了孕35周，一个孕35周的胎儿，如果存在于母体的子宫之中，就只能称之为胎儿，不是现实意义上的人。但是，如果早产或人为地将其从母体中取出并放在保温箱中，它就成为一个真正意义上的人，因为它已经进入了经验的世界和社会化程序，能够扮演特定的社会角色，形成了现实的对象性关系，具有类生命的特征。事实上，仅就其刚刚从母体娩出的瞬间而言，它在生物学组成、生理机能、意识状态等方面与娩出前并无显著的差异，只是存在空间和存在方式的不同。这表明，人的生命不仅具有时间性，也具有空间性，生命通过存在于时间、空间之中的身体等现象表现出来。正如兰赛所说："作为一个有灵魂的身体，我们的生命具有身体的外形和轨迹。"

综上，从胚胎、胎儿到出生的婴儿，对于人的各个形成和发育阶段，不能仅仅从时间上来考虑，空间判断也有着特定的意义和价值。可以说，正是空间的变换，人种生命才开启了类生命的社会化进程，肉体才获得了身体的意义，胎儿才成为婴儿并标志着新生命的诞生。

从上述法律定位和生理学、医学、生物学定位可以看出，其与我国在2019年《专利审查指南（2010）》修改以前的专利

---

❶ 余佳蔚，曹永福. 流产儿归置中的伦理问题及其对策［J］. 中国医学伦理学，2014，27（2）：238－240.

审查实践中的做法的歧义还是很大的：在法律上，我国以胎儿一以贯之；在专利审查中，我国则以胚胎一以贯之；生理学、医学上，国内外均持胚胎与胎儿二分模式，专利审查实践中"胚胎"和"胎儿"的不加区分，完全纳入人胚胎并对其工业或商业目的的应用予以伦理规制，是因为只有先将其定位于"人胚胎"，才可能涉及"人胚胎的工业或商业目的的应用"。因此，对于专利审查而言，很少区分流产胚胎或流产胎儿的周数或月份。当然，并不是说，将从受精卵开始至分娩期间，统一以"胚胎"一以贯之就属于错误，因为部分国家也确实存在对其不予区分的做法。在人体自然生长发育的过程中，体内生命的孕育过程是一个连续的不可分割的自然过程，无法准确将人的生命的不同孕育阶段完全割裂开来。现实中，即使将胚胎和胎儿予以区分，也确实并行存在以第 8 ~ 9 周，或者第 7 周为界等不同的划分方式。源自人类胎儿生殖嵴的原始生殖细胞的胚胎生殖细胞，其来源于更早期的第 5 ~ 9 周的流产胎儿，该期间称之为流产胚胎或流产胎儿的情形也均有。

因此，这里需要看到的是，并非必须进行胚胎和胎儿的划分。进行胚胎和胎儿的两阶段划分，一方面是生理学或医学中清晰表述和准确认识的需要，符合国际惯例和国内规则，但本质上它也只是一个人为划分的过程。这里的关键是，通过对胚胎与胎儿所存在的差异的精准分析，对胎儿尤其是流产胎儿，进行准确的法律定位、生理学和医学的定位，同时其也会涉及对胎儿干细胞的准确定位，以及基于此定位的后续伦理道德问题的确认。

（二）关于胎儿干细胞的定位

如果使用流产胎儿组织、器官等材料作为干细胞的来源，那么紧接着就涉及胎儿干细胞的定位问题。

　　由于在我国专利审查中，并没有遵循胚胎与胎儿的二分模式，"人胚胎"通常被理解为包括从受精卵开始至出生前的所有阶段，所以由流产胎儿组织分离获取胎儿干细胞以及分离获取其他非干细胞的胎儿细胞系都会被认为涉及对人胚胎的工业或商业目的的应用，从而也就成为一个绕不过去的话题。关于从流产胎儿获取干细胞所涉伦理问题，其实质在于流产胎儿来源的各种干细胞到底是不是人类胚胎干细胞，涉流产胎儿来源的干细胞相关伦理又应该如何合理考量。

　　需要指出的是，在我国干细胞专利申请高速增长和发展的过程当中，在 1998 年人类胚胎干细胞技术诞生以前的 1988 ～ 1998 年，我国即已经少量出现了涉及胎儿细胞或胎儿细胞库、胎儿成体干细胞系的发明。人类胎儿干细胞从一开始就不是以人类胚胎干细胞的身份出现的，而是作为一种特殊的成体干细胞，其出现和技术发展，也要远远早于人类胚胎干细胞。

　　在早期的干细胞分类模式和现今主流的干细胞分类模式中，来自胎儿组织的干细胞并不被认为属于人胚胎干细胞范畴，而是通常与来自儿童、成人的干细胞一同被归入成体干细胞范畴，包括胎儿、脐带、胎盘来源的干细胞均属于成体干细胞。例如，无论是将干细胞按照生存阶段一分为二，分为胚胎干细胞和成体干细胞；还是将干细胞一分为三，分为胚胎干细胞、成体干细胞和诱导性多能干细胞；抑或是将干细胞分为成体干细胞、胎儿干细胞、胚胎干细胞和核移植干细胞四类，均将来自胎儿组织的干细胞纳入非胚胎干细胞的范畴。❶ 特别是，很多技术标准、伦理规范也均将其纳入成体干细胞管理。此外，从干细胞的来源来看，其具有四种不同来源：干细胞可从成人、脐带血、胎儿组织及胚胎组织中获取，它们并不是等同的；从其存储而

---

❶　赵春华. 干细胞原理、技术与临床［M］. 北京：化学工业出版社，2006.

言，世界上第一家干细胞银行——英国干细胞银行（UKSCB）也是分门别类保存并鉴定人类成体、胎儿及胚胎干细胞系。因此，本质上而言，人类胚胎干细胞与胎儿干细胞两者并不属于一类细胞。这一点是需要特别注意的。

除了从干细胞分类的角度进行辨析以外，从体细胞定义的角度，也可以得到一些启示。例如，日本一些法律对"体细胞"所采取的定义是：从哺乳纲动物或胎儿（含死胎）分离的细胞（生殖细胞除外），或者，该细胞的分裂所产生的细胞，不包括胚胎或构成胚胎的细胞。❶ 可见，无论是从"胚胎"和"胎儿"概念的直接对比，还是从"体细胞"概念的间接观察，"胚胎细胞"和"胎儿细胞"都是明确区别的，而非一统天下的；并且，在日本，来自胎儿的细胞明确不属于胚胎干细胞，相反将其归属于体细胞。这也佐证了，在专利审查中涉及的胎儿细胞中，有一部分属于胎儿干细胞，还有一部分确实属于胎儿体细胞。

以上事实均说明，在干细胞的三种组织来源中，即胚胎、胎儿、成体，在二分模式之下，通常会将胎儿来源的干细胞纳入成体干细胞范畴；如果在来源上三分的话，胎儿来源不同于胚胎来源，而是独立于胚胎来源的干细胞。

这里，还有一个比较特殊的情况是，第 5～9 周龄人胚胎生殖嵴处的原始生殖细胞。来源于原始生殖细胞的分离细胞，我们称为胚胎生殖细胞（EGC）。从干细胞生物学的角度而言，上述分离出的原始生殖细胞是成熟配子——精子和卵子的前体，是最古老的、最原始的前体生殖细胞，胚胎生殖细胞的名称中尽管没有干细胞的字眼，将其看作干细胞是无可争议的。因此，胚胎生殖细胞是一种来自流产胎儿的干细胞。并且可以认为，

---

❶ 体細胞：哺ほ乳綱に属する種の個体（死体を含む。）若しくは胎児（死胎を含む。）から採取された細胞（生殖細胞を除く。）又は当該細胞の分裂により生ずる細胞であって、胚又は胚を構成する細胞でないものをいう。

流产胎儿组织就是分离和获取人类胚胎生殖细胞的唯一来源。但是，如果由此认为，来自胎儿或流产胎儿组织的所有干细胞都属于人类胚胎干细胞，并将其归类为人类胚胎干细胞专利授权条件或人类胚胎干细胞伦理道德审查上的问题，则可能一开始就走错了方向。关于胚胎生殖细胞与人类胚胎干细胞之间的关系，还可以详见本书第二章的相关内容。

　　另外，值得注意的是，流产胎儿来源的干细胞实际上也并不具备全能性，仅可作为一种多能干细胞或专能干细胞，不具有发育为人的潜能。因此，胎儿来源的干细胞本身并不存在人类胚胎干细胞和全能干细胞才有的伦理争议，相关的伦理隐患主要在于，其生物材料的获取即流产胎儿组织的获取是否合乎相应的伦理准则。

（三）流产胎儿作为科研生物材料相关的伦理问题

　　在干细胞技术领域涉及或提及胎儿时，实际上，绝大多数情况，针对的均是流产胎儿，目前还没有遇到一件专利申请，提及其系杀死有生命的胎儿来获取胎儿干细胞。因此，这里的核心问题，通常绝不是在母体子宫内受精受孕或者通过辅助生殖技术经胚胎移植入患者子宫并成功植入的胎儿的生命权、健康权以及胎儿利益保护，而是从已经流产的胎儿来源获取干细胞时所涉及的伦理问题，其与前述提及的利用成活的剩余胚胎开展人类胚胎干细胞研究时需要破坏掉该成活胚胎、杀死该成活胚胎层面上的伦理争议，并不在同一个层面。例如，在一些发明中，有时并没有特别指出或限定所使用的生物材料来源为"流产"的胎儿的情况下，如权利要求保护一种人体干细胞再生表层角膜，取人胚胎角膜上皮，剪碎后用含酶的消化液消化，在……条件下培养制得。在诸如此类的案例中，该发明制备过程提及使用了胚胎角膜上皮，专利审查员可以认为该胚胎角膜上皮必然是从胚胎或胎儿获得，但如果认为其中涉及伤害成活的胎儿，或者科学家们系通过不当地伤害胎儿生命的手段获得该胚胎角膜上皮，则显然有些太过脱离实际，甚至显得有些莫名惊诧了。流产胎儿在科研上的利用，本质上不是对有生命的人体或其一部分进行科学研究和商业利用，并非是一个关于"生命"商业化的问题。

利用流产胚胎或胎儿获取胎儿干细胞并不涉及杀死活的胚胎。流产已经发生，不存在摧毁活体胚胎的问题，从而避开了损害胎儿的生命之争，也并不存在诸如干细胞研究立场上非常保守的美国前总统里根所曾声称的"一个社会抹杀人类生命一部分——胎儿的价值，这个社会也就贬低了全部人类生命的价值"的问题。对比 2003 年《人胚胎干细胞研究伦理指导原则》第 5 条与第 6 条可知，第 5 条述及人类胚胎干细胞的获取方式时，包括了自然或自愿选择流产的胎儿细胞，第 6 条述及体外培养期限不得超过 14 天时，则明显不包括流产胎儿了。第 5 条规定与第 6 条规定明显是不对称的：因为对于死亡的流产胎儿而言，其根本不存在活体培养的问题，更勿论体外培养期限。

根据《民法典》等可知，涉及遗产继承、接受赠与等胎儿利益保护的，胎儿视为具有民事权利能力。但是，胎儿娩出时为死体的，其民事权利能力自始不存在。对于娩出胎儿为死体的都是如此，流产胎儿更不可能在法律上认为其属于人。因此，从流产胎儿的法律属性而言，其显然不是人，而只是一种承载着伦理道德因素、具备伦理道德、包含精神利益的特殊物。

不管科技如何发达，也不管有些人如何反对，自然或人工流产难以避免。这些流产的胚胎，已经或即将死亡，不会被指责为故意去"毁灭生命"（特别是自然流产）。

对于这些流产胎儿，依据我国 2003 年印发的《医疗废物分类目录》，手术及其他诊疗过程中产生的废弃的人体组织、器官

等属于病理性医疗废物，应该按照《医疗废物管理条例》（国务
院令第 380 号）的相关规定进行处理。但胎儿并不属于医疗废
物，2010 年《关于山东省济宁医学院附属医院丢弃婴儿遗体事
件的通报》指出：医疗机构必须将胎儿、婴儿的尸体纳入遗体
管理，按照《殡葬管理条例》进行处置。2014 年发布的《加强
产科安全管理的十项规定》第 9 条明确规定："严禁按医疗废物
处理死胎、死婴。对死胎、死婴，必须经产妇或家属在医疗文
书上签字后，方可由其自行处理。委托医疗机构处理的，应当
按照《殡葬管理条例》处理。可能存在感染性、传染性疾病的，
不得自行处理，产妇或家属知情同意并签字后，由医疗机构按
照《传染病防治法》《医疗废物管理条例》等进行处理。"可
见，我国对于死亡胚胎、胎儿的处置不同于一般医疗废弃物，
任何与死亡胚胎相关的处理决定，不论是医院还是研究机构都
要求应当在与家属或者产妇有过明确的沟通，取得知情同意后
才能自行处置。❶

　　除了按照遗体处理，流产后的死亡胎儿还可以具有特殊的
利用价值。例如，作为医学标本的生理解剖价值，作为组织器
官供体的器官移植价值，作为细胞或干细胞来源的研究价值。
因此，在产妇和家属知情同意的情况下，或者流产胎儿的所有
人作出抛弃意思表示或未作出意思表示的情形下，在遵守所有
涉及人类胎儿组织研究的相关法律和规则的前提下，医院有权
对流产胎儿作出不违背公序良俗的处置，并且医学用途一般不
认为有违公序良俗。在此点上，其伦理地位同胎盘组织、脐带
组织类似，也同从出生后的婴儿、儿童以至成人的遗体或尸体
获取细胞或干细胞类似（在知情同意的情况下，捐献用于科学
研究），而在知情同意的前提下，从胎盘组织、脐带组织或者从

---

❶ 曹锡梅，景雅，王洪奇. 流产胎儿细胞组织器官学科间共用的伦理问题
[J]. 医学与哲学（人文社会医学版），2011, 32（1）: 22 – 24.

婴儿、儿童、成人的遗体或尸体获取干细胞，并不会在专利审查中引发《专利法》第5条的伦理道德问题。

当然，在细节处理上，山东大学医学院医学伦理学研究所的学者们也指出，❶ 不同阶段的流产儿具有的伦理属性也各有不同，应当针对处于不同时期的流产儿，辅以伦理道德情感的考虑来加以处置，研究使用中应给予最起码的尊重。例如，14天内的流产胚胎尚处于囊胚阶段，没有神经和大脑，处于无知觉、无感觉的状态，还不具备人的意识和个性特征；发育至受精后8周内的人胚被称为胚胎，此阶段的胚胎并不具有自然人所具有的生命指征，此期间流产的胎儿也不具有更多的道德地位；到第8周末时，胎儿心脏已经形成，B超亦可见心脏搏动，这时胚胎也开始出现脑波，第9~28周期间的胎儿在不断地发育、感知以及初步与母体交流，即使作为流产儿，也应获得普遍的尊重。可以看出，使用不同阶段的流产儿尸体或组织作为研究材料，伦理上、实践中均是允许的，只是需要注意使用过程中的伦理细节，包括将其同尸体或遗体一样，作为人类的"无语良师"，给予其最基本的人性尊重。避免引发科学研究类似破坏或肢解尸体等的反感。

国外早在1972年，英国以妇产科专家皮尔为主的顾问小组就提出胎儿研究的条件，包括：①活的胎儿不应作非治疗性研究；②可存活胎儿的胎龄应定为20周，体重400~500克；③可用死胎及其组织进行研究；④有关胎儿研究不应有金钱交易，要保持完整记录；⑤如活胎体重低于300克、肯定不可存活，可作研究使用，但须经伦理学委员会批准；⑥不准为了弄清试剂的效应给子宫内胎儿可能有害的试剂。可见，至少在1972年之时，国际上已经准许利用死胎及其组织进行研究。

---

❶ 余佳蔚，曹永福. 流产儿归置中的伦理问题及其对策［J］. 中国医学伦理学，2014，27（2）：238-240.

当 1998 年约翰·吉尔哈特教授首次从流产胎儿分离出第一例人类胚胎生殖细胞时，他的研究对象就是人工流产已经死亡的胚胎，其相关研究并没有被指责为毁灭生命。相反，在第二年，即 1999 年 1 月，美国卫生与公共服务部咨询委员会作出决定，详细地说明了从胎儿组织获得的干细胞可以用于研究，不过由于这些干细胞属于法律界定的人类胎儿组织，所以这些研究必须遵循有关胎儿组织研究的联邦规则。紧接着在 1999 年 9 月，美国生命伦理学顾问委员会向美国前总统克林顿提交的人类胚胎干细胞研究伦理学问题的报告，以及 1999 年 12 月，美国国立卫生研究院发布的规范人类多能干细胞研究指导准则的草案中，在附加知情同意和遵守相关法律法规的前提下，均指出剩余胚胎和流产胎儿组织（也被称之为"胎儿尸体材料"）是最早被认可的两个获取干细胞的来源。❶❷ 总体而言，对于非活体胚胎或胎儿用于科研，国外的政策一直是较为宽松的，引发争议的只是破坏有生命的胚胎的情形。例如法国国家生命与健康伦理咨询委员会（CCNE）早在 1984 年出台 CCNE 第 1 号意见涉及的就是"对可以用于治疗、诊断及科学目的的已死亡人类胚胎和胎儿组织进行研究取样"。因此，利用流产胎儿组织获取干细胞，只要符合相关的规定，经捐赠者知情同意，从开始就不存在过多的伦理障碍。

我国也早在《人类胚胎干细胞研究的伦理准则（建议稿）》中第 8 条规定，凡涉及胚胎、流产胎儿、卵母细胞的捐献者，均应视同组织器官捐献者，认真贯彻知情同意原则。研究者应用科学的、通俗易懂的语言向捐献者说明捐献的目的、意义、可能出现的问题和预防措施，在签署知情同意书后方可执行；

---

❶ 翟晓梅. 人类干细胞研究的伦理学争论 ［J］. 医学与哲学，2002（2）：13 – 16.

❷ 翟晓梅. 干细胞研究及其伦理学问题 ［J］. 医学与哲学，2001（6）：15 – 17.

第 12 条规定，从自愿捐献人工流产胚胎中分离和培养胚胎生殖细胞以建立多能干细胞系用于临床治疗可以看作等同于捐献器官用于器官移植，因此是合乎伦理道德的。并在 2003 年出台的《人胚胎干细胞研究伦理指导原则》中，明确规定了允许通过自然或自愿选择流产的胎儿获取人胚胎干细胞。这些有关干细胞研究的专项伦理规则或原则，均直接明确了利用流产胚胎开展干细胞研究的合伦理性。

借鉴国内外关于流产胎儿的相关伦理原则规定，通常没有合理理由认为，基于流产胚胎或胎儿获取的干细胞研究有违伦理道德或公共利益。即便认为流产胎儿（无论自然流产还是人工流产）从伦理上应该获得更高的尊重，但也不应比真正的人所获得的尊重更高。而自人类遗体或尸体上获取相应细胞，例如对于以人类遗体或尸体组织作为试验材料来源的专利申请（例如 CN102171332 等），如果并无发现其获取有违伦理，就不存在伦理道德争议。

在本书第四章所述城户常雄案件中，EPO 在对于 EPC 2000 第 53（a）条和 EPC 2000 实施细则第 28（3）条规定的把握中，对"人胚胎的工业或商业目的的应用"的把握也是，根据 EPC 2000 和 EPO 的既往案例，在排除"人胚胎的工业或商业目的的应用"中，不适用于来自流产胎儿的生物材料。

（四）《专利法》第 5 条法律适用

如前所述，针对涉及胎儿尤其是流产胎儿的发明，通常并不适合将其归入"人胚胎的工业或商业目的的应用"的范畴；分离自流产胎儿的胎儿干细胞也并不属于胚胎干细胞；且在符合知情同意的情况下，应认为分离自流产胎儿的胎儿干细胞发明，通常并不存在伦理道德问题。

从专利申请和专利审查历史角度观察，美国早在 1989～1991

年开始有涉及胎儿造血干细胞或造血祖细胞的干细胞专利申请，例如 WO1989004168A1（申请日为 1989 年 5 月 18 日）和 US5004681A（申请日为 1991 年 4 月 2 日），并首先在美国于 1993 年予以授权（US5192553B1，授权公告日为 1993 年 3 月 9 日），与最早授权的人类胚胎干细胞专利 US5843780 相比，早了大约 5 年时间。该案同族专利陆续授权的还包括 JPH0869B2B2（授权公告日为 1996 年 1 月 10 日）、EP0343217B1（授权公告日为 1996 年 5 月 15 日）、US6605275B1（授权公告日为 2003 年 8 月 12 日）、US5004681C2（授权公告日为 2007 年 6 月 26 日）、US5004681C3（授权公告日为 2008 年 9 月 2 日）。可见，美国、欧洲、日本等从一开始，并没有对来自流产胎儿的干细胞施以伦理上的更多限制。❶ 尤其是，作为"人胚胎的工业或商业目的的应用"规则的起源地，欧洲从开始也没打算将"人胚胎的工业或商业目的的应用"扩展适用至流产胎儿，并没有从流产胎儿的角度讨论"人胚胎的工业或商业目的的应用"的适用范围。同样，我国对于胎儿干细胞发明，早期也不乏相关授权案件，如专利申请号为 CN971900809 的专利申请于 2002 年授权，其授权公告号为 CN1087777C。这与国外同时期审查标准基本是一致的。

根据本书第四章的总结可知，我国在 2006 年以来的专利审查实践中，一直持较为严格的立场，分析起来，在这个问题上实际上是出现了两步误认。第一步误认是胚胎和胎儿事实上不作区分，由胚胎一统天下，这样做尽管问题并不大，但却由此将流产胎儿误认为人胚胎。之所以说其属于误认，是因为在如此误认中混淆了生死的界限：因为从流产胚胎中取得干细胞并不涉及破坏胚胎意义上的杀死成活的胚胎的问题，死生亦大矣，岂可不察。第二步误认是在第一步将流产胎儿误认为人胚胎的

---

❶ FENDRICK A E, ZUHN D L. Patentability of stem cells in the United States [J]. Cold Spring Harbor Perspectives in Medicine, 2015: 11 – 15.

基础上，继续将胎儿干细胞误认为人类胚胎干细胞，但实际上，胎儿干细胞与人类胚胎干细胞的差异是明显的。

通过国家知识产权局早期研究课题的信息可知，❶ 在针对使用流产胚胎组织制备相关干细胞的专利申请到底应如何处理的最初讨论中，已经出现了不同声音，并且当时也已经注意到 2003 年《人胚胎干细胞研究伦理指导原则》中的相关规定，只是综合权衡之下，还是选择了从严解释人胚胎，将出生前的各阶段胎儿都纳入胚胎的范畴的处理策略。在此前提下，认为由胎儿的组织和器官中分离胎儿干细胞或胎儿体干细胞的方法涉及人胚胎的工业或商业目的的应用，有悖于伦理道德，属于不能授予专利权的发明主题。按照这一严格标准，再加上 2009 年以来审查标准的进一步发展细化，发展到今天，相关标准越发严格。

实际上，当发明人在研究阶段，基于关于流产胚胎或胎儿的相关伦理审查规定，履行完所在国的伦理审查程序，中规中矩地开展干细胞研究后，到了专利审查阶段，专利审查员再提出其研究属于"人胚胎的工业或商业目的的应用"，这种同一国家之内不同行政部门就干细胞研究伦理持完全不同的标准显然是极不合理的。当相关专利申请已经指出其胎儿来源的干细胞分离自自然流产或自愿选择流产的胎儿且符合知情同意等要求时，已经可以表明，其不存在损毁或摧毁活体胚胎的问题，实际上既未损害胚胎，也未损害生命。通常如无确凿的相反实据，应认为发明并不存在违反社会公德的问题。此时，不建议在专利审查中从"人胚胎的工业或商业目的的应用"的角度，继续提出基于《专利法》第 5 条的质疑。或许，这才是最好的解决之道，而不是像第 26398 号复审决定案那样，当诱导性多能干

---

❶ 张清奎，等. 人类干细胞的专利政策研究，国家知识产权局办公室软课题，课题编号：B0503，医药生物发明审查部，2006 年 9 月 26 日，参见第 67 页、第 81 页。

细胞的制备涉及需要使用胎儿细胞时，在一个有限的空间内勉强自圆其说。

（五）伦理道德审查的限度

很多学者同意将流产胎儿本身用于组织器官捐献和科学研究，但认为其会导致很多问题，包括担心其会鼓励更多的人工流产。也由此，获取胎儿来源干细胞的伦理接受性与对诱导流产的伦理接受性就密切相关了。反对获取胎儿来源干细胞的人认为，某些研究者的行为可能会鼓励妇女有意地怀孕，并可能导致妇女为了商业目的作出流产的决定。因此伦理问题的焦点是要防止研究者为获取人类胎儿干细胞有意地伤害妇女和胎儿。

科研部门在具体科研项目伦理审批的具体执行中，为避免流产胎儿等人体组织被不当滥用或商业化，避免实施中监管缺位、异化变形，通常必须坚持知情同意原则，并且合理化其程序。例如把妇女决定捐献流产胎儿组织与结束妊娠分开进行，妇女有关终止妊娠的最后决定，应该先于讨论有关胚胎或者胎儿组织用于研究或者用于治疗性的临床应用，从而妇女决定流产在先，决定是否捐献在后，确保不是引诱妇女为金钱或为他人设计的干细胞研究目的而流产，避免对孕妇实施诱导性的知情同意，或者出现代孕或共谋堕胎的情况；有关人工终止妊娠技术的决定应该完全基于对怀孕妇女的安全考虑；禁止为使用胚胎和胎儿组织对流产时间或过程进行人为的操纵；必须强调是无偿捐献，不能提供经济补偿，尤其是研究者不可以提供经济补偿给流产妇女，从而保证流产妇女和胎儿的权利不受侵害；组织的接受者不应由供者来指定；胚胎或者胎儿组织不应被用于商业目的；进行妊娠终止的医生不应从胚胎或者胎儿组织的后续使用中获益；流产胎儿组织用后的废弃处理，也需要遵照相关伦理原则等。此外，还包括确保供者和受者之间的自由和知情同意，确保精确的风险利益评估的责任，特别是涉及人体研究的适宜行为的伦理学标准，还有捐赠者的匿名问题，细胞库的保密和安全性问题，以及获取组织的信息机密权和隐私权等。换言之，其是可以通过制度完善、监管完善来避免被滥用或商业化。

尽管部分专利审查员对流产胎儿科研利用中可能滥用的担心有其合理性，但这种担心不足以成为不授予胎儿干细胞相关发明创造专利权的理由。虽然授予专利权可能是发生这些违反社会公德的行为的诱因，但两者并不存在必然联系。不能因为他人存在违法或违反社会公德行为，而否认胎儿干细胞相关发明创造的合伦理性。如果持这样的观点评价发明创造，那么将如美国初期关于实用性审查所认识的那样，大多数发明存在被他人用于不道德用途的可能性，结果大多数发明会因违反道德条款而不应被授予专利权。

在专利审查中，基于专利申请文件，专利审查员可以关注其流产胎儿材料获取的正当性，是否存在不正当的买卖或利诱行为、是否存在不正当的医疗方式促进或诱导妇女实施流产的行为等。如果无此类行为，其研究行为或使用行为完全合乎相关伦理规范，通常不宜在此方面再进行过多的伦理质疑。

横向对比发表的非专利文献可知，目前对于胎儿来源的干细胞的研究，在发表相应研究成果时，要求是较为宽松的，通过对目前已公开的研究论文的检索发现，对于直接以流产胎儿作为分离原始材料的研究中，其披露的材料来源多写明"经过相关伦理委员会批准且获得产妇的知情同意"即可。而对于具体的伦理委员会名称等则不作发表的过多要求，责任编辑和出版单位也没有对相关来源进行更为详细的来源审查核实要求。

我国允许将流产胎儿组织用于科学研究，用于治疗或移植，将流产胎儿组织用作科学研究本身并不存在伦理疑问。因此，在专利审查中，不宜把审查触角过度延伸到关注流产的合法性、捐献的合法性。无直接证据显示其违背伦理的，例如，存在为了获取经济利益而流产及出卖胎儿器官的现象等，专利伦理审查中应予通过；或者，专利申请中利用了流产胎儿组织或细胞的相关实验已经通过所在国伦理审查的；或者虽未显示已经通过伦理审查，但基于说明书未有明显依据得出其违背伦理道德的，原则上不应提出过多的细节上的质疑。

对于进行溯源或细节追究的限度，有研究指出❶，对于是否违反社会公德的判断标准而言，通常仅考虑专利申请文件中记载的发明创造本身，例如产品是否含有违反社会公德的元素，产品的形成过程中是否含有违反社会公德的步骤，而很少追根溯源地考察构成发明创造的组成部分的原始来源是否符合伦理道德。专利审查指南并没有规定，申请人利用偷来的原料完成的发明创造是违反社会公德而不能被授予专利权。申请人可以承担盗窃应当承担的责任，但不一定承担专利不授权的后果。在 2008 年第三次修改后新增加的《专利法》第 5 条第 2 款似乎稍有不同，它规定了一种要求构成发明创造的成分来源合法的情形，即依赖遗传资源完成的发明创造，遗传资源的获取和利用应当符合我国法律法规的要求，否则不授予专利权。但是，这也仅仅是在《生物多样性公约》的国际大背景下，出于保护我国遗传资源的目的，而规定的一种特殊情形，它并不意味着要求专利审查员追根溯源地考察所有构成发明创造的成分的原始来源符合伦理道德标准。因此，从法理层面和实务操作层面来看，在审查人胚胎干细胞应用发明的伦理道德问题时，考虑人胚胎干细胞原始来源的法律依据似乎并不充分。

专利审查员在审查中药领域的发明创造时，如果发明涉及

---

❶ 马文霞，吴通义. 人胚胎干细胞应用发明的伦理道德判断 [J]. 审查业务通讯，2010，16（12）：25 – 29.

使用中药原料"紫河车"（一种由胎盘制成的中药），会根据相关规定，审查该中药发明中允不允许添加紫河车，紫河车组分入药是否存在法律限制、伦理道德、安全风险等问题。如果从说明书及申请资料中，没有直接证据表明其紫河车获取涉嫌违法，相应中药发明中允许添加紫河车，一般不会去猜疑该紫河车的来源即其获取（来自胎盘）是否有不当嫌疑，是否存在买卖行为、不当获取，也不应将社会上存在的买卖胎盘现象等违法行为，归因于该研究中允许使用了紫河车所致。

在如上认识的基础上，对于涉及源自流产胎儿组织的干细胞的发明，我们有如下三点认识。

第一，应在技术上判明源自流产胎儿组织的干细胞是否属于人类胚胎干细胞。其核心是需要核实，相关干细胞应归属于人类胚胎干细胞还是成体干细胞。通常，源自流产胎儿组织所分离获得的干细胞属于不具有三胚层分化能力，只具备专能性和单能性的干细胞，应归属于成体干细胞，而非人类胚胎干细胞类型。因此，源自胎儿的干细胞和体细胞均不属于人类胚胎干细胞。在此基础上，对相关流产胎儿来源的干细胞或体细胞发明应进行准确的技术定位。

第二，在相关法律适用上，需要明辨死生之别，对于涉及流产胎儿生物材料源依据《专利法》第 5 条的法律适用，不宜将流产胎儿视为"人胚胎的工业或商业目的的应用"意义下的人胚胎。过于严格的法律适用不利于在胎儿干细胞、胎儿体细胞领域的鼓励创新，也不利于维护生命伦理和伦理道德，偏离了该领域基于流产胎儿开展常规科学研究的领域实际。

第三，在上述技术事实核实和法律适用的原则之下，如果没有合理理由（特定案件的案内证据或案外相关证据）认为相关流产胎儿生物材料（或者胎儿组织或器官）的获得明显违反相关法律规定或伦理道德规范（如其未获得知情同意或者存在买卖行为等），或者专利申请信息中已经表明其已通过相关伦理审查，一般在专利审查中，不宜在无合理理由、合理证据支撑的情况下，对其提出《专利法》第 5 条的不合伦理道德上的质疑。

如此，流产胎儿来源的干细胞或体细胞在科学研究中为人类的进步发挥了价值，那些逝去的生命，也在科学的道路上实现了"重生"。如此才能更大地造福人民，造福社会，服务于人类的健康福祉，相信干细胞研究的创新活力将得到更大的激发，也更有利于推动我国创新型国家建设。

四、涉及核移植胚胎的发明创造

在涉及核移植胚胎的发明专利审查中，较为典型和著名的是我国"克隆人"第一案（2004 年第 4327 号复审决定）和"克隆人"第二案（2005 年第 5972 号复审决定）。而且这两个案例均处于 2006 年审查指南关于人类胚胎干细胞的相关严格审查标准出台之前，尽管该两案的驳回决定涉及克隆人的方法、人胚胎的工业或商业目的的应用、改变人生殖系遗传身份等多个伦理争议问题，但相关问题并没有得到充分的讨论。

关于基于核移植胚胎的发明创造未来如何进行法律适用，确实是一个比较复杂的问题。某种意义上可以认为，其相比于受精胚胎（剩余胚胎）、流产胎儿、孤雌胚胎、诱导性多能干细胞等，核移植胚胎是目前需要考虑的因素最多、所涉及的相关伦理问题最复杂的一种胚胎类型。也正是源于这种复杂性，涉及核移植胚胎的发明创造也很可能在目前的专利审查中伦理争议最大。

因此，在专利审查中，未来如何因应我国在该领域的科技政策与最新发展态势，专利审查制度如何进行适度调整，还有很多需要深度讨论的未定之数。

（一）体细胞核移植胚胎及其胚胎干细胞技术

从技术上而言，与人核移植胚胎及人核移植胚胎干细胞对应的技术称为 SCNT，或称体细胞核转移，有时也称细胞核移植（cell nucleus replacement，CNR）。在不同的伦理规则中，对此所使用的技术概念也不同，例如我国 2003 年《人胚胎干细胞研究伦理指导原则》中所规定的条款中使用的技术概念都是"体细胞核移植"，而 ISSCR 2016 版《干细胞研究和临床转化指南》❶ 则定义的是核移植（NT）的概念，所谓核移植是指，将供体细胞核移入去核的卵子细胞中，卵子细胞会重新编程该移入的细胞核，重新开始发育。因此，这一差异需要注意，核移植明显是比体细胞核移植更加上位的一个技术概念。

体细胞核移植，通常是在无核卵中注入成年体细胞的核，激活以后形成核移植胚胎。通过该核移植胚胎可以获取相应的胚胎干细胞，也可以将其植入准备好的接受者子宫内，活产得到完整核基因克隆。需要指出的是，经体细胞核移植建立的体细胞核移植胚胎发育通常不稳定，经常在发育过程中死亡，但是极个别具有体内发育能力。

核移植技术的研究历史悠久，最早可以追溯到 1952 年在两栖类动物上的研究，这一时间要远远早于人类胚胎干细胞的研究历史（1998 年），也早于动物胚胎干细胞的研究历史（1981年）。由体细胞核移植技术所形成的核移植胚胎的出现时间也远

---

❶ International society for stem cell research. Guidelines for stem cell research and clinical translation［EB/OL］.（2016 – 05 – 12）［2021 – 03 – 13］. https：//www. isscr. org/docs/default – source/all – isscr – guidelines/guidelines – 2016/isscr – guidelines – for – stem – cell – research – and – clinical – translationd67119731dff6ddbb 37cff0000940c19. pdf？sfvrsn = e31478c5_4.

远早于 1998 年。最早的核移植技术是研究核质互作关系中诸多重要问题的最有效方法，其应用不同分化程度的细胞核移入去核卵母细胞的方法，在两栖类动物、鱼类等低等动物获得发育完全的个体。1997 年伊恩·维尔穆特等人将羊体细胞经体细胞核移植到同种卵母细胞中，诱导形成全能胚胎，获得了世界上第一只克隆羊"多莉"，随后小鼠、牛、山羊、猪、猫、兔子、骡子、马、大鼠、狗、雪貂、骆驼等相继被克隆。大量实验结果表明，在同种动物之间，把减数第二次分裂中期卵母细胞/受精卵作为受体细胞（供质细胞），把不同分化程度的细胞作为供核细胞，两者所组成的重构胚在移入寄母生殖道后，在牛、羊、猪、兔、小鼠等多种动物中均已获得相应的核移植后代。❶ 自然，体细胞核移植或核转移技术也会涉及大量基础专利，例如，1991 年授权的美国专利 US4994384；1991 年授权的美国专利 US5057420；1999 年授权的美国专利 US5994619；2000 年授权的英国专利 GB2318578 和 GB2331751；2000 年授权的美国专利 US6011197 等。

核移植后的融合细胞可以重编程已经高度分化的体细胞，说明在卵母细胞中可能有一些诱导细胞重编程的启动因子，可使体细胞表观遗传发生变化重新获得分化的多潜能性。后来证实这种体细胞核移植胚胎也具有全能性，具有分化形成新的个体的能力。因此，从重编程的角度讲，核移植与诱导性多能干细胞的体细胞重编程具有类似的机理或渊源，只是实现重编程的手段不同：体细胞核移植技术通过卵母细胞激活来实现重编程，而诱导性多能干细胞则通过转入转录因子组合实现重编程。目前，体细胞重编程的方法主要有三种：核移植、多能因子诱导以及细胞融合，但是最成熟、效率最高的对体细胞重编程的方

---

❶ 王加强，周琪. 干细胞与再生医学［J］. 中国科学：生命科学，2016，46（7）：791.

法仍然是核移植。国外将该类干细胞也称之为合成产生的多能干细胞（synthetically – produced pluripotent stem cell, spPSC），其两个主要类别即是诱导性或重编程多能干细胞以及通过核转移产生的多能干细胞。

随着人类胚胎干细胞技术诞生，并结合核移植技术的快速发展发现，来源于核移植胚胎或囊胚的内细胞团能形成明显正常的胚胎干细胞，由此，由体细胞核移植方法在培养物中衍生出多能干细胞，核移植胚胎干细胞就应运而生了。2001 年，美国马萨诸塞州的科学家宣布他们用体细胞核移植技术制造出人体胚胎，并从中提取了胚胎干细胞；2004 年，Hwang 等人建立了来自人类核移植胚胎的核移植胚胎干细胞系，这些都被誉为治疗性克隆的里程碑事件。● 当将患者体细胞作为供核体移入去核的卵中，以实现核的重编程并发育为囊胚，取囊胚内细胞团细胞用于培养并获得干细胞，此类干细胞称为核移植胚胎干细胞，其英文简称有 ntES、ntESC、NT – ESC，人类核移植胚胎干细胞相应英文简称 hntES、hNT – ES、hNT – ESC 等。通过以上发展过程来看，严格意义上而言，核移植胚胎干细胞并非人类胚胎干细胞技术的替代技术，而只是人类胚胎干细胞技术与核移植技术两者的结合。

同从受精胚胎衍生的胚胎干细胞类似，除了从囊胚阶段的体细胞核移植胚胎衍生胚胎干细胞以外，也可由从体细胞核移植胚胎中移除的单个卵裂球生成胚胎干细胞，而不干扰体细胞核移植胚胎的正常发育到出生。相关美国专利申请包括 2004 年的 US60624827，2005 年的 US60662489、US60687158、US60723066、US60726775、US11267555 以及 PCT 申请 US0539776 等。在这种

● HWANG W S, RYU Y J, PARK J H, et al. Evidence of a pluripotent human embryonic stem cell line derived from a cloned blastocyst [J]. Science, 2004, 303 (5664): 1669 – 1674.

情况下，不用摧毁体细胞核移植胚胎，就可以生成核移植胚胎干细胞。

这些获得的核移植胚胎干细胞将来可应用于临床移植治疗，这就是所谓的治疗性克隆（Therapeutic cloning，TC）。由于这种干细胞的染色体源于患者的体细胞，植入患者身体后在理论上不会引起免疫排斥，有望解决治疗过程中由异体移植引发的免疫排斥难题，可以建立个体化的核移植胚胎干细胞库、解决供体胚胎干细胞来源不足等问题，使之能广泛应用于临床治疗。

在人类体细胞核移植技术方面，我国科学家在 2009 年用患者的体细胞克隆出人类核移植胚胎干细胞，使治疗性克隆研究向临床实践应用又迈进了一大步。2009 年 2 月，山东省干细胞工程技术研究中心宣布，由该中心李建远教授率领的科研团队，攻克人类胚胎克隆技术，成功克隆出 5 枚符合国际公认技术鉴定指标的人类囊胚。李建远称，他们掌握此项技术不是为了制造克隆人，而是进行人类治疗性克隆。此次研究选择了健康卵细胞志愿捐献者 12 人，经促排获得 135 枚卵子，经试验最终成功获取囊胚 5 枚，其中 4 枚囊胚的供体细胞来源于正常人皮肤纤维细胞，1 枚来源于帕金森病患者外周血淋巴细胞。

在动物体细胞核移植技术方面，虽然早在 2006 年就已经可以稳定获得猴（primates）克隆囊胚，但直至 2017 年 11 月 27 日，世界上首个体细胞克隆猴"中中"才在中国科学院神经科学研究所和中国科学院脑科学与智能技术卓越创新中心的非人灵长类平台诞生；2017 年 12 月 5 日，第二个克隆猴"华华"诞生。2018 年 1 月 25 日，国际顶尖学术期刊《细胞》在线发表了该项成果。中国科学院在北京召开新闻发布会，宣布科研团队突破了体细胞克隆猴这一世界难题，在国际上首次实现了非人灵长类动物的体细胞克隆。我国体细胞克隆猴的成功诞生，突破了生命科学研究和人类疾病研究中亟须的非人灵长类动物模型制作的关键技术，将极大促进生命科学基础研究和转化医学发展研究，也将为解决我国人口健康领域的重大挑战做出重要贡献。

可以看出，在我国科学前沿中，动物层面的研究，很多情况下是包括生殖性克隆的，从而制备生产了大量克隆动物或动物模型；而在人体研究方面，则只有治疗性克隆研究，集中于人类核移植胚胎干细胞。那么，对于人而言，生殖性克隆与治疗性克隆如何界别呢？

生殖性克隆，是指对整个人的复制，即从被克隆的人身上取得细胞之后，将其植入被去除了遗传基因物质的卵细胞空壳中，通过刺激使新卵细胞分化并形成胚胎，之后将胚胎植入母体的子宫里孕育，克隆婴儿具有与遗传物质源相同的生理特性。生殖性克隆对传统伦理的冲击巨大，克隆人是用技术制造的生命，破坏了有性繁殖的生育方式和由血缘确定的亲缘伦理关系。

治疗性克隆，有时也称再生性克隆，旨在利用科学前沿的克隆技术和干细胞培养技术，来解决器官移植的两个根本性问题，即免疫排斥和供体来源不足。方法是利用核移植技术，将患者的体细胞核移植到去核的卵母细胞中，使其重编程为重构的胚胎，胚胎细胞在体外进行分裂，发育为卵裂球或者发育至早期胚胎（囊胚），然后再用胚胎干细胞分离技术或建系技术，从卵裂球或克隆囊胚的内细胞团中分离出在基因组成上与患者相同的多能胚胎干细胞。这些人类胚胎干细胞除了产生有功能的细胞，如心肌细胞、神经细胞以及生成胰岛素的胰岛 β 细胞外，还可以利用组织工程学的方法，把细胞重新构建成更复杂的组织和器官，如血管、肾脏、肝脏甚至整个心脏。其中，还要借助可降解的生物材料，让细胞在生物材料逐渐被机体降解吸收的过程中，形成新的、具有形态和功能的相应的组织和器官。治疗性克隆不存在胚胎的子宫植入、妊娠和分娩，而是在体外诱导分化成所需要的干细胞、组织甚至器官来治疗各种疾病，所以不是一项生殖技术，它与生殖性克隆的根本区别是治疗性克隆没有改变治疗对象的基因组结构，也没有改变治疗对象的有性生殖方式，它是一种全新的疾病治疗手段。

（二）体细胞核移植技术的典型伦理问题

典型的体细胞核移植技术及体细胞核移植胚胎干细胞技术所涉及的伦理争议较多，其伦理问题可能至少需要考虑以下多个方面。

1. 人卵来源合法程序正当

2005～2006年，韩国科学家黄禹锡跌下神坛，就是因为其违反《赫尔辛基宣言》等指导人体试验研究的基本生命伦理和研究伦理，在克隆研究中使用了自己研究生的卵子。按照生命伦理规范，凡涉及人体的试验研究，一定要经过当事人自愿的知情同意，签署书面的知情同意书，不能胁迫，也不能引诱。如果受试者是出于对医生的依赖关系中，或有可能在胁迫下同意，应该由一位对研究非常知情、不从事该项研究和完全没有这种依赖关系的医生来获取知情同意。同时，伦理规范明确要求捐献者和研究者分开，不能同时既是研究者又是捐献者。这主要是为了保证研究的真实可靠，也有利于保护捐献者的隐私。

从程序上而言，核移植胚胎相关科学研究必须遵守该领域的基本研究规范及程序，尤其是，对于该研究之中的稀缺资源、重构胚胎所赖以形成的人类生殖细胞之———卵子的获取，必须符合人体试验研究的基本伦理。比如，严禁卵子买卖或商业化获取，保障卵子捐献者知情同意原则等得到贯彻。

2. 生殖性克隆（克隆人）

实际上，自然界早已存在植物、动物和微生物的天然克隆物，同卵双胞胎实际上就是一种克隆。然而，天然的哺乳动物克隆的发生率极低，成员数目太少（一般为两个），且缺乏目的性，很少能够被用来为人类造福。克隆羊"多莉"出生后的四年，2001 年 11 月 25 日，美国先进细胞技术公司宣布已成功克隆出人类胚胎。这次实验采用了 8 个卵细胞样本，其中的两个形成了 4 个细胞的胚胎，在分裂到 6 个细胞时停止了分裂。一石激起千层浪，就像当年第一只克隆羊诞生所带来的巨大冲击一样，人类克隆胚胎的出现，使国际医学界为之震动，围绕该研究的伦理道德问题摆在了世人面前。

从 2001 年人类克隆胚胎首次出现，历经多年时间的沉淀，禁止克隆人基本已经成为一种世界范围内的普遍共识。人类克隆技术滥用可能使得人类的多样性进化被终止，人类的进化从终点走向起点，最终导致人本身的灭亡。国际上坚决抵制"克隆人"技术。就目前而言，生殖性克隆在全球范围内都属于科研禁区，为国际公约、各国法律以及伦理原则所禁止。

联合国教科文组织于 1997 年就通过了关于禁止进行克隆人类实验的世界宣言。2005 年 2 月 18 日，第 59 届联合国大会法律委员会上以 71 票支持、35 票反对、43 票弃权通过了禁止任何形式的人类克隆的宣言。2001 年 6 月，英国政府通过立法作出禁止生殖性克隆的决定。2001 年 11 月，欧盟委员会指出克隆人技术与欧洲公民的伦理道德背道相驰，禁止对克隆人研究的任何资金支持。2001 年 7 月，俄罗斯政府通过暂时禁止克隆人法案。澳大利亚的人体胚胎研究法案、禁止克隆人法案设置了"克隆人类胚胎罪""体外培养胚胎超期罪""使用超期人类胚胎罪"等。

那么，上述国际宣言、国际公约和各国法律、伦理原则中，所谓"禁止克隆人"的具体含义到底是什么呢？我们参考 2001 年英国通过的人类生殖性克隆法案可知，该法律规定，禁止将不同于受孕产生的人胚胎置于女性体内，任何人都不允许使用细胞核置换或其他技术生育孩子。也就是说，在英国，"禁止克隆人"至少具有两个层面的含义：从生育过程而言，严禁将克隆胚胎植入女性子宫，消除克隆人产生的土壤；从生育结果而言，严禁使用核移植技术生育克隆人孩子。严禁克隆人意味着，既不能造下孽因，将克隆胚胎植入女性子宫；也不能收获孽果，诞下克隆胎儿。从过程和结果两个方面均要加以规范，使得该规定更为全面，其也意味着，即使未来体外人造子宫技术高度发展，已经允许在体外孕育胎儿，体外胚胎并不需要植入女性子宫，也仍然不能使用该类技术生育孩子。

我国也早在 1997 年就发表声明反对生殖性克隆试验，2002 年 2 月，我国公开表明支持《反对生殖性克隆人国际公约》。我国也制定了相应的政策法规和伦理指南，并指出人类克隆技术可能破坏基因的遗传多样性，会对现有生物的进化产生未知的影响。同时，由于克隆技术还处于起步阶段，生殖性克隆本身存在很大的技术风险和安全隐患。克隆人类技术可能带来许多颠覆性的道德挑战，包括被克隆个体的伤害，导致对克隆人的不尊重和不公平等，还包括社会和家庭所受到的伤害。在进行干细胞研究时，应明确生殖性克隆和治疗性克隆的区别，从而遵循治疗性克隆的基本原则，坚决杜绝生殖性克隆。

从国家和政府层面而言，我国旗帜鲜明地反对克隆人技术，不赞成、不支持、不允许、不接受任何克隆人实验。我国的观点是，人的生殖性克隆违反人类繁衍的自然法则，损害人类作为自然人的尊严，引起严重的道德、伦理、社会和法律问题。发展至 2021 年，新的刑法修正案第 11 条和第 23 条中规定，违法将克隆胚胎植入人类或动物体内的，都将承担相关的法律责任。克隆人入刑，进一步为规范相关科学研究提供法律和制度保障。因此，对于克隆人，我国的态度是明确反对和禁止的。

对于克隆人本身以及社会，克隆人最大的问题是什么呢？

应该说，首先是克隆人的身份认定与社会认同。这里，我们分两种情形进行观察。一种是死人克隆，另一种是活人克隆。

在死人克隆的情况下，由于当事人已经死亡，借助于其体细胞进行克隆，就涉及死者再世为人、死而复生的问题。这与辅助生殖技术领域通过死者生前的捐精或捐卵进行死后生殖问题面临的巨大争议非常类似。只不过后者为有性生殖，前者为无性生殖。可以明显看出，通过克隆技术使得死人复生之后，对该克隆人应该如何进行认定，社会上对其以何种身份予以接纳，都是一个问题。

在活人克隆的情形下，同样会产生身份认同问题。假如一对夫妻（或者同性恋夫妻）想通过克隆人技术繁育后代，被克隆出来的究竟是她的孩子还是她自己，或者都不是，这本身就是一个严重的伦理问题。人的特殊性就在于，每个人都有其自身的不可重复的特性。一旦克隆人降临这个世界，必将引起数不清的道德法律问题。

因此，仅仅出于自身需求或诉求，狭隘地理解女性的生育权等，来思考克隆人问题是完全不够的。必须站位在人类社会发展与人类社会福祉的角度，对克隆人问题进行全面的考量。在这个过程中，社会利益、社会秩序、人类基本伦理、国家利益、人类长久利益等，要远远大于个人的利益诉求以及生育权诉求。

在对禁止克隆人的态度取得一致的基础上，关于对其如何进行政府管理或国家治理，还是会有不同的看法，并影响到专利审查实践。一些研究者尽管也认同应该禁止克隆人，但对于这件事是不是该由专利局来管，专利局该不该插手，则有不同意见。比如关于专利法的任务与功能，有研究者认为，政府应该禁止发展人类克隆技术，但是，管制克隆技术不是专利法的任务，而是其他公法的任务。并且，专利局和法院没有必要到专利成文法之外的任何其他规范性文件中引用公序良俗原则。只要它们认为有关的技术不违反公序良俗原则，其可以在授予或确认专利权时完全不理会其他国内法律、法规、规章、行政命令、行政政策宣示，以及任何国际公约中限制或约束（包括禁止）人类克隆技术之实施的规定。❶ 显然，这种观点是非常值得商榷的。

这里，我们还是比较赞同韩大元教授的观点❷，克隆人技术侵犯人的尊严，也侵犯了被克隆人的基本权利，违反了基本生命伦理，也违反了宪政的基本价值。针对这种对生命的亵渎行为，国家是有义务禁止的。而在国家和政府严格禁止的情况下，专利局却授予相关技术以专利权，对违反基本生命伦理的技术研发进行保护，既是明显不合时宜的，也是有违专利法立法宗旨的。对于禁止生殖性克隆这件事，专利局不能置之不理，袖手旁观。在科学研究中，确实不排除个别科学家存在一些非理性的疯狂的行为，此时专利法应该及时作出回应。并且，伴随着将来法律上对克隆人入刑等更多规制的增加，克隆人发明涉及的不仅是违反伦理道德或社会公德的范畴，而直接涉嫌违法。因此，在《专利法》第 5 条的执行和适用中，必须对其加以规制。

3. 治疗性克隆所涉及的伦理问题

针对治疗性克隆研究的主要伦理争议是：专门制造胚胎进行研究并且最后导致胚胎被毁灭。专门制造核移植胚胎用于干细胞研究，即使为了研究目的通过正当的手段获取卵子，也系专门为研究目的有意制造一个胚胎作为研究工具，系以胚胎为

---

❶ 何越峰，魏衍亮. 美国对人类克隆技术的专利保护 [J]. 法律科学（西北政法学院学报），2003（2）：104 – 110.

❷ 韩大元. 论克隆人技术的宪法界限 [J]. 学习与探索，2008（2）：93 – 98.

纯然的工具，单纯以工具的态度来利用人类生命体，完全没有从被制造的核移植胚胎自身的角度考虑其利益，这对胚胎作为受试者有不公平的问题，这种制造胚胎的方法也是不道德的。并认为核移植胚胎的制造和利用不同于剩余胚胎的制备和利用。首先，对于辅助生殖中的剩余胚胎而言，它们被制造，原则上是以其自身能被孕育为目的，只是由于各种因素而没有成功被选取，因而才被考虑作研究之用。其次，将核移植胚胎用于核移植胚胎干细胞的制备研究时，则胚胎不免被销毁，这对受试者是一种严重的伤害。一般人体实验中，均不能对受试者产生严重伤害和死亡。因此核移植胚胎干细胞研究似乎有违人体实验的规范。可以看出，对于将核移植胚胎用于胚胎干细胞研究，在伦理问题上，是有争议的，并面临着与剩余胚胎用于胚胎干细胞研究的一系列对比。这些争议，表面上看起来，研究目的、研究工具、制造胚胎并破坏胚胎等也均为客观事实。

对于这些争议，我们可以回顾一下英国在这之前的决定。在美国、德国、法国、西班牙、巴西、意大利等各国政要以及各国宗教界人士对生殖性克隆的一片挞伐之声中，英国政府公布了人类生殖性克隆法案。允许科学家在严格管理的条件下，利用克隆的人类胚胎进行干细胞研究，即所谓治疗性克隆，但禁止以制造人类后代为目的的克隆人研究。英国政府虽然以立法的方式表明了反对克隆人的立场，但对以攻克疑难病症为目的的治疗性克隆却持支持态度。他们认为该技术给人类带来的实际好处，将远远超过伦理学上的消极影响。英国首席医学官唐纳森发表了一份长达150页的报告《干细胞研究：负有重责的医学进展》，报告总结认为，"治疗性克隆"拥有巨大的医学潜力，如果加以适当控制和监督，就不存在根本性的伦理问题，应当予以支持。英国一些科学家发表文章说，人们不该盲目追随国外对克隆人类早期胚胎这项研究的偏激观点，听到别人赞成，便一股脑儿点头，看到别人反对，就不假思索地否定。不能因"治疗性克隆"研究可能导致克隆人产生便把它一棍子打死，这就像为了防止利用基因技术制造生物武器而把基因工程全盘扼杀一样愚蠢。当然，人们以科学态度看待它，也包括防止其被滥用。英国前首相布莱尔曾经提出，人类应该警惕反科学思潮。各国政府在对有争议的科研领域进行严格管理时，也应顶住压力保障科研的正常进行。由此，2001～2003 年，英国是世界上第一个将克隆研究合法化的国家。允许科学家培养克隆胚胎以进行干细胞研究，并将这一研究定性为"治疗性克隆"，同时规定研究中使用过的所有胚胎必须在 14 天后被销毁。2004 年 8 月 11 日，英国人类受精和胚胎管理局（HFEA）授予了第一个用于研究的治疗性克隆执照，为期一年，允许英国纽卡斯尔大学生命中心使用细胞核移植产生人类胚胎干细胞，根据该执照规定，产生的干细胞只能用于研究目的。可以看出，英国采取了非常务实的做法，在群情汹汹中，保持了一份难得的清醒。也由此，借助其开明的创新激励政策，严格的伦理审批和监管，英国很快成为该领域的领先者和受益者。

国内的早期看法中，最有代表性的观点是 2002 年提出的《人类胚胎干细胞研究的伦理准则（建议稿）》。该建议稿指出，卵母细胞捐献均应视同组织器官捐献，应认真贯彻知情同意原则；用体细胞核移植技术创造胚胎获取胚胎干细胞系移去卵母细胞的细胞核，代之以患者体细胞的细胞核，用这种体细胞核移植技术创造人类囊胚，从中分离和培养胚胎干细胞。此类干细胞在遗传上与患者基本相同，产生出特定的细胞和组织用于临床治疗，既可为患者提供组织修复的足够材料，又可克服排异反应，这种为患者造福的治疗性克隆必将造福于患者，是符合伦理道德的，支持治疗性克隆的研究。并规定用体细胞核移植技术创造的胚胎，只能在体外培养并不能超过 14 天；禁止将体细胞核移植技术所形成的胚胎植入子宫或其他任何物种的子宫;"人体—动物"细胞融合术,在非临床应用的基础性研究中,如满足一定要求下可以允许。但在临床应用的治疗性克隆研究中,严格禁止采用"人体—动物"细胞融合术将人的体细胞核与动物卵细胞质相结合的产物用于人类疾病的临床治疗。

这是 2003 年《人胚胎干细胞研究伦理指导原则》出台之前,国内的代表性观点。该建议稿明确指出了基于体细胞核移植胚胎干细胞研究的意义及目的的正当性,明确给出了其符合伦理道德的结论。并对可能的风险进行了预防,包括防止生殖性克隆,防止嵌合胚胎细胞的临床应用等。可以说,相对而言,是比较理性的一种态度。既看到了治疗性克隆研究的巨大意义,也对相关风险、相关伦理问题的复杂性,提前做出预防和应对。

后续的发展就逐渐清晰,我国于 2003 年正式出台《人胚胎干细胞研究伦理指导原则》,其中明确规定了,禁止进行生殖性克隆人的任何研究,同时规定,用于研究的人胚胎干细胞可以通过体细胞核移植技术所获得的囊胚来获得。可以看出,我国对此的官方态度,实际上早在 2003 年即已经确定。并且,14 天规则同样适用于核移植胚胎。

国家政策尽管早已确定,但在专利保护政策上还存在争议。部分人对治疗性克隆技术仍然存有担心,对该技术放开与否犹豫不决,或者认为开放时机尚不成熟。其主要观点包括:人为制造胚胎并进行破坏,有使胚胎工具化和向生殖性克隆滑坡的风险。此外,有部分人担心,我国人胚胎干细胞研究未达到世界领先水平,专利输出量有限,全面放开专利保护不利于我国技术和产业的发展。其他国家的发明人涌进中国进行专利布局,抢占中国市场,势必使我国在该技术领域的科学研究面临专利壁垒,阻碍我国相关领域的技术和产业发展。还有观点认为,专利不同于科学研究的特点,决定了专利中的伦理要求较科学研究中的伦理要求应适度偏严，对伦理争议较大的人胚胎干细胞相关发明，不建议给予专利保护。

　　韩大元教授也表示了一定程度的担忧❶：区分生殖性克隆和治疗性克隆这两类克隆有很大的风险，就是如何保证治疗性的克隆和生殖性的克隆之间的界限。我们只能切断生殖性和治疗性克隆链条，但是事实上又没法真正切割开。允许发展治疗性克隆，什么器官都可以克隆，组合在一起就变成人。

　　对于这些见仁见智的观点，我们认为，体细胞核移植技术近些年的发展已经证明，人类的理性可以保障其不会滑向生殖性克隆，很多担忧尽管理论上确实存在可能，但却会牺牲科技发展与面向未来。这个代价太过巨大，对此不应该继续坚守和深闭固拒。对于治疗性克隆，或者说基于研究性胚胎的干细胞治疗，我们是时候应该敞开胸怀，在专利制度上予以接纳了。

　　关于对胚胎工具化的担忧，首先需要指出的是，人类胚胎干细胞研究有利于全人类的健康事业，我国大部分民众对人类胚胎干细胞科学研究的伦理接纳程度较高。选择使用剩余胚胎和核移植胚胎制备人类胚胎干细胞，实际上是国内外胚胎干细胞领域比较普遍的现象，尽管其当下似乎是作为生物技术领域的研究工具，但服务的却是未来的卫生健康事业的发展、再生医学的发展以及大众的健康福祉。正如联合国教科文组织国际生物伦理委员会工作组提出的观点：如果是为了医疗研究的目的并且不将胚胎用于生殖克隆，那么采用细胞核移植的方法来制造胚胎在伦理上是可以被接受的。将胚胎用于医学研究，可以得到伦理辩护。

　　对比之下，2019 年《专利审查指南（2010）》修改以后，由人类精卵经受精形成的受精胚胎（主要是剩余胚胎）尚且可

---

❶　韩大元. 当代科技发展的宪法界限［J］. 法治现代化研究，2018，2（5）：1－12.

以用于科学研究，对于由体细胞核移植形成的核移植胚胎而言，在严禁生殖性克隆的前提下，其也只能走向治疗性克隆。利用核移植胚胎分离建立干细胞，其伦理问题与受精胚胎中的剩余胚胎类似，而不可能会超越剩余胚胎引发更多的伦理问题。用人的体细胞采用核移植技术创造出克隆胚胎，从中提取胚胎干细胞用治疗疾病研究，虽不能回避毁灭或破坏该研究性胚胎，至少可以绕开损毁人的正常受精胚胎（剩余胚胎）的伦理问题，更重要的是，其还可以为临床治疗中解决免疫排斥创造条件。在治疗性克隆中，为克服免疫反应的核捐献者与所得治疗性克隆胚胎在基因上是一致的，其行为实际上是一种自助行为，胚胎并没有为他人目的而被工具化。到目前为止，体细胞核移植仍然是制造高度兼容性组织的最佳方式，对解决组织或器官的短缺问题有着不可比拟的优势。

关于治疗性克隆向生殖性克隆的滑坡风险，实践中，两者具有较大差异，两者试验的终点也不一样，治疗性克隆在形成胚胎后并不会把胚胎放入子宫进行培育，生殖性克隆却会把胚胎植入人体子宫让其发育成人。根据我国对辅助生殖技术领域的严格资格准入制度而言，医院从事辅助生殖存在严格的准入限制，受精胚胎植入尚且受到严格的管控，对于克隆胚胎而言，相应的胚胎干细胞研究机构通常也不具备辅助生殖机构所具有的允许胚胎植入的资质，更没有机会进行克隆人的操作。而且，克隆胚胎研究受到 14 天培养期限限制，各个国家和地区对生殖性克隆技术都是严令禁止的，我国克隆人也已经入刑。因此，生殖性克隆受到严格的法律限制，治疗性克隆并不必然会滑向生殖性克隆。这个道理就像不能因噎废食一样。

体现在专利审查里，生殖性克隆和治疗性克隆是可以区分的。正如干细胞研究要严格区分临床前研究、临床试验研究（即人体实验）和临床应用三阶段一样，每个阶段都是可分的，都有严格要求，不可随意超越。在治疗性克隆的发明中，每一个发明的方法都会有起点和终点，都会有其发明目的。准确把握其起止，不作过度延伸，是比较合理的做法。对于此类可以区分治疗或克隆的目的性，并且可以分阶段实施和保护的技术，不宜看到其中一个环节或链条，就认为保护的是全链条，而加以严苛限制。治疗性克隆与生殖性克隆的技术路线，在后期是完全不同的，治疗性克隆研究在克隆胚胎中取得胚胎干细胞后，予以销毁不植入子宫，而生殖性克隆是把克隆胚胎植入子宫让胚胎继续生长发育。它们的目的也迥异，治疗性克隆是为充分利用和开发胚胎干细胞多向分化的功能，通过组织器官的移植和修复研究严重疾病的治疗，而生殖性克隆是为了生育，把克隆胚胎植入子宫孕育成为遗传特征一致的克隆人。两者发明目的不同，后期的技术路线不同，只要思想上重视，政策法规有严控措施，治疗性克隆是可控的，生殖性克隆也是可防的。❶

从国家层面看，在国外很多国家同时严禁生殖性克隆和治疗性克隆的情况下，我国就治疗性克隆研究面临一个良好的机遇。从专利创造和输出而言，并没有任何国家在治疗性克隆方面具有绝对领先优势，如前所述，我国在体细胞核移植技术方面也有很多独到之处，在干细胞研究方面步入了世界先进水平的行列，应该抓住机遇，大力支持，将国家的大政方针落于实处，从而保持国家科技政策、生命伦理原则与专利审查政策的一致性，从政策红利中发挥出最大科技激励效益。

在针对治疗性克隆放开科学研究和放开知识产权保护的同时，中国也要加强对治疗性克隆研究的管理和控制，将其置于严格的审批和监管之下，保证对基本伦理和生命人权的尊重，确保人类的尊严和国际公认的生命伦理原则不受损害。最终，

---

❶ 丘祥兴，沈铭贤，胡庆澧. 干细胞研究伦理［J］. 生命科学，2012，24（11）：1308－1317，1224.

就是选择发展，而非深闭固拒，以保障我国的国际话语权和国际竞争力，并承担作为大国的国际责任，为全人类的安全、健康和幸福履责。相反，如果此时仍然逡巡不前或游移不定，那么必然导致自 21 世纪之初我国即早已经确立的国策长期以来一直得不到落实。

（三）涉及核移植胚胎干细胞发明创造的法律适用晦涩不明

在 2006～2019 年，也即在 2019 年《专利审查指南 (2010)》修改以前，对于"人胚胎的工业或商业目的的应用"的法律适用，专利行政部门在执行中，认定其中的"人胚胎"是从受精卵开始到新生儿出生前任何阶段的胚胎形式，包括卵裂期、桑椹期、囊胚期、着床期、胚层分化期的胚胎等。其来源也应包括任何来源的胚胎，包括体外授精多余的囊胚、体细胞核移植技术所获得的囊胚、自然或自愿选择流产的胎儿等。换言之，对于利用体细胞核移植技术获得的胚胎（或囊胚）分离提取人类胚胎干细胞的技术，专利行政部门以属于"人胚胎的工业或商业目的的应用"而违反《专利法》第 5 条予以规制。

在 2019 年《专利审查指南 (2010)》修改之前的研究过程中，曾经一度考虑过"体外受精或核移植等开始后 14 天内的胚胎除外"的方案，也就是说，不仅考虑放开 14 天以内体外受精胚胎的情形，也意欲放开从体外培养 14 天以内的核移植胚胎获取胚胎干细胞的情形。甚至社会上也有进一步的呼声或建议将"体外受精或核移植等"限定也删除，扩大修改为"体外发育 14 天内的胚胎除外"，认为只要符合体外发育和 14 天内要求的胚胎均属于应排除的情况。但是，如我们所看到的，2019 年《专利审查指南 (2010)》最终的修改结果中，并没有涉及核移植胚胎。

也即，2019 年修订的《专利审查指南 (2010)》第二部分

第一章第 3.1.2 节末尾只是增加了："但是，如果发明创造是利用未经过体内发育的受精 14 天以内的人类胚胎分离或者获取干细胞的，则不能以违反社会公德为理由拒绝授予专利权"，从而不再对未经过体内发育的受精 14 天以内的人类胚胎分离或者获取干细胞技术的专利保护以违反《专利法》第 5 条为由完全排除。如此修改实现了对于部分胚胎干细胞研究相关发明给予适当专利保护的目的，解决了一刀切的局面，符合我国产业科研政策的规定，也符合相关伦理道德的要求。

但是，如此修改以后，对于体外受精胚胎（主要是剩余胚胎）以外的其他破坏人类的非受精胚胎的相关技术，例如，人体细胞核移植胚胎及基于该胚胎获取胚胎干细胞，2019 年《专利审查指南（2010）》修改后对此到底持何态度，仍不甚明朗。指南修改是仅仅释出体外受精胚胎（主要是剩余胚胎）情形下的一种红利，还是兼具举重以明轻的示范意义，也很难确认。因此，2019 年《专利审查指南（2010）》修改以后，关于人体细胞核移植胚胎用于核移植胚胎干细胞制备或者涉及人体组织或器官的再生医学研究类发明创造的法律适用，一定程度上仍晦涩不明。

（四）核移植技术伦理问题的复杂性

核移植技术及其伦理问题同样体现出较大的复杂性，原因在于，核移植技术不仅包括前述治疗性克隆和生殖性克隆技术，也包括一些其他的衍生技术或变形形式，比如改变核移植技术（altered nuclear transfer，ANT）和改变核移植 – 卵母细胞辅助的重编程（ANT – OAR）技术等。而经由体细胞核移植技术上位至核移植技术，受体卵细胞的多样性、供核的复杂化也要使得核移植伦理问题更为复杂，此时，受体卵母细胞可能是杂合卵母细胞，核移植的供体细胞不再限于体细胞，而是扩展到其他的各类细胞，包括胚胎细胞或胚胎干细胞。而且，核移植也不再限于同种核移植，还会涉及异种核移植。总之，核移植技术并不只限于讨论治疗性克隆和生殖性克隆。核移植技术的复杂性，必然伴随其伦理问题上的复杂性。

1. ANT 和 ANT – OAR 技术

虽然哺乳动物卵母细胞能够通过体细胞核移植将体细胞重新编程为全能状态，令动物克隆成为可能。但通过核移植技术进行动物的体细胞重编程时，体细胞克隆成功的效率仍然不高，以小鼠为例，仅约30%的体细胞核移植胚胎发育成囊胚，仅有1%至2%的转移至代孕母亲的胚胎能达到足月，大量体细胞克隆胎儿在附植期或围产期死亡，出生存活的克隆动物也表现各种发育异常，例如巨胎症等，几乎在所有克隆的哺乳动物物种的胚胎外组织诸如胎盘和脐带中经常观察到异常。因此，克隆的成功率是极低的，由此也使得这一技术实际上难以实际使用。

在受精胚胎的情况下，精子和卵母细胞是通过截然不同的过程从原始生殖细胞生成的。因此，它们的基因组具有截然不同的表观遗传风貌。受精之后，父系核染色质释放鱼精蛋白，并且与缺乏大多数组蛋白修饰的母系存储组蛋白一起重新封装，而母系核染色质携带从卵母细胞遗传的各种组蛋白修饰。亲本核染色质形成的不同过程导致了受精卵中亲本表观遗传的不对称性，在后续的发育过程中，除了包括印记控制区（ICR）在内的某些基因组位点之外，这些不对称性在很大程度上趋于平衡。

在体细胞核移植胚胎中，体细胞核移植重编程有些缺陷，妨碍了胚胎发育过程。有研究表明，DNA 甲基化、组蛋白修饰和基因组印记中的各种表观遗传异常是体细胞核移植的低成功率的原因。体细胞核移植胚胎重编程过程中普遍存在的印记基因异常去甲基化，是引起克隆动物发育异常和体细胞克隆效率低下的重要原因。哺乳动物的基因都有来自父母的两个拷贝，一般情况下，两个拷贝均被表达。但基因组有一些基因是单等位基因表达（monoallelic expression）的，根据亲源性，这些基因仅表达来自亲本一方的等位基因，而来自另一方的等位基因不表达。这类基因称为印记基因，这种非孟德尔遗传现象称为基因组印记。因此，如何保护克隆胚胎发育过程中的印记基因甲基化，提高体细胞克隆效率是本领域技术人员亟待解决的问题。

由此，科学家们研究了很多改进体细胞核移植技术的方法。专利公开号为 CN110042123A（公开日为 2019 年 7 月 23 日）的发明就涉及一种通过诱导表达 zfp57 基因提高牛体细胞克隆效率的方法。通过诱导表达 zfp57 基因，利用 ZFP57 蛋白质纠正牛克隆胚胎上异常的印记基因低甲基化，使其甲基化水平到达和体外受精胚胎接近的水平，使牛克隆胚胎发育过程中的印记基因甲基化恢复正常水平，从而提高牛体细胞克隆效率，提高牛克隆胚胎的胚胎质量，促进牛克隆胚胎的发育。

这种印记基因的甲基化情况以及通过诱导表达 zfp57 纠正在克隆胚胎上异常的甲基化丢失的情况，可以形象地通过图 6 - 2 示出。

专利公开号为 CN112272516A（公开日为 2021 年 1 月 26 日）的发明提供了一种用于改善克隆效率的方法，包括在 Xist 敲除的供体细胞中的 Kdm4d 过度表达。具体而言，如图 6 - 3 所示，发明提供一种获得克隆囊胚的方法，所述方法包括将从缺乏 Xist 活性的体细胞获得的供体细胞核转移至去核卵母细胞内，并且在所述卵母细胞内表达 Kdm4d，从而获得克隆囊胚。其中，Kdm4d 过度表达是向卵母细胞注射 Kdm4d mRNA。相对于传统的体细胞核转移，该方法将活产率增加了至少 10% 至 20%。

可以看出，随着研究深入，由于动物克隆不存在过多的伦理问题，动物的体细胞核移植技术必然向纠正克隆胚胎上的异常印记基因，使克隆胚胎甲基化水平达到或接近体外受精胚胎的水平，促使印记基因甲基化恢复正常，从而不断提高体细胞克隆效率，提高克隆胚胎质量，促进克隆胚胎发育的方向发展。并且，其具体实现的技术方法、技术原理、所广泛涉及的印记基因，都提示和呈现出改良技术的多样化。

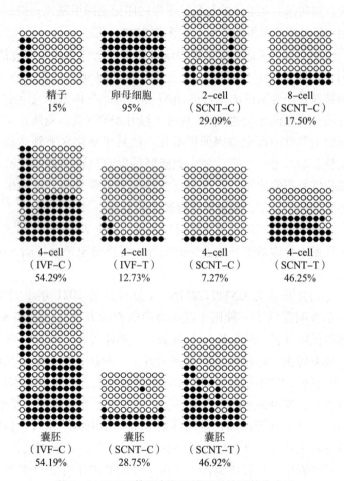

图 6－2　XIST 基因在印记控制区的甲基化水平
（专利 CN110042123A 附图）

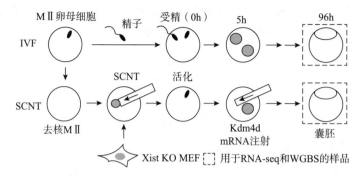

图 6 – 3   SCNT 囊胚中 DNA 甲基化的广泛重新编程实验方法示意
（专利 CN112272516A 附图）

但是，对于人类而言，如果像如上动物克隆技术那样，不断完善克隆技术，消除异常印记，提高克隆成功率，则反而会加剧克隆人或生殖性克隆的伦理担忧和争议。因此，人类体细胞核移植胚胎技术向另一个完全相反的技术方向发展。如图 6 – 4 所示，典型之一就是改变核转移（ANT）技术，简称 ANT 技术。ANT 技术是核移植技术的一种变形，本质上是一种与体细胞核移植类似的技术，但是，在供给者核（供核）被注射到接受者卵中之前，供核基因被修饰或改变（遗传或表观遗传上的改变），从而在形成核移植胚胎以后，可以阻止 ANT 卵母细胞分化并形成完整有机体。也即，由于供核的基因变化，这种核移植胚胎缺乏胚胎发育的必需组分，但包含胚胎干细胞发育的所有组分，可以发育至囊胚内细胞团，但不能发育出胎盘前体或形成滋养层，不会被用于移植入子宫，或者，即使被移植也不会完成其正常发育并进而发育为胎儿。

这一技术在 2005 年由美国斯坦福大学的研究者首倡，他们首先选择 Cdx2 基因（一个在发育上至关重要的转录因子）在小鼠身上进行了验证：当 Cdx2 基因敲除或被干扰以后，相应的核移植胚胎不能再用于移植。❶ 这一技术的出现，相当于在充满争议的干细胞研究漩涡中架起了一座桥梁。

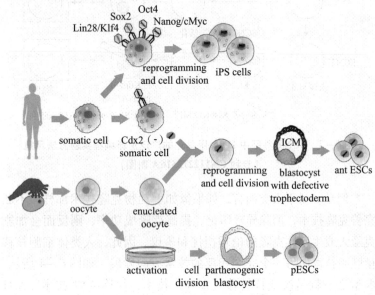

图 6 - 4　ANT 技术原理示意❷

此外，ANT 技术的另一个变形是美国俄勒冈大学 Markus Grompe 开发的一种称之为 ANT - OAR 技术。此外，还包括 ANT - GD 技术。这里不再就其技术细节进行赘述。总之，ANT 技术之所以在核移植技术的基础上作出改变，其目的就是回避伦理争议。而且，既然可以从体细胞供核的角度进行回避，当然也可以从受体卵母细胞的角度进行回避设计。

尽管 ANT 系列技术出现以后，部分人对此仍有伦理争议，但不容置疑的是，通过 ANT 技术形成的 ANT 胚胎确实和孤雌胚

❶❷　MEISSNER A, JAENISCH R. Generation of nuclear transfer - derived pluripotent ES cells from cloned Cdx2 - deficient blastocysts［J］. Nature, 2006, 439（7073）: 212.

胎一样，不再具有发育为人体的能力，多数人认为其是可以克服克隆人伦理问题的替代方法，并得到广泛认可和接受。这种广泛认可和接受，也包括相对保守的欧洲。欧洲的伦理学家认为❶，这种 ANT 技术已经排除了生殖性克隆技术的很多伦理争议，产生的实际上并不是人胚胎，而只是一种准胚胎（quasi - embryo）或假胚胎（pseudo - embryo）。

总之，ANT 技术及其衍生技术是一类极力淡化伦理争议、避免伦理争议的技术，其使得体细胞核移植技术和治疗性克隆技术等的研究更具合理性，最大限度地或者完全避免了克隆人的可能（见图 6 - 5）。体细胞核移植技术的这些替代技术的发展，势必进一步扫清压在克隆技术发展或再生医学技术发展头上的阴霾，相关核移植技术可以轻装上阵，不用再背负巨大的伦理包袱。

国外围绕 ANT - OAR 技术伦理问题的讨论也很多，并且基本已经定论。

检索国内 CNKI 非专利文献（截至 2021 年 1 月 28 日），暂时还没有涉及 ANT - OAR 伦理问题的讨论。专利文献中直接提及 ANT - OAR 技术的只有 CN103403152A 和 CN103167870A。因此，围绕相关专利技术，未来专利审查如何进行法律适用，还需要拭目以待。但通常而言，如果这些衍生技术或变形技术本身已经能够保障该技术不会滑向生殖性克隆，也无法实现生殖性克隆，而只是治疗性克隆，即核移植胚胎干细胞技术层面的应用，实际上即相当于，其已经比之前的治疗性克隆技术进一步降低了伦理争议，在伦理审查中适度放宽，应该是较为合理的选择。

---

❶ TURNPENNY L. Is "cloning" mad, bad and dangerous? [J]. Embo Reports, 2007, 8 (1): 2 -2.

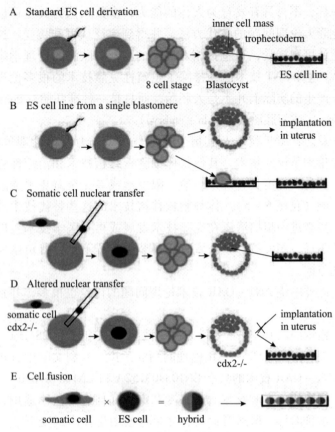

图 6 – 5　围绕人类胚胎干细胞制备的各种伦理障碍（A/C）
及其技术上的变通（B/D/E）❶

2. 非体细胞核移植技术

体细胞核移植胚胎同体外受精 – 胚胎移植中的剩余胚胎相比，最大的区别在于无性与有性。也即体细胞核移植胚胎并非是由精

---

❶　GRUEN L, GRABEL L. Concise review: scientific and ethical roadblocks to human embryonic stem cell therapy [J]. Stem Cells, 2010, 24（10）: 2162 – 2169.

卵受精而成，与雌雄配子经受精形成的有性生殖存在明显区别。但是，也有部分人认为，在核移植时，随核移植或核转移的供体核为真正的体细胞或胚胎干细胞而异，前者为细胞分化相对彻底的体细胞，系标准的无性克隆；后者随核移植或核转移的供体核则为更接近于受精卵的分化程度较低的 32～64 细胞期的胚胎干细胞，所以认为这种克隆为"有性克隆"。整体而言，这种"有性克隆"的提法似乎并未得到广泛认可。尽管"有性克隆"的提法存在争议，却说明了一个事实：在核移植技术中，不是只有体细胞可以进行核移植，也可以是其他细胞。

在体细胞核移植中，其中的供体细胞或供核细胞，是指被转移到作为核受体或接纳者的卵母细胞内的人类细胞的体细胞或核。术语"体细胞"是指一种已分化的细胞，其并非生殖性细胞或生殖性细胞前体，与多能细胞或全能细胞也无关，为"非胚胎性体细胞"。

但是，在核移植技术中，则可能涉及任何类型的细胞。任何类型的细胞均可能用作核供体。例如，当核供体的细胞涉及诸如全能干细胞、胚胎干细胞等胚胎细胞或者卵丘细胞，羊膜细胞、颗粒细胞、睾丸支柱细胞、精子细胞等生殖细胞以及胎儿细胞、诱导性多能干细胞等时，就需要注意核移植胚胎及胚胎干细胞技术已经复杂化，并产生两个问题。

第一个问题是，当核供体的细胞为早期胚胎卵裂球细胞（全能干细胞）或内细胞团来源的胚胎干细胞（多能干细胞）等的情况下，是否涉及额外的伦理问题。此时，从细胞来源而言，首先涉及的是从剩余胚胎分离获得胚胎卵裂球细胞或内细胞团来源的胚胎干细胞，然后将这些细胞经核移植技术置入受体卵母细胞，激活形成重构卵母细胞或重构胚胎。也就是说，这一技术中，涉及剩余胚胎和核移植胚胎两种胚胎操作。对于从剩余胚胎分离获得胚胎卵裂球细胞或内细胞团来源的胚胎干细胞，我们之前已经有过明确的结论，在符合 14 天规则等相关要求的情况下，并不认为其违反伦理道德。所以，第一个问题并不是问题。

第二个问题是，核移植技术的核心步骤不同之处在于，其供体细胞并非普通的体细胞，而是全能干细胞或胚胎干细胞。尤其是在卵裂球细胞的情况下，虽然早期动物克隆技术中（如青蛙等）如此操作早已成为常态，但人类细胞是否允许，可能还需要进一步讨论和研究。

（1）专利申请号为 CN201810981815.0，发明名称为"一种提高哺乳动物克隆胚胎受体妊娠率的方法"。

该发明提供一种提高哺乳动物克隆胚胎受体妊娠率的方法，旨在提高以诱导性多能干细胞作为供体细胞，克隆胚胎哺乳动物受体的妊娠率。该发明的权利要求技术方案如下：

1. 一种提高哺乳动物克隆胚胎受体妊娠率的方法，其特征在于，利用过表达 RTL1 基因的诱导性多能干细胞作为供体细胞，获得克隆胚胎。

2. 根据权利要求 1 所述的方法，其特征在于，所述供体细胞中 RTL1 基因的表达量需大于等于正常胎儿妊娠早期胎儿成纤维细胞中 RTL1 基因的表达量。

3. 根据权利要求 1 或 2 所述的方法，其特征在于，所述克隆胚胎包括但不限于核移植克隆胚、四倍体补偿胚胎、体外受精胚胎以及嵌合体胚胎。

审查分析：该发明涉及的是一种以诱导性多能干细胞作为供体细胞获得克隆胚胎的技术。并且，该技术还提及所述克隆胚胎包括但不限于核移植克隆胚、四倍体补偿胚胎、体外受精胚胎、嵌合体胚胎等。但根据说明书相关技术细节可知，该技术针对的对象仅是哺乳动物，所谓"过表达 RTL1 基因的诱导性多能干细胞作为供体细胞"实质上还是来源于动物，发明本质上涉及的是克隆动物，具体为克隆猪，整体上并不关涉到人。

（2）专利公开号为 CN111566202A，发明名称为"一种遗传修饰有蹄类动物的方法"。

该案涉及如下发明：

1. 一种遗传修饰有蹄类动物的方法，包括：

（a）由核移植过程建立胚胎，其中将前述权利要求所述的有蹄类动物 ESC 插入去核的有蹄类动物卵母细胞中，以及

（b）将所述胚胎植入非人类受体宿主中。

2. 根据如上权利要求所述的方法，其进一步包括在所述受体宿主中妊娠所述胚胎。

3. 根据如上权利要求所述的方法，其进一步包括将所述有蹄类动物 ESC 导入经遗传修饰的胚胎或通过核转移克隆产生的胚胎中。

审查分析：可以看出，该案在相应的核移植技术中，供核细胞是胚胎干细胞，由此建立动物克隆胚胎，产生动物及生殖细胞。由于该类技术中的供核细胞和受体细胞均局限于有蹄类动物，孕母也为非人类受体宿主，如此限定范围以后，通常不涉及违背人类伦理。

未来如果此类似非体细胞核移植技术涉及生殖细胞、胚胎细胞，而且包括人，甚至主要针对人类，则专利审查中如何应对，还需要关注和谨慎观察其是否会引发伦理问题，包括对发明目的、供核细胞和受体卵母细胞的来源、供体细胞受体细胞形成嵌合胚胎与否、有否与线粒体移植相关的问题、胚胎移植的宿主等，进行全流程的考察，同时需要结合我国对治疗性克隆的整体态度等，仔细分析研判。

3. 种间核移植技术

在低等动物中，20 世纪 70 年代就实现了鲫鱼和鲤鱼的异种核移植，这是世界首例异种核移植案例。此后，大鼠－小鼠之

间也实现了异种核移植。

在核移植技术中,最大的一个受限因素是卵细胞的来源有限。受人卵母细胞的供应量有限等多种原因,产生了一种替代方法,就是使用异种的卵母细胞。这种以源自两种不同物种的卵母细胞胞质体和核供体的核转移,被定义为种间体细胞核移植(interspecies somatic cell nuclear transfer, iSCNT)。种间体细胞核移植最重要的预期应用价值也许是它能方便地重编程人的体细胞但不必使用人卵母细胞。越来越多的人将注意力转向种间体细胞核移植,认为它是一种可行的战略,能满足胚胎干细胞研究所需的卵母细胞用量。

然而,种间体细胞核移植胚胎也存在一些问题,如发育率低及囊胚内细胞多能性不足等。导致这些问题的影响因素众多,其中可能包括:供核细胞与异种卵胞质之间的不相容性致使种间核移植胚胎发育率极低,以及异种间胚胎早期发育事件的差异性使异种卵母细胞不能正确调控种间体细胞核移植的早期发育等。另外,供核细胞的发育状态、分化状态、表观遗传状态影响核移植重构胚胎的发育。细胞长期在体外的环境中传代培养,体外环境会影响供核细胞的发育状态、分化状态、表观遗传状态,使细胞的遗传背景改变或异常。这种体外长期传代培养的细胞用作供核细胞,导致重构的胚胎发育率或正常发育率低下。因此,本领域迫切需要开发新的提高种间体细胞核移植胚胎核质相容性和/或发育率的方法。

以专利公开号为 CN1304444A(公开日为 2001 年 7 月 18 日)为例,韩国的黄禹锡研究团队在 1999~2000 年即提出发明名称为"一种通过用种间核转移技术生产人类克隆胚胎的方法"的专利申请。我国于 2003 年首次利用体细胞核移植技术构建了人体细胞-兔卵母细胞的体细胞核移植重构胚。

这些基于种间核移植技术产生的是杂合胚胎或嵌合胚胎,

其到底会引起哪些伦理争议,今后如何审查,我们在本书第七章还要详细分析和介绍。

4. 核移植中的杂交卵母细胞/杂合卵母细胞

在核移植技术中,受体细胞主要有以下三种:去核的受精卵、去核的 M Ⅱ 期成熟卵母细胞、去核的早期胚胎细胞。其中M Ⅱ 期成熟卵母细胞是目前采用较多的核移植受体细胞,即达到减数第二次分裂中期的成熟卵母细胞。

除此以外,部分情况下,核移植中还会广泛使用"杂交卵母细胞"或"杂合卵母细胞"。其是指具有来自第一个人类卵母细胞的细胞质(称为"接纳者")但不具有接纳者卵母细胞的核遗传物质的去核卵母细胞,其具有来自另一个人类细胞(称为"供体")的核遗传物质,此外,该重组的杂交卵母细胞也可包含线粒体 DNA(mtDNA),该 mtDNA 并非来自接纳者卵母细胞而是来自供体细胞(其是提供核遗传物质的相同供体,或来自不同供体)。由此就造成核移植中的杂交卵母细胞所致异基因线粒体现象。

此时是通过将一个核供体、一个或多个去核卵母细胞以及一个或多个去核卵母细胞的细胞质组合来实现核转移。所得的核供体细胞与接纳者细胞的组合可称为"杂交细胞"。

这种"杂交卵母细胞"或"杂合卵母细胞"现象不仅在体细胞核移植技术中广泛存在,在人类辅助生殖技术的自然受精胚胎中,也很常见,并造成我们常说的由线粒体移植产生的三亲胚胎现象。

这种由"杂交卵母细胞""杂合卵母细胞"或异基因线粒体现象导致的相关伦理问题,我们在本书第七章还要详细分析和介绍。

5. 连续核移植技术和受精胚胎核移植技术

除了克隆效率和成功率较低以外,体细胞核移植技术还存在一个缺陷，即依赖卵母细胞，此时就迫切需要降低对人类卵母细胞的依赖。其中，最好的摆脱依赖的方式就是，开发出不用卵母细胞进行克隆胚胎的方案。

例如，公开号为 CN105441385A 的发明专利，涉及一种使用受精胚胎作为受体，进行体细胞克隆的方法。具体而言，如图 6-6 所示，卵母细胞作为初始受体细胞，而去核的受精胚胎作为第二受体细胞，通过两步连续核移植，获得相应的克隆动物和多能干细胞。

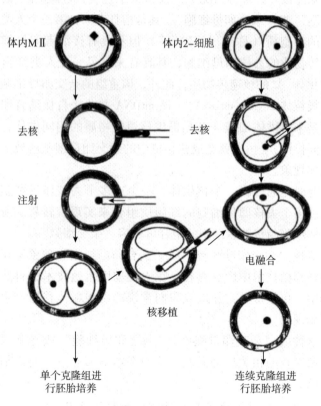

图 6-6　受精胚胎作为核移植受体细胞的
连续两次核移植方法示意（专利 CN105441385A 附图）

上述核移植操作仍然依赖卵子。那么，在此基础上，还可以不用卵子，而是采用多个受精胚胎连续进行连续核移植。具体即：

一种克隆哺乳动物细胞的方法，所述方法包括如下步骤：（a）从哺乳动物细胞获得供体核；（b）从哺乳动物获得第一受精胚胎；（c）将所述供体核移植到所述第一受精胚胎；（d）对所述第一受精胚胎的原始核进行去核，使所述供体核居留于所述受精胚胎；（e）培养所述受精胚胎；（f）对第二受精的哺乳动物胚胎进行去核；（g）使步骤（e）的所述第一受精胚胎的细胞分开，并将至少一个细胞移植到去核的第二受精胚胎；（h）使所述移植的细胞与所述去核的第二受精胚胎的细胞融合，以形成单个细胞胚胎；和（i）培养所述克隆的单个细胞胚胎。

或者，还可以提供无需多个受精胚胎，只需一个受精胚胎即可克隆哺乳动物、获得多能细胞或重编程哺乳动物细胞的方法，所述方法包括如下步骤：（a）从哺乳动物细胞获得期望的供体核；（b）从哺乳动物获得至少 2 细胞阶段的至少一个受精胚胎；（c）将供体核移植到所述受精胚胎的一个或多个但不是所有细胞，每个细胞一个供体核；（d）对其中移植了供体核的所述胚胎的每个细胞的原始核进行去核，使所述供体核留在所述细胞中；和（e）培养所述受精胚胎。

可以看出，在如上两种方法的核移植操作中，卵子彻底消失了。取而代之的是受精胚胎或者去核的早期胚胎细胞作为受体细胞，彻底实现了不用卵母细胞进行克隆胚胎的方案。

当然，对于该类技术，无论是核移植中涉及核移植胚胎和受精胚胎两种胚胎，还是核移植中仅涉及使用受精胚胎，均会导致相关的伦理问题实际上涵盖了有关受精胚胎和克隆胚胎两者的问题，需要综合在一起予以考虑。而且，胚胎干细胞和辅助生殖技术两个领域的伦理道德标准需要保持逻辑上的一致性。

（五）核移植技术专利申请最新趋势

同精子库的大规模建立和普及相比，人类卵子库的建立面临重重争议。因此，治疗性克隆技术的研发中，卵子来源缺乏的问题长期难以得到解决。不仅如此，即使研究中使用合法来源的捐献卵子，仍然有人认为治疗性克隆与生殖性克隆只有一线之隔，很容易滑向生殖性克隆，也仍然可能面临很大质疑。

所以，即使在允许治疗性克隆的国家，在 1999 年克隆羊"多莉"诞生之后，在 1999～2005 年，仅持续了一阵儿短期的研究热潮，后续关于人类核移植胚胎的研究实际上少之又少。更多的人把精力集中于孤雌胚胎、iPSCs 等不需要破坏胚胎而获得多能干细胞的技术上。反映在专利申请上亦然，除了 2000 年前后几个重要的决定以外，后续不再涉及关于核移植技术、核移植胚胎的专利申请及重要复审或无效决定。

近期出现的一个变化是，如前所述，各种新型的核移植技术开始出现。面对新一轮核移植技术的更新，世界主要专利局到底如何处理其伦理问题，还需要保持持续的观察。

例如，申请号为 201680072631.1 的发明专利，其发明名称为"通过移除组蛋白 H3 - 赖氨酸三甲基化增加人类体细胞核转移（SCNT）效率，以及增加人类 NT - ESC 衍生物的方法和组合物"。

案情介绍：该发明的技术背景是，由于 SCNT 胚胎发育至囊胚阶段的概率极低，体细胞核移植胚胎干细胞（NT - ESC）衍生物仍相当困难，仅来自某些雌性的具有最高质量的卵母细胞能支持体细胞核移植胚胎发育至囊胚阶段。为了实现体细胞核移植技术的应用潜力，已经做出尝试以改善体细胞核移植效率。例如使用组蛋白去乙酰化酶（HDAC）抑制剂如曲古抑菌素对 1 细胞 SCNT 胚胎的短暂处理，或者，进行 Xist 基因敲除，可以改善动物体细胞核移植胚胎植入子宫后的发育。但是，这些方法无一足以令人类体细胞核移植可用于生成治疗性克隆或再生疗法中的人类全能和多能干细胞。因此，期望通过移除供体细胞核基因组中的表观遗传屏障而改善人类 SCNT 效率，使得体细胞核移植胚胎在受精卵基因激活（ZGA）后无发育停止，并成功地通过 2、4 和 8 细胞阶段发育成囊胚而没有发育缺陷或活力丧失。总之，发明的目的是增加人类体细胞核移植的效率和生产人类体细胞核移植胚胎干细胞。由此，发明要求保护一种增加人类体细胞核转移（hSCNT）效率的方法，一种生产人类细胞核转移胚胎干细胞（hNT – ESC）的方法，源自上述方法生产的人类 SCNT 胚胎的胚胎干细胞群体，以及由所述方法获得的人类 SCNT 胚胎等。在具体实现方式上，涉及令供体人类体细胞或接纳体人类卵母细胞与至少一种降低该供体人类体细胞或该接纳体人类卵母细胞中 H3K9me3 甲基化的试剂接触，或者令杂交卵母细胞与至少一种降低该杂交卵母细胞中 H3K9me3 甲基化的试剂接触。其中，杂交卵母细胞是包含人类体细胞遗传物质的去核人类卵母细胞；以及，激活该杂交卵母细胞，以形成人类体细胞核移植胚胎。

该发明的主要权利要求如下：

1. 一种增加人类体细胞核转移（hSCNT）效率的方法，该方法包含：

令杂交卵母细胞与增加组蛋白去甲基化酶 KDM4 家族成员表达的试剂接触，其中，该杂交卵母细胞是包含人类体细胞遗传物质的去核人类卵母细胞。

……

3. 一种增加人类体细胞核转移（SCNT）效率的方法，该方法包含下述至少一项：

（iv）令供体人类体细胞或接纳体人类卵母细胞与至少一种

降低该供体人类体细胞或该接纳体人类卵母细胞中 H3K9me3 甲基化的试剂接触，其中，该接纳体人类卵母细胞是有核的或去核的卵母细胞；若该接纳体人类卵母细胞是有核的，将该人类卵母细胞去核；将来自该供体人类体细胞的细胞核转移至该去核的卵母细胞中，以形成杂交卵母细胞；以及，激活该杂交卵母细胞以形成人类 SCNT 胚胎；或

（v）令杂交卵母细胞与至少一种降低该杂交卵母细胞中 H3K9me3 甲基化的试剂接触，其中，杂交卵母细胞是包含人类体细胞遗传物质的去核人类卵母细胞；以及，激活该杂交卵母细胞，以形成人类 SCNT 胚胎；或

（vi）令激活后的人类 SCNT 胚胎与至少一种降低人类 SCNT 胚胎中 H3K9me3 甲基化的试剂接触，其中，该 SCNT 胚胎是从去核的人类卵母细胞与人类体细胞遗传物质的融合生成的；

其中，降低在该供体人类体细胞、接纳体人类卵母细胞、杂交卵母细胞或该人类 SCNT 胚胎中任何一种中的 H3K9me3 甲基化增加了该 SCNT 的效率。

4. 一种生产人类细胞核转移胚胎干细胞（hNT - ESC）的方法，该方法包含：

a. 下述至少一项：

（i）令供体人类体细胞或接纳体人类卵母细胞与至少一种降低该供体人类体细胞或该接纳体人类卵母细胞中 H3K9me3 甲基化的试剂接触，其中，该接纳体人类卵母细胞是有核的或去核的卵母细胞；若该接纳体人类卵母细胞是有核的，将该人类卵母细胞去核；将来自该供体人类体细胞的细胞核转移至该去核的卵母细胞中，以形成杂交卵母细胞；以及，激活该杂交卵母细胞以形成人类 SCNT 胚胎；或

（ii）令杂交卵母细胞与至少一种降低该杂交卵母细胞中 H3K9me3 甲基化的试剂接触，其中，杂交卵母细胞是包含人类

体细胞遗传物质的去核人类卵母细胞；以及，激活该杂交卵母细胞，以形成人类 SCNT 胚胎；或

（iii）令激活后的人类 SCNT 胚胎与至少一种降低人类 SCNT 胚胎中 H3K9me3 甲基化的试剂接触，其中，该 SCNT 胚胎是从去核的人类卵母细胞与人类体细胞遗传物质的融合而生成的；

b. 将该 SCNT 胚胎孵化足够的时间以形成囊胚；从该囊胚中收集至少一个卵裂球；以及培养该至少一个卵裂球以形成至少一个人类 NT–ESC。

5. 一种生产人类体细胞核转移（SCNT）胚胎的方法，包含：

令供体人类体细胞、接纳体人类卵母细胞或人类体细胞核转移（SCNT）胚胎中的至少一者与至少一种降低该供体人类体细胞、该接纳体人类卵母细胞或该人类 SCNT 胚胎中的 H3K9me3 甲基化的试剂接触，其中，该接纳体人类卵母细胞是有核的或去核的卵母细胞；若该接纳体人类卵母细胞是有核的，将该人类卵母细胞去核；

将来自该供体人类体细胞的细胞核转移至该去核的卵母细胞中，以形成杂交卵母细胞；

激活该杂交卵母细胞；以及

将该杂交卵母细胞孵化足够的时间，以形成人类 SCNT 胚胎。

……

38. 如权利要求 1 至 37 中任一项所述的方法，其中，该方法造成 hSCNT 发育囊胚的效率比不存在降低 H3K9me3 甲基化的试剂的情况下实施的 hSCNT 增加至少 10%。

39. 如权利要求 1 至 38 中任一项所述的方法，其中，该方法造成 hSCNT 发育囊胚的效率比不存在降低 H3K9me3 甲基化的试剂的情况下实施的 hSCNT 增加 10% 至 20%。

40. 如权利要求 1 至 39 中任一项所述的方法，其中，该方法造成 hSCNT 发育囊胚的效率比不存在降低 H3K9me3 甲基化的试剂的情况下实施的 hSCNT 增加超过 20%。

41. 如权利要求 38 至 40 中任一项所述的方法，其中，该 SCNT 效率的增加是人类 SCNT 胚胎至囊胚阶段的发育的增加。

42. 如权利要求 38 至 40 中任一项所述的方法，其中，该 SCNT 效率的增加是源自人类 SCNT 胚胎的胚胎干细胞（hNT－ESC）衍生物的增加。

43. 如权利要求 1 至 42 中任一项所述的方法，其中，该供体人类体细胞是基因修饰的供体人类细胞。

44. 如权利要求 5 所述的方法，进一步包含体外培养该人类 SCNT 胚胎，以形成人类囊胚。

45. 如权利要求 44 所述的方法，其中，该人类 SCNT 胚胎是至少 4 细胞的人类 SCNT 胚胎。

46. 如权利要求 44 所述的方法，其中，该人类 SCNT 胚胎是至少 4 细胞的 SCNT 胚胎。

47. 如权利要求 44 所述的方法，进一步包含从来自人类囊胚的内细胞团单离细胞；以及培养来自未分化状态的内细胞团的该细胞，以形成人类胚胎干（ES）细胞。

49. 一种源自人类 SCNT 胚胎的胚胎干细胞（hNT－ESC）群体，是使用如权利要求 1 至 48 中任一项所述的方法生产的。

50. 如权利要求 49 所述的 hNT－ESC 群体，其中，该 hNT－ESC 是基因修饰的 hNT－ESC。

51. 如权利要求 49 所述的 hNT－ESC 群体，其中，该 hNT－ESC 是多能干细胞或全能干细胞。

52. 如权利要求 49 所述的 hNT－ESC 群体，其中，该 hNT－ESC 存在于培养基中。

53. 如权利要求 52 所述的 hNT－ESC 群体，其中，该培养基将该 hNT－ESC 维持在多能或全能状态。

56. 一种人类 SCNT 胚胎，是通过如权利要求 1 至 48 任一项所述的方法生产的。

57. 如权利要求 56 所述的人类 SCNT 胚胎，其中，该人类 SCNT 胚胎是经基因修饰的。

58. 如权利要求 56 所述的人类 SCNT 胚胎，其中，该人类 SCNT 胚胎包含并非来自该接纳体人类卵母细胞的线粒体 DNA（mtDNA）。

59. 如权利要求 56 所述的人类 SCNT 胚胎，其中，该人类 SCNT 胚胎存在于培养基中。

60. 如权利要求 59 所述的人类 SCNT 胚胎，其中，该培养基是适用于该人类 SCNT 的冷冻和冷冻保存的介质。

61. 如权利要求 60 所述的人类 SCNT 胚胎，其中，该人类胚胎被冷冻或冷冻保存。

62. 一种组合物，包括人类 SCNT 胚胎、接纳体人类卵母细胞、人类杂交卵母细胞或囊胚的至少一种，以及下列至少一项：

a. 增加 KDM4 家族的组蛋白去甲基化酶的表达或活性的试剂；或

b. 抑制 H3K9 甲基转移酶的试剂。

……

68. 如权利要求 62 所述的组合物，其中，该人类 SCNT 胚胎是处于 1 细胞阶段、2 细胞阶段或 4 细胞阶段的人类 SCNT 胚胎。

69. 如权利要求 62 所述的组合物，其中，该接纳体人类卵母细胞是去核的接纳体人类卵母细胞。

70. 如权利要求 62 所述的组合物，其中，该人类 SCNT 胚胎是从注射终末分化人类体细胞的细胞核生产的，或其中，该囊胚是从通过将终末分化人类体细胞的细胞核注射入去核的人类卵母细胞内而生产的人类 SCNT 胚胎发育的。

71. 一种试剂盒，包含：(i) 增加人类 KDM4 家族的组蛋白去甲基化酶的表达或活性的试剂，及/或抑制 H3K9 甲基转移酶的试剂；以及 (ii) 人类卵母细胞。

72. 如权利要求 71 所述的试剂盒，其中，该人类卵母细胞是去核的卵母细胞。

73. 如权利要求 71 所述的试剂盒，其中，该人类卵母细胞是非人类卵母细胞。

不仅如此，该专利申请的说明书中还明确申明"本文中揭示的内容并不涉及用于克隆人类的过程、用于修饰人类的生殖细胞系遗传同一性或将人类 SCNT 胚胎用于工业或商业目的或用于修饰人类遗传同一性的过程，该过程可能造成该胚胎受苦而对接受这些过程的人没有任何实质性医疗益处"。

审查分析：可以看出，这是一件典型的涉及新型核移植技术的案件。从专利审查而言，该类技术必然涉及体细胞核移植胚胎的制备以及通过破坏该胚胎获取相应的体细胞核移植胚胎干细胞，由此会触发该类技术是否涉及"人胚胎的工业或商业目的的应用"的疑问；发明涉及的杂交卵母细胞可能会引发涉及人类生殖系遗传同一性问题的疑问；此外，该发明要求保护人类体细胞核移植胚胎干细胞的产品，而且该人类体细胞核移植胚胎干细胞包括了全能干细胞和多能干细胞均要保护；该发明还要保护体细胞核移植胚胎；还要求包含人类体细胞核移植胚胎的组合物，包含人类卵母细胞的试剂盒等。这些保护主题都可能会面临专利制度之下的伦理道德审查。

对于该案的欧洲同族专利，2019 年，EPO 发出审查意见认为，该申请涉及其改变人类生殖系，不符合 EPC 2000 第 53 (a) 条和 EPC 2000 实施细则第 28 (1) 条的规定，胚胎和生殖细胞不符合 EPC 2000 实施细则第 29 (1) 条关于人生殖细胞和胚胎的规定。各国同族专利的后续审查，也还要继续关注。

　　其中，尤其需要观察的是欧洲的态度。据研究，除了对生殖性克隆的绝对反对和禁止，1997 年欧洲议会的克隆决议认为，在欧盟，基于任何目的的人类克隆都应当被禁止；2000 年欧洲议会通过的人类克隆决议进一步指出，人权以及对人的尊严与人的生命的尊重是所有政治立法活动的永恒目标。成员国应当禁止任何形式的克隆人技术研究，并对违法行为予以刑罚处罚。❶

　　可见，欧洲是绝不允许克隆人研究的。在该案中，首先，EPO 并没有指出发明涉及克隆人的审查意见，似乎也说明，EPO 认可该案明确属于治疗性克隆范畴，发明明确指向的是获取高质量的人类体细胞核移植胚胎干细胞，而非克隆人。其次，EPO 也未就该案涉及人类体细胞核移植胚胎及获取其干细胞，而指出发明涉及"人胚胎的工业和商业目的的应用"，似乎在此点上，EPO 也认可相关获取人类胚胎干细胞的方法（尤其是通过囊胚分离细胞获取）并不涉及"人胚胎的工业和商业目的的应用"。因此，EPO 对于治疗性克隆的态度还需要保持谨慎观察。

　　由此观之，随着各种体细胞核移植衍生技术在近期的大量出现，有关核移植技术的伦理审查，还需要更多的新的讨论。在该技术领域，迫切需要从全局的角度，整体擘画核移植胚胎及核移植胚胎干细胞研究的伦理指导原则，国家和政府层面尽快出台相关伦理审查具体标准。

---

❶ 孟凡壮. 克隆人技术立法的宪法逻辑［J］. 学习与探索，2018（9）：70－76.

五、涉及孤雌胚胎的发明创造

孤雌胚胎的概念是有倍性区分的，在本书第四章总结的有关人类孤雌胚胎的国内外相关著名案件中的孤雌胚胎，实际上均为二倍体孤雌胚胎。但孤雌胚胎这一概念绝非单指二倍体孤雌胚胎。

实际上，如果扩大至动物，则其倍性类型更为复杂，包括单倍体（haploid）孤雌胚胎、二倍体（diploid）孤雌胚胎、四倍体（tetraploid）孤雌胚胎等。而二倍体孤雌胚胎继续细分，还会涉及纯合二倍体孤雌胚胎、杂合二倍体孤雌胚胎等。

通常，在哺乳动物上，早期的孤雌胚胎是二倍体孤雌胚胎，后来，在二倍体孤雌胚胎基础上，又出现了大量的单倍体孤雌胚胎技术。并且，作为单性生殖（PG）的两大代表方式包括孤雌生殖和孤雄生殖，由此，孤雌胚胎还对应于孤雄胚胎，相应的干细胞也涉及孤雌胚胎干细胞、孤雄胚胎干细胞、单倍体胚胎干细胞等众多不具有发育为完整人类个体能力的胚胎干细胞类型。

孤雌胚胎这一术语背后，对应有不同的胚胎类型。单倍体孤雌胚胎与二倍体孤雌胚胎、单倍体孤雌胚胎干细胞与二倍体孤雌胚胎干细胞不仅技术上并不完全等同，伦理问题也差异很大。对于二倍体的人类孤雌胚胎、人类孤雄胚胎而言，其确实提供了一种人类胚胎干细胞的全新的来源，而不需要破坏传统意义上的胚胎，伦理争议不像受精胚胎、核移植胚胎那样巨大。但是，对于单倍体胚胎（包括单倍体孤雌胚胎和单倍体孤雄胚胎）而言，尽管其也不涉及不能发育为完整人类个体，却多出了一些在人类生殖技术、动物生殖技术方面利用的伦理问题。因此，并不能说其完全避免了伦理问题。本节重在解决传统人类孤雌胚胎所涉的一些伦理争议，即主要讨论传统的二倍体孤雌胚胎相关的伦理问题，对于有关单倍体胚胎、单倍体胚胎干细胞特有的伦理问题，我们将在第七章专门讨论。

（一）二倍体孤雌胚胎相关技术

在自然界中，我们比较熟知的如蜜蜂、蚂蚁等无脊椎动物和较为低等的脊椎动物中存在孤雌生殖现象，而哺乳动物在正常情况下都不能获得孤雌发育来源的个体。研究哺乳动物的孤雌生殖有重要的意义，它不仅能够提供理想的科研模型以逐渐揭开生命神秘的面纱，也能作为一种基因治疗材料避开伦理与道德的限制应用于基因治疗、器官移植、组织修复、疾病治疗等医学领域。

在自然条件下，卵母细胞激活是由精子刺激引起的。在哺乳动物中并无天然孤雌生殖发生，然而，已知在特定条件下，在人工激活的条件下，卵母细胞也可以被激活。按激活方法的不同特性，孤雌激活分为物理刺激和化学刺激。物理刺激包括机械刺激、温度刺激、电刺激等。其中，电刺激方法因简便易行、稳定性和重复性好被广泛应用；化学刺激也是现在最常用的激活方法之一，包括渗透压刺激、酶刺激、离子处理、麻醉剂处理、蛋白合成抑制剂处理等。科学家们通过将 M II 期卵母细胞经体外激活并移植入受体，发现孤雌胚胎可着床并发育至一定时期，但由于缺少母源印记基因的表达，以及异常的 X 染色体失活，这种胚胎一般不发育为后代，而是在胚胎发育极早期停止发育。此即孤雌生殖，对应的方式则称孤雄生殖。

在孤雌生殖之上，还有一个非常相近的上位概念，即单雌生殖（gynogenesis）。通常认为，孤雌生殖是单雌生殖的其中一种。单雌生殖被定义为含有全部雌性 DNA 的卵母细胞被激活并产生胚胎的现象。单雌生殖包括孤雌生殖和精子激活卵母细胞完成减数分裂但精子不能为产生的胚胎提供任何遗传物质的激活方法。例如在孤雌生殖中，激活的卵母细胞不含有雄性来源的 DNA，简言之，孤雌生殖是指在没有精子穿入的情况下发生卵母细胞激活的过程。然而，不同于孤雌生殖，在单雌生殖中，雄配子起一定作用，即刺激卵母细胞激活。换言之，在精子激活的情况下，精子或它衍生的因子起始或参与激活，但精子 DNA 不能贡献于所激活的卵母细胞中的 DNA。所以可以认为，单雌生殖包含孤雌生殖。相应的，单雄生殖（androgenesis）可以被认为是相对于单雌生殖，它是指含有完整雄性来源的 DNA 的卵母细胞的产生和激活，和由它们发育为胚胎。

在科研实践中，经常使用的是孤雌生殖这一概念。相应的孤雌激活通常是指 M II 期卵子未受精子作用，在某些理化因素刺激下被激活发生卵裂，在保持二倍体状态下发生有丝分裂获得的早期胚胎发育过程。其孤雌激活以化学激活更为常见，对此，也有人称化学激活的孤雌胚胎实际上就是化学方式假受精的卵细胞。

可以看出，孤雌生殖介于无性生殖和两性生殖之间，是一种由单一的卵母细胞不经受精而直接发育成胚胎的特殊的生殖方式。由孤雌生殖技术所获得的二倍体孤雌人类胚胎，其遗传物质仅由母体（卵母细胞供体）提供，不包括任何父系的遗传物质，缺失父源基因印记，其基因印记表达呈双母源状态。由于缺乏父系的遗传物质及基因印记，这类胚胎只能够发育到囊胚阶段，无法进一步发育。与正常的受精卵相比，孤雌生殖的胚胎在分裂成为 8 细胞胚胎之前，它的每一个细胞都只是多能性的细胞，而不是全能性的细胞。迄今为止，人孤雌生殖的胚胎只能存活约 5 天，分裂至囊胚阶段；与此相对，小鼠的孤雌胚胎已经可以发育到 13.5 天。

那么，孤雌胚胎的倍性差异又是如何形成的呢？原来，当正常受精时，MⅡ期卵母细胞有一半的染色质以第二极体形式排出，而在孤雌激活时，由于不同激活因子、刺激强度以及实验条件的影响，有些卵母细胞的第二极体不能排出，因而孤雌激活卵的核型也会不一致，通过对各种刺激因子的配伍应用可以得到各种不同倍性的孤雌激活胚胎。由于激活方法不同，孤雌胚的核型存在差异。乙醇激活的卵大部分排出第二极体，形成单倍体胚；电激活的卵很少排出第二极体，以二倍体胚为主。将乙醇处理卵置于含细胞松弛素 B 的培养液中培养 3 ~ 4h，可形成二倍体胚胎。具体又分为以下四种情况：①激活卵排出第二极体，发育成一个单倍体原核，称为均一单倍体（uniform haploid）。②激活卵完成第二次减数分裂时，第二极体未排出，出现异常分裂；或激活卵迅速分裂成两个均等的卵裂球，一个含雌原核，一个含第二极体，构成镶嵌单倍体（mosaic haploid）。③第二极体形成被抑制或原核与第二极体相融合形成杂合二倍体（heterozygous diploid）。④激活卵的第二极体排出，由单倍体雌性基因组形成纯合二倍体（homozygous diploid）。❶

含有全部雄性或雌性来源的 DNA 的卵母细胞的激活和孤雌胚胎或孤雄胚胎的发育一般作为一种体外研究胚胎发育的方法。但还不仅仅止于此。以人卵母细胞孤雌激活技术为例，其应用领域至少包括以下三点：❷

第一，孤雌激活技术在辅助生殖技术中的应用。卵胞浆内单精子显微注射技术为解决男性不育症的生育问题提供了切实可行的途径，该技术的受精率为 70% ~ 90%，卵母细胞激活失败是导致卵胞浆内单精子显微注射受精失败的一个重要原因。

---

❶ 王延伟，王延华，李建远. 孤雌生殖和孤雌胚胎干细胞研究进展［J］. 国际生殖健康/计划生育杂志，2008（5）：286 – 289.

❷ 韩晓洁，刘英，王树玉. 人卵母细胞孤雌激活技术的研究［J］. 中国优生与遗传杂志，2010，18（2）：1 – 2.

实验证实卵母细胞激活技术可以提高卵胞浆内单精子显微注射后受精失败或低受精率患者的受精率和妊娠率。1997年有报道对卵胞浆内单精子显微注射反复失败的患者，卵胞浆内单精子显微注射后辅助以卵母细胞激活技术，获得成功分娩。2006年，Yanagida首次将氯化锶应用于人类卵母细胞，成功获得妊娠分娩。

第二，人类胚胎学研究中的应用。辅助生殖技术实现了体外精卵结合并受精形成人类胚胎的过程，这个过程受许多相关因素的影响，例如，早期胚胎的培养条件、胚胎学家的技术操作等实验因素、临床选择用药方案、决定取卵时间等临床因素，以及患者自身的生理心理因素等。研究辅助生殖技术相关因素最好的观察指标是出生率，而目前辅助生殖技术每周期出生率仅为20%~30%，科学家们提出对胚胎体外发育能力、形态学及基因进行分析研究，但这类研究设计受到目前伦理方面的限制，此时，孤雌胚胎能够模拟人类正常胚胎，成为人类胚胎学的研究模型。

第三，人孤雌胚胎干细胞系中的应用。孤雌生殖技术可为人类胚胎干细胞的研究提供不同于以往任何一种获取胚胎的方式，内细胞团的来源进一步丰富。孤雌激活所获的胚胎称之为孤雌胚胎或孤雌胚，相应囊胚称为孤雌囊胚，由于缺乏父系印记基因，孤雌囊胚在胚胎发育的早期停止发育，不能形成新的个体。可从其囊胚/胚泡中的内细胞团分离获得孤雌胚胎干细胞。此即为人类孤雌胚胎干细胞（human parthenogenetic embryonic stem cells，hpESCs）。

人类孤雌胚胎干细胞系的建立还有一段曲折的故事。2004年，韩国的黄禹锡自称建立了世界上第一个人类体细胞克隆的胚胎干细胞系，随后Kim等于2007年利用单核苷酸多态性（SNP）分析，证实其实际上是第一个人类孤雌胚胎干细胞系。

2007 年，Mai 等对进行辅助生殖技术中捐赠的成熟卵母细胞采用电脉冲、离子霉素联合 6 - DMAP 孤雌激活，获得孤雌囊胚并成功建立人类孤雌胚胎干细胞系。[1] 此外，2007 年，Revazova 等建立了 4 个纯合人类孤雌胚胎干细胞系。[2] 由此开启了人类孤雌胚胎干细胞研究的大门。

因孤雌胚胎干细胞的制备过程中并未涉及破坏人类正常胚胎，一定程度上避免了伦理争议；且其为单性来源，在组织器官移植过程中可以减少免疫排斥反应的发生，由此可以使得孤雌胚胎干细胞研究成果广泛地应用于以下几个领域：组织细胞移植、药物开发的测试系统、提供研究人类个体发育的分子调控机制、提供组织工程所需细胞的新来源、提供研究疾病与癌症发生分子机制的细胞模式等。

需要注意的是，来自受精胚胎的胚胎干细胞具有体外培养无限增殖、自我更新和多向分化的特性。无论在体外还是体内环境，胚胎干细胞都能被诱导分化为机体几乎所有的细胞类型。但是，来自孤雌胚胎的孤雌胚胎干细胞（pESCs）因缺少父本印记，分化能力有限，孤雌胚胎干细胞诱导分化产生的组织，功能不一定正常，且不能产生全部的组织。

（二）二倍体孤雌胚胎相关伦理问题

关于二倍体孤雌胚胎及其干细胞技术，国内外对其伦理认识到底如何呢？我们从以下三个方面进行分析。

---

[1] MAI Q, YU Y, LI T, et al. Derivation of human embryonic stem cell lines from parthenogenetic blastocysts [J]. Cell Research, 2007, 17 (12): 1008 - 1019.

[2] REVAZOVA E S, TUROVETS N A, KOCHETKOVA O D, et al. Patient - specific stem cell lines derived from human parthenogenetic blastocysts [J]. Cloning Stem Cells, 2007, 9 (3): 432 - 449.

1. ISSCR 的态度

ISSCR 在 2016 版《干细胞研究和临床转化指南》❶ 中，对孤雌生殖作出了明确定义：所谓孤雌生殖胚胎是指，哺乳动物卵细胞在未受精的情况下也可以激活并导致胚胎发育，而胚胎干细胞也可以从这种孤雌激活的囊胚内细胞团分离得到。动物的孤雌生殖胚胎经过子宫移植后，能够发育到胎儿期，但是胚胎进一步的发育受损，因为发育不完整的胎盘系统阻止了正常的妊娠。

对于由孤雌胚胎衍生出的胚胎干细胞系的态度，ISSCR 在 2006 年发布的《人类胚胎干细胞研究行为指南》中规定❷：孤雌、孤雄胚胎不能植入人或非人子宫，体外培养不允许超过 14 天或至原配条形成，以先到者为准。可以看出，至少在 2006 年，ISSCR 即在满足相关条件的情况下，允许通过孤雌胚胎衍生和制备人类胚胎干细胞系。

2. 国外的认识变化

国外就此最典型的认识变化，集中体现在对专利审查的司法实践之中。

2011 年，针对德国联邦最高法院提交的 *Brüstle v. Greenpeace e. V.* 案，欧盟法院作出了裁决，表明欧盟对此问题的立场。欧盟法院明确了人类胚胎干细胞相关发明不能授予专利权的三个

---

❶ International society for stem cell research. Guidelines for stem cell research and clinical translation ［EB/OL］. （2016 – 05 – 12）［2021 – 03 – 13］. https：// www. isscr. org/docs/default – source/all – isscr – guidelines/guidelines – 2016/isscr – guidelines – for – stem – cell – research – and – clinical – translationd67119731dff6ddbb37cff0000940c19. pdf? sfvrsn = e31478c5_4.

❷ International society for stem cell research. Guidelines for the conduct of human embryonic stem cell research, （2006 – 12 – 21）［2021 – 03 – 13］. https：// www. isscr. org/docs/default – source/all – isscr – guidelines/hesc – guidelines/isscrhescguidelines2006. pdf? sfvrsn = 0.

基本问题。至此，欧盟法院通过这一裁决对人胚胎的概念及胚胎保护在欧盟范围内确定了统一的标准：对人胚胎作广义解释，包括未受精但通过孤雌生殖技术进行刺激而分裂并继续发育的卵子。如果一项发明需要事先破坏人类胚胎才能制造出产品，即使在权利要求书中没有描述人类胚胎的利用也不能获得授予专利权。

但是，在 2014 年国际干细胞公司案中，英国最高法院作出初步判决，并且在将案件转移到欧盟法院的同时，Henry 法官提出了这样一个问题："对于一个未受精的人类卵细胞，与受精的人类卵细胞不同，其生长发育是通过孤雌生殖技术来刺激完成，仅仅包含了多能性细胞且不具备发育成完整个体的潜能，是否也属于欧盟《关于生物技术发明的法律保护指令》中的人类胚胎"，由此就相关问题提交欧盟法院裁决。

2014 年 12 月 18 日，欧盟法院对此作出裁决，缩小了"人类胚胎"概念的范围。欧盟法院认为，将未受精但通过孤雌生殖技术进行诱导分化而继续发育的卵子纳入"人类胚胎"的范围，前提是该类卵子必须具有"发育成为一个完整个体的潜能"，这一前提是"人类胚胎"作广义解释的一个关键限制。如果孤雌生殖的胚胎体不具备发育成为一个完整个体的潜能，那它就不应该作为人类胚胎排除在专利授权范围之外。所以法院对其早先在 *Brüstle* 案中关于孤雌生殖刺激的非受精人卵子的裁决进行了限定，认为被刺激的卵子必须具有"发展成为人的固有能力"才能获得专利，而不在于是否启动了发育进程。这一限定放开了那些只具备多能性而不具备全能性的孤雌生殖人类胚胎干细胞的相关发明的可专利性。❶

该决定在欧洲受到了欢迎，认为这一决定为欧洲专利权的

---

❶ 李虎. 论孤雌生殖人类胚胎干细胞相关发明在我国的专利适格性［D］. 武汉：华中科技大学，2015.

保护提供了一个合理的道德余地，并且给欧洲的可再生细胞的商业性研究提供了支持。

通过这些案件，我们可以看出，在相对较为保守的欧洲，当涉及人胚胎及胚胎干细胞专利的授权确权问题，往往会引起巨大的争议，而将案件从 EPO 打到该国的最高法院，例如 2011 年 *Brüstle* 案中的德国联邦最高法院，以及 2014 年国际干细胞公司孤雌胚胎案中的英国最高法院。各国最高法院为求得确切结论，又往往将案件提交欧盟法院，由欧盟法院作出最终结论。这种做法体现出欧洲各国对此事的高度重视。而欧盟法院在短短的时间内，就孤雌胚胎是否属于人胚胎的认定，发生了巨大的反转，不得不说，欧洲对此的相应认识发生了巨大的变化。

个案已经落幕，但认识并未完全统一。可以看出，欧盟法院对人胚胎的认定，附加了"具有能够发育成为一个完整个体的潜能"的条件，从而走了一条从人胚胎中剔除孤雌胚胎的路线。对此，有的学者是支持的，例如，Hubertus Schacht 认为，人发育程序的启动和人发育程序的完成对于人类胚胎的解释非常重要，他更支持人类的胚胎应该完成人的整个发育过程。另一位学者 Ella O'Sullivan 认为，孤雌生殖胚胎的归属，最关键的是全能性概念的调整，能否具有充分发展成一个人的潜能性是这个问题的关键所在，而不是如英国专利局和 EPO 建议的那样，重视发育的启动。但是，这并不意味着孤雌生殖胚胎就不属于人类胚胎，即使目前孤雌生殖胚胎还没被发现具有全能性，全能性在未来也可能会实现。强调这一问题的事实是，在某些情况下，就像早期胚胎是实际上能够达到成熟一样，人们不可能确定地判断一个有机体是否可以发育完全。

可以看出，即使同样是赞成欧盟法院的判决，但对于判断孤雌胚胎是否属于人胚胎、如何定义全能性等也还是有不同意见的，对于决定人胚胎的必备条件是发育成为完整个体的潜能，还是全能性抑或其他，孤雌胚胎的发育潜能或全能性在未来科技发展中是否存在变数和保留空间，仍存在不同的认识。我国也会面临同样的问题：对相关发明的伦理道德审查，是从"人胚胎"的定义或概念入手，还是从"人胚胎的工业或商业目的的应用"的法律适用的解释整体入手，或者还存在其他路径，值得我们思考。

并且，这一问题在动物孤雌胚胎干细胞上的进展，可以供我们平行思考：如果高等哺乳动物孤雌胚胎或其胚胎干细胞经过遗传修饰（包括印记修饰），不断突破发育限制，获得了发育为完整个体的潜能，该动物孤雌胚胎是否属于动物胚胎？再考虑到低等动物原本就可以孤雌生殖，如果将这一"人胚胎"的判断标准推广适用，是否会将人胚胎的判断置于一种高度流变的技术进展之下，或非常不确定的状态之下？这些平行的横向比较，可供我们分析，未来采取何种路径更为有效。

3. 国内的认识

我国大部分科学家认为，高等哺乳动物的孤雌胚胎源于单配子，不能发育为个体，避免了诸多伦理问题。从技术角度看，孤雌生殖本身就不属于胚胎，科学家们在科研中并没有创造出一种胚胎或全能细胞，其利用能够为社会伦理所接受，不存在伦理道德方面的争议。

而在法学研究层面，面对以往的专利审查中比较严苛的做法，部分学者和专家们也主张，在相关立法中对"人胚胎"定义为：指有在人体或动物的子宫内发育为个体的潜能，并且尚未形成胎儿者。[1] 早在 2006 年，人们就注意到在"胚胎"概念的定义上，需要对其发育为个体潜能予以关注，以及对其与胎儿作出明确界别。关于详细的时间界限，其也指出，受精卵分

---

[1] 张燕玲. 人工生殖法律问题研究［D］. 济南：山东大学，2006.

裂不足 8 周者，是为胚胎；14 天以内称之为前胚胎或早期胚胎。还有人主张，在专利审查指南中增加"人类的胚胎，应该具有发育成为一个完整个体的潜能"的内容，或者有学者❶提出，把"人类胚胎"概念限定在拥有发育成人的内在能力的胚胎范围内，在孤雌胚胎问题上，需要注意孤雌胚胎不能自主发育成人的科学事实，认为生殖细胞起源的干细胞皆属于人胚胎干细胞，从而否定其专利适格性，这种对不同领域的技术歧视应当予以修正。

可以看出，已经有很多学者和专家们建议从人胚胎定义角度去解决问题。可是，一旦如此设计和规定人类胚胎的定义，指望由人胚胎的定义来解决个别问题，确实可以如欧洲 2014 年国际干细胞公司孤雌胚胎案那样，解决孤雌胚胎相关发明创造的专利授权限制问题，但是，人胚胎定义的变化，牵涉甚广，例如，可能会牵扯出全能干细胞是否属于人胚胎的问题，以及既然孤雌胚胎不属于人胚胎，那么孤雌胚胎干细胞也就不属于人类胚胎干细胞等一系列类似蛋鸡悖论式的复杂问题。而这些问题又会从专利领域广泛辐射到生活领域、社会领域、法律领域和科学技术领域，因此，定义问题需要慎重考虑。

实际上，即使不作"人胚胎"定义的修改，也可以知晓我国对此的态度。我国《人胚胎干细胞研究伦理指导原则》中第 5 条规定，用于研究的人类胚胎干细胞可以通过"体细胞核移植技术所获得的囊胚和单性分裂囊胚"的方式获得，第 6 条规定，单性复制技术获得的囊胚，其体外培养期限不得超过 14 天。这里提到的"单性分裂囊胚"以及"单性复制技术获得的囊胚"，指的应就是孤雌生殖技术获得的囊胚。这也表明，孤雌生殖的人类胚胎干细胞的相关研究是符合伦理的，是没有违反社会公

---

❶ 刘媛. 欧美人类胚胎干细胞技术的专利适格性研究及其启示 [J]. 知识产权，2017（4）：84－90.

德的。❶

在我国涉及孤雌胚胎干细胞的复审决定中，与个别决定曾将孤雌胚胎干细胞对应于该伦理指导原则第 2 条中所述的"生殖细胞起源的干细胞"，如此认定可能存疑。我们推测，该伦理指导原则第 2 条中的所述"生殖细胞起源的干细胞"，很可能还是指胚胎生殖细胞，包括人类胚胎干细胞和人类胚胎生殖细胞，而非孤雌胚胎干细胞。

当然，从如上理解的巨大差异也可以看出，该伦理规则也存在不足。最大的问题在于，伦理指导原则引入了极其少见的、并不常用的术语"单性分裂囊胚"以及"单性复制技术获得的囊胚"。而"单性分裂"和"单性复制"其各自的准确含义在业界存在不少争议，并为一些专家所诟病。并且，其与单性生殖、孤雌生殖、孤雄生殖、单雌生殖、单雄生殖、雌核生殖、雄核生殖等概念之间的关系，到底如何，都需要理顺。期待在该伦理指导原则将来的修改中，能够使用最准确和广为认可的概念，表述人类胚胎干细胞相应伦理规则及其相关术语概念，由此使得该伦理指导原则的指引更为明晰。

一些研究者提出，在这种情况之下，我国不能像欧盟地区2014 年以前那样，太过于小心谨慎甚至是过于严苛地区别对待孤雌胚胎干细胞的相关问题，而应该立足于我国的国情，考虑我国的伦理观念，将那些在我国已经可为民众接受的智力成果纳入可专利主题的范围之内。只有这样才是一种负责任的做法，才不会对我国生物技术的发展造成巨大的损害。

（三）未来的选择

对孤雌胚胎及其干细胞发明，专利审查部门曾经一度秉持

---

❶ 李虎. 论孤雌生殖人类胚胎干细胞相关发明在我国的专利适格性［D］. 武汉：华中科技大学，2015.

了一贯的严格立场。在几个比较典型的复审决定中，均认为孤雌胚胎属于人胚胎，相关发明涉及人胚胎的工业或商业目的的应用，从而违背《专利法》第 5 条有关社会公德的规定。其中，既包括国外著名干细胞研究公司——国际干细胞公司的发明，也包括国内高校——北京大学的专利申请。

回顾著名的国际干细胞公司系列专利申请案，重新查询和审视专利申请号为 CN200880018767A 的同族专利的审查结果可知，其后来的授权专利包括 US9920299B2、AU2014240375B、CA2683060C、EP2155861B1 等。并且，2018 年 9 月 5 日，欧洲授权的专利 EP2155861B1 的权利要求涵盖了孤雌胚胎干细胞系，包含该孤雌胚胎干细胞系衍生的分化细胞的药物组合物，其制药用途，相应的干细胞库、相应的干细胞银行以及制备该孤雌胚胎干细胞的方法。而在 2018 年 3 月 20 日授权的美国专利 US9920299B2 中，其权利要求只涉及孤雌胚胎干细胞系的制备方法。可见，美国、欧洲对待孤雌胚胎及其胚胎干细胞发明专利，都选择了敞开胸怀，予以接纳。在我国，在母案 CN200880018767A 驳回失效的情况下，随后其分案 CN201510018547A 也进入实质审查和复审，并且被再次驳回。在其驳回后的复审阶段，申请人将权利要求修改为尽力回避"孤雌""胚胎"等字眼，仅涉及多能干细胞的制药用途权利要求，在复审请求意见中，申请人认为孤雌激活并不同于有性生殖，其获得的是无性生殖物，不能启动发育进程，不涉及人胚胎的工业或商业目的的应用。

进一步追踪更早一点的国际干细胞公司的专利申请号为 CN200680043279.5 的专利申请案，其在国外授权的同族专利则更多，包括 AU2013205483B2、CA2626642C、RU2469085C2、SG141909B、SG172600B、IN277949B、US8420393B2、US7732202B2、EP1948791B、GB2431411B、KR1513731B1、JP5695004B2、JP5480504B2 等。也就是说，不仅包括美国和欧洲，也包括日本和韩国的授权

专利。授权权利要求同样涵盖了孤雌胚胎干细胞的制备方法、细胞库等。从而凸显出，世界五大专利局中，只有中国对孤雌胚胎及其干细胞发明从伦理道德审查角度认为违背社会公德。

需要注意的一大变化是，2019 年《专利审查指南（2010）》修改以后，彻底删除了"人类胚胎干细胞及其制备方法，均属于《专利法》第 5 条第 1 款规定的不能被授予专利权发明"的规定。由此，围绕人类孤雌胚胎干细胞的授权限制实际上已经解除，无需再担心或顾虑其属于人类胚胎干细胞而不予授权所引发的问题。此时只需思考，人类孤雌胚胎制备及由其制备人类孤雌胚胎干细胞，是否会涉及"人胚胎的工业或商业目的的应用"。

对于这个问题的思考，需要注意的是，在 2019 年《专利审查指南（2010）》修改以后，尽管并没有针对孤雌胚胎的内容进行任何修改，但是，根据修改所涉及的受精胚胎的内容可知，基于真正的胚胎———一种可以发育为人类胎儿个体的受精胚胎（主要指剩余胚胎）分离提取干细胞，都已经认为不再触犯社会公德了，如果此时，对不具有发育为人类胎儿个体的孤雌胚胎再予更加严格的伦理要求，无论如何，逻辑上似乎很难说得过去。这种举重以明轻的压力是无形中存在的。

也即，使用未受精的卵子进行研究，较之使用受精胚胎，伦理争议要小多了。而且，对应产业实际，人类辅助生殖技术中，会经常剩存大量的卵子或卵泡，即《人胚胎干细胞研究伦理指导原则》中所述的"体外受精时多余的配子"，这些卵泡过完保存期限后多数会遗弃。除剩余的 M Ⅱ 期新鲜卵母细胞，一些受精失败的卵母细胞和未成熟的卵母细胞（如未成熟的窦状卵泡和 M Ⅰ 期的卵团），也可以用于孤雌激活。它们总体上构成不孕不育患者胚胎移植后所剩余的多余卵子或卵泡，将这些多余卵子或卵泡进行孤雌激活，所得的孤雌囊胚无法发育成新的个体，完全可以在不违背医学伦理的同时，将该类胚胎干细胞用于再生医学研究。

因此，必须看到孤雌生殖作为人类胚胎干细胞的一种新的和重要的来源方式，是解决人类胚胎干细胞来源问题的有效途径，已经避开了现有的伦理争议焦点。我们的选择只能是，重新回到《人胚胎干细胞研究伦理指导原则》之下，讨论和认识涉及孤雌胚胎的发明创造的伦理问题。在该伦理指导原则明确允许由"单性分裂囊胚"以及"单性复制技术获得的囊胚"获得人类胚胎干细胞的基础上，放开相关伦理道德审查限制，让相关发明创新得到应有的保护和及时的保护。这样，无须修改"人胚胎"的定义，也无须大幅调整"人胚胎的工业或商业目的的应用"的专利法适用，用最小的方向改变，即可达到令各方均可接受、皆大欢喜的结果。

令人欣喜的是，专利局复审和无效审理部于2021年10月13日作出第277831号复审决定，围绕人类孤雌胚胎和人类孤雌胚胎干细胞的相关伦理争议，给出了最新的答案。其明确指出，如果所述人多能干细胞从卵母细胞单性生殖活化产生的人胚胎分离，鉴于该单性生殖人胚胎本身不具备发育成人体的潜能，不属于常规意义的人胚胎，不属于违反社会公德的情形及根据《专利法》第5条第1款规定的不授予专利权的范围。这些最新的观点和做法，基本解决了之前的疑虑。

（四）可能产生的新的伦理问题

如前所述，二倍体孤雌胚胎技术本身的伦理争议很小，我们也倡导放开二倍体孤雌胚胎技术以专利授权上的伦理道德限制。但这并不意味着，与孤雌胚胎有关的所有技术均不存在伦理问题。其原因就在于，二倍体孤雌胚胎技术还会与其他干细胞技术或辅助生殖技术等，有很多交叉和融合。此时，其所面对的伦理问题，显然需要综合考虑。

1. 孤雌胚胎技术与体细胞核移植技术的结合

自从 20 世纪 70 年代开始研究小鼠孤雌生殖以来，激活后的孤雌胚胎在体内发育最多不能超过 10.5 天，原因是孤雌胚胎着床后，表现出胚外组织发育缺失和印记基因表达模式的异常，紊乱的印记基因表达模式及异常的 XIST DMR 甲基化模式，可能是造成动物孤雌胚胎发育阻滞的重要原因。

体细胞核移植可以将体细胞重编程。有研究发现❶，孤雌核移植胚胎移植入子宫并着床后，其印记基因的表达模式会发生改变，经体内发育的孤雌细胞在再克隆后，获得的孤雌胚胎的发育能力有可能得到改善。为此可以将孤雌细胞作为核供体，进行核移植，并将重构胚移植到假孕母猪体内。结果显示，经体细胞核移植后的孤雌胎儿（pSCNT）在体内的发育能延长，可达第 39 天。但是，形态学和体重分析显示，与正常胎儿相比，其仍然存在明显的发育阻滞现象。体细胞核移植后的孤雌胎儿在体内发育时间虽然得到延长，但与正常胎儿相比，其印记基因 H19/IGF2 的表达及甲基化模式并未改变，因此，来源于孤雌成纤维细胞的克隆孤雌胎儿的发育能力仍然有限。进一步，通过连续核移植和基因修饰等技术手段，如构建出包含成熟卵与未成熟卵基因组的孤雌胚胎，改善了一些印记基因的表达，进而能够发育到 13.5 天。敲除 H19 基因中长度为 3kb 的一段序列后，获得的突变小鼠的未成熟卵作为供体核移植到去核的成熟卵中构建孤雌 ngH19△3/fgwt 胚胎，Igf2/H19 的顺式调控作用受到影响，使得孤雌胚胎体内发育增加到 17.5 天。当敲除 H19 基因的一段长度为 13kb 的序列后，应用连续核移植的方法构建

---

❶ 王东旭. 猪孤雌胎儿中印迹基因表达和甲基化模式的分析［D］. 长春：吉林大学，2015.

ngH19△13/fgwt 孤雌胚胎能够发育到成年并产生后代。为了提高孤雌胚胎干细胞的多能性，研究者们进行了许多尝试。Hikichi 等通过将孤雌胚胎干细胞的细胞核移植到去核卵母细胞的方式改变其 DNA 的甲基化状态，并且最终通过多次连续核移植的方式获得了发育到期的胎儿。

可以看出，通过孤雌成纤维细胞的体细胞核移植、孤雌胚胎干细胞的连续核移植、印记基因调控、未成熟卵作为供体细胞等手段，孤雌胚胎来源的细胞有可能经重编程，逐渐增强其发育能力。

2. 涉及孤雌胚胎的嵌合胚胎技术

（1）有性生殖胚胎与孤雌胚胎的嵌合胚胎

在改善孤雌胚胎发育能力的各种尝试中，有一种方法是将有性生殖胚胎与孤雌胚胎嵌合发育，研究者们认为，雄性胚胎有可能通过分泌因素促进孤雌胚发育，可以在一定程度辅助孤雌胚胎发育。❶❷ 具体地，首先通过性别鉴定的方法，选择出雄性有性生殖胚胎然后，通过聚合法制备与孤雌胚胎的嵌合胚胎。在小鼠雄性胚胎与孤雌胚胎嵌合体制作中，将已知性别的雌雄两种早期胚胎经处理去除透明带，然后将来源不同的两种胚胎通过相互接触而聚合，该聚合得到的两性嵌合胚胎可以发育至囊胚，后期可以利用两性嵌合胚胎囊胚期的内细胞团提取干细胞，并且可以用性别鉴定的方法鉴定得到的囊胚内细胞团是否来源于孤雌胚胎。

（2）孤雌胚胎干细胞与四倍体胚胎的 2N – 4N 嵌合胚胎

随着对二倍体孤雌胚胎干细胞的深入研究，拓宽了小鼠孤

---

❶ 张亮. 小鼠孤雌胚胎与雄性胚胎嵌合培养方法与效果研究［D］. 重庆：西南大学，2008.

❷ 李永强. 影响嵌合孤雌胚胎发育因素和嵌合囊胚离散细胞不同性别来源比率研究［D］. 重庆：西南大学，2009.

雌生殖的研究领域和再生医学应用范围。研究者们已经通过分离小鼠孤雌囊胚内细胞团建立的胚胎干细胞直接注射到四倍体囊胚腔内,从而由 2N-4N 嵌合胚胎技术获得了能够发育出生的仔鼠(见图 6-7)。此时,孤雌胚胎干细胞的遗传物质全部来源于母源基因组,因缺失父源基因而不具备四倍体补偿的能力。为了使孤雌胚胎干细胞也具备发育到个体的能力,呈现与受精卵来源的胚胎干细胞类似的多能性,借助 CRISPR/Cas9 系统对孤雌来源的孤雌胚胎干细胞中的两个重要母源印记基因的差异甲基化区域进行单等位基因敲除(H19-DMR、IG-DMR),获得双基因敲除的 pESCs。结果表明,孤雌胚胎干细胞虽然来源于母源基因组,但是其形态特征、多能干性标记分子的表达水平、体外神经分化能力与受精卵来源的胚胎干细胞基本一致。通过基因修饰的 pESCs 可以通过四倍体补偿获得发育到期的胎儿,表明经过印记基因修饰的孤雌胚胎干细胞也具有发育到一个完整个体的多能性。从而为再生医学研究提供了一类具有主要组织相容性复合基因匹配且多能性良好的资源细胞。❶

(3)孤雌胚胎的聚合胚胎

所谓孤雌胚胎聚合是指孤雌激活来源的胚胎卵裂球质膜相互接触形成一个新的并能够继续卵裂的胚胎。聚合胚胎的染色体倍数并不发生改变,仅是同时期孤雌胚胎卵裂球数目的加倍,聚合胚胎的发育时程并不发生明显的变化。如图 6-8 所示,其制作过程为,将两个处于 8 细胞期的孤雌胚胎去掉透明带,然后将其移入预先用无菌针扎坑的培养皿中,待卵裂球间建立细胞连接并能继续卵裂后就获得了孤雌聚合胚胎。相应的胚胎干细胞叫孤雌聚合胚胎干细胞。

---

❶ 李旭,彭柯力,张金鑫,等. 印迹基因修饰使孤雌胚胎干细胞获得四倍体补偿能力 [J]. 生物工程学报,2019,35(5):910-918.

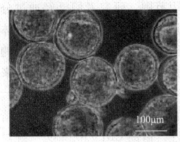
（a）胚胎干细胞

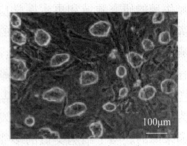
（b）孤雌胚胎干细胞

（c）四倍体补偿小鼠

图 6 - 7　小鼠胚胎干细胞与孤雌胚胎干细胞形态对比

与不聚合的小鼠孤雌胚胎及其干细胞相比，聚合后发生了一定的改变。首先，聚合囊胚的内细胞团数目明显多于不聚合的，聚合囊胚的体积相对较大。检测孤雌聚合囊胚与不聚合孤雌囊胚中印记基因的表达，发现父源表达的印记基因在两者间的水平相近且都低于正常受精的囊胚，母源表达的印记基因在聚合囊胚中水平明显低于不聚囊胚，更趋近于正常受精的囊胚。其次，与不聚合的孤雌胚胎干细胞相比，聚合作用能够明显地提升建系效率至48.39%。聚合作用能够抑制孤雌胚胎干细胞中母源表达的印记基因，同时活化父源表达的印记基因。聚合作用可能弥补不同胚胎间的印记差异，两者聚合后可能会发生印

记间的补偿，从而使聚合胚胎印记基因表达水平趋于正常。❶

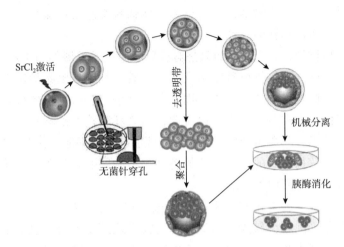

图 6－8　小鼠孤雌聚合胚胎干细胞建立模式示意

由此，孤雌胚胎不仅包括典型意义上的二倍体孤雌胚胎，也至少包括二倍体孤雌聚合胚胎。

（4）线粒体移植与孤雌激活胚胎

为了探讨线粒体对孤雌激活胚胎发育潜能的影响，有研究比较了异体颗粒细胞线粒体移植的牛孤雌激活胚胎、胚胎培养液移植的孤雌激活胚胎和正常孤雌激活胚胎的发育情况。❷ 结果表明，异体颗粒细胞线粒体移植组和胚胎培养液移植组的牛孤雌激活胚胎的激活率差异不显著，但均显著低于正常激活组；异体颗粒细胞线粒体移植组与正常激活组的孤雌激活胚胎卵裂率差异不显著，但均明显高于胚胎培养液移植组；异体颗粒细

---

❶ 宋司航，张梓卉，廖辰，等. 小鼠孤雌胚胎及孤雌胚胎干细胞中印记基因的表达 [J]. 解剖学报，2015，46（5）：710－714.

❷ 王晓磊，雷安民，窦忠英. 异体颗粒细胞线粒体移植对牛孤雌激活胚胎发育的影响 [J]. 西北农林科技大学学报（自然科学版），2007，35（3）：25－28.

胞线粒体移植组的孤雌激活胚胎桑椹胚率极显著高于胚胎培养液移植组和正常激活组。可见牛异体颗粒细胞线粒体移植可改善牛孤雌激活胚的发育。

应该说，以上四方面只是对孤雌胚胎技术发展的简单示意。意在表明，二倍体孤雌胚胎及孤雌胚胎干细胞技术必然还会随着干细胞技术的飞速发展，而不断交叉融合，衍生出各种各样的新的门类和分支。也可以说明，孤雌胚胎技术绝不是一种孤立的技术，其会与受精胚胎、克隆胚胎、嵌合胚胎、聚合胚胎、线粒体移植所致的三亲胚胎等各种类型的胚胎发生关联，从而引导技术不断向纵深发展。

由此，如果这些技术的交叉融合仅限于动物干细胞领域，相关伦理问题会较少。但如果这些技术适用于人类，包括了人类，或者本身就是针对人类孤雌胚胎而开发，则相应的伦理问题就不再限于孤雌胚胎问题，需要将相应胚胎类型或技术门类的人类伦理问题共同考虑、统筹考虑。

六、涉及诱导性多能干细胞的发明创造

多细胞生物个体的分化细胞均通过一系列动态调控机制维持其稳态，不同类型分化细胞之间的转化在自然条件下不会自发发生。通过实验手段可以逆转细胞分化的进程使之改变状态，从一种基因表达谱转换成另一套表达谱，从而实现细胞类型的转化也即重编程。目前已知可以通过四种不同途径，即核移植、细胞融合、胞质孵育及诱导性多能干细胞，将终末分化的体细胞重编程为类胚胎干细胞的多能干细胞状态，而后者具有发育成为动物个体所有细胞的能力，由于细胞重编程的过程能够将细胞命运逆转成为具有再生能力干细胞的状态，因此，这一领域的系列发现为再生医学、疾病个体化治疗及药物筛选提供了

巨大的前景。❶

（一） 诱导性多能干细胞技术的最新发展

1962 年，约翰·戈登在他的实验室里证明，已分化的动物体细胞在蛙卵中可以被重编程，从而具有发育成完整个体的能力，证明了细胞的分化是可逆的。2006 年，山中伸弥将戈登的这一成果推进了一大步，实现了细胞在体外的重编程，诱导出了具有多能性的细胞，即诱导性多能干细胞，证明了细胞命运是有选择性地打开或关闭某些基因的结果。2012 年诺贝尔生理学或医学奖颁发给了山中伸弥（Shinya Yamanaka）和约翰·戈登（John Gurdon），以表彰他们对体细胞重编程的发现。❷

可以看出，两个人的联合贡献，中间跨越了 40 多年，研究对象也由两栖类动物发展到哺乳类动物，才由核移植重编程技术发展到体外诱导重编程技术的诞生。对于山中伸弥而言，其从发现诱导性多能干细胞到获得诺贝尔生理学或医学奖只花了 6 年时间，是历史上从科研发现到获得该奖项最快的科研成果。总之，他们用间隔 40 多年的突破性发现说明，终末细胞的分化过程是可逆的，细胞的命运是完全可以改变的，他们的重大发现启示了人们对生命的全新认知。

山中伸弥提出的四因子诱导方法是获得诱导性多能干细胞的经典方法，这一方法公布以后，人们不由自主地会思考，是否还存在其他方法也可将体细胞重编程。循此思路，科学家们后来发展出一系列可以做到单个将山中伸弥四因子替换从而诱导出多能干细胞的方法，但这些方法本质上还是山中伸弥四因

---

❶ 李鑫，王加强，周琪. 体细胞重编程研究进展 [J]. 中国科学：生命科学，2016，46（1）：4 – 15.

❷ 王昱凯，周琪. 细胞重编程改写细胞命运：细胞的返老还童：2012 年诺贝尔生理学或医学奖简介 [J]. 自然杂志，2012，34（6）：327 – 331.

子诱导方法的衍生方法，还不能称之为全新的诱导系统。经过多年发展，科学家们现在已经陆续找到一些全新的诱导方法。❶ Rudolf Jaenisch 研究组发现，使用非山中伸弥因子 Sall4、Nanog、Esrrb 和 Lin28 可以获得诱导性多能干细胞，并且通过这种方法可以比山中伸弥四因子 OKSM（即 Oct4、Sox2、Klf4 及 c – Myc）方法更高效地获得高质量的诱导性多能干细胞。裴端卿研究组也发现一组非山中伸弥经典系统的诱导组合（Jdp2、Id1、Jhdm1b、Lrh1、Sall4 和 Glis1），通过这样的组合也可获得诱导性多能干细胞，并且发现 c – Jun 广泛抑制多能性基因，抑制细胞发生 MET，其抑制可以增强重编程。

2011 年，Anokye – Danso 将 miR – 302/367 转入成纤维细胞，在不添加任何转录因子的情况下，激活了 Oct4 和 Sox2，获得了诱导性多能干细胞，其多能性标记的表达和畸胎瘤的形成等性能都与经典的山中伸弥四因子获得的诱导性多能干细胞类似，且具有生殖系嵌合能力。该研究大大减少了外源基因的导入，使诱导性多能干细胞离临床细胞治疗更近了一步。2013 年，邓宏魁研究团队率先实现用小分子化合物进行体细胞的重编程。该团队仅使用 CHIR99021、616452、DZNep 和 FSK 四种小分子就可以将 MEF 及 MAF 诱导成多能干细胞，虽然效率不及 VC6TFZ 诱导系统，但已充分说明使用少量小分子足以将体细胞重编程，相比于插入外源基因，小分子诱导的优势在于无遗传修饰，完全避免了外源基因的插入，安全性更高，大大降低了诱导性多能干细胞诱导造成基因突变的风险，不经过基因修饰的诱导性多能干细胞的获得是诱导性多能干细胞走向临床应用的关键之一。

可以看出，诱导性多能干细胞诱导方法研究还在不断向前

---

❶ 陈瑞平，谢庆，刘菁，等. 山中伸弥四因子替代者行诱导多能干细胞重编程的研究进展 [J]. 临床与病理杂志，2017，37（12）：2699 – 2704.

发展，诱导重编程未来仍然是一片开放的世界。相应于专利申请，预期还会有诱导性多能干细胞制备方法专利的出现、诱导效率的提升和比较以及不同诱导方法产生的 iPSC 的对比分析和相对优势的比较研究。科学家们面向诱导重编程、完全重编程的努力永远不会停下脚步。

当然，在不断向前探索的过程中，诱导性多能干细胞研究领域也出现了一件令世界哗然的重大学术舞弊事件，那就是小保方晴子事件。2014 年 1 月，日本小保方晴子团队宣称使细胞接触弱酸就可变为具有多能性的干细胞，比传统诱导多能干细胞的制备方法更简单有效，并在《自然》杂志上连续发表了两篇研究论文。但数周后，论文被指出存在图像操纵和捏造问题。最终，经历近一年的调查，日本理化学研究所于 2014 年 12 月召开记者会，宣布相关实验无法再现，并确认小保方晴子存在学术不端行为。小保方晴子的失败，很大程度上源于她德行的缺乏以及对名誉的渴望，最终践踏了科研伦理规则，也彻底毁了她自己，以及培养她的老师。

这些科学进展和负面事件的同时出现，也时刻提示着我们，面对诱导性多能干细胞领域的科研进展，需要擦亮眼睛，既要通过法律提供保障来保护那些真正的创新，也要严防各种学术不端行为及非正常的专利申请行为。

（二）诱导性多能干细胞的定位和伦理认知

2006 年，山中伸弥发现诱导性多能干细胞之初，就是为了避开由人胚胎分离获取人胚胎干细胞的相关伦理争议而诞生，并将其作为类胚胎干细胞而创制出现的。在其发现之初，通过了大部分严格的多能性检验，在形态学、增殖性、转录组、表观组等方面发现其具有很多胚胎干细胞的特征，因此被命名为诱导性多能干细胞。

由体细胞重编程而形成的人类诱导性多能干细胞具有两方面独特的特点：一方面，在诱导重编程以后，具有类似于人类胚胎干细胞的多能性，从某种角度上而言，甚至可以认为两者具有类似的多能性。另一方面，诱导性多能干细胞并非来自于人胚胎，完全没有人胚胎来源的"胚源"。因此，确切点说，诱导性多能干细胞仅是人类胚胎干细胞出现以后涌现的一种新兴技术，其不属于人类胚胎干细胞，审查实践中并不能将两者混同或等同。

那么，两者属性上到底有无差异，有何差异呢？科学家们对此进行了大量的对比研究。诱导性多能干细胞在功能的很多方面等同于胚胎干细胞，与胚胎干细胞具有同样的多能性特点，包括多能基因的表达、三胚层分化潜能、生殖系嵌合能力，甚至是四倍体补偿能力。然而诱导性多能干细胞与胚胎干细胞是否完全一样，是否具有相同的安全性，既是对两者认识上的根本问题，也是诱导性多能干细胞应用、安全应用上的关键问题。

科学家们比较诱导性多能干细胞和胚胎干细胞的转录组、蛋白组以及表观组，揭示了诱导性多能干细胞和胚胎干细胞的差异，对诱导性多能干细胞的生物安全性进行了深入探讨。关于诱导性多能干细胞和胚胎干细胞的相似性主要有三种看法：❶第一种看法认为，诱导性多能干细胞和胚胎干细胞之间存在明确的微小差异，可以找到严格区分两者的特异性标志物。D－D区在多数诱导性多能干细胞内是沉默的，这可能是诱导性多能干细胞特有的，但通过比较不同发育潜能的诱导性多能干细胞，证明D－D区的沉默是重编程因子表达异常导致的，而且D－D区的开放和沉默可以作为判断诱导性多能干细胞能否具有四倍体补偿能力的标准。第二种看法认为，诱导性多能干细胞和胚

---

❶ 李鑫，王加强，周琪. 体细胞重编程研究进展 [J]. 中国科学：生命科学，2016，46（1）：4－15.

胎干细胞是两个在基因组水平和表观组水平有很高相似性的群体。第三种看法认为，诱导性多能干细胞某些特定基因位点的表观组具有可变性，这些位点是重编程异常的热点。不是所有诱导性多能干细胞在这些热点区域都存在异常，异常热点的不同组合造成诱导性多能干细胞的异质性。去甲基化不完全的位点倾向位于端粒远端。5 - 羟甲基胞嘧啶（5hmC）水平异常的基因区域的表达水平与胚胎干细胞中差异较大。

从这些观点中，我们大致可以看出，仅仅简单认为，两者具有很高的相似性或共性，并不能解决两者存在何种异同或异质性的问题。两者因其制备方法的不同，确实造成它们之间不仅具有明确的微小差异，而且不同诱导方法制备的诱导性多能干细胞内部也存在异质性。以专利语言言之，就是方法决定产品，方法限定了产品（product by process）。

随着诱导性多能干细胞的异军突起，目前在干细胞分类上，从诱导性多能干细胞技术在 2006 年出现以后，传统上的干细胞按其来源分为胚胎干细胞、成体干细胞的二分模式就已经悄然发生了改变。对于干细胞分类，各种文献上常见的是胚胎干细胞、成体干细胞、诱导性多能干细胞三分模式。而在干细胞分类的权威著作或相关标准中，常见的是将人类胚胎干细胞与人类诱导性多能干细胞两者作各种横向对比研究，但从没有将人类诱导性多能干细胞纳入人类胚胎干细胞范畴。例如，在专利审查实践中，国家知识产权局专利复审委员会第 77660 号复审决定案涉及对人类胚胎干细胞与人类诱导性多能干细胞两者关系的讨论。这些也充分说明，人类诱导性多能干细胞既不属于成体干细胞范畴，也不属于人类胚胎干细胞范畴。

在多能性上，现在普遍认为人类诱导性多能干细胞为多能干细胞，即 PSC 的范畴。所以，在很多场合下，人类诱导性多能干细胞和人类胚胎干细胞经常被指称为人类多能干细胞。或者说，在 hPSC 概念之下，两个最典型的代表就是人类胚胎干细胞与人类诱导性多能干细胞，它们两个分别代表了非胚胎源和胚胎源的人类多能干细胞。

相应的，对其伦理认知上，也需要站在其既不涉及人胚胎也不属于人类胚胎干细胞的基础上，考量其所涉及的伦理问题。

（三）未来的选择

对于涉及诱导性多能干细胞的发明而言，尽管存在少部分由于诱导性多能干细胞来源涉及胎儿细胞而过严操作的案件，但整体上而言，在 2019 年《专利审查指南（2010）》修改以前，其伦理争议并不大。原因在于，在 2019 年以前的《专利审查指南》的相关审查标准中，主要针对的是涉及人胚胎的发明和涉及人类胚胎干细胞的发明，而诱导性多能干细胞于此点上，生成诱导性多能干细胞的技术相对简单和稳定，不需使用人的卵细胞或者人胚胎，而是利用人体细胞，不涉及制备和使用人胚胎。并且，诱导性多能干细胞严格意义上也并不属于人类胚胎干细胞。因此，对于诱导性多能干细胞而言，其可以说是干细胞领域引发伦理争议最小的一类干细胞发明，确实避免了相应的伦理争议与法律难题。

ISSCR 2016 版《干细胞研究和临床转化指南》中认为，对于通过遗传学或化学重编程方法从体细胞获取多能干细胞，只要该研究不产生人类胚胎，也不涉及人类全能或多能干细胞研究应用的敏感方面，就只需要对受试者进行审查，而不需要专门的 EMRO 流程。该指南中明确指出，只要不会创造胚胎或全能细胞，针对将人类体细胞重编程为多能干细胞（比如诱导性多能干细胞）的研究，可以免去 EMRO 流程。目前享受这一免除伦理审查监管待遇的，只有"用人类胚胎获取的已建系的干细胞进行的研究"与诱导性多能干细胞研究两项。也即，ISSCR

认为，由于诱导性多能干细胞并不来自人类胚胎，应区别于对胚胎干细胞的管理，其管理的主要指向是供体细胞募集程序以及针对诱导性多能干细胞的可能的生殖性克隆的使用监管。也就是说，国外不仅认为诱导性多能干细胞并无伦理问题，而且认为，对其无需进行额外的伦理审查。借鉴这些国外的经验和认知，我国也需要认真思考伦理监管力量的主要投向，避免审查资源和审查力量的无谓的空转。

在专利审查中，总体上可以这样考虑，在诱导性多能干细胞研究的上游阶段，也即诱导性多能干细胞的制备上，只要用于诱导性多能干细胞制备的起始体细胞的获取并不违反相关伦理，或者并无证据证明其存在明显有违伦理的行为，通常制备诱导性多能干细胞的方法以及所获得的诱导性多能干细胞产品本身，就不会触及伦理争议。

受限于历史原因，尽管申请号为 CN200680048227.7 的专利无效案完美落幕，但在专利审查内部，有相当一部分意见，是把涉及诱导性多能干细胞的伦理道德判断有关的授权客体问题和可专利性问题，均纳入人类胚胎干细胞发明可专利性的范畴之内加以考虑和解决的。❶ 把诱导性多能干细胞技术作为人类胚胎干细胞技术不断迅猛发展中出现的一类不需要破坏胚胎（或受精卵）而获取人类胚胎干细胞的技术对待。从而将胚胎干细胞技术区分为传统胚胎干细胞技术和新兴的胚胎干细胞技术，总之，还是在人类胚胎干细胞技术的范畴里考虑这个问题。❷ 现在从事后之明的角度来看，将诱导性多能干细胞完全纳入人胚胎干细胞的范畴处理，是存在一定问题的。尽管维护了专利权

---

❶ 史晶. 人胚胎干细胞发明可专利性的判断［N］. 中国知识产权报，2015 - 09 - 16（9）.

❷ 史晶. 人胚胎干细胞发明的伦理道德判断［N］. 中国知识产权报，2016 - 07 - 06（11）.

人的利益，维持相关诱导性多能干细胞制备方法专利权有效，但仍存在一些似是而非的曲意周全之处。在当时"人类胚胎干细胞及其制备方法，均属于专利法第 5 条第 1 款规定的不能被授予专利权发明"的严格规定之下，将其视为人类胚胎干细胞的话，实际上其制备方法也会落入"人类胚胎干细胞及其制备方法"范畴。实际上，这对专利权人非常不利的，甚至是与决定结论有些自相矛盾的。因此，无论如何，诱导性多能干细胞不应纳入人类胚胎干细胞范畴。

回顾这些并不完美之处，归根结底，对于诱导性多能干细胞技术，我们需要牢牢把握两个基本定位：一是人类诱导性多能干细胞与人胚胎的关系：人类诱导性多能干细胞不是人胚胎，其制备不形成、不利用也不破坏人胚胎，不涉及"人胚胎的工业和商业目的的应用"；二是人类诱导性多能干细胞与人类胚胎干细胞的关系：人类诱导性多能干细胞与人类胚胎干细胞具有很多相近的性质和功能，两者均属于多能干细胞，但人类诱导性多能干细胞不具有人胚胎来源，不属于人类胚胎干细胞。

在此基础上，有关诱导性多能干细胞获取相关的伦理问题，主要涉及的就是作为诱导性多能干细胞的原始材料的人的体细胞，仅需要考虑相应所使用的体细胞获取的知情同意、隐私保护以及当未来治疗应用时在创新性治疗（也称试验性治疗）中的安全性与风险问题等。如果并无合理依据说明，相关发明在体细胞来源或获取上存在这些伦理问题，则专利伦理审查中应予以通过。

此外，即使在细胞类型或本质上不归属于"人类胚胎干细胞"，也并不完全意味着其无须再讨论伦理问题，而是需要在另一个层面，即并非在"人类胚胎干细胞"制备的范畴，研判其是否存在伦理问题。通过人的体细胞进行人类诱导性多能干细胞制备，普遍认为涉及的伦理问题较少或无，但是，利用人类诱导性多能干细胞进行后续各种应用时，则未必不会触及伦理问题，甚至还会较多地涉及伦理问题。例如，基于诱导性多能干细胞构建的嵌合胚胎及嵌合体问题、由诱导性多能干细胞衍生的人类配子问题等，在本书后续章节还会有较为详细的讨论。

七、人类辅助生殖技术领域的发明创造

自人类胚胎干细胞技术发展伊始，剩余胚胎就是获取人类胚胎干细胞的主要来源，诞生于 1978 年的试管婴儿技术是催生人类胚胎干细胞技术产生的重要基础——没有人类辅助生殖技术提供人类剩余胚胎，也就不会有 1998 年人类胚胎干细胞技术的产生。因此，干细胞技术和辅助生殖技术两大领域之间存在巨大的渊源，两个领域的很多技术问题、法律问题、伦理问题，必须进行统筹考虑。

（一）辅助生殖技术的发展现状

在世界范围内，生育力下降已成为不争的事实。据世界卫生组织人类生殖特别规划署报告显示，世界范围内的不孕不育率已高达 15%。具体到我国，据 2017 年国家卫生和计划生育委员会的统计，全国育龄夫妇约 2.4 亿人，不孕不育发生率大概在 15% 到 20%，此类病症的患者人数已超过 5000 万，并仍在逐年上升。也就是说，每 8 对夫妻就有一对正在经受不孕不育的困扰。

辅助生殖技术，也称辅助生育技术，本质上是一种助孕技术，应"孕"而生。自古以来，生儿育女都是人的自然行为，辅助生殖技术却使这一自然行为变成了可以人工操作的技术过程。根据我国《人类辅助生殖技术管理办法》第 24 条规定，人类辅助生殖技术是指运用医学技术和方法对配子、合子和胚胎进行操作，以达到受孕目的的技术，分为人工授精、体外受精－胚

胎移植及其各种衍生技术。

　　其中，人工授精是指通过非性方式，用人工方法把精子注入生殖能力正常女性的子宫颈管道内，促使卵子和精子在体内的结合，达到怀孕的目的的医学方法。可以看出，虽然借助人工参与，但人工授精的受精过程仍发生在体内，受精卵和胚胎形成于体内。1770年世界第一例人工授精出现，标志着人类辅助生殖技术的开始。

　　而体外受精-胚胎移植则与此相反，受精卵和胚胎形成于体外。体外受精-胚胎移植技术的实施流程如图6-9所示，首先需要从女性体内取出卵子，在器皿内培养后，加入经技术处理的精子，待卵子受精后，继续培养，到形成早早期胚胎时（通常移植的胚胎为受精后培养第3~5天的卵裂期或囊胚期胚胎，最迟不晚于第6天植入），再移植或转移到子宫内着床，发育成胎儿直到分娩。

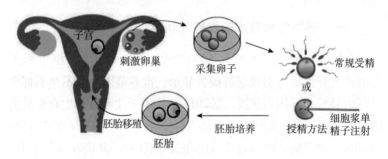

图6-9　体外受精-胚胎移植技术实施流程

　　体外受精-胚胎移植技术与自然生殖的显著区别是受精部位不在输卵管，而是在试管，因此俗称"试管婴儿"。"试管婴儿"技术中的所述精子和卵子可来自夫妻，也可在符合相关适应证规定的条件下，来源于人类精子库、卵子赠送等。

　　可以看出，辅助生殖技术本身是一个上位概念，包括了人工授精、体外受精－胚胎移植及其衍生技术。更具体而言，除了人工授精、体外受精－胚胎移植技术，还包括辅助孵化（assisted hatching，AH）、未成熟卵体外培养（in vitro matura-tion，IVM）、胚胎冻存（embryo cryopreservation）、配子/合子输卵管内移植、卵细胞浆内单精子显微注射、胚胎植入前遗传学诊断等一系列技术。其中，使用场合最多，也最常见的是指体外受精－胚胎移植技术，也即俗称的试管婴儿技术。由此，人类掌握了这项体外培育人类早期生命的技术。

1978 年，一名叫路易斯·布朗的女婴在英国诞生，当时世界的反应就像她是一个科学幻想的产物，她是精子和卵子在一个玻璃容器中结合而成的——很快就以试管婴儿闻名于世，她宣告了试管婴儿医学时代的开始，标志着体外受精－胚胎移植技术开始成为治疗不孕症的手段之一，而且是最有效的手段之一。2010 年，英国生理学家、被称为试管婴儿之父的罗伯特·爱德华兹教授被授予诺贝尔生理学或医学奖，以表彰和奖励他在体外受精技术领域对生物医学技术发展作出的突出贡献。在 2013 年 10 月，国际辅助生育技术监控委员会发表报告说，他们研究了 1989~2000 年和 2003~2007 年的试管婴儿数据，发现全球试管婴儿数量呈指数式递增。截至 2013 年，世界范围内已有超过 500 万例的试管婴儿诞生。至 2018 年，全世界已经有超过 800 万试管婴儿。体外受精－胚胎移植技术是人类发展历史上一个伟大的医学成就。

从技术层面而言，从 1978 年至今，试管婴儿技术也已经升级换代了四次。

第一代试管婴儿技术即常规的体外受精－胚胎移植技术，主要解决的是因女性因素所致的不孕（如输卵管不通），而男性精子活力、密度在正常范围内，此时可经过处理后将精子与卵子在体外以接近自然的形式结合受精。该技术是将卵子和精子置于试管内受精，再将胚胎移植回母体子宫内。我国2003年《人类辅助生殖技术规范》规定，体外受精－胚胎移植适应证如下：①女方各种因素导致的配子运输障碍；②排卵障碍；③子宫内膜异位症；④男方少、弱精子症；⑤不明原因的不育；⑥免疫性不孕。

第二代试管婴儿技术的诞生解决了男性不育症患者的治疗难题，因男性因素导致的不育问题包括男子精道不通、弱精、少精等因素造成的不育，其核心技术是卵胞浆内单精子显微注射技术，1992年世界首例通过该技术，即俗称的"第二代试管婴儿"诞生。卵胞浆内单精子显微注射是借助显微操作系统，将单一精子注射入卵子内使其受精。我国2003年《人类辅助生殖技术规范》规定，单精子显微注射技术的适应证为：①严重的少、弱、畸精子症；②不可逆的梗阻性无精子症；③生精功能障碍（排除遗传缺陷疾病所致）；④免疫性不育；⑤体外受精失败；⑥精子顶体异常；⑦需行植入前胚胎遗传学检查的。

第三代试管婴儿技术则从生物遗传学的角度，帮助人类选择生育健康的后代，为有遗传病的患者提供生育健康孩子的机会。其核心技术是始于1989年的植入前遗传学诊断技术，也被称之为移植前遗传学诊断、种植前遗传学诊断、着床前遗传学诊断、移植前胚胎诊断、胚胎植入前基因诊断等。该技术是在第一代、第二代试管婴儿技术的基础上，当精子卵子结合形成受精卵发育成胚胎后，在胚胎植入之前进行基因检测，挑选出健康的胚胎。我国2003年《人类辅助生殖技术规范》规定，该技术的适应证，主要用于单基因相关遗传病、染色体病、性连锁遗传病及可能生育异常患儿的高风险人群。

发展到1998年，第四代试管婴儿技术最早在美国出现。第四代试管婴儿技术的核心是卵胞浆置换技术。卵胞浆置换，国内又称为"三人试管婴儿"。主要针对患有线粒体遗传病，或卵子质量不好的女性，将该女性的卵细胞核取出，移植到另一位健康女性卵子的细胞浆中，形成一个新的卵细胞。然后把这个卵细胞与丈夫的精子结合形成受精卵，重新植入女性子宫（简单说就是将大龄母亲的卵子置换为另一年轻健康女性的健康卵胞浆）。由于在核移植的过程中，供卵者卵胞浆中 mtDNA 被带入受卵细胞，该技术存在一系列技术问题和伦理问题。技术方面，卵胞浆中的线粒体也含有遗传物质，即 mtDNA，异源的 mtDNA 将如何遗传、其结局如何尚不清楚；以及到底移植多少卵胞浆比较合适，卵胞浆移植后是否会发生染色体异常等。伦理方面，这样产出的婴儿携带两位母亲的遗传物质，意味着拥有两个母亲，复杂的亲子关系引发种种伦理问题。

以上四代技术中，由于第四代技术在不同国家的境遇不同，目前发展最热、应用最广的还是第三代技术。即胚胎植入前遗传学诊断技术。不同场合下，其分别可能被称为植入前遗传学诊断、移植前遗传学筛查或移植前遗传学测试。具体实施时，往往又有不同的检测方法，包括卵裂球活检、极体活检、滋养层细胞活检。

卵裂球活检是指，通过试管婴儿技术体外受精获得早早期胚胎，此时的胚胎有 4~8 个或 6~8 个细胞，用显微操作仪将其中的 1~2 个细胞从胚胎透明带内吸出来（保持胚胎的完整性，通常 1~2 个卵裂球的移去不影响胚胎的继续发育），进行各种检查，如染色体核型分析、超微量生化及酶学检测、基因检测及胚胎性别鉴别等。留在透明带中的细胞放在 -196℃ 液氮中保存，待吸出的细胞检查认定为正常后，再对其进行复苏，植入母体子宫内孕育。由于早早期胚胎细胞是"全能"细胞，即一个细胞便可发育成一个人，因此不会因遗传学检查而影响留下来的细胞发育。卵裂球活检的缺点如下：①材料少，易发生检测失败；②可能会降低胚胎发育潜能，减缓发育速度；③由于胚胎可能存在一定程度的嵌合体，嵌合体的意思是 6 ~ 8 个卵裂球细胞彼此之间基因不完全相同。此时取单个卵裂球检测并不能代表整个胚胎的状态。因此，胚胎的非整倍体嵌合，将导致漏诊和异常胚胎的移植。

为避免活检取材全能性的卵裂球细胞时伤及胚胎，有时植入前遗传学诊断也通过取材于卵母细胞分裂时排出的极体的极体活检技术（polar body diagnosis，PBD）（实际上是将植入前遗传学诊断前置到受精之前）或者囊胚期滋养层细胞技术（将植入前遗传学诊断后置）而进行。

极体活检是指，卵子成熟时（第 0 天）会排出第一极体，受精后（第 1 天）会排出第二极体。极体是卵母细胞减数分裂的副产品，不参与胚胎发育。极体活检的优点包括：①对卵母细胞的发育没有影响；②可以提供的遗传诊断时间相对较长，有利于胚胎在新鲜周期移植。缺点则包括：①只能检测母源性的异常，不能检测受精后发生的基因异常；②可检测的细胞数量少，可能检测失败；③从胚胎发育的角度看，并不是每一枚卵母细胞都会发育至可利用胚胎，因此针对极体植入前遗传学诊断/植入前遗传学筛查，有可能会增加无效的工作以及诊断花费。

植入前遗传学诊断的检测时机后移以后，就是囊胚期滋养层细胞活检的基因分析技术。❶ 体外培养的胚胎通常会在第 5 ~ 6 天发育至囊胚，此时胚胎的细胞数目明显增多，可以达到 100 个以上。囊胚滋养层细胞活检就是在数百个滋养层细胞中抽取 5 ~ 10 个滋养层细胞用于检测，由于滋养层细胞将来会发育成胎盘或胎膜，不直接参与胎儿形成，因此滋养层细胞活检可有效避免操作内细胞团，减少活检操作对胚胎发育的影响。囊胚滋

---

❶ 高英卓，杨大磊，冯迪，等. 囊胚滋养层细胞活检技术的优势及操作解析[J]. 中国实用妇科与产科杂志，2020，36（9）：884 – 887.

养层细胞活检技术可分为多种不同策略：第 3 天胚胎孵化后活检方案、桑椹胚孵化后活检方案、囊胚当天孵化后活检方案和囊胚即时孵化后活检方案，不同方案中的实施操作有所区别，临床结局也不完全相同。此时，植入前遗传学诊断针对的就不是全能细胞，而是多能干细胞。滋养层活检的优点包括：①滋养层细胞活检不影响将发育成胎儿的内细胞团的发育；②可检测的细胞数量多，且嵌合体比例低于卵裂期，因此检测失败率低、准确性高。其缺点有，留给基因分析的时间短，为等待检测结果，通常需要将活检后的囊胚冷冻保存。

可以看出，植入前遗传学诊断/植入前遗传学测试的活检取材过程对胚胎可能是有微创的，对早期胚胎发育会产生一定的影响，通常认为，这并未达到破坏胚胎，使其失去进一步发育的潜能的程度。这也是植入前遗传学诊断/植入前遗传学测试在医疗中被允许实施的原因。在临床实践中，通常通过植入前遗传学诊断技术实施机构的技术准入等予以调控。科学家们发现，在胚胎生长过程中，会释放大分子游离 DNA（cell‑free DNA，cfDNA）片段到培养液或囊胚腔液中。无创胚胎植入前遗传学检测技术就是通过检测胚胎培养液及囊胚期囊腔液的 cfDNA，来筛选该胚胎或囊胚是否遗传学正常。因为其不用取胚胎细胞进行活检，预计会成为未来植入前遗传学诊断/植入前遗传学测试的发展方向。

2006 年，美国先进细胞技术公司的研究人员宣称，通过将发育了 2 天的胚胎（此时受精卵已分裂成 8 个细胞）中的 8 个细胞中提取 1 个用于研究，将剩下 7 个细胞的胚胎植入母体内，从而能够在不破坏胚胎的情况下获得人胚胎干细胞。由于胚胎的发育处于初期，因此植入母体内的胚胎仍然能够继续健康发育成人。因此，该方法被认为能够在不破坏胚胎的情况下获取人胚胎干细胞。❶ 实际上，所谓的不破坏胚胎技术，与通过卵裂球活检进行植入前遗传学诊断的原理是基本相同的。所以，从1978 年试管婴儿降生到 1998 年人类胚胎干细胞技术产生，从1989 年植入前遗传学诊断技术诞生到 2006 年美国先进细胞技术公司所谓不破坏胚胎的获取人类胚胎干细胞的技术产生，无一不在述说这两大技术领域之间千丝万缕的联系。

植入前遗传学诊断技术在临床上的应用形式主要有三种：

第一种，筛除携带单基因疾病或染色体异常的"缺陷"胚胎，保证健康胚胎的植入与发育，这类应用可以简称为"缺陷胚胎剔除"或"高质胚胎优选"。比如 PGT - A（PGT for aneuploidies），用于检测胚胎染色体是否存在非整倍体；PGT - M（PGT for monogenic/single gene defects），用于检测胚胎是否携带某些可导致单基因病的突变基因；PGT - SR（PGT for chromosomal structural rearrangement），用于检测染色体结构异常，如染色体平衡易位、罗氏易位或倒位。

第二种，筛除具有高发病风险的胚胎，这类疾病为多基因疾病，发病机理复杂并且受环境因素影响，一半多为癌症，通过这类植入前遗传学诊断筛选出生的婴儿即"无癌婴儿"。2009年英国诞生了第一例"无癌婴儿"。

第三种，人类白细胞抗原配型（PGT - HLA），即将胚胎与该胚胎的患病的哥哥或姐姐的人类白血球抗原（human leukocyte antigen，HLA）进行配对，挑选具有免疫兼容性的胚胎植入，从而可以在其出生以后，使用其出生后的脐带血、骨髓等组织救治罹患遗传疾病的兄姐，即所谓"救人婴儿"。换言之，其是父母选择通过再生育一个孩子（弟弟或妹妹）来拯救自己已经

---

❶ KLIMANSKAYA I, CHUNG Y, BECKER S, et al. Human embryonic stem cell lines derived from single blastomeres [J]. Nature, 2006, 444 (7118): 481 –485.

患病的孩子（哥哥或姐姐），此时需要应用植入前遗传学诊断技术，在胚胎植入母体子宫前，对人类白细胞组织相容性抗原配型进行检测，选择与现存患儿相同 HLA 配型的胚胎进行受孕，从而孕育一个与患病兄姐的组织配型相同的脐带血干细胞供者婴儿。

由此，这样得到的同胞兄弟、同胞姐妹也被称为救星同胞、救助者同胞、救人婴儿、救人宝宝，英文为 saviour siblings、saviour child、savior baby 等，是指为救治另一个患严重家族性遗传及非遗传病儿童而孕育出生的孩子，"saviour" 是救世主、救星、拯救者的意思。救星同胞是能够将脐带血、干细胞或器官捐献给他/她的患病同胞的婴儿。其在植入胚胎前需要进行基因检测，以挑选符合需求的胚胎，相应的 HLA 配型检测技术称为植入前组织配型（preimplantation tissue typing，PTT）。人类白细胞抗原是存在于人体有核细胞第 6 号染色体短臂上的基因簇，理论上自然生育的救星同胞和患病同胞的配型相同概率仅为 25%。

救星同胞这个概念首次出现在 2002 年 10 月，随着越来越多的此类孩子的诞生，人们开始对他们加以关注。有人提出，这类孩子是人为设计出生的，可称之为"设计婴儿"（designer baby），但许多人认为这个词汇带有一定的贬义色彩，仅关注了新生儿是一个救人工具，而非具有崇高的生命价值和意义。此外，从伦理道德上来看，"设计婴儿"这个概念也违背了以人为本的原则。于是，有学者提出使用"救星同胞"这一词汇。相比于"设计婴儿"，"救星同胞"这一概念更受到人们的欢迎和认可，更具有积极意义和肯定意义。目前国外文献中已广泛使用这个词汇，我国 2007 年首次正式在期刊中使用"救星同胞"。

首例"救人婴儿"于 2000 年降生于美国。经胚胎植入前遗传学诊断技术出生的弟弟亚当的脐带血挽救了他患有先天性免疫系统疾病的 6 岁姐姐莫莉。后来，法国也于 2011 年通过胚胎植入前遗传学诊断技术诞生了一个"救命宝宝"。

（二）我国辅助生殖技术的发展历程

根据 2019 年 5 月 27 日公布的《中国妇幼健康事业发展报告（2019）》可知，我国辅助生殖事业的发展已经有近 40 年的历史：1983 年开始第一例冷冻精液人工授精并成功，1988 年首例试管婴儿诞生，此后各类辅助生殖技术快速发展，为数以万计的不孕不育患者带来福音，促进了家庭幸福与社会和谐。近年来，每年人类辅助生殖各项技术类别总周期数超过 100 万项，出生婴儿数超过 30 万人。

第一代到第三代试管婴儿技术是目前我国政府允许应用于临床的技术。1988 年，我国首例试管婴儿郑萌珠在北京医科大学第三医院降生，宣告了我国生殖医学研究从此开始了一个崭新的时代。1996 年，中山医科大学附属医院成功实施全国首例单精子显微注射技术。1999 年，中山大学附属第一医院成功完成全国首例植入前胚胎遗传学诊断即第三代试管婴儿技术。随着生育年龄的推迟和特殊人群保存生育力的需求，冷冻精子和卵子技术开始发展。2003 年，广东省设立全国第一家对外提供自存精子服务的精子库。随后，我国各地陆续设置精子库，不仅向特殊人群提供自体精子保存服务，也向开展供精人工授精技术的机构供应精子。截至 2016 年，全国约设立 20 家精子库。我国尚不允许设立卵子库，未开放面向社会的卵子保存服务，冷冻卵子技术仅限于在体外受精－胚胎移植实施过程中使用。2004 年，我国首例冷冻卵子和首例"三冻"（冻精、冻卵、冻胚胎）试管婴儿诞生，标志着辅助生殖的衍生技术——冻融技术的不断发展和成熟。

在植入前遗传学诊断技术的实施应用方面，我国早在 1999

年就对其成功进行了第一例实验。2011 年 6 月 29 日，我国首例"救人婴儿"降生，她为自己的姐姐提供了治疗重症地中海贫血的造血干细胞。2013 年，我国采用大规模平行测序技术进行胚胎植入前遗传学诊断/筛查技术，全基因测序试管婴儿在该院相继诞生，共有 15 对夫妇生育了 17 个非常健康的孩子。❶ 在 2016 年 3 月，我国首例阻断家族性甲状腺髓样癌遗传的"无癌宝宝"诞生。

目前全国各地均开展辅助生殖业务。按照原卫生部制定的区域卫生规划，每 300 万人口就需要设立一个 IVF 中心。2007 年之前，所有人类辅助生殖技术机构的资质认定权集中在原卫生部，由中央层面统一管理。2007 年之后下放到地方政府。根据国家卫生健康委员会官网公布的名单，截至 2019 年 12 月 31 日，我国经批准开展人类辅助生殖技术的医疗机构共有 517 家。其中，以就诊量而言，2014 年，仅湖南中信湘雅生殖与遗传专科医院一家就接收了 21 万就诊患者，成功进行了 3 万多例体外受精－胚胎移植手术。尽管临床妊娠率只有 30%～40%，但已经足以说明，辅助生殖技术从最初的饱受质疑，到今天已经为人们所习以为常，走入寻常百姓家。需要指出的是，这 500 多家医疗机构中，多数是开展第一代和第二代试管婴儿技术的医疗机构，只有少数医疗机构具有开展植入前遗传学诊断业务的资格，其业务开展权限受到严格的审批限制。

随着辅助生殖技术临床开展规模的日益扩大，细胞和分子遗传学诊断技术的快速发展，胚胎植入前遗传学诊断和筛查技术迎来了快速的增长和发展。为使该项技术更加规范且有效的实施，经专业委员会专家讨论，达成了临床和实验室专家共识——胚胎

---

❶ 首批全基因测序试管婴儿相继诞生 ［J］. 中国科技信息，2013（15）：11.

植入前遗传学诊断/筛查技术专家共识。❶ 根据共识可知，目前我国植入前遗传学诊断和植入前遗传学筛查的适应证均很广泛，植入前遗传学诊断的适应证包括染色体异常、单基因遗传病、具有遗传易感性的严重疾病、人类白细胞抗原配型；植入前遗传学筛查的适应证包括女方高龄、不明原因反复自然流产、不明原因反复种植失败、严重畸精子症。可以看出，两者的适应证包括了癌症检测、HLA 配型检测等多种情形。此外，在中华医学会生殖医学分会的倡议和领导下，参照国内外相关指南，中华医学会生殖医学分会专家还共同制定了胚胎植入前遗传学诊断和筛查实验室技术指南。❷ 通过建立标准操作流程和有效的质量管理体系，规范植入前遗传学诊断和/或植入前遗传学筛查相关实验室技术的实践与管理。

2022 年 2 月 21 日，北京市医保局、市卫生健康委员会、市人力社保局联合印发《关于规范调整部分医疗服务价格项目的通知》（京医保发〔2022〕7 号），对 63 项医疗服务价格项目进行规范调整，其中，在其报销政策中，将门诊治疗中常见的宫腔内人工授精术、胚胎移植术、精子优选处理等 16 项辅助生殖技术纳入医保甲类报销范围，辅助生殖进入"医保支付"时代，被誉为辅助生殖领域里程碑式的创举。预期国家和地方未来对人类辅助生殖领域的支持力度还会越来越大，我国辅助生殖技术领域的科研创新也会进入一个更快更好的发展时期。

（三）辅助生殖技术中的伦理问题考量

试管婴儿技术自 20 世纪 70 年代诞生以来，在为广大不育不

---

❶ 黄荷凤，乔杰，刘嘉茵，等. 胚胎植入前遗传学诊断/筛查技术专家共识 [J]. 中华医学遗传学杂志，2018，35（2）：151 –155.

❷ 张宁媛，黄国宁，范立青，等. 胚胎植入前遗传学诊断与筛查实验室技术指南 [J]. 生殖医学杂志，2018，27（9）：819 –827.

孕或患有遗传疾病的患者带来福音的同时，由于其对传统的生育观念带来伦理上的挑战，也曾引发激烈的伦理争议。相关的争议包括但不限于以下几个方面：其一，试管婴儿技术扮演了"上帝"的角色，是对自然法则的挑战。生育子女一向被认为是婚姻缔结、两性结合的自然体现，然而人工辅助生殖技术切断了生育和婚姻、家庭之间的联系，违反了自然法则。其二，复杂的亲子关系引发的伦理难题。根据精源不同、妊娠场所不同、监护人不同，试管婴儿的父母亲最多可达到五个：遗传学父亲、遗传学母亲、孕育母亲、养育父亲、养育母亲。如果采取卵胞浆置换技术，则遗传学母亲也有两位。如何界定各种亲子关系带来的权利和义务会成为难题。其三，精子和卵子的供者保密而引起后代近亲婚配的风险。其四，体外胚胎的地位。试管婴儿技术中，对受精卵和人类早期胚胎的操作是应有之义，然而，对受精卵和胚胎的操作是否符合人道主义？如何确定受精卵和胚胎的伦理地位？如果父母亲离世或一方改变生育意愿，冷冻胚胎的所有权和发育权属于谁？抛弃或处理剩余胚胎的操作是否浪费生命？冷冻或检测等体外操作可能造成的胚胎损伤是否属于对人的残害？由于嵌合体现象的存在，和胚胎发育过程中可能存在非整倍体自我恢复，那么经植入前检测发现异常的胚胎如何处理？植入前的胚胎选择是否会被滥用于试管婴儿的性别选择？筛选胚胎是否会对没被选上的胚胎不公平？

可以看出，相关的伦理担忧还是非常多的，涉及宗教、自然法则、人类亲缘关系和法律关系、人类婚配与生育、胚胎道德地位和法律地位、胚胎生命处置、胚胎选择的公平性等诸多议题。然而，随着辅助生殖技术的发展，越来越多的试管婴儿出生并健康成长，大众对于试管婴儿的态度开始转变。尤其是，2010 年试管婴儿技术的创立者荣获诺贝尔生理学或医学奖，截至 2018 年世界范围内已有超过 800 万例的试管婴儿诞生，辅助生殖技术为千万不孕不育患者家庭带来了福音，是一项伟大的医学成就。由此，关于对试管婴儿的质疑逐渐被认可所取代。

　　随着有关其伦理上的质疑和担忧逐渐褪去，人类辅助生殖事业发展迅速。各国也均为此规定了严格的管理制度，包括严格的准入制度、严格的技术规范。例如，我国卫生部在 2001 年以 14 号部长令的形式颁布了《人类辅助生殖技术管理办法》，2003 年公布了修订版的《人类辅助生殖技术规范》《人类精子库基本标准和技术规范》以及《人类辅助生殖技术和人类精子库伦理原则》。其中，《人类辅助生殖技术管理办法》第 12 条规定，人类辅助生殖技术必须在经过批准并进行登记的医疗机构中实施。未经卫生行政部门批准，任何单位和个人不得实施人类辅助生殖技术。第 13 条规定，实施人类辅助生殖技术应当符合卫生部制定的《人类辅助生殖技术规范》的规定。可见，在我国境内，在不违反上述管理办法和技术规范、基本标准和伦理原则的严格条件下，实施试管婴儿技术是合法的、合情的，也是合乎社会伦理的。在 500 多家开展人类辅助生殖技术的医疗机构中，辅助生殖技术的开展和运用，为不孕不育患者治疗发挥着不可替代的作用。

　　我国关于人类辅助生殖技术的规制，并没有制定相关的基本法，主要是一些部门规章。经初步梳理，我国有关人类辅助生殖技术的管理制度和伦理规则大体如下。

　　2001 年，卫生部发布《人类辅助生殖技术管理办法》（卫生部令 14 号）和《人类精子库管理办法》（卫生部令 15 号）。

　　2001 年，卫生部发布《技术规范、基本标准和伦理原则》（卫科教发〔2001〕143 号），包含《人类辅助生殖技术规范》《人类精子库基本标准》《人类精子库技术规范》《实施人类辅助生殖技术的伦理原则》四份文件。

　　2003 年，卫生部发布《关于修订人类辅助生殖技术与人

类精子库相关规范、技术标准与伦理原则的通知》（卫科教发
〔2003〕176号），包含《人类辅助生殖技术规范》《人类精子
库基本标准和技术规范》《人类辅助生殖技术和人类精子库伦理
原则》。2003年，卫生部发布《人类辅助生殖技术和人类精子
库评审、审核和审批管理程序》。

2006年，卫生部发布《人类辅助生殖技术与人类精子库校
验实施细则》（卫科教发〔2006〕44号）。

2015年，国家卫生和计划生育委员会印发《人类辅助生殖技
术配置规划指导原则（2015版）》（国卫妇幼发〔2015〕53号），
《关于规范人类辅助生殖技术与人类精子库审批的补充规定》（国
卫妇幼发〔2015〕56号），《关于加强人类辅助生殖技术与人类精
子库管理的指导意见》（国卫妇幼发〔2015〕55号）。

2017年，国家卫生和计划生育委员会联合公安部、最高人民
法院等12部门共同印发《关于建立查处违法违规应用人类辅助生
殖技术长效工作机制的通知》（国卫办监督发〔2017〕31号）

2019年，国家卫生健康委员会制定《辅助生殖技术随机抽
查办法》。

整体而言，我国人类辅助生殖技术（包括人类辅助生殖技
术和人类精子库）属于限制性应用的特殊临床诊疗技术。在我
国境内，需要在遵守相关管理办法、技术规范、基本标准和伦
理原则的严格条件下，实施辅助生殖技术。

总结以上规章制度，有两点是比较明确的。

第一，人类辅助生殖技术的实施系以医疗为目的。

《人类辅助生殖技术管理办法》第3条规定，人类辅助生殖
技术的应用应当在医疗机构中进行，以医疗为目的。并符合国
家计划生育政策、伦理原则和有关法律规定。此外，参考国家
卫生和计划生育委员会于2017年修订的《医疗机构管理条例实
施细则》对诊疗活动的定义为"通过各种检查，使用药物、器

械及手术等方法，对疾病作出判断和消除疾病、缓解病情、减轻痛苦、改善功能、延长生命、帮助患者恢复健康的活动"，人类辅助生殖技术作为不孕症治疗的主要手段之一，符合上述定义。因此，开展和实施人类辅助生殖技术系以医疗为目的，属于诊疗活动。

第二，人类辅助生殖技术的实施由相关伦理原则予以规范。

如 2003 年《关于修订人类辅助生殖技术与人类精子库相关规范、技术标准与伦理原则的通知》所指出的，为了防止片面追求经济利益而滥用人类辅助生殖技术和人类精子库技术，严格防止人类辅助生殖技术产业化和商品化，切实贯彻国家人口和计划生育政策，维护人的生命伦理尊严，把该技术给社会、伦理、道德、法律乃至子孙后代可能带来的负面影响和危害降到最低程度，该次修改对控制多胎妊娠、提高减胎技术、严格掌握适应证、严禁供精与供卵商业化和卵胞浆移植技术等方面提出了更高、更规范、更具体的技术和伦理要求。

按照 2003 年修订的《人类辅助生殖技术规范》《人类精子库基本标准和技术规范》《人类辅助生殖技术和人类精子库伦理原则》的要求，人类辅助生殖技术需要遵守七大伦理原则。这七大伦理原则分别是：有利于患者、知情同意、保护后代、社会公益、保密、严防商业化、伦理监督。监督其实施的生殖医学伦理委员会应由医学伦理学、心理学、社会学、法学、生殖医学等专家和群众代表组成。

其中，在保护后代原则之下，特别规定，医务人员不得对近亲间及任何不符合伦理、道德原则的精子和卵子实施人类辅助生殖技术；医务人员不得实施代孕技术；医务人员不得实施胚胎赠送助孕技术；在尚未解决人卵胞浆移植和人卵核移植技术安全性问题之前，医务人员不得实施以治疗不育为目的的人卵胞浆移植和人卵核移植技术；同一供者的精子、卵子最多只能使 5 名母体受孕；医务人员不得实施以生育为目的的嵌合体胚胎技术。

在社会公益原则之下特别规定，医务人员必须严格贯彻国家人口和计划生育法律法规，不得对不符合国家人口和计划生育法规和条例规定的夫妇和单身妇女实施人类辅助生殖技术；根据《母婴保健法》，医务人员不得实施非医学需要的性别选择；医务人员不得实施生殖性克隆技术；医务人员不得将异种配子和胚胎用于人类辅助生殖技术；医务人员不得进行各种违反伦理、道德原则的配子和胚胎实验研究及临床工作。

同时，《人类辅助生殖技术管理办法》第 3 条规定，禁止以任何形式买卖配子、合子、胚胎。医疗机构和医务人员不得实施任何形式的代孕技术。《人类辅助生殖技术规范》中明确规定，医疗机构的实施技术人员的行为准则包括：①必须严格遵守国家人口和计划生育法律法规；②必须严格遵守知情同意、知情选择的自愿原则；③必须尊重患者隐私权；④禁止无医学指征的性别选择；⑤禁止实施代孕技术；⑥禁止实施胚胎赠送；⑦禁止实施以治疗不育为目的的人卵胞浆移植及核移植技术；⑧禁止人类与异种配子的杂交；禁止人类体内移植异种配子、合子和胚胎；禁止异种体内移植人类配子、合子和胚胎；⑨禁止以生殖为目的对人类配子、合子和胚胎进行基因操作；⑩禁止实施近亲间的精子和卵子结合；⑪在同一治疗周期中，配子和合子必须来自同一男性和同一女性；⑫禁止在患者不知情和不自愿的情况下，将配子、合子和胚胎转送他人或进行科学研究；⑬禁止给不符合国家人口和计划生育法规和条例规定的夫妇和单身妇女实施人类辅助生殖技术；⑭禁止开展人类嵌合体胚胎试验研究；⑮禁止克隆人。

可以看出，人类辅助生殖技术在大力发展、高速发展的同时，也受到相关伦理原则的严格规范。医务人员必须在相关伦

理原则指导下，开展相关技术的实施。如果突破伦理限制，将
会受到相应的制裁和处罚，《人类辅助生殖技术管理办法》第四
章第 21 ~ 22 条即为罚则，包括行政处罚和刑事责任。

1. 第一代和第二代试管婴儿技术中的伦理问题——体外
受精胚胎制备和培养

干细胞与人工辅助生殖两大领域的交集在于两者均基于胚
胎，而且都是体外早期胚胎。不同点或差异在于使用胚胎的方
式。在干细胞技术领域，如果涉及使用受精胚胎，主要是基于
剩余胚胎，其核心的伦理争议是，分离干细胞需要破坏剩余胚
胎；而在辅助生殖技术领域中，涉及的受精胚胎不能算是剩余
胚胎，主要是制备胚胎或待移植胚胎，主要伦理问题并不涉及
破坏胚胎，而是制备胚胎、检测胚胎，需要探讨的是，这些针
对胚胎的操作是否有违伦理道德。

第一代和第二代试管婴儿技术中，主要涉及人胚胎的技术
就是体外受精胚胎制备和培养。根据我国的医疗实践及相关管
理规范可知，如果其发明创造未违反我国人类辅助生殖技术相
关管理办法、技术规范、伦理原则，则通常不能认为，有关人
类辅助生殖技术涉及人胚胎制备和培养的发明创造违反了社会
公德。相反，人类辅助生殖技术的进步和发展，可以切实保护
人民群众的健康权益，切实保障不孕不育患者的利益，维护妇
女和儿童健康权益，提高人口质量。因此，不应受到伦理上的
责难。在《专利法》第 5 条有关"人胚胎的工业或商业目的的
应用"的理解和适用上，我国应该保持一种清醒的认识，不能
将其与从人类胚胎获取胚胎干细胞相提并论，等同处理。

在我国涉及人胚胎的发明创造的相关伦理审查标准较为严
格的时期，我国专利审查员注意到，当 EPO 面对一个发明是为
了治疗或诊断的目的而使用人胚胎时，并不将其排除在可专利
性之外。例如，涉及在体外处理卵母细胞或人胚胎而导致存活

胚胎比率增加的案件已被 EPO 授权。❶ 在 2011 年德国联邦最高法院提交的 *Brüstle v. Greenpeace e. V.* 案中，欧盟法院所作出的裁决中，欧盟法院对于何为"人胚胎的工业或商业目的的使用"再次确认，当为诊断或治疗胚胎，为人胚胎的发育而发明的人胚胎的应用，不在此列。可以看出，欧洲在处理该问题时，在专利审查中，并没有将涉及人胚胎的发明全都一棒子打死，而是特别关注胚胎的使用方式。欧盟《关于生物技术发明的法律保护指令》排除了为工业或商业目的使用人类胚胎的专利适格性，但是出于诊断或治疗目的，且对人类胚胎有益的发明是可以申请专利的。其背后的原因可能是考虑到医疗目的本身有助于实现社会伦理价值，可以由此抵销干细胞获取及利用方面存在的道德风险，可以使得此类发明获得道德伦理方面的支持，而且有对欧洲的人类辅助生殖医疗实践的考量。

换一种角度思考，从 1978 年世界上首例试管婴儿诞生，人工辅助生殖技术实施迄今已经走过了 40 多年的历史，这远超过人类胚胎干细胞自 1998 年至今 20 多年的研究历史。可以说，没有人工辅助生殖技术实施过程中产生的剩余胚胎，也就不会诞生真正意义上的人类胚胎干细胞技术。从此点而言，人类辅助生殖技术中的体外受精 – 胚胎移植技术实际上就是人胚胎干细胞技术的源头。在我国有关人类胚胎干细胞技术的发明专利的伦理审查都已经逐渐宽松的大环境和大趋势下，人类辅助生殖技术或体外受精 – 胚胎移植技术中的一些基础技术诸如体外胚胎制备、胚胎培养、胚胎植入前遗传学诊断技术、胚胎分级、胚胎鉴定或质量评估等，在国内外均已广泛实施的情况下，却认为存在触犯相关伦理规范、公共道德的问题，这难免看上去显得与事实格格不入，不具有说服力。

---

❶ 冯怡. 生物领域专利审查中若干新问题的探讨［J］. 审查业务通讯，2006.

"一刀切"式的以"人胚胎的工业或商业目的的应用"否定所有涉及人类胚胎的技术，而不考虑其技术领域，不考虑胚胎的使用方式、使用目的，尤其是在基于疾病治疗的目的且对胚胎有益处的情况，仍认为其属于"人胚胎的工业或商业目的的应用"，可能是不合理的。我们应重视和鼓励这些涉胚胎的相关发明创造发挥其在人类辅助生殖技术来进行疾病治疗领域的价值：相关技术的最大价值在于其对疾病治疗的作用，是人类研究相关技术的初衷。对于以疾病治疗或诊断为目的且不破坏胚胎的涉胚技术不建议以"人胚胎的工业或商业目的的应用"来否定其获得专利授权的可能性。我国虽没有欧洲的"但书"例外，但可以借鉴欧洲的做法，把出于诊断或治疗目的并对胚胎有益处的情况排除在外，为人类辅助生殖技术在医疗领域的应用解开枷锁，可以将此类不涉及破坏胚胎的涉胚操作、涉胚检测等统视为合道德使用行为。

需要放开限制的这一类技术中，比较典型的有以下三种。

第一，人类胚胎制备和培养技术。在此类发明中，胚胎培养的目的显然是通过改进体外培养条件和培养方法，使胚胎活力更强、更具发育潜能。其培养中，没有破坏胚胎，反而对其有益，不属于"人胚胎的工业或商业目的的应用"，可以授予专利权。

第二，人类胚胎成像和筛选技术。指通过显微成像、光学成像等手段，对胚胎进行观察、分析、筛选的一类技术。不能说其对胚胎全无影响，基于显微镜成像的技术对早期胚胎发育的影响主要体现在胚胎培养微环境的短暂改变和显微镜光照因素。大多数胚胎成像设备基本上尽量使光照实验中的培养条件与黑暗培养箱保持一致，从而将光照以外其他的影响尽可能减小。❶ 因此，通常不适合以安全因素认为其有违伦理道德。

---

❶ 刘超杰，鹿丽娜，祝献民，等. 辅助生殖中光照影响早期胚胎发育的研究进展 [J]. 中华医学杂志，2017，97（19）：1516–1520.

第三，人类胚胎检测技术。例如，通过检测胚胎的培养基成分，来检测胚胎，具体而言，在移出胚胎后对培养基进行取样和成分测定，不直接对胚胎进行操作和取样，此时显然也不会破坏胚胎。无法得出其有违伦理道德。

以上三类技术仅涉及辅助生殖中的胚胎制备、胚胎培养、胚胎成像、胚胎观察、胚胎检测等，这些涉胚操作，总体而言，其目的是使胚胎变得更好。制备胚胎、培养胚胎的技术是为了使胚胎在体外的培养条件中生长发育得更好；检测胚胎、观察或评估胚胎是为了挑选更具移植成功率的胚胎，提高健康婴儿的出生率。即便在操作过程中，对胚胎的活检取样等操作可能会对发育带来一定的影响，这一点可类比于羊水穿刺技术，可视为一种有创的取样诊断技术。羊水穿刺在产前诊断领域中，通常不会被认为是对人胚胎的工业或商业化应用而违反伦理，那么胚胎的植入前活检也不应被认为是对人胚胎的工业或商业化应用而违反伦理。因此，其以优选优生、提高患者的妊娠成功率为目的，不需要破坏胚胎，不属于人胚胎的工业或商业目的的应用，通常不应纳入违反《专利法》第 5 条第 1 款的范畴。例如，在专利申请号为 CN201680013592A，发明名称为"体外胚胎的生殖和选择"的发明专利中，该发明指出，在人工辅助生殖技术治疗不孕时，如果存在无法可存活受孕以及以高风险产生无法接受的高比率多胞胎，体外受精往往不能成功。为此，发明提供一种能够获得高概率的成功单体植入的植入前选择胚胎的方法。

该发明的部分权利要求的技术方案包括：

1. 一种用于在微流体装置中产生胚胎的过程，所述过程包括：

将卵子引入到所述微流体装置的隔离围栏中；

将至少一个精子引入到所述微流体装置中；

允许所述至少一个精子在有利于所述卵子受精的条件下接触所述卵子；以及

将所接触的卵子和所述至少一个精子在所述微流体装置中培育一段时间，该段时间至少足够长以使所述卵子和所述至少一个精子形成胚胎。

……

21. 根据前述权利要求中任一项所述的过程，还包括：

确定所接触的卵子和所述至少一个精子已经形成胚胎。

……

40. 一种用于监测微流体装置中至少一个生物微物体的状态的过程，其中所述生物微物体选自胚胎、精子或卵子，所述过程包括：

将所述生物微物体引入到所述微流体装置的隔离围栏中；

向所述生物微物体提供被配置为提供生存所必需的营养物的介质；

分析由所述生物微物体产生的分泌物；以及

确定所述生物微物体的状态。

41. 根据权利要求40所述的过程，其中所提供的介质包括激活所述生物微物体以进行后续生物转化所必需的组分。

42. 根据权利要求40或41所述的过程，其中所述后续生物转化是受精或进入胚胎发育的后续阶段。

……

53. 一种用于监测微流体装置中至少一个生物微物体的状态的过程，其中所述生物微物体选自胚胎、精子或卵子，所述过程包括：

将所述生物微物体引入到所述微流体装置的隔离围栏中；

为所述生物微物体提供被配置为提供生存所必需的营养物的介质；

对所述生物微物体进行成像；以及

确定所述生物微物体的状态。

……

65. 一种在微流体装置中产生孤雌胚胎的方法，包括：

将卵母细胞引入到所述微流体装置的隔离围栏中；以及

应用刺激试剂，从而将所述卵母细胞转化为孤雌生殖胚胎。

……

67. 根据权利要求 65 或 66 所述的方法，其中所述卵母细胞是人类卵母细胞。

……

74. 根据权利要求 65 至 73 中任一项所述的方法，还包括将所述孤雌生殖胚胎转化为一种或多种胚胎干细胞 ESC 的步骤。

75. 根据权利要求 74 所述的方法，其中将所述孤雌生殖胚胎转化为一个或多个胚胎干细胞的步骤还包括从孵化的囊胚中分离内细胞团 ICM。

对于此案，专利审查员在第一次审查意见中认为，根据说明书公开的内容可知，发明涉及人类胚胎，因此该方法涉及人胚胎的工业或商业目的的应用，属于《专利法》第 5 条第 1 款规定的不能被授予专利权的发明。

申请人答复该第一次审查意见时认为，根据"人胚胎的工业或商业目的的应用"的字面含义，属于这项规定的技术方案应该涉及应用人类胚胎。然而，该申请的技术方案仅涉及产生胚胎，没有为了任何工业或商业目的而进一步应用或使用人类胚胎。况且 2019 年修改后的《专利审查指南（2010）》还规定了"如果发明创造是利用未经过体内发育的受精 14 天以内的人胚胎分离或者获取干细胞的，则不能以违反社会公德为理由拒绝授予专利权"。举重以明轻，鉴于利用未经过体内发育的受精 14 天以内的人胚胎分离或者获取干细胞都不能以违反社会公德为理由拒绝授予专利权，何况该申请仅仅是形成了胚胎，并且没有将该胚胎或从胚胎中分离的任何细胞用于进一步的应用，更不要说是工业或商业应用。因此，当前权利要求不属于《专利法》第 5 条第 1 款规定的不能被授予专利权的发明。

专利审查员继续审查，发出第二次审查意见指出：根据说明书公开的内容可知，发明涉及人类胚胎，与社会公德相违背，属于《专利法》第 5 条第 1 款规定的不能被授予专利权的发明。

此后，在申请人在权利要求中增加"其中所述胚胎不是人类胚胎"的限定以后，这一问题才得以解决。

可以看出，在发出第一次审查意见通知书时，专利审查员的审查意见是"相关发明涉及人类胚胎，涉及人胚胎的工业或商业目的的应用"；而在第二次审查意见中，鉴于申请人陈述的意见指出该发明涉及制备和产生胚胎，并不属于应用人类胚胎，审查员不再坚持相关发明涉及"人胚胎的工业或商业目的的应用"，而是调整了审查意见，指出发明"涉及人类胚胎，与社会公德相违背"。

由此，就需要思考一个问题：是否发明涉及人类胚胎，就会与社会公德相违背？如果真是如此，整个人类辅助生殖技术领域的发明，都会涉及人类胚胎，也就都会违反社会公德。显然，这样的反思和发问，有助于厘清一直困扰专利审查员的一些疑问。恰好该案给了我们一个很好的分析事例："发明涉及人胚胎"与"人胚胎的工业或商业目的的应用"或者"违背社会公德"到底是什么关系。或者说，如果该案仅涉及制备胚胎，而不涉及破坏胚胎（暂不讨论由孤雌胚胎制备内细胞团的孤雌胚胎干细胞的问题），《专利法》第 5 条应如何适用。

我们认为，由于在人类胚胎干细胞技术领域过去对有关涉及"人胚胎"的发明创造的严格审查标准，尤其是对"人胚胎的工业或商业目的的应用"的严格适用，人类辅助生殖技术领域的部分案件，多少受到了一些牵连和冲击。由于对两个技术领域的临床实施现状把握不足，对两个领域各自的伦理原则、伦理规则并不了解，导致胚胎干细胞技术领域的严苛审查标准被不适当地转用到了影响人类辅助生殖技术领域的涉及人胚胎的发明创新。2019 年《专利审查指南（2010）》修改提供了一个很好的时机，供我们反思一些过严的审查做法，并对此作出一定改变。

2. 第三代试管婴儿技术伴生的伦理问题

第三代试管婴儿技术的核心在于，利用胚胎植入前遗传学诊断/测试筛查技术，对体外的早期胚胎进行筛选，挑选出符合要求的健康胚胎植入母体的子宫中并孕育出生的婴儿。由此，许多不孕不育患者借助胚胎植入前遗传学诊断技术获得了自己的孩子，尤其是，携带遗传病基因的患者通过应用人类辅助生殖技术避免了患病后代的出生。

胚胎植入前遗传学诊断技术出现之后，不可避免地引发了一系列伦理议题，或者说，其较大的风险来自伦理维度上的质疑和担忧。尤其是关于"救星同胞"的立法、植入前遗传学诊断技术的实施条件等也均成为各国和地区伦理学家、法律学家、哲学家及立法者的探讨热点。例如，一些学者系统性地总结了有关植入前遗传学诊断的伦理法律议题。❶

首先，通过胚胎基因诊断来"消除"遗传病被认为违反道德，因为在此过程中会摧毁那些可以发育成婴儿的无辜的胚胎。英国《泰晤士报》的评论称，以拯救一个孩子性命的名义，理直气壮地从十几个甚至是几十个胚胎中像挑土豆一样选择一个，而剩下的那些原本可以成长为健康婴儿的倒霉蛋，只是因为与

---

❶ 王康. 人类基因编辑实验的法律规制：兼论胚胎植入前基因诊断的法律议题 [J]. 东方法学，2019（1）：5-20.

患者的组织不相匹配就被消灭，是一场"为了拯救的谋杀"。

其次，对于"救命宝宝"而言，在出生之前就扮演着"救世主"的角色，无异于被当成了工具，出生后将一直生活在自己只是为了实现他人利益而生的阴影之中，而违反了人作为有尊严的目的存在的伦理性。尤尔根·哈贝马斯也认为，人只有在自然而来的情况下才是有尊严、自由的人，而植入前遗传学诊断等胚胎基因实验正是人"物化"的"最新版本"。

最后，心理上的负面影响不可低估。我们现在还不知道被"定制生命"的未来的人生体验是怎样的，她们被作为实验对象的工具意义会不会让她们产生生存价值的自我否定？她们是否有自由和足够的心理承受力在未来适当的时候孕育下一代？正如罗杰·戈斯登所说：孩子的独特性首先体现在出生时的偶然性和不确定性，这种偶然是不可剥夺的权利和最基本的自由，如果一切已被决定，人生还有什么意义？

此外，还有潜在而长期的社会风险。其一，植入前遗传学诊断尤其是胚胎基因改造，可能引发"滑坡效应"。如果应用于非医疗目的，如选择和设计性别、智商、身高、外貌等，再加上价格昂贵和医疗资源的不公平分配，可能会带来社会的非正义，人类在基因上的各种歧视和阶级差别会因此迈出它的第一步。事实上，植入前遗传学诊断最初就是为了避免未来胎儿携带与性别密切相关的致病基因而进行胚胎性别筛选的。智商、身高、外貌等的"设计"在技术上应该指日可待。其二，一部分人担心让后代以一种预先设计的特定基因性状而产生违反了代际正义，并使得纳粹主义的优生学可能复活。其三，对人类基因组的人为选择最终可能会使得人类进化过程处于风险之中，将"坏基因"消除掉的同时也消除了可能的"好基因"，等于自己毁灭了一次次良性进化的机会。人类基因库的多样性是人类持续存在的前提条件，丰富的多样性比单一的完美性更为重要。

其中，反对者最坚持的一个观点，就是避免人被工具化。康德通过人性公式提出："你要如此行动，即无论是你的人格中的人性，还是其他任何一个人的人格中的人性，在任何时候都绝不能被仅仅当作手段来使用，而要同时当作目的"。由此，"人类必须总是把他自己看作是目的"这一论断在法律的所有领域里具有无限的效用。英国人类遗传学咨询委员会（HGAC）和人类受精与胚胎管理局（HFEA）曾于 1998 年发表一项联合声明，提出人类尊严不允许人被当作工具使用，人应该被当作自己权利的"目的"而被对待。

尽管确实存在如上风险和担忧，其存在的合理性也会被学者们、法学家们反复提及和辩护：对于那些穷尽一切现有的途径和方式而无法救治的严重患儿，其父母考虑通过植入前遗传学诊断生育"救命宝宝"，并且，对他或她并没有采取伤害式的手段加以利用，而只是通过采集脐带血这一非侵入性的手段。在行使基因自主权的过程中，它对人性尊严的冲击是无法避免的，此时可以通过行善原则来衡平，即"这虽然不幸，却不是不道德的。""救命宝宝"的出现就是一种行善，不治才是伤害。如果父母不选择生育"救星同胞"，那么，患病孩子极有可能死于重大疾病。考虑患病儿童的利益，要充分尊重生命，还表现在对现有患者生命的尊重。而且，"救星同胞"同样是一个健康孩子，在有可能治愈而对"他人"无伤害的情况下，却看着患病的孩子痛苦挣扎而死亡，这亦被视为一种道德的错误，是对生命神圣的亵渎。

而且，父母通常并不会将自己的孩子仅仅看作是治病的工具，不会在"利用"完孩子后，即将孩子抛弃、送人。父母愿意再怀一个孩子来保护第一个孩子，也表明他们是非常重视子女的健康，当然会善待第二个孩子，不可能将孩子仅仅作为工具。因此，关于"救命宝宝"的基因自主权，也有人提出，正如美国法官在一个判例中所宣称："父母或许可以自由地让自己成为殉道者。但是，这并不意味着父母可以自由地——在相同的情况下——让他们的孩子在达到充分、合法的自主决定的年龄之前成为殉道者，只有在那个时候孩子才能够为自己作出决定。"因此，如果在将来还需要"救命宝宝"捐赠骨髓或其他组织（这正符合父母预设在其身上的目的），那么就必须坚守自主原则，在达到能够判断的年龄之后，他或她才能够作出为了自身的利益的决定，有权拒绝实现这一在出生前就被预设了的作为"工具"的"目的"！这也部分纾解了围绕"救命宝宝"技术事实所带来的压力。

英国初期关于"救星同胞"的争议一直闹到英国上议院，最终通过法院才核准了可通过植入前遗传学诊断技术生育一个"救星同胞"来挽救患儿的生命。2008 年，英国颁布人类生殖和胚胎法案，明确了"救星同胞"实施的合法性，同时严格规定了植入前遗传学诊断技术的适应证和禁忌证，即只有当患病孩子患有严重疾病，且可通过供体孩子的脐带血造血干细胞、骨髓或其他"组织"治愈，方可实施植入前遗传学诊断技术孕育"救星同胞"；且"组织"不包含"救星同胞"的任何一个完整器官。然而，立法者并未明确解释何种疾病才是严重的疾病。该法案立法后，由 HFEA 负责对"救星同胞"案例的实施进行管理和核准，如收集夫妇双方的意见，获取知情同意，核实疾病的严重程度，或其他治疗方法是否能治愈孩子的疾病等，来确保植入前遗传学诊断技术不被滥用。法国关于植入前遗传学诊断技术和"救星同胞"的正式立法晚于英国，因此，很长一段时间内，患病孩子父母会选择到其他"救星同胞"合法的国家寻求相关技术来救治他们患病的孩子。直到 2004 年，法国批准实施植入前遗传学诊断技术，2006 年正式将"救星同胞"

合法化。该立法同样是基于严格的法律规定，即只有在疾病可能导致患病孩子死亡，且"救星同胞"可预期改善患病孩子的生活状态时，才可以实施植入前遗传学诊断技术，孕育"救星同胞"。同时，法国立法者不赞同使用"设计婴儿"这一称谓，而倾向于使用"双重希望儿"（baby of double hope）。因为后者赋予了两个希望，第一希望是，携带致病基因的父母双方生育一个健康的宝宝，即"救星同胞"；第二希望是，这个健康宝宝可以救治他或她的患病哥哥或姐姐。法国的"救星同胞"立法同时规定应符合康德的哲学理论，即不可将"救星同胞"视为手段，而应把人当作目的。2004 年，制定法国生物伦理学法案相关工作者认为，首先，应从多学科角度对"救星同胞"案例进行管理，如医疗团队有义务报道和了解患病孩子父母双方对于孕育"救星同胞"态度；其次，医疗工作者需要按照相应技术如植入前遗传学诊断等使"救星同胞"顺利诞生以救治患者孩子；最后，立法者应及时向相关机构反馈"救星同胞"事件实施情况及遇到的问题。总之，法国对"救星同胞"问题、植入前遗传学诊断技术问题的立法是一个不断发展、完善的过程，对其他国家包括我国制定"救星同胞"相关立法提供了借鉴。

　　和英国、法国相比，美国并没有直接对植入前遗传学诊断技术进行规范，而由各个州及提供植入前遗传学诊断技术的诊所或专业组织自行制定规则。实施者只需要遵守美国生殖医学会（American society for reproductive medicine，ASRM）和美国医学会（American medical association，AMA）规定的伦理准则即可。其中前者规定了使用植入前遗传学诊断技术的一般用途，后者则规定了植入前遗传学诊断技术可以用于"预防、治愈或治疗遗传学基本"，而不是用于"非疾病相关的特点或特征的选择"。美国这种"开放式"的管理制度使得政府不干涉个人选择，在没有法律规范的形式下进行创新、自由发展。但是，相关法律规范的缺乏也引发了不少问题，其中最重要的便是关于植入前遗传学诊断技术实施的伦理问题和道德问题。由于诊所自行制定规范，使得有些诊所允许进行性别选择，而有些诊所专门诊断遗传学疾病。正因为美国没有明文规定植入前遗传学诊断的使用规范，赋予了诊所太多的自主权，让他们自行设定伦理和道德原则。尽管美国法律没有对"救星同胞"问题颁布明确的法律规章制度，并且多数文献作者并不支持这种貌似民主、自由式的做法，认为它不值得借鉴和学习。当然，这种方式可以在一定程度上有利于"救星同胞"问题的求同存异，对面临的问题提出更好的解决方案。

在欧洲，相对而言，比较谨慎和保守的德国曾经很长时间内对"设计婴儿"的人类基因实验持明确禁止的态度。根据德国基本法和 1991 年施行的胚胎保护法的规定，自受精时起胚胎就受到严格的法律保护，遗弃或消灭异常胚胎的做法被认为是对胚胎的生命和尊严的侵害，因此，植入前遗传学诊断在德国基本上没有可以实施的空间。这种完全禁止的模式与历史上的纳粹"优生"主义教训直接相关。不过，随着社会认识观念的改变，立法机构也在调整政策。德国在 2002 年 7 月生效的胚胎干细胞法，允许使用从国外输入的截至 2002 年 1 月 1 日前培育的胚胎干细胞进行研究，以缓和胚胎研究之困境，但依然严格禁止植入前遗传学诊断。2009 年 4 月德国议会通过了基因诊断法，虽然对胎儿性别、与医疗无关的遗传特质以及晚发性遗传病的基因检验一律禁止，但也在该法第 15 条规定，对母体内的胚胎或胎儿可以进行基因诊断，虽没有包含植入前胚胎的检测，但已经向前迈出了一步。2011 年 7 月德国通过的胚胎植入前诊断法正式允许了植入前遗传学诊断，规定在确认胚胎"极可能患严重遗传病或成为死婴及流产"的情况下，可以不植入母亲体内而让其死亡。对此，持反对观点的人们认为，人出生前即有基本尊严，有出生和受保护的权利，不应对任何有残疾的人哪怕是胚胎予以歧视，否则将影响整个社会对患者和残障人士的接受程度，还可能导致优生学的滥用（包括性别选择）。而持赞成观点的人们则认为，每个人都有选择的权利，家长选择健康婴儿的权利不应受到限制；带有严重遗传病基因的受精胚胎植入母体后将会后患无穷，无论是对孩子还是对父母都将是折磨。不过，目前在德国还不能通过植入前遗传学诊断来"设计"所谓的"救命宝宝"，更不允许进行生殖目的的人类基因编辑。从上述发展过程也可以看出，德国的转变很有启示意义。相对保守的德国也在逐渐对植入前遗传学诊断技术打开大门。

胚胎植入前遗传学诊断已经基本为各国和地区接受，对其进行法律规范的焦点在于风险决策中的权利冲突及其衡平，我国也对其持较为宽容的技术规制立场。❶ 例如，卵裂球活检、滋养层细胞活检，其取样技术等同于植入前遗传学诊断/筛查/测试，已广泛应用在试管婴儿技术中，欧洲人类生殖与胚胎学学会（European Society of Human Reproduction and Embryology，ES-HRE）的指南、美国生殖医学学会和辅助生殖技术学会实践委员会的操作指南和我国的技术规范中均有明确记载。其中，ES-HRE 的植入前遗传学测试指南（2020 版）指出，植入前遗传学测试定义为分析卵母细胞（极体）或胚胎的 DNA 进行 HLA 分型或确定遗传异常的测试。包括 PGT - A、PGT - M、PGT - SR。活检方式包括极体活检、卵裂球活检、囊胚滋养外层活检。可以看出，在欧洲和美国，植入前遗传学诊断/筛选/测试已经分为很多细分类型，包括 HLA 分型在内的，植入前遗传学诊断/筛选/测试，均是允许进行产前诊断方式。

我国同样也经历了一个从充满争议到严格规范的变化过程。

---

❶ 王康. 人类基因编辑实验的法律规制：兼论胚胎植入前基因诊断的法律议题 [J]. 东方法学，2019（1）：5 - 20.

正如一些学者所指出的，植入前遗传学诊断技术在不断带给我们迈向美好新世界的憧憬的同时，也极大地冲击和挑战着社会的伦理底线，令人期待而又充满争议。其通过对人类精卵细胞或胚胎在体外进行操作筛选，以达到避免新生儿先天缺陷的目的，甚至是为救济患病孩童而特别设计一个婴儿。它给有遗传病史的家庭带来了曙光，却也极大地挑战着人性尊严的法律底线。有人认为，"救人婴儿"的技术操作违背禁止人性尊严工具化的原则，借着"无瑕疵来到人间"的幌子，由植入前遗传学诊断打造完美的下一代，不断地设计"完美婴儿"，优选胚胎，踏入"基因决定论"的深渊。因此，该技术出现以后，带有极大的争议性、敏感性和特殊性。尤其是，对于"救人婴儿"，争议的声音更大，学者们也从多个角度进行了分析。❶

天津大学田野对此有过详尽的研究和分析，❷❸ 他结合植入前遗传学诊断技术在临床上使用的三种主要形式——缺陷胚胎剔除、筛选无癌婴儿、挑选具有免疫兼容性的"救人婴儿"，以及各国的管制模式指出，在多元社会价值之下，思想家们普遍忧虑于现代社会的道德危机。整个社会中价值观的多元化，让人们在道德义务感和道德差异性上的距离越来越大。争论不休的结果不仅让人们失去了对社会普遍准则的信任，而且已经构成社会发展的障碍。正因如此，法律之统一公正成为平等待遇的期望和保障。可惜的是，在多种因素下，法律反而形成观望

---

❶ 曹怡然，石旭雯. 有关"救星同胞"问题的伦理思考 [J]. 医学与哲学 (A)，2017，38（4）：25–28.

❷ 田野，李璇. 胚胎植入前遗传学诊断之合法性分析 [J]. 天津大学学报 (社会科学版)，2015，17（2）：138–144.

❸ 田野. 胚胎植入前遗传学诊断的法律规制 [A] //中华医学会、中华医学会医学伦理学分会. 中华医学会医学伦理学分会第十九届学术年会暨医学伦理学国际论坛论文集. 中华医学会、中华医学会医学伦理学分会：中国自然辩证法学会医学与哲学杂志社，2017：4.

之现象，未曾给出统一的客观标准。法律本身便包含人的价值
选择，生命法学领域之激烈争论，系伦理价值的碰撞。言及植
入前遗传学诊断的合法性，很难达到得出一个普适于各法域的
"全球标准"的效果，亦即很难以绝对合法或绝对违法而判定。
对于植入前遗传学诊断各国立法例上的分歧，实际反映了法律
背后不同的价值考量。对某国于植入前遗传学诊断所持的法律
立场很难用简单的"对"或"错"来评价，其各自基于不同的
价值考虑而决定立场，均有其一定的合理性。借鉴其合理因素，
对在我国法律对植入前遗传学诊断应持何立场作出符合国情的
判断，应是思考的方向。

　　清华大学万俊人教授则指出："生命伦理学以生命存在的价
值为理论中心。"而生命质量价值和生命社会价值是生命存在价
值的丰富和完善。设计婴儿技术涉及基因筛查、性别选择、救
助同胞等现实社会问题，由此引出了相关的生命价值的探讨。

　　在实践层面，随着植入前遗传学诊断技术的发展，我国
"救星同胞"案例也相继出现。对此，我国政府给予了很高重
视，相应的相关法律相继出台，并不断加以完善。2001 年 5 月，
卫生部颁布了《人类辅助生殖技术管理办法》《人类辅助生殖技
术规范》《人类精子库基本标准》《人类精子库技术规范》《人
类辅助生殖技术和人类精子库伦理原则》。2003 年，其对规范进
行了重新修订。修订后的《人类辅助生殖技术规范》明确规定，
体外受精–胚胎移植及其衍生技术包括植入前胚胎遗传学诊断，
同时规定了植入前胚胎遗传学诊断的适用范围和人员条件，对
植入前遗传学诊断技术的适应证、禁忌证、从事此项技术的医
疗机构条件和从业人员资质进行了规范要求，规定植入前遗传
学诊断的适应证是主要用于单基因相关遗传病、染色体病、性
连锁遗传病及可能生育异常患儿的高风险人群等。且规定开展
植入前胚胎遗传学诊断的机构，必须有专门人员受过极体或胚

胎卵裂球活检技术培训，熟练掌握该项技术的操作技能。

2015 年 4 月，国家卫生与计划生育委员会颁布《人类辅助生殖技术与人类精子库审批的补充规定》，规定只有经过批准开展植入前遗传学诊断技术的机构方可开展该技术。根据 2013 年 3 月 1 日公布的《经批准开展人类辅助生殖技术和设置人类精子库机构名单》，截至 2012 年 12 月 31 日，在全国 356 家经批准开展人类辅助生殖技术的机构中，共有 16 家被批准进行植入前胚胎遗传学诊断。截至 2019 年，经批准开展人类辅助生殖技术的机构已经达到 519 家，2021 年则更是达到了 536 家。

可以看出，目前我国在人类胚胎基因实验的规制中，对利用植入前遗传学诊断技术并不禁止，属于行政许可模式，采取个体自主、机构自律和资格审批相结合的立场。植入前遗传学诊断的实施在我国带来的社会正面效益尤为明显，并没有遭到公众的巨大争议。在这样的风险收益衡量下，我国从一开始便未禁止过植入前遗传学诊断的开展。可以说，我国允许植入前遗传学诊断的基本态度是符合我国法律基础、伦理取向、社会背景的。也即我国法律首先已经赋予植入前遗传学诊断合法之地位。我国已经利用辅助生殖技术的审批程序，将开展植入前遗传学诊断的机构纳入国家监管的范畴，审核其技术能力，因而可以保障植入前遗传学诊断在我国实施之基本质量。在技术层面，也已经形成规范的标准程序，按照相应技术指南和专家共识进行技术展开。❶

因此，当一件涉及植入前遗传学诊断技术的专利申请提交到专利局以后，在我国相关法律规定、行政规章等接受和允许开展植入前遗传学诊断业务且针对植入前遗传学诊断有着相对完善的监管程序、专门的技术监管结构及准入审批的情况下，

---

❶ 张宁媛，黄国宁，范立青，等. 胚胎植入前遗传学诊断与筛查实验室技术指南 [J]. 生殖医学杂志，2018，27 (9)：819－827.

通常，专利局不宜在没有更加有利的证据或依据的情况下，在专利审查中对植入前遗传学诊断技术本身提出超出国家实际运行状态的过高、过多的伦理质疑，应该尊重国家对此作出的伦理选择。确有依据的，例如，有理由认为某技术已经明显突破了我国制定的人类辅助生殖技术方面的现行法律规定，则可以视个案情形，谨慎提出质疑。同时，密切关注该领域最新前沿进展，以及植入前遗传学诊断与人类生殖系基因编辑的横向比较及相关政策、法律、伦理协同，警惕该技术的双刃剑效应（尤其是一些基因增强型植入前遗传学诊断技术或 HLA 配型检测技术），当国家相应监管政策作出细化和调整，也应适时跟进和作出调整。

有人认为，胚胎质量评估、胚胎遗传学诊断与精卵评估检测技术实际上是高度类似的。从与精卵细胞筛选或评估的横向对比可以看出，在人工辅助生殖或试管婴儿技术实施中，医生通过超数排卵技术和基因检测技术筛选健康的卵子，针对精子进行质量检测，然后采用健康的精卵细胞进行体外受精、胚胎移植，从而获得健康的后代；或者对精子库、卵子库进行精卵诊断检测。对于这种精卵质量评测，很少有人认为其违反了社会伦理。胚胎评估可以类比适用。且其目的无非是挑选更具发育潜力的、移植后存活率高的胚胎，提高试管婴儿成功率；相应检测技术虽然可能对早期胚胎发育产生一定的影响，然而并不构成破坏胚胎以至于失去进一步发育的潜能的程度。其真正的目的还是在于优选优生、提高妊娠成功率，并非以破坏胚胎为目的，不应属于人胚胎的工业和商业目的的应用。

对此，我们支持如上观点。对于植入前遗传学诊断的争议，需要看到社会现实问题和生命价值与生命伦理，两者都不可无视。一方面，不能脱离那些需要救助那些孩子，空谈生命价值和生命伦理；另一方面，也要对植入前遗传学诊断在医院的实施和运行中，时刻避免其被滥用。实际上，人类辅助生殖技术，在任何时候，都是一种受到高度监管和限制的医疗技术，不可能被无序地、无限制地滥用，从而出现人们所担心的"救星同胞"有可能被"商业化"或"工具化"的情况。胚胎植入前遗传学诊断技术通过在受精卵植入母体之前进行筛选，可实现避免缺陷婴儿出生等目的，其对于增进人类健康具有积极效益，加之我国的特殊国情背景，我国对其持肯定立场具有正当性。

下面列举两件案例，分析植入前遗传学诊断相关专利法律适用。

第一件案例涉及专利申请号为 CN201510900715.7，发明名称为"HBB 基因突变和 HLA 分型检测试剂盒"。

该发明指出，为了在试管婴儿技术中挑选健康胚胎移植并且与患儿 HLA 基因型一致，该发明设计了一种基于高通量测序技术检测 HBB 基因突变和 HLA 分型的方法。似乎是为了避开伦理争议，权利要求的技术方案仅涉及产品，不涉及相应方法。包括用于检测的引物组合物和相关检测产品。

该专利申请在 2019 年的实质审查过程中，专利审查员指出，该申请的内容属于《专利法》第 5 条规定的不授予专利权的范围。具体而言，该申请说明书第 68 段记载了，按照全基因组扩增方法，获取该家系 9 例胚胎样本细胞 DNA，通过 HBB 基因的 69 对 SNP 扩增引物和 HLA 基因的 197 对分型引物对待检胚胎进行基因型的分析，选择与先证者 HLA 分型一致和 HBB 基因是正常的纯合子（不携带致病基因）或者杂合子（携带隐性致病基因）进行胚胎移植。该过程中涉及对胚胎 DNA 的提取过程，显然该类方法属于人胚胎的工业或商业目的的应用，不能被授予专利权。

对此，申请人陈述意见认为：第一，该发明的方法检测产品及方法是用于植入前胚胎遗传学筛查的。植入前胚胎遗传学筛查是指在人工辅助生殖过程中，对具有遗传风险患者的胚胎进行种植前活检和遗传学分析，以选择无遗传学疾病的胚胎植入子宫，从而获得正常胎儿的筛查方法。一方面，由于植入前胚胎遗传学筛查的目的是选择健康的胚胎植入子宫，显然其不会破坏胚胎。另一方面，根据胚胎学研究成果，受精后第 14 日左右，原胚条开始出现，胚胎细胞开始向各种组织和器官分化，表现出各自的特殊性，在此之前只是一团没有结构的细胞，因此，受精后第 14 日前的胚胎还是既无感觉又无知觉的细胞团，尚不构成道德主体，不具有与"人"等同的价值，对其进行研究并不侵犯人的尊严。国际上通行的做法是可以将受精后第 14 日前的囊胚用于治疗性克隆研究。体外受精 - 胚胎移植是使卵子和精子在体外环境中受精，并使受精卵在组织培养的条件下发育至卵裂期或囊胚期，再将胚胎移植入子宫。由于植入前胚胎遗传学筛查是在植入子宫前进行的，其对象通常是受精后第 6 日以内的胚胎，此时的胚胎尚不具备道德主体的地位。可见，植入前胚胎遗传学筛查并没有伦理道德上的障碍。第二，专利审查指南将"人胚胎的工业或商业目的的应用"归为"违反社会公德"的具体情形，立法本意并非涉及人胚胎的所有发明创造均属于"工业或商业目的的应用"，将其理解为仅包括以人胚胎作为原料加以利用的发明创造，而不包括"为治疗或诊断的目的应用于人类胚胎且对其有用的发明"更为恰当。植入前胚胎遗传学筛查虽然涉及人胚胎，但在该发明创造中，人胚胎不是作为原料加以利用，而是作为筛查的应用对象，从发明创造的目的上看，不是破坏胚胎，恰恰相反，是通过筛查胚胎的健康状况而对其有用，不应当属于违反社会公德的"人胚胎的工业或商业目的的应用"。可以作一个类比，以人体为检测对象的发明创造很多，却从来没有听到过该类发明创造涉及"人胚胎的工业或商业目的的应用"及违反社会公德的质疑，公众对医疗诊断领域的发明创造普遍持造福社会的肯定态度。第三，近年来研究发现胚胎培养液中存在游离 DNA，2013 年，科学家证实胚胎培养液中同时存在基因组 DNA 和 mtDNA，此后一系列研究证明胚胎培养液中的 cfDNA 的浓度能够满足基因层面的检测要求，敏感度、阳性及阴性预测值也证实其应用于植入前遗传学筛查的可行性。因此，该申请文件中关于"获取该家系 9 例胚胎样本细胞 DNA"的记载并不意味着这一方法中必然需要直接从胚胎提取 DNA。综上所述，该申请的内容并未违背社会公德，不属于《专利法》第 5 条第 1 款规定不授予专利权的范围。

审查员在后续审查中不再坚持发明不符合《专利法》第 5 条的意见，此案最终走向授权。

可以看出，专利审查员对于此类案件有关《专利法》第 5 条的适用中，仍然集中于对涉胚操作提出属于"人胚胎的工业或商业目的的应用"的意见，并不涉及与救人婴儿或救助者同胞相关的植入前遗传学诊断检测是否符合人类伦理的意见。推测有两种可能，一种可能是，在审查实践中，该问题还未引起足够的讨论和重视；另一种可能则是，专利审查员认为不存在此方面的伦理问题。

第二件案例涉及专利申请号为 CN201810502831.7，发明名称为"一组探针集及其应用"。

该发明指出，通过胚胎植入前遗传学诊断在体外受精过程中形成胚胎，在胚胎植入子宫之前，对具有已知疾病遗传风险或有 HLA 配型需求的胚胎进行活检和遗传学分析，以选择无遗传学疾病或符合预期 HLA 配型的胚胎植入宫腔，从而获得正常胎儿。为克服现有技术各种检测方法的不足，该发明建立了一种液相捕获探针结合 BGISEQ – 500 的植入前遗传学诊断技术方案。权利要求的相关技术方案具体涉及用于检测的探针集合、试剂盒、这些产品的制药用途、针对检测胚胎确定目标区域基因突变的单体型的方法以及相应的装置和系统。

目前该案还未审理。相关审查可以留待未来观察。

综上，可以看出，在专利审查实践中，围绕植入前遗传学诊断还未引发过多的伦理讨论。我们认为，这也许是一件好事。对于第三代试管婴儿技术，专利局可以只负责管好有关植入前遗传学诊断技术创新的评价，而把植入前遗传学诊断开展和实施环节的监管，留给有关部门进行针对性的监管和规范。

3. 与第四代试管婴儿技术——线粒体移植技术或卵细胞胞浆置换技术伴生的伦理问题

在第四代试管婴儿技术中，核心的技术是线粒体移植技术或卵胞浆置换技术。在临床实施层面上，我国政府目前对此还是严格禁止或严格限制的态度。我国 2003 年《人类辅助生殖技术规范》中规定，禁止实施以治疗不育为目的的人卵细胞浆移植及核移植技术。因此，如果发明的技术方案涉及此，通常需要审查其伦理问题。本书第七章还会详细讨论。

4. 其他与人类辅助生殖相关的伦理问题——性别鉴定、代孕等

除了第一代至第四代试管婴儿技术所涉及的如上伦理问题，人类辅助生殖技术实施中，最常涉及的伦理问题就是代孕和性别鉴定两个议题。从图 6 - 10 可以看出，在精卵存在如下四种来源的情况下，人工体外受精就存在八种形式。其中，在子宫异源的情况下，有四种形式会指向异源子宫的代孕。

关于代孕问题，我国的态度是比较明确的：我国 2001 年颁布的《人类辅助生殖技术管理办法》第 3 条规定，医疗机构和医务人员不得实施任何形式的代孕技术。2003 年的《人类辅助生殖技术规范》规定，禁止实施代孕技术。《关于取消第三类医疗技术临床应用准入审批有关工作的通知》第 2 条规定，医疗机构禁止临床应用安全性、有效性存在重大问题的医疗技术

（如脑下垂体酒精毁损术治疗顽固性疼痛），或者存在重大伦理问题（如克隆治疗技术、代孕技术）。也即，我国认为代孕存在重大伦理问题，是严禁代孕的。严禁妇女"出借子宫""借腹生子"。既反对代孕母亲引发的多重父母关系，也反对三亲胚胎所引发的多重父母关系。因此，我国不仅严格禁止代孕，而且这种禁止代孕不区分商业目的与否、不区分借腹型代孕和基因型代孕（或者借腹孕母和借腹借卵孕母）等细分类型。

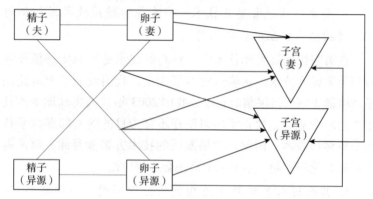

图 6 - 10　人工体外受精八种形式及代孕的不同情形❶

需要指出的是，也有国家对此是持截然不同的态度。各国现行立法中，明文禁止代孕的国家包括德国、法国、新加坡，没有明文规定但实质禁止的有日本，没有规定但允许的则有泰国与韩国，完全可以合法代孕的包括英国、加拿大、荷兰、美国、印度、澳大利亚等。即使是允许代孕或者将代孕"合法化"的国家，也不是无原则无底线，而是只接受特定类型的代孕，同时施加诸多限制和约束。其中，英国允许借腹孕母和借腹借卵孕母行为，但禁止商业性代孕，我国香港特区于 2000 年通过

---

❶　沈铭贤. 生命伦理学［M］. 北京：高等教育出版社，2003：103.

人类生殖科技条例采用了英国模式。我国台湾地区则仅开放"借腹型代孕"，排除基因型代孕。

关于性别鉴定，我国 2001 年颁布的《人类辅助生殖技术管理办法》第 17 条规定，实施人类辅助生殖技术的医疗机构不得进行性别选择。法律法规另有规定的除外。《母婴保健法实施办法》在"孕产期保健"一章的第 23 条规定，严禁采用技术手段对胎儿进行性别鉴定。我国 2021 年修改的《人口与计划生育法》第 39 条规定，严禁利用超声技术和其他技术手段进行非医学需要的胎儿性别鉴定，严禁非医学需要的选择性别的人工终止妊娠。

可以看出，性别鉴定和性别选择相对而言要复杂一些，因为其包括医疗目的和非医疗目的两种。医疗目的的性别鉴定和性别选择可能是必要的；非医疗目的的性别鉴定和性别选择则可能带来很多问题。因此，严格说来，我国是严禁非医疗目的的性别鉴定和性别选择或者严禁非医疗指征的性别鉴定和性别选择。

对于医疗机构，我国也有严格的要求。我国 2001 年颁布的《人类辅助生殖技术管理办法》第 22 条规定，开展人类辅助生殖技术的医疗机构违反本办法，有下列行为之一的，由省、自治区、直辖市人民政府卫生行政部门给予警告、3 万元以下罚款，并给予有关责任人行政处分；构成犯罪的，依法追究刑事责任：① 买卖配子、合子、胚胎的；②实施代孕技术的；③使用不具有《人类精子库批准证书》机构提供的精子的；④擅自进行性别选择的；⑤实施人类辅助生殖技术档案不健全的；⑥经指定技术评估机构检查技术质量不合格的；⑦其他违反本办法规定的行为。

2015 年发布的《关于加强人类辅助生殖技术与人类精子库管理的指导意见》中指出，因部分地区监管不力，违法违规现象时有发生，危害群众健康权益，造成不良社会影响。为进一步加强人类辅助生殖技术与人类精子库管理，提出对于代孕、非法采供精、非法采供卵、滥用性别鉴定技术等违法违规行为，社会广泛关注，亟须进一步加强监管。

可以看出，我国对于代孕、滥用性别鉴定等被认为属于违法违规行为。态度是比较明确的。因此，如果发明专利的技术方案涉及代孕或者性别鉴定，或者在发明专利申请文件中出现相关的记载，则需要注意其是否违反相关的法律法规。基于一些专利申请案例来看，在专利审查中，专利审查员对此似乎重视不足，指出相关伦理问题的很少见。

例如，在专利申请号为 CN201080032029.8、发明名称为"评估胚胎结果的方法"的申请案中，在该申请的说明书实施例2 中记载了"如果胚胎的标记浓度相似于正面结果胚胎的期望典范，那么就可以选择该胚胎移植入代孕者（surrogate），但是那些标记浓度相似于负面结果胚胎的期望典范的胚胎，和/或那些标记浓度不相似于正面结果胚胎的期望典范的胚胎，则不能移植入代孕者。将可能正面结果的胚胎和可能负面结果的胚胎区分开来，才能允许移植单个胚胎入代孕者子宫，因此避免了多胎怀孕和相关并发症的可能性"。

在专利申请号为 CN201280033155.4、发明名称为"用于预测哺乳动物胚胎发育能力的方法"的申请案中，在说明书记载，哺乳动物胚胎的"发育潜力"是胚胎质量的标准。它是胚胎随后发育成功的能力的标准。成功的发育可经过规定的时间或处在特定的条件下，如在培养中生长后或将胚胎转移给雌性受体后。转移给雌性受体意味着转移胚胎到以产生怀孕为目的的准妈妈中。这个妈妈可能是产生胚胎的卵子（雌配子）的供体或来源，或可能是代孕妈妈。

在专利申请号为 CN201880084953.7 的申请案中，其权利要求的技术方案如下：

1. 一种方法，包括以下步骤：

（1）任选地使精子经受处理步骤；

（2）使步骤 1 的所述精子经受性别选择步骤，以便选择目标雌性精子或目标雄性精子；

（3）使用步骤 2 的所述目标精子执行受精步骤，以产生至少一个卵母细胞、囊胚、卵子、胚细胞或胚胎；

（4）在精子存在下选择性地裂解步骤 3 的所述至少一个卵母细胞、囊胚、卵子、胚细胞或胚胎，以便从至少一个裂解的卵母细胞、囊胚、卵子、胚细胞或胚胎中选择性地释放细胞物质；以及

（5）在至少一种下游应用中使用所述释放的细胞物质。

该申请的说明书中还记载，在一些实施方案中，该发明所述的方法可以适用于任何人类或非人类动物或哺乳动物。可以看出，该案的发明中涉及制造性别选择的胚胎，还有裂解胚胎等，并未排除人类胚胎。目前此案还未开始相关审查。在专利申请号为 CN201780073612.5、发明名称为"通过快速 LAMP 分析进行染色体评估"的申请案中，该申请文件的说明书中记载，对非整倍性、拷贝数变异（CNV）和遗传性别进行测试对于通过体外受精产生的胚胎植入前遗传筛查、产前检查、心脏或形态异常和外生殖器性别不清的新生儿检查以及妊娠丢失后妊娠物的评价是至关重要的。通过基于 LAMP 的反应，可以在对照DNA 和 AF 样品的存在/不存在分析中快速可靠地、定性地测定每种人类 DNA 靶标。尽管这可以作为快速且精确的胚胎和新生儿性别决定的新的有效且方便的工具，如在外生殖器性别不清的情况下，但是有用得多的是可以区分基因组 DNA 样品中不同靶序列的相对拷贝数的定量方法。目前此案还未开始相关审查。

以上申请多来自国外，这可能与国外部分国家对代孕和性

别鉴定的宽松态度有关。我国在专利审查中对此持何种态度，可能需要尽快明确。而且，面对诸如此类的案件中，无论是已审案件，还是未审案件，多数专利审查员缺乏对于此类问题的有效讨论。未来可就此类技术的伦理问题开展研究，就是否区分基础研究和应用研究、是否区分医疗目的和非医疗目的，逐步明确专利审查中的态度。

5. 染色质重组试管婴儿

部分人类辅助生殖技术比常规的胚胎植入前遗传学诊断技术或者第四代试管婴儿技术还要走得更远。例如，曾有研究者提出，胚胎着床前遗传诊断技术虽然可早期诊断胚胎遗传缺陷，减少遗传病胎儿的妊娠，但并不能修正患儿的基因缺陷。为此，其提出一种"染色质重组试管婴儿"（chromatin recombinant baby）的技术构想，❶ 即在体外受精时剔除有缺陷的染色体，再植入其他个体相应的正常染色体，从而达到修正胎儿遗传缺陷，改善胎儿遗传品质的目的。与其他的辅助生殖技术相比，该染色质重组试管婴儿技术能更大程度和更快地改善人的基因品质，并能保留父母的大部分的血缘成分。

由于在更深层次上改变了人的遗传本质，染色质重组试管婴儿必然会引起新的复杂问题。如染色质重组试管婴儿将会有几个遗传上的父亲或母亲，出现遗传学父母、生物学父母和社会学父母。在伦理上甚至会引起比克隆人更大的震动。

可以看出，同第四代试管婴儿技术相比，这种"染色质重组试管婴儿"技术构想所涉及的基因改变的比例更大，力度更大，不再是线粒体基因组的杂化，而可能是更大尺度的核基因组或染色质的改变；相应涉及的伦理问题则可能更多、更大，其会使得如此修饰的婴儿的遗传学父母的关系更加复杂。在当

---

❶ 曹佐武. 染色质重组试管婴儿 [J]. 自然杂志, 2001 (5)：277-280.

前生殖系基因编辑都面临如此巨大争议的情况下，这种技术构想势必会面临更大的伦理担忧。因此，在专利审查中，面对诸如此类的设想，可能就需要仔细研究，审慎面对其伦理问题。

6. 人工授精技术相关的伦理问题

以上前五类问题涉及的多数是体外受精－胚胎移植技术，其是辅助生殖技术中的最大一个分支。相对于体外受精－胚胎移植的辅助生殖技术，人工授精技术的相关专利申请则比较少见。因为人工授精技术涉及的是体内受精，相应形成的是体内胚胎，因此，对这种体内胚胎进行操作的技术相对比较少见。但少见也并不等于没有。在专利审查实践中，还是会出现少量此类专利申请，并有可能随着发明技术的相应发明点的不同，分散在光电、机械等不同领域的审查部门，由此会对审查构成较大的挑战。

例如，在专利申请号为 CN201280068943.7、发明名称为"体内形成的人胚胎的收集和处理"的申请案中，从其发明名称既可以看出，该发明涉及的是一种对体内胚胎的处理。

该发明涉及的是这样一种方法：首先诱发女性超排卵，然后经人工授精，在女性体内完成体内受精并产生胚胎，通过子宫灌洗技术的冲洗、收集，将胚胎从生殖道或子宫中取出，然后针对处于体外环境的胚胎进行活检、分子诊断、基因治疗、性别筛查等，中间经过或者不经过冷冻胚胎过程，然后再将胚胎返回至母体子宫（包括植入其他母体子宫）。根据该发明记载，该方法可以用于在体内开始怀有的并且从生育母体的生殖道收集的人植入前胚胎（胚泡）中获得遗传疾病的早期诊断和治疗，也可以用于从能生育者体内收集和转移已受精的胚胎至不能生育的受体母体中。这种技术产生了供体至受体移植的人妊娠。

该发明的部分初始权利要求摘录如下：

1. 一种方法，其包括

当女性子宫含有体内受精的植入前胚胎时，在子宫和外部环境之间，提供密封，以防止流体从子宫流入外部环境中，和

在提供密封的同时，将流体通过密封传送并进入子宫中，和

将传送的流体与胚胎一起通过密封并从子宫中取出，进入外部环境中。

2. 权利要求1的方法，其包括

提供收集的体内植入前胚胎，用于遗传诊断、遗传治疗或性别鉴定，或其任意两种或多种。

3. 权利要求1的方法，包括将一个或多个胚胎返回至女性的子宫中。

4. 权利要求3的方法，包括将一个或多个胚胎返回至女性的子宫中，之前没有冷冻胚胎。

5. 权利要求1的方法，其中胚胎获自人工授精。

6. 权利要求1的方法，其中胚胎获自诱发女性超排卵。

7. 权利要求1的方法，包括诱发女性超排卵。

8. 权利要求1的方法，包括在妇女体内进行人工授精。

9. 权利要求1的方法，包括治疗至少一个植入前胚胎。

10. 权利要求9的方法，其中治疗包括基因治疗。

11. 权利要求1的方法，其中以高于50%的效率，从子宫中取出体内受精的植入前胚胎。

12. 权利要求1的方法，其中以高于80%的效率，从子宫中取出体内受精的植入前胚胎。

13. 权利要求1的方法，其中以高于95%的效率，从子宫中取出体内受精的植入前胚胎。

14. 权利要求1的方法，包括冷冻胚胎。

……

23. 权利要求 1 的方法，其中包括取出含有胚胎的流体的黏液基质。

24. 权利要求 23 的方法，包括分析取出的流体，以基于来自胚胎的沉积在流体中的物质来检测胚胎的疾病。

……

28. 权利要求 1 的方法，包括诊断胚胎。

29. 权利要求 28 的方法，其中诊断包括从胚胎中取出细胞。

30. 权利要求 28 的方法，包括低温保存至少一个胚胎。

31. 权利要求 30 的方法，包括融化胚胎，用于重新放回女性的子宫中。

……

43. 一种方法，其包括

当女性子宫含有体内受精的植入前胚胎时，将一幕流体从子宫的外周朝向子宫的中心传送，和

从子宫取出传送的带有胚胎的流体。

44. 权利要求 43 的方法，其中传送流体层包括

在子宫一部分的周围形成流体密封，和

将流体传送至流体密封内的子宫部分，以夹带胚胎。

……

55. 一种方法，其包括

传送脉冲流体，以夹带女性子宫中的体内植入前胚胎，和

从子宫中取出流体，包括夹带的体内植入前胚胎。

63. 一种方法，其包括

将流体传送和流体取出导管经由女性子宫颈插入其子宫中直至近端止档撞到女性子宫颈的近端，和

然后在远离近端止档的预定距离处展开第二个止档，该距离已知对应于女性子宫颈的近端和远端之间的距离，以在相对于子宫颈的近端和远端的固定位置安置导管，

安置导管时，形成女性子宫的临时流体密封。

......

67. 一种方法，其包括

从女性子宫颈近端的位置，将流体传送导液管插入女性子宫中，使得导液管沿着子宫颈的侧外周壁放置，并且定向，使得导液管的至少一个流体出口离开侧外周壁而朝向子宫的中心部分。

......

101. 一种方法，其包括

接受源自容器的电信息，所述容器中容纳了一组从各个女性收集的植入前胚胎，所述信息唯一地识别胚胎组并且可靠地将其与各个女性相关，和

长久地维持各自组的数字记录，其含有关于胚胎的运输和处理的信息。

......

105. 一种方法，其包括

给一组诊所提供电子数据服务器的主机，所述服务是关于诊所提供给涉及从女性收集的体内植入前胚胎的女性的服务。

......

107. 一种方法，其包括

诱发女性超排卵，在某种程度上形成多个黄体，其经历凋亡并且不能支持有生活力的植入妊娠的发展，

使通过超排卵产生的多个卵母细胞体内受精，

允许受精的卵母细胞成熟，以形成多个成熟的植入前胚胎，作为胚泡呈现给子宫腔，

从女性的子宫中取出有生活力的胚泡，和

使子宫内膜去同步化，以降低任何留在子宫内的胚胎形成有生活力的妊娠的机会。

......

139. 一种方法，其包括

进行子宫灌洗，以取出至少 50% 的体内受精的植入前胚胎，所述胚胎通过女性的超排卵和使用其性伴侣的精子人工授精后产生，和

至少一个收集的胚胎的遗传诊断或性别鉴定或遗传治疗，或至少两种或多种情况的任意组合并选择至少一个收集的待植入的胚胎，将选定的一个或多个胚胎返回女性体内，用于植入其子宫中。

140. 权利要求 139 的方法，其包括

从取出的胚胎中，选择至少一个异常的胚胎，以使用至少一个正常或改变的基因来治疗。

141. 权利要求 139 的方法，其中基因治疗包括使用至少一个正常或改变的基因。

142. 权利要求 139 的方法，其中基因治疗包括将胚胎暴露于至少一个功能正常或治疗上改变的基因。

143. 权利要求 142 的方法，其中暴露包括体外暴露或注入特定的完整的且功能正常或治疗上改变的基因。

144. 权利要求 142 的方法，其中暴露包括将基因传送至胚胎的囊胚腔。

145. 权利要求 144 的方法，其中传送包括用病毒载体将基因传送至囊胚腔中或周围的介质中。

146. 权利要求 144 的方法，其中传送包括用非病毒佐剂将基因传送至囊胚腔中或周围的介质中。

147. 权利要求 139 的方法，其中基因治疗包括遗传转染以及滋养外胚层和内部物质遗传信息的校正。

148. 权利要求 139 的方法，其中基因治疗包括改变或预防将由胚胎中的异常遗传信息导致的疾病。

149. 权利要求 139 的方法，其中以至少 80% 的效率从子宫中取出胚胎。

150. 权利要求 139 的方法，其中以至少 95% 的效率从子宫中取出胚胎。

151. 权利要求 139 的方法，包括将一个或多个胚胎返回女性的子宫中，之前没有冷冻胚胎。

152. 权利要求 139 的方法，包括诱发女性超排卵。

153. 权利要求 139 的方法，包括诱发女性的人工授精。

154. 权利要求 139 的方法，包括治疗至少一个植入前胚胎。

155. 权利要求 155 的方法，其中治疗包括基因治疗。

156. 权利要求 139 的方法，包括冷冻胚胎。

157. 权利要求 139 的方法，其中进行子宫灌洗包括流体的脉冲传送。

158. 权利要求 139 的方法，其中进行子宫灌洗包括临时性地流体密封子宫。

159. 权利要求 139 的方法，其中取出胚胎包括从子宫中抽吸流体。

160. 权利要求 139 的方法，其中进行子宫灌洗包括使流体从子宫的外周流向子宫的中心。

在该案的审查过程中，专利审查员多次指出该案违反《专利法》第 5 条的问题，尽管在审查后期，申请人已经修改权利要求书的发明仅为子宫灌洗设备和子宫灌洗系统，在实质审查中，专利审查员还是坚持以发明违反《专利法》第 5 条而被驳回，具体理由为，该子宫灌洗设备及系统均为从子宫中收集胚泡的特定设备和系统，实施该方法、使用相应的系统可用于人胚胎的商业目的，例如商业化的胚胎选择、人工代孕等，涉及对人胚胎的工业或商业目的的应用，不符合《专利法》第 5 条第 1 款的规定。后复审决定对此予以维持（参见第 177779 号复审决定)。

此案比较特殊,是专利审查中非常少见的涉及体内胚胎的案件(其他的绝大多数案件在涉及人胚胎时,实际上均为体外胚胎,尤其是剩余胚胎)。也由此,其涉及非常多的伦理敏感因素,例如,该案涉及体内人工授精后的成活胚胎的取出,取出中对胚胎构成伤害的风险、取出后的胚胎遗传诊断、胚胎基因治疗、生殖系基因治疗、胚胎性别筛选、代孕等,这些都是非常敏感的。而该案居然全部涉及。最终此案被驳回并被复审决定维持驳回,应该在预料之内。

当然,从申请人的陈述意见中,该案也确实会引发我们更多技术上的思考:人类辅助生殖技术实施中,体外胚胎的浪费与人工授精情形下体内胚胎的浪费的对比;人类辅助生殖技术实施中,对体外胚胎的植入前遗传学诊断与人工授精情形下对体内胚胎的遗传学诊断的对比等。未来,随着技术的发展,似乎还有更多的可能,以及更多的问题。

(四) 小 结

人类辅助生殖技术领域中的伦理问题比较复杂,在专利审查实践中,无法简单地以一刀切的方式予以简单处理。通过对上述情形的分析可以看出,对于医疗实践中常见的第一代至第三代试管婴儿技术,如无合理理由,通常不宜在专利审查中质疑其违反社会公德。但是,对于第四代试管婴儿技术、代孕、性别鉴定、染色质重组试管婴儿、人工授精体内胚胎的分离收集和检测治疗等情形,则可能会受到更多的伦理质疑,有些会与我国目前的规定存在直接抵触。因此,关于其如何合理操作,未来还需要更多的开放的讨论。

八、《专利法》第 5 条伦理道德审查中需要关注的其他问题

在涉及人胚胎或干细胞的《专利法》第 5 条的伦理道德审查中，还会有一些问题比较常见，需要我们总结、反思和关注。包括在涉有关人类胚胎干细胞或人类胚胎相关伦理道德问题的审查之中，权利要求的解释及溯源审查的限度、说明书内容全面审查的限度以及申请人的各种修改类型及其修改应对等，这里，我们一并总结为需要关注的其他问题。

对此，我们结合审查历史和一些实际案例，逐一详细展开。

（一）权利要求解释与追溯审查的限度

在涉及人胚胎或干细胞的发明创造中，有很多发明要求保护的主题是方法类权利要求。对于该类权利要求保护主题，其限定方式往往是开放式的，很少会是封闭式的。由此，专利审查中就涉及一个在该方法所直接限定的工序或步骤之外，专利审查员是否适合主动向上溯源或向下延伸的问题。专利审查实践中，已经出现的一些问题需要我们进行思考。

而专利审查员之所以选择主动向上溯源或向下延伸，往往是由于该要求保护的方法发明属于一种中间阶段的发明——从权利要求所直接限定的内容而言，其并不直接涉及一些伦理敏感的内容。但是如若主动向上溯源或向下延伸，则可能引入一些伦理敏感的内容。此时，如何合理解释和合理审查该类权利要求，就构成我们需要思考的一个问题。这个问题既包括权利要求如何合理解释题，也包括全面审查的限度，以及该类创新发明的保护之路如何选择。

这里，我们还是从相关案例入手，探讨这个问题的合理解

决之路。

1. 关于向上溯源

在 2019 年《专利审查指南（2010）》修改之前，我们曾经历了一个从溯源到不再溯源的演变过程（参见本书第四章的相关内容）。其中，主要涉及的发明，就是人类胚胎干细胞的下游应用类的方法发明。这一类发明中，涉及需要使用或直接针对人类胚胎干细胞，不涉及使用人类胚胎。对该涉及人类胚胎干细胞的发明是否应该追溯其来源于胚胎的"原罪"，是这一问题的焦点所在，即所谓向上追溯或向上溯源。

尽管通过本书第四章对以往审查历史的总结，我们对其结论已经比较明确，但是，发展过程中的种种艰难和认识变化，却需要我们进行深入总结。在 2019 年《专利审查指南（2010）》修改以后，结合其相应修改，这一问题又该如何考虑，需要在以往专利审查实践的基础上，作进一步反思。

在向上溯源的过程中，这种溯源可能会越走越远，甚至会发展为向上三代溯源。例如，发明直接涉及使用人胰腺祖细胞，说明书提及该人胰腺祖细胞可来自人类胚胎干细胞、内细胞团/上胚层细胞或者胚胎。在进行向上溯源的审查中，就曾从当代的人胰腺祖细胞上溯至其上一代直接来源——人类胚胎干细胞，再由人类胚胎干细胞上溯至其原始来源——人胚胎。如此完成三代追溯后，认定发明制备过程需要使用人类胚胎，因此发明涉及人胚胎的工业或商业目的的应用，与社会公德相违背，属于《专利法》第 5 条第 1 款所规定的不能授予专利权的范畴。可以看出，这种向上溯源就会上升为三代追溯。以此类推，部分案件还可能进行四代、五代等向上追溯，此即所谓无限溯源。

通过向上追溯，不仅会涉及人类胚胎干细胞的下游分化和下游应用技术，而且会涉及我们原本认为最正常不过的一些医药用途发明，只要其与人类胚胎干细胞挂上钩——比如，淫羊霍苷在诱导胚胎干细胞体外定向分化方面的用途，或者，钙调神经磷酸酶－活化 T 细胞核因子信号通路的特定调节剂用于制备调节胚胎干细胞分化和早期胚胎发育的用途等。由此，如果如此向上追溯，就会有大量的人类胚胎干细胞的下游技术需要纳入《专利法》第 5 条的考量。比如人胚胎干细胞的分化方法及分化细胞的发明，相关的权利要求中只提及以人胚胎干细胞为起始材料。在 2006 年审查指南的相关规则出台之前和之后，也均存在认为其并不存在伦理问题的案件，比如专利 CN1228443C（2005 年）、CN100580079C（2010 年）等。可见，对于是否应该向上溯源的问题历来存在争议。

而且，这种向上溯源既会发生在涉及人类胚胎干细胞的发明身上，也会扩展至胎儿干细胞或其他类型的多能干细胞。例如，在专利申请号为 200780008799.7（相关复审决定第 53991 号）申请案中，发明涉及一种制备单克隆抗体的方法，需要使用到人类胎儿肝干细胞。驳回决定认为发明依赖于该人类胎儿肝干细胞，而该人类胎儿肝干细胞需要从人类胚胎/胎儿获取，因而违反《专利法》第 5 条规定。这就是典型的针对胎儿干细胞的下游应用发明进行向上溯源的情形。

在第 133709 号复审决定中，该发明涉及一种培养人神经干细胞的方法，并限定所述神经干细胞是通过在含有 LIF 的培养基中培养拟胚体获得的。该发明的目的是开发从诱导性多能干细胞衍生的拟胚体和/或神经干细胞的培养条件，所述条件适合神经干细胞的神经元分化。其说明书中体现的具体制备过程包括从成体细胞（人胚胎成纤维细胞）→诱导性多能干细胞→拟胚体→神经干细胞。在该案的实质审查和复审过程中，一直从神经干细胞逆向上溯到制备诱导性多能干细胞的初始细胞——人胚胎成纤维细胞，进而指出说明书中没有明确记载所涉及的"人胚胎成纤维细胞"是来源于已建立的、成熟的且从商业渠道获得的细胞系，因而这些"人胚胎成纤维细胞"的制备和建立过程都可能需要使用和破坏人胚胎，涉及人胚胎的工业或商业目的的应用，从而违背伦理道德。最后以此维持驳回决定。可以看出，该案例是一种典型的针对诱导性多能干细胞和神经干细胞的向上追溯的情形。

可以看出，在专利审查之中，向上溯源现象一度存在，并且由对典型的人类胚胎干细胞或其下游分化细胞进行向上追溯，逐步扩展到针对胎儿干细胞、诱导性多能干细胞及其下游分化细胞等也进行向上追溯，直至向上追溯到人胚胎或人胎儿，进而在法律上追究其伦理问题。

对于典型的人类胚胎干细胞的向上追溯问题，2010 年第 24343 号复审决定、2012 年第 42698 号复审决定、2015 年第 103528 号复审决定具有阶段性渐进的里程碑式的导向作用。在 2019 年《专利审查指南（2010）》修改之前，我国对人类胚胎干细胞的下游应用发明，就已经逐渐从成熟稳定的商购人类胚胎干细胞系放宽到任何已建系的人类胚胎干细胞系，专利审查部门逐步由前期的"无限溯源"审查方式向仅进行"直接来源"溯源转变，重点关注现世的人类胚胎干细胞本身，不再追溯和追究其原始来源的伦理问题。

在胎儿干细胞溯源方面，在前述第 53991 号复审决定中，该复审决定直接撤销了驳回决定。复审决定认为，虽然该发明依赖于该人类胎儿肝干细胞，但是发明的技术方案并未明确记载从人类胚胎获取干细胞的步骤，而且本领域存在成熟的人类胎儿肝干细胞系，可通过商业途径获得，发明的实施不涉及对人胚胎的工业或商业目的的应用，不存在伦理道德问题。

因此，大致已经可以得出，就向上溯源而言，专利局已经表明了基本态度。但是，事后反思这一标准演化和发展过程，以下两点还是需要我们认真思考的。

（1）向上溯源是否需要附加条件

以 2010 年第 24343 号复审决定为例，该案修改后的方法权利要求涉及一种诱导人胚胎干细胞向肝脏细胞分化的方法，其中，在将所涉及使用的"人胚胎干细胞"修改为"人胚胎干细胞 H1 细胞系"以后，专利复审委员会合议组认为其实施并不必然需要破坏人类胚胎，该诱导分化方法不因涉及人类胚胎的工业或商业目的的应用而有悖于伦理道德。此后，类似案件层出不穷，应用的也是类比适用的方法：既然美国 NIH 的 H1 细胞系可以，那么同样是美国国立卫生研究院的 H7、H9 等其他细胞系为什么不可以呢？既然美国国立卫生研究院的 H1、H7、H9 可以，那其他国家、其他干细胞库建系的细胞系有什么合理理由不可以呢？诸如此类，直至后来，达成权利要求限定为已建系的人类胚胎干细胞系即可的进一步共识。

有人认为，关于"人类胚胎干细胞的获得"，在审查实践中存在"直接获得"与"原始获得"两种不同理解。由此，关于人类胚胎干细胞的溯源问题，主要涉及两方面：其一，对于干细胞原始来源不再追溯。当发明创造涉及来自人的生物材料时，对其追根溯源都将归于来自人体或人胚胎，因此对人类胚胎干细胞相关发明创造原始材料的获得方式进行无限溯源，并认为其违反《专利法》第 5 条的规定会导致限制范围过宽，不利于干细胞技术获得专利保护。其二，可以适度认可已经建立的、公知公用的、商品化的、成熟的、稳定的人类胚胎干细胞系。对于此类干细胞系，尽管人胚胎干细胞系通常来源于人胚胎，其原始来源不可避免地需要破坏人类胚胎，但是如上文分析，以原始来源作为人胚胎干细胞相关发明伦理道德问题的判断基础似乎并不恰当。同时又鉴于人胚胎干细胞相关技术在人类医疗保健中的巨大应用价值，如果干细胞发明涉及 H1、H7、H9 等成熟且稳定的商品化的干细胞系，则既能限制人胚胎滥用，又符合生物技术领域的惯常研究方法，可以认为并不违背社会公德。

这一理解或解释，曾被认为是逐步放开对人类胚胎干细胞技术的严格授权限制的一个较为合理的理由。实际上，在这个发展过程之中，按照如上理解的话，一段时间之内将相关标准设定为必须将所使用的人胚胎干细胞系限定到那些成熟的、稳定的、商品化的人类胚胎干细胞系，本质上就是一种有条件的不再追溯。但是，附加这一条件的话，就会必然连带造成，由谁来评判、谁有资格评判、哪些人胚胎干细胞系才是成熟的、稳定的、商品化的人类胚胎干细胞系的问题，判定中执行什么标准的问题，成熟而稳定的人胚胎干细胞系会不会后续又不稳定、是否存在变数的问题等。实际上，这一逐步放开还是稍显过度谨慎和过度复杂，仍会引发新的问题和造成事实上的不合理。

在第 74004 号复审决定中，关于商用细胞系的限定，权利要求 5 中直接限定："根据权利要求 4 所述的方法，其特征在于：所述可从商业途径获得的人胚胎干细胞系为下述任一种细胞系：BG01、BG02、BG03、BG04、SA01、SA02、SA03、ES01、ES02、ES03、ES04、ES05、ES06、TE03、TE32、TE33、TE04、TE06、TE62、TE07、TE72、UC01、UC06、WA01、WA07、WA09、WA13 和 WA14；所述编号为 NIH 的编号。"面对这些同样来自美国的 H1、H7、H9 以外的 28 个人类胚胎干细胞系，并且均声称是可从商业途径获得的 28 个人类胚胎干细胞系，专利审查员如何一一核实，所谓判定成熟稳定是何种标准，就会很困扰。同理，对那些来自英国、日本、韩国的众多干细胞系，以及来自中国的众多干细胞系（各国国情不同，国家级干细胞库的管理也不同），又持何种标准，都可能引发争议、成为争议。后续审查中，尽管该案申请人在面对专利审查员指出的"没有证据表明这些人胚胎干细胞系都可以稳定传代，所以本申请涉及的以人胚胎干细胞为原料的诱导分化的方法仍然没有脱离破坏人胚胎这一基点"的质疑时，复审请求人提交意见陈述和权利要求书全文修改替换页，在权利要求 4 中只保留 WA01、WA07、WA09、WA13 或 WA14 的五个细胞系，其余则全部删除。但是，该案中有关判定"WA01、WA07、WA09、WA13 或 WA14"的五个细胞系为成熟稳定细胞系的标准是否合理，对于类案有无借鉴参考意义，今后到底应如何准确执行的疑问，仍然没有消除。

在少部分案例的一些观点中，复审合议组认为所认可的成熟稳定的人类胚胎干细胞系的范围不能随意扩大。在涉及专利申请号为 200980163164.3、发明名称为"由人类多能干细胞产生间充质干细胞的方法以及通过所述方法产生的间充质干细胞"的复审案中，曾对此进行讨论。在该案第 125779 号复审决定中，专利复审委员会认为，复审请求人不能证明说明书中记载的车医院的人类胚胎干细胞（亚洲 2 号）以及车医院的 3 号人类胚胎干细胞株是成熟且已商业化的品系，因而认定复审请求人陈述的理由不具有说服力。可以看出，对于发明中刚刚建系的人类胚胎干细胞系，或者面对一些国家的并不是相对而言特别公知公用的人胚胎干细胞系，就会面临比相对而言更加公知公用的美国国立卫生研究院的 H1、H7、H9 细胞系伦理上的更加严格的要求。这种区别对待、"厚此薄彼"一旦形成，造成的不合理是显而易见的。也从侧面说明，我们在渐进性放开伦理审查相关原有的严格审查标准的过程中，一些貌似折中的或合理的过渡性审查标准，有可能具有相当的主观性和随意性，一些审查标准并未经过严谨的仔细推敲。

如果这样的审查标准一旦确立，审查中必须解决的问题就是，需要判定相应的细胞系是否成熟稳定，是否商业化等，并由此作出差异化的选择。类似需要作出差异化选择的案件还包括第 128383 号复审决定等。这样的选择对于专利审查员而言，完全是一个全新的课题；对于伦理道德审查而言，似乎也容易让人以为，人类胚胎干细胞系越成熟越稳定就越符合伦理道德，伦理道德判定似乎与技术成熟度、技术权威性挂上了钩。

尤其是，在同一案件中，例如专利说明书的实施例中同时使用了成熟稳定的商用细胞系和自建系的情况下，这种判断逻辑就更会引发质疑。例如，某申请案的说明书具体实施方式中记载：所使用的人类胚胎干细胞为国际通用细胞系 E14.1 和本发明人所在实验室自建的细胞系 SC1001 和 SC1002。其权利要求保护的技术方案中仅涉及需要使用到"人类胚胎干细胞"。或者，某发明申请案可能是，其权利要求的技术方案同时涉及使用一种商用细胞系 X 和一种自建系 Y 的并列技术方案。此时，我们是否适合针对那些自建系指出其不成熟不稳定，违反社会公德而不符合《专利法》第 5 条的规定，针对成熟稳定的商用细胞系则不再指出《专利法》第 5 条问题，或者是否适合指出由于 Y 相对于 X 并不成熟，尚不稳定，而不符合《专利法》第 5 条的规定呢？我们认为，这可能是大大值得商榷的。实践中，不仅会如前述多案例一样，造成执行标准很难统一，也会造成更多的不公平。

首先，从技术上而言，人类胚胎干细胞系并非一壶老酒，历久弥香，厚重悠远。实际上，从来就不存在老的细胞系就一定成熟稳定、新建的干细胞系就不成熟不稳定的结论。一种细胞系成熟与否、稳定与否，取决于太多的因素。而且，这种成熟性、稳定性也是流变的：很多初期认为成熟稳定且已经商业化的细胞系，被发现在传代、继代多次以后，出现不稳定现象；很多新建细胞系则由于建系技术经过 20 多年的发展越发成熟可靠，由于站在巨人肩膀上和总结前人经验的基础上，新建系反而更加性质优良和成熟稳定。换言之，老的人类胚胎干细胞系并不能一劳永逸，生生世世，用之不竭；新的干细胞系也并非仅仅是多破坏了胚胎，中看不中用。这种附加条件，并不符合技术事实。限于人类胚胎干细胞自身易分化、难维持、培养条件苛刻等细胞特性，在科技不断发展的状况下，尚难以实现对人胚胎干细胞的无限扩增，因此，并非那些可商业购买的人胚胎干细胞系就能无限增殖。美国国立卫生研究院在售的 H1 等细胞系，也存在可获得株数有限的状况，再加上细胞系捐赠人及美国国立卫生研究院等机构本身对细胞系的使用范围均有严格限制，也会导致可商购人胚胎干细胞系不能无限供应、无限购买和任意使用。期待科学家们仅仅利用那些已建系的成熟稳定的商业细胞系进行研究，一劳永逸地解决干细胞来源上的伦理问题，从而不再无限制地破坏人胚胎来重新获得胚胎干细胞，本身就是不实际的、不具有可操作性的一厢情愿。

其次，从法律上而言，专利法是鼓励创新的，新创细胞系本身并不构成原罪。既然对于人类胚胎干细胞的下游应用发明向上无限溯源和无穷追溯，并不利于鼓励创新，此时应该一视同仁：因为无论是新细胞系还是老细胞系，例如 1998 年建立的人类胚胎干细胞系与 2020 年建立的人类胚胎干细胞系，如果向上追溯，均同样来自于人胚胎，在此点上，它们所面临的伦理问题是一样的，伦理要求也应该是一致的。单单对新建细胞系课以更加严格的要求，显然是不合理的。这样就会造成，评判新老细胞系的伦理标准实质上不同，而这种不同完全是人为造成的。况且，在满足相关条件之下，科研中允许利用人胚胎来制备胚胎干细胞系，伦理上对其予以认可，并非等同于科学家们可以无限制地破坏胚胎，其相关研究还是需要经过伦理委员会的审查，在认可其人胚胎合法来源的情况下进行。因此，允许新建细胞系也并不等同于可以无限制地破坏人胚胎。

最后，从社会效果、社会效益而言，审查之中对新老细胞系的厚此薄彼、区分对待也明显压制了并非人类胚胎干细胞技术起源国的我国的后续改进型创新。专利局如果仅认可某些国外的商售细胞系，比如美国国立卫生研究院的 H1、H7、H9 等商品化的干细胞系，就会不适当地扮演市场之手的角色。一方面，会把我国创新的主动权拱手交出；另一方面，也不能完全自主地研究对自己国家和人民的健康事业密切相关的生物材料，即使有了研究结果，也很可能徒然为他人作嫁衣。如果伦理审查的社会效果在此，就需要深刻反思这一标准的合理性。

在 2019 年《专利审查指南（2010）》修改之前的总体严格标准之下，这一过渡性审查标准的初衷在于鼓励利用那些成熟稳定的人胚胎干细胞系的发明，避免无限制地破坏人胚胎。然而，这一标准本身可能并不合理，后续执行中，当面对不同国家的干细胞库的不同干细胞系时，也未能形成判断何为成熟稳定、何为商业化的人类胚胎干细胞的现实标准（人胚胎干细胞的商业化可能还受到不同国家、不同干细胞库、不同干细胞系捐赠人的特殊限制）。

某一人类胚胎干细胞系的成熟与否、商业化与否，不应该成为判定伦理问题的一个标准或者一种条件。我们既往在涉及人类胚胎干细胞下游应用专利申请的审查时，为采用成熟商业化干细胞系的发明创造小心翼翼地开启了一扇专利之门，但同时挡住了那些被认为不成熟、不稳定、未商业化的干细胞系的发明创造。在英国、瑞典等国，它们并不考虑胚胎干细胞是否是已建立的成熟的商业化产品。❶

在权利要求中要求申请人把胚胎干细胞的来源限定在已经建立的商业化干细胞系，而不允许自建系，看上去可行，事后看来，

---

❶ 刘媛. 欧美人类胚胎干细胞技术的专利适格性研究及其启示［J］. 知识产权，2017（4）：84 - 90.

这一做法很可能属于自寻烦恼、自缚手脚，根本无法实现"可以防止专利申请人私自建立细胞系带来的伦理问题，也能够为科学研究和发展留有余地"的目的，因为包括我国在内，相应的胚胎干细胞伦理指导原则允许科学家们通过剩余胚胎等建立人胚胎干细胞系，科研中的伦理审查并不遵从专利审查指南制定的规则，所谓"可以防止专利申请人私自建立细胞系带来的伦理问题"不过是一厢情愿；更无助于鼓励国内申请人使用国内自主创建的干细胞系，发展自己的成熟的细胞系，进而拥有自己的干细胞库。因为囿于人种和地区的不同，其胚胎干细胞系还是存在很多差异的，只有适于自己的来源于所需特定国家、特定地域的人群的干细胞系才对特定国家的医疗研究更具有现实意义。

从创新主体层面而言，他们通常也不认可此种标准。例如，在第 171837 号复审决定中，复审请求人认为，根据《人胚胎干细胞研究伦理指导原则》规定，用于研究的人胚胎干细胞只能通过①体外受精时多余的胚子或囊胚；②自然或自愿选择流产的胎儿细胞；③体细胞核移植技术所获得的囊胚和单性分裂囊胚；④自愿捐赠的生殖细胞这四种方式获得，包括建系以及未建系的胚胎源干细胞，该申请使用的胚胎干细胞符合国家规定的伦理指导原则。而我国的法律体系在部门规章层面进行了规范，鼓励在符合相关伦理指导原则的前提下进行人胚胎干细胞相关的研究。认为对胚胎干细胞的研究违反社会公德，缺乏理论依据，也不符合专利法的立法宗旨。其次，胚胎干细胞的来源和种类不属于该申请要求保护的范围，该申请强调的是胚胎干细胞分化为心肌细胞的创新培养方法，无论是建系的还是未建系的胚胎源干细胞都可以使用该申请的方法分化为心肌细胞，不局限于稳定、成熟的胚胎干细胞系。而该申请涉及的技术方案适合所有胚胎源的干细胞。胚胎干细胞对于干细胞的移植也非常有利。

因此，在人类胚胎干细胞等的相关下游的应用发明中，这一阶段性的、过渡性标准可能并不合理，这可能也是"成熟、稳定的商用细胞系"标准很快即被"已建系"标准淘汰和取而代之的原因之一。

值得庆幸的是，2019 年《专利审查指南（2010）》修改以后，实际上，即使是破坏真正的人类胚胎，但若发明创造符合"是利用未经过体内发育的受精 14 天以内的人类胚胎分离或者获取干细胞的"，则不能以违反社会公德为理由拒绝授予专利权。也即，在审查标准如此修改以后，对于利用符合该条件的胚胎进行自行建系的方法及其获得的人类胚胎干细胞都允许授权，并不存在伦理问题。当然，利用已经建立或确立的人胚胎干细胞系，或者成熟稳定的商品化细胞系，进行下游应用，则不言自明，应该也是可以允许的。如此一来，原本通过向上溯源追究的问题，已经不再构成阻碍或问题。对于人类胚胎干细胞的下游应用发明，即便针对该人类胚胎干细胞，追溯到其原始来源，也不再存在违反社会公德的问题。至此，关于向上追溯的疑问实际上基本可以画上句号了。

近年来，我国的人胚胎干细胞建系技术发展迅速，自主建立的干细胞系越来越多。对于使用现有细胞株的人类胚胎干细胞下游技术，专利审查中通常不应再对相应人类胚胎干细胞的来源进行向上追溯，不论是利用商业途径获得的人类胚胎干细胞系，还是科研中使用的是发明人自己新建立的人类胚胎干细胞株，只要符合我国相关伦理规定，都应不再纳入"人胚胎的工业或商业目的的应用"予以追究。

（2）向上溯源与否与权利要求解释的关系

权利要求由其方法步骤特征来限定。对于一个开放式的权利要求，其在实施发明的方法之前，很可能还具有各种前处理步骤，或需要首先获取起始材料。在这种情况下，是否可以向前追溯，甚至无限追溯呢？问题的关键可能并不在于溯源与否以及何时可以溯源、何时不宜溯源，而在于权利要求解释以及审查范围的确定。换言之，其核心在于权利要求解释：将主观想象的主动扩展的上游步骤，纳入权利要求审查范围，合不合理。

在权利要求的解释中，通常应该根据权利要求限定内容本身来理解和解释权利要求，不宜将说明书中涉及而权利要求并不涉及的内容，或者现有技术可能涉及但是权利要求并不涉及的内容，解读入权利要求，理解为权利要求的保护范围。对于方法类权利要求，除了其中所隐含的必然需要具备的方法步骤的情形，一般不宜主动上溯和下延，更不能无限上溯和下延。

无论是我国的《人胚胎干细胞研究伦理指导原则》《干细胞临床研究管理办法（试行）》，还是国外的伦理规则，例如美国国家科学院发布的人类胚胎干细胞研究指导原则要求，对胚胎干细胞的合法来源均作出了规定。

各国对于胚胎干细胞的合法获取均有伦理上的严格要求。无合理理由和案内证据，通常应善意认为，科学家们进行胚胎干细胞的试验，是在符合相关伦理要求的情况下获取的。因此，我们在理解和解释权利要求时，即使考虑了上溯的情形，通常合理的态度也应该是：无合理理由不需质疑；即使质疑，也应允许申请人提交证据消除质疑，这应是对权利要求进行向上追溯审查之中需要注意的基本原则。

2. 关于向下延伸

与向上溯源相对，向下延伸是指在权利要求限定的方法步骤之外，主动向下游延伸该方法。例如，在第 4237 号复审决定中，驳回决定认为，该申请涉及克隆人的方法，其中权利要求 1 中"超过 2 细胞发育期"包括了 2 细胞以后的所有发育期，也包括了胚胎本身，违背了社会公德。因此，属于《专利法》第

5 条规定的不授予专利权的范围。即使申请人将细胞发育期限定到不超过 400 细胞发育期，也不能克服该申请涉及克隆人的方法的缺陷。理由是，该申请涉及的方法本身就是克隆人的方法中的一个步骤，所以该申请属于《专利法》第 5 条规定的不授予专利权的范围，不能授予专利权，坚持原驳回理由。

后来，在复审过程中，申请人修改其相关权利要求如下：

1. 一种制备胚胎干细胞样细胞的方法，包括下列步骤：

（i）在适于形成核转移单元的条件下，在去核动物卵母细胞中插入希望的人或哺乳动物细胞或细胞核，其中该卵母细胞来源于与人或哺乳动物细胞不同的动物种类；

（ii）活化所得的核转移单元；

（iii）培养所述活化的核转移单元直到超过 2 细胞发育期但不超过 400 细胞发育期；

（iv）培养获自所述培养的核转移单元的细胞，以获得胚胎干细胞样细胞；且

（v）分离胚胎干细胞样细胞。

可以看出，该案中，在申请人明确限定了"培养所述活化的核转移单元不超过 400 细胞发育期"，且后续要针对核移植激活的胚胎进行分离细胞的步骤，从而获得胚胎干细胞样细胞。在此基础上，专利审查员认为，该方法仍然是克隆人的方法中的一个步骤，仍属于克隆人的方法。这种理解实际上是将其方法进行了下延，并未止于不超过 400 细胞发育期，在此基础上，如果继续培养，就是克隆人了。

对此，专利复审委员会合议组认为：如本领域技术人员所知，胚胎发育经历受精卵分裂期、桑椹胚期、胚泡期，受精后约 8 天，胚泡植入子宫。克隆人的方法不可或缺的一个步骤是将处于胚泡期的胚胎移植入人体子宫，如果不包括此步骤将不成为一个克隆人的方法。而该申请权利要求 1 及 28 的保护主题

是"制备胚胎干细胞样细胞或胚胎细胞的方法",其中相应的步骤是将胚泡期的内细胞团分离培养,或从胚泡期或桑椹胚期的胚胎分离胚胎细胞,此步骤即已表明该发明方法所涉及的胚胎不可能发育成一个完整的个体。结合权利要求书和说明书中记载的其他技术内容,可以确定该申请请求保护的仅仅是"制备胚胎干细胞样细胞的方法"和"制备胚胎细胞的方法",而不是克隆人的方法或克隆人;发明目的确如复审请求人在说明书的"发明目的"一节所描述的那样,是为了"提供制备胚胎细胞或干细胞样细胞的新的改进的方法"以及"使用所述的胚胎细胞或干细胞样细胞用于治疗或诊断"等,而不是克隆人或者将其作为克隆人方法的一个步骤。并且,对于本领域的普通技术人员来说,根据申请日前现有技术的启示,利用该申请所记载的技术方案还无法成功地克隆人,也就是说,没有证据证明该申请的方法可以作为克隆人的一个步骤应用于克隆人。因此,合议组认为,该发明不是克隆人发明,不属于《专利法》第5条所规定的不授予专利权的发明,原驳回决定认为该申请的技术方案属于克隆人方法的一个步骤,所以属于《专利法》第5条规定的不授予专利权的范围而不授予专利权的理由不能成立。

可以看出,在合议组在对发明是否涉及克隆人的方法的认定中,考虑了发明目的,考虑了发明所限定的步骤,考虑了克隆人不可或缺的步骤等,指出应严格按照权利要求书和说明书所记载内容作为评判发明申请是否符合《专利法》第5条的判断依据。❶ 最后经综合考虑,认为该发明与克隆人无涉。这个案例留给我们的思考是,如果权利要求中没有分离和获得干细胞的步骤,只有培养克隆胚胎,即培养获自所述培养的核转移单元的细胞的步骤,是不是该方案就可以理解为克隆人的方法呢?

---

❶ 刘李栋. 浅析我国人胚胎干细胞发明的可专利性 [J]. 医院管理论坛,2013,30(4):9-13.

这就涉及一个向下延伸的问题。其反映的核心问题是，权利要求的保护范围实质上可以是一个更大的方法的中间阶段或中间步骤，实际运用时当然可以进行上下扩展，对这种可能扩展的内容，应该如何把握。例如，发明只涉及一种鸡蛋的孵化方法，现在却上要审查那只下蛋的母鸡，下要审查这枚鸡蛋孵出的小鸡，这种审查的合理性可能还需要商榷。

要想根本上避免这种错误的扩展，本质上决定于对权利要求保护范围和保护价值的深入理解。我们需要看到，一方面，某些权利要求保护的方法固然可以被纳入更大、更宽的方法和步骤中去，但其自身也是具有保护价值的，完全可以实行分段保护。另一方面，专利权利要求需要以体现其发明点的最小或最少的局部流程或步骤的限定来体现其最大的价值，其允许或可以在最小或最少的局部流程或步骤之外进行延展，但并不意味着，审查对象被置换成了那个臆想的全流程的技术方案。

尤其是，当这样的全流程方案会触及伦理禁区时，例如，众所周知，生殖性克隆在全球范围内都属于科研禁区，还要强行将发明往其上面挂靠，就需要一个合理的理由或依据。否则就是欲加之罪了。该案中，根据权利要求的限定内容可以看出，生殖性克隆和治疗性克隆两者的试验终点完全不同，治疗性克隆在形成胚胎后并不会把胚胎放入子宫进行培育，生殖性克隆却会把胚胎植入人体子宫让其发育成人。该案并不涉及生殖性克隆必需得将胚胎植入的步骤，反而由于其保护主题就是胚胎干细胞样细胞的方法，需要通过破坏胚胎，来制备胚胎干细胞。因此认定其涉及克隆人，就显得依据不足了。

其也说明，对于一种方法发明而言，很重要的是方法的起点和终点。起点和终点不同，则可能完全是不同的方法。在专利审查中，不可随意延展，尤其是，基于不合理的主观认定去进行延展。

3. 发明的分段保护和分类保护

向上溯源和向下延伸问题，本质上就是方法权利要求全面审查的限度问题，是审查始于何处，止于何处的问题。在专利审查中，通常应立足权利要求的发明主题自身，避免不合理的过度延伸和溯及。

对于权利要求的审查，应重点关注发明目的和要求保护的技术方案，上不能无限溯源，下不能过度延伸。重点关注权利要求的"现世"，不轻易溯及其"前世"，不轻易延及其"后世"。对方法类技术方案的审查，不能无限制地追诉至其准备性步骤、辅助性步骤，并延及至后续市场化应用步骤。不能以过度延展后甚至臆想出的涵盖"三生三世"的技术方案，作为权利要求伦理审查的基础。

这种做法的合理和可取之处在于，在涉及胚胎干细胞伦理争议的发明中，需要看到，这些发明是有上游、中游、下游的界别的，或者说，是有基础研究、临床前实验研究、临床研究等不同阶段划分的，一些基础研究在不触及临床应用的情况下，国家可能是鼓励的而非禁止的，而且很多发明是可以在不触及伦理争议的情况下实现分段保护的，并非必然触及伦理禁区，因此，对于可以分段保护的发明，就需要做好分段保护。很多发明类型，我国的法律和政策是严格区分伦理上允许和伦理上不允许的不同发明类型的，例如生殖性克隆和治疗性克隆，这些不同发明类型在技术路线上并不完全重合，仅可能局部重合，因此就需要切实做好分类保护。从而允许申请人/发明人在合理范围内，在伦理允许的范围内，保护好自己的发明创造和发明利益。

（二）说明书依据《专利法》第 5 条审查的合理程度

对专利申请进行《专利法》第 5 条审查时，所审查的范围不仅包括权利要求书，也是涵盖说明书的。在说明书中如果存在违反法律、违反社会公德的缺陷，也会落入全面审查之下应予审查的范围。以往的审查实践中，也确实是如此操作的。

但是，在针对说明书进行《专利法》第 5 条的审查之中，有一个问题需要我们思考，即说明书审查的限度和意义。针对说明书的伦理道德审查，专利审查部门需要审查到何种程度，具有何种意义。

在 2019 年《专利审查指南（2010）》修改以前，对说明书的审查深度，审查实践中的执行是不尽一致的。

第一种做法相对比较宽松。以专利申请号为 CN00816098.8、发明名称为"多能细胞和细胞系的单雌生殖或单雄生殖产生及其产生分化细胞和组织的用途"的申请案为例，该案在审查中主要针对权利要求，指出相应权利要求不符合《专利法》第 5 条的规定，并没有过多针对说明书。而实际上，说明书中多处涉及诸如人胚胎及胚胎干细胞等内容。此案经过审查，最终保障权利要求保护的发明是针对非人灵长类动物，而不涉及人类胚胎和胚胎干细胞。

参见专利 CN1391605A，该案最初的权利要求摘录如下：

1. 一种生产能用来产生分化细胞和组织的多能（ES）细胞的方法，包括：

（a）获得一种处于中期 II 的单倍体细胞，其含有来自单个雄性或雌性个体的 DNA，任选地可被遗传修饰；

（b）利用一种方法激活该单倍体细胞，该方法选自：（1）不导致第二极体排出的条件；（2）允许极体排出但存在一种可抑制极体排出的试剂的条件；和（3）阻止最初的分裂的条件，以及培养该激活的细胞，产生含有可辨别的滋养外胚层和内细胞团的单雌生殖或单雄生殖的胚胎；

（c）分离所述内细胞团或它们产生的细胞，将该内细胞团或细胞转移到可抑制内细胞团分化的体外培养基中；和

（d）培养所述内细胞团细胞或它们衍生的细胞，使这些细胞保持未分化的多能状态。

……

3. 权利要求 2 的方法，其中单倍体细胞是一种人、非人灵长类动物、牛、猪或羊卵母细胞或卵裂球。

4. 权利要求 3 的方法，其中来自单个个体的单倍体 DNA 是人、牛、灵长类动物、羊或猪的。

5. 权利要求 4 的方法，其中所述细胞是一种人或牛卵母细胞，单倍体 DNA 是人 DNA。

……

11. 权利要求 1 的方法，其中单倍体细胞是含有人雄性或雌性 DNA 的人卵母细胞。

……

17. 一种生产能用来产生希望的分化细胞型的多能（ES）细胞的方法，包括：

（i）通过植入两个来自同一雄性或雌性个体的单倍体核产生一个双倍体细胞，它任选地可被遗传修饰；

（ii）单雌生殖性或单雄生殖性激活该二倍体中期 II 细胞，产生含有可辨别的滋养外胚层和内细胞团的胚；

（iii）分离该内细胞团或其细胞，在可使细胞保持多能、未分化状态的体外培养基中培养该 ICM 或其细胞。

18. 权利要求 17 的方法，其中二倍体细胞是一种哺乳动物卵母细胞或卵裂球，它含有与该哺乳动物卵母细胞或卵裂球相同或不同的种的两种相同的雄性或雌性单倍体基因组。

……

20. 权利要求 19 的方法，其中单倍体核是人、灵长类动物、猪或牛的核，哺乳动物卵母细胞或卵裂球是人或牛的卵母细胞或卵裂球。

21. 权利要求 19 的方法，其中所述雄性单倍体核来自人精子。

······

26. 由雄性或雌性来源的单倍体细胞衍生的多能细胞。

······

28. 权利要求 27 的多能细胞，它是人多能细胞。

······

31. 权利要求 30 的分化细胞，它是人类的。

······

35. 权利要求 34 的多能细胞，它是人类的。

基于如上权利要求，即使不用阅读说明书，也可以得出，其说明书中必然涉及相同或类似的内容，包括通过制备人类单性胚胎、人类二倍体胚胎等来制备人类胚胎干细胞的内容。

经过审查，该案最终授权的权利要求 1 如下（参见 CN100497598C，授权公告日为 2009 年 6 月 10 日）：

1. 一种生产多能细胞的方法，包括：

（a）获得一种处于中期 II 的卵母细胞，其含有来自单个雄性或雌性非人灵长类动物的 DNA，其中所述卵母细胞是一种非人灵长类动物卵母细胞；

（b）利用一种方法激活该卵母细胞，该方法选自：（1）不导致第二极体排出的条件；（2）允许极体排出但存在一种可抑制极体排出的试剂的条件；和（3）阻止最初的分裂的条件，以及培养该激活的卵母细胞，产生含有可辨别的滋养外胚层和内细胞团的单雌生殖或单雄生殖的胚胎；

（c）分离所述内细胞团或由它们衍生的细胞；

（d）将该内细胞团或细胞转移到抑制由其产生的所述内细胞团分化的体外培养基中；

（e）培养所述内细胞团细胞或由它们衍生的细胞；且

（f）使这些细胞保持未分化的多能状态。

通过将该发明方法所针对的对象（包括供核和受体卵母细胞）限定为非人灵长类动物，权利要求克服了相应的伦理问题，从而获得授权。透过该案的审查过程可以发现，这样的审查做法主要聚焦于权利要求，并未对说明书中的内容提出过多的质疑。

第二种做法相对比较严格。比如，在 2019 年《专利审查指南（2010）》修改之前，对于一种干细胞定向分化的方法而言，人类胚胎干细胞是其起始材料，说明书通常会表述本领域公知的该人类胚胎干细胞的可能来源方式，或来源于胚胎，或已建系，或可商购等，实施例中也是如此。对此，部分审查做法是同时针对说明书和权利要求书，指出相应说明书记载内容和权利要求不符合《专利法》第 5 条第 1 款规定。

申请人对于审查中被指出说明书不符合《专利法》第 5 条第 1 款规定的情况，通常会采取修改或陈述意见的方式，最终也可能获得专利权。并且，该类案件最主要的一种修改类型就是，申请人将权利要求中所涉及的人胚胎干细胞具体限定到说明书中记载的可商购的具体细胞系，或者限定到已建系的干细胞系，同时一并删除说明书中记载的除此以外的人类胚胎干细胞的来源等敏感内容。

那么，在 2019 年《专利审查指南（2010）》修改以后，有没有必要根据说明书记载的诸如相应的人类胚胎干细胞"可来自胚胎"等内容，就适用《专利法》第 5 条呢。我们认为目前至少需要另外一些考量。原因主要有：

（1）2019 年《专利审查指南（2010）》修改以后，之前被认为违背社会公德的情形已经不再违背社会公德。这是最主要的一个原因。关于此点，前已多有讨论，不再赘述。

（2）说明书是权利要求之母，由权利要求书审查到说明书审查，本质上也是一种追溯，同样不可过度。追溯起来，人类胚胎干细胞归根结底都来自人胚胎，但发明涉及人类胚胎或人类胚胎干细胞，并不必然与破坏胚胎、违反人类胚胎干细胞研究伦理直接关联。而且，本领域公知人类胚胎干细胞的各种可能的来源方式，其在说明书的记载，仅是表述一种人人皆知的事实，甚至是公知常识，发明人说或不说、记载或不记载，都是本领域的公知常识，而且这些来源方式为国内外相关伦理规则所允许。在没有相关依据或合理理由的情况下，并不能据此直接得出其损害公共道德。因此，如果说明书的相关记载内容仅仅是列举和表明本领域所公知的人类胚胎干细胞的各种可能的来源方式，通常不能据此直接得出其违背社会公德的结论。此时，审查焦点仍应聚焦权利要求的技术方案。在权利要求书和说明书审查的关系上，重点要放到权利要求书所要求保护的技术方案的审查，回归到权利要求审查为主的路线上来。

之所以在这些特定类型的案件中，在权利要求书审查和说明书审查的关系处理上，建议做如此选择，并不是反对对说明书进行审查，而是希望不要被说明书的审查牵扯太多精力，对于说明书做过高要求，对于匡正研究伦理等并无所助益。甚至需要避免审查作无谓的或无效的空转。原因分析如下。具体而言，在某些情况下，专利实质审查阶段对说明书内容进行专利公开后的清扫性修改的意义与价值可能在一定程度上存疑。

在干细胞领域，专利申请相关技术信息的公开，有两种常见模式：专利公开和非专利公开。如果某些科研内容确实触及了人类基本伦理，甚至人类伦理底线，为排除专利公开造成的伤害，则最好的时间点应该是在其专利公开之前，即做到不予公开，这样对人类伦理伤害较小。例如，在 2018 年贺某奎基因编辑婴儿事件中，相关的非专利文献、国际会议、新闻报道等已经铺天盖地地报道了此事，研究者针对人类胚胎进行基因编辑并将基因编辑后的人类胚胎植入母体子宫，导致首例基因编辑婴儿出生等，均已经成为无法撤回的事实。恶劣影响已经造成。如果贺某奎就该技术同时也申请了专利，专利申请文件中也具有这些敏感内容，则避免其专利公开，尽管已经在意义上大打折扣，但一定程度上，避免公开仍可以起到避免二次引发舆情和轩然大波的作用。

以上是假设专利说明书中真正存在严重伤害人类尊严、违背人类伦理、违背社会公德的情况，通常能不公开可以尽量不予公开，能够修改克服尽量修改克服，我们对这种情况是支持的。

但在现实的专利审查中，这种重大案件是极其罕见的。通常，较为常见的情况是，发明的权利要求涉及人类胚胎干细胞的制备方法、人类胚胎干细胞的下游应用等，在说明书的发明内容部分，相应会泛泛地描述发明所相关的人类胚胎干细胞的常规来源，例如"人类胚胎干细胞可以从人胚胎分离获得，也可以利用本领域公知的常规方法自行建系获得，还可以使用现有技术已知的任何商业销售的细胞系"等，相应的实施例中可能也会涉及使用不同来源或途径的人类胚胎干细胞。对此，专利审查之中是否有必要就此指出说明书存在违反《专利法》第5条的问题，申请人有无必须删除的必要呢。这一问题可能需要我们重新思考。

思考这一问题，首先就需要了解我国的专利制度。根据我国的专利制度安排，我国发明专利制度采取的是早期公开、延迟审查制度设计。这通常也就意味着，在进行发明专利的实质审查之时，涉案的专利内容已经向社会公开。换言之，如果其内容确实违背我国的社会公德，则其不利影响也已经造成。如果后期经审查予以专利授权，授权公告文本也只是二次公告，首次公开的既定事实已经形成，事后即便修改或清扫，也只是形式大于本质。即使2019年《专利审查指南（2010）》修改以前，我国不授予该类发明创造（例如涉及人类胚胎干细胞及其

制备方法的发明创造）以专利权，也并不能阻止该方面技术的
开发和发展，实际上，通过非专利文献形式，或者专利文献公
开的形式，无法阻止该类技术的公开。

由此，在专利审查员针对说明书指出《专利法》第 5 条审
查意见和申请人配合修改的过程中，专利审查员和申请人更多
的是在空转和消耗，无论申请人是否积极配合修改、删除相关
"敏感表述"，或其是否知悉如何修改删除，都无法改变已经公
开的公开文本（也称为 A 文本）中的技术方案的事实。所谓的
最终删除了那些敏感描述的说明书授权文本（可称之为"净
本"，授权文本也称为 B 文本或 C 文本），相较于 A 文本，也未
必能给社会以净化人心、存留伦理的社会效果——因为 2019 年
以前的专利审查指南版本所规定的违背社会公德的几种常见情
形，均是我国《人类胚胎干细胞研究伦理指导原则》所允许的
获取人类胚胎干细胞的情形。对于科研工作者和公众而言，并
不认为其违背伦理。

一些研究者对此进行研究，对部分审查案件的 A 文本与 B
文本或 C 文本进行了一些比较，❶❷ 分析了两个文本的内容变
化。在 2019 年《专利审查指南（2010）》修改之后，专利审查
部门也可以作一对比研究，如果相关案件的 B 文本或 C 文本并
没有比 A 文本体现出更加维护或匡扶了伦理正义，说明书修改
的意义与价值，就需要重新思考。

这种思考关联到审查中的另一种情况，就是权利要求的技术
方案已经修改或陈述不再涉及伦理争议，但说明书中记载的部分
内容引发了伦理争议。例如在专利申请号为 CN200680026522.2 的

---

❶ 刘李栋. 浅析我国人胚胎干细胞发明的可专利性 [J]. 医院管理论坛，
2013，30（4）：9 - 13.

❷ 刘李栋. 人胚胎干细胞相关发明的可专利性 [D]. 上海：上海交通大学，
2012.

申请案，其相关的复审决定为第 35060 号。该发明的权利要求涉及细胞 B 及其用途，该细胞 B 已经由专利程序保藏。说明书记载细胞 B 衍生于原代人胎儿细胞 A，细胞 A 已高度商品化，且细胞 A 最初分离自胎儿。该发明的技术方案已经不涉及细胞 A，且无论说明书记载与否，本领域技术人员也会公知，作为现有技术的细胞 A 的原始来源。此时，在专利审查中，对说明书中有否必要删除记载细胞 A 的原始来源（胎儿来源）的这些内容呢，可能需要我们思考。

在第 171837 号复审决定中，发明涉及一种人胚胎干细胞体外分化为功能心肌细胞的新型培养方法，权利要求 2 和说明书均涉及"所述人胚胎干细胞是已经建系的人类胚胎干细胞、未分化的或分化早期的正常染色体核型的人类胚胎干细胞"的限定。在实审和复审过程中，对此均指出其不符合《专利法》第 5 条规定，申请人在复审请求时删除了权利要求 2，但对说明书的相应内容没有删除。合议组以此作出维持驳回决定的复审决定。这个案子可能值得专利审查员思考，即此时要求删除说明书中的"所述人胚胎干细胞是未分化的或分化早期的正常染色体核型的人类胚胎干细胞"的必要性。

结合这些思考，兼顾 2019 年《专利审查指南（2010）》修改，我们认为，如果根据修改后的专利审查指南，在专利法意义上，说明书中的相关记载内容并不违反社会公德，则无进行说明书修改的必要。说明书中说明某细胞最初源于或可以源于人胚胎或胎儿，通常只是客观的、如实的表述本领域公知或现有技术已知的细胞来源，本质上与该细胞的获取是否违背伦理，并无直接关系。

具体而言，在 2019 年《专利审查指南（2010）》修改以后，针对说明书是否符合《专利法》第 5 条的审查，通常应仅重点关注发明中存在明显冲击伦理观念的试验行为或实际实施行为，关注发明人基于其科学研究所要求保护的发明的技术方案，从而起到对研究阶段的伦理审查进行查漏补缺的作用，同时避免发明人将权利要求的技术方案概括扩展到伦理禁区的作用。一般不应延及说明书中对本领域公知的人类胚胎干细胞、胎儿干细胞或体细胞的可选来源的常规介绍和对现有技术现状的表述，并赋予申请人以灵活的答辩应对空间。例如，申请人既可以通过说明书的修改克服相应缺陷，也可以通过陈述意见或予以声明的方式，声明其发明如权利要求所述，系通过破坏胚胎以外的其他途径实施其发明，例如使用的是商用细胞系，只要该领域存在不需破坏人胚胎的途径，即应该接受其陈述意见，不一定必须进行说明书修改。

由于专利审查发明涉及胚胎或胎儿时，直接导致发明违背伦理，由此导致依据《专利法》第 5 条审查引发的说明书修改，无论是审查人员，还是申请人，这都会变成一项费时费力而又可能不讨好的"大扫除"运动。由于说明书中牵涉相关"敏感内容"的地方很多，修改也就成了一场敏感文字"大扫除"运动。这种修改有可能会将说明书删除得支离破碎，连带引发以下相关问题：说明书修改以后整体技术内容失真，斩断了说明书内容的有机关联。尤其是在申请人修改不当的情况下，还可能引发说明书修改超范围的问题。

综上，我们认为，在《专利法》第 5 条的伦理审查中，也需要对说明书全面审查。但是，在说明书仅是记载了细胞的常规来源的情形下，此时需要思考对其进行《专利法》第 5 条审查及要求说明书作出修改的必要性，也需要思考，在 2019 年《专利审查指南（2010）》修改以后，发明涉胚与发明违背社会公德的关系。

（三）排除式修改的合理方式

除了针对说明书的清扫性修改（删除式修改）或对权利要

求的说明性修改，在《专利法》第 5 条伦理道德审查中，常见的修改方式是排除式修改。

据不完全统计，为应对《专利法》第 5 条的伦理道德审查，涉及人胚胎或人类胚胎干细胞发明主题审查中出现的排除式修改方式不一，甚至到了需要申请人"八仙过海各显神通"的地步。下面对各种可能的修改方式，初步分类整理如下。

第一种，排除人源或人胚胎来源。

附加"非人""非人的""非人类""非人类的""非人灵长类"以及"所述胚胎不是人胚胎""所述细胞不是从人胚胎获得的""其中所述方法不涉及人胚胎的使用"等限定，针对人胚胎予以排除。

第二种，排除对人胚胎的破坏。

例如，所述细胞非直接分解自人类胚胎；所述多能干细胞不包括直接分离自人胚胎或胚泡的细胞；所述方法不包括人胚胎或胚泡的破坏；所述灵长类胚胎干细胞不包括通过破坏胚胎得到的人胚胎干细胞；所述方法不涉及人胚胎的使用，并且所述胚胎干细胞不包括直接分离自人胚胎或胚泡的细胞等。

第三种，按照专利审查指南有关授权客体规定的具体审查规则进行排除。

例如，所述细胞是在不违反社会公德的情况下获取的；所述方法不涉及人胚胎的工业或商业目的的使用；所述细胞不属于处于各个形成和发育阶段的人体；所述细胞不属于"动物品种"；所涉及的细胞都不是从受精 14 天后的人类胚胎获得的；所述细胞不是由从受精开始超过 14 天的胚胎衍生的；其中所述细胞不是由已经在体内发育的胚胎衍生的等。

其中，比较有意思的是第三种排除方式。其特点就是，按照专利审查规则进行排除，具体即按照当时施行的专利审查标准进行排除。专利审查指南中的审查标准是什么，就针对性地排除相应的情形。相当于具体审查规则的"反着说版本"。目前，这种排除方式在审查中并不少见，已经有一些案件，专利审查员接受了这种修改并授权。申请人可能也认为，该方式简明有效，而且不用在超范围修改与否上过多纠结。

而第一种和第二种排除方式，从性质上而言，还是坚持从技术对象或技术方法的角度，对发明所针对的对象进行部分排除，或者从技术操作方法、操作步骤上进行部分排除，本质上，没有脱离技术本身。并由此与第三种排除方式构成对比。

鉴于这一问题现在存在，将来也会继续存在，并可能演化出越来越多的修改，有必要就此进行思考：在《专利法》第 5 条伦理审查中合适的修改方式，以及不同的修改方式会对以后的流程产生何种影响，尤其是授权后的权利要求解释。这里暂对相应修改方式是否导致修改超范围不作过多讨论。

从避免争议的角度而言，在这些排除方式中，审查应以第一种和第二种或类似方式引导申请人的排除式修改为主，一般谨慎使用第三种方式。其从规则角度进行排除的不确定因素和变数较多，而按照第一种和第二种修改方式从技术角度进行限缩，其排除后剩下的保护范围是确定的，具有稳定性。尤其是在专利审查指南存在不同版本修改，或者在审案件存在系列申请的母案/分案，而且该系列的母案/分案由于审查时间不一，审查标准不一，出现的排除式限定也不同等，或者出现先后实审的关联案件各自排除限定方式完全不同的情况。此时，权利要求如何解释的一系列问题就会更加凸显，可能造成不必要的混乱。

一种比较常见的情形是，在 2019 年《专利审查指南(2010)》修改前，母案涉及一种产生人多能干细胞衍生的某细胞的方法，经审查最终授权。授权权利要求是："1. 一种产生人多能干细胞衍生的某细胞的方法，包括：提供人多能干细胞……其中所述方法不涉及人胚胎的使用，并且其中所述多能干细胞不包括直接分离自人胚胎或胚泡的细胞"。可以看出，其是按照第二种排除式限定方式进行修改。

2019 年《专利审查指南（2010）》修改以后，该母案的分案也进入审查，并且也授权，其授权的权利要求是："1. 一种产生人多能干细胞衍生的某细胞的方法，包括：提供人多能干细胞……其中所述多能干细胞不是由从受精开始超过 14 天的已经在体内发育的胚胎衍生的"。可以看出，此时其是按照第三种排除式限定情形进行排除，并明显引入了 2019 年《专利审查指南（2010）》修改后的审查规则。分析对比可以看出，母案、分案两者排除的胚胎范围不尽相同：母案排除了所有人胚胎，而分案仅排除了"从受精开始超过 14 天的已经在体内发育的胚胎"。

也就是说，利用专利审查指南中的具体审查规则进行排除，并不像"非诊断""非治疗"排除那样简单，还可能存在三个方面的问题或争议。

其一，超范围修改的嫌疑在一定程度上仍然存在，如此修改的合理性也存疑。

其二，在权利要求的解释中，利用相应审查规则排除式限定的准确含义可能不好解释，并容易成为冲突之源。例如，如果排除式限定是"所述方法不涉及人胚胎的工业或商业目的的应用"或者"其中所述某细胞是在不违反社会公德的情况下获取的"，其到底应该如何解释、遵照什么时间进行解释等，就可能成为争议焦点。

其三，社会公德或伦理道德不是一成不变的，而是处于不断变化中。从不断变化的社会公德和法律规则角度进行排除，容易造成对排除范围的不同理解。

这些问题只是本领域专利审查中出现的一些苗头，可能会引发一些担忧，但到底会如何发展，还有待更多理论和实践层面的检验和论证。

自然人享有生命权。自然人的生命安全和生命尊严受法律保护。任何组织或者个人不得侵害他人的生命权。

——《中华人民共和国民法典》第 1002 条

科学伦理永远是科学研究不容触碰和挑战的底线。

——国家自然科学基金委员会

将受试者暴露于风险而没有可能受益的非科学的研究是不道德的。

——《人体生物医学研究国际伦理指南》

法律能禁止人类编辑基因，但人性无法抵挡诱惑。

——霍金

为了弥补可移植器官的短缺，世界上有一些科学家在研究机械驱动的人造心脏，一些科学家在研究 3D 打印器官，一些科学家试图通过基因编辑消除猪与人之间的界限，另一些则在创造人与动物的嵌合体。所有这些研究都有争议，没有一个是完美无缺的。但它们给了病床上等待的人们活下去的希望。

——参与人羊嵌合体研究的研究者帕布罗·罗斯

有两种东西，我们对它们的思考越是深沉和持久，它们在我们心灵中唤起的惊奇和敬畏就会日新月异，不断增长，这就是我们头上的星空和心中的道德定律。

——德国哲学家康德

第七章　专利审查未来需要面对的挑战

引　言

　　现代生物科学技术飞速发展，不断涌现出震动世人的科学成就。面对这些日新月异的进展和突破，人们在送上溢美之词的同时，对这些新生事物的出现又会泛起些许的恐惧和担忧。无论是1978年试管婴儿呱呱坠地，1997年克隆羊"多莉"问世，1998年人类胚胎干细胞技术诞生，2006年诱导性多能干细胞技术横空出世，2014年欧洲联盟法院作出孤雌胚胎的最终司法判决，还是2018年人类首例胚胎基因编辑婴儿事件，每一项新技术的出现，都曾引发世界范围的伦理争议与伦理思考。而且，关于这些问题的伦理自省几乎都是内在自生的，而不是外部强加的。❶

　　除了这些开创性技术在诞生之初容易产生伦理争议以外，某些我们原本认为已经不会触及伦理问题，已经人畜无害的现有技术，也会随着技术的快速发展，产生新的技术分支，并由此产生新的伦理疑问。比如诱导性多能干细胞技术，经过不断的认识碰撞，早已认识到其制备原本是为了规避人类胚胎干细胞相关伦理争议，并不涉及伦理问题，这一点也得到世界上的

---

❶　胡庆澧，祥兴，沈铭贤. 干细胞研究与应用的伦理思考［J］. 中国医学伦理学，2010，23（3）：5-9.

公认，由此相关伦理审查可以一切从简，ISSCR 甚至指出可以免予伦理审查。但是，诱导性多能干细胞在正式进入临床之前，首先需要进行动物实验，那么动物实验时将人类诱导性多能干细胞移植入动物胚胎或动物体的相关动物伦理以及嵌合体/杂合体问题就会浮出水面。当基于人类诱导性多能干细胞制备出人造配子细胞（人造精子或人造卵子），甚至再用这些人造精子、人造卵子进行生殖时，当基于人类诱导性多能干细胞实现中枢神经系统的人—动物嵌合体时，或者面对人类诱导性多能干细胞与人胚胎融合的技术方案时，应遵循哪些伦理原则，仍然可能会以令人困惑的方式重新摆在专利审查部门面前。❶加之胚胎干细胞研究与合成生物学、转基因技术、基因编辑技术等很多生物技术领域的热点问题互相交叉，从而使相关的伦理问题越发复杂。

随着人胚胎类型的复杂和多样化，各种胚胎和/或干细胞之间进行复合、叠加、融合、嵌合的技术也是五花八门，令人应接不暇，该领域的技术融合和复合化程度越来越高。例如，早在专利申请 ZL00818200.0 中，其核移植胚胎中核移植单元的供体核就为胚胎干细胞或者胚胎生殖细胞，而非体细胞核移植技术中传统的体细胞，这就是胚胎干细胞技术与核移植胚胎技术的结合所形成的新的胚胎类型，也是胚胎干细胞技术与核移植技术的融合；在专利申请 ZL200980142469.6 中，该发明涉及一种利用诱导性多能干细胞和胚泡互补的异种器官再生法，是诱导性多能干细胞与核移植技术的结合或融合。在专利申请 ZL200880013190.3 中，该发明涉及一种重编程分化细胞和从重编程的细胞产生动物和胚胎干细胞的高效方法，属于核移植技术的自身叠加和融合——涉及两次核移植过程，首先将动物的分化细胞的细胞核注射到去核的卵，然后活化所述卵并发育至 2

---

❶ 邱仁宗. 生命伦理学研究的最近进展 [J]. 科学与社会，2011，1（2）：72–99.

细胞阶段，再取出所述 2 细胞阶段卵的细胞核放置到去核的胚胎中，进行融合，产生所述分化细胞的重编程的核的单个细胞，进一步衍生胚胎干细胞，并发育成动物。可以看出，该发明涉及复杂的供体和受体动物的差异。由此，在专利审查中可能会涉及更为复杂的对克隆人/克隆动物，改变生殖系遗传同一性的嵌合体/杂合体，以及人胚胎是否破坏、人胚胎的工业或商业利用等的判断，伦理审查难度也随之增加。

　　随着人类胚胎干细胞技术和人类辅助生殖技术领域的科学研究的突飞猛进，许多之前专利审查中关注不多的新的伦理、法律和社会问题都会出现，需要及时引起高度重视，相关伦理审查自然也无法置身事外。如果说，之前的伦理审查更多的情况下仅仅是，关注相关科学研究是否涉及破坏人胚胎导致违反"人胚胎的工业或商业目的的应用"的规定，从而仅属于人类胚胎研究所涉的伦理、法律与社会问题 ELSI 1.0 时代的话，现在的人类胚胎研究则已经完全进入了 ELSI 2.0 时代，仅仅利用"人胚胎的工业或商业目的的应用"，专利审查已经逐渐体现出越来越难以为继，越来越独木难支，不仅无法应对如此复杂的局面，而且伦理审查规则不敷使用。例如，新兴的人类生殖系基因编辑技术（或者胚胎基因编辑技术）、线粒体基因编辑技术等均不明显涉及破坏人胚胎，线粒体移植或相应的三亲胚胎技术等很多辅助生殖技术，也不会涉及破坏人胚胎；未来辅助生殖领域还可能涉及大量的配子或胚胎的基因治疗，也不涉及破坏胚胎；近年来成为研究热点的嵌合胚胎、杂合胚胎、合成胚胎、胚胎模型、类原肠胚等技术，它们似乎也仅仅是制备了胚胎，并不涉及破坏胚胎。未来围绕这些并不破坏胚胎的技术，如何进行伦理考量，如何准确定位相关的伦理问题，一定程度上需要跳出欧洲规则的伦理框架，站位国内和国际伦理规则的最新进展，才能有效解决这些伦理难题。

在人类胚胎研究的 ELSI 2.0 时代，专利审查中，伦理先行的特点决定，我们首先需要给出，每一类人类胚胎研究和胚胎干细胞研究的伦理结论方案，包括对人类尊严的审视。这是摆在专利审查部门面前的又一个全新的挑战——专利审查部门责无旁贷，针对这些处于风口浪尖上的伦理争议，需要给出相应的中国答案。更要在 2019 年《专利审查指南（2010）》修改以后，在人类胚胎干细胞授权客体限制放开以后，就新的专利审查标准展开审查业务，在新的专利审查实质授权条件下开展全新实践，面对更多新的问题。例如，以往我们研究美国著名的 *WARF* 案，之前更多关注的是其针对客体的考量，伦理上的考量，现在则既需要考虑客体问题，也需要学习或参考该案对显而易见性标准的把握，需要评价在胚胎干细胞技术的发展过程中，由鼠到人的距离到底有多远或创造性高度到底有多高。

也就是说，专利审查除了需要面对前述章节所需要面对的《专利法》第 5 条适用中的传统问题和历史问题，还要面向未来、与时俱进、及时响应、及早面对、准确应对这些新的伦理问题与审查挑战。本章按照嵌合体/杂合体技术、线粒体移植技术、干细胞衍生配子技术、单倍体胚胎干细胞技术和半克隆技术、人类生殖系基因编辑技术、胚胎模型和合成胚胎技术、类器官技术的顺序，逐一介绍胚胎干细胞技术领域和辅助生殖技术领域的最新科学进展，以及伴随这些科技进展所引发的新的伦理讨论热点，并根据最新的中国专利审查实践，给出初步的解决方案。

一、嵌合体/杂合体技术及其伦理审查

（一）嵌合体/杂合体技术概述

"嵌合体"一词源于古希腊神话，其原意是指狮头、羊身、蛇尾等拼凑起来的怪兽。在生物学上指同一个体中，基因型相异的细胞或组织混合存在的状态。❶ 这种混合或嵌合存在的生命体在自然界也广泛存在，例如美国纽约有一位女歌手泰勒·穆尔，腹部表现出两种不同的肤色，后来被查出她在母亲子宫里发育的过程中吸收了双胞胎兄弟姐妹的胚胎，是拥有两套基因的嵌合体。在常见的输血、组织移植或器官移植中，例如患有白血病的人在经过骨髓移植后，也会成为携带捐献者细胞的嵌合体；此外，每一位处于妊娠期的女性都是自己与胎儿的嵌合体，少部分胎儿细胞会融入孕妇血液，并传输至不同器官，处于妊娠期的女性体内存在少量胎儿的细胞和 DNA，血浓于水确实有其物质基础。

　　而在动物层面，南美洲的狨猴在胚胎发育期，多胞胎之间会发生细胞交流，成为嵌合体。在我们常见的实验动物或动物模型中，一些经过遗传改造的实验小鼠被用来模拟测试人类免疫系统；另一些则被植入人类肿瘤细胞来测试药物，例如应用免疫缺陷小鼠作为宿主研究一个人肿瘤细胞系的肿瘤形成，最典型的就是携带人癌症基因的哈佛鼠。还有，在体内验证人类胚胎干细胞、诱导性多能干细胞、体细胞核移植等的多能性时，通常是将人类胚胎干细胞等细胞注射入 SCID 小鼠从而验证其再分化形成三个胚层的能力。这样形成的小鼠都属于种间嵌合体或异种嵌合体。除人与人之间的同种器官移植，人类移植猪的心脏瓣膜已有多年历史，我国近年还批准了用猪角膜改造的生物工程角膜，那些接受异种器官移植的患者，也是嵌合体，而且是异种嵌合体。

　　通过以上天然存在的嵌合体或人工构建的嵌合体可以看出，嵌合可以发生在人体或动物体生长发育的不同阶段。可以通过胚胎的不同发展阶段，将嵌合体研究分为初期嵌合体（primary

---

❶ 王锋. 动物繁殖学［M］. 北京：中国农业大学出版社，2012.

chimeras）和中期嵌合体（secondary chimeras）。初期嵌合体是指将两个早期胚胎混合，或分离了胚胎细胞的早期胚胎与其他胚胎或体外培养的干细胞混合形成初期嵌合体，其所产生的嵌合体在许多组织中具有不同来源的细胞。中期嵌合体则是在动物后期的发育阶段移植细胞或组织形成，包括胎儿后期阶段、出生后甚至成年动物，供体细胞仅存在于少数组织中，受体动物经常被选择成免疫缺陷或免疫抑制。也可以说，初期嵌合体发生在产前阶段，中期嵌合体通常发生在产后阶段。其中，初期嵌合体显著的特点在于，其嵌合发生在胚胎阶段，由此会形成嵌合胚胎。

实际上，对于嵌合胚胎、嵌合体胚胎或称胚胎嵌合体，无论是在人类的自然生殖，还是在人类辅助生殖中，均广泛存在。其是指胚胎中包含两种及两种以上的遗传学不同的细胞系，可以经由自然过程或人为过程所产生。

自然过程是指在人胚胎的分裂过程中会自然产生嵌合胚胎。有统计数据表明，在卵裂期胚胎中，嵌合体胚胎会占比 15% ~ 90%，而在囊胚期胚胎中则占比 3% ~ 24%。尽管所有的细胞都是由一个受精卵分裂而来，但是在减数分裂或有丝分裂的过程中可能出现错误，部分细胞染色体分离异常，导致染色体增加或丢失，成为非二倍体细胞，这些错误分裂形成的染色体异常细胞就混在了正常细胞中❶，导致嵌合的形成。此时，按照胚胎植入前遗传学诊断国际协会（PGDIS）的标准，胚胎中非整倍体细胞占比 20% ~ 80% 为嵌合体胚胎，> 80% 为非整倍体胚胎，< 20% 为整倍体胚胎。可见，自然嵌合胚胎不仅会产生，而且比例还不低。由此，就有必要进行类型细分。按染色体组成时，嵌合胚胎可分成三种：第一种为非整倍体嵌合，是不同

---

❶ 李刚，孙莹璞. 嵌合体胚胎移植产生的可能后果及处理对策［J］. 生殖医学杂志，2019，28（11）：1251 – 1254.

染色体异常的非整倍体细胞的混合（即胚胎中没有正常二倍体细胞）；第二种为二倍体 - 非整倍体嵌合（mosaic diploid aneuploid），指胚胎中既有非整倍体细胞，又有二倍体细胞；第三种为杂乱嵌合或无序嵌合（chaotic），表现为多条染色体异常的无规律形式，每个细胞具有看似随机的染色体数目。❶ 对于这些自然产生的嵌合胚胎，如果从另一个角度，按照胚胎发育时期区分，则可分为卵裂期嵌合体胚胎和嵌合体囊胚。如果针对其中的囊胚嵌合体进一步细分，则又可分为全囊胚嵌合、单纯内细胞团嵌合、单纯滋养外胚层嵌合、全内细胞异常、全滋养外胚层异常五种。可以看出，这些在胚胎细胞分裂过程中自然产生的嵌合胚胎，差异也是非常大的。其产生并非人力所为，也非人力所能左右，此类胚胎通常不涉及伦理问题的讨论。由于嵌合体胚胎移植风险较高，医生和受术夫妻一般会谨慎移植，但也偶有移植并活产的报道。

　　人为过程是指经人工干预嵌合胚胎。例如经基因编辑，可以形成嵌合胚胎或嵌合体胚胎。基因编辑以后，由于在编辑多细胞胚胎时，被修饰细胞的数量难以控制，最终可能只有部分细胞被成功编辑，导致出现基因改变和基因未改变的遗传嵌合体。此时也称为胚胎镶嵌性或镶嵌性胚胎。对于这一类胚胎，遗传改变、遗传未改变、遗传修饰或遗传未修饰的细胞虽然嵌合在一起，但本质上基因编辑胚胎内的细胞均为人细胞，所以，人们就此讨论更多的是基因编辑技术不成熟之时由嵌合现象所带来的风险，很少单独就此中存在的嵌合问题或镶嵌现象质疑其伦理问题。因此，这一类胚胎虽然属于人工干预产生，但并不是本节讨论的重点。

　　嵌合胚胎或嵌合体形成的方式很多。无论自然形成，还是

----

　　❶　杨小璇，吴畏. 辅助生殖技术中嵌合胚胎的发生机制及结局［J］. 国际生殖健康/计划生育杂志，2019，38（1）：78 - 82.

人工干预，均可以形成嵌合胚胎，而且，很多嵌合体胚胎并不由于嵌合发生而涉及伦理问题。但是，不能据此认为，嵌合胚胎或嵌合体技术就不会涉及伦理问题。认识这一问题，还需要全方位、多角度的观察。

随着嵌合技术不断发展，现在的嵌合体/杂合体技术已经远远不是早期的杂交动物时期，例如专利 CN86102229A 涉及利用人的精液与雌性猩猩杂交产生近人猿；也已经不是简单粗暴地将人类干细胞注射到成年动物躯体形成的嵌合体时代，例如专利 CN1429561A 涉及非手术构建的人—山羊嵌合体。目前引发伦理关注较多的是人工构建的各种嵌合体/杂合体胚胎。尤其是同时包含人与动物遗传物质的嵌合体/杂合体胚胎。

通过将人类的生殖细胞与其他物种的生殖细胞结合而形成的嵌合体，也就是人和动物杂交，所形成嵌合体的每个细胞中均含有一半来自人类、一半来自其他物种的遗传物质。此类杂合体的嵌合程度最高，但由于这类人兽杂交通常是各国家所禁止的，结论比较明确，也不是我们讨论的重点。严格意义上来说，这种嵌合体应该称为杂合体。但在不同的场景中，嵌合体和杂合体的概念经常混用。需要指出的是，2019 年《专利审查指南（2010）》修改后对此仅规定，人与动物交配的方法，违反社会公德。其规制的范围，似乎更多的还是指向"交配的方法"，是在"交配"层面予以规制，并非指人为地在生殖细胞层面上将人类的生殖细胞与其他物种的生殖细胞结合。我国关于人类辅助生殖技术伦理、实验动物福利伦理等中，对此也均有禁止性规定，所以，此类杂合体的命运是比较明确的。该领域内最典型的引发过伦理争议的是如下这样两类嵌合体/杂合体。

第一类较为简单，即"胞质杂交"，指将人的细胞（体细胞或干细胞）经过核转移，移植到去核的动物卵母细胞中，形成克隆胚胎，是一类人—动物杂合体（animal – human hybrid cells）。其并未形成不同细胞或组织各自独立但彼此接触嵌合的状态，但胚胎细胞中及其将来分裂的每一个细胞中，都会包含人供体细胞核和动物卵子细胞线粒体的遗传物质。早在 1998 年，美国先进细胞公司就将人的面颊细胞核注入去核的牛卵母细胞中，克隆出胚胎干细胞。我国原上海第二医科大学盛慧珍教授领衔的团队，也在 2003 年用体细胞核转移技术，把人的皮肤细胞核注入去核的兔卵细胞，在国际上首次成功培育出以人类为主的人—兔嵌合体囊胚，证明人类体细胞核重编程也可通过非人哺乳动物卵母细胞的细胞质来实现。❶ 2007 年，对于英国纽卡斯尔大学、伦敦国王学院和爱丁堡大学罗斯林研究所等提出的准备运用体细胞核转移技术，将人的细胞核注入去核的牛、兔或羊的卵母细胞，以培育极早期胚胎（囊胚），并从中提取胚胎干细胞，研究帕金森病、早老性痴呆、糖尿病等严重危害人类疾病的机理和防治的申请，在英国获得批准放行。

第二类较为复杂，即种间嵌合体，也是目前引发争议最多的一类嵌合体，常称作人—非人动物嵌合体（human non - human chimeras），也称为 HNH 嵌合体。常见的有人鼠嵌合胚胎和人鼠嵌合体、人猪嵌合胚胎和人猪嵌合体、类人化动物模型（例如类人化小鼠模型）。很多情况下，其也被称为"Part - Human Chimeras"。这一类嵌合体的自然或人工形成的方式均很多，其制备技术要复杂一些。常规制作方法包括囊胚注入法和聚合法，相应的核心技术也称为种间胚泡互补（interspecies blastocyst complementation）或者胚泡互补。如图 7 - 1 所示，囊胚注入法是将细胞注射入发育胚胎的囊胚腔中，注射的细胞可以是卵裂球、内细胞团、胚胎癌细胞、胚胎干细胞，甚至可以

❶ CHEN Y, HE Z X, WANG K, et al. Embryonic stem cells generated by nuclear transfer of human somatic nuclei into rabbit oocytes［J］. Cell Research, 2003, 13（4）: 251 - 263.

是已分化的细胞。若注入的细胞并入内细胞团并参与胚体形成，就形成了嵌合体。此外，也有人将某一囊胚的内细胞团完全用另一囊胚的内细胞团代替。聚合法，也称全胚聚合法，最早在小鼠中试验成功，是将两个或多个去除透明带的早期胚胎，简单地聚合在一起培养，形成一个嵌合胚胎（或囊胚）的过程。

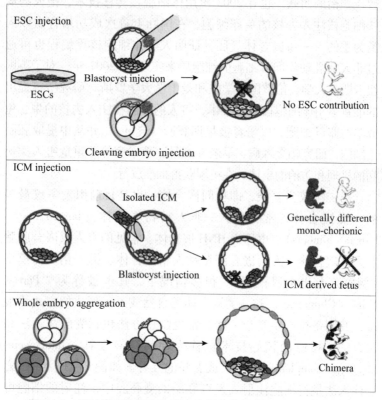

图 7 - 1　通过囊胚注射法和聚合法制备种间嵌合胚胎及嵌合体❶

---

❶　TACHIBANA M, SPARMAN M, RAMSEY C, et al. Generation of Chimeric Rhesus Monkeys [J]. Cell, 2012, 148 (1 - 2): 285 - 295.

最早提出这一类嵌合体研究，可以追溯到 2002 年。❶ 因为伦理学反对将人类胚胎干细胞注入人类胚胎的实验，以美国洛克菲勒大学 Ali H. Brivanlou 为首的一些生物学家认为，应该将人类胚胎干细胞注入小鼠的胚胎中以检测它们的多能性及临床应用前景，通过将人类的胚胎干细胞注入小鼠的胚胎中，继而植入雌性鼠体内让其生长发育，然后在发育的不同阶段检测其是否含有人类细胞。由此，在检验人类胚胎干细胞的多能性时，就需要构建这种嵌合式的胚胎。而胚胎干细胞将来的临床应用正是利用了这种多能性，即这种类型的细胞可以向不同方向分化发育而发挥不同的功能。2007 年，据英国《每日邮报》报道，美国内华达大学研究团队通过提取人体骨髓干细胞，将干细胞注入胎羊的腹膜中，成功制造出全球首只人羊嵌合体，其体内含有 15% 的人体细胞。制造者希望在它身上培育出可供人体移植的器官。

此后，不仅人类胚胎干细胞验证了其多能性、分化潜能及临床应用前景，人类诱导性多能干细胞和体细胞核移植细胞等，也均开始通过此方法验证其多能性。由此，无论是传统的人类胚胎干细胞技术，还是体细胞克隆胚胎技术、诱导性多能干技术的发展，都为嵌合胚胎技术发展提供了更多的可能和更强的动力。

国际上有关种间嵌合体的研究进展很快，至 2017 年 1 月 26 日，美国索尔克生物研究所的研究员吴军作为第一作者在《细胞》杂志上宣布，他们把人类诱导性多能干细胞注入猪胚胎中，首次成功培育出同时含有人类细胞和猪细胞的人猪嵌合体胚胎，并在猪体内发育了 3 ~ 4 周时间。❷ 在此之前，人类的多能干细

---

❶ 冯娟，宋德懋. 生物学家对于建立人—鼠嵌合胚胎的不同看法［J］. 生理科学进展，2003（1）：31.

❷ WU J, PLATERO - LUENGO A, SAKURAI M, et al. Interspecies chimerism with mammalian pluripotent stem cells［J］. Cell, 2017, 168（3）：473 –486.

胞是否有助于非啮齿类动物物种的嵌合体形成是未知的，此项研究成功地诱导人类多能干细胞形成了人猪嵌合体胚胎。

日本也是该项技术的佼佼者，其关于动物性嵌合胚胎（注意此处日本是将其称之为"动物性嵌合胚胎"，而非"动物嵌合胚胎"，一方面表明了这种胚胎是动物性的，另一方面，其又不等同于动物胚胎）的研究集中于在动物胚胎中注入人细胞（人类胚胎干细胞或诱导性多能干细胞）形成的嵌合胚胎。这项技术主要分为三个研究步骤，目前处于第二研究阶段。如图7-2所示，第一步：将人类胚胎干细胞或诱导性多能干细胞注入猪胚胎，形成嵌合胚胎；第二步：将该嵌合胚胎移植到猪的子宫，发育为长有人体器官（例如肾脏或胰脏）的猪；第三步：人体器官移植。

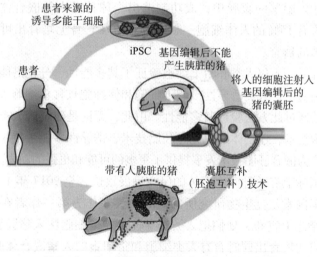

图7-2 人—动物嵌合体生产人类器官示意❶

❶ RASHID T, KOBAYASHI T, NAKAUCHI H. Revisiting the flight of icarus: making human organs from pscs with large animal chimeras [J]. Cell Stem Cell, 2014, 15 (4): 406-409.

　　由于嵌合和杂合的复杂性，很多名为嵌合体或杂合体的概念指代的并非是相同事物。此时，需要厘清嵌合胚胎或杂合胚胎的概念或定义问题。例如，澳大利亚的人类克隆生殖法中规定，禁止将嵌合胚胎和杂合胚胎发育至超过 14 天。但是，实际上，将人干细胞引入动物胚胎而形成的 HNH 嵌合体并不在澳大利亚的人类克隆生殖法管辖范围之内。因为其对嵌合胚胎和杂合胚胎的定义完全不同于 HNH 嵌合体。其嵌合胚胎是指人类胚胎中引入动物细胞或其组分（与前述的人—猪嵌合胚胎正好相反，其是在动物胚胎中注入人类细胞）；而杂合胚胎则是指人类卵子和动物精子受精形成的胚胎，动物卵子和人类精子受精形成的胚胎，或者在人和动物卵细胞之间存在经核移植所形成的胚胎。杂合胚胎的每一个细胞中，都包含人和动物 DNA 的混合物；而嵌合胚胎中包含的则是完全人细胞和完全动物细胞的混合物。

　　那么，科学家们为什么要进行嵌合体、杂合体研究呢？主要是由于嵌合体、杂合体在探索生命发育机制、新药研发、疾病治疗等众多领域中产生的巨大应用价值。其一，对于刚刚提及的胞质杂交胚胎或细胞质杂合体研究而言，将人细胞转入人的去核卵母细胞当然较好，但现实中，捐赠卵子的过程复杂、痛苦，且耗费时间、精力，甚至可能有医疗风险，导致人卵子数量有限，用动物卵细胞代替人类卵子构建胞质杂交嵌合体可在基础研究中弥补人卵来源短缺的问题。其二，在诱导性多能干细胞正式进入临床之前，需要首先进行动物实验，那么进行动物实验时，就需要将人诱导性多能干细胞核移植入动物体，此时就必然会产生嵌合体/杂合体问题。其三，目前新药或治疗方法在应用于人体前必须经过动物实验测试，然而，动物与人类之间的巨大差异使得动物实验并不能有效地模拟药物在人体内的代谢、药效及毒副作用等，嵌合体更能准确模拟人类对药物的反应，更加适合研究人类疾病，可作为药物疗效的检测模型。其四，再生医学领域开展干细胞分化形成器官的研究，该干细胞的后续应用实验在人体上进行显然是不道德的，此时就只能通过在动物体内进行后续试验，构建嵌合体开展研究对于回答干细胞和发育生物学的基本问题是不可或缺的，这种嵌合体有助于提供一个体内的系统来帮助研究者了解干细胞的分化和组织发育过程；最后，更为重要的是，人—动物嵌合体还可用于制造人类器官或组织，用于解决当前移植器官短缺的问题。

因此，仔细琢磨的话，很多嵌合体、杂合体研究往往都有一些非常合理的背景，是干细胞技术和人类胚胎科技发展到一定阶段后其下一阶段研发的必然要求。且这一阶段的研发，往往是临床研究的过渡阶段，多属于基础研究，而非应用研究。

（二）嵌合体/杂合体技术伦理争议

通过如上介绍可以得知，同种嵌合、体细胞嵌合等，一般不会有伦理问题。比较敏感的是异种嵌合、异种杂合、异种杂交。对于这种异种嵌合，乍听上去，公众可能会觉得，这些关于人兽嵌合的科学进展似乎耸人听闻，违反伦常。美国生物伦理委员会前主席利昂·卡斯博士就明确表示，对人—动物嵌合体有本能的不适或反感，嵌合体研究在道德上是错误的。但是，近距离了解其发展过程，一切似乎又都合情合理。那么，面对这些进展，社会到底应该持何态度呢。

1. 胞质杂交

反对意见以 2007～2008 年，英国批准动物卵子和人体遗传物质混合形成胚胎的研究为代表，当时反对意见认为，由此形成的是一种混合生殖细胞（mixing reproductive cells），混合胚胎在生物学上的属性不明。

其实，早在 1998 年，美国先进细胞公司将人的面颊细胞核注入去核的牛卵母细胞中，克隆出胚胎干细胞的研究，就曾被多家权威学术期刊拒绝发表。❶ 2003 年，盛慧珍教授报道的人兔嵌合技术❷也遭到了西方的质疑声，这篇文章曾被美国的期刊拒绝发表，他们认为，将人类细胞和动物卵子融合是不符合伦理的，他们猜测这个成功的背后存在可疑的伦理问题。这也表明了科学界对人—动物细胞融合实验的谨慎和担忧。该文章发表后，其研究者迅速成为国内外关注的焦点人物。

　　但是，学者们的认识，也会随着技术发展、认识深入而逐渐变化。例如邱仁宗教授在 2002 年认为中山大学将人皮肤细胞转移到兔去核卵母细胞的技术，尚没有充分的研究理由；到了 2009 年，对于上海交通大学医学院的类似研究，邱仁宗教授和翟晓梅教授则联合发文指出，一刀切式地禁止一切嵌合体和杂合体研究，得不到伦理学的辩护，应该禁止的只是真正的杂合体研究，不允许创造人—动物嵌合体，如将动物干细胞注射入人胚胎内，或者将动物体细胞核移植入去核的人卵内。但是，如果是将人体细胞核移植入动物的去核卵细胞内，能有利于干细胞研究，且可以将风险降到最低，则应该允许创造人—动物胞质杂交杂合体。❸

　　可见，仅仅几年时间，经过讨论和碰撞，学者们，尤其是伦理学者们的观点有了截然不同的改变，人们开始认识到，胞质杂交，仅仅是为干细胞研究而构建的一种研究工具，不等同于那些人类真正顾忌的将动物干细胞注射入人胚胎内，或者将

---

　　❶ 刘科，王欣欣. 人—动物细胞融合实验的社会焦虑及其价值抉择［J］. 科技管理研究，2014，34（16）：249 - 254.

　　❷ CHEN Y, HE Z X, LIU A, et al. Embryonic stem cells generated by nuclear transfer of human somatic nuclei into rabbit oocytes ［J］. Cell Research, 2003, 13（4）：251 - 263.

　　❸ 邱仁宗，翟晓梅. 关于干细胞研究及其临床应用伦理管治的回顾与展望［J］. 中国医学伦理学，2009，22（5）：3 - 9.

动物体细胞核移植入去核的人卵内等真正的嵌合体/杂合体。并且，一些诸如胞质杂交的嵌合体基础研究，如果也严格遵守体外培养 14 天限制等伦理规范，严格禁止将相关胚胎植入女性子宫或其他任何物种的子宫，即使开始并不被理解，多数也会逐渐改变认识，得到理解。

1999 年，国际人类基因组组织（HUGO）曾发表了一份关于克隆的声明，一些表达意味深长，其中写道：通过体细胞核转移及其他克隆技术在人和动物两者之间进行基础研究应予支持，以便研究种种科学问题，包括研究基因表达、衰老与癌症。有学者认为，此处尽管没有明言人—动物的细胞融合，但包含了这样的意思。对于人和动物之间的基础研究，国际人类基因组组织持支持态度。

国内一些比较开明的学者，例如胡庆澧教授等早在 2001 年《人类胚胎干细胞研究的伦理准则（建议稿）》发布时就提出[1]，应该有条件地支持杂合体和嵌合体研究。具体而言，在非临床应用的基础性研究中，在经过严格的科学和伦理评审并加强监督的基础上，可以允许人—动物细胞融合技术。相当多的伦理学家早在 2010 年就主张要加大投入干细胞的基础研究，适度放开嵌合体/杂合体的研究[2]，以有利生命科学的发展。并提出适度放开杂合体和嵌合体实验的条件主要有：①允许细胞质的杂合体研究（即人的体细胞核移入动物去核卵细胞，发育成囊胚获取干细胞研究）；②允许嵌合体研究（即将人类极少量细胞和干细胞注入动物体内，建立人类疾病模型）以观察干细胞移植

---

[1] 胡庆澧，丘祥兴，沈铭贤. 干细胞研究与应用的伦理思考 [J]. 中国医学伦理学，2010，23（3）：5 - 9.

[2] 丘祥兴，胡庆澧，沈铭贤，等. 干细胞研究与应用中伦理问题的再调查：结果与建议 [J]. 医学与哲学（人文社会医学版），2010，31（2）：19 - 22.

体内的分化、移动、形成新组织过程；③人与动物的嵌合体研究应该选择与人的亲缘关系较远的动物来进行；④不允许嵌合体囊胚体外培养超过 14 天；⑤不允许人—动物嵌合体囊胚植入人和动物子宫；⑥不允许将人与动物嵌合体囊胚获取的干细胞用于临床治疗；⑦不允许真正杂合体（即人与动物的配子结合）。并提出适度开放嵌合体/杂合体研究只限于基础实验研究，伦理上最主要是掌握对人类不伤害和有利两个原则。

　　国家人类基因组南方研究中心原伦理学部主任沈铭贤认为❶，对于胞质杂交嵌合胚胎研究，也存在两大风险，一是线粒体，二是隐性病毒。因此，嵌合体研究固然不宜禁止，但必须慎之又慎，科学上严格准入，伦理上严格把关。在科学上，一定要提高门槛，只允许少数有良好资质的机构和人员从事研究，而且方案要严格评审，实验记录要真实、完整、长期保存，成果发布要规范。同时，随时准备接受国家级机构甚至国际专家的检查。在伦理上，要有专门的伦理委员会，从课题立项到成果发布进行独立的评审和监督，以确保其有利于人类而不致危害人类。同时，实验开始前就要有明确的伦理规范（最好是立法），例如实验胚胎不得超过 14 天，不得植入子宫等。即使实验开展了，成功了，能不能进入临床、如何进入临床，还要经过严格的科学和伦理程序。国家人类基因组南方研究中心伦理学部 2003 年在评审盛慧珍教授及其研究团队的论文时认定：作为基础研究，人兔细胞嵌合是可以的，应予支持，但不能应用于临床。为什么支持论文发表又不能应用于临床呢？因为上述两大风险未获解决，安全得不到保障。科学技术部原副部长李学勇认为：伦理对科学不只是约束，还是一种保护和支持。

　　可见，在基础研究层面，对于胞质杂交嵌合胚胎研究，国

---

❶　沈铭贤. 人兽嵌合胚胎研究：不必惊恐［N］. 上海科技报，2007 - 09 - 14（A3）.

内外都有很多放开的声音。人们最大的担心还是临床应用，将其用于克隆，即将该类胚胎植入人或动物子宫。

1998 年，美国先进细胞公司发表在《科学》杂志上的"人—牛嵌合体"报道❶引起了社会的极大关注。该研究团队把人体细胞与母牛卵子融合，使人体细胞回到了具有发育全能性的状态。将人—牛嵌合体囊泡植入奶牛的子宫，能得到人—牛嵌合体的成体，这将会导致伦理上不可回避的结果。因而这一研究结果发表后反对的呼声很高，原美国总统克林顿公开反对，表示美国政府不资助任何人和动物嵌合体的研究项目，包括人畜细胞融合。美国州政府在干细胞研究的项目申请书的说明中明确强调，申请者要注明干细胞研究会做到哪个阶段，而且必须有"保证胚胎在囊胚期之后不再植回子宫"字样，否则该申请书在形式审查中就会被驳回。

在世界范围内的伦理问题有相对公认的概念范畴时，中国不会也不应超越相关的伦理认知。目前来看，专利申请中涉及此类技术的，多数是基础研究，一般会恪守 14 天规则，尚没有发现非要把人体细胞与动物卵子形成的克隆胚植入人或动物子宫的情形。

2. HNH 嵌合体

种间嵌合的 HNH 嵌合体，情况要复杂一些。包括美国、英国、澳大利亚、加拿大、德国、法国、瑞士在内的多数国家，对于 HNH 嵌合体，并不存在相关的法律规定。例如，澳大利亚的人类克隆生殖法规定，禁止将嵌合胚胎和杂合胚胎发育至超过 14 天。但是，实际上，如前所述，将人干细胞引入动物胚胎而形成的 HNH 嵌合体并不在澳大利亚的人类克隆生殖法管辖范

❶ MARSHALL E. Claim of human – cow embryo greeted with skepticism. [J]. Science, 1998, 282 (5393): 1390 –1391.

围之内。

一方面是 HNH 嵌合体的定位。HNH 嵌合体是怎样的实体，是人还是（非人）动物，既是人又是动物，还是既不是人也不是动物，我们需要讨论这种人与动物混合体是否具有道德地位，或人类对他们（或它们）是否负有义务？要了解人类对 HNH 嵌合体的道德义务，就要先了解嵌合体的道德地位。

另一方面是 HNH 嵌合体需要走得更远。确实如学者们所看到的，嵌合体研究存在相当多的风险，包括但不限于个体风险、人群风险、生态风险、嵌合体或动物模型的安乐死、动物福利等问题。❶ 不仅如此，传统的关于干细胞研究上的伦理限制，对于这些嵌合体而言，是必须突破的，例如发育不超过 14 天或禁止移植入动物子宫。

可见，与人类胚胎干细胞专利相比，人兽嵌合体引发了更为激烈的伦理争议。支持者认为相关研究能在一些疾病的治疗上产生突破性的进展，这有助于解决人类长久以来存在的器官移植短缺等方面的问题。反对者则担心如果人—动物嵌合胚胎经发育后产生类似人类具有意识能力的神经系统，产生人类生殖细胞，或者发育后表现出类似人类的行为，那么由此产生的伦理后果可能是难以想象的，并且，这些嵌合体将使人与动物之间的界限变得模糊，有损人的尊严，会带来异常复杂的伦理、社会问题。

（三）法律现状

人—动物嵌合体研究在科学界一直是一个讳莫如深的话题，它因具有难以估量的医学和商业价值而被各国科学家所追捧，同时又因伦理争议而被质疑，并遭到若干禁令的监管。与英国

---

❶ 孙彤阳，翟晓梅. 人—非人动物嵌合体的术语特征及伦理问题研究［J］. 中国医学伦理学，2018，31（8）：981－987.

和美国相比，大多数国家并未出台人—动物嵌合体研究的法律法规，或者相关规定过于简陋。

1. 英国的法律现状

英国是第一个对胚胎研究表明政治立场的国家，其在 1990 年出台人类受精与胚胎学法，同时成立 HFEA。HFEA 通过许可证的方式对体外受精、精子捐赠和胚胎研究进行授权和监控，允许在满足特定研究目的，并接受严格监管的前提下对胚胎进行试验。其中，研究目的限于：促进对不孕症的治疗；增加对先天性疾病的认识；增加对流产原因的认识；发展更有效的避孕技术；发展植入前胚胎的基因或染色体缺陷的检测方法或其他。❶ 该法案中还规定：禁止将非人类的胚胎或生殖细胞植入妇女体内；禁止将任何胚胎植入动物体内；除许可证授权外，禁止将动物生殖细胞与人类生殖细胞结合。

在人类受精与胚胎学法的支持下，胚胎研究在英国广泛开展起来。期间，颇受争议的人—动物嵌合体技术出现并不断发展。在经历了长期的激烈争论之后，英国于 2008 年完成对人类受精与胚胎学法的修订。新法案除了继续坚持旧法案的基本原则，还增设条款：除许可证授权外，禁止制造、保存及使用人类混合胚胎。从而通过专门审批和授权许可的方式，扩大了胚胎研究的范围，包括备受争议的人—动物嵌合胚胎等。❷ 其中人类混合胚胎包括以下几种：通过将动物的卵细胞细胞核、体细胞细胞核或两个前核移除，置换为两个人类前核、人类生殖细胞细胞核、体细胞细胞核或人类生殖细胞、体细胞而获得的胚胎；通过将人类生殖细胞与动物生殖细胞结合获得的胚胎；通

---

❶ 肇旭. 英国人类胚胎干细胞研究法律规制述评 [J]. 东北师大学报（哲学社会科学版），2011（1）：32 - 35.

❷ 杨芳. 人工生殖模式下亲子法的反思与重建：从英国修订《人类受精与胚胎学法案》谈起 [J]. 河北法学，2009，27（10）：117 - 122.

过将人类前核与动物前核结合获得的胚胎；通过将动物细胞的细胞核或 mtDNA 的任何一段序列植入人类胚胎的一个或多个细胞中获得的胚胎；通过将一个或多个动物细胞植入人类胚胎中获得的胚胎；同时包括人类和动物细胞核或 mtDNA 的胚胎，但是动物 DNA 不占主导地位。❶

可见，英国以专门机构许可授权的方式允许对人—动物嵌合体进行研究。2008 年 1 月，HFEA 还为英国伦敦国王学院研究小组、纽卡斯尔大学和东北英格兰干细胞研究所颁发了一年的研究许可，允许其利用体细胞核转移技术，将人体细胞核注入去核的牛或兔子的卵细胞中，获得人牛嵌合体和人兔嵌合体。这项研究公认的伦理底线是胚胎的发育时间不能超过 14 天，所获得的胚胎不能植入子宫。新法案的颁布与实施，使英国成为欧洲首个使人—动物混合胚胎研究合法化的国家，英国继续保持其在胚胎研究领域的世界领先地位。

新法案也遭到各国人士的反对和谴责，包括英国人自己。针对这项备受争议的计划，HFEA 后续开展了民意测评，在经过对计划的深入了解后，大多数接受调查者由最初对制造人兽混合胚胎的谨慎态度开始向接受转变。

2. 美国的法律现状

2005 年，美国国家科学研究委员会与医学研究院下属的人类胚胎干细胞研究委员会发布了人兽嵌合体研究的指导方针：禁止将人类胚胎干细胞引入非人类生物胚胎中，或将非人类生物的胚胎干细胞引入人类的胚胎中；禁止繁殖在任何发育阶段被引入人类胚胎干细胞的动物。人兽嵌合体研究应作为在其他类型研究不能提供足够信息时而不得不采取的最后手段。同年，

---

❶ 肇旭. 人类胚胎干细胞研究的法律规则 [M]. 上海：上海人民出版社，2011：87－88.

534 | 专利制度与科技伦理——发明专利的伦理道德审查

美国科学院也发表了人类胚胎干细胞研究的指导方针，建议将人类胚胎干细胞引入任何发育阶段的动物胚胎或胎儿之前，必须首先获得一个独立的伦理委员会的批准。这说明，美国科学院允许在适当的伦理监督下进行人兽嵌合体研究。●

2015 年 9 月，美国国立卫生研究院废止了早前的一项政策，宣布暂停对涉及人与非人嵌合体的研究提供支持，待对该领域研究的科学和社会意见作进一步评估后再做决定。尽管停止了对该项目的研究资金支持，但鉴于人与非人嵌合体在器官移植等方面展现的巨大应用前景，仍有许多科学家们依靠其他资金来源开展研究。

自禁令颁布以后，有关专家开展了各种科学层面的讨论，在 2016 年，美国国立卫生研究院发表声明，提出一项联邦资金使用的新政策，解除以前对人—动物嵌合体研究资金的限制。也就是说，未来美国联邦资金可以支持诸如通过创建人—猪或人—羊嵌合体来生产人类移植器官的研究，转而代之以对相关嵌合体研究以一种额外的伦理审查。该伦理审查主要分为两类：一类是将人类胚胎干细胞加入非人脊椎动物的原肠胚阶段的胚胎中，此时胚胎已经发育出或者将来会发育为不同组织和器官的三个细胞层（即等到动物胚胎发育了一段时间后，再植入人类干细胞）；另一类则是将人类细胞引入原肠胚后期哺乳动物的脑中，旨在让人类细胞对动物大脑进行改造（除了啮齿类的研究，一般不需要额外的审查）。但是，美国国立卫生研究院也表示，仍会严格限制将人类干细胞引入早期胚胎，包括胚泡阶段；并且，严格限制产生携带人类精子或卵子细胞的嵌合体动物。此种情况下，相关实验动物将严格禁止杂交。

美国哥伦比亚大学生命伦理学项目主任，将美国国立卫生

● 肇旭. 人类胚胎干细胞研究的法律规则 [M]. 上海：上海人民出版社，2011：90 – 91.

研究院的行为称为"向正确方向迈进了一大步，将为数以百万级的各类患者带来巨大的帮助"。可以看出，美国实际上是在严格的伦理审查之下，允许进行人—动物嵌合体研究，并且，美国对于嵌合时期具有较为严格的把握，实际上是担忧干细胞注入早期阶段的胚胎后，使未来的发育具有更多可能性，更可能引发伦理担忧。ISSCR 的 2006 版《干细胞研究和临床转化指南》对此也有类似的规定。

在专利层面，美国奉行"阳光下任何人造之物均应在专利法保护之列"，其没有专门的法律规定对人—动物嵌合体相关主题进行约束，但规定"人类有机体是不可被专利的客体"。最早涉及嵌合体的著名案件是生物学家斯图尔特·纽曼（Stuart Newman）提交的人—非人动物嵌合体专利申请案。USPTO 予以拒绝，指出美国通过 1952 年专利法的时候，并不想对人或者主要是人的生物授予专利权；允许把人作为专利客体，这违反了废除奴隶制度的宪法第 13 修正案。因此，不能授予人或者主要是人的生物以专利权，不能通过对人的所有权使之成为奴隶。在一项涉及"50% 成分的人—黑猩猩嵌合体及制造方法"的专利申请中，USPTO 以"在控制及调节人类细胞的比例上过于粗糙，可以很容易地制造出过于接近人类的生物体，违背人是不可被专利的客体的原则"为由驳回了该申请，未正面回答人兽嵌合体是否为可专利性的客体的问题。

3. 日本的法律现状

为促进异种嵌合进行人类器官再造技术的发展，JPO 对此跟进的速度非常快，及时建立了相关的伦理指导原则。❶ 该伦理指

---

❶ 研究振興局ライフサエンス課，生命倫理・安全対策室医学. 生命科研究等に係る倫理指針及びカルタへナ法に関する説明会［EB/OL］.（2019 - 06 - 21）［2021 - 03 - 13］. http：//www. lifescience. mext. go. jp/bioethics/link. html.

导原则的建立，历时达 6 年。因为根据日本 2001 年制定的特定胚胎处理指南，对于该类特殊胚胎的制备，克以严格的准入条件，并不得发育超过 14 天，不得植入子宫。当 2010 年开始出现此类研究以后，在 2012～2018 年，JPO 连续召开 18 次会议，社会上也充分听取各方意见，针对采用人类胚胎干细胞或诱导性多能干细胞制备动物性嵌合胚胎，发育成能够产生人类移植器官的动物个体的研究。2018 年 3 月，日本特种胚胎专业委员会制作完成关于采用动物性嵌合胚胎的研究的意见出台：不仅取消了 14 天的限制，在满足相关条件下，通过个案审查的方式，还允许该动物性嵌合胚胎移植。

2019 年 3 月，日本文部科学省对此制定了新的规则，如图 7-3 所示，新的规则允许在动物体内培育人类器官，解除了之前必须在 14 天内终止人—动物嵌合胚胎研究的限制，从而加强利用动物培育移植用人体器官的相关研究。此举旨在针对器官移植捐赠率低且易出现排异反应的现况，也将为糖尿病等疾病的治疗开启新方向。

根据这项新规，2019 年 7 月，著名生物学家中内启光（Hiromitsu Nakauchi）的试验计划得到了批准。中内启光计划将人类诱导性多能干细胞植入小鼠和大鼠胚胎，并将胚胎植入实验动物体内。其最终目标是在动物体内培育能用于移植手术的人类器官，也就是说，这些器官最终将用于人体。实施这样的研究在日本还是首次。由于人—动物嵌合体研究由过去的"胚胎"状态开放到"生物个体"状态，意味着人兽杂交体将可能出现。该研究计划的批准迅速引起社会各界人士的关注。

尽管公众对人—动物嵌合体研究表示支持，但也有人担忧修订后的规则并没有明确禁止由人类和非人灵长类动物细胞产生的嵌合胚胎，而将两个接近的物种进行嵌合时无法控制的事情太多了，这将可能带来未知的道德风险。

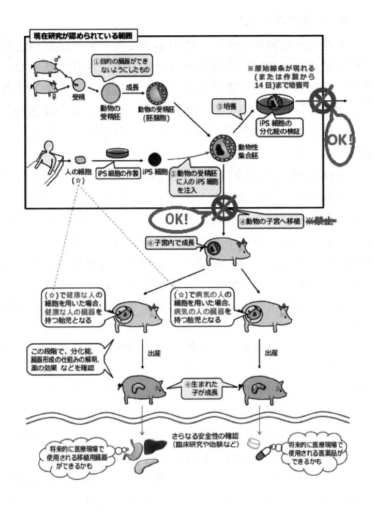

图 7 - 3　2019 年日本文部科学省制定新规变化❶

4. 中国的法律现状

对于人—动物嵌合体的动物模型，我国有关管理部门还没有任何正式文件肯定嵌合体或杂合体研究的合法性。从法律上来讲，这种嵌合胚胎很难用传统的非人即物的二分法来界定其法律地位和伦理地位。同样，在技术上，大量的嵌合体胚胎的出现，也很难界定其属于动物还是人，在其定位上就会面临无据可依的局面。

我国在 2003 年实施的《人类辅助生殖技术和人类精子库伦理原则》强调：在尚未解决人卵泡浆移植和人卵核移植技术安全性问题之前，医务人员不得实施以治疗不育为目的的人卵泡浆移植和人卵核移植技术；医务人员不得实施以生育为目的的嵌合体胚胎技术；医务人员不得实施生殖性克隆技术；医务人员不得将异种配子和胚胎用于人类辅助生殖技术，医务人员不得进行各种违反伦理、道德原则的配子和胚胎实验研究和临床工作。

显然，上述规定系在人类辅助生殖技术领域，针对人类辅助生殖技术的实施予以规范，规范的对象主要是从事辅助生殖的医务人员，且明确针对的是以治疗不育为目的的技术，前述讨论涉及的嵌合体胚胎技术（胞质杂交和 HNH 嵌合体）也很难落入相应其禁止的情形，因此，援引辅助生殖领域的这些规范用于规范再生医学领域的科学研究，似乎依据不足。

在干细胞领域，我国在 2003 年实施的《人胚胎干细胞研究伦理指导原则》第 6 条规定，进行人胚胎干细胞研究，必须遵守以下行为规范：①利用体外受精、体细胞核移植、单性复制技术或遗传修饰获得的囊胚，其体外培养期限自受精或核移植开始不得超过 14 天。②不得将前款中获得的已用于研究的人囊胚植入人或任何其他动物的生殖系统。③不得将人的生殖细胞与其他物种的生殖细胞结合。由于前述诸如人鼠、人猪嵌合胚胎，人鼠、人猪嵌合体技术中的胚胎实际上并非人胚胎或人囊胚，也并非将人的生殖细胞与其他物种的生殖细胞结合，似乎以此规范也依据不足。

除了前述规范性法律文件外，中国再无其他法律和伦理规范文件对该研究领域加以规制。也就是说，目前中国尚未形成明确的立法监管体系，没有相关法律法规对人—动物嵌合体相关研究加以规制。面对国际上嵌合体研究法律规制形势严峻的情况，科研人员从中国的法律监管体系中看到了嵌合体研究的希望。2019 年，美国索尔克生物研究所胡安·卡洛斯·伊兹皮苏亚·贝尔蒙特（Juan Carlos lzpisúa Belmonte）教授领导的国际研究小组，为了避免嵌合体研究在美国面临的法律限制，在中国实验室开展了人—猴子嵌合体试验，并制造出了首个人类与猴子的嵌合体，在猴子胚胎中发育人体器官。该研究同样引发了巨大的伦理争议，尽管迫于伦理和舆论的压力，在胚胎发育第 14 天进行了销毁。但也反映出我国当前迫切需要加强嵌合体研究领域的法律、伦理规范的制定。

在专利层面，我国现行专利制度中同样没有专门针对人—动物嵌合体主题的法律规范。可能与之相关的法律依据仅能从专利审查指南中寻到些许踪迹，未必完全适用。我国 2019 年修订的《专利审查指南（2010）》第二部分第一章第 3.1.2 节有关"违反社会公德的发明创造"中举例，人与动物的交配的方法，改变人生殖系遗传同一性的方法或改变了生殖系遗传同一性的人，人胚胎的工业或商业目的的应用，属于违反社会公德的具体情形。第二部分第十章第 9.1.1.1 节还规定，处于各形成和发育阶段的人体，包括人的生殖细胞、受精卵、胚胎及个体，也均属于专利法第 5 条第 1 款规定的不能被授予专利权的发明。人类胚胎干细胞不属于处于各个形成和发育阶段的人体。

前述规定更多针对的是人体、人胚胎及相关主题，对于人—

动物嵌合体和人—动物嵌合体胚胎应该如何定义？是定义为人还是动物？显然，人—动物嵌合体技术的出现使得人与动物的界限变得模糊，严格意义上来说，并不能简单地将人—动物嵌合体和人—动物嵌合体胚胎认定为人体、人胚胎，或者动物、动物胚胎。因此，人—动物嵌合体的相关主题似乎也不能简单地通过上述规定予以规范。如果出于无论将其认定为属于人胚胎还是动物胚胎，我国专利审查指南均可从《专利法》第5条或第25条有关动物品种的角度予以规制的话，实际上，勉强解决的也是有关胚胎产品的问题，无法解决相关嵌合胚胎方法发明的问题。

对此，专利审查部门在2011年出版的《审查操作规程》中，曾经提出一种解决思路：对于"用人类胚胎干细胞形成嵌合体的方法及所获嵌合生物体"的主题，应当认为这类方法或产品发明属于"改变人生殖系遗传同一性的方法或改变了生殖系遗传同一性的人"，不能被授予专利权。并举例，对于权利要求请求保护"一种形成嵌合体胚胎的方法，其特征在于，取8-细胞卵裂期的人胚胎，分离其中的单个细胞，注入鼠胚胎中……获得嵌合体胚胎。"该发明的产物为人与动物的嵌合体，导致人生殖系的连续性遭到破坏，该发明属于"改变人生殖系遗传同一性的方法"，不能被授权的主题。

但是，审查操作规程仅是一段时期内专利审查部门的内部操作规范，实际上并不具有专利审查指南的审查标准的效力。因此，这一标准现今如何解读，还需要更多的讨论。至于其提出的通过"改变人生殖系遗传同一性的方法或改变了生殖系遗传同一性的人"这一途径，来认定和解决嵌合胚胎问题，估计也会面临一系列疑问。例如，对于"改变了人生殖系遗传同一性"该如何理解，专利审查指南并未给出明确的解释。此案将人类胚胎的单个卵裂球细胞注入老鼠胚胎中，改变的是人生殖系遗传同一性？还是老鼠生殖系遗传同一性？如果按照 2011 年出版的审查操作规程，该案例的示例性标准，是不是就会导致所有涉及人—动物嵌合体的研究都将排除在可授权范围之外，另外，对于嵌合体胚胎的基础研究（例如不超过 14 天、不移植入人或动物子宫）如何看待，对于嵌合体胚胎的应用研究（例如像日本那样允许将人—猪嵌合胚胎植入动物子宫，研究人体器官发育，但对动物后期养育、杂交生育、处死等都有严格的限制），也均没有说法，都需要讨论。

（四）专利审查现状

1. 第一类嵌合：胞质杂交嵌合

【案例 7 – 1】 CN201010270285A

发明名称：一种提高人种间核移植胚胎核质相容性及发育率的方法

案情介绍：针对人卵母细胞供应量有限的问题，使用异种的卵母细胞进行种间核移植提供了一种替代方法，但种间核移植胚胎存在发育率低及囊胚内细胞多能性不足等一些问题。为此，该申请开发了一种提高人种间核移植胚胎核质相容性和/或发育率的方法，主要步骤包括：将人成纤维细胞的细胞核，移入去除了细胞核的非人哺乳动物 M 期卵母细胞的卵周隙内，电刺激促进融合形成重构卵，然后将来自于人卵的胞质移入前述重构卵，通过电刺激，促进人卵胞质与重构卵的融合，从而形成由人体细胞的细胞核、非人哺乳动物的去核卵胞质和人卵胞质三种成分组成的重构卵。申请文件中还记载了成纤维细胞是可以从流产胎儿皮肤组织或患者或健康个体包皮组织原代培养获得。具体实施例中，制备人卵胞质使用的是"体外受精 24 小时后仍未分裂的卵（废弃的卵）"。

专利审查过程中，该案最终由于违反《专利法》第 5 条第 1

款的规定被驳回，处于驳回失效状态。驳回主要理由认为：所述的成纤维细胞是流产胎儿皮肤组织或患者或健康个体包皮组织原代培养获得的成纤维细胞，人卵胞质来源于体外受精 24 小时后仍未分裂的卵。上述"流产胎儿""体外受精的人卵"和该申请以人体细胞核移植获得的重构卵均属于人胚胎范畴，该申请涉及由人"流产胎儿"获得成纤维细胞、由"体外受精的人卵"获取胞质的过程，为了获取人种核移植的材料而对"流产胎儿"和"体外受精的人卵"进行了分离、分割，并请求保护了以人体细胞核移植获得的重构卵及其用途，涉及人胚胎的工业或商业目的的应用，不符合《专利法》第 5 条第 1 款的规定。

申请人认为：权利要求中已将"成纤维细胞"进一步限定为"其中所述的成纤维细胞是患者或健康个体包皮组织原代培养获得的成纤维细胞"，已不涉及使用"流产胎儿"的技术方案，将"人卵"限定为"其中所述的人卵为体外受精 24 小时后仍未分裂的卵，并且所述人卵不是受精卵"，因此新的权利要求不涉及人胚胎的工业或商业目的的应用。

案例分析：该案结案发生在 2013 年，在 2019 年《专利审查指南（2010）》修改之前。审查中主要争议仍然聚焦在"人胚胎的工业或商业的目的的应用"上，并未涉及人—动物嵌合体。对于其中涉及的由人体细胞的细胞核、非人哺乳动物的去核卵胞质和人卵胞质三种成分组成的重构卵（即胞质杂交嵌合），审查员认为上述重构卵属于人胚胎的范畴。申请人虽未针对该意见提出反对意见，但该观点是否合理值得进一步探讨。

关于"人胚胎"，我国专利审查指南中并未给出具体的定义或解释，审查操作规程中将人胚胎定义为：是从受精卵开始到新生儿出生前任何阶段的胚胎的形式，包括卵裂期、桑椹期、囊胚期、着床期、胚层分化期的胚胎等。其来源包括体外受精多余的囊胚、体细胞核移植技术所获得的囊胚、自然或自愿选择流产的胎儿等。上述定义中并未对体细胞核移植技术所获得的囊胚进行具体解释，例如专指由人体细胞与人卵细胞制备获得的体细胞核移植囊胚，还是由人体细胞与其他不限卵细胞类别制备的体细胞核移植囊胚等。但从人胚胎的整体定义中不难看出，我们理解其应该仅针对由人类细胞经体细胞核移植技术制备的囊胚，并不涉及种间嵌合这种复杂形式的囊胚。

另外，从目前世界各国伦理争议中也可以看出，人—动物嵌合体技术的出现使人和动物的界限变得模糊，人—动物嵌合体到底是人还是动物，目前并没有达成统一的共识。众所周知，遗传物质不仅存在于细胞核，而且存在于细胞质中的线粒体，该案中由人体细胞的细胞核、非人哺乳动物的去核卵胞质和人卵胞质三种成分组成的重构卵，同时含有人体和动物体的遗传物质。

综上所述，直接将该案中经种间嵌合形成的重构卵认定为人胚胎，似乎有些不妥。但若将其认定为动物胚胎似乎更不合适。那么，在无合适适用条款的情况下，是否意味着人—动物重构卵可以被授予专利权？根据我国专利法的相关规定，无论是人胚胎抑或者是动物胚胎均属于专利法规定的不授予专利权的保护客体，其中，人胚胎通过《专利法》第5条，动物胚胎通过《专利法》第25条第1款第4项有关动物品种的相关规定予以规制。在人胚胎和动物胚胎均不能被授予专利权的情况下，对人—动物重构卵或人—动物重构胚胎授予专利权貌似也不合理。

因此，该案的焦点问题，仍在于方法权利要求保护主题。从事后分析的角度而言，目前我国关于此类胞质杂交形成嵌合胚胎的方法发明，是否存在伦理问题，意见并不统一。其主要争议至少有二：一是涉案的此类胚胎是否应定位为人类胚胎？

二是如果该发明仅仅涉及基础研究，是否能够适用"人胚胎的工业或商业目的的应用"而加以反对。该案例只是其中的一种意见，也有部分案例，对此并未指出存在违反《专利法》第5条第1款的规定。因此，未来还需要结合社会意见、伦理认识进展，统一法律适用。

2. 第二类嵌合体：种间嵌合

【案例 7－2】CN201680074878A

发明名称：嵌合胚胎—辅助的器官制备的组合物和方法

案情介绍：为了解决移植器官短缺的问题，该发明提供了一种在非人类动物中产生人类器官或组织的方法。通过将非人类细胞或非人类胚胎中负责一个或多个器官或组织发育的内源基因破坏，然后，将携带前述负责一个或多个器官或组织发育基因的人类细胞引入前述非人类胚胎中，从而形成嵌合胚胎。

审查阶段认为，该申请将人类的干细胞注射到处于胚胎期的动物中，得到包含人类干细胞的人兽嵌合胚胎，目的是将其移植入动物体内进行培育，待其长大后，对该人兽嵌合胚胎发育而成的生物进行收获，摘取其中的人类的组织或器官。该申请说明书以及权利要求请求保护的嵌合胚胎、产生嵌合胚胎的方法、由嵌合胚胎发育的动物、产生人体器官或组织的方法、产生的人体器官或组织的技术方案产生了包含不同遗传性状的动物或人类个体，涉及"改变人生殖系遗传同一性的方法"，违反社会公德，均属于《专利法》第5条第1款规定的不能被授予专利权的范围。目前该案尚处于未决状态。

该案存在一些同族专利，可以供我们初步分析和了解国外专利局在类似案件上的态度。在同族专利审查过程中，EPO认为权利要求涉及由非人和人细胞组成的嵌合囊胚或动物，所述"动物"并不能等同于用于生产人类器官或免疫系统人源化的免疫缺陷动物，权利要求书涵盖了具有类似人外观的动物，人—

动物嵌合体存在安全和道德问题，不符合 EPC 2000 第 53（a）条的规定。尽管，申请人后续争辩胚胎中发育的人类细胞仅是用来补充动物缺失的基因，但 EPO 仍然坚持认为该案不符合 EPC 2000 第 53（a）条，具体理由为：根据胚泡互补的生物学本性，被植入囊胚中的人类细胞的发育是不可控的。难以预测人类细胞是否会发育为生殖细胞或大脑，也无法预测嵌合体中人类细胞的比例。同时，EPO 还提到，尽管 2019 年日本成为首个允许制造人—猪嵌合体的国家，但这并不能消除人脑细胞可能会形成嵌合体大脑的疑虑。目前，该案由于申请人未按期答复已视为撤回，其他同族专利在日本和韩国均未进审，该案无美国同族专利。

可以看出，EPO 在种间嵌合体胚胎上，所持的还是比较严格的态度。该案直接表明了欧洲的一些观点：第一，如果非要在"人"与"动物"之间作一选择的话，人—动物的种间嵌合体胚胎及相应形成的种间嵌合体动物还是应认定为"动物"，而非"人"；第二，人—动物的种间嵌合体胚胎及相应形成的种间嵌合体动物并不等同用于生产人类器官或免疫系统人源化的免疫缺陷动物（后者人源化比例较低，一般不存在伦理问题），两者不具有可比性；第三，对于人—动物的种间嵌合体胚胎，最大的伦理担忧在于，根据胚泡互补的生物学本性，被植入动物囊胚中的人类细胞的发育是不可控的，难以预测该人类细胞是否会在动物体内发育出人类生殖细胞或人类的神经或大脑，也无法预测嵌合体中人类细胞的比例。如果不能消除该疑虑，将很难克服伦理问题。

【案例 7 - 3】CN201680074331A

发明名称： 通过遗传互补对人源化肾脏的工程改造

案情介绍： 该案为案例 7 - 2 的同日系列申请，两者制备嵌合胚胎的思路和技术路线基本相同。不同的是，该案中多出一类保护主题：在先要求保护生产人体器官的方法或嵌合动物的情况下，继而要求保护由方法获得的人体器官或者由该嵌合动物收获的人体组织或器官。也即，面临一类新型的专利保护主题——人体组织或器官或者人类组织或器官。其也构成未来专利审查中需要审慎研究、明确给出相关审查标准的一类主题。

审查阶段认为，权利要求中请求保护的包含非人类胚胎的嵌合胚胎，具有发育为完整动物的能力，它实质上要求保护的是一种动物品种，属于《专利法》第25条第1款规定的范围，不能被授予专利权。权利要求请求保护的主题涉及动物、人类组织或器官、嵌合胚胎或嵌合动物，同样属于《专利法》第25条第1款第4项规定的不授予专利权范围。而对于该案请求保护的制备嵌合胚胎的方法以及利用嵌合胚胎产生人体器官或组织的方法权利要求，审查过程中仅针对新颖性、创造性发表了意见。目前，该案尚处于未决状态。

在同族专利审查过程中，EPO认为该案涉及的主题高度敏感，权利要求请求保护的方法及动物模型，其中的人体干细胞存在可能分化为神经或生殖系的潜在风险，导致产生具有认知能力或者可将人类细胞传递给后代的动物，属于EPC 2000第53（a）条规定的不授予专利权的主题。此外，EPO还指出该案并未生产出通过将人多能干细胞注射到非人囊胚中获得的动物，而根据其他文献公开资料可知，种间囊胚互补技术并非适用于所有的物种，因此，该申请还存在公开不充分的问题，不符合EPC 2000第83条的相关规定。

目前，其他同族专利，包括日本、韩国、美国均未进审。

【案例7-4】 CN201780037423A

发明名称： 使用体细胞核移植和囊胚补足的器官再生方法

案情介绍： 该案技术涉及制备两种胚胎，首先经体细胞核移植技术获得体细胞核移植胚胎或囊胚，然后由其分离获得人的体细胞核移植细胞，再将该细胞移植入非人类第一哺乳动物的囊胚中，以获得嵌合体胚胎，由此该嵌合体胚胎在非人类第三哺乳动物的子宫内发育，以得到至少一个包含该目标器官的后代，最终获得可供移植的人体器官。也就是说，在通过嵌合胚胎或嵌合动物来制备可移植的人体器官的技术中，其制备嵌合胚胎时使用的是体细胞核移植细胞，而非通常使用的人胚胎干细胞或诱导性多能干细胞。

该申请相应的保护主题涉及：在动物活体内生产目标人体器官的方法、相应的嵌合胚胎、嵌合动物等同案例 7 - 2 与案例 7 - 3。因此，相应的伦理审查原则应该与案例 7 - 2 与案例 7 - 3 一致。不同的是，该类案件同时涉及两类胚胎（人类克隆胚胎和人—动物嵌合胚胎）的伦理审查，可能涉及相关伦理规则的叠加适用问题。

实际审查过程中认为，权利要求请求保护的在非人类第一哺乳动物活体内生产目标器官的方法和试剂盒，用于生产目标器官和目标身体部位的一者或多者的方法和试剂盒，它们的产物均为人与动物的嵌合体，会导致人生殖系的连续性遭到破坏，属于改变人生殖系遗传同一性的方法，违反了社会公德，不符合《专利法》第 5 条第 1 款的规定，不能被授予专利权。权利要求请求保护的非人类第一哺乳动物属于《专利法》第 25 条第 1 款第 4 项规定的动物品种，同样不能被授予专利权。

在同族专利审查过程中，EPO 认为，权利要求请求保护的嵌合体动物具备含有人器官的潜能，需要审查这些器官是否满足 EPC 2000 第 53 (a) 条的相关要求。

目前，同族专利在美国、日本、韩国均未进审。

案例分析：通过案例 7 - 2 ~ 7 - 4，我们不仅明了了创新主体可能提出的发明专利的保护主题或客体保护方式，而且发现了不同审查员尚在自行探索之中的一些审查方式。从而也提出了一个问题：此类案件的伦理道德审查应该如何合理进行呢？

（五）关于专利伦理审查的讨论

案例 7 - 2～案例 7 - 4 等适用《专利法》第 5 条第 1 款审查主要认定的理由是发明涉及"改变人生殖系遗传同一性的方法"。其中，其可能面临一些问题或需要仔细辨析之处在于：

1. "人生殖系""遗传同一性"的概念及"改变人生殖系遗传同一性的方法"的概念解释

生殖系也称生殖细胞系，或配子，通常指精子、卵子、受精卵、胚胎等生殖细胞，其对义词为体细胞系。显然，生殖系是可以遗传给下一代的细胞系。所谓"生殖系基因编辑"，即主要指对精子、卵子、受精卵、胚胎等进行基因编辑。

遗传同一性源自欧盟《关于生物技术发明的法律保护指令》。动物和植物品种等敏感问题的保护标准，该指令第 6 条规定了以下发明创造违背了公共秩序和公共道德，不具有可专利性：①克隆人的方法；②改变人的生殖系统的遗传同一性的方法；③人胚胎的工业或商业目的的应用；④可能导致动物痛苦而对人或动物的医疗没有实质性益处的改变动物遗传同一性的方法。我国专利审查指南有关社会公德的相关示例基本上套用了该指令的相关内容，目前对于遗传同一性并无统一明确的定义。

有观点认为：改变人生殖系遗传同一性的方法必然需要改变人生殖细胞的遗传物质。但如果不加生殖系的限定，则遗传同一性的改变既可以发生在生殖细胞中，也可以发生在体细胞中。专利审查指南将人类遗传同一性的改变限定在生殖系水平上，实际上就要求这种遗传同一性的改变是可遗传的。❶

---

❶ 饶刚. 浅析"遗传同一性"［J］. 审查业务通讯，13（19）：1 - 8.

欧洲议会与欧盟理事会在对该指令的说明中，其第40条也提到："鉴于共同体内一致的意见认为介入人类生殖细胞系列和克隆人违背了公共秩序和公共道德，因此应毫不犹豫地排除对人生殖系细胞的遗传同一性进行修饰的方法和克隆人的方法的可专利性"。从这个说明中可以看出，"改变人生殖系遗传同一性"应该是对人类生殖细胞的遗传性能进行的改变。也就是说，只有可遗传后代的生殖系的遗传物质发生了改变，才能认为是改变人生殖系遗传同一性。

我国在2019年《专利审查指南（2010）》修改以后，对于人类胚胎干细胞放开授权客体限制，同时，对于精子、卵子、受精卵、胚胎，则认为其属于处于各个形成和发育阶段的人体。实际上也意味着，人类胚胎干细胞并不等同于精子、卵子、受精卵、胚胎等这些不能授权的客体，其仅具有多能性，不等同于生殖系细胞。

2. 此类案件适用"改变人生殖系遗传同一性的方法"或者"人胚胎的工业或商业目的的应用"是否妥当

构建嵌合胚胎的技术尽管同时采用了人类细胞和动物细胞，但就其本质而言，一方面，该技术不直接涉及使用人生殖系细胞（或涉及多能性的而非全能性的人胚胎干细胞），也不直接涉及对人的精子、卵子、受精卵、胚胎等生殖系细胞进行遗传操作，并不存在"改变人生殖系遗传同一性"；另一方面，其在进行嵌合胚胎的制备时，嵌合步骤本质上是将人类的干细胞注射到已经基因修饰过的动物囊胚中（该基因修饰往往使得只能由相应的人类的干细胞发育出相应的人体器官），其后经胚胎移植步骤移植到动物母体的子宫中，经发育产下动物仔只或嵌合动物幼体，之后再从中获取可供人类器官移植的人类的组织或器官。因此，其至多属于改变动物生殖系，而非改变人生殖系，所谓产下"人猪嵌合胎儿"有新闻媒体骇人听闻、博取眼球之嫌。所以，如果对此嵌合胚胎只能在人和动物作出一个合理选择的话，该胚胎本质上仍然是动物性的，是一种人源细胞和基因修饰过的动物胚胎，系以动物为宿主的胚胎，而非人类胚胎。从这个角度而言，其修饰或改变的主体仍然不是"人生殖系"，认为其属于"改变人生殖系遗传同一性的方法"似乎也属牵强。同理，针对该类嵌合胚胎，也难以将其归入"人胚胎"，而认为其属于"处于各形成和发育阶段的人体"或者"人胚胎的工业或商业目的的应用"。因此，针对此类案件，适用"改变人生殖系遗传同一性的方法"，或者适用"人胚胎的工业或商业目的的应用"，似乎均并不十分贴切。

3. 此类案件适用"动物品种"是否妥当

人—动物嵌合体技术的出现使人和动物的界限变得模糊，将其认定为"人"还是"动物"没有形成统一定论，这也是引发社会争议的一大主要原因。尤其是，随着技术发展，嵌合胚胎和嵌合体技术还会涌现出更多的可能性，估计对此的争议并不会停止。

有观点认为：仅就目前常见的人—动物嵌合体而言，其只是个别或部分器官源自人类，其整体上还是动物，将其认定为动物更为合适。但即便是针对这种相对合理的观点，也有反对观点认为：人和动物均是由各种不同组织、器官形成的有机体，如果将含有个别人类器官或组织的人—动物嵌合体认定为动物，那含有多个器官或组织的嵌合体还能否认定为动物？这个比例该如何确定？如果涉及的器官是大脑或生殖器官等，使得产生的嵌合动物具备了人的认知能力或表现出人的外貌特征，此时还能不能认定为动物？这些问题都是需要考虑的。

当前看来，将人—动物嵌合体或人—动物嵌合体胚胎认定为动物体或动物胚胎，以属于"动物品种"为由，拒绝授予其专利权，虽有一定的合理性，但仍然可能会存在争议。

4. 此类案件的主要伦理争议和专利审查策略

在相关嵌合体胚胎、相关嵌合体动物无法授权的情况下，该类案件的核心争议还是在于发明的方法上。参见前述有关嵌合体技术的伦理争议可知，该类技术主要的伦理问题不在于其改变了人类生殖系的遗传同一性，本质上并非针对人类进行操作，其伦理上的主要担忧之处在于，由该类技术产生的嵌合体日后缺乏可控性，嵌合转入的人类细胞将来发育为动物大脑的神经组织细胞或生殖细胞，以及其可能的细胞比例。因此，如果对相关专利申请相应保护主题进行伦理审查，相应伦理审查的重点应在于此。重点明确以后，至于该类权利要求保护主题，我国持何种审查态度，如前所述，其相关伦理问题争议很多，专利审查部门还需要就此广泛探讨和研究。

在同族专利的审查过程中，EPO 也曾就社会公德问题发表意见。例如，从案例 7-2 ~ 7-4 的审查过程来看，EPO 有关人—动物嵌合体相关主题是否违反社会公德的意见比较一致，具体理由也基本相同，即由于分化过程的不可控，所述人—动物嵌合体中的人类细胞存在分化为神经系或生殖系细胞的风险，这将可能产生具有认知能力、人类外观或将人类细胞传递给后代的动物，存在安全风险和道德问题，属于 EPC 2000 第 53（a）条规定的不授予专利权的主题。可以看出，欧洲对于此类案件并未简单套用"改变人生殖系遗传同一性的方法"，或者适用"人胚胎的工业或商业目的的应用"。

我国专利法的相关规定与欧洲比较接近，专利审查指南中所列举的违背社会公德的具体情形也基本上套用了欧盟关于生物技术发明的法律保护指令。EPO 的审查理由并未拘泥于该指令中所列举的违反公共秩序和公共道德的具体情形，取而代之的是对当前社会上认为人—动物嵌合体存在的社会公德风险进行分析，指出具体问题所在。相对于 EPO，我国当前的审查理由可能还局限在专利审查指南所列举的几种情形内，没有涉及诸如有损人类尊严、侵犯人类尊严等理由。

社会公德的范围很广，专利审查指南中的相关情形也仅是一些示例，未必适用快速发展的技术。加之我国相关伦理指导原则已经多年没有修改，也没有及时回应这些新技术的规则。如果因为简单的套用或者将理由局限在相关列举的情形内，将可能犯一些事实认定的错误，或者加剧伦理争议。显然，这不是专利审查员们所想要或希望看到的。面对新技术给专利审查工作带来的冲击，除了需要不断开辟审查思路，挖掘伦理争议的根本所在，还要合理地制定审查策略。在这点上，EPO 的审查方式有可借鉴之处。

此外，案例 7－4 中还涉及一类比较少见的保护主题：即"用于生产目标器官的试剂盒，该试剂盒包含：A）一种非人类第一哺乳动物，其具有与发育期中目标器官的发育缺失相关的畸形；以及 B）源自第二哺乳动物的体细胞核移植细胞，该第二哺乳动物是不同于该非人类第一哺乳动物的个体。"也就是说，其要求保护的试剂盒产品赫然出现其组成成分为动物和细胞。举例而言，这个试剂盒的两个组分中，一种是某种基因修饰的老鼠或者猪，另一个组分是 SCNT 细胞。对于此类少见的保护主题，权利要求应该如何解释，其未来商业化的产品形式如何（例如是否类似动物模型商品），到底应如何审查应对，对专利审查部门而言确实是一种新的挑战。

（六）小　结

人—动物嵌合体技术在生物医学领域具有广阔的应用前景，在疾病机理研究、发育生物学、药物测试、器官移植等众多领域发挥巨大的作用。但其同时也面临安全和伦理道德方面的隐患，引发公众的担忧。客观来说，当前的嵌合体技术仍不完善，其制备技术及后续发展过程中均存在很多不可控的因素，这也是引发伦理争议的一大原因。预防神经系统的嵌合和生殖系的嵌合的嵌合体生物的产生，预防动物源性的疾病感染人类，是这一阶段的主要伦理担忧。目前仅有少数国家对人—动物嵌合体的相关研究表示支持，且存在严格的条件限制，需要经过伦理机构的监督。我国目前还没有任何正式的规范性文件肯定嵌合体研究的合法性，缺乏明确的法律监管体系、法律制度和规则，在专利层面上，更是缺乏专门针对人—动物嵌合体主题的审查标准。

这种现状不仅让科研人员摸不清具体的研究边界，也给专利审查部门的审查工作带来巨大的挑战。一方面，相关法律规范的缺失导致我们不能确定其是否满足专利法的授权客体要求；另一方面，面对社会上争议已久的伦理问题，相关主题的专利审查面临无法可依的窘况，导致在专利审查实践中，审查标准适用不一致，执行标准或松或严。而且，有关嵌合体胚胎的案件，实际上与 2019 年《专利审查指南（2010）》修改与否关系并不大，其最大的焦点问题不是需要破坏胚胎，也不涉及通过胚胎获取干细胞，而是异种嵌合问题。即该异种嵌合产生的异种嵌合胚胎，是否适合定位于"人""人生殖系""人胚胎"，从而是否适合采用"人胚胎的工业或商业目的的应用"或者"改变人生殖系遗传同一性的方法或改变了生殖系遗传同一性的人"来予以规制。从国际层面来看，对于人—动物种间嵌合胚胎，EPO 的态度比较明确，认为其不符合 EPC 2000 第 53（a）条的相关规定，不能授予专利权；而美国、日本、韩国等专利局的态度，目前还不甚明朗。

已经有学者研究指出，嵌合体领域发展迅速，加之不同类型研究的相关伦理、社会争议有所差异，个案分析、与时俱进的灵活务实的治理策略更为适宜。针对人—动物嵌合体胚胎研究的规制应相对宽松，而制造人—动物嵌合体生物的研究，则应当施加更严格的立法、伦理监管。这些都透露出，对基础研究和应用研究区分对待的观点，具有一定的合理性。一刀切式地完全允许或完全禁止嵌合体研究，可能都不利于国家的发展。我国需要加快嵌合体/杂合体技术相关法律规范的研究与制定，完善当前的法律监管体系，充分权衡嵌合体技术发展所带来的负面影响以及社会和经济价值，制定出适合我国发展的嵌合体研究法律规范。同时，在专利审查层面，面对这些新技术给审查工作带来的挑战，我们无法回避专利审查中伦理先行的挑战，必须给出此类技术是否违反《专利法》第 5 条的回答。因此，就需要不断开拓审查思路，挖掘伦理争议的根本所在，在当前法律框架内制定合理的审查策略，合理适用法律。

二、线粒体移植技术及其伦理审查

线粒体移植技术主要是指从希望生育的母体卵子中取出含遗传信息的细胞核，随后将其注入去掉细胞核的捐赠者的卵子内，然后再通过体外受精的方式让这一改造过的卵子受精，发育成胚胎。由于胞质线粒体中亦存在遗传物质，由此方式获得的胚胎同时拥有两位女性的遗传物质以及来源于父亲的遗传物质，因此线粒体移植技术又被称为"三亲胚胎技术"。❶

（一）线粒体移植技术的发展现状

辅助生殖技术的出现，使得具有排卵障碍、内分泌异常、盆腔炎性疾病等不孕患者的生育难题得到了很大程度的解决。但高龄女性的助孕结局一直不尽人意，近几十年的研究结果提

---

❶ 马中良，袁晓君，孙强玲. 当代生命伦理学：生命科技发展与伦理学的碰撞［M］. 上海：上海大学出版社，2015：48.

示，导致高龄女性生育能力下降的主要因素是卵子老化。线粒体是卵子内含量最多的细胞器，主要由母性遗传，能产生腺嘌呤核苷三磷酸（ATP）和多种生物合成中间体，为卵子的成熟、受精及胚胎发育过程提供能量，同时参与细胞内多种生命活动过程，如维持钙离子稳态、胞内信号传导、细胞凋亡、细胞代谢等，线粒体数量和功能可作为衡量卵子质量的重要指标。与年轻女性相比，高龄女性卵子中的 mtDNA 突变率明显增高，而拷贝数及线粒体膜电位明显降低。理论上，改善线粒体功能和/或增加正常线粒体数量可以提高老化卵子质量，改善其发育潜能，❶ 基于此，以改善卵子线粒体功能以及代谢能力的各种辅助生殖技术应运而生。

线粒体替代疗法（mitochondrial replacement therapy，MRT），即用健康的外源性线粒体补充或替代卵子或合子内异常的线粒体，可以改善卵子质量提高其发育潜能，常见的线粒体移植方式有原核移植、细胞质移植、纺锤体移植和极体移植四种。

1. 原核移植

原核移植（pronuclear transfer，PNT）是指在原核融合（融合生殖）之前，两个受精卵之间细胞核 DNA 的相互转移。具体来说，首先将来自于受体双亲的受精卵中的雄性原核和雌性原核移出，然后将这两个原核融入一个无核受精卵中，再将重构卵体外培育直至囊胚期。❷ 1980 年初，McGrath 等在小鼠受精卵中应用原核移植技术，并成功产生后代。1990 年，Ato 等首次提出运用原核移植技术预防 mtDNA 疾病，用异常受精的卵子探索人类受精卵中原核移植的潜力，证明此技术上是可行的，并且

---

❶ 刘晓娉，黄睿. 线粒体与卵子老化［J］. 生殖医学杂志，2019，28（10）：1120 - 1124.

❷ 史伟杰.《线粒体替代技术：基于伦理、社会、政策方面的考虑》（第二章）汉译实践报告［D］. 成都：西南石油大学，2017.

在体外可发育到囊胚。相关研究也表明运用 PNT 技术可增加有活力的受精卵数量，受精卵在核转移后线粒体突变残留不到 2%，可有效降低缺陷性线粒体的数量，这远远低于迄今研究疾病的突变阈值。因此，PNT 有减少线粒体疾病发生的潜力，具有临床应用前景。❶

2. 细胞质移植

细胞质移植是指在进行单精子显微注射技术的同时，将少量年轻女性卵子的细胞质注入高龄不孕女性卵子内，能有效提高其妊娠率。细胞质移植技术能提高卵母细胞质量和早期胚胎发育能力，改善反复体外受精失败患者的临床结局。1997 年，Cohen 等首次将健康女性的卵细胞质注射到反复卵子质量差的患者卵子中并获得活产婴儿。❷ 次年，Van Blerkom 等将卵子中富含线粒体的胞质分离并注射入另一 MⅡ期卵子中，发现受体卵子 ATP 含量增加且保持一定的活性。❸ 但引入外来的胞质这一操作的安全有效性一直存在争议，一方面，异体卵细胞质也仍不能完全排除线粒体遗传疾病的可能；另一方面，不相容的两种细胞质可能导致基因的表达缺陷，进而影响个体的发育，而且这种基因表达缺陷可遗传，因此，供者 mtDNA 的调节作用以及受者基因组对其耐受和兼容性仍需进一步研究和评估。❹

---

❶ 王雪莹，谢聪聪，姚冠峰，等. 线粒体的功能及其在生殖中的作用 ［J］. 中国计划生育学杂志，2019，27（3）：404 - 408.

❷ COHEN J, SCOTT R, SCHIMMEL T, et al. Birth of infant after transfer of anucleate donor oocyte cytoplasm into recipient eggs ［J］. Lancet, 1997, 350（9072）：186 - 187.

❸ BLERKOM J V, SINCLAIR J, DAVIS P. Mitochondrial transfer between oocytes：potential applications of mitochondrial donation and the issue of heteroplasmy ［J］. Human Reproduction, 1998（10）：2857 - 2868.

❹ 孔令红，刘忠. 人卵细胞质移植在辅助生殖中的应用进展 ［J］. 国外医学. 妇产科学分册，2003（5）：298 - 301.

3. 纺锤体移植

纺锤体移植（spindle transfer，ST）是指，首先将细胞核DNA（特指细胞分裂中期纺锤体和染色体复合物）从受体母体的卵细胞中移出，将其移植到卵细胞捐赠者的去核卵细胞内，使其融合，其中捐赠者的卵细胞内含有非致病 mtDNA。然后，将重构卵细胞与受体父亲或者另外一名男性的精子相融合形成受精卵，并放在体外培育至囊胚期。在动物模型中，ST 显示了有效性和安全性，在恒河猕猴中进行的 ST 实验获得了安全出生的猕猴后代，与对照组的猕猴后代体重大致相同，在体内也未检测出缺陷 mtDNA 残留，后续跟踪研究进一步表明，这些猕猴后代发育健康，未表现出线粒体机能障碍，体内 mtDNA 异质性水平也没有随着时间的推移发生显著变化。这些数据为 ST 技术应用于人卵细胞的安全性和有效性提供了重要依据。2013 年，有研究表明，母体 ST 技术可以应用于人体卵细胞。根据观察，ST 于人工激活完成之后，所得到的受精卵中线粒体遗留物的平均比例为 0.36%。2016 年，世界首例通过 ST 获得的"三亲婴儿"于墨西哥诞生，该案例将 1 例线粒体疾病患者的纺锤体移植至去核的供体卵母细胞内，通过单精子显微注射技术授精并培养至囊胚，随后行植入前遗传学筛查，挑选整倍体囊胚进行移植，最终产出健康子代。❶ 该案例首次证实 ST 在临床治疗方面具有可行性，但其子代的安全性仍需要密切关注。

4. 极体移植

极体移植（polar body transfer，PBT）是指在减数分裂过程中，哺乳动物的初级卵母细胞经过两次减数分裂，产生两个极

---

❶ ZHANG J, LIU H, LUO S, et al. Live birth derived from oocyte spindle transfer to prevent mitochondrial disease [J]. Reproductive BioMedicine Online, 2017, 34（4）: 361–368.

体。第一极体含二倍染色体，第二极体含单倍染色体。极体中含有与其同期卵母细胞相同数量的核遗传物质和少量细胞质。因此可分别将第一极体和第二极体移植到一个无核或者半核成熟卵细胞或者受精卵中。❶ 与 PNT 和 ST 相比，PBT 的操作更为简便且极体含有更少的线粒体，理论上可以进一步减少母体缺陷型 mtDNA 的残留，但相较于前两种技术，研究人员还没有对 PBT 技术在阻止 mtDNA 疾病遗传方面进行严谨的研究和详尽的评述。2014 年，英国 HFEA 曾对极体移植方面的研究作了一次全面的评估，认为该技术仍处于起步阶段，尽管与 PNT 和 ST 技术相比，PBT 技术有降低 mtDNA 遗留含量、不产生细胞支架抑制剂以及微创操作等优势。不过，仍需要对人类卵细胞和受精卵开展更广泛的临床前研究，来确定极体移植技术的可行性、有效性和安全性。

异体线粒体移植中外源线粒体引入所引发的安全隐患，以及引入第三方遗传物质造成"三亲婴儿"所引发的伦理学争论，一直是线粒体辅助生殖领域争议的焦点。为解决上述问题，自体生殖系线粒体能量移植（AUGMENT）技术逐渐进入研究人员视野。其技术原理是，卵原干细胞（OSC）中的线粒体与卵母细胞中的线粒体亚显微结构非常接近，且 OSC 的细胞活动水平较低，OSC 积累较少的 mtDNA 突变。与其他干细胞系相比，OSC 具有相对较好的产生 ATP 的能力。Tzeng 等在 2001 年首次报道，使用患者自体颗粒细胞线粒体移植至卵细胞进行辅助生殖并获得妊娠。❷ 孔令红等也报道，将来源于患者自身的颗粒细

---

❶ 徐彦，孙晓溪. 卵母细胞线粒体移植技术的研究进展［J］. 上海医学，2017，40（10）：638 – 640.

❷ TZENG C，HSIEH R，CHANG S，et al. Pregnancy derived from mitochondria transfer（MIT）into oocyte from patient's own cumulus granulosa cells（cGCs）［J］. Fertility and Sterility，2001，76（3）：S67 – S68.

胞线粒体应用显微技术同精子一并注入卵母细胞胞浆内，明显改善了胚胎的质量，提高了妊娠率。❶ 在 2015 年的研究中，3 个中心对共计 104 例有不良辅助生育史的女性采用 AUGMENT 治疗，经过处理的卵子具有更好的胚胎发育能力，患者怀孕率提高了 3~6 倍。2018 年，梁晓燕团队报道了首例应用自体骨髓间充质干细胞来源的线粒体移植入卵子后，行辅助生殖技术助孕并成功活产男婴的案例❷。加拿大 OvaScience 公司分离患者卵巢干细胞并从中提取线粒体进行自体卵细胞移植，成功诞下第一位"干细胞婴儿"。通过行自体线粒体移植，给卵母细胞提供补充了受精和继续发育所需的能量，明显改善了胚胎的质量，并提高了妊娠率，是治疗线粒体异常导致的卵巢储备功能减退引起不孕或多次胚胎移植失败患者的有效方法。自体线粒体移植技术可降低组织 mtDNA 突变的风险，具有更高的安全性，同时在很大程度上避免了引入第三方遗传物质而导致的伦理和法律争议，且有效改善临床结局，具备良好的临床应用前景。

由上述对于线粒体移植技术发展脉络的梳理可知，线粒体移植技术产生的初衷在于治疗线粒体疾病以及在辅助生殖领域改善卵子质量，尽管对于这一技术的研究已经进行了多年，但是对于其安全性和伦理方面的争议一直未能平息，从安全角度来看，置换后的线粒体与细胞核的相容性仍需要进一步实验，此外，供体卵母细胞质成分是否改变受体细胞核 DNA 表观遗传修饰，进而影响基因表达也需要进一步的探讨。细胞核与线粒体的不匹配是否会对后代的生育、行为等产生影响，还需要长期的追踪和安全性评估。从伦理角度来看，异源线粒体移植所

---

❶ 孔令红，刘忠，李红，等. 自体颗粒细胞线粒体移植对胚胎发育质量的影响［J］. 中华妇产科杂志，2004（2）：36-38.

❷ 方丛，黄睿，贾磊，等. 卵母细胞内注射自体骨髓线粒体获得男婴活产 1 例病例报道［J］. 中华生殖与避孕杂志，2018，38（11）：937-939.

获得的"三亲试管婴儿"遗传了"三亲"的 DNA，这对于传统的血缘关系产生了冲击，从而带来一系列伦理和法律问题。

（二）线粒体移植技术的伦理学争议

2016 年，借助线粒体移植技术诞下的首例"三亲婴儿"出生于墨西哥，其母亲携带 Leigh 综合征基因，这是一种与线粒体基因相关的致命神经疾病。2017 年，关于这名"三亲婴儿"的技术细节公布，开发有关技术的美国新希望生殖医学中心张进等人当时声称，这名婴儿健康状况良好，为受线粒体遗传病困扰的家庭诞生健康后代带来了新希望。发表在《生殖生物医学在线》杂志上的论文详细介绍了有关技术细节。论文称，"三父母"婴儿的约旦籍母亲 1/4 的线粒体携带亚急性坏死性脑病基因，曾经 4 次流产，生下的两个孩子也早夭。为帮助这名女性，张进团队采用 ST 技术，把问题卵子中的健康细胞核取出并放入捐赠的卵子中。捐赠卵子的细胞核事先已被拿掉，但线粒体所在的细胞质仍保留，这样婴儿除了拥有父母的基因，还拥有捐赠女子的线粒体遗传物质。经 37 周怀孕后，这名婴儿诞生，其体内各组织细胞的线粒体变异比例各不相同，介于 2.36% ~ 9.23%。而一般认为，线粒体疾病发病需要变异达到 20% 以上，因此这名婴儿患线粒体疾病的概率大大降低。

线粒体移植婴儿的诞生，极大地鼓舞了生殖学家。此次与张进团队进行合作的美国辛辛那提儿童医院线粒体疾病中心主任黄涛生对"三父母"婴儿进行了基因方面的评估，他也指出线粒体疾病通常是非常严重的疾病，而且治疗的方法有限，细胞核线粒体移植可谓是为解决这一问题带来了曙光。细胞核移植"三父母"技术已在猴身上成功进行了实验，通过这项技术诞生的猴现在已经 7 岁多，而且孕育了下一代，截至目前未发现任何健康问题。

2016 年，美国生殖医学学会主席欧文·戴维斯在一份声明中称，这是生殖医学领域的重要进展。线粒体疾病一直以来都是颇具挑战性的医学问题，如果临床研究能够进一步证实细胞核移植可以安全有效地进行，那么也不失为治疗线粒体疾病的路径之一。虽然生殖学家的观点相对乐观，但是很多遗传或生物伦理学家们却不这样认为，并产生一些伦理争议。

1. 技术的安全性和有效性

对于任何一项应用于人类身上的新技术而言，具备一定的安全性和有效性是伦理学所要求的基础。人们对线粒体移植技术的安全性和有效性担忧主要集中在以下三方面：核不相容性、突变转移、未知风险。❶

核不相容性是指线粒体与细胞核之间的相互作用尚不清楚，引入第三方线粒体可能会引发线粒体与细胞核之间的"不匹配"，从而对后代造成伤害。一些研究发现，小鼠、果蝇通过线粒体置换获得的后代在认知功能、运动技能和生长发育上存在不同程度的下降。但另一些针对猴类和小鼠研究显示，在线粒体与核基因"亲缘较远"的情况下，长期观察通过该技术生育的后代并未发现因"不匹配"导致患病或发育异常。此外，遗传学家认为可以通过使用亲缘关系较近的线粒体降低核不相容性出现的概率及其风险。

突变转移主要指的是母体带有缺陷的线粒体在移植过程中造成残留，引入胚胎。因为能量的需要，细胞核周围总会包裹大量线粒体，母体卵子中的缺陷 mtDNA 易与细胞核 DNA 一同转移到新的胞质中，产生自带 mtDNA 混杂现象。对于这一现象，有些学者认为，缺陷的 mtRNA 可能通过"遗传瓶颈"在子代某

---

❶　张迪，刘欢. 线粒体置换技术的伦理学反思［J］. 中国医学伦理学，2018，31（7）：873 – 878.

些组织或器官的细胞中复制和扩增，积累到一定阈值后将导致子代患病。但也有学者认为，线粒体疾病患者体内，达到60%或更高的突变 mtDNA 才会发病，低载量的 mtDNA 不太可能导致子代患病。对于三亲胚胎分化的胚胎干细胞的研究表明，来自受体母亲的变异的 mtDNA 还不到1%，但它随后占领了整个细胞，这样的逆转也许不仅发生在胚胎干细胞里，也可能发生在胎儿在子宫中发育的过程中。因此线粒体移植技术是否会引发突变转移，还需要长期的跟踪和进一步评估。

未知风险则是指任何一项新技术的开展都可能存在未知风险，线粒体为母系遗传，供体线粒体虽然排除了遗传疾病，但是是否会引入其他可遗传的物质或性状，是难以预判的。此外，通过胚胎着床前遗传学诊断、羊膜穿刺技术等验证 MRT 的有效性，会受到很多不确定性因素的制约，MRT 在实施过程中所用到的试剂和操作方法会对胚胎、胎儿和将要出生的后代造成何种影响也是未知的。

2. 生殖系基因改变

首先，线粒体移植是否会造成生殖基因的改变，是存在争议的。有观点认为，线粒体置换技术可改变卵子、受精卵的线粒体基因，并可通过女性子代传给其后代，因此广义上被视为生殖系基因疗法的一部分。但是经仔细推敲不难发现，线粒体置换与核基因的改变存在不同，线粒体置换的目的不是改变或影响核基因，对于捐赠者的线粒体也未改变，仅仅是进行了替换，在获得的后代中，也仅有女性会将线粒体基因的改变遗传给其后代。

其次，对于线粒体缺陷是否应当通过人工干预被修正，有些学者认为，人类遗传物质是长期进化的结果，非自然的干预将会对人类造成严重不良影响，甚至是亵渎人类基因。然而随着科技的进步，人工干预已经将很多不可能变为了可能，新生的药物、器械，甚至模拟的人体器官，在提升患者生活质量、挽救患者生命中发挥重要作用。这意味着并非所有非自然的都是不好的，对非自然的技术应通过理性思辨和伦理学分析，确定是否应当被允许，以及如何使用。

最后，人们可能认为在没有征得后代有效同意的前提下改变后代的遗传物质不应被允许，线粒体置换技术不同于后天的医疗干预和教育，因为前者会对后代产生长远的未知风险且可能将这些风险遗传给孩子的下一代。此外，也有观点认为，在风险可控的前提下，通过辅助生殖技术获得后代出生的机会，或者通过线粒体移植技术避免遗传疾病的产生，相比于风险而言，会为后代带来更多福祉。事实上，任何在后代出生前的干预都无法获得孩子的有效同意，但是并不意味着，干预不应被允许使用，也不意味可以任由父母改变后代的遗传物质，线粒体移植实施的前提是，应当确保后代的健康。

3. 亲子关系

由线粒体移植技术获得的胚胎遗传了两位女性以及一位男性的 DNA，异源辅助生殖中"第三者"遗传物质的插入打破了传统家庭的血亲关系，这也是线粒体移植技术在伦理纷争中讨论的最多的问题。部分媒体和学者将线粒体置换技术称为"三亲试管婴儿技术"，认为该技术使得后代拥有两位母亲，并可能引发有关婴儿归属、抚养权、继承权等法律和社会问题，他们还指出，若后代知道自己的遗传物质来源于三位父母，可能对其产生不良影响。对于上述担忧，可以从生物学维度、伦理学视角和法律视角来考虑。

从生物学维度来看，孩子相貌、智商等可遗传的特性主要来源于核基因，其主要由具有生育意愿的夫妇提供，供体仅提供线粒体，线粒体中虽然也存在遗传物质，但是一方面，线粒体主要为人体提供能力，不影响孩子个人信息；另一方面，线粒体遗传物质约占所有遗传物质的0.1%，远远少于核基因所携带的遗传物质，因此更多的观点认为，捐献卵子用于线粒体置换，也就是仅提供了线粒体的女性，并不能成为遗传学母亲。

从伦理学视角来看，后代的出现源于其父母的生育意愿，第三方供卵者出于协助这对夫妇实现该愿望的目的捐献自己的卵子，从动机出发，这对夫妇应当被视为孩子的社会学父母。此外，相比于捐赠者而言，有生物后代动机的夫妇会更充分地为孩子的降生及其未来的发育做准备，故从后代最佳利益出发，有生育动机的这对夫妇应当被视为孩子的社会学父母，捐献者不应被称为该后代的母亲。

从法律视角来看，中国现有法律规定，通过第三方供卵生育的后代，其母亲应为自然人母亲，即规定生母为孩子的合法母亲。在线粒体移植技术的应用中，在不使用代孕的前提下，卵子核基因提供者与生母为同一人，被法律认可为母亲。

（三）线粒体移植技术的伦理审查现状

1. 以英国为代表的审查批准模式

英国是世界上第一例试管婴儿的诞生地，也是生殖技术开放程度较高的国家。英国政府早在 2005 年就允许英国纽卡斯尔大学成立研究组，开展具有两个母体遗传物质的人类胚胎试验，用于线粒体疾病的研究。当时的研究组成员玛丽·赫伯特表示："我们想要为那些患有线粒体疾病的人带来不同生活，这种办法可以在很大程度上影响患者及其家人的生活，通常可以影响几代人。"

2011 年 2 月，HFEA 组成专家小组对线粒体移植的有效性和安全性进行评估，并发布相关报告。在取得绝大多数专家支持的前提下，2012 年，HFEA 开始进行立法咨询工作，并通过发表研究报告、公开讨论、公开对话等形式，就此在英国展开宣传和咨询。2013 年 3 月，英国 HFEA 发布"给政府的建议：线粒体移植咨询报告"，报告表明绝大多数专家与民众支持这一技术。2013 年 6 月，英国卫生部和 HFEA 联合发布了线粒体捐赠条例草案，并向公众征求意见。2014 年底，这一条例草案正式发布，但根据英国人类受精与胚胎法规定，涉及基因移植的胚胎改造必须提交议会审议和表决。所以此次议会通过该草案，意味着"三亲婴儿"基因改造技术在英国正式合法化。根据线粒体捐赠条例，"三亲婴儿"基因改造技术有两种实施方法：第一种为 PNT，第二种是 ST。❶ 2015 年，英国已成为世界上第一个正式加入欧盟线粒体捐献的国家。2015 年 10 月，在 HFEA 的许可下成立线粒体捐赠机构，这对于有严重线粒体缺陷的家庭生育健康的宝宝提供了极大的帮助。2016 年 12 月 15 日，英国作出了谨慎而重要的决定，允许"三父母"婴儿出生，成为世界上第一个明确允许开展"线粒体置换疗法"的国家。2017 年，英国 HFEA 授权批准了英国纽卡斯尔大学生命中心开展线粒体置换的临床应用。这里需要注意的是，根据 HFEA 的声明可知，这一技术在英国仍属于限制性技术，在线粒体疾病可能导致死亡或严重疾病，且没有可接受的替代方法的前提下，在临床实践中可谨慎使用 ST 和核移植技术进行线粒体置换。希望向患者提供这些技术的诊所需向 HFEA 提出申请批准，然后两个委员会在评估诊所以及特定病例的适用性后方可执行。❷

对此，2016 年，HFEA 主席萨莉·切希尔表示："今天的决定是历史性的。这意味着患有高风险线粒体疾病的父母很快有

---

❶ 李海涛."三亲婴儿"技术英国合法化及伦理争议［N］. 学习时报，2015 - 03 - 16 (7).

❷ GÓMEZ - TATAY L, HERNÀNDEZ - ANDREU J M, AZNAR J, et al. Mitochondrial modification techniques and ethical issues［J］. Journal of Clinical Medicine，2017，6 (25)：1 - 16.

机会生出健康的婴儿，对于这些家庭来说，这是命运的改变"；诺贝尔生理学或医学奖获得者、美国著名生物学家、原美国科学促进会主席大卫·巴尔的摩在接受科技日报记者采访时表示："这一里程碑式的技术非常棒，它是基于基因疗法的重大突破"；英国纽卡斯尔大学生殖生物学家玛丽·赫伯特表示："这一决定既是该项研究和英国监管程序的重大胜利，更是那些受此影响的所有家庭的重大胜利"。

据英国临床医生在 2016 年估计，该国有约 3000 名女性面临后代患线粒体疾病的风险，但来自其他国家的夫妇可能会来英国寻求帮助，因为截至 2016 年，还没有其他国家允许此项技术合法化。英国纽卡斯尔大学线粒体研究所信托中心主任道格·特恩布尔曾在 2016 年对《自然》杂志介绍说："每年至多可以选择 25 名患者在此接受治疗"。之所以严格限制临床试验，是因为该治疗效果"并非百分之百有效"，仍存在少量突变线粒体"遗留"而导致婴儿罹患相关疾病的可能性。

2. 美国对于线粒体移植的态度及伦理审批现状

在美国，导致线粒体异质性的卵胞质移植方法受到管制并且在很大程度上被美国食品药品监督管理局（FDA）禁止。2001 年 3 月，FDA 向研究界致信，声称对使用克隆技术创造人类的临床研究具有监管权，并建议必须进行 FDA 监管程序才能启动这些研究。FDA 的管辖范围包括用于治疗的人类细胞，涉及通过配子和其他方式转移遗传物质。这样的遗传物质的例子包括但不限于：细胞核（用于克隆）、卵母细胞核、卵母质以及线粒体和遗传载体中包含的遗传物质，转移到配子或其他细胞中。任何涉及这些技术的临床研究都需要临床研究申请（IND）。2014 年，FDA 召开了细胞组织和基因疗法咨询委员会公开会议，讨论卵母细胞修饰在辅助生殖中的预防线粒体疾病或不育症的治疗。FDA 在 2015 年要求美国医学研究所（IOM）就与卵子和合子的基因修饰有关的伦理和社会政策问题达成共识报告，以防止线粒体疾病的传播。该报告得出结论，在人类中，只要符合某些条件和原则，可以在人类中进行 MRT。但前提是，治疗应仅限于有传播严重线粒体疾病风险的女性，并且由于女性胎儿会导致相应的遗传修饰被遗传，因此 MRT 研究应首先限于男性胎儿。而在 2015 年 12 月，美国再度对 MRT 的临床应用进行了收紧，美国政府已在该年度联邦拨款法中纳入了禁止 FDA 接受使用 MRT 进行临床研究的申请的规定。因此，不能合法地在美国使用 MRT 进行临床研究。FDA 有权其在发现不符合 FDA 管理的法律法规的情况下进行调查并采取执法行动。❶

2017 年 8 月，曾帮助一对约旦夫妇在墨西哥生出"三亲婴儿"的美国医生张进，收到 FDA 一封言辞强硬的信函，要求他立即停止在美国开展此类技术的临床试验。FDA 的这一行为预示着，美国政府会坚守"严禁'设计婴儿'出生"的一贯立场，即使用来预防严重遗传病也不会破例。这一消息被广泛报道后，为积极推动该技术在美国也能开展临床试验，张进曾向 FDA 申请召开会议讨论相关事宜，但 FDA 拒绝了他的请求。张进随后成立了一家名叫"达尔文生命"的新公司，吸引了一大批携带遗传病基因的女性和怀孕困难的年长女性来找他寻求帮助。美国现有法律规定，只要不使用政府资金，完全允许进行修饰胚胎的相关研究，但严禁将这些修饰过的胚胎植入母体孕育宝宝。FDA 在信函中还表示，张进将基因修饰后的胚胎从美国运往他国的行为也不符合美国现有法律。

---

❶ FDA. Advisory on Legal Restrictions on the Use of Mitochondrial Replacement Techniques to Introduce Donor Mitochondria into Reproductive Cells Intended for Transfer into a Human Recipient [EB/OL]. (2018 – 03 – 18) [2021 – 03 – 13]. https://www.fda.gov/vaccines – blood – biologics/cellular – gene – therapy – products/advisory – legal – restrictions – use – mitochondrial – replacement – techniques – introduce – donor – mitochondria.

除了 FDA 的监督之外，MRT 研究还受到美国迪基－韦克（Dickey－Wicker）修正案的限制。迪基－韦克修正案禁止使用美国 HHS 资金，而不是禁止研究本身，因此，只要技术不受美国州法律禁止或以其他方式进行监管，MRT 研究仍可以使用私人资金进行。

3. 中国对于线粒体移植技术的态度

关于人类辅助生殖技术的管理，我国没有制定相关的基本法，具体的管理措施主要体现在相关的部门规章。因此，我国针对线粒体移植技术的相关规范文件的法律位阶较低。《人类辅助生殖技术规范》中明确规定，禁止实施以治疗不育为目的的人卵胞浆移植及核移植技术。2003 年的《人类辅助生殖技术伦理原则》中进一步特别规定，在尚未解决人卵胞浆移植和人卵核移植技术安全性问题之前，医务人员不得实施以治疗不育为目的的人卵胞浆移植和人卵核移植技术。可以看出，在医院的辅助生殖临床实践层面，我国对此是严格限制和严格禁止的态度，这一点是比较明确的。

2021 年 3 月 1 日起，《刑法修正案（十一）》施行，其中新增了非法植入基因编辑、克隆胚胎罪，具体而言，将基因编辑、克隆的人类胚胎植入人体或者动物体内或者将基因编辑、克隆的动物胚胎植入人体内，情节严重的，处三年以下有期徒刑或拘役，并处罚金；情节特别严重的，处三年以上七年以下有期徒刑，并处罚金。❶ 法律施行后，对于基因编辑，到底指的是核基因编辑，还是也包括了细胞质基因的编辑，以及线粒体移植技术是否可归结于基因编辑，还有待法律的进一步明晰。通常

---

❶ 中华人民共和国最高人民法院 最高人民检察院关于执行《中华人民共和国刑法》确定罪名的补充规定（七）[EB/OL].（2021－02－27）[2021－05－30]. https：//www. spp. gov. cn/spp/xwfbh/wsfbt/202102/t20210227_510055. shtml.

而言，线粒体移植技术重在线粒体的移植或替换，而非基因的修改或编辑，在此点上，两者并不等同。因此，《刑法修正案（十一）》似乎不会构成规制线粒体移植技术临床施行的依据，其主要的规范对象仍然是如贺某奎基因编辑婴儿等行为。但两种技术很可能同时存在，即在对生殖细胞或胚胎的处理技术中，既包括了线粒体移植，也包括了线粒体基因编辑或核基因组基因编辑。这种情形应落入刑法修正案的规制范围之内。

从以上行政和刑法规范两个层面，可以大体看出，我国对此的态度仍然是比较严谨的，目前并没有放宽的迹象。学界，尤其是伦理学界的观点，可以以翟晓梅教授的观点为代表，对于第四代试管婴儿，她认为在线粒体移植技术应用于辅助生殖时，公共政策需要选择更为谨慎和负责任的做法。

对于就此存在的各方争议以及各个国家的不同选择，翟晓梅教授认为："在伦理学上，对以治疗为目的的生殖系基因修饰存在一定争议。支持者认为，我们有责任使后代免受遗传病的痛苦。反对者则认为，生殖系基因治疗在理论上有难以估计的高风险，一旦干预失败，对患者本人和他们的后代都会造成不可逆的医源性疾病，而且这种伤害会遗传下去。此外尚存在其他不确定的因素，包括目前尚无确切的风险评估方法。生殖系基因治疗还可能导致纳粹优生学（eugenics，国家通过强制改良人种），以及社会不公正、基因歧视等现象。目前，在我国以及世界上大多数国家，都禁止出于生殖目的的基因操作。"

对于 2016 年英国批准使用线粒体核转移技术进行生殖系的基因治疗，以预防线粒体疾病在后代身上发生这一事件，翟晓梅教授解释说："其实，这只是一个小小的缺口，因为线粒体DNA 与核内基因组是相对隔离的，且在整个 DNA 中所占的比例很小，因此即便线粒体移植发生负面作用，对基因组的影响也不大。在英国国会批准该临床应用前，英国纳菲尔德生命伦理学理事会进行了详尽的伦理讨论和政策研究，提出了立论有据的研究报告，并经过英国社会各界广泛而充分的讨论，才批准了这一个案。因此，在对疾病的严重程度与技术可能的风险进行评估，以及经过广泛的学术界和公众讨论之后，谨慎的个案或许是可以得到伦理学辩护的。"翟晓梅教授最后指出："想要有自己后代的愿望是可以理解的，然而，在线粒体移植技术应用于辅助生殖技术时，伦理学还要考虑对后代的潜在影响和伤害，因此公共政策需要选择更为谨慎和负责任的做法。"

综上可以看出，我国学界对此的态度也是非常谨慎的，建议国家的公共政策需要选择更为谨慎和负责任的做法。

（四）从专利审查实践角度看线粒体移植技术的伦理审查

【案例 7 - 5】 CN105934512A

发明名称：用于在核基因转移的受体中产生没有发育能力的卵子的方法和组合物

案情介绍：该发明申请在背景技术部分指出，辅助生殖技术程序允许将存在于待转移的受精卵中的核遗传物质（例如细胞核）转移至受精的摘除细胞核的卵子（即核遗传物质被移除的受精卵）中，是被诊断具有线粒体疾病的受精卵。来自患有线粒体疾病的受精卵（即供体卵子）的核遗传物质，可被移出并被植入受精的摘除细胞核的卵子（即受体卵子）中，所述受体卵子表达健康的线粒体。所得的胚胎和后代将携带供体卵子的遗传信息，但不会具有线粒体疾病。然而，这样的方法存在伦理上的障碍。因为受体卵子在摘除细胞核之前是受精的，以准备接受供体卵子的核遗传物质，所以不清楚受体卵子的细胞核摘除是否导致活胚胎的牺牲。如果这种程序发生在人的卵子中，那么伦理问题是极为显著的。因此，希望不产生与精子入卵（即受精）后受体卵细胞核摘除相关的潜在胚胎破坏的伦理问题。为了解决上述问题，将受体卵子进行基因工程改造，通过基因编辑技术降低卵子中 ZAR1、OSP1 和 MATER 编码基因的表达，使卵子没有发育能力，从而能够阻止受精后的胚胎形成。通过如上的方案，该没有发育能力的受精卵提供了一种合乎伦理的途径，以提供用于来自其他受精卵的遗传物质的理想受体，因为没有发育能力的受精卵绝不会形成活胚胎。因此，摘除没有发育能力的受精卵的细胞核不产生伦理问题。

该发明专利申请的权利要求书如下：

1. 没有发育能力的卵细胞，其经过工程改造，从而表达与野生型卵细胞相比降低水平的一种或多种蛋白质……

……

3. 根据权利要求 1 或 2 的没有发育能力的卵细胞，其已经受精。

4. 根据权利要求 1 ~ 3 中任一项的没有发育能力的卵细胞，其包含雌性和雄性原核。

……

6. 根据权利要求 1 ~ 3 中任一项的没有发育能力的卵细胞，其已经被摘除细胞核。

7. 用于产生没有发育能力的卵细胞的方法，包括：在卵母细胞前体细胞中，使选自以下的一个或多个基因失活：ZAR1、OSP1 和 MATER；在一定条件下培养所述卵母细胞前体细胞以得到所述没有发育能力的卵细胞。

8. 根据权利要求 8 的方法，其中所述卵母细胞前体细胞选自：雌性生殖系干细胞、胚胎干细胞、诱导的多能干细胞、皮肤细胞、骨髓细胞和外周血细胞。

9. 根据权利要求 7 或 8 的方法，其中失活包括选自以下的一种或多种技术：CRISPR/Cas9、转录激活因子样效应物核酸酶（TALENS）、经工程改造的巨核酸酶、锌指核酸酶（ZFN）、定点诱变和条件性敲除。

10. 根据权利要求 7 ~ 9 中任一项的方法，还包括使所述没有发育能力的卵细胞受精。

11. 根据权利要求 7 ~ 10 中任一项的方法，还包括摘除所述没有发育能力的卵细胞的细胞核。

12. 用于增强供体受精卵细胞的线粒体健康的方法，包括：将所述供体受精卵的细胞核引入到根据权利要求 6 的没有发育能力的卵细胞中，从而产生经工程改造的供体受精卵细胞。

13. 根据权利要求 12 的方法，其中所述供体受精卵细胞携带一个或多个线粒体基因突变。

14. 根据权利要求 12 或 13 的方法，其中所述供体受精卵细胞携带已知的线粒体疾病。

15. 根据权利要求 12 的方法，其中所述经工程改造的供体受精卵细胞发生胚胎形成。

16. 根据权利要求 1 ~ 15 中任一项的方法，其中所述没有发育能力的卵细胞为人卵细胞。

17. 试剂盒，其包含根据权利要求 1 ~ 6 中任一项的没有发育能力的卵细胞。

18. 根据权利要求 17 的试剂盒，还包含使用所述试剂盒的说明书。

该专利申请在中国的专利审查过程中，专利审查员发出第一次审查意见通知书指出，权利要求 1 ~ 5 和权利要求 7 ~ 10 不具备《专利法》第 22 条第 2 款规定的新颖性；权利要求 6 和权利要求 11 ~ 18 不具备《专利法》第 22 条第 3 款规定的创造性；权利要求 5 ~ 6 和权利要求 10 ~ 11 以及权利要求 16 不符合《专利法实施细则（2010）》第 22 条第 2 款的规定。可以看出，在该案的审查意见中，并未指出《专利法》第 5 条的问题。该专利申请在发出第一次审查意见通知书后，因视为撤回失效。

该专利申请的发明目的是避免破坏胚胎而带来的伦理问题，审查意见中也没有对是否违反社会公德提出异议，那么是否就说明该申请的技术方案满足了伦理道德要求呢？在此可以通过对欧洲同族专利的审查进行部分观察。

在该申请的欧洲同族专利 EP3052110A1 的审查意见中，欧洲专利审查员除了指出技术方案的新颖性和创造性之外，还指出了其他的一些问题，具体而言：该申请的技术方案涉及对人卵细胞的编辑以及利用，根据 EPC 2000 第 29（1）条的规定，不同发育时期的人体部分，均不能被授予专利权；根据欧洲科学和新技术伦理小组（EGE）第 16 条的规定，任何阶段的人体，包括胚胎细胞，均不能被授予专利权。也就是说，不管胚胎细胞是否被编辑，均不能被授予专利权。此外，该申请的技术方案涉及克隆人类，以及改变人类胚胎的遗传一致性，不符合 EPC 2000 实施细则第 28（a）（b）条的规定。此外，EPO 还指出，在申请日 2014 年 10 月 2 日，由于该申请实施发明的技术方案不涉及破坏人类胚胎，因此不违反 EPC 2000 第 53（a）条以及 EPC 2000 实施细则第 28（c）条。申请人未在规定时间内答复上述审查意见，因此该案在 EPO 视为撤回。

在该申请的美国同族专利 US2016208214A1 的审查意见中，除了指出新颖性、创造性以及权利要求得不到说明书支持的缺陷外，未指出其他缺陷。

通过中国、欧洲、美国如上审查过程，分析该案具有如下几个重要的特点。

第一，关于旧的伦理问题的规避。该领域的很多案件，确有其规避伦理质疑、符合伦理规范的目的在内，但最终是否能够规避伦理问题，还需要专利审查员在审查中作出独立、客观的判断。该案就属于典型的为规避伦理问题，一定程度又可能引发伦理问题的特殊类型的案件。其所能避免的伦理争议在于，主动通过基因工程技术改造卵子，使受体卵子失去发育能力，阻止受精后的活胚胎形成。这一操作规避或消除了后续将此受体卵子或胚胎用于克隆人、辅助生殖第四代试管婴儿等问题上的伦理担忧。也因此，EPO指出该案涉及克隆人有审查过重之嫌。

第二，关于新的伦理问题的引发。该案也由此可能引发新的伦理问题，包括但不限于：首先，其使用基因编辑技术对卵细胞进行基因编辑，来实现改造卵子的目的，这里针对卵细胞进行基因编辑，明显属于生殖系基因编辑，进而触及相关人类生殖系基因编辑的伦理问题，需要关注和讨论（例如EPO指出的改变人生殖系的遗传同一性）。其次，该技术的本质还是线粒体移植，由此不可避免地会涉及线粒体移植以及三亲胚胎相关伦理问题，这一点需要予以关注和讨论。由于其技术不能导致活胚胎形成，基本排除了临床应用的可能性，由此可能仅涉及线粒体移植技术基础研究，需要讨论有关该技术基础研究的伦理审查态度。最后，从该技术实施的结果而言，其涉及将正常的卵子进行改造，这种改造形成改造后的卵子，以及改造后的胚胎。由此，改造卵子本身是否受到相关伦理限制，改造后的卵细胞以及改造后的胚胎本身，又受到哪些伦理规制，也成为应该讨论的问题。正如EPO所指出的，对于该发明涉及的卵细胞发明主题，EPO以人类生殖细胞属于处于各形成和发育阶段的人体处理，不予专利。

其中，需要注意的是，关于将人类生殖细胞、受精卵、胚胎纳入"处于各形成和发育阶段的人体"处理，我国专利审查部门也持相同审查标准。该案实际上也提出了一个问题，即对于没有发育能力的人类生殖细胞、受精卵、胚胎是否应该同样纳入"处于各形成和发育阶段的人体"处理，并可能会存在相当的争议。此外，该案除了这个层面的问题，实际上单独就卵细胞而言，该发明也存在"没有发育能力的卵细胞""已经受精的该没有发育能力的卵细胞""包含雌性和雄性原核的该没有发育能力的卵细胞""已经被摘除细胞核的该没有发育能力的卵细胞"等几种情形，即该卵细胞可能会存在单倍体、双核单倍体、二倍体、无核等多种情形，这些情形又应作如何认定，是否同属于应予授权限制的卵细胞，也可能存在一定疑难，需要更多的研究和讨论。

【案例 7－6】 CN104830777A

发明名称： 极体基因组重构卵子及其制备方法和用途

案情介绍： 要做到最大限度地预防线粒体疾病遗传给子代，必须确保置换后重构的卵子中不含患者的 mtDNA。然而，研究实践显示，无论中期染色体还是原核，因为能量的需要，在它们的周围均包裹着大量的线粒体，约占胞浆中线粒体总量的 40％，在核置换的过程中，这些线粒体随核进入新的卵胞浆中，使置换后的重构卵中仍含有一定量的突变 mtDNA，这些 mtDNA 有可能通过"遗传瓶颈"，在子代中复制和扩增，积累到一定的阈值，导致子代发病。针对该问题，发明提供一种极体基因组重构卵子及其制备方法和用途，尤其是在制备治疗母源性线粒体遗传病制材中的用途。该发明方法制得的重构卵子中不含患者线粒体 mtDNA，将能主动彻底预防线粒体母源性遗传疾病的发生。

该申请的技术方案如下：

1. 极体基因组重构卵子，其特征在于由患者卵子和受精卵的第一和/或第二极体提供的基因组与健康者卵子的胞浆构成，该重构卵子内部仅含有健康者卵子的线粒体。

2. 按权利要求 1 所述的极体基因组重构卵子，其特征在于，所述的第一极体源于线粒体疾病女性患者减数分裂中期卵子。

3. 按权利要求 1 所述的极体基因组重构卵子，其特征在于，所述的第二极体源于线粒体疾病女性患者减数分裂中期卵子与其配偶受精后的受精卵。

4. 权利要求1的极体基因组重构卵子的制备方法,其特征在于,采用显微操作的方法,离体的,将患者卵子和受精卵的第一和/或第二极体移入到已去除雌性遗传物质的健康者卵子或受精卵胞浆中;通过下述步骤:

(1)将患线粒体疾病女性患者第一极体基因组与健康女性卵胞浆组成重构卵子;

(2)将患线粒体疾病女性患者第二极体基因组取代健康女性与患者配偶受精卵的雌原核,组成重构胚胎;

(3)检测重构卵子/重构受精卵发育的胚胎中两种来源的线粒体含量;

(4)动物模型实验验证,所获胚胎包含3种遗传物质,阻断线粒体疾病的母源性遗传效果。

5. 按权利要求4述的方法,其特征在于,所述的3种遗传物质是父、母核DNA及健康供者线粒体DNA。

6. 按权利要求4述的方法,其特征在于,所述的线粒体含量检测采用焦磷酸测序法。

7. 极体基因组重构卵子在制备防治线粒体母源性遗传疾病发生的制材中的用途。

在我国的专利审查中,该案专利审查员发出第一次审查意见指出:根据说明书的记载,该申请的发明目的在于提供一种极体基因组重构卵子及其制备方法。说明书中记载的制备方法中使用了人的受精卵。人的受精卵属于"人胚胎",对人的受精卵的操作有违人类伦理道德,即说明书的相应内容涉及对人胚胎的工业或商业目的的应用,违背社会公德,属于《专利法》第5条第1款规定的不授予专利权的发明。

权利要求1~3要求保护一种极体基因组重构卵子,其特征在于由患者卵子和受精卵的第一和/或第二极体提供的基因组与健康者卵子的胞浆构成，该重构卵子内部仅含有健康者卵子的线粒体。所述极体基因组重构卵子包括卵细胞，属于人的生殖细胞，属于《专利法》第5条第1款规定的不能被授予专利权的发明。且该技术方案利用了人受精卵的极体提供的基因组，参见该申请说明书的记载，所述人受精卵极体提供的基因组的获得需要对人的受精卵进行破坏，参见上述审查意见，所述技术方案实质上涉及对人胚胎的工业或商业目的的应用，违背社会公德，属于《专利法》第5条第1款规定的不授予专利权的发明。

权利要求4~6要求保护权利要求1的极体基因组重构卵子的制备方法，所述权利要求的技术方案中利用了人受精卵的极体提供的基因组，参见上述审查意见，所述技术方案实质上涉及对人胚胎的工业或商业目的的应用，违背社会公德，属于《专利法》第5条第1款规定的不授予专利权的发明。

权利要求4~7所述制备方法或用途中还使用了患者卵子的极体和健康者卵子的胞浆。依据该申请说明书的记载，所述患者卵子的极体和健康者卵子的胞浆的获得均需要使用人的卵细胞。而人卵细胞没有合法的来源，因此，所述技术方案不能在工业上制造或使用，权利要求4~6不具备实用性，不符合《专利法》第22条第4款的规定。

随后，申请人修改并陈述意见：将原权利要求1修改为"1.极体基因组重构卵子，其特征在于由患者卵子和受精卵的第一和/或第二极体提供的基因组与健康者卵子的胞浆构成，该重构卵子内部仅含有健康者卵子的线粒体；所述的患者选自新西兰白鼠模型，其模拟女性线粒体疾病患者；所述的健康者采用C57BL/6与DBA2的杂一代鼠BDF1模拟。"申请人认为，该发明的核心技术方案是离体制备线粒体置换的重构卵子以及重构胚胎，尤其是该发明的实施例中，明确描述了采用的实验对象是动物模型（这是医学研究的基础和依据），且利用的是实验动物模型中处于减数分裂中二期的卵子以及受精卵子，均属于未经过体内发育的受精14天以内的胚胎，因此符合专利法有关规定。其中，采用新西兰白鼠，在该发明研究中模拟女性线粒体疾病患者；C57BL/6与DBA2的杂一代鼠BDF1，在该发明研究中模拟捐赠卵胞浆的健康女性；ICR鼠，在该发明中用作代孕妈妈。

修改后的权利要求如下：

1. 极体基因组重构卵子，其特征在于由患者卵子和受精卵的第一和/或第二极体提供的基因组与健康者卵子的胞浆构成，该重构卵子内部仅含有健康者卵子的线粒体；

所述的患者选自新西兰白鼠模型，其模拟女性线粒体疾病患者；所述的健康者采用C57BL/6与DBA2的杂一代鼠BDF1模拟。

2. 按权利要求1所述的极体基因组重构卵子，其特征在于，所述的第一极体源于线粒体疾病女性患者减数分裂中期卵子。

3. 按权利要求1所述的极体基因组重构卵子，其特征在于，所述的第二极体源于线粒体疾病女性患者减数分裂中期卵子与其配偶受精后的受精卵。

4. 权利要求1的极体基因组重构卵子的制备方法，其特征在于，采用显微操作的方法，离体的，将患者卵子和受精卵的第一和/或第二极体移入到已去除雌性遗传物质的健康者卵子或受精卵胞浆中；通过下述步骤：

（1）将患线粒体疾病女性患者第一极体基因组与健康女性卵胞浆组成重构卵子；

（2）将患线粒体疾病女性患者第二极体基因组取代健康女性与患者配偶受精卵的雌原核，组成重构胚胎；

（3）检测重构卵子/重构受精卵发育的胚胎中两种来源的线

粒体含量;

（4）动物模型实验验证，所获胚胎包含3种遗传物质，阻断线粒体疾病的母源性遗传效果。

5. 按权利要求4述的方法，其特征在于，所述的3种遗传物质是父、母核DNA及健康供者线粒体DNA。

6. 按权利要求4述的方法，其特征在于，所述的线粒体含量检测采用焦磷酸测序法。

7. 极体基因组重构卵子在制备防治线粒体母源性遗传疾病发生的制材中的用途。

对此，专利审查员继续发出第二次审查意见认为，说明书中记载了《专利法》第5条规定的不能授予专利权的对象。根据说明书的记载，该申请的目的在于提供一种极体基因组重构卵子及其制备方法，说明书中多处涉及对人类卵子或人类受精卵的实验操作，如"将患线粒体疾病女性患者第一极体基因组与健康女性卵胞浆组成重构卵子"，以及"将患线粒体疾病女性患者第二极体基因组取代健康女性与患者配偶受精卵的雌原核，组成重构胚胎"等。人类卵子是人的生殖细胞，人类受精卵属于人类胚胎，对人生殖细胞和人胚胎的实验操作违反社会公德，属于《专利法》第5条规定的不授予专利权的对象。

权利要求1~3记载了《专利法》第25条第1款规定的不授予专利权的对象。权利要求1~3要求保护极体基因组重构卵子，专利审查指南规定动物生殖细胞、受精卵、胚胎等属于"动物品种"的范畴，根据《专利法》第25条第1款4项规定，不能被授予专利权。

权利要求4~6不符合《专利法》第26条第4款的规定，保护范围不清楚。

权利要求4~6要求保护极体基因组重构卵子的制备方法，但说明书中记载的是将受精卵和第二极体重构组成的重组胚胎，而非重构卵子。因此，当前的权利要求 4~6 的保护范围是不清楚的，不符合《专利法》第 26 条第 4 款的规定。

申请人将原权利要求 1 修改为：

1. 一种极体基因组重构卵子的制备方法，其特征在于，采用显微操作的方法，离体的，将母源性线粒体遗传缺陷卵子和受精卵的第一和/或第二极体移入到已去除雌性遗传物质的无母源性线粒体遗传缺陷卵子或受精卵胞浆中；通过下述步骤：

（1）将母源性线粒体遗传缺陷卵子第一极体基因组与无母源性线粒体遗传缺陷卵胞浆组成重构卵子；

（2）将母源性线粒体遗传缺陷卵子第二极体基因组取代无母源性线粒体遗传缺陷受精卵的雌原核，组成重构受精卵；

（3）检测重构卵子/重构受精卵发育的胚胎中两种来源的线粒体含量；

（4）动物模型实验验证，所获胚胎包含 3 种遗传物质，阻断线粒体疾病的母源性遗传效果。

复审通知书指出，《专利法》第 5 条第 1 款审查对象是整个专利申请文本，不局限于权利要求请求保护的技术方案，而说明书中存在对于人胚胎进行操作的内容，属于存在人胚胎的工业或商业目的的应用，违反社会公德。专利审查指南规定，如果发明创造是利用未经过体内发育的受精 14 天以内的人类胚胎分离或者获取干细胞的，则不能以违反社会公德为理由拒绝授予专利权。但是该申请中的人胚胎并不是用来分离或获取干细胞，因此不属于上述规定中的范畴。最终，该案在收到复审通知书后，因逾期而视为撤回。

通过该案的完整审查过程可以看出，这是一个典型的关于线粒体移植技术的审查案例，而且，专利审查过程涵盖了实审、驳回、复审的全流程，具有典型意义。可以在一定程度上观察我国专利审查对此的态度。

　　整体而言，我国对于线粒体移植相关发明依据《专利法》第 5 条的审查中，从实审至复审程序，仍然主要围绕涉胚胎操作违反社会公德，并常以"人胚胎的工业或商业目的的应用"作为主要理由，反映出对于以辅助生殖为目的的胚胎操作，仍处于非常谨慎的态度。这与我国医院广泛存在第一代、第二代和第三代试管婴儿技术的涉及生殖细胞和胚胎操作相关伦理规则不甚相符——在辅助生殖技术领域，针对人类生殖细胞和人胚胎进行操作，是最正常不过的事情，基本不存在伦理争议。该案对于该类技术的核心伦理争议，例如线粒体移植或置换所导致的三亲问题，未提出任何伦理质疑，无法得出我国专利审查部门对此的态度。

　　从该类案件第一次审查意见、第二次审查意见、驳回决定、复审通知书所指出的全部伦理问题中可以发现，该类案件还会触及人类生殖细胞，专利审查中常以"处于各形成和发育阶段的人体"加以规制。修改为动物以后，会触及动物生殖细胞，专利审查中常以"动物品种"加以规制。由于专利审查指南中的相应审查标准比较明确，这两点一般不会存在疑问。可能引发疑惑或讨论的是以下两个问题：一是发明利用了人受精卵的极体基因组，这是否属于对人的受精卵进行破坏，并由此不符相关伦理要求；二是该类发明如果涉及患者卵子或健康者供卵，是否在没有直接依据的情况下，追究所使用的人卵子的合法来源。关于后面这两个问题，可能会存在部分争议。有待更加充分的讨论予以确认。

　　另外，需要指出的是，对于该案的核心技术，准确地应称之为极体核移植或 PBT。本质上是一种"三父母"技术的变体。以上 2014 年的中国专利申请并未在人类身上开展试验，而只是在老鼠身上进行了验证。如前所述，两年后，美国科学家就在人体上进行了试验。

【案例 7 - 7】 CN103562378A 及其分案 CN106350479A

发明名称：用于自体种系线粒体能量转移的组合物和方法

案情介绍：线粒体移植受到管制并且在很大程度上被 FDA 禁止。虽然使用来自体细胞的自体线粒体将避免线粒体异质性，体细胞的线粒体同样会因线粒体数目减少、线粒体活性减小和/或 mtDNA 突变和缺失的积累而经历年龄相关性线粒体功能丧失。因此，对于高育龄女性来说，将来源于自体体细胞的线粒体转移到卵母细胞中没有所预期的显著益处。而且已知多种干细胞具有低线粒体活性。因此，成体干细胞被认为不是高活性线粒体的可行来源。

发明是基于以下出人意料的发现：存在于卵巢的体细胞组织中的哺乳动物雌性种系干细胞或 OSC 含有具有所评估的所有干细胞类型中最高的已知 ATP 产生能力的线粒体，并且这些线粒体含有具有减少的积累突变量的 mtDNA，这些积累突变在一些情况下包括不可检测的水平的已知随着年龄在体细胞中积累的常见的 mtDNA 缺失。

该发明提出的技术方案如下：

1. 展现出增加的 ATP 产生的卵母细胞，其包含组合物，所述组合物包含 ATP 产生性线粒体受损之受试者的卵母细胞和从所述受试者之自体卵巢卵原干细胞（OSC）或自体卵巢 OSC 子代分离的自体外源功能线粒体，

其中所述 OSC 是非胚胎干细胞，所述干细胞具备有丝分裂能力并且表达 Vasa、Oct - 4、Dazl、Stella 以及任选地阶段特异性胚胎抗原；

其中所述受试者的卵母细胞具有受损的 ATP 产生，而且没有自体外源功能线粒体；并且

其中所述自体外源功能线粒体增加所述受试者受损卵母细胞的 ATP 产生，从而将所述受损的卵母细胞转变为展现出增加

的 ATP 产生的卵母细胞，导致所述受试者的卵母细胞成功受精和/或胚胎发育。

2. 通过以下方法制备的展现出增加的 ATP 产生的卵母细胞，所述方法包括以下步骤：

（i）将从受试者之外源自体卵巢卵原干细胞（OSC）或外源自体卵巢 OSC 子代分离的一个或更多个线粒体转移到受损的卵母细胞之中，其中：

所述卵母细胞具有受损的 ATP 产生性线粒体；

所述 OSC 是非胚胎干细胞，所述干细胞具备有丝分裂能力并且表达 Vasa、Oct－4、Dazl、Stella 以及任选地阶段特异性胚胎抗原；并且

所述一个或更多个线粒体的转移增加所述受损卵母细胞的 ATP 产生，从而将所述受损的卵母细胞转变为展现出增加的 ATP 产生的卵母细胞，导致所述受试者的卵母细胞成功受精和/或胚胎发育。

……

6. 如权利要求 1～5 中任一项所述的卵母细胞，其中所述受试者是哺乳动物。

7. 如权利要求 1～6 中任一项所述的卵母细胞，其中所述受试者是人类。

8. 如权利要求 7 所述的卵母细胞，其中所述人类是选自以下的女性：高育龄的女性、患有卵母细胞相关性不孕症的女性和具有低卵巢储备功能的女性。

9. 如权利要求 1～6 中任一项所述的卵母细胞，其中所述卵母细胞用于体外受精。

该案的母案 CN103562378A 在发出第一次审查意见通知书后授权，未涉及《专利法》第 5 条审查。授权主题包括：

1. 制备用于体外受精（IVF）或人工授精的卵母细胞的方

法，所述方法包括将包含 i）卵原干细胞（OSC）线粒体，或 ii）从 OSC 子代获得的线粒体的组合物转移到卵母细胞之中，由此制备所述用于 IVF 或人工授精的卵母细胞，其中所述 OSC 从卵巢组织获得并且是分离的非胚胎干细胞，所述干细胞具备有丝分裂能力并且表达 Vasa、Oct-4、Dazl、Stella 以及任选地阶段特异性胚胎抗原，并且其中所述 OSC 和所述卵母细胞是自体的。

……

4. 包含分离的 OSC 线粒体或从 OSC 子代获得的线粒体的组合物，其中所述 OSC 从卵巢组织获得并且是分离的非胚胎干细胞，所述干细胞具备有丝分裂能力并且表达 Vasa、Oct-4、Dazl、Stella 以及任选地阶段特异性胚胎抗原。

……

8. 包含从 OSC 或至少一个 OSC 子代获得的至少一个分离的线粒体的组合物，其中所述 OSC 从卵巢组织获得并且是分离的非胚胎干细胞，所述干细胞具备有丝分裂能力并且表达 Vasa、Oct-4、Dazl、Stella 以及任选地阶段特异性胚胎抗原。

9. 根据权利要求 1 所述的方法制备的卵母细胞。

10. 包含外源的自体 OSC 线粒体或从 OSC 子代获得的线粒体的卵母细胞，其中所述 OSC 从卵巢组织获得并且是分离的非胚胎干细胞，所述干细胞具备有丝分裂能力并且表达 Vasa、Oct-4、Dazl、Stella 以及任选地阶段特异性胚胎抗原。

11. 体外受精方法，所述方法包括以下步骤：

a）获得包含 i）来自 OSC 的线粒体或 ii）从 OSC 子代获得的线粒体的组合物，其中所述 OSC 从卵巢组织获得并且是分离的非胚胎干细胞，所述干细胞具备有丝分裂能力并且表达 Vasa、Oct-4、Dazl、Stella 以及任选地阶段特异性胚胎抗原；

b）将所述组合物转移到分离的自体卵母细胞中；并且

c）使所述自体卵母细胞体外受精以形成受精卵。

……

13. 从至少一个 OSC 或至少一个 OSC 子代分离出功能线粒体群体的方法，所述方法包括以下步骤：将包含至少一个 OSC 或至少一个 OSC 子代的组合物与荧光线粒体跟踪探针一起在足以使所述探针结合到功能线粒体上的条件下孵育，其中所述 OSC 从卵巢组织获得并且是分离的非胚胎干细胞，所述干细胞具备有丝分裂能力并且表达 Vasa、Oct-4、Dazl、Stella 以及任选地阶段特异性胚胎抗原，所述荧光线粒体跟踪探针选自下组，所述组由以下各项组成：非氧化依赖性探针、积累依赖性探针以及氧化还原态探针；并且使用荧光激活细胞分选术分选这些功能线粒体，由此从至少一个 OSC 或至少一个 OSC 子代分离出所述功能线粒体群体。

……

15. 鉴定从至少一个 OSC 或至少一个 OSC 子代获得的功能线粒体群体的方法，所述方法包括以下步骤：

a）将包含至少一个 OSC 或至少一个 OSC 子代的组合物与荧光氧化还原态探针以及荧光积累依赖性探针一起在足以使所述荧光氧化还原态探针结合到所述组合物中的功能线粒体上并且使所述荧光积累依赖性探针结合到所述组合物中的所有线粒体上的条件下孵育，其中所述 OSC 从卵巢组织获得并且是分离的非胚胎干细胞，所述干细胞具备有丝分裂能力并且表达 Vasa、Oct-4、Dazl、Stella 以及任选地阶段特异性胚胎抗原；

b）使用荧光激活细胞分选术获得包含所述功能线粒体的组合物，其中所述组合物将非功能线粒体排除在外；

c）确定功能线粒体的量和总线粒体的量；并且

d）计算功能线粒体与总线粒体的比率；并且

e）确定所述比率是否大于 0.02，由此鉴定从至少一个 OSC

或至少一个 OSC 子代获得的功能线粒体群体。

......

19. 包含如权利要求 4～8 中任一项所述的组合物和使用说明书的试剂盒。

20. 用于增强卵母细胞的 ATP 产生能力的方法，所述方法包括以下步骤：

a）获得包含从对于所述卵母细胞为自体的至少一个 OSC 或至少一个 OSC 子代获得的线粒体的组合物，其中所述 OSC 从卵巢组织获得并且是分离的非胚胎干细胞，所述干细胞具备有丝分裂能力并且表达 Vasa、Oct－4、Dazl、Stella 以及任选地阶段特异性胚胎抗原，并且其中所述卵母细胞和所述 OSC 是自体的；并且

b）将所述线粒体组合物注射到所述卵母细胞中。

......

51. 根据如权利要求 20 所述的方法制备的卵母细胞。

52. 从至少一个 OSC 或至少一个 OSC 子代获得的线粒体的组合物，其中所述 OSC 从卵巢组织获得并且是分离的非胚胎干细胞，所述干细胞具备有丝分裂能力并且表达 Vasa、Oct－4、Dazl、Stella 以及任选地阶段特异性胚胎抗原，并且其中所述组合物包含线粒体群体，在所述线粒体群体中大于 75% 的线粒体是高 ATP 产生能力的线粒体。

53. 从至少一个 OSC 或至少一个 OSC 子代获得的线粒体的组合物，其中所述 OSC 从卵巢组织获得并且是分离的非胚胎干细胞，所述干细胞具备有丝分裂能力并且表达 Vasa、Oct－4、Dazl、Stella 以及任选地阶段特异性胚胎抗原，并且其中所述组合物包含线粒体群体，在所述线粒体群体中大于 85% 的线粒体是高 ATP 产生能力的线粒体。

54. 从至少一个 OSC 或至少一个 OSC 子代获得的线粒体的

587 第七章 专利审查未来需要面对的挑战 | 587

组合物，其中所述 OSC 从卵巢组织获得并且是分离的非胚胎干细胞，所述干细胞具备有丝分裂能力并且表达 Vasa、Oct－4、Dazl、Stella 以及任选地阶段特异性胚胎抗原，并且其中所述组合物包含线粒体群体，在所述线粒体群体中大于 90% 的线粒体是高 ATP 产生能力的线粒体。

55. 从至少一个 OSC 或至少一个 OSC 子代获得的线粒体的组合物，其中所述 OSC 从卵巢组织获得并且是分离的非胚胎干细胞，所述干细胞具备有丝分裂能力并且表达 Vasa、Oct－4、Dazl、Stella 以及任选地阶段特异性胚胎抗原，并且其中所述组合物包含线粒体群体，在所述线粒体群体中大于 99% 的线粒体是高 ATP 产生能力的线粒体。

该分案申请 CN106350479A 的权利要求中也涉及卵母细胞的主题，相关审查意见通知书中并没有对《专利法》第 5 条发表意见，在发出第二次审查意见通知书后，该分案申请逾期视撤失效。值得注意的是，该案存在多达 8 个国外同族申请，可供我们初步分析一下国外对此的审查态度。

该案在欧洲存在三个同族申请：EP2787073B1、EP2697365A2、EP3498826A1。

在专利 EP2787073B1 的审查过程中，专利审查员指出部分权利要求的主题请求保护卵母细胞，由于涉及不同发育时期的人体，属于 EPC 2000 实施细则第 29（1）条不能授予专利权的主题。因此在该专利授权的权利要求书中，仅涉及"包含分离自卵干细胞的功能性线粒体的组合物"的相关主题。例如：

1. A composition comprising functional mitochondria isolated from an oogonial stem cell（OSC）or the progeny of an OSC, wherein the OSC is obtained from ovarian tissue and wherein the OSC is an isolated non－embryonic stem cell that is mitotically competent and expresses Vasa, Oct－4, Dazl and Stella and, optionally, a stage－

specific embryonic antigen.

……

20. A composition comprising functional mitochondria isolated from an oogonial stem cell (OSC) or the progeny of an OSC, wherein the OSC is obtained from ovarian tissue and wherein the OSC is an isolated, non – embryonic stem cell that is mitotically competent and expresses Vasa, Oct – 4, Dazl and Stella and, optionally, a stage – specific embryonic antigen, and wherein the mitochondria are identified as being functional mitochondria by a method comprising the steps of:

a) incubating the composition with a fluorescent reduced oxidative state probe and a fluorescent accumulation dependent probe under conditions sufficient to bind the fluorescent reduced oxidative state probe to functional mitochondria in the composition and bind the fluorescent accumulation dependent probe to total mitochondria in the composition;

b) obtaining a second composition comprising the functional mitochondria using fluorescence – activated cell sorting, wherein said composition excludes non – functional mitochondria;

c) determining the amount of functional mitochondria and the amount of total mitochondria;

d) calculating the ratio of functional mitochondria to total mitochondria; and

e) determining whether the ratio is greater than about 0.02.

专利 EP2697365A2 的权利要求的主题主要涉及制备用于体外受精或人工授精的卵细胞的方法。在 EPO 的专利审查意见中指出，线粒体包含 DNA，向卵子中引入外源线粒体用于体外受精属于改变人类遗传同一性，因此不符合 EPC 2000 第 53（a）

条以及 EPC 2000 实施细则第 28（b）（c）条的规定。申请人争辩，权利要求中限定了将线粒体引入自体卵细胞，避免了线粒体的异质性，此外，由于权利要求的技术方案不涉及改变自体卵细胞中的遗传物质，因此卵细胞中的遗传同一性得以保留，即使引入外源线粒体，也不涉及遗传同一性的改变。然而 EPO 并不同意上述观点，进一步的审查意见中指出，细胞核和线粒体基因组虽然大小不同，但高度相互作用，线粒体对细胞内代谢稳态和能量生产至关重要，它们也在凋亡、控制胞浆 Ca^{2+} 水平、脂质稳态、类固醇合成、先天免疫反应等方面发挥重要作用。线粒体基因组是核基因组不可或缺的延伸。线粒体基因表达影响细胞核基因的表达以及发生在细胞核内的表观遗传过程。线粒体生殖系修饰可以以遗传方式改变等位核伙伴（allelic nuclear partners）的功能。因此，生殖系遗传同一性不能被视为仅由核基因组决定，其功能高度依赖于精细的线粒体与细胞核相互作用。也就是说，无论在技术上还是在法律上都不能区分人类生殖细胞的细胞核部分和线粒体部分，两者都受 EPC 2000 实施细则第 28（1）（b）条的规定的约束。并且，无论引入的基因是自体的还是异体的，只要这种引入物引起了生殖系的遗传改变，就不符合 EPC 2000 实施细则第 28（1）（b）条的规定。该分案申请在发出审查意见后视为撤回。

针对专利申请 EP3498826A1 提出的审查意见与前述两个同族类似。

在美国，存在五个同族申请，其中授权专利为 US8647869B2、US8642329B2 和 US9150830B2，主题均涉及制备卵母细胞的方法。US2015353887A1 和 US2019300850A1 两个同族申请的主题涉及卵母细胞，审查意见中指出，上述专利申请中请求保护的卵母细胞是一种自然存在的产品，因此属于美国专利法第 101 条不能授权的主题。申请人辩称，该卵母细胞具有人类独特的基因，并且在引入外源线粒体后，增加了成功受精和/或成功胚胎发育的能力，这些特征是受试者自然发生的卵母细胞所不具备的。因此，转化后的卵母细胞，其基因组仍然完整，但具有这些新特征，在自然界中并不存在。然而上述意见并没有被认可，对此，审查意见认为，外源引入的线粒体与它们的天然同类卵母细胞中的线粒体没有区别，而且这种重组的卵母细胞与体外受精对象卵巢中移植的自体功能卵母细胞也没有显著区别，因此仍属于自然存在的产品范畴内。上述两个同族最终放弃申请。

分析该案同族申请的审查意见可以发现，EPO 只对组合物权利要求予以授权；USPTO 授权主题涉及相关方法和组合物，两局均未对卵母细胞主题予以授权。可以看出，世界各国对此审查主题的态度表现并不一致，欧洲和美国均未对卵母细胞的主题予以授权，但提出的理由却有所不同。而我国专利审查部门对此主题有时并不敏感。

基于该案，可供讨论的审查问题至少包括如下六个方面。

第一，自体线粒体移植技术中"改变人生殖系遗传同一性"的适用：就此，我国专利审查部门和 USPTO 没有指出此方面的意见，EPO 强调，无论在技术上还是在法律上都不能区分人类生殖细胞的细胞核部分和线粒体部分。可见，EPO 对于此点，把关较严。未来对于自体线粒体移植，是否仍然认为属于"改变人生殖系遗传同一性"，还存在一定变数，需要对其进行持续的观察。

第二，对卵母细胞保护主题的规制：不仅 EPO 一如既往，针对人类卵母细胞，将其认定为属于"处于各形成和发育阶段的人体"，不予授权。即便是所谓"太阳底下任何人造之物"均可授权的 USPTO，针对申请人提出的该卵母细胞并非天然产物，而是经过人为引入自体外源线粒体的人工构建物的争辩意见，也仍然坚持该经过线粒体移植的卵母细胞与自然产物无异的观点，予以拒绝。由此看来，人类生殖细胞与人胚胎一样，在美国也是高度伦理敏感的。两局拒绝的法条理由虽不尽相同，但异曲同工，避免了人类生殖细胞（无论是修饰过的还是未修饰过的）被授予专利权。我国对于此方面审查的敏感性在一定程度上还存在不足。

第三，"人胚胎的工业或商业目的的应用"是否适用于线粒体移植技术相关专利申请。在胚胎干细胞领域，2019 年《专利审查指南（2010）》修改以后，已经明确规定了哪些情形并不视为违反社会公德。但是，由于审查上的惯性，针对辅助生殖技术领域的此类专利申请，如果涉及人类胚胎，审查中使用最多的理由往往是以发明属于"人胚胎的工业或商业目的的应用"为由，认为发明违反社会公德，而拒绝授予专利权。这是此类申请最大的一个疑问——以前在胚胎干细胞领域应用的标准，可不可以转用至辅助生殖领域。关于此点，了解辅助生殖技术领域现状的人均清楚，我国辅助生殖技术领域是严禁商业化的，不允许商业应用，但是，在各大医院的生殖中心进行人类生殖细胞操作或胚胎操作，是试管婴儿技术中最常态化的操作。因此，从这些角度讲，在辅助生殖技术领域，仅基于案件涉及人类生殖细胞或人胚胎的操作，就认为属于"人胚胎的工业或商业目的的应用"，似乎于理不通。实践中，不建议简单以发明中存在涉及胚胎操作为由，即得出其违反《专利法》第 5 条的规定。

第四，如果专利要求保护的主题已经直接触及了将线粒体移植技术进行辅助生殖应用，例如，不仅相应的方法包括了线粒体移植的卵母细胞的制备，还包括了体外受精、胚胎移植等步骤，则基于目前我国相关法律规则，应不能予以授权。《人类辅助生殖技术规范》等文件可以作为参考依据。但是，如果相应的方法仅涉及部分步骤，例如像 USPTO 那样，权利要求涉及的仅是线粒体移植的卵母细胞的制备方法，此时如何考量，一定程度存在争议。希望就此尽快讨论明确。

第五，线粒体移植技术除了在辅助生殖中的应用以外，很多还停留在基础研究。这些基础研究由于并不涉及辅助生殖技术的直接应用，不涉及生育"三亲婴儿"，前述所说的伦理争议实际上基本均不存在。对于此类基础研究，是否应该保持一种积极鼓励科研探索的态度，也需要我们仔细思考。当然，如果基础研究、临床研究和临床应用等区分对待，如何清楚划界，也自然需要考量。

第六，在辅助生殖技术领域中，与伦理问题相伴而生的问题，就是疾病治疗方法。在线粒体移植技术相关案例中，或多或少会涉及体外受精方法和/或胚胎移植的方法，对于此类审查主题可能也需要适当注意。

三、干细胞衍生配子技术及其伦理审查

在针对女性不孕症和男性不育症的治疗之中，体外受精和卵胞浆内单精子显微注射等助孕技术非常普遍。实施这类技术要求夫妻双方均能够产生可育的配子，然而，也存在部分人群本身并不能产生可育的配子，是需要经由他人捐赠的配子进行后代生殖，例如癌症化疗后导致生育能力丧失的幸存者、受累于基因遗传疾患的患者、排卵障碍或其他原因导致不孕或不育的患者等。虽然配子捐献技术为该类患者提供了生育的可能，但通过配子捐献手段终究难以生育与自身有血缘关系的后代，这也是其美中不足的方面。

人造配子技术是近年来干细胞领域新技术发展的产物。实际上，人造配子并不是人为制造的配子或者合成的配子，而是

人工培育的配子，即将干细胞在体外环境中经诱导培养成精子或卵子，该技术也称为人工生殖细胞技术。简而言之，该技术就是利用干细胞产生人工生殖细胞，并将其用于生殖的技术。包括从骨髓中提取干细胞，培养出精原细胞，或者利用胚胎干细胞或诱导性多能干细胞分化为精子或卵子。由于对其加以"人造"或"合成"的标签很可能引发贬义倾向或歧视性印象，人们更倾向于称之为干细胞衍生配子或干细胞源配子。

干细胞衍生配子一般可用于以下两个方面：一是科学性研究活动，例如了解配子形成过程，探索不孕不育的原因等；二是促进辅助生殖技术的科学发展。此外，该类研究对细胞生物学及早期胚胎发育等也具有一定的参考价值，而且不少科学探索领域可能在该项技术的发展中获益。尤其是，干细胞衍生配子的出现，为以研究为初衷的卵母细胞科研活动提供更多可能。

（一）干细胞衍生配子技术

胚胎干细胞或诱导性多能干细胞衍生的配子，即在实验室条件下，将胚胎干细胞或诱导性多能干细胞等发育为精子或卵子细胞。该技术阶段性的进展大致走过了如下历程❶：虽然基于某些生殖干细胞也能够向生殖细胞分化，但相关研究（尤其是雌性生殖干细胞）尚处于初期阶段，还无法在体外大量开展后续研究。而胚胎干细胞理论上可以在体外分化为机体所有的组织细胞，包括原始生殖细胞，而原始生殖细胞进一步分化便能够成熟为精子或卵子，因此胚胎干细胞成为开展相关研究最理想的干细胞类型。

在多年前就有科研人员对诱导胚胎干细胞分化为生殖细胞进行研究，并获得了一系列突破性的成果。2003 年，美国宾夕

---

❶ 王玥，许丽，徐萍，等. 基于干细胞的新的生命繁衍方式将会出现［J］. 中国科学院院刊，2013，28（5）：578–580.

法尼亚大学和日本三菱生命科学研究所的两个科研团队先后报道了利用小鼠胚胎干细胞构建出卵细胞和精子细胞，这是国际上首次报道利用多能干细胞培育出雌性和雄性生殖细胞。对体外分化的生殖细胞的受精能力的首次验证是在 2004 年，美国哈佛大学医学院的研究团队证实了小鼠"人造精子"的受精能力。2006 年，德国哥廷根大学和英国纽卡斯尔大学的研究小组利用小鼠胚胎干细胞制造出拥有头部和尾巴的"人造精子"，并最终成功培育出 7 只小鼠后代。❶ 这是世界上首次采用"人造精子"培育出活的动物后代，这一研究成果证明，利用人工培育的生殖细胞可以培育出后代。不过这些小鼠均在 5 天 ~ 5 个月内（小鼠的正常寿命在 2 年左右）出现健康问题而夭折，另外，培育的"人造精子"虽然可以游动，但活动能力很低，需要依靠人工注射的方式完成受精，且受精成功率低，培育的小鼠均没有生育能力，因此培育出正常后代成为该领域研究的瓶颈问题。2011 年，日本京都大学和日本科学技术振兴机构（JST）的研究团队终于打破了这一技术瓶颈，他们将小鼠的胚胎干细胞和诱导性多能干细胞转化为原始生殖细胞样细胞，并利用由此得到的精子经单精子显微注射技术培育出正常的小鼠幼崽，这些小鼠后代在存活一年后仍然保持良好的生长状态，并成功繁殖出了下一代。❷ 2016 年，中国科学院动物研究所的研究团队也在该研究方向取得突破性进展，通过将小鼠胚胎干细胞在体外条件下诱导为原始生殖细胞样细胞，其与小鼠睾丸细胞悬浮液共培养获得精子样细胞，后经 ICSI 最终培育获得健康可育的小鼠

❶ NAYERNIA K, NOLTE J, MICHELMANN H W, et al. In vitro – differentiated embryonic stem cells give rise to male gametes that can generate offspring mice [J]. Developmental Cell, 2006, 11 (1): 125 – 132.

❷ HAYASHI K, OHTA H, KURIMOTO K, et al. Reconstitution of the mouse germ cell specification pathway in culture by pluripotent stem cells [J]. Cell, 2011, 146 (4): 519 – 532.

后代，并且，小鼠具有正常的甲基化水平，出生率达 9.5% 。❶
这表明人类在功能性雄性生殖细胞培育方面再次取得巨大的进
步，该研究成果也因此入选 2016 年度中国十大医学科技新闻。

　　上述研究证实了多能干细胞可经过诱导培育成功能性雄性
生殖细胞。相对于雄性生殖细胞，功能性雌性生殖细胞的构建
领域起步较晚。2012 年，同样是日本京都大学和 JST 的研究团
队再次获得突破，他们在《科学》杂志发表论文宣布利用小鼠
胚胎干细胞和诱导性多能干细胞同时构建出具有生育能力的卵
细胞，如图 7 - 4 所示，将两种卵细胞在体外受精后移植入雌鼠
的体内，均孕育出健康的后代。该成果入选了《科学》杂志
2012 年十大科学突破，标志着人类在雌性生殖细胞研究领域又
向前迈进了一大步。

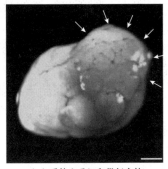
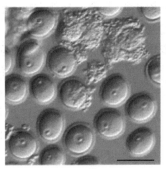

（a）受体和重组卵巢复合体　　　（b）分离自重组卵巢的卵母细胞

图 7 - 4　日本科学家由诱导性多能干细胞
培育获得的小鼠卵细胞❷

　　❶ ZHOU Q，WANG M，YUAN Y，et al. Complete meiosis from embryonic stem cell - derived germ cells in vitro ［J］. Cell Stem Cell，2016，18（3）：330 - 340.

　　❷ SHIMAMOTO S，KURIMOTO K，HAYASHI K，et al. Offspring from oocytes derived from in vitro primordial germ cell - like cells in mice ［J］. Science，2012，338（6109）：971 - 975.

可见，日本在此项技术上，又一次具有先发优势，不仅让干细胞发育成精子、卵子，培育出具有生育能力的精卵细胞，还成功地培育出健康的动物后代，从而使真正的新的生命构建形式成为可能。经过科学家们连续十几年的科研工作，小鼠多能干细胞在体外生成功能性生殖细胞的潜力获得证实，对于生殖细胞发育机理的基本认识也取得了飞跃。人们开始猜测，如果相关技术能够应用于人类，通过人工诱导培育出精子和卵子，则将为不孕不育患者带来福音，也可能成为新的生命繁衍方式。

目前，针对人类的相关研究成果也进展较快，最早是英国卡里姆·纳耶尼亚教授及其团队于 2009 年 7 月在《干细胞与发育》杂志发表了一项突破性成果，宣布利用胚胎干细胞在体外培育出成人精子。❶该研究成果迅速吸引了大众的眼球，但由于英国禁止将实验室制备的人造精子和人造卵子进行体外受精，因此制备的人造精子是否具备正常精子的功能并不能确定。不过卡里姆·纳耶尼亚认为这种可以正常游动的人造精子能够使卵子受孕，并能培育出健康的后代。

由于宗教信仰、伦理道德等各方面原因，以胚胎干细胞为材料的研究，往往会招致伦理界人士的非议。为了规避伦理争议，科学家们开始将目光转向诱导性多能干细胞。

相对于胚胎干细胞，诱导性多能干细胞的获得方法相对简单和稳定，不需要使用胚胎，不涉及伦理问题，相对于胚胎干细胞更具有优势。因此，诱导性多能干细胞技术，尤其是人类诱导性多能干细胞技术的出现，在临床和科研领域迅速引起强烈的反响。

2008 年，《科学》杂志曾发表社论，预言大约 10 年后，人类就能用皮肤细胞造出精子和卵子。当时，很多人觉得这是天

---

❶ NAYERNIA K, LEE J H, LAKO M, et al. RETRACTION – in vitro derivation of human sperm from embryonic stem cells [J]. Stem cells and development, 2009.

方夜谭，然而十年内，这些预言变成了真实，如图 7 - 5 所示，2014 ~ 2018 年，科学家们造出了人类精子和卵原细胞。2014 年年底，以色列和英国的科学家们首先由人皮肤细胞转化获得人类诱导性多能干细胞，并将人类诱导性多能干细胞成功培育为人类原始生殖细胞样细胞（hPGCLCs）。❶ 2018 年，日本科学家首次由血细胞获得人类诱导性多能干细胞，将人类诱导性多能干细胞体外诱导为人类原始生殖细胞样细胞，通过移植入小鼠卵巢成功获得人卵原细胞。10 年过去了，这项技术取得了长足的进展。2018 年 1 月，英国体外受精技术的先驱斯蒂芬·希利尔教授在英国生殖学会大会演讲时说："未来人类繁殖可以不再需要精子和卵子。"他在会后开玩笑说："将来你可以给亚马逊邮寄几根头发，然后就可以收到一枚胚胎。"

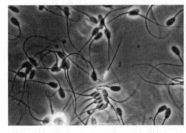

（a）人类精子　　　　　　　（b）人类卵原细胞

**图 7 - 5　由诱导性多能干细胞
获得的人类精子和卵原细胞❷**

可见，人造精卵细胞技术已从动物过渡到人体阶段。但是，需要注意的是，人体生命机制及生理调控过程非常复杂。

---

❶　IRIE N, WEINBERGER L, TANG W W C, et al. SOX17 is a critical specifier of human primordial germ cell fate [J]. Cell, 2015, 160 (1 - 2): 253 - 268.

❷　YAMASHIRO C, SASAKI K, YABUTA Y, et al. Generation of human oogonia from induced pluripotent stem cells in vitro [J]. Science, 2018, 362 (6412): 356 - 360.

如图 7 - 6 所示，在生物个体的胚胎发育阶段，用于产生精子和卵子的原始生殖细胞就已经形成，然后其通过迁移到达生殖嵴处，和生殖嵴处的生殖腺细胞相互作用，共同组成睾丸和卵巢，形成早期的生殖细胞。生殖细胞以有丝分裂的方式进行自我增殖，通过分化最终形成生物个体的精子和卵子。[1] 也就是说，自然状态下，精子和卵子的形成过程极其漫长，对于男性，原始生殖细胞在睾丸内需经过多次有丝分裂形成精原细胞，精原细胞再经过复制和减数分裂依次形成初级精母细胞、次级精母细胞、精细胞，最终经过变形才能形成精子。对于女性，原始生殖细胞通过分化形成卵原细胞，并依次经过有丝分裂、第一次减数分裂、第二次减数分裂生成初级卵母细胞、次级卵母细胞和卵子。这其中需要体内许多因子参与调控，期间经历基因印记重建等表观遗传学修饰，任何一环的缺失都会导致精子、卵子发育的不成熟。

由于在动物体研究上受到的伦理限制较少，如图 7 - 7 所示，对小鼠原始生殖细胞发育时间的研究已日渐成熟，而在人类发育的研究上，由于受到着床胚胎生物材料来源和伦理问题的限制，无法实现对人类精确发育时间的研究。对人类原始生殖细胞的发育研究主要是在小鼠的基础上，结合人类组化等实验结果的分析。但是，人和小鼠之间存在种间差异，原始生殖细胞的起源和形成有所不同，发育机理存在差异。1954 年，Chiquoine 等人首次在小鼠培养第 7 天的胚胎中发现了小鼠原始生殖细胞，小鼠原始生殖细胞源于原肠胚时期的外胚层，其中骨形态蛋白（BMP）的表达能够激活 BMP - Smad 通路，对小鼠原始生殖细胞的形成至关重要。小鼠原始生殖细胞形成之后便发生迁移，在迁移过程中（第 7.25 ~ 11.5 天），首先从尿囊基

---

[1] 王宁. 人多能干细胞向雌性生殖细胞诱导分化的研究 [D]. 杨凌：西北农林科技大学，2019.

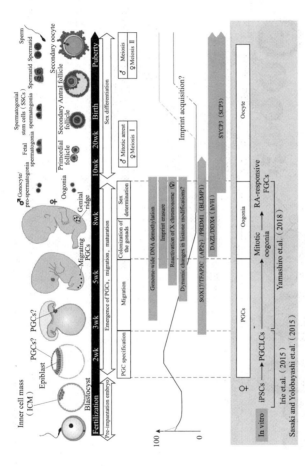

图 7-6　人类生殖细胞从原始生殖细胞形成至精卵形成的完整发育过程❶

❶　YAMASHIRO C, SASAKI K, YOKOBAYASHI S, et al. Generation of human oogonia from induced pluripotent stem cells in culture [J]. Nature Protocols, 2020, 15 (4): 1560−1583.

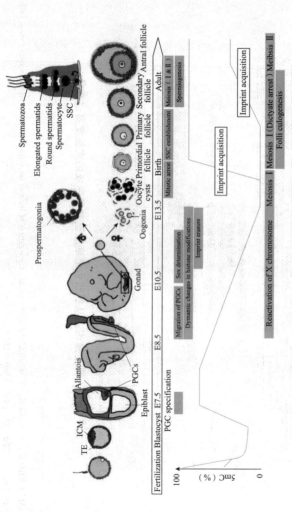

图 7－7　小鼠生殖细胞从原始生殖细胞至精子卵形成的完整发育过程❶

❶ NAGAOKA S I, SAITOU M. Reconstitution of female germ cell fate determination and meiotic initiation in mammals [J]. Cold Spring Harbor Symposia on Quantitative Biology, 2017, 82: 213－222.

部经过运动至后肠内胚层，然后通过背侧肠系膜到达中肾组织，随后进入生殖嵴。在迁移的过程中，小鼠原始生殖细胞要经过表观遗传重编程，实现基因组去甲基化、印记基因擦除、X 染色体的重激活等。至第 13.5 天时，开始减数分裂，小鼠原始生殖细胞阶段结束。可见，小鼠原始生殖细胞的发育时间和过程研究得比较清楚。而与小鼠不同，研究表明，人类原始生殖细胞可能起源于原肠胚形成中胚层的前体。随后，人类原始生殖细胞开始迁移和定殖过程，并通过变形运动进入背肠系膜，最终迁移至生殖嵴，期间同样会发生表观遗传修饰的变化，此后人类原始生殖细胞不断增殖直至第 10 周进入减数分裂。可见，鉴于物种间的种间差异，小鼠模型无法全面准确地反映人类原始生殖细胞的发育过程，对于人类原始生殖细胞的研究还要依赖于胚胎干细胞和人类诱导性多能干细胞的体外诱导得到的原始生殖细胞样细胞。

出于法律和伦理的考虑，人造精卵细胞还无法用于人工授精、进行人体试验，人造精卵细胞是否具有与精子、卵子同样的功能，能否获得健康的后代目前都不得而知。另外，鉴于干细胞诱导分化、衍生配子的技术本身安全性等问题，在一定程度上限制了其在临床上的广泛应用。目前该技术仍处在实验室的探索性研究阶段，距离成熟的干细胞临床推广应用尚有很长的路程。

（二）干细胞衍生配子技术的主要伦理争议

细胞衍生配子技术作为一项非常敏感的技术。其引发的伦理关注自然也不会少。因此，早在 2008 年，英国就召开了会议。❶ 会议的背景是由于当时的干细胞研究表明，通过多能干细胞衍生配子是可能的，这项研究在加深对细胞生物学和早期胎

---

❶ 马永慧. 共识声明：有关多能干细胞衍生配子研究对科学、伦理和政策的挑战［J］. 中国医药生物技术，2008（3）：235 – 236.

儿发育的认识方面具有重要意义，且许多科学探索的领域都可能从该技术上获益。然而，这项研究的进展也会引发重大的伦理和政策挑战。由于各国伦理和文化宗教标准的多样性以及相应法律构架的不同，影响着对该研究的评价，而科学发展又要求跨国界的合作和努力，因此，会议就多能干细胞衍生配子的科学、伦理和政策问题最终形成一份包括中国在内的 14 个国家 40 余位专家的"共识声明"。参会的翟晓梅教授在会后即组织人员将这份共识声明翻译成中文。可见，对于多能干细胞衍生配子的相关伦理研究，国际上于 2008 年第一时间即有所反应。

同样，日本在多能干细胞衍生配子技术方面的巨大成功，也促使日本加快了研究和应对。在 2015 年回顾性总结的文件中❶，日本生命伦理专项调查会议对采用人胚胎干细胞制备生殖细胞研究作了一次深度的、系统性的回顾。日本文部科学省自 2010 年 5 月开始讨论自人类胚胎干细胞、诱导性多能干细胞和人体组织干细胞制备生殖细胞的相关问题，同时讨论了再由这些制备形成的配子制备人胚胎的问题，会议讨论形成了人类胚胎干细胞使用指南、人类 iPS 细胞和人体组织干细胞制备生殖细胞研究指南，当时从技术发展现状上考虑，认为这种技术在技术上不现实，并担忧可能造成大量的人工胚胎（日本也称其为模拟胚胎），不宜进行此类研究。可见，至少在 2010 年，日本并不是非常热情地拥护和支持此项研究，其将由此形成的胚胎定位为人工胚胎或模拟胚胎，显然也没有将此胚胎与由自然形成的成熟可育的人类配子经自然受精形成的受精胚胎等同。但是，支持者们不断解释此项研究的巨大意义认为，此类研究有助于辨明精卵细胞在体内的成熟分化机制，有助于解析由生殖

❶ 生命倫理専門調査会. ヒトの幹細胞1から作成される生殖細胞を用いるヒト胚の作成について（中間まとめ）[EB/OL]. (2015-09-09) [2021-03-13]. https://www8.cao.go.jp/cstp/tyousakai/life/chukanmatome_150909.pdf.

细胞引起的不孕不育等先天疾病的原因，探索出新的治疗方法，对于生殖细胞老化机制、生殖细胞引发的内分泌紊乱的影响因子研究等，制备生殖细胞都有重要意义。此后又历经多次综合科学技术会议的咨询、生命伦理专项调查会议的听证研讨，由此，日本文部科学省随着研究进展和情势的变化，开始逐渐调整相关认识，但得出的仍然是一个充满矛盾的结论：①对该类模拟胚胎应沿袭 2004 年日本制定受精胚胎处理的相关基本原则对待；②如果允许该人类胚胎制备、相关研究仍持续进展的情况下，同时会产生该人类胚胎向动物体内的移植、辅助生殖的应用等伦理问题，而这些又会明显突破 2004 年日本制定的受精胚胎处理的相关基本原则的相关框架，并考虑人类胚胎在动物中研究利用的相关限制规则。而这些需要公众和研究团体的广泛参与和讨论；③相关研究会出现以某种突破为契机取得飞速进展的可能，也会存在由于某种障碍迟迟难以推进的可能。因此，需要在某个合适的时间点，再次就此讨论。目前，日本禁止使用制备的配子进行受精。

可以看出，无论是国际会议，还是在国家内部研讨，对其在基础研究中的意义的认识越来越清晰，但是，还是普遍担忧其后续的应用。这种担忧，在该技术不成熟不稳定时，例如，人造精子卵子发育不成熟，无法产出可育后代时，对其会存在安全性、风险性的担忧。即使日后人造精卵技术稳定成熟，其中涉及的"超乎想象"的伦理问题也将成为其向人类应用发展的最大障碍。如果利用女性自身的细胞便可构建精子，那么意味着一个女性个体可以自行生育，而不需要男性的参与。如果最终可以利用"人造精子"与"人造卵子"进行人工授精，那么意味着可以完全在实验室里构建出"人造婴儿"。这一切无疑都打乱了生命形成的正常过程。加之通过植入前遗传学诊断筛查疾病性状和非与疾病相关的可能，孩子这一"生命馈赠的礼物"就有可能演变成"我们的设计物""我们的意愿物"或者"实现我们野心的工具"。因此，干细胞衍生配子研究是否体现人们对生命尊重的要求、安全隐患及其商品化问题、遗传伦理学问题，例如，与中国传统伦理观的矛盾、与生育权利的矛盾、同性恋以及单身人士有望获得生育能力等，这些涉及伦理学方面的问题亟待进一步探讨。

这项技术如果成功实施，可在体外通过干细胞源源不断地获得精子或卵子，可能为患者带来新的解决方案，但同时又面临安全性和伦理道德等诸多挑战。同样，在专利制度中，我国专利法对违反法律、社会公德或者妨害公共利益完成的发明创造有着严格的限制，与人胚胎干细胞、生殖细胞相关的发明主题，有可能由于涉及社会公德问题而不能被授予专利权。我国2019年《专利审查指南（2010）》修改后明确规定人胚胎的工业或商业目的的应用与社会公德相违背，不能被授予专利权。对于涉及人类胚胎或人类胚胎干细胞的发明创造，如果其涉及破坏人类胚胎的内容，通常认为违反社会公德。此外，还具体规定处于各形成和发育阶段的人体也属于《专利法》第5条第1款规定的不授予专利权的具体情形。由此，在专利申请与审查实践中，与干细胞衍生配子相关的申请技术到底会如何呈现，相关专利审查现状如何，就是我们需要了解的一个方面。

（三）专利审查现状

【案例7-8】 CN106554938A

发明名称：一种体外完成细胞减数分裂的方法

案情介绍：该案涉及在体外诱导多能干细胞分化为单倍体有功能的雄性配子的方法。利用生殖细胞体外分化技术，模拟体内胚胎发育过程，将胚胎干细胞先分化成外胚层类似细胞，再使外胚层类似细胞在BMP4等因子的诱导下，转变为原始生殖细胞样细胞。之后，利用支持细胞综合征的新生小鼠的睾丸细胞与分化得到的原始生殖细胞样细胞混合培养，同时给予减数分裂信号－视黄酸、睾酮、促性腺激素及垂体提取物的刺激，完成减数分裂，并产生单倍体。利用流式细胞分选技术分选出单倍体的精子细胞可用于进行圆形精子细胞卵浆注射，得到健康出生的子代小鼠。该发明第一次实现了在体外诱导多能干细胞分化为单倍体有功能的雄性配子的全过程，在体外直接获得精子细胞，解决了体外生殖细胞减数分裂的问题。有效规避了因将多能干细胞分化来的功能细胞移植回体内导致的包括致瘤性在内的风险，给干细胞分化技术治疗男性不育的临床应用提供了技术基础。

该发明原始权利要求请求保护的部分技术方案包括：

1. 一种体外完成细胞减数分裂的方法，所述方法包括以下步骤：

1) 将原始生殖细胞或原始生殖细胞样细胞（PGCLCs）与睾丸细胞以 1∶1 的数量比例混合后，在含有减数分裂启动因子的细胞培养基中共培养至形成细胞集落并且检测到减数分裂启动基因表达，得到启动减数分裂的细胞；

2) 将步骤 1) 所述的启动减数分裂的细胞转移至含有减数分裂维持因子的细胞培养基，以维持细胞的减数分裂，至检测到单倍体精子细胞的特异基因表达，经分选获得单倍体；优选地，所述分选是通过流式细胞仪实现的；

其中，所述减数分裂启动因子包括视黄酸（RA）、骨形态发生蛋白 2（BMP 2）、骨形态发生蛋白 4（BMP4）、骨形态发生蛋白 7（BMP 7）和转化生长因子 β 家族激活素 A（Activin A）；

所述减数分裂维持因子包括睾酮、促卵泡激素（FSH）和牛垂体提取物（BPE）。

……

4. 如权利要求 1~3 中任一项所述的方法，其特征在于，步骤 1）所述的原始生殖细胞样细胞是由胚胎干细胞在体外诱导分化得到的。

……

10. 如权利要求 1~9 中任一项所述的方法获得的单倍体的细胞。

该类发明要求保护的主题中，最常见的类型就是由干细胞制备或产生配子的方法（以权利要求 1 为代表），其次就是相应由该方法所获得的配子（以权利要求 10 为代表）。

该案在专利审查过程中，专利审查员指出：权利要求 4 要求保护的技术方案需要使用到人胚胎干细胞或人胚胎。人胚胎干细胞的获得一般需要破坏人胚胎，因此发明涉及人胚胎的工业或商业目的的应用，不符合《专利法》第 5 条第 1 款的规定。权利要求 10 请求保护权利要求 1 所述方法获得的单倍体的细胞。该单倍体细胞为精子细胞，精子细胞包含人的精子细胞，人的精子细胞属于人的生殖细胞，是处于各个形成和发育阶段的人体，不符合《专利法》第 5 条第 1 款的规定。后续，申请人删除了权利要求 4、5 和 10，并在权利要求 1 中限定"所述原始生殖细胞、原始生殖细胞样细胞和睾丸细胞均源自于小鼠"后，专利获得授权。

从该案审查过程可以看出，该案审查过程跨越了 2019 年《专利审查指南（2010）》修改前后的一段时期。也就是说，初始的审查必然按照 2019 年《专利审查指南（2010）》修改前的审查标准。由此，在面对起始细胞为胚胎干细胞分化得到的原始生殖细胞或原始生殖细胞样细胞的情形下，审查中还是进行了溯源。实际上是由原始生殖细胞或原始生殖细胞样细胞溯源至胚胎干细胞，再由胚胎干细胞溯源至人胚胎。仍旧在追究胚胎干细胞的原始来源的问题。2019 年《专利审查指南（2010）》

修改以后，这一对干细胞原始来源上的追溯及其相应伦理道德问题已经不存在。

【案例 7 – 9】CN111742045A

发明名称：配子发生

案情介绍：该案涉及一种在体外诱导前体细胞生成减数分裂胜任细胞的方法。通过减少前体细胞基因组的 DNA 甲基化，去除多梳蛋白驱动的抑制，促使表观遗传活化因子 TET1 的转录因子和活化因子驱动 GRR 基因表达（该基因为从原始生殖细胞进展为生殖系发育的生殖母细胞阶段所需的基因）。转录活化因子的募集和/或 GRR 基因的表达指示前体细胞（体细胞）转化为减数分裂胜任细胞。所生成的减数分裂胜任细胞可进一步经过处理，进行配子发生。以这种方式，提供可治疗性使用的雄性配子精子和雌性配子卵子，或体外受精应用。

该案说明书中还记载，所述前体细胞类型包括胚胎干细胞（人类胚胎干细胞、小鼠胚胎干细胞等）、体细胞核移植细胞（人—动物杂交细胞）、诱导性多能干细胞、原始生殖细胞等多种类型。前体细胞可从哺乳动物个体，例如人类个体中获得。在该发明的一个实施例中，个体是不孕症患者。具体实施例是以小鼠相关细胞为基础，完成的相关实验。

该发明原始权利要求请求保护的技术方案包括：

1. 一种生成减数分裂胜任细胞的活体外方法，所述方法包括：

（i）提供前体细胞，

（ii）抑制所述前体细胞的基因组 DNA 的甲基化，

（iii）用多梳蛋白抑制复合物的抑制剂处理所述前体细胞，且随后

（iv）使所述前体细胞在一段时间内且在适合于所述前体细胞变为减数分裂胜任细胞的培养条件下繁殖；

其中步骤（ii）和步骤（iii）可以同时或按任一次序依序

进行。

……

3. 根据权利要求 1 或权利要求 2 所述的方法，其中所述前体细胞是干细胞或原始生殖细胞样细胞（PGCLC）。

4. 根据权利要求 3 所述的方法，其中所述干细胞是 iPS 细胞。

……

25. 一种减数分裂胜任细胞，其是通过根据前述权利要求中任一项所述的方法生成。

26. 一种诱导配子发生的方法，所述方法包括视黄酸处理根据权利要求 25 所述的减数分裂胜任细胞。

27. 根据权利要求 26 所述的方法，其中所述配子发生是精子发生。

28. 根据权利要求 27 所述的方法，其中所述配子发生是卵子发生。

29. 一种配子母细胞，其是通过根据权利要求 21～23 中任一项所述的方法生成。

30. 一种配子，其是衍生于根据权利要求 29 所述的配子母细胞。

可以看出，此类发明要求保护的主题中，相应的方法和产品都进行了加倍：既要求保护配子母细胞和其制备方法，也要求保护配子本身和其制备方法。

该案目前尚未发出实质审查意见。欧洲同族专利也尚未开始审查。

【案例 7 - 10】 CN110004112A

发明名称： 一种诱导人多能干细胞体外分化为停滞在减数分裂 Ⅱ 期的卵母细胞的方法

案情介绍： 该案涉及诱导人多能干细胞向人雌性生殖细胞产生及成熟的方法。在体外条件下，通过添加生长因子（hLIF、 hSCF、EGF、BMP4）和牛卵泡液 bFF 的三步诱导方法（三步法），实现了人类多能干细胞经原始生殖细胞样细胞阶段，向原始卵泡样结构分化完成减数分裂的过程，并获得了停滞在减数分裂 Ⅱ 期的人卵母样细胞。

该案说明书具体实施方式中采用了两种人多能干细胞系，一种是人类胚胎干细胞，另一种是人类诱导性多能干细胞。

该发明原始权利要求请求保护的技术方案中包括：

1. 一种诱导人多能干细胞体外分化为停滞在减数分裂 Ⅱ 期的卵母细胞的方法，其特征在于，包括以下步骤：

（1）诱导人多能干细胞形成原始生殖细胞样细胞：待无饲养层培养条件下培养的人多能干细胞密度为 80% ~ 85% 时，更换 PGC－m 培养基，于 35 ~ 40℃、3% ~ 6% 的 CO_2 条件下培养 10 天，得原始生殖细胞样细胞，培养过程中每天对培养基进行更换；所述 PGC－m 培养基为补充有 KSR 和 bFF 的 α－MEM 培养基，并且，所述 PGC－m 培养基中还添加有如下组分：

L－谷氨酰胺、非必需氨基酸、b－巯基乙醇、抗生素、骨形态发生蛋白、白细胞抑制因子、干细胞因子、表皮细胞生长因子和 ROCK 抑制剂；

其中，所补充的 KSR 和 bFF 均占 α－MEM 培养基质量的 3% ~ 6%，所添加的 L－谷氨酰胺、非必需氨基酸和抗生素均占 α－MEM 培养基质量的 0.5% ~ 2%；所添加的 b－巯基乙醇为 0.05 ~ 0.15mM；所添加的骨形态发生蛋白、白细胞抑制因子、干细胞因子、表皮细胞生长因子和 ROCK 抑制剂在培养基中的浓度分别为：40 ~ 60ng/mL、150 ~ 250ng/mL、80 ~ 120ng/mL、40 ~ 60ng/mL 和 5 ~ 15μmol/L；

（2）诱导原始生殖细胞形成卵泡样结构：将步骤（1）诱导形成的原始生殖细胞转移至 PF－m 培养基中，于 35 ~ 40℃、8% ~ 12% 的 CO_2 条件下培养 5 天，得原始卵泡样结构，培养过程中每天更换一半量的培养基；所述 PF－m 培养基以 α－MEM 为基础培养基，添加如下组分形成：

KSR、bFF、L－谷氨酰胺、非必需氨基酸、b－巯基乙醇和抗生素；

(3) 卵母细胞的体外成熟：将步骤 (2) 诱导形成的原始卵泡样结构转移至液滴培养基中，用矿物油覆盖，然后置于 OLC－m 培养基孵育 10~15 天，每两天更换一半培养基，得到停滞在减数分裂 Ⅱ 期的卵母细胞样细胞；所述 OLC－m 培养基以 TCM 199 为基础培养基，添加如下组分形成：

牛血清蛋白、卵泡刺激素、人绒毛膜促性腺激素、孕马血清促性腺激素、丙酮酸钠、表皮生长因子和胰岛素－转铁蛋白－硒。

该案权利要求仅请求保护一种主题类型，属于典型的干细胞衍生配子发明。目前此案也尚未发出实质审查意见。

(四) 专利审查规则讨论

干细胞衍生配子技术的相关专利申请日期多数还较新，很多专利案件还没有进入实质审查或完成实质审查，国际上同族专利可参考的信息也有待继续挖掘。

案例 7－8~7－10 均涉及诱导胚胎干细胞或多能干细胞制备配子的技术，其中，案例 7－8、案例 7－9 具体实施例均是以小鼠细胞为基础完成的发明创造，只有案例 7－10 具体实施例是以人胚胎干细胞或诱导性多能干细胞为基础完成的发明创造。一般而言，动物实验的最终目的还是要服务于人类健康，因此，申请人为了获取更大的保护范围，案例 7－8、案例 7－9 也不可避免地将以人类胚胎干细胞为来源制备配子的技术方案也纳入其保护范围。此情形是比较经典的专利撰写方式，也是审查实践中经常遇到的情形。因此，三个案例权利要求请求保护的技术方案中，均包含了人类胚胎干细胞或人类诱导性多能干细胞的情况。

案例7-8和案例7-9的权利要求请求保护的主题中，除了要求保护生成单倍体细胞或配子的方法外，还请求保护由所述方法制备的单倍体细胞或配子。案例7-9请求保护的细胞类型更广，除了配子外，还请求保护用于诱导产生配子的减数分裂胜任细胞、配子母细胞。

通常情况下，诱导性多能干细胞是以成体细胞为原料，经逆分化培养形成的干细胞，其制备过程中并不涉及胚胎，摆脱了对胚胎的依赖，即使溯源，涉及人类诱导性多能干细胞制备或原始来源的相关技术方案通常也不涉及伦理争议。因此，审查过程中通常不会认为人类诱导性多能干细胞相关技术方案违反社会公德，例如案例7-9中的权利要求4。

排除诱导性多能干细胞的因素以后，此类案件的伦理争议主要体现在以下三个方面：①起始材料：当发明起始的干细胞是某些敏感的胚胎干细胞类型，例如人类胚胎干细胞、人类体细胞核移植胚胎干细胞等的情况下，此类人类胚胎干细胞的获得是否符合伦理要求，相关技术方案是否涉及"人胚胎的工业或商业目的的应用"；②最终结果：此类发明最终获得的是干细胞衍生配子，即精子或卵子，那么这些干细胞衍生配子与自然形成的生殖细胞之间的异同如何，其是否属于专利法意义上的"各形成和发育阶段的人体"；③结果的应用：获得这些干细胞衍生配子（精子或卵子；或者称为类配子、类精子、类卵子）以后，申请人/发明人相应为这些干细胞衍生配子可能适配各种可能的应用或用途，那么，这些应用或用途是否存在违反《专利法》第5条的规定的情况，分别如何判断，都需要考虑。

1. 关于起始材料人类胚胎干细胞的溯源

我国专利审查指南中关于"人胚胎的工业或商业目的的应

用"的相关规定，源自欧盟的《关于生物技术发明的法律保护指令》。自我国在《审查指南（2001）》中加入这部分内容后，专利审查中通常会认为，由于从人胚胎获取人类胚胎干细胞会破坏人胚胎，有违社会公德，属于人胚胎的工业或商业目的的应用。由此，对以人类胚胎干细胞起始的发明进行原始来源追溯，进而追究其伦理问题。

但是，随着 2019 年《专利审查指南（2010）》修改完成，开始执行"如果发明创造是利用未经过体内发育的受精 14 天以内的人类胚胎分离或者获取干细胞的，则不能以违反社会公德为理由拒绝授予专利权"的新的审查标准，无论发明提及"已建系"与否，此时通常不宜再继续认为，起始细胞涉及人类胚胎干细胞的发明存在伦理问题。

因为，无论该涉及人类胚胎干细胞的发明的实施系以现有技术已经存在的人类胚胎干细胞株或者市场上销售的商售细胞株进行，还是通过自力更生，自行制备所使用的人类胚胎干细胞株，都不会必然存在专利法意义上的违背社会公德的情形。因此，在没有其他证据证明发明系以非法的或不合伦理的手段获取发明所需要使用的胚胎干细胞的情况下，不建议仅凭臆测，推定发明在此种情况下仍可能存在违反伦理的情形。这也有悖 2019 年《专利审查指南（2010）》修改放开相关授权限制的初衷。

简而言之，2019 年《专利审查指南（2010）》修改以前，对溯源问题的解决是，追究此问题至相关胚胎干细胞限定到"已建系"即可。

在 2019 年《专利审查指南（2010）》修改以后，随着情势变更，已经不再适合继续持该观点，而是修改为：无论是已建系，还是新建系，均不再违反社会公德。人胚胎的源头问题都解决了，再继续追究其下游的胚胎干细胞的问题，是不妥当的。

2. 关于干细胞衍生配子与人体自然形成的生殖细胞之间的异同以及其是否属于"各形成和发育阶段的人体"

在干细胞衍生配子领域，其专利审查中不可回避的一个主题就是生殖细胞问题，并需要额外关注。在专利审查指南中，无论是动物生殖细胞，还是人类生殖细胞，均属于我国《专利法》规定的不授予专利权的保护主题。其中"动物生殖细胞"通过《专利法》第 25 条第 1 款（4）项规定的动物品种加以规制；"人类生殖细胞"被认为是处于各形成和发育阶段的人体，属于《专利法》第 5 条第 1 款规定的不能授予专利权的主题，两者均不能被授予专利权。

细究起来，我国专利审查指南中关于"动物品种""处于各形成和发育阶段的人体"不能被授予专利权的相关规定，同样源于欧盟的《关于生物技术发明的法律保护指令》。该指令第 4（1）（a）条规定了植物和动物品种不具有可专利性，第 5 条第 1 款规定了各形成和发展阶段的人体不构成可授予专利的发明。其中，我国专利审查指南中关于"处于各形成和发育阶段的人体"不能被授予专利权的相关规定，以"在本部分第一章 3.1.2 节中列举了一些属于专利法第五条第一款规定的不能被授予专利权的生物技术发明类型。此外，下列情况也属于专利法第五条规定的不能被授予专利权的发明"的形式，设置在 2019 年修改的《专利审查指南（2010）》的第二部分第十章第 9.1.1.1 节（该规定于 2006 年加入指南，2010 年、2019 年修改指南时，对这部分内容均予以保留），也就是说，其并未设置在第二部分第一章 3.1.2 节违反社会公德的具体情形中，其规定的"处于各形成和发育阶段的人体"不符合《专利法》第 5 条，但未明确该规定是否违反了社会公德。

对此，欧盟的《关于生物技术发明的法律保护指令》第 16 条提到"鉴于专利法必须同时尊重捍卫人的尊严和完美这一基本原则，对包括生殖细胞在内的各形成和发育阶段的人体都不能授予专利权。"从这条说明中可以看出，欧洲之所以对包括生殖细胞在内的各形成和发育阶段的人体排除在可授予专利权的主题以外，主要还是基于对人类尊严的考虑。人的生殖细胞因含有可遗传给后代的遗传信息，关系到人类尊严，因此，以特别强调的形式将其并入"各形成和发育阶段的人体"概念中。

那么，我国专利审查指南中"人的生殖细胞"的定义是什么，包括哪些类型的细胞，就需要清楚。EPC 2000、欧盟的《关于生物技术发明的法律保护指令》以及我国《专利审查指南(2010)》中均未给出具体的定义。在不同类型的教科书中，生殖细胞的定义有所区别，例如，广义的定义认为，生殖细胞是指生物能繁殖下一代的细胞，一般指卵子和精子，以及一切产生卵子和精子的细胞[1]；狭义的定义认为，生殖细胞是指男性的精子和女性的卵子[2]；也有狭义定义认为，生殖细胞又称配子，包括精子和卵子，生殖细胞是单倍体细胞。[3] 可见，在不同的场景下，在不同的学术著作中，从技术角度而言，生殖细胞的定义可大可小。

在法律适用层面，尤其是，在专利法的法律适用层面，有一个问题必须明晰：我国专利审查指南中"人的生殖细胞"想予以规范的到底仅仅是单倍体的精子、卵子细胞呢，还是应该有一个更大的范围。例如，通常情况下所指的生殖细胞，一般泛指能够繁殖后代的细胞的总称，包括从原始生殖细胞直至最终已分化的生殖细胞（精子和卵细胞）等。或者，其至少应该包括了二倍体的卵母细胞（还未减数分裂，所以为二倍体），因为所谓精卵受精，实际上是精子与卵母细胞受精。将卵母细胞

---

[1] 潘瑞炽. 植物细胞工程 [M]. 广州：广东高等教育出版社，2008：80.
[2] 尹保国. 人体解剖学 [M]. 广州：广东科技出版社，2004：229.
[3] 陈同强. 组织学与胚胎学 [M]. 北京：中国医药科技出版社，2014：135.

排除，与自然生殖过程和辅助生殖技术现实均不甚相符。至于其余生殖系细胞类型，包括原始生殖细胞，人工诱导的原始生殖细胞样细胞，由原始生殖细胞分离获得的胚胎生殖细胞，以及处于以上这些细胞分化下游的精原细胞、精原干细胞、精母细胞、卵原细胞、卵母细胞等，可能会面临争议，需要广泛讨论，倾听各方声音，合理解决。

而干细胞衍生配子技术与人类生殖、发育密切相关，其研究目的通常是获取与这些生殖细胞功能相同或相似的细胞类型，专利申请请求保护的主题往往包括生殖细胞。例如，案例 7 - 8 的权利要求 10 请求保护由原始生殖细胞或原始生殖细胞样细胞经减数分裂获得单倍体细胞；案例 7 - 9 的权利要求请求保护的主题中包括了配子（精子、卵子）以及用于产生配子的减数分裂胜任细胞、配子母细胞等多种细胞类型。这些经体外人工诱导产生的细胞，虽然"名称"不同于天然产生的生殖细胞，"性能"上可能有所差异，但其本质上承担的是生殖细胞的作用。从功能上来讲，这些细胞具备生殖细胞的属性。如果申请文件中明确或证实了这些配子母细胞可以诱导分化为配子，制备的配子或单倍体细胞也具备天然"配子"所具有的功能，那么将其认定为生殖细胞并无不妥，也符合专利法的相关立法精神。

其中，在上述法律适用中，对于已经经过减数分裂的单倍体的配子或类配子本身，将其认定为生殖细胞通常不会存在异议。但是，对于各类未经减数分裂的二倍体的生殖干细胞、原细胞、母细胞等，可能还需要进一步结合国内外专利审查实践及看法进行讨论。

对于上述主题，以及可以实现相同功能的原始生殖细胞样细胞，应注意辨析相关细胞是否属于生殖细胞的范畴。并在此基础上，进一步判断相关主题是否落入指南中规定的"各形成和发育阶段的人体"范围。以前的专利审查实践中，"人的生殖细胞"

属于我国《专利法》第 5 条第 1 款规定的不授予专利权的主题，由生殖细胞引发的争议并不是很多。但是，干细胞衍生配子技术的出现，将会促使专利审查部门和社会来共同面对和回答，专利审查指南中生殖细胞、受精卵、胚胎的各自含义和范围。

3. 干细胞衍生配子应用的相关伦理问题

根据前面述及的内容可知，干细胞衍生配子的应用面临的相关伦理问题最多。推测这也是目前的很多发明比较自觉地将其自身限定在基础研究层面，只是本位地要求保护配子产生方法和配子，并未向配子的临床应用、产业应用等主动进行扩展的原因之一。

但是，此类发明向下游应用扩展是必然的趋势，未来必然会有很多发明，在逐渐验证配子的功能、活性、可育性、安全性等的情况下，将专利保护主题逐渐延伸向配子的各种目的的应用，这样就会面临很多问题。

首先，获得这些配子以后，需要证明这些产生的精子、卵子细胞能够产生胚胎，而且，在早期研究阶段，这些胚胎的移植安全性无法确认，这些胚胎的最终命运多数还可能需要被破坏掉。由此，围绕这些基于干细胞技术产生的人类配子，创建胚胎和破坏胚胎就成为必然。此时，如何规范这些"立"与"破"的循环，就需要出台相关规定和措施。

其次，干细胞研究领域，与卵子（卵母细胞）相关的研究长期处于卵母细胞欠缺或不足状态。基于此，如果干细胞诱导分化衍生配子作为一个期待的替代选择，此类干细胞衍生的卵母细胞的便捷供应也可能导致另一个极端，即胚胎研究规模的大范围增长或拓展，业界称之为"胚胎农场"。有必要针对干细胞衍生配子的形成及使用，设定最低限度的初始需求，并构建可行的监管机制及法规，实施过程管理和风险规避。

最后，出于各种目的，例如，出于研究目的、出于生育目的或生殖目的、出于医疗目的（治疗或诊断目的），制备由此类干细胞衍生配子形成的二倍体受精胚胎、克隆胚胎、孤雌胚胎、单性胚胎、单倍体胚胎等，此时该类通过受精技术制备和使用胚胎以及非通过受精技术制备和使用胚胎的各种情形，都要受到哪些法律和伦理限制，受精形成的胚胎应受到哪些伦理规范（14 天规则、可否植入前遗传学诊断、基因治疗、基因编辑、可否植入子宫）等，也都需要明确的法律和伦理制度的构建。

因此，在专利审查中，需要对此类下游的应用保持足够的伦理敏感性，很多应用至少需要通过人体试验和临床应用这两关。但是，出于法律和伦理的考虑，人造精卵细胞还无法用于人工授精、进行人体试验，这些人造精子和卵细胞是否具有与精子、卵子同样的功能，能否获得健康的后代，在目前都不得而知的情况下，需要谨慎处理此类主题。专利审查部门也需要根据最新的技术发展和伦理规则发展，及时出台相关指导标准。

（五）其他类型干细胞衍生配子技术

除了由人类胚胎干细胞或诱导性多能干细胞诱导人配子分化的研究，还有一类研究也涉及基于干细胞衍生的配子及相关人类生殖技术：即利用人体生殖系统组织中的干细胞，经体外培养获得人类配子，也即在体外模拟出体内精子、卵细胞的生成和发育过程。此时，该类技术可以广义上称之为干细胞衍生配子技术。例如，用精原细胞培育成的精子细胞，就是在自然界把该过程人工化。通常，体外从生殖系前体细胞培养其经历性别分化、减数分裂，最终成为真正的配子，其生成技术相当复杂，也是培育人类配子研究的瓶颈步骤，被称之为"成熟瓶颈"，因此，将原始生殖细胞进行体外培养一直是研究难点，长期以来没有办法在体外（或离体）复制人体中的发育过程。

2011 年 2 月发表在《自然》杂志上的一项研究中称，由来自日本的生殖生物学家小川武彦（Takehiko Ogawa）领导的研究人员摘除了出生两三天的幼鼠的睾丸，将这些睾丸置于一个专用培养基，并任由其生长。大约 1 个月后，研究人员注意到这些睾丸看起来相当正常并且正在产生精子。随后，研究人员提取了精子并对雌鼠进行了人工授精，受孕的雌鼠已产下 12 只健康小鼠。利用相同的方法，研究人员甚至能够让已经冷冻了 1 个月的年轻睾丸产生精子。由此认为，该技术对于治疗雄性不育具有重要意义。

2012 年，德国和以色列的科研人员从老鼠睾丸内提取了控制精子生成的生殖细胞，然后将其放在由琼脂胶构成的一种特殊化合物中，以创建与精子在睾丸内生长相似的环境，最终成功培育出具备生殖能力的健康精子。他们认为，这一技术有朝一日能帮助没有生殖能力的男性实现"父亲梦"。

2015 年，法国里昂卡利干细胞（Kalli stem）公司的研究人员宣称，团队开发了世界首个允许在体外获得完全成形的精子所需的技术。他们从 6 个患有不育症的男性睾丸中提取出精原细胞，经过 72 天培养，成功培育出成熟的人造精子细胞。对于该研究成果，英国《独立报》称，这一消息在医学界引起轰动，但不少西方媒体对新成果态度谨慎，称这一重大"医学突破"仍需验证。之所以学界对这一成果产生怀疑，是因为近年来，有关人造精子的研究，每隔一段时间就会出现一个类似研究的新进展，但最后的研究成果都不了了之。

除了生殖系干细胞，分离自骨髓的干细胞也被证实具有向生殖系细胞分化的潜力。2006 年，英国纽卡斯尔大学的卡里姆·纳耶尼亚研究小组证实，可以通过体外培养技术将雄性小鼠骨髓干细胞成功分化为生殖细胞。❶ 该研究成果的发现为不育患者可通过自体细胞治疗不育提供了新的曙光。2007 年 2 月，该研究

---

❶ NAYERNIA K, LEE J H, DRUSENHEIMER N, et al. Derivation of male germ cells from bone marrow stem cells [J]. Laboratory Investigation, 2006, 86 (7): 654–663.

团队将目光由动物转向人体，再次证实从男性志愿者骨髓中分离的间充质干细胞，可以在体外培养条件下转化为男性生殖细胞样细胞。尽管在实验室中培育出来的精原细胞尚未发育成精子，但他们相信，最多花 3 ~ 5 年时间，就能让实验室中的精原细胞发育成为成熟的精子。

2015 年，来自伊朗的法丁·阿米迪（Fardin Amidi）研究团队还发现，来自人脐带沃顿胶质间充质干细胞也可在体外培养条件下转化为男性生殖细胞。❶

受这些研究启发，科学家们进一步研究如何将皮肤细胞直接诱导分化成生殖细胞。2016 年，有科学家用 6 种生殖细胞发育因子联合诱导的方法，使人类皮肤细胞转换成了原始生殖细胞。这些生殖细胞可以进一步分化成精子或卵细胞。不过，这些精子不能发育成熟，无法使卵细胞受精。

可见，人造精子和卵细胞已经成为可能，将来一对夫妇甚至可以用皮肤细胞来怀孕，而不是非得从双方体内提取精子和卵子。该类以成体干细胞或成体细胞为原料，经体外培养获得人类配子的技术，彻底摆脱了对人胚胎的依赖。那么，该类技术是不是意味着将不再受困于伦理的限制呢？我们下面通过实际案例进行初步观察。

【案例 7 - 11】 CN106459911A
发明名称：用于实施体外精子发生的方法和相关装置
该发明权利要求请求保护的部分技术方案包括：

1. 用于从雄性生殖组织体外精子发生的方法，其包括在生物反应器中进行包含生殖细胞的睾丸组织的成熟，和回收长形

---

❶ AMIDI F, NEJAD N A, HOSEINI M A, et al. In vitro differentiation process of human Wharton's jelly mesenchymal stem cells to male germ cells in the presence of gonadal and non – gonadal conditioned media with retinoic acid［J］. In Vitro Cellular and Developmental Biology, 2015, 51（10）: 1093 – 1101.

精子细胞和/或精子，所述生物反应器由生物材料制成且包含至少一个其中放置生殖组织的腔体。

……

9. 根据权利要求1~8中任一项所述的方法，其中所述生殖组织，优选睾丸组织，来自：

即将经历性腺－毒性治疗或外科手术、例如癌症－疗法的健康的青春期前或青春期后的患者；

例如由于在童年或严重的镰状细胞病过程中的遗传或获得性非强迫性无精子症、双边隐睾症而不产生精子的青春期后的患者；具有双边隐睾症或严重的镰状细胞病的青春期前的患者

……

18. 体外受精的方法，其包括以下步骤：

a）根据权利要求1~17中任一项所述的方法制备长形精子细胞和/或精子；或通过根据权利要求1~17中任一项所述的方法提供长形精子细胞和/或精子；

b）用获得的长形精子细胞和/或精子使卵母细胞受精。

目前该案已经因为不具备创造性而视为撤回，相关同族专利申请也均未授权。

可见，当面对该类技术的相关专利申请时，可能仍会面临如下三个问题或疑惑：第一是起始材料：该类从不育患者睾丸组织经体外培育产生精子的方法是否涉及伦理问题？除了患者知情同意的因素，从手术切除的患者睾丸组织培养获取配子细胞是否不存在其他伦理问题。第二是最终结果：该类通过离体睾丸组织经人工培养获得的人造精子与人体自然成熟的精子的异同以及其与生殖细胞的定位。第三是结果应用：相关使用此类配子的体外受精方法、应用或用途是否涉及人类生殖伦理问题，需要受到哪些伦理规制。

可以看出，该类技术，既具有与干细胞衍生配子技术类似的伦理问题，例如第二个和第三个问题，也有与其不同的层面，

例如第一个问题。在将生殖细胞进行体外培养核制备的过程中，其组织来源和获取方式、细胞获取方式、培养过程等，一般需要符合本领域通常的伦理规则要求。

（六）小 结

经过短短几十年，人造配子及辅助生殖技术发生了日新月异的变化，胚胎干细胞、诱导性多能干细胞、生殖干细胞、骨髓干细胞、脐带干细胞、成体细胞等均已成为人类获取生殖细胞的新的可能途径。这些技术可以用于科学性研究，了解配子的形成和发育机制；可以用于治疗各种不孕不育症，使患有癌症和遗传疾病的人拥有携带自己基因的后代；科学家们还可以用这些技术在实验室中人工合成胚胎，用于药物试验等科学研究等。与此同时，技术发展过于快速，也导致一些社会问题、法律问题超前出现。例如，如何避免在个人不知情或没有经过书面同意的情况下，自己的体细胞被转化成生殖细胞，并被不当使用，同性之间生育子女会带来哪些社会问题，是否被法律允许等。目前，世界各国对人造生命普遍持谨慎态度，人们对于这些新技术保持高度敏感，由此将引发新的伦理与法律的争论，也意味着给辅助生殖技术创新带来严峻的伦理和社会挑战。

但是，社会上这些形形色色的担忧与争议，更多的是对未来的一种前瞻性的担忧，还不是该类技术真正实施的现实问题。人造配子技术虽然也给专利审查工作方面带来了一些影响，但专利申请通常比较务实，目前并没有出现对其下游应用的过度延伸，所以，目前的争议焦点仍然主要集中在"人类胚胎干细胞"的使用是否符合相关伦理要求以及"生殖细胞"的认定上。在2019年《专利审查指南（2010）》修改以后，围绕干细胞原始来源溯源的争议应该逐渐平息和淡化，该类技术目前的主要争议仍然是对生殖细胞范围的理解。期待未来通过更多的研究、更多的讨论，来合理解决相关伦理规制问题。

四、单倍体胚胎干细胞技术和半克隆技术及其伦理审查

单倍体胚胎干细胞是指只含有一套染色体、拥有类似于正常胚胎干细胞的特性、可以在体外无限增殖，并可以形成多种功能细胞、组织和器官的细胞类群，通常分为孤雌单倍体胚胎干细胞和孤雄单倍体胚胎干细胞两种。

（一）动物孤雌和孤雄单倍体胚胎干细胞技术及半克隆技术

脊椎动物单倍体胚胎干细胞的建立是在 2009 年，新加坡国立大学 Yi 等三名科学家建立了青鳉鱼的雌核发育的单倍体胚胎[1]，进而衍生出三株单倍体胚胎干细胞系，在传代中十分稳定地存在，并且能够代替青鳉鱼的精子，具有受精的能力，如图 7 - 9 所示。该项研究实现了第一株脊椎动物单倍体胚胎干细胞系的建立。

紧接着在 2011 年，英国科学家 Wutz 实验室[2]和奥地利科学家 Penniger 实验室[3]同时报道了高等哺乳动物小鼠孤雌单倍体胚胎干细胞系的建立，他们通过化合物刺激小鼠卵细胞，并利用流式细胞分选技术富集单倍体细胞，成功从孤雌发育的小鼠单倍体胚胎中获得了孤雌单倍体胚胎干细胞，这是在体外首次建立的高等哺乳动物正常的单倍体细胞系。这些小鼠孤雌单倍体

[1] YI M, HONG N, HONG Y. Generation of medaka fish haploid embryonic stem cells [J]. Science, 2009, 326 (5951): 430 -433.

[2] LEEB M, WUTZ A. Derivation of haploid embryonic stem cells from mouse embryos [J] Nature, 2011, 479 (7371): 131 -134.

[3] ELLING U, TAUBENSCHMID J, WIRNSBERGER G, et al. Forward and reverse genetics through derivation of haploid mouse embryonic stem cells [J]. Cell Stem Cell, 2011, 9 (6): 563 -574.

胚胎干细胞除了具有正常胚胎干细胞的特性之外，由于其单倍体的特性，还能够运用于遗传的正反向筛选。然而，孤雌来源的小鼠单倍体胚胎干细胞在注入小鼠卵母细胞后，胚胎不能正常发育成个体，使得其应用范围被局限于细胞水平，尚不能制备成动物模型。

2012 年，来自中国科学院上海生物化学与细胞生物学研究所的李劲松和徐国良研究团队❶以及来自中国科学院动物研究所的周琪和赵小阳研究团队❷，也相继在《细胞》和《自然》杂志发文，宣布成功获得了小鼠孤雄单倍体胚胎干细胞，并证实其具有可替代精子的能力。相关研究成果在 2011 年和 2012 年两次入选我国科学与技术部评选的"中国科学十大进展"。

相对于孤雌单倍体胚胎干细胞仅需要对卵子进行激活的处理，孤雄单倍体胚胎干细胞的制备技术难度偏大。后者主要通过两种方式获得：一种是通过核移植的方式，将小鼠精子注入去除细胞核的卵细胞内，获得重构卵，重构卵通过在体外增殖至具有 100 多个细胞的囊胚（即孤雄单倍体囊胚），从单倍体囊胚中分离出的细胞因具有与胚胎干细胞类似的特征和发育潜能，被称之为孤雄单倍体胚胎干细胞，其可以无限扩增，保持着很高的多能性。另一种方式是将精子直接注射到卵子内，在核融合之前剔除卵母细胞雌原核，然后从增殖的单倍体囊胚中获得孤雄单倍体胚胎干细胞。

李劲松研究团队还证实采用类似人工授精的方式将孤雄单倍体胚胎干细胞注射到小鼠卵细胞后，发现"授精"后的胚胎

---

❶ HUI Y, SHI L, WANG B A, et al. Generation of genetically modified mice by o-ocyte injection of androgenetic haploid embryonic stem cells [J]. Cell, 2012, 149 (3): 605 – 617.

❷ WEI L, SHUAI L, WAN H F, et al. Androgenetic haploid embryonic stem cells produce live transgenic mice [J]. Nature, 2012, 490 (7420): 407 – 411.

能够发育成健康小鼠，由于这些胚胎的基因组是由卵细胞本身的基因组和起源于精子的孤雄单倍体胚胎干细胞的基因组两部分组成，这些小鼠只有一半遗传物质来自同样的父本，因此，通过该技术制备的小鼠被称为半克隆小鼠（semi - cloned mice），如图 7 - 8 所示。该研究成果首次证实孤雄单倍体胚胎干细胞的"授精"能力，并且相对于通过胚胎干细胞或诱导性多能干细胞体外定向分化而来的精子样细胞，单倍体胚胎干细胞可以在体外进行培养传代，可以用于遗传编辑和修饰，成为遗传学研究的重要工具。孤雄单倍体胚胎干细胞由于可以在一定程度上替代精子，也被称之为"人造精子"。

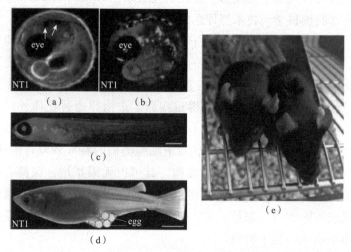

图 7 - 8　通过胞浆内孤雄单倍体胚胎干细胞注射得到的半克隆小鼠❶

（a）是半克隆青鳉鱼表现出类似于母亲的色素积累，（b）（c）是与单倍体胚胎干细胞一样，表达绿色荧光蛋白，（d）是半克隆青鳉鱼可以正常地产出后代，（e）是通过胞浆内注射孤雄胚胎干细胞注射得到的半克隆小鼠。

---

❶ YANG H, SHI L Y, WANG B A, Generation of genetically modified mice by oocyte injection of androgenetic haploid embryonic stem cells [J]. Cell, 2012, 149 (3): 605 - 617.

之所以称获得的孤雄单倍体胚胎干细胞为"人造精子",是因为它具备精子的特性,携带稳定的单倍体基因组遗传信息,维持了较好的雄性印记,能够如同精子一样注入卵母细胞后,与卵细胞融合为合子,并发育成健康的半克隆个体,将遗传性状传递给后代。在一定程度上,它可以替代精子。但是这种细胞又与原来科学家们通过组织干细胞如骨髓细胞或者胚胎干细胞在体外定向分化而来的精子样细胞不同,后者均未显示出具备长期培养和继续分裂的能力。而孤雄单倍体胚胎干细胞在体外能够长期培养扩增,有利于在动物水平研究基因功能。

但是,运用这种技术得到小鼠的效率很低,其产生健康半克隆小鼠的效率仅约2%,最好的也仅有5%,而且有一半是发育异常的小鼠;并且随着单倍体细胞生长的时间加长,有逐渐丢失这种"受精"能力的迹象,以至于最终不能获得存活的半克隆小鼠。这也成为孤雄单倍体在个体水平广泛应用所面临并且亟须突破的一大瓶颈。2015 年,李劲松研究团队再次证实,雄性印记区 H19 – DMR 和 IG – DMR 的异常去甲基化是导致小鼠发育异常的主要祸根,采用 CRISPR/Cas9 基因编辑技术将 H19 – DMR 和 IG – DMR 印记区敲除后,半克隆小鼠的出生率显著提升。❶

无论是使用精子细胞构建的孤雄单倍体胚胎干细胞,还是使用卵细胞构建的孤雌单倍体胚胎干细胞,目前构建成功的细胞系,其细胞核内包含的性染色体全部都是 X 染色体,并不包含 Y 染色体的单倍体干细胞系。这也就说明,Y 染色体本身可能无法支持单倍体胚胎干细胞的各种生理活动,使其无法成活,也可能是目前的技术有限,不能提供 Y 染色体单倍体胚胎干细胞的生存环境

❶ ZHONG C Q, YIN Q, XIE Z F, et al. CRISPR – Cas9 – mediated genetic screening in mice with haploid embryonic stem cells carrying a guide RNA library [J]. Cell Stem Cell, 2015, 17 (2): 221 – 232.

（见图 7 - 9 ~ 图 7 - 11）。所以，通过注射"人造精子"（X）到卵细胞（X）中得到的幼仔均是雌性（X + X = XX）。❶

哺乳动物细胞通常为二倍体，仅有配子细胞是单倍体，由于精子和卵子的结构和功能均已特化，不能在体外进行培养传代，无法用于基因编辑和修饰❷，限制了其在后基因组时代功能基因研究上的应用。单倍体胚胎干细胞的建立，显著降低了基因组的复杂程度，使体外进行基因打靶等遗传修饰成为可能，进而通过卵胞质注射一步获得携带遗传修饰的小鼠。这种集单倍体性、多能性、无限增殖性以及"受精"能力融为一体的新型干细胞，为获取遗传操作的动物模型提供了一种新的手段，也为细胞重编程研究提供了一种新的系统，为生命科学多个领域的研究带来了新工具，尤其是在基因功能研究方面。在细胞水平、个体水平的应用均非常广泛，将在遗传分析、基因功能与性状研究中发挥重要的作用。

如图 7 - 12、图 7 - 13 和图 7 - 14 所示，2018 年，中国科学院动物研究所的胡宝洋、周琪和李伟研究团队，通过 CRISPR 基因编辑技术删除孤雌单倍体干细胞和孤雄单倍体干细胞中的相关印记区域，利用单倍体胚胎干细胞成功制备出双亲均为母亲的小鼠（bimaternal mice）或双亲均为父亲的小鼠（bipaternal mice）❸。其中，双亲均为母亲的小鼠不仅能成年，甚至还能拥有自己的后代，而双亲均为父亲的小鼠，未能存活到成年。自此，我国科学家成功培育世界首只同性别双亲来源小鼠。研究

---

❶ 晏萌，李劲松. "人造精子"介导半克隆技术的建立与应用 [J]. 自然杂志，2018，40（4）：245 - 252.

❷ 丁一夫，李劲松，周琪. 哺乳动物单倍体胚胎干细胞的建立与应用 [J]. 中国科学：生命科学，2019，49（12）：1635 - 1651.

❸ Li Z K, WANG L Y, WANG L B, et al. Generation of bimaternal and bipaternal mice from hypomethylated haploid ESCs with imprinting region deletions [J]. Cell stem cell, 2018, 23（5）：665 - 676.

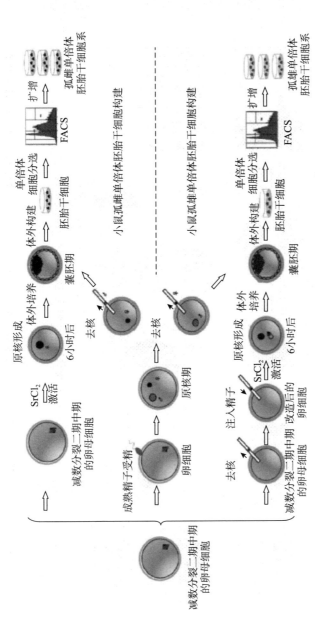

图 7-9 哺乳动物孤雌和孤雄单倍体胚胎干细胞的建立 ❶

❶ 丁一夫、李劲松、周琪. 哺乳动物单倍体胚胎干细胞的建立与应用 [J]. 中国科学：生命科学，2019，49（12）：1635–1651.

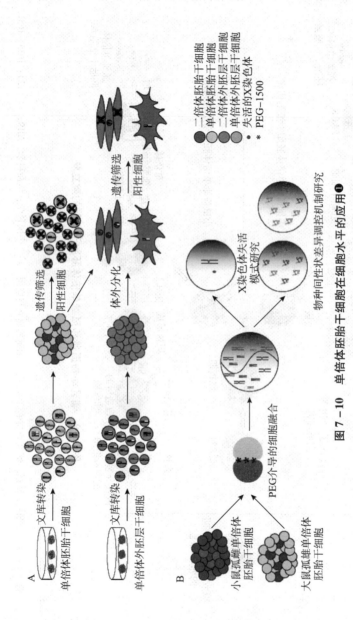

图 7 – 10 单倍体胚胎干细胞在细胞水平的应用①

① 丁一夫、李劲松、周琪. 哺乳动物单倍体胚胎干细胞的建立应用与应用 [J]. 中国科学: 生命科学, 2019, 49 (12): 1635 – 1651.

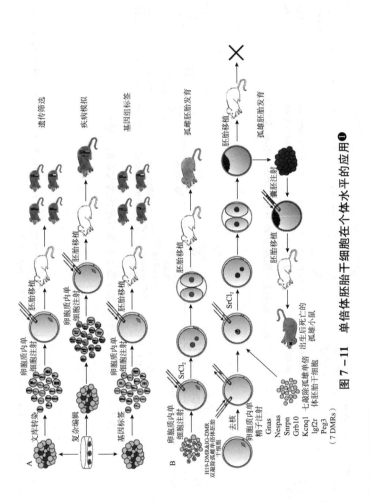

图 7－11　单倍体胚胎干细胞在个体水平的应用❶

❶ 丁一夫、李劲松、周琪. 哺乳动物单位体胚胎干细胞的建立与应用 [J]. 中国科学: 生命科学, 2019, 49 (12): 1635－1651.

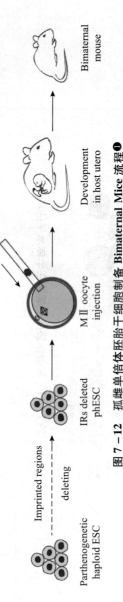

图 7 - 12　孤雌单倍体胚胎干细胞制备 Bimaternal Mice 流程❶

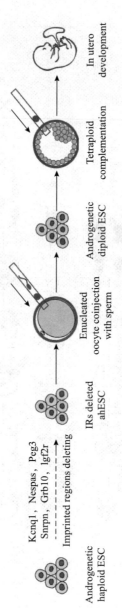

图 7 - 13　孤雄单倍体胚胎干细胞制备双亲均为父亲的小鼠流程❷

❶❷ LI Z K, WANG L Y, WANG L B, et al. Generation of Bimaternal and Bipaternal Mice from Hypomethylated Haploid ESCs with Imprinting Region Deletions [J]. Cell stem cell, 2018, 23 (5)：665 - 676.

组采用基因编辑技术，重新修饰了小鼠生殖细胞来源的单倍体胚胎干细胞中的印记基因，找到一个非常重要的精子印记基因RASGRF1，在孤雌单倍体胚胎干细胞中将这个基因敲除，获得的孤雌个体基本与正常个体无异。这项突破性研究描述了一种培育双父系或双母系后代的方法，也揭示了健康胚胎发育所必需的重要遗传因素，以及以往阻碍哺乳动物单亲生殖的一些最重要的遗传区域，同时也再次证明"基因组印记"是哺乳动物跨越同性繁殖的一种新的明确的方式。

图 7 - 14 双亲均为母亲的小鼠❶

（二）人类孤雌和孤雄单倍体胚胎干细胞技术

短短数年，单倍体胚胎干细胞技术取得突飞猛进的发展，为胚胎干细胞开创了一个全新的领域。目前，已成功获得了小鼠、大鼠、非人灵长类和人类的单倍体胚胎干细胞。❷ 如图 7 - 15 所

---

❶ LI Z K, WANG L Y, WANG L B, et al. Generation of bimaternal and bipaternal mice from hypomethylated haploid ESCs with imprinting region deletions [J]. Cell stem cell, 2018, 23 (5): 665 - 676.

❷ 丁一夫，李劲松，周琪. 哺乳动物单倍体胚胎干细胞的建立与应用 [J]. 中国科学：生命科学，2019, 49 (12): 1635 - 1651.

示，截至 2018 年，基于单倍体胚胎干细胞所具有的"受精"能力，科学家们还利用单倍体胚胎干细胞成功制备出半克隆小鼠、双雌和双雄小鼠，克服了同性生殖的障碍。2016 年，来自以色列希伯来大学、美国哥伦比亚大学医学中心和纽约干细胞基金会研究所的科研人员在《自然》杂志发表文章，宣布利用人类卵细胞成功建立了人单倍体胚胎干细胞系❶。该研究中的单倍体胚胎干细胞是首个已知的能够通过分裂产生携带亲本细胞基因组单拷贝的人类细胞，这种新型人类胚胎干细胞只有单拷贝的基因组，并保持多能性，但不具有产生后代的能力。

同年，Zhong 等人❷也报道了从自愿捐献的人类卵子中建立人孤雌单倍体胚胎干细胞的工作，但却未获得任何单倍体细胞。进一步研究发现，通过去除受精卵雄原核的方法建立孤雌单倍体胚胎，能够顺利地从中建立单倍体胚胎干细胞系，可能的原因是精子介导激活的卵子相较化学激活的卵子更利于孤雌单倍体胚胎的发育。

由于用于研究的人类卵子依赖于辅助生殖患者自愿捐献，同时孤雄胚胎发育效率较低，截至目前尚无人孤雄单倍体胚胎干细胞的成功报道。

人类单倍体胚胎干细胞系的建立为研究人类基因组功能以及发育机制提供了新颖的方式，也为生物医学的各种应用带来了新的曙光。然而，由于涉及伦理问题，人类单倍体胚胎干细胞在基因缺失研究方面的应用仅限于细胞水平。❸

---

❶ SAGI I, CHIA G, GOLAN – LEV T, et al. Derivation and differentiation of haploid human embryonic stem cells [J]. Nature, 2016, 532 (7597): 107 – 111.

❷ ZHONG C, ZHANG M, QI Y, et al. Generation of human haploid embryonic stem cells from parthenogenetic embryos obtained by microsurgical removal of male pronucleus [J]. Cell Research, 2016, 26 (6): 743.

❸ YILMAZ A, PERETZ M, SAGI I, et al. Haploid human embryonic stem cells: half the genome, double the value [J]. Cell Stem Cell, 2016, 19 (5): 569 – 572.

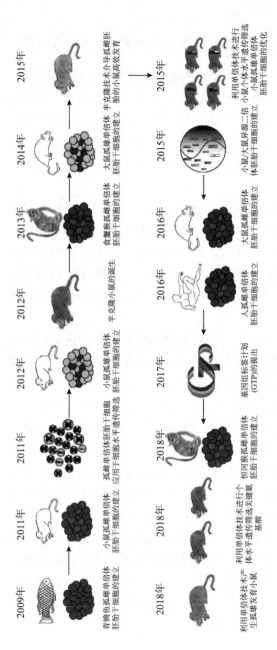

图 7-15　单倍体胚胎干细胞研究的里程碑成果❶

❶ 丁一夫，李劲松，周琪. 哺乳动物单倍体胚胎干细胞的建立与应用 [J]. 中国科学：生命科学，2019，49（12）：1635 - 1651.

（三）单倍体胚胎干细胞及半克隆技术的主要伦理问题

单倍体胚胎干细胞，特别是人类单倍体胚胎干细胞的建立，为研究人类基因组功能以及发育机制提供了新的途径。这也意味着，从配子获得单倍体胚胎干细胞是一个可行且有效的策略，并且利用单倍体胚胎干细胞不仅能够获得基因修饰的动物，还能实现同性生殖等，未来可能在人类辅助生殖技术方面产生巨大的应用价值。

相对于从胚胎获取胚胎干细胞存在的伦理风险，从配子获得干细胞提供了一种获得人体干细胞的新方式。有科学家认为，孤雌胚胎及孤雌胚胎干细胞作为一种理想的研究材料和医疗原料，具有广泛的来源和简便的获得方法，具有非常广阔的发展前景，"人造精子"技术并不需要破坏胚胎，有望回避利用胚胎而带来的伦理争议。

但是，通过如上人类与动物单倍体胚胎干细胞的对比介绍也可以看出，动物由于不存在过多的伦理限制，其研究走得更远，取得的成果更多。在动物体上，可以验证动物单倍体胚胎干细胞的受精能力；可以构建半克隆胚胎、生产半克隆动物；可以对其进行基因编辑，改变基因印记，并使其基因编辑修饰后的胚胎进行移植和出生；可以制备复杂的动物模型（遗传筛选模型、疾病模拟模型、制备基因组标签等）；还可以进行单性生殖，等等。但是对于人类而言，这一切都几乎不可能允许开展人体试验。科学家们也谨守分际，没有人敢于挑战伦理底线。同时，由于这一技术比较新颖，目前，从获取的消息来看，国内外有关孤雌和孤雄单倍体胚胎干细胞技术及半克隆技术的伦理问题的讨论还比较少，有关伦理方面的很多问题还没有确定的答案。很多时候，是依靠各国科学家群体的伦理自觉和伦理自律来有序推进相关科学研究。

　　但是，仔细推究，这一技术如果涉及人类，就存在如下疑问，并需要给出解答。

　　第一，人类孤雌单倍体胚胎或人类孤雄单倍体胚胎是否属于"人胚胎"，以及孤雌单倍体胚胎、孤雌二倍体胚胎与体细胞核移植胚胎的关系；相应的，动物孤雌单倍体胚胎或动物孤雄单倍体胚胎是否属于"动物胚胎"；胚胎的界定是否考虑发育为成体的潜力。

　　第二，人类孤雌单倍体胚胎干细胞或人类孤雄单倍体胚胎干细胞是否属于人类胚胎干细胞；相应的，动物的孤雌单倍体胚胎干细胞或动物孤雄单倍体胚胎干细胞是否属于动物胚胎干细胞。

　　第三，该类由人类雌或雄配子制备人类孤雌单倍体胚胎干细胞或人孤雄单倍体胚胎干细胞的技术是否涉及伦理问题，单倍体胚胎是否属于人胚胎，其制备，尤其是分离获取单倍体胚胎干细胞是否属于"人胚胎的工业或商业目的的应用"。

　　第四，如前所述，目前至少存在三种意义上的所谓人造精子：①从睾丸中提取出精原细胞培育出成熟的人造精子细胞；②基于人类胚胎干细胞、诱导性多能干细胞或者体细胞核移植胚胎干细胞等诱导分化得到的人造精子细胞；③人类孤雄单倍体胚胎干细胞。由此，包括人类孤雌或孤雄单倍体胚胎干细胞在内，它们是否均被视为人或动物的生殖细胞？此时的"人工精子"是否视同精子。

　　同时，这一事实认定还攸关该主题在专利审查中的法律适用：根据专利审查指南的规定，在动物的情形下，如果此类人造配子均被视为生殖细胞，则属于《专利法》第 25 条意义上的动物品种，不予专利；并且，动物单倍体胚胎干细胞如果属于动物胚胎干细胞，则也由此属于"动物品种"。审查实践中是应认定其是生殖细胞因而属于动物品种还是认定其是动物胚胎干细胞因而属于动物品种，需要辨析确定。

在人类的情形下，则会更加复杂，如果因其具备受精能力而将人类孤雌单倍体胚胎干细胞或人类孤雄单倍体胚胎干细胞视为生殖细胞，则其应属于处于各个形成和发育阶段的人体；而如果认为人类孤雌单倍体胚胎干细胞或人类孤雄单倍体胚胎干细胞属于人类胚胎干细胞，则专利审查指南规定，人类胚胎干细胞不属于处于各个形成和发育阶段的人体。此时，就会直接发生矛盾。到底是我们在生殖细胞认定上有问题，或是在人类胚胎干细胞的认定上有问题，还是专利审查指南的规定有考虑不足之嫌，孰是孰非，如何平衡这一系列令人矛盾的结论，需要有识之士给出合理的解答。

第五，针对人类孤雌或孤雄单倍体胚胎或者人类孤雌或孤雄单倍体胚胎干细胞进行基因编辑或其他遗传操作，考虑上述第一种和第四种的问题，此时能否视为是对人类生殖系进行基因编辑？如何认定？

第六，如果专利申请中不仅涉及动物孤雌或孤雄半克隆胚胎及半克隆技术，还包括了或同样涉及了人类孤雌或孤雄半克隆胚胎及半克隆技术，其是否存在伦理问题？如何认定？人半克隆胚胎、人类的半克隆方法及半克隆人相关伦理问题如何规制？

第七，如果专利申请中不仅涉及动物的双母系或双父系生殖（同性生殖），还包括了人类的双母系或双父系生殖（同性生殖），相关伦理问题应该如何规制，针对人类的同性生殖胚胎、同性生殖方法等主题，各用哪些伦理原则规制。

第八，单倍体胚胎干细胞领域相关基础研究和应用研究的界别及伦理管理。

第九，未来单倍体胚胎干细胞技术与其他技术的融合发展，例如，其与前述嵌合体/杂合体技术、干细胞源衍生配子技术、基因编辑技术、合成胚胎技术等的融合，所衍生出的更复杂的伦理问题。

（四） 专利审查现状及问题

【案例 7 – 12】 CN103361304A

发明名称： 孤雄单倍体干细胞系及其制法和应用

案情介绍： 该发明提供了一种孤雄单倍体干细胞系的建立方法及其应用。

该案申请人为中国科学院上海生命科学研究院，其第一发明人李劲松是我国孤雄单倍体胚胎干细胞技术领域首批研究人员，该案涉及的主要技术也即李劲松研究团队于 2012 年在《细胞》杂志发表的孤雄单倍体干细胞制备技术。其通过两种方式制备了小鼠孤雄单倍体干细胞，一种是通过核移植的方式，将小鼠精子注入去除细胞核的卵细胞内，获得重构卵，重构卵通过在体外增殖获得孤雄单倍体囊胚，然后从单倍体囊胚中分离出孤雄单倍体胚胎干细胞；另一种方式是将精子直接注射到卵子内，在核融合之前剔除卵母细胞雌原核，然后从增殖的单倍体囊胚中获得孤雄单倍体胚胎干细胞。后续，将孤雄单倍体胚胎干细胞通过胞浆内孤雄单倍体干细胞注射技术，注射到成熟的卵母细胞，将"受精卵"移入假孕母鼠子宫内，获得小鼠后代，即半克隆小鼠。

该发明的权利要求请求保护的技术方案包括：

1. 一种孤雄单倍体细胞系，其特征在于，所述细胞系的细胞核仅包含单倍的常染色体和性染色体，所述的性染色体为 X 染色体。

······

6. 如权利要求 1 所述的孤雄单倍体细胞系，其特征在于，所述的哺乳动物是人、鼠、猴、兔、牛或羊。

……

9. 一种孤雄单倍体细胞的制备方法，其特征在于，包括步骤：

（i）获得不含雌原核的合子细胞；

（ii）培养所述的合子细胞，获得孤雄囊胚；和

（iii）培养（ii）所述的孤雄囊胚，从而获得孤雄单倍体细胞。

……

13. 权利要求1所述孤雄单倍体细胞系的用途，其特征在于，孤雄单倍体细胞系用于：

（a）基因打靶；和/或

（b）取代配子，支持胚胎发育。

……

15. 一种制备转基因动物的方法，其特征在于，包括步骤：

（i）对权利要求1所述的孤雄单倍体细胞系进行遗传转化，获得转化的孤雄单倍体细胞；

（ii）将转化的孤雄单倍体细胞与卵母细胞结合，获得转化的合子细胞；和

（iii）将转化的合子细胞再生为动物体，从而获得转基因动物。

专利审查员认为，根据说明书的记载可知，该发明的孤雄单倍体细胞系可以取代精子细胞作为配子来产生可育的动物个体，因此，权利要求1~8要求保护的孤雄单倍体细胞系属于动物的生殖细胞，属于"动物品种"的范畴。根据《专利法》第25条第1款（4）项的规定，权利要求1~8不能被授予专利权。

权利要求9~12要求保护的方法或用途中述及"孤雄单倍体胚胎干细胞系"，其均未对这些细胞的物种来源进行限定，并没有明显排除涉及"人胚胎干细胞"的使用，因此属于人胚胎

和干细胞的工业或商业目的的应用，违背了社会公德，属于《专利法》第5条规定的不能授予专利权的申请。

后续，申请人删除权利要求1～8，同时将权利要求9～12中的动物限定为"非人哺乳动物"，审查员对该案作出授权。授权的权利要求包括非人哺乳动物孤雄单倍体细胞的制备方法、该方法制备的孤雄单倍体细胞系的用途以及利用非人哺乳动物孤雄单倍体细胞制备转基因动物的方法。

可以看出，在专利审查实践中，由于申请人/发明人在申请中均认为相应的单倍体胚胎干细胞可以取代精子细胞作为配子来产生可育的动物个体，专利审查员相应将其认定为属于动物的生殖细胞，申请人对此也没有异议。另外，对待单倍体胚胎干细胞的制备方法时，在权利要求涵盖或包括人类的情况下，专利审查员将人单倍体胚胎和人单倍体胚胎干细胞认定为属于人胚胎和人类胚胎干细胞。由此进行审查处理。

关于权利要求13的孤雄单倍体细胞系用于（b）用途，即将其用来取代配子，用来支持胚胎发育的用途时，该用途未来如何理解，与受精、受孕有何区别，当出于不同目的进行受精或受孕，例如研究目的、生殖生育目的、治疗或诊断目的等，有何区别，可能还需要斟酌。

【案例7－13】CN108368519A

发明名称：一种孤雄单倍体胚胎干细胞及其制备与应用

案情介绍：该案第一发明人是李劲松。技术方案与案例7－12基本相同，即首先通过单倍体胚胎干细胞制备技术获得孤雄单倍体胚胎干细胞，然后将孤雄单倍体胚胎干细胞注射到MⅡ卵子内，将重构胚胎移植到假孕小鼠子宫内，用于生产半克隆小鼠。相对于案例7－12，其改进之处在于对孤雄单倍体胚胎干细胞中的印记区H19－DMR及IG－DMR进行了基因编辑，发现H19－DMR及IG－DMR被敲除的孤雄单倍体胚胎干细胞，其制备得到的半克隆小鼠出生率显著提升。

该发明的权利要求请求保护的技术方案包括:

1. 一种孤雄单倍体胚胎干细胞,所述孤雄单倍体胚胎干细胞的 H19 - DMR 及 IG - DMR 被敲除。

2. 如权利要求 1 所述孤雄单倍体胚胎干细胞,其特征在于,所述孤雄单倍体胚胎干细胞来源于哺乳动物,较优选来源于啮齿动物,优选来源于鼠,最优选来源于小鼠。

3. 一种孤雄单倍体胚胎干细胞的制备方法,包括将孤雄单倍体胚胎干细胞的 H19 - DMR 及 IG - DMR 敲除获得所述孤雄单倍体胚胎干细胞。

……

6. 如权利要求 1 或 2 所述孤雄单倍体胚胎干细胞的用途,为用于构建基因改造的半克隆动物。

7. 一种构建基因改造半克隆动物的方法,包括:将 H19 - DMR 及 IG - DMR 被敲除的孤雄单倍体胚胎干细胞与卵细胞结合获得半克隆胚胎,培育所述半克隆胚胎获得半克隆动物。

专利审查员认为,权利要求 1 和 2 涉及孤雄单倍体胚胎干细胞,根据说明书公开的内容可知,通过将孤雄单倍体胚胎干细胞注入卵细胞获得重构的胚胎,这些胚胎能够在体外正常发育到囊胚,进而获得存活的动物个体,当所述胚胎干细胞来源于人类时,违反了社会公德,属于人胚胎的工业或商业目的的应用。目前案件还在审查过程中,尚未有进一步审查结论。在同族专利审查过程中,EPO 和 USPTO 未对社会公德问题发表意见。

实际上,该案比案例 7 - 12 复杂。原因就在于,其不仅涉及与前案相同的问题,还进一步引入了基因编辑手段和亚克隆技术,而且,权利要求 1 的范围可能涵盖了人,权利要求 6~7 可能不涉及人。当涉及人的时候,需要思考这是不是生殖系基因编辑、是否涉及半克隆人、半克隆人的方法等的疑虑。

从目前的审查看来，主要观点还是认为制备单倍体胚胎及分离相应的单倍体胚胎干细胞触及"人胚胎的工业或商业目的的应用"。

【案例 7 - 14】 CN106676075A

发明名称：一种孤雌单倍体胚胎干细胞及其制备与应用

案情介绍：该案第一发明人是李劲松。具体涉及一种孤雌单倍体胚胎干细胞及其制备和应用。通过将 M II 卵子置于含 Sr^{2+} 的激活液中进行激活，激活的卵细胞经过培养获得到达桑葚或囊胚阶段的重构胚胎，从重构胚胎中分离出孤雌单倍体胚胎干细胞。然后通过将孤雌单倍体胚胎干细胞注射到 M II 卵子内，并将重构胚胎移植到代孕小鼠子宫内，生产半克隆小鼠。权利要求请求保护的技术方案与案例 7 - 13 撰写模式基本相同。

专利审查员认为，根据该申请说明书的记载，孤雌单倍体胚胎干细胞的整个基因组来源于卵母细胞，具有干细胞的自我复制能力与多能性，能取代精子与卵母细胞结合支持胚胎的完全发育，因此，权利要求 1 ~ 2 要求保护的孤雌单倍体胚胎干细胞属于动物的生殖细胞，属于"动物品种"的范畴。权利要求 10 ~ 11 要求保护的基因改造动物，明显属于动物品种。因此，均不符合《专利法》第 25 条第 1 款（4）项的规定，不能被授予专利权。

权利要求 3 ~ 9 和权利要求 12 ~ 15 要求保护的制备方法或用途中述及"孤雌单倍体胚胎干细胞"，其均未对这些细胞的物种来源进行限定，并没有明显排除涉及"人胚胎干细胞"的使用，因此属于改变人生殖系遗传同一性的方法，或人胚胎的工业或商业目的的应用，违背了社会公德。

后续，申请人删除了保护主题为孤雌单倍体胚胎干细胞的权利要求，并将相关权利要求中的"孤雌单倍体胚胎干细胞"

进一步限定为"所述孤雌单倍体胚胎干细胞来源于非人哺乳动物"后，审查员作出授权。

可以看出，该案同样将可以取代精子的"孤雄单倍体胚胎干细胞"认定为"生殖细胞"，相关保护主题为"孤雄单倍体细胞系"的权利要求，属于《专利法》第25条第1款（4）项规定的动物品种范畴。

与此同时，在面对单倍体胚胎干细胞制备方法及其用途主题时，在"人胚胎的工业或商业目的的应用"之外，该案审查中又出现了一个新理由：改变人生殖系遗传同一性的方法。也即，半克隆过程中，可能会触及种间半克隆，尤其是人与动物的种间半克隆的问题。通常，说明书中会列举各种可能，例如大鼠与小鼠之间的种间半克隆。一般这种缺陷即使存在，也较容易修改克服。

通过以上三个案例也可以看出，我国对人单倍体胚胎干细胞相关主题的审查尚未形成统一意见，处于自由探索阶段。相关的争议点主要体现在主题是否违反了社会公德，如果违反，其违反社会公德的具体理由是什么，是属于人胚胎的工业或商业目的的应用，改变人生殖系遗传同一性的方法，还是属于各形成和发育阶段的人体？或者属于动物品种？这些适用中，最为关键和核心的，还是对"单倍体胚胎"以及"单倍体胚胎干细胞"的伦理问题的认定。也即由人的配子细胞制备单倍体胚胎及其干细胞是否涉及人胚胎的工业或商业目的的应用，是否违反社会公德。

【案例7-15】 CN104024404A

发明名称：单倍体细胞

案情介绍：面对二倍体基因组不利于遗传筛选和遗传分析的问题，该发明提供一种单倍体细胞、其制备以及它们作为遗传筛选工具的用途。

　　该案由奥地利科学家 Penniger 科研团队申请，2011 年其由于首次在体外建立了高等哺乳动物正常的单倍体细胞系而闻名。通过化合物刺激小鼠卵细胞，并利用流式细胞分选技术富集单倍体细胞，成功从孤雌发育的小鼠单倍体胚胎中获得了孤雌单倍体胚胎干细胞。该案所涉及的上述方案，在由小鼠卵细胞制备获得孤雌单倍体胚胎干细胞后，后续对获得的孤雌单倍体胚胎干细胞的性能以及在遗传筛选方面的应用进行了研究。

　　该发明的权利要求请求保护的方案包括：

　　1. 产生单倍体细胞的哺乳动物细胞系的方法，包括在发育的聚集胚胎阶段，优选胚泡阶段，获得多个单倍体细胞，分离所述多个细胞，扩增分离的所述多个细胞，自所述扩增的细胞选择及分离一个或更多具有单倍体基因组的单细胞，由此获得稳定单倍体细胞的细胞系的细胞，其中将所述单倍体细胞在饲养细胞上维持或生长，接着使其适应无饲养细胞的培养条件。

　　2. 权利要求 1 的方法，还包括下列步骤：获得所述哺乳动物的单倍体单性生殖卵母细胞或胚胎细胞，将所述卵母细胞或胚胎细胞转移进假孕雌性，使所述卵母细胞或胚胎细胞生长至多细胞阶段，任选地将所述多细胞阶段的细胞培养至胚泡阶段，由此提供在发育的聚集胚胎阶段的所述多个单倍体细胞。

　　……

　　5. 产生源于单性生殖桑椹胚或胚泡的多能单倍体胚胎干细胞系的方法，所述方法包括：

　　（a）自雌性受试者体外活化非受精的卵母细胞，以诱导单性生殖发育；

　　（b）培养所述步骤（a）的活化的卵母细胞，以产生桑椹胚和/或胚泡；

　　（c）自所述步骤（b）的桑椹胚和/或胚泡分离胚胎干细胞及，任选地，将所述胚胎干细胞转移进抑制所述胚胎干细胞分化的细胞培养基；

（d）使步骤（c）的胚胎干细胞经历 FACS 分析及鉴定和/或富集显示单倍体 DNA 内含的胚胎干细胞；以及

（e）任选地，显示单倍体 DNA 内含的胚胎干细胞的重复的 FACS 纯化和所述胚胎干细胞的扩增，由此产生单倍体胚胎干细胞系。

……

9. 权利要求 1～8 之任一项的方法，其中雌性受试者是哺乳动物或所述细胞是哺乳动物的细胞，所述哺乳动物优选选自人、非人灵长类动物诸如猕猴 [例如食蟹猴（macaca fascicularis）、恒河猴（macaca mulatta）] 或狨猴属或大猿（例如大猩猩、黑猩猩和红毛猩猩）、小鼠、大鼠、山羊、猫、狗、绵羊或骆驼。

……

20. 桑椹胚来源的或胚泡来源的胚胎干－样细胞系，其由权利要求 1～19 之任一项的方法产生，并使其适应无饲养细胞的培养条件。

……

30. 产生包含目标表型的细胞的方法，包括随机突变多个具有单倍体基因组的细胞，优选哺乳动物细胞，尤其优选可由权利要求 1～19 之任一项的方法获得或由权利要求 1～19 之任一项的方法获得的细胞，及选择具有目标表型的细胞。

……

34. 单倍体细胞，其对于毒素优选蓖麻毒素具有抗性，可由权利要求 30～33 之任一项的方法获得。

该案在实际审查中始终未涉及《专利法》第 5 条的问题，在发出三次审查意见以后最终以不具备创造性被驳回。

该案所涉及的单倍体胚胎干细胞制备技术与案例 7－12～7－14 相似，均是以配子为来源，从发育的单倍体囊胚中分离获得单倍体胚胎干细胞。不同之处在于，案例 7 - 12 ~ 7 - 14（申请日分别为 2013 年、2015 年、2015 年）在后证实了单倍体胚胎干细胞的"配子"功能，通过将单倍体胚胎干细胞注射到卵母细胞，"受精卵"可发育成活体动物后代。而案例 7 - 15（申请日为2012 年）主要将单倍体胚胎干细胞用于遗传筛选，其仅在说明书最后一段提到，可以将单倍体干细胞注射至 M Ⅱ 卵母细胞胞质内，通过受精产生含有单倍体胚胎干细胞遗传物质的后代，并没有真正实施。换言之，其并没有证实所制备的单倍体胚胎干细胞是否能够起到"配子"的作用。该研究团队于 2011 年发表的相关期刊文章中，曾提到将所述孤雌单倍体胚胎干细胞注入小鼠卵母细胞后，胚胎不能正常发育成个体。因此，案例 7 - 15 中的单倍体胚胎干细胞可能并不能发挥"配子"功能。此时，在单倍体胚胎干细胞是否属于生殖细胞的认定上，案例 7 - 15 与案例 7 - 12 ~ 7 - 14 可能会有所区分。通过此案也可以看出，申请时间与审查时间可能会出现各种交叉（先申请的可能后审，后申请的可能先审）。另外，不同制备方法，也可能导致获得的单倍体胚胎干细胞的功能和活性相差很大。但对于人单倍体胚胎干细胞是否属于人胚胎干细胞、人单倍体囊胚是否属于人胚胎的认定上，案例 7 - 12 ~ 7 - 15 面临同样的问题。

【案例 7 - 16】CN1387401A

发明名称： 单倍体基因组用于遗传诊断、修饰和增殖

案情介绍： 该案出于对配子遗传筛选的改进方法和遗传加工单倍体细胞用于生产转基因动物仍存在需求，提供了一种选择用于生产胚胎、胚胎干细胞或胚胎种系细胞的基因组的方法。概括来说，其涉及的是，先由配子细胞（精子或卵子）产生出孤雌或孤雄的单倍体胚胎，由其获得单倍体胚胎干细胞，其次将该单倍体胚胎干细胞进行核移植，最后获得克隆胚胎或半克隆胚胎。

该发明的权利要求请求保护的方案包括：

1. 一种用于选择含有单倍体基因组的细胞的方法，该方法包括下列步骤：

（i）获得含有雄性或雌性来源的单倍体基因组的细胞并扩增其数目；

（ii）将所述单倍体细胞的基因组进行遗传筛选或分析以便测定所述单倍体基因组是否包括所需的遗传组成；和

（iii）选择含有所述所需遗传组成的细胞。

……

10. 权利要求1所述的方法，其中通过选自下述的方法来扩增所述的雌性或雄性衍生的单倍体细胞：

（i）使单倍体卵胞质体进行细胞分裂；

（ii）使单倍体细胞产生单倍体胚胎，然后将这种胚胎培养以产生"增殖单倍体"细胞；

（iii）将单倍体胚胎培养以产生增殖单倍体细胞并使这类胚胎干细胞样细胞分化；和

（iv）在允许细胞分裂的条件下培养单倍体体细胞胞质体。

……

13. 权利要求1所述的方法，其中进一步包括使用所述选择的雄性或雌性单倍体基因组或含有所述选择的单倍体基因组的细胞用于产生二倍体胚胎的步骤。

……

15. 权利要求1所述的方法，其中将所述选择的雄性或雌性单倍体基因组或将含有所述雄性或雌性基因组的细胞用作核转移供体。

16. 权利要求15所述的方法，其中将选择的雄性和雌性单倍体基因组用作核转移供体以便产生含有所述选择的雄性和雌性单倍体基因组的二倍体核转移单位。

......

18. 权利要求 15 所述的方法，其中所述的单倍体细胞或基因组包括来源于增殖单倍体胚胎的分化细胞、胚胎干细胞样细胞或内细胞团细胞。

19. 权利要求 18 所述的方法，其中所述的分化细胞或胚胎干细胞样细胞通过体外培养单倍体胚胎而产生。

......

30. 权利要求 13 所述的方法，其中将所述胚胎植入合适的雌性替代物并使之发育成可存活的后代。

......

33. 权利要求 1 所述的方法，其中所述的单倍体基因组选自山羊、绵羊、牛、猪、羊、马、绵羊、犬、猫、鼠、兔、灵长类、人、象、豚鼠、小鼠、大鼠的单倍体基因组组成的组。

34. 一种使用权利要求 10 所述方法获得的增殖单倍体细胞系。

......

36. 一种通过核转移产生的二倍体胚胎，其中所述的核转移方法包括将单倍体基因组或按照权利要求 1 方法产生的细胞用作核转移供体的步骤。

......

38. 由单倍体胚胎产生的胚胎干细胞样细胞或分化的细胞。

39. 一种用于产生克隆的胚胎、胎儿或动物的改进的核转移方法，其中所述的改进包括将由单倍体胚胎产生的胚胎干细胞样细胞或分化的细胞用作核转移供体。

该发明于 2000 年申请，其权利要求不仅非常冗长，而且非常晦涩、拗口。实际上，其中的"单倍体细胞""单倍体基因组"就是今天的"单倍体胚胎干细胞"。多年以后，反观该类案件，深感对此类案件进行伦理道德审查的艰难。

在该发明之中，至少涉及五种胚胎：孤雌胚胎、孤雄胚胎、单倍体胚胎、二倍体克隆胚胎、二倍体半克隆胚胎。与这些胚胎类型相关的伦理问题，可能需要考虑的内容包括人胚胎的工业或商业目的的应用、不同发育阶段的人体，甚至克隆人、半克隆人的问题等，可能都需要加以慎重考虑。

由于审查时间久远，目前该案审查过程已不可考。其中，从其同族专利考量，庆幸的是，在中国，该专利最终并未授权。

这个案件具有非常重要的警示意义。其充分说明，随着生物技术日新月异的发展，在很多时候，部分申请人和发明人的发明构思都远远走在了实践或实际验证的前面，想得太多，而做得很少。该案就是一个近似于仅停留于构想的实施例，没有任何实验结果，证实其获得了单倍体胚胎干细胞。再加上对知识产权的无限畅想与攫取的欲望，申请人撰写的权利要求往往要上下关联、面面俱到、高度概括、不断延展。最终使得其发明可能突入各个伦理禁区。

该案充分体现了专利审查中伦理道德审查的特殊性，即其与基础科研项目、临床试验之间的伦理审查的巨大不同。在专利审查中，审查员首先需要面对的就是申请人的早已超出其实际试验证实的范围、超出研究阶段伦理审查范围之外的欲望。而这种欲望常常会冲击法律和伦理。

（五）专利审查规则讨论

人类和动物单倍体胚胎干细胞的出现，使得胚胎、胚胎干细胞与生殖细胞的界限越发模糊。一方面，单倍体胚胎干细胞技术，尤其是人类单倍体胚胎干细胞技术作为一种新兴技术，发展还不成熟，科学界对单倍体胚胎干细胞的认识了解不全面。另一方面，国内外相关专利申请数量较少，缺乏具体审查规范，对该技术领域的专利审查经验不足，单倍体胚胎干细胞相关主题的审查仍处于摸索阶段。从国内审查情况来看，我国对人类单倍体胚胎干细胞相关主题是否有违社会公德尚未达成共识，且认为其有违社会公德的观点还会面临各种争议。

在其功能和属性上，单倍体胚胎干细胞被认为集"多能性""具备受精能力""无限增殖"等多种能力为一体，但又与传统意义上的多能性"人胚胎干细胞"和"人类精子"有所不同。例如，单倍体胚胎干细胞被证实具备多能性，可向三胚层分化，但目前尚未有单倍体胚胎干细胞可发育成完整生物个体的报道。在来源及制备方法上，传统人类胚胎干细胞通常是从受精卵发育的人胚胎中分离获得的二倍体细胞，而人类单倍体胚胎干胞是从精子或卵子激活产生的孤雄或孤雌单倍体囊胚中分离制备的，来源胚胎的性质不同，单倍体囊胚也不具备发育成完整个体的能力。

1. 单倍体胚胎及源自其的干细胞是否属于人胚胎和人胚胎干细胞

关于人类孤雌或孤雄单倍体胚胎是否属于"人胚胎"，人类孤雌或孤雄单倍体胚胎干细胞是否属于人类胚胎干细胞，以及由人类配子制备人孤雌或孤雄单倍体胚胎再由此制备人孤雌或孤雄单倍体胚胎干细胞是否属于我国专利审查指南中所谓的"人胚胎的工业或商业目的的应用"，这三个问题密切关联，而且是人类单倍体胚胎干细胞技术的核心伦理问题，必须首先讨论明白。

人类孤雌或孤雄单倍体胚胎干细胞相关主题的审查伦理争议，主要集中在是否涉及"人胚胎的工业或商业目的的应用"。该条款的审查要点关键在于"人胚胎"概念的确定。

我国专利审查指南中关于"人胚胎的工业或商业目的的应用"的相关规定，源自欧盟《关于生物技术发明的法律保护指令》，但该指令以及我国专利审查指南中均未对人胚胎的概念予以阐释。实际执行层面，我国专利审查部门通常对人胚胎作最宽泛的理解，即从受精卵到新生儿出生前任何阶段的胚胎形式，以及其他任何来源的胚胎，包括体外受精多余的囊胚，体细胞核移植技术所获得的囊胚，自然或自愿选择流产的胎儿等。

之所以采用如此宽泛的人胚胎范围，可能与当时的技术发展水平有关系。传统意义上的人胚胎基本上是具备发育成完整人体能力的二倍体胚胎的形式，而人胚胎干细胞通常需要从人胚胎中获取，不可避免地需要利用或破坏胚胎。因此，限于当时技术的发展，同时也可能是基于避免日后有其他新的二倍体胚胎形式出现的考量，我国采用非穷举的方式将"其他任何来源的人胚胎"均纳入人胚胎的定义中。由于"社会公德"本身即是一个比较模糊的概念，没有明确的界限，并且或随着时间和地域的变化而不断演变。这种宽泛的定义，再加上相关具体审查规范的缺失，导致大家并不能了解其背后深层的含义，对法条的理解存在争议。以至于在审查层面大家看到"胚胎"一词，即采用严苛的审查标准，只知其然而不知其所以然。

随着技术的发展，越来越多不通过传统受精方式产生的新型胚胎技术出现，例如，由卵细胞激活产生的孤雌囊胚、孤雌单倍体囊胚、孤雄单倍体囊胚等。那么，是不是所有称之为"人胚胎"或"人囊胚"的使用都违反社会公德呢？让我们跳出专利法，回归到社会争议本身。

反观社会，可以看出，历史上由人胚胎引发伦理争议的主要原因在于人胚胎的道德地位。人胚胎作为出生前人体的一种特殊存在形式，对人胚胎的利用会有损人格尊严。而关于人胚胎的道德地位，其争议一直存在，目前国际上基本支持"14 天原则"这一准则。受精 14 天以内的囊胚由于还没有进行组织分化和神经发育，被认为不具有人的道德地位，因此，世界上很多国家支持对体外受精 14 天以内的人胚胎开展科学研究。这个原则被写入了十几个国家的辅助生殖和胚胎研究监管法规，也体现在多个国家的官方伦理指南中。2003 年，我国在《人胚胎干细胞研究伦理指导原则》中，也明确了可以对体外受精、体细胞核移植、单性复制技术或遗传修饰获得的 14 天以内的囊胚开展研究。

但在专利层面，可以说，我国在 2019 年《专利审查指南 (2010)》修改之前，对人胚胎一直采用宽泛的定义，并未对体外囊胚的发育时间进行区分。这种一刀切的审查方式极大地打压了我国相关领域的创新发展。2019 年《专利审查指南 (2010)》修改之后，我国将"如果发明创造是利用未经过体内发育的受精 14 天以内的人类胚胎分离或者获取干细胞的，则不能以违反社会公德为理由拒绝授予专利权"增加到 2019 年修订的《专利审查指南 (2010)》第二部分第一章第 3.1.2 节中，并删除了《专利审查指南 (2010)》第二部分第十章第 9.1.1.1 节中有关"人胚胎干细胞及其制备方法"不能被授予专利权的相关规定。也即，从体外发育 14 天以内的囊胚获得人胚胎干细胞将不再存在违背伦理道德的问题。可以说，此次修改大大放宽了之前对人类胚胎干细胞相关主题专利授权的限制，实现了专利审查伦理判断与科学研究伦理指导原则协调一致的目的，也与目前国际上推行的"14 天原则"相统一。但仍旧没有彻底解决应该基于何种准则来认定"人胚胎"的问题。

关于"人胚胎"的定义，国际上也一直存在争议，其中，比较著名的就是国际干细胞公司孤雌胚胎案（该孤雌囊胚为二倍体囊胚）。该案件涉及美国国际干细胞公司两项以孤雌生殖活化的卵母细胞获得人类胚胎干细胞的专利申请，该案的焦点是：通过孤雌生殖激活人卵母细胞而发育形成的孤雌囊胚是否属于人胚胎。英国专利局将"人胚胎"界定为能够开始人的发育过程，这包括受精的卵细胞、未受精的被移植了成熟人细胞的卵子以及通过未受精的单性生殖刺激的卵子，并以该案属于人胚胎工业或商业目的的应用为由而驳回。后续，国际干细胞公司不服上诉至欧盟法院，欧盟法院最终作出裁决，认定该案中的孤雌囊胚本身由于不具有发育成完整个体的潜能，因此不属于人胚胎，相关发明不属于人胚胎的工业或商业目的的应用，不损害人格尊严。也即，欧盟法院采用了"囊胚是否具备发育成完整个体的潜能"作为"人胚胎"判断的主要依据。该裁决受到了科学界的欢迎，对厘清人胚胎的概念具有一定的参考意义，尤其是对当前及其未来可能出现的其他新型胚胎干细胞技术，是否涉及伦理问题的判断将起到决定性的作用。

可以看出，历史上由人胚胎、人胚胎干细胞引发伦理争议的主要原因在于人胚胎的道德地位，对具备发育成人的能力的人胚胎，尤其是受精 14 天以后神经开始发育的人胚胎的利用，将可能有损人格尊严，引发伦理问题。从我国 2019 年修改的《专利审查指南（2010）》中也能看出，此次修改更多的是基于对胚胎"人"属性方面的考量。

我国也有学者认为，如此宽泛的人胚胎范围，造成对新技术专利发展的高压之势，应当把人胚胎的概念范围限定为拥有发育成人的内在能力的胚胎。●

经过多年发展，人类胚胎干细胞技术已经取得快速的进步，当时的技术水平并不能预知之后有其他类型的非二倍体胚胎出现，人类单倍体胚胎干细胞就是其中的代表。单倍体胚胎干细胞技术本身即是为了规避传统人胚胎所面临的伦理争议而诞生的技术，其虽然也被冠之以"胚胎干细胞"称号，但无论是从制备工艺上还是性能上，均与传统人类胚胎干细胞有着明显的

● 刘媛. 欧美人类胚胎干细胞技术的专利适格性研究及其启示 [J]. 知识产权，2017（4）：84-90.

不同。一方面，其是从配子激活后产生的单倍体囊胚中分离制备的，单倍体囊胚虽然也被称之为"囊胚"或"胚胎"，但其发展到100多个细胞时即停止发育，其属性与受精囊胚、体细胞核移植囊胚等传统意义上的二倍体囊胚不同，其不具备发育成完整个体的能力。另一方面，单倍体胚胎干细胞仅含有父本或母本的一套染色体，虽然具备多能性和无限增殖性，其同样也不具备单独发育成完整个体的能力。

也就是说，人类单倍体囊胚或胚胎、人类单倍体胚胎干细胞仅含有一套染色体，并且不具备单独发育成完整个体的能力，其本身并不具备二倍体"人"的属性，从单倍体囊胚中分离制备单倍体胚胎干细胞以及对单倍体胚胎干细胞的应用并不损害人格尊严。

单倍体胚胎干细胞及其制备与相关应用，并不存在传统人胚胎以及人胚胎干细胞所面临的伦理争议。目前，也尚未发现国际上认为单倍体胚胎干细胞相关主题有违社会公德的相关报道。执行层面之所以出现严格的审查标准与我国相关发明一直以来严格对待不无关系。

因此，对于单倍体胚胎干细胞，既无须特别修改"人胚胎"的定义，也不用过度关注"人类胚胎干细胞"的定义和范围，以避免将单倍体胚胎和单倍体胚胎干细胞从"人胚胎"和"人类胚胎干细胞"中单独剥离出来时，反而与科学家们的通常认知、通常做法相违背的问题，仅在弄清"人胚胎的工业或商业目的的应用"的本意的情况下，对该技术准确进行专利法适用。在并不违背我国社会公德的情况下，按照我国2003年在《人胚胎干细胞研究伦理指导原则》的规定，允许由单性分裂囊胚、单性复制技术获得的囊胚分离人胚胎干细胞，也允许由自愿捐献的生殖细胞获得人胚胎干细胞。由人类配子制备人类孤雌或孤雄单倍体胚胎，再由此制备人类孤雌或孤雄单倍体胚胎干细胞，并不属于我国专利审查指南中所谓的"人胚胎的工业或商业目的的应用"。

2. 具备受精能力的单倍体胚胎干细胞是否属于生殖细胞？

另一种可能涉及违反《专利法》第 5 条规定的情况需要我们关注，即具备"受精"能力的孤雌或孤雄单倍体胚胎干细胞是否属于生殖细胞。

通过前面的介绍，我们可以了解到，孤雌和孤雄单倍体胚胎干细胞主要是将激活的配子在体外发育成单倍体囊胚状态，然后从囊胚中分离而获得。小鼠的孤雌和孤雄单倍体胚胎干胞均被证实，可使小鼠卵细胞"受精"，并且"受精卵"可成功发育成后代小鼠。孤雌和孤雄单倍体胚胎干细胞也因具有这种"受精"能力，而被冠之以"人造精子"的称号。此外，来自中国科学院动物研究所的胡宝洋、周琪和李伟研究团队，通过对孤雌和孤雄单倍体胚胎干细胞的基因印记区进行修饰，还制备出了遗传信息均为母源或均为父源的"双雌"或"双雄"小鼠。也就是说，当前不仅证实了孤雌和孤雄单倍体胚胎干细胞的"受精"能力，其还可以起到"卵子"的作用。

在人类单倍体胚胎干细胞研究方面，2016 年基于人卵细胞的人单倍体胚胎干细胞系也已经成功建立，但受伦理所限，该单倍体胚胎干细胞是否具备同小鼠单倍体胚胎干细胞同样的"配子"功能目前尚未得到证实。但不可否认，人类单倍体胚胎干细胞将非常有可能发挥同"精子"一样的功能。

生殖细胞作为一类高度特化的细胞，功能比较单一，主要承担繁殖后代的作用。例如，精子的主要作用是与卵子结合，而卵子的主要作用是同精子受精，两者结合产生受精卵，然后发育为后代生物体。从本质上来说，孤雌和孤雄单倍体胚胎干细胞除了不具有"尾巴"，外形上与精子有所不同，其"受精"能力与精子并无差异，并可以通过受精将遗传信息传递给下一代。因此,从功能上来讲,孤雌和孤雄单倍体胚胎干细胞可以起到和配子同样的功能,具备生殖细胞的属性。将具备配子功能的孤雌和孤雄单倍体胚胎干细胞认定为生殖细胞,并无明显不妥,符合专利法的相关立法精神。

是不是所有的孤雌和孤雄单倍体胚胎干细胞都能被认定为生殖细胞呢?根据单倍体胚胎干细胞的性能应当有所区分。例如,案例7-12~7-14证实了制备的孤雌和孤雄单倍体胚胎干细胞的"配子"功能,在具体用途中,案例7-12原始权利要求13明确描述单倍体胚胎干细胞用于取代配子,支持胚胎发育,因此,将案例7-12~7-14中的单倍体胚胎干细胞认定为生殖细胞并无不妥。而案例7-15从卵细胞激活产生单倍体囊胚中分离的单倍体胚胎干细胞,其没有证实单倍体胚胎干细胞的"配子"功能。并且,通过发明人在先发表的文章可以看出,案例7-15相关技术制备的单倍体胚胎干细胞,注入小鼠卵母细胞后,胚胎并不能正常发育成个体。也即,案例7-15中的单倍体胚胎干细胞实际上起不到"配子"的作用。此时,若将单倍体胚胎干细胞认定为生殖细胞并不合适。

综上,孤雌和孤雄单倍体胚胎干细胞是否属于生殖细胞,可根据单倍体胚胎干细胞的性能综合判断。对于具备"配子"功能的单倍体胚胎干细胞,将其认定为生殖细胞并无不妥,尤其是,在发明人本人也自认或认可其为配子的情况下,如此处理并不会引起太多争议。对于无法实现"配子"功能的单倍体胚胎干细胞,由于其本身并不具备生殖细胞应当具备的功能,将其认定为生殖细胞可能并不合适。

但是,在此同时,也必须注意以下两个问题。

第一,在技术上,干细胞衍生的配子和从人体睾丸组织经体外培养获得由精原干细胞分化产生的人造配子的情况下,这两种配子均为由干细胞经减数分裂而来,从多能性上而言似乎处于分化末端，与自然生殖产生的配子更为接近。但是在单倍体胚胎干细胞的形成过程中，经过了一个雌配子或者雄配子细胞核由卵细胞激活和重编程的过程，被认为具有同人类胚胎干细胞类似的多能性，所以，从这个角度而言，如果它们同为生殖细胞，似乎这几种人造配子在多能性等级上的差异较大。因此，这一点还需要更多的研究，对它们三者的异同以及它们三者与自然产生的精子和卵子的异同作出更多的揭示和发现。

第二，关于"人胚胎""人胚胎干细胞"概念的辨析，本书第二章已经有较为详细的介绍；本书第三章也详细讨论了我国人类胚胎干细胞发明专利的伦理道德审查标准，其中，均会触及概念的定义。这里，一旦将单倍体胚胎干细胞认定为生殖细胞或配子，无论在动物层面，还是在人类层面上，都会颠覆很多以往的认知与处理。不仅如此，所有有关生殖细胞、受精卵、人胚胎、人类胚胎干细胞的技术认知和法律规定，可能都要为此重新梳理。最终，这一切如何合理解决，也有待全社会的科学家们、伦理学家们、法学家们来共同回答。

（六）小 结

同为孤雌胚胎，单倍体孤雌胚胎与二倍体孤雌胚胎会有很多差异，会引发不同的技术问题和法律问题的讨论与关注。有心的读者，可以通过与前文的对比阅读，了解这一领域的技术进展和法律适用变化。但是，在由配子制备胚胎以及由胚胎分离干细胞的讨论上，两者是相同的，实践中也应该用相同的伦理标准进行审查。

从技术发展的前述介绍中可以看出，目前我国在单倍体胚胎干细胞技术方面处于非常领先的地位。国家和政府大力支持此方面的科学研究，我国 2003 年制定的相关伦理指导原则既允许由生殖细胞制备胚胎，也允许由单性囊胚或单性胚胎分离干细胞的研究，2019 年《专利审查指南（2010）》修改后，又进一步放开了对自体外受精胚胎分离人类胚胎干细胞的相关束缚。类比之下，如果从符合相应条件的自然受精胚胎分离人类胚胎干细胞都已经被允许，不再认为存在伦理道德问题，二倍体孤雌胚胎或单倍体孤雌胚胎等相较于自然受精胚胎，显然其存在的伦理争议只能是更弱、更低。逻辑上，不应在已经放开自然受精胚胎的情况下，反而还追究二倍体单性胚胎或单倍体单性胚胎的伦理道德问题。

人类单倍体胚胎干细胞技术为研究人类基因组功能以及发育机制提供了新的途径，未来也将可能在人类辅助生殖技术方面产生巨大的应用价值。这种集"多能性""具备受精能力""无限增殖"等多种能力为一体的单倍体胚胎干细胞的出现，不仅因为其"多才多艺"而备受礼遇与宠爱，同时也会使得人类胚胎、人类胚胎干细胞与人的生殖细胞的界限越发模糊，带来一系列新的问题供我们思考。希望相关部门及社会公众都能参与到对这一有趣问题的讨论，加快对该领域相关规范的制定，以尽快解决审查中面临的问题。

五、人类生殖系基因编辑技术及其伦理审查

看过电影《侏罗纪公园》的人一定对其中有个情节记忆颇深，就是科学家们通过对恐龙的基因进行改造来获得拥有具有超高智商以及各种完美能力的物种，然而恐龙被创立的目的是将其作为超级武器，因此它的出现带来的都是灾难和恐慌，最终也遭到了毁灭。这部电影蕴含了一个很好的隐喻，即科技永远不能脱离伦理的约束，不然就有可能带来灾难。

（一）基因编辑技术的发展

2012 年，詹妮弗·杜德娜（Jennifer Doudna）和马纽埃尔·

沙尔庞捷（Emmanuelle Charpentier）联合小组将 crRNA 和 tracrRNA 两种 RNA 二合一，形成单链引导 RNA，其中 crRNA 部分负责与靶 DNA 配对识别，而 tracrRNA 负责维持空间结构，在 RNA 指导的核酸酶 Cas 催化下，完成对靶 DNA 双链的特异剪切。2013 年，哈佛大学的张锋和丘齐研究小组采用这套系统，在细胞内完成靶基因编辑。❶ 这项技术的出现使人们意识到对于基因编辑的可能。基因编辑技术主要有第一代锌指核酸酶技术、第二代转录激活因子样效应物核酸酶技术和第三代 CRISPR/Cas 核酸酶技术。❷ 其中，锌指核酸酶技术基本被淘汰，转录激活因子样效应物核酸酶技术的优点是特异性较高、脱靶效应较低，而 CRISPR/Cas9 核酸酶技术优势则在于使用简便、快捷、成本低，但其特异性较转录激活因子样效应物核酸酶技术稍差，有效率较低、脱靶率较高。基因编辑技术出现后，在生命科学的各个领域都得到了广泛应用，而其在人类生殖系基因编辑上的应用无疑是 21 世纪以来最亮眼的技术之一。

2015 年，黄军就在《蛋白质与细胞》杂志上发表关于利用 CRISPR/Cas9 基因编辑技术对人类胚胎中地中海贫血症致病基因修饰的研究成果。对人类胚胎基因修饰的研究，引发全球科学同行以及公众的激烈讨论。❸ 该研究亦成为 2015 年 12 月在美国华盛顿召开的人类基因组编辑国际峰会的原因之一。黄军就因该项研究入选《自然》杂志 2015 年十大科学人物。

2016 年，广州医科大学附属第三医院博士范勇团队，又在国际期刊《辅助生殖与遗传学杂志》（*Journal of Assisted Repro-*

---

❶ 郭晓强. 基因编辑的发展历程 [J]. 科学, 2016, 68 (5): 45-49.

❷ KOHN D B, PORTEUS M H, SCHARENBERG A M. Ethical and regulatory aspects of genome editing [J]. Blood, 2016, 127 (21): 2553-2560.

❸ 王洪奇. 利用 CRISPR/Cas9 介导基因编辑人类三核受精卵伦理问题探讨 [J]. 医学与哲学 (A), 2016, 37 (7): 14-16, 21.

duction and Genetics）上刊发了人类胚胎基因编辑的最新成果，他们对废弃的人类 3PN 受精卵进行编辑，让 4 个受精卵成功免疫 HIV。❶

2017 年 8 月 2 日，《自然》杂志将一篇论文公之于众：美国科学家利用 CRISPR 基因编辑技术，修正了未被植入子宫的人类胚胎中与遗传性心脏疾病肥厚型心肌病（HCM）有关的基因变异。该研究首次实现对人类早期胚胎中导致肥厚型心肌病突变基因的修复。

2018 年 11 月 26 日，在第二届国际人类基因组编辑峰会前夕，南方科技大学贺某奎团队通过 CRISPR/Cas9 基因编辑技术修饰人体胚胎基因后将胚胎植入母体，并于 2018 年 11 月顺利诞下一对名为"娜娜"和"露露"的婴儿。通过基因编辑，该对婴儿能够天然免疫 HIV。

这些基因编辑技术所取得的突破，让人们看到了该技术在人类遗传病、癌症、艾滋病等重大疾病治疗方面的潜力，与此同时，由于其安全性问题，例如脱靶、对人类遗传法则的颠覆、破坏人类基因库以及可能引起社会不公平问题引发了激烈的伦理争议。

（二）人类生殖系基因编辑伦理争议

在基因编辑技术的广泛应用之中，自然会触及将该技术应用于各种细胞，包括体细胞、干细胞、受精卵、胚胎等。其中，有一个较体细胞基因编辑在伦理争议上更为敏感的技术，就是生殖系基因编辑，尤其是人类生殖系基因编辑。

所谓人类生殖系基因编辑，通常而言，就是指针对人类生

---

❶ KANG X J, HE W Y, HUANG Y L, et al. Introducing precise genetic modifications into human 3PN embryos by CRISPR/Cas – mediated genome editing［J］. Journal of Assisted Reproduction and Genetics，2016，33（5）：581 –588.

殖细胞、受精卵、胚胎等可生殖、可遗传的细胞进行的基因编辑。人类生殖系应当主要包括配子、合子和胚胎。然而，由于全能干细胞特殊的性质，其能够分化成为各种组织器官的细胞，因此涉及人类全能干细胞的基因编辑也应纳入人类生殖系基因编辑的范畴。而其之所以较体细胞基因编辑更为敏感，就是因为，针对这些生殖系的细胞进行基因编辑以后，这些基因修饰会通过遗传和生殖的方式，传递给子代。从而，一经编辑，就彻底或根本上修改了人类的生命密码或遗传组成。关于人类生殖系基因编辑技术的伦理问题一直是科学界和伦理学界关注和争论的问题。

1. 人类生殖系基因编辑的安全问题

基因编辑技术主要存在以下风险：①脱靶突变（不准确的基因编辑）和镶嵌体（早期胚胎的不完全基因编辑）；②难以预测遗传改变所产生的不良影响，包括人类基因多样性的改变等；③遗传改变一旦被引入人群就很难去除，且改变的基因将会随着人口的流动而走向世界；④导入的外源 DNA 片段可能参与其他的代谢反应，产生其他致病基因。

2020 年，英国弗朗西斯·克里克研究所（Francis Crick Institute）的发育生物学家凯西·尼娅坎（Kathy Niakan）和她的同事使用 CRISPR/Cas9 在 POU5F1 基因中制造突变，该基因对胚胎发育很重要。在 18 个基因组编辑的胚胎中，约 22% 的胚胎含有不需要的突变，这些突变会影响 POU5F1 周围 DNA。它们包括 DNA 重排和数千个 DNA 字母的大量缺失，远远超出了研究人员的通常预期。❶

---

❶ ALANIS – LOBATO G, ZOHREN J, MCCARTHY A, et al. Frequent loss – of – heterozygosity in CRISPR – Cas9 – edited early human embryos ［J］. PNAS, 2021, 118 （22）: e2004832117.

美国哥伦比亚大学的干细胞生物学家迪特尔·埃格利（Dieter Egli）领导的研究小组，研究了由带有导致失明的 EYS 基因突变的精子形成的胚胎。研究小组使用 CRISPR/Cas9 试图纠正这种突变，但是大约一半的被测胚胎丢失了大量的染色体片段，有时甚至是整个染色体 EYS 所在的位置。❶

此外，由美国俄勒冈健康与科学大学的生殖生物学家舒赫拉特·米塔利波夫（Shoukhrat Mitalipov）领导的研究人员研究了使用会导致心脏疾病的突变精子制成的胚胎。该团队还发现基因编辑会影响含有突变基因的染色体的大部分区域的迹象。❷

2018 年，来自澳大利亚阿德莱德大学、南澳大利亚健康与医疗研究所、澳大利亚拉筹伯大学、新加坡麻省理工技术研究联盟和美国天普大学的研究人员发现了实现胚胎基因编辑潜在益处的一个重大障碍：对人胚胎进行 CRISPR/Cas9 基因编辑导致大片段 DNA 缺失。❸

这些研究成果都提示着对人类生殖系进行基因编辑可能存在较大风险，例如，使用 CRISPR/Cas9 修饰人类胚胎的基因的突变修复效率低，镶嵌率高，且可能对靶位点或其附近的基因组造成不必要的大变化等。

在存在如上安全风险的情况下，对于人类生殖系基因编辑，就出现了各种支持和反对的声音。支持者认为可以从技术标准、伦理道德、政府监管、政策法律等手段保证人胚胎基因编辑的规范安全进行，避免出现潜在的安全风险，杜绝技术的违规使

---

❶ ZUCCARO MV, XU J, MITCHELL C, et al. Allele – specific chromosome removal after Cas9 cleavage in human embryos [J]. Cell, 2020, 183（6）: 1650 – 1664.

❷ DAN L, NURIA MG, TAILAI C, et al. Frequent gene conversion in human embryos induced by double strand breaks [J]. bioRxiv. 2020, doi: 10.1101/2020.06.19. 162214.

❸ ADIKUSUMA F, PILTES, CORBETTMA, et al. Large deletions induced by Cas9 cleavage [J]. Nature, 2018, 560（7717）: E8 – E9.

用。有人认为可以通过事先制定相关的监管规范，在相关法律规范的框架监管下才能开展对人类胚胎基因编辑的研究，研究制定可应用领域的准入门槛/技术标准/伦理规范等。有人认为在未来技术越来越成熟、伦理监管越来越完备的基础上，人类胚胎基因编辑技术必将被应用于临床治疗，而且有限使用该技术，例如只允许将该类技术用于治疗遗传病，这种生殖系的基因编辑也是符合伦理的。❶

反对者则认为生殖系基因编辑技术还不成熟，存在人类尚不可知的巨大风险，会给定制婴儿或其他潜在的技术滥用铺平道路，违背社会伦理和法律规定，故应当禁止任何形式的生殖系基因操作。例如邱仁宗教授认为，就目前情况而言，基因编辑技术的脱靶率还很高，将人胚胎基因编辑技术用于生殖系的临床治疗存在很大的潜在技术风险，因而临床上只能进行体细胞的基因治疗，绝对不能进行生殖系的基因治疗。❷王洪奇认为，应对相关研究加以规范，在技术尚不成熟的情况下，不能随意开展人类生殖细胞和人类胚胎基因编辑基础研究，更不能推广到临床研究。❸ 2019 年，《自然》杂志发表了一篇评论文章，来自七个国家的科学家和伦理学家呼吁：全球暂停所有人类生殖系基因编辑的临床应用。然而文章也强调，这里所说的"全球禁令"并不是永久禁令。相反，呼吁建立一个国际框架，在这个框架中，各国在保留自主决定权的同时，自愿同意不批准任何临床生殖系基因编辑的使用，除非满足某些条件。应该有一

❶ 周吉银，刘丹，曾圣雅，等. CRISPR/Cas9 基因编辑技术在临床研究中的伦理审查问题探讨 [J]. 中国医学伦理学，2017，30（8）：927-931.
❷ 邱仁宗. 基因编辑技术的研究和应用：伦理学的视角 [J]. 医学与哲学（A），2016，37（7）：1-7.
❸ 王洪奇. 利用 CRISPR/Cas9 介导基因编辑人类三核受精卵伦理问题探讨 [J]. 医学与哲学（A），2016，37（7）：14-16，21.

个固定的期限，在此期间，不允许任何生殖系基因编辑的使用。❶

2. 人类生殖系基因编辑的伦理道德争议

支持者认为，时间会改变一切，生殖系基因编辑也不可避免，完善后代基因只是或早或晚的问题，再者，该类技术可能是治愈部分严重疾病，如艾滋病、糖尿病等疾病唯一或最佳的手段，若禁止这些研究，人类则永远无法获得这些利益。有研究者认为人类的尊严不能直接与基因组画等号，事实上人类的基因也不是一成不变的，而是在漫长的进化过程中不断变异的，与保持一成不变的基因相比，能够医治人类疾病，解除人类痛苦，更能给人们生命的尊严。2018 年 7 月，英国纳菲尔德生物伦理委员会发布了一份颇具争议的报告，建议应该在某些情况下，允许对人类胚胎进行基因编辑。在报告中，该委员会认为，基因编辑工具所带来的可能性代表着一种"激进的生殖选择新方法"，并可能对个人和社会产生重大影响。因此，应采取行动支持公众对此进行辩论并采取适当的管理方法。该委员会专家小组表示，虽然英国法律目前禁止进行人类胚胎基因编辑，但这项技术可以为父母及时影响未来孩子的遗传特征提供选择，例如通过"编辑"去掉某些遗传性疾病或患癌风险。

反对者认为，一方面，人类生殖系基因编辑技术会导致"人"成为手段而非目的。当基因编辑技术被应用在基因特性增强这一场景之上，基因编辑技术便成了一种商业技术。从商业角度来说，基因编辑实施者的最大目的是赚取利润，尽可能获取商业利益。在这种关系中，人的基因反而成为商品，人也因此成为基因编辑实施者赚取利润的手段。根据马克思的历史唯物主义理论，在这种商业关系中，基因编辑的接受者将被基因

❶ 7 国科学家呼吁暂停所有人类生殖细胞系基因编辑临床应用 [J]. 医学信息学杂志，2019, 40 (5): 94.

所异化，基因编辑的实施者则可能为了高额利润链而走险，甚至在暴利面前敢于践踏一切人间道德和法律。❶ 另一方面，人类生殖系基因编辑将会加剧社会的不平等问题。无论是基因治疗还是基因增强，都需要昂贵的医疗费用，而哪些人的后代能够获得基因编辑将会带来突出的社会不平等问题。如果拥有更多的财富资源、更高的权利地位，那么这些人将拥有更多的选择机会，这无疑是不公平的。未来人与人之间的竞争将有可能决定于人出生前的胚胎基因编辑上，后天教育和环境将不再重要，人类的不公平将愈加严重。社会上可能出现基因歧视、加剧社会的两极分化等社会问题。❷

对于上述问题，有学者提出了一种更为中立的观点：我们需要改变以下道德直觉——胚胎是人、编辑人胚胎有损人类尊严、违反后代自主权及导致纳粹优生等。对于人胚胎基因编辑的合理立场应该是：第一，人胚胎基因编辑不必然导致纳粹优生，扮演上帝的说法也不成立；第二，基于不伤害和有利原则，鉴于该技术尚不成熟，目前应该暂缓临床研究和应用，而允许相关基础和临床前研究；第三，医学目的的基因编辑不危及人类尊严，也不会破坏生命神圣性，不会侵犯后代的开放性未来，作为父母有责任帮助后代屏蔽遗传疾病的伤害，即便无法得到后代的知情同意，也依然可以得到伦理支持；第四，非医学目的的基因编辑，父母的生殖自主权会侵犯后代开放性未来，后代沦为父母实现自己心愿的手段，违背尊严，且该技术将导致技术鸿沟，引发社会更大的不公正，因此应当予以禁止。❸

---

❶ 孙伟平，戴益斌. 关于基因编辑的伦理反思 [J]. 重庆大学学报（社会科学版），2019，25（4）：1-9.

❷ 费鹏鹏. 人胚胎基因编辑技术的伦理审视 [D]. 合肥：合肥工业大学，2019.

❸ 罗会宇，雷瑞鹏. 我们允许做什么?：人胚胎基因编辑之反思平衡 [J]. 伦理学研究，2017（2）：111-117.

3. 关于基因治疗与基因增强的争论

基因编辑技术按照其研究阶段可分为基础研究、临床前研究、临床研究和临床应用；按照其服务目的可分为基因治疗和基因增强。基因治疗指通过基因水平的改变来预防和治疗疾病的方法。例如编辑胚胎基因，使后代避免家族遗传病等与基因有关的疾病，基因治疗均属于医学目的。而基因增强是用类似于基因治疗的技术来增加或加强人的性状或能力，其往往并非医学目的。关于基因治疗与基因增强的伦理争议，也存在不同的观点。

张灿认为❶，随着生物医学技术对身体与生命的深度干预逐渐加深，利用技术增强人本身成为一个重要的目标导向，即生物医学技术正在"超越治疗"而成为生物医学增强技术。生物医学技术在新的层面对身体与生命进行干预、塑造与设计，是面向未来维度以突破人类生物限制和生命缺陷为宗旨。由此，生物医学增强技术不可避免地带来生命政治层面的问题。

朱振认为，基因增强会带来未知的后果。如果人类胚胎基因编辑技术商业化普及，"人类是目的而非手段"的哲学命题将受到挑战。每个人的遗传信息由于具有个性化而彰显出生命的独一无二，可以说每个形成的生命都是神圣和有尊严的。基因增强实质上是现在的人以其现有的对人生意义的理解为未来的人作出了决定。这不仅是独断的，而且是非自由主义的，因为它没有体现出对每一个自由且独立的个人的平等尊重。❷

章小彬认为，对人类胚胎基因编辑支持和反对的理据皆落脚于人的尊严。人的尊严可分为个体尊严和物种尊严。个体尊

---

❶　张灿. 超人类主义与生物保守主义之争：生物医学增强技术的生命政治哲学反思［J］. 自然辩证法通讯，2019，41（6）：69-75.

❷　朱振. 反对完美?：关于人类基因编辑的道德与法律哲学思考［J］. 华东政法大学学报，2018，21（1）：72-84.

严体现了尊严的赋能面向，要求尊重人的自主；而物种尊严体现了尊严的限制面向，要求维护人的本质。在确保技术安全的情况下，以治疗为目的的基因编辑不违背人的个体尊严，且无损于人的物种尊严，因而不宜禁止；以增强为目的的基因编辑，不论技术安全与否，都违背了被编辑者的个体尊严，且危及人的物种尊严，因而不宜允许。为了维护人的尊严，需要对基因编辑进行法律规制，区分以治疗为目的的基因编辑和以增强为目的的基因编辑。❶

孙道锐认为，基因编辑合理的法律限度为：允许和保障基因编辑基础研究的自由，避免加拿大式的以罚代管政策和美国式的不资助政策；在该技术成熟时，可允许出于预防、治疗目的的生殖系基因编辑，人类的共性的基因增强亦可被接受，而个性的基因增强则应被禁止。❷

鉴于这些情况与争论，有人提出应当对这两个层面制定不同的防控策略。一方面，通过类似基因治疗技术原理和手段，实现增强人体性状和能力的基因的转变，进而达到一种非医学目的的基因增强技术，基于其在社会风险、人类尊严等方面的影响，应该在人类胚胎基因编辑技术的医学研究和临床应用领域都进行严格的禁止。另一方面，对于以治疗、纠正或弥补基因缺陷与基因异常导致的疾病为目的，而将正常的外源基因导入靶细胞的人类胚胎的基因治疗，应当鼓励该技术的创新与进步，并且对临床应用进行严格有限的许可。❸

---

❶ 章小彬. 人类胚胎基因编辑的宪法界限：一个基于尊严的分析 [J]. 大连理工大学学报（社会科学版），2020，41（5）：113 – 120.

❷ 孙道锐. 基因编辑的法律限度 [J]. 中国科技论坛，2020（6）：153 – 160.

❸ 刘美辰. 人类胚胎基因编辑技术风险的法律防控 [D]. 长春：吉林大学，2020.

（三）人类生殖系基因编辑的伦理规则

1. 国际伦理规则

追溯起来，国际上有关人体试验、生物医学研究、人类基因组研究等已经存在多项基础的伦理原则。其中，《纽伦堡法典》是一部为维护受试者的合法权益，规范人体实验秩序而制定的人体实验国际性准则，为后续各国开展临床前提研究奠定了基本准则。其开头即规定"受试者的自愿同意绝对必要"，突出强调了人身自由的不可侵犯的普世规则。《贝尔蒙报告》以"尊重人，有利和公正"作为生物医学研究的基本伦理准则，特别强调需要保护那些"自主性降低的人"和"弱势人群"，着重体现了尊重包括"弱势群体的"一切人类，具有前瞻性的意义。《赫尔辛基宣言》作为医生及其研究人员的指导原则，声明"一生的职责是保护受试者的生命、健康、隐私和尊严"，与《纽伦堡法典》和《贝尔蒙报告》相比，除了"尊重人"以外，还拓展了受试者生命和隐私的权利。联合国大会于 1998 年 12 月 9 日第 53/152 号决议通过的《世界人类基因组与人权宣言》中，也把人的尊严作为第一章的标题。

这些 20 世纪出现的关于生物医学科学领域的伦理原则都非常突出对"人"本身的尊重，体现了人是手段而非目的的原则。然而这些伦理准则随着技术的飞速发展，显然已经无法满足目前对于伦理规则的需要，在这个背景下，通过科学界和伦理学界的努力，针对基因编辑技术，又制定和出现了一些有针对性的新的伦理规则。

其中，ISSCR 发布的人类胚胎编辑准则允许对胚胎的核基因组进行编辑的基础研究，但需要接受严格的 EMRO 伦理审查程序。鉴于核基因组编辑安全上的不确定性，以及对是否允许任何形式的核基因组编辑缺乏社会共识，2016 版《干细胞研究和临床转化指南》不允许将核基因组修饰后的人类胚胎进行子宫移植。

2015 年首次人类基因组编辑国际峰会在美国华盛顿召开，就该技术的科学性与其运用展开了多方面讨论。会后立即成立了由 22 位学者组成的人类基因编辑研究委员会就人类基因编辑的科学技术、伦理与监管开展全面研究，于 2017 年正式向全世界发布其研究报告。该报告涉及的科学、伦理与监管基本原则和规范标准如下。

第一，基因编辑的基础研究。可以在现有的管理条例框架下进行：包括在实验室对体细胞、干细胞系、人类胚胎的基因组编辑来进行基础科学研究试验。

第二，体细胞基因编辑。利用现有的监管体系来管理人类体细胞基因编辑研究和应用；限制其临床试验与治疗在疾病与残疾的诊疗与预防范围内；从其应用的风险和益处来评价安全性与有效性；在应用前需要广泛征求大众意见。

第三，生殖系（可遗传）基因编辑。有令人信服的治疗或者预防严重疾病或严重残疾的目标，并在严格的监管体系下使其应用局限于特殊规范内，允许临床研究试验；任何可遗传生殖基因组编辑应该在充分的持续反复评估和公众参与条件下进行。

人类基因编辑研究委员会特别就可遗传生殖系统基因编辑提出 10 条规范标准。

① 缺乏其他可行治疗办法；

② 仅限于预防某种严重疾病；

③ 仅限于编辑已经被证实会致病或强烈影响疾病的基因；

④ 仅限于编辑该基因为人口中普遍存在，而且与平常健康相关、无副作用的状态；

⑤ 具有可信的风险与可能的健康好处的临床前和临床数据；

⑥ 在临床试验期间对受试者具有持续的严格的监管；

⑦ 具有全面的、尊重个人自主性的长期多代的随访计划；

⑧ 和患者隐私相符合的最大程度透明度；

⑨ 在公众的广泛参与和建议下，持续和反复核查其健康与社会效益以及风险；

⑩ 可靠的监管机制来防范其治疗重大疾病外的滥用。

从上述讨论中可以看出，上述这些规范在人类胚胎上的规则总结包括：首先，允许实验室阶段的基因编辑的基础科学研究试验；其次，允许体细胞基因编辑，但是要限制其临床试验与治疗在疾病与残疾的诊疗与预防范围内；最后，关于生殖系基因编辑，有令人信服的治疗或者预防严重疾病或严重残疾的目标，允许临床研究试验，并且还要在严格的监管下，例如要在10条规范标准的严密控制之下。

2. 欧洲伦理规则

欧洲各国多将人的尊严作为伦理规范的根本性原则，例如，德国对任何除了出于研究目的而进行的生殖系细胞基因编辑行为，均规定了严厉的刑事处罚条款。英国的人类受精和胚胎学法案是生殖系/胚胎基因编辑领域的基本法，2015年英国弗朗西斯·克里克研究所的学者凯西·尼娅坎向英国相关监管机构提出申请，请求对人类胚胎进行编辑，目的是揭示人类发育的秘密。该监管机构于2016年2月许可了该申请，并特别申明，不允许以生殖为目的进行该操作。

欧洲理事会通过的人权与生物医学公约是目前生物医学领域旨在保护人权的唯一有约束力的国际文件。它于1997年开放签署，1999年生效。对于已批准该公约的缔约国来说，其相当于国内法。该公约第13条禁止生殖系基因编辑，从批准情况来看，丹麦、挪威、瑞士、法国、西班牙、土耳其等是其缔约国，但英国、德国、意大利、瑞典、波兰等国均未加入。由此可以看出，欧洲各国对于生殖系基因编辑的态度也是各不相同。该公约起草以来，科学知识和道德规范持续发展，为应对CRISPR/Cas9技术快速发展和传播，2015年12月，该公约执行和监督机构生物伦理委员会（DH-BIO）发表了一项基因编辑声明，其中肯定了基因编辑技术在生物医学研究方面具有可观的潜力且表达了对更好地理解疾病原因的强烈支持。更重要的是，声明中承认，该公约中规定的原则，特别是第13条并非对技术发展所提出基本问题的最后定论。因此，也被认为是释放出对生殖系基因编辑技术应用的宽容信号。2017年10月，在该公约20周年纪念大会上，DH-BIO发布报告，重申维护人权是"我们思想塑造我们生活和社会的核心"。获得科学和技术进步的益处需要以该公约中的总体原则——人的至高无上和保护人的尊严为基础。由于分歧较大难以形成共识，DH-BIO认为应以该公约修改或拟定附加议定书为主推动其发展。在禁令没有修改的情况下，对于缔约国来说，生殖系基因编辑都是禁止的，且缔约国为此负有法律义务。但无论如何，DH-BIO对待生殖系基因编辑的态度已经与之前有所差别。❶

英国纳菲尔德生物伦理委员会于2018年发布了相关报告。指出在特定的情况下，应当允许对人类胚胎进行基因编辑。从伦理的层面来讲，对人胚胎进行编辑并非当然不可接受，在一定的伦理审查和监管前提上应当被准许，其中需要两个限制：一是必须保证未来婴儿的福祉；二是必须符合公序良俗，不得造成歧视和分裂。❷

---

❶ 宋晓晖. 生殖系基因编辑技术干预的伦理与治理原则研究 [J]. 中国政法大学学报，2019（4）：30-46, 206.

❷ Nuffield Council on Bioethics. Genome editing and human reproduction social and ethical issues [EB/OL]. (2018-12-05) [2021-03-13]. http://nuffieldbioethics. org/project/genome-editing-human-reproduction.

3. 美国伦理规则

美国法律对于人类生殖系基因编辑的态度由于普通法律的法律渊源较为复杂，不成系统，在该技术的规制上，美国联邦政府权力有限。并且美国有着较为悠久的社会自治传统，行业自律的伦理守则有着重要的地位。

在美国联邦政府资助的科研项目方面，美国国立卫生研究院于 2015 年表达了自己的观点，不可逾越的红线是人类胚胎基因编辑。此类项目不予以美国联邦政府资助，相关申请不予批准。在非美国联邦政府资助方面，无论是州政府还是民间团体和个人资助并不在上诉法案调整范围。有些州在自己的权力范围内对相关项目进行资助。医学研究根据阶段的不同，可以分为实验室研究和临床研究。不同的部门监管不同的阶段。生物安全委员会监督实验室基础研究，临床研究除了接受生物安全委员会和机构审查委员会的监督，还必须接受美国国立卫生研究院重组 DNA 咨询委员会和 FDA 的监督。美国国家科学院制定胚胎操作相关规则，以生殖为目的的克隆或者制造人兽结合体均是不允许的。对用于研究的胚胎，其存在期限以 14 天为期限。

通过对欧洲、美国关于人类胚胎基因编辑伦理规则的梳理可以看出，第一，国际社会和发达国家对人类胚胎基因编辑普遍采取了一种谨慎的支持态度。第二，在具体规制手段上应该根据胚胎基因编辑的分类进行。一方面是实验室阶段和临床阶段的划分，临床应用受到了更严格的监管。主要发达国家并未批准临床使用。实验室阶段的监管较为宽松，为科研人员争取空间，但也普遍坚持 14 天规则。另一方面是增强型基因编辑和治疗性基因编辑，增强型基因编辑因涉及社会公平问题而暂时被禁止，但是学界也表示随着社会的发展，该标准可能会松动。以医疗为目的的人类胚胎基因编辑并未受到实施的许可，学界也表示编辑本身没有违反人类社会基本伦理，在特定的条件下，

该技术作为唯一可以救助患者的手段，应该被允许实施。❶

4. 中国伦理规则

国内关于人类胚胎基因编辑的立法防控主要在行政领域进行，现行的行政法律规范主要有以下几项。《人类辅助生殖技术和人类精子库伦理原则》（2003 年）规定，涉及人类辅助生殖技术与人类精子库伦理的重要原则，如有利于患者原则、知情同意原则、保护后代原则和伦理监督原则等七项基本原则。《人类辅助生殖技术管理办法》明文规定，人类辅助生殖技术应当符合《人类辅助生殖技术规范》。该技术规范又明确禁止以生殖为目的的对人类配子、合子和胚胎进行操作。《人胚胎干细胞研究伦理指导原则》（2003 年）规定，禁止以生殖为目的对人类配子、合子、胚胎基因进行操作。并且，对于运用体外受精、体细胞核移植、单性复制技术或者遗传修饰获得的囊胚，在对其进行体外培养时，培养期限应自受精或核移植开始不超过 14 天，不得将已用于研究的人囊胚植入人或者任何其他动物的生殖系统。

此外，《生物技术研究开发安全管理办法》（2017 年）规定，依据生物技术研究开发活动中潜在风险的大小将生物技术研究开发安全管理划分为高风险、较高风险和一般风险等级。并在最后的附录中明确表示将涉及存在重大风险的基因工程，如涉及人基因编辑工程的研究开发活动列为高风险等级。《医疗技术临床应用管理办法》（2018 年）将涉及重大伦理风险的情形列为需要重点加强管理的医疗技术，应由省级以上卫生行政部门严格管理。

基于上述规范，可以看出我国对人类生殖系基因编辑的基本态度有两点：第一，严格禁止生殖目的的胚胎基因编辑。第

❶ 潘坤. 论人类胚胎基因编辑的法律规制 [D]. 北京：中国地质大学，2020.

二，适度宽容非生殖目的基因编辑基础研究。对于不以生殖为目的的可以对人类胚胎基因进行编辑，但该胚胎存活时间不允许超过 14 天。

这些伦理规则给我们提供了在人类胚胎基因编辑技术方面的基本参考规则，但随着科技的进步，这些伦理规则也暴露出了很多问题。现有的伦理规则显然已经不能满足当下人类胚胎基因编辑技术的发展，且现有伦理规则的法律位阶均较低，与基因编辑等问题的重大社会影响存在落差。因此，2020 年通过的《民法典》第 1009 条明确规定，从事与人体基因、人体胚胎等有关的医学和科研活动的，应当遵守法律、行政法规和国家有关规定，不得危害人体健康，不得违背伦理道德，不得损害公共利益。《民法典》系我国首次在法律层面对人体基因、人体胚胎有关的医学活动和科研活动作出明确规定。也说明了在中国，人类生殖系基因编辑技术已经开始在法律上受到了更多的监管。

在 2018 年贺某奎基因编辑婴儿事件的处理结果上，贺某奎被所在的南方科技大学开除，并且以非法行医罪被判处有期徒刑三年。法院判决称：贺某奎等人是在明知违反国家有关规定和医学伦理的情况下，仍将安全性、有效性未经严格验证的人类胚胎基因编辑技术用于辅助生殖医疗。他们伪造了伦理审查材料，招募 HIV 感染者的多对夫妇实施基因编辑及辅助生殖，以冒名顶替，隐瞒真相的方式，由不知情的医生将基因编辑过的胚胎通过辅助生殖技术植入人体内，致使两人怀孕，先后生下三名基因编辑婴儿。法院认为：三名被告人未取得医生执业资格，故意违反国家有关科研和医疗管理规定，逾越科研和医学伦理道德底线。《自然》杂志发表题为"CRISPR 婴儿案判罚对研究意味着什么"的文章，认为中国法院通过惩罚贺某奎等人发出了强烈的信号，其中正面信号和负面信号兼有。有的科学家认为这个判罚意味着中国对科研伦理的重视，有的科学家则担心这个判罚会对类似行为产生震慑，不涉及伦理的非胚胎细胞的基因编辑也会受到影响。

贺某奎基因编辑婴儿事件暴露了中国在对此类事件上的监管尚不到位的漏洞，关于此类事件的相关法律位阶均较低，并且没有明确的判罚措施，在刑法条文中是采用非法行医罪予以惩罚，然而并没有专门针对此类事件的刑罚措施。该事件后，包括《生物安全法》和《刑法》修正案在内的多项立法积极制定。2021 年 3 月 1 日，《刑法修正案（十一）》正式施行，其中明确了非法基因编辑等行为构成犯罪。

通过以上对我国相关伦理规则及伦理审查事件的分析可以看出，我国在明文规定方面，对人类生殖系基因编辑是严格限制在以生殖为目的这一层面的，对于不是以生殖为目的的人类生殖系基因编辑，比如有关胚胎基因编辑的相关基础研究，在经过严格的伦理审查同意以后，还是相对比较宽容的，这一点需要注意。

（四）人类生殖系基因编辑相关专利申请的伦理审查

基因编辑技术毫无疑问是一项惊人的发明，能为人类基因科技发展带来巨大的变化，意味着巨大的商业潜力，因此关于基因编辑技术的专利成为研究者们寸土不让的必争之地。例如基因编辑技术的两位先驱者——张锋与詹妮弗·杜德纳之间的专利之争，直至 2017 年 2 月 15 日，USPTO 正式宣布，认可张锋团队拥有其开发的 CRISPR/Cas9 基因编辑工具的专利权，在美国的这一纷争才告一段落。

专利法通过授予一部分人权利使其享有合理的利益从而使科技进步得到保障，进而为社会创造更多的价值，但是它的最终目的还是维护社会秩序，平衡利益分配与增加社会的整体福利。在生物技术领域中，包括基因编辑技术在内，技术的发展

第七章 专利审查未来需要面对的挑战 | 675

也同时带来对既有伦理观念的严峻挑战，专利法作为直接调整保护科技成果及其利用的法律规范，不可避免地要回应这些冲击和挑战。❶

【案例 7－17】CN201580030358A

发明名称：猪中的多重基因编辑

该发明涉及的权利要求主要如下：

1. 包含多重基因编辑的大型脊椎动物。

……

13. 在脊椎动物细胞或胚胎中多个靶染色体 DNA 位点处进行体外遗传编辑的方法。

……

27. 在原代脊椎动物细胞或胚胎中产生多重基因敲除的方法。

28. 宿主细胞和供体细胞嵌合的脊椎动物胚胎。

该申请为 PCT 申请进入我国国家阶段的案例。由该申请的发明目的也可以看出，其主要是为了对猪的基因进行改造来获得转基因猪。可能是考虑到我国对《专利法》第 5 条关于"违反社会公德"的规定，申请人在进入实质审查之前修改了权利要求，将脊椎动物均限定为非人脊椎动物。由于该申请还涉及"动物品种"，专利审查员在第一次审查意见通知书中指出了主题为"非人类脊椎动物"的权利要求不符合《专利法》第 25 条关于"动物品种"的规定。

该案经申请人修改权利要求，最终授权的权利要求是：在非人类脊椎动物细胞或胚胎中多个靶染色体 DNA 位点处进行体外遗传编辑的方法。

由该案的专利审查实践可以看出，对于基因编辑中所涉及的动物等保护主题，我国有动物品种等相关条款规制，如在

---

❶ 李媛. 生物科技发明中的伦理道德争议［J］. 法制与社会，2010（16）：188－189.

《专利法》第 25 条规定，动物和植物品种不授予专利权。并且，我国之前对于动物胚胎基因编辑不在伦理审查禁止之列，此类案件的缺陷也比较好克服，如该申请直接将基因编辑方法限定为在非人类脊椎动物中即可得到克服。

这种情形，在多个案例中均可见到❶，这些发明的目的本身就是为了规避对人类生殖系基因进行编辑，而寻找一种替代研究方式，促进基因编辑技术向临床医学转化。所以，其基因编辑对象均直接限定为"非人类哺乳动物"。在这种情况下，一般不会触及人类生殖系基因编辑的伦理问题。

该案的欧洲同族 EP15723593A1 在正式审查之前也对权利要求进行了修改，然而这种修改只是将权利要求 1 ~ 11 中要求保护的包含多重基因编辑的大型脊椎动物限定为非人类脊椎动物。修改后的权利要求 12 ~ 15 仍然涉及一种在脊椎动物细胞或胚胎中多个靶染色体 DNA 位点处进行体外遗传编辑的方法。申请人并未限定权利要求 12 ~ 15 方法中的脊椎动物为非人类脊椎动物。EPO 的审查员发出审查意见通知书中指出权利要求 12 ~ 15 要求保护的方法包括改变人类生殖系遗传同一性的方法以及将人胚胎应用于工业和商业目的的应用。审查员认为该方法违反了 EPC 2000 第 53（a）条，"公共秩序"和"道德"，不具备可专利性。最终申请人通过将权利要求 12 ~ 15 中的脊椎动物修改为"非人类"脊椎动物克服这一缺陷。可见，在欧洲的审查过程中，审查员提出了由于权利要求保护的方法涉及改变人类生殖系遗传同一性的方法以及将人胚胎应用于工业和商业目的的应用而不符合伦理规则。之后申请人将可能涉及"人"的"动物"均修改为"非人动物"获得了授权。

---

❶ 参见专利：CN 201910616058A：一种非嵌合基因编辑猪胚胎模型的构建方法；CN201810235823A：一种针对雄性基因的编辑方法；CN201810237058A：一种针对雌性基因编辑的方法。

该案的美国同族专利 US201514698561A 权利要求中同样包括：在脊椎动物细胞或胚胎中多个靶染色体 DNA 位点处进行体外遗传编辑的方法。申请人在实质审查过程开始前已经将所述方法中的脊椎动物限定为非人脊椎动物。然而，该申请的权利要求 23 要求保护一种脊椎动物胚胎或宿主细胞和供体细胞的脊椎动物嵌合体，包括：宿主胚胎，具有多个同时在不同靶染色体 DNA 位点进行的宿主细胞遗传编辑。USPTO 的专利审查员发出非最终驳回指出，权利要求 23 的技术方案中包含人胚胎的实施方案，该申请无论是权利要求还是说明书均未从脊椎动物中排除"人"的技术方案，因此权利要求 23 由于涉及不可专利的主题而不符合美国专利法第 101 条。专利审查员认为申请人应当将权利要求限定为"非人脊椎动物胚胎"或"非人脊椎动物"。该申请于 2018 年 3 月 30 日被申请人放弃。由该审查意见也可以看出，美国对于涉及"人胚胎"技术方案持谨慎态度。

【案例 7 - 18】CN201680078207A

发明名称：用于治疗肌联蛋白类肌病和其他肌联蛋白病变的材料和方法

该发明涉及的权利要求为：

一种通过基因组编辑来编辑人体细胞中的肌联蛋白基因的方法，所述方法包括向所述细胞中引入一种或多种脱氧核糖核酸（DNA）核酸内切酶，以在所述肌联蛋白基因中实现一个或多个双链断裂（DSB），由此永久性校正所述肌联蛋白基因中的一个或多个突变并且恢复肌联蛋白的蛋白质活性。

说明书中提及：该发明提供了用于在基因组中通过基因组编辑校正肌联蛋白基因中的一个或多个突变，产生永久性改变并且恢复肌联蛋白的蛋白质活性的离体和体内方法，其可用于治疗肌联蛋白类心肌病和/或其他肌联蛋白病变，以及用于实施这种方法的组分、试剂盒和组合物，和由其产生的细胞；为了缓解肌联蛋白类心肌病和/或肌联蛋白病变，如本文所描述和阐释，基因组编辑的主要靶标是人体细胞；在一些实施方式中，基因组编辑的人体细胞为骨骼肌祖细胞；在一些实施方式中，基因组编辑的人体细胞为内源性心脏干细胞；该案实施例为在患者的成纤维细胞中进行修复肌联蛋白基因中的突变。

该申请属于 PCT 申请进入中国国家阶段，专利审查员发出的第一次审查意见指出：权利要求 1 请求保护一种通过基因组编辑来编辑人体细胞中的肌联蛋白基因的方法，该方法包含了以有生命的人体或动物体为研究对象，以诊断和/或治疗疾病为目的方法，属于《专利法》第 25 条第 1 款（3）项不授予专利权的情况。专利审查员未指出权利要求 1 因为涉及人类细胞基因编辑而可能存在违反《专利法》第 5 条规定的伦理规则问题。

该案的欧洲同族专利 EP16866951A 的审查员在发出欧洲检索意见时指出，权利要求 28（对应前述涉及权利要求）涵盖了这样的方法，其中人细胞可包括人体中的合子或配子或生殖细胞，也即所述方法涉及用于改变人类生殖系同一性的方法，因此所述方法不符合 EPC 2000 实施细则第 28（b）条和 EPC 2000 第 53（a）条。申请人提交了权利要求修改，将人细胞限定为：所述人细胞不是人合子或配子或生殖细胞，由此克服了这一缺陷。

该案美国同族专利 US201615776714A 在审查中，专利审查员并未提出其不符合伦理规则的审查意见。

综合同族专利的审查可以看出，EPO 对于人类体细胞中进行的基因编辑采取了需要进行排除可能的人类生殖系细胞的态度，从这个角度看出，EPO 对于人类生殖系（包括人合子、配子或生殖细胞）的基因编辑的态度十分明确，即认为其属于改变人生殖系同一性的范畴，应该予以排除。

【案例 7 - 19】CN201580063428A

发明名称：使用成对向导 RNA 进行靶向遗传修饰的方法和

组合物

该发明进入实质审查阶段后的技术方案如下：

1. 一种用于对细胞内的基因组靶基因座进行双等位基因修饰的方法，包括：

（I）向细胞群引入：

（a）Cas 蛋白；

（b）第一向导 RNA，其与所述基因组靶基因座内的第一CRISPR RNA 识别序列杂交；

（c）第二向导 RNA，其与所述基因组靶基因座内的第二CRISPR RNA 识别序列杂交；以及

（d）靶向载体，其包含侧接 5' 同源臂和 3' 同源臂的核酸插入物，其中所述 5' 同源臂与所述基因组靶基因座内的 5' 靶序列杂交，所述 3' 同源臂与所述基因组靶基因座内的 3' 靶序列杂交，其中如果所述细胞为 1 细胞期胚胎，则所述靶向载体的长度不超过 5kb；

其中所述基因组包含一对第一同源染色体和第二同源染色体，这对染色体包含所述基因组靶基因座，可选地，其中所述第一 CRISPR RNA 识别序列和第二 CRISPR RNA 识别序列侧接整个或部分基因的编码序列；并且其中所述 Cas 蛋白切割所述第一 CRISPR RNA 识别序列和所述第二 CRISPR RNA 识别序列中的至少一者，以在所述第一同源染色体和所述第二同源染色体的每一者中产生至少一处双链断裂，可选地，其中相对于引入所述第一 CRISPR RNA 识别序列或者第二 CRISPR RNA 识别序列中的任意一者，同时引入所述第一 CRISPR RNA 识别序列和第二 CRISPR RNA 识别序列使得双等位基因修饰效率提高；以及（II）鉴定具有经修饰的基因组靶基因座的细胞，所述经修饰的基因组靶基因座包含缺失和/或插入。

……

13. 根据权利要求 1 ~ 12 中任一项所述的方法，其中所述细胞是真核细胞，可选地，其中所述真核细胞为哺乳动物细胞、人类细胞、非人类细胞、啮齿动物细胞、小鼠细胞、大鼠细胞、多能细胞、非多能细胞、非人类多能细胞、人类多能细胞、啮齿动物多能细胞、小鼠多能细胞、大鼠多能细胞、小鼠胚胎干（ES）细胞、大鼠 ES 细胞、人类 ES 细胞、人类成体干细胞、发育受限的人类祖细胞、人类诱导性多能干（iPS）细胞或 1 细胞期胚胎，或小鼠 1 细胞期胚胎。

14. 根据权利要求 13 所述的方法，其中所述细胞是 1 细胞期胚胎，并且其中：

（a）所述靶向载体的长度在约 50 个核苷酸至约 5kb 之间；

（b）所述靶向载体为单链 DNA，长度在约 60 至约 200 个核苷酸之间；

（c）所述 Cas 蛋白、所述第一向导 RNA 和所述第二向导 RNA 的每一者皆通过显微注射引入到所述 1 细胞期胚胎；或者

（d）所述 Cas 蛋白、所述第一向导 RNA 和所述第二向导 RNA 的每一者皆以 RNA 的形式通过显微注射入所述细胞质而引入到所述 1 细胞期胚胎。

说明书中记载了该申请的方法中，细胞为人类细胞、人类多能细胞、人类胚胎干细胞、发育受限的人类祖细胞，真核细胞为 1 - 细胞期胚胎（例如说明书第 19、42、52、312、317、138、321 段）。

对于该案，审查员发出第一次审查意见通知书指出：该申请的方法涉及了人类多能细胞、人类胚胎干细胞、发育受限的人类祖细胞、1 细胞期胚胎等人类细胞的使用，涵盖由人胚胎获取这些细胞的情况，因而该申请的方法涉及了人胚胎的工业或商业化目的的应用，与社会公德相违背，属于《专利法》第 5 条第 1 款规定的内容，不能被授予专利权。同时，在该申请说

明书中记载的一些方法中，细胞为人类细胞、人类多能细胞、人类胚胎干细胞、发育受限的人类祖细胞、1 细胞期胚胎，在这种情况下，基于与如上同样的理由，权利要求书中也同样存在《专利法》第 5 条第 1 款规定的不予授权的内容。该案的欧洲同族专利 EP15804289A 的专利审查员发出的审查意见指出：权利要求中包含了违反社会公德的技术方案，例如在人胚胎和人类生殖细胞中进行遗传修饰。随后申请人在权利要求 1 的方法中限定：所述细胞不是使用包括改变人类生殖系遗传同一性的方法或包括使用人胚胎的工业或商业目的的方法获得的。在权利要求 13 ~ 14 中，将 1 细胞期的胚胎限定为非人 1 细胞期的胚胎，该案最终得到授权。该案延续了 EPO 一贯的态度，即对于人类生殖系基因编辑以"改变人生殖系遗传同一性"为由予以拒绝。

【案例 7 - 20】CN201680053489A

发明名称：核酸酶非依赖性靶向基因编辑平台及其用途

该发明的技术方案如下：

1. 一种系统，其包含：

（i）靶向序列的蛋白，或编码其的多核苷酸；

（ii）RNA 支架，或编码其的 DNA 多核苷酸，其包含

（a）靶向核酸的基序，或包含与靶核酸序列互补的指导 RNA 序列，

（b）CRISPR 基序，其能够结合所述靶向序列的蛋白，和

（c）募集 RNA 基序，和

（iii）非核酸酶效应子融合蛋白，或编码其的多核苷酸，其包含

（a）RNA 结合结构域，其能够结合所述募集 RNA 基序；

（b）接头，和

（c）效应子结合域，

其中所述非核酸酶效应子融合蛋白具有酶促活性。

......

13. 靶 DNA 的位点特异性修饰方法，包括使所述靶核酸与权利要求 1～10 中任一项所述的系统的组分（i）～（iii）接触。

在从属权利要求中，进一步限定了靶核酸在细胞中，并且所述细胞可选自：古细菌细胞，细菌细胞，真核细胞，真核单细胞生物，体细胞，生殖细胞，干细胞，植物细胞，藻类细胞，动物细胞，无脊椎动物细胞，脊椎动物细胞，鱼细胞，蛙细胞，鸟类细胞，哺乳动物细胞，猪细胞，牛细胞，山羊细胞，绵羊细胞，啮齿动物细胞，大鼠细胞，小鼠细胞，非人灵长类动物细胞和人细胞。

说明书中述及：该发明申请时的基因特异性编辑技术主要基于核酸酶诱导的 DNA DSB 和由此产生的 DSB 诱导的同源重组。由于大多数体细胞中同源重组的活性很低或不存在，所以这些技术在大多数疾病的体细胞组织中的病理性基因突变的治疗校正方法的用途有限。实质上，这种方法使人们能够将 DNA 或 RNA 编辑酶引导至体细胞（包括干细胞）中的任何 DNA 或 RNA 序列。通过精确编辑靶 DNA 序列或 RNA 序列，该酶能够校正基因疾病中的突变基因。这种方法能够通过离体编辑干细胞或祖细胞的基因组用于基于细胞的治疗。除了治疗应用外，该系统还能够作为强大的研究工具广泛应用于有任何生物的基因组的靶向修饰。该发明的另一方面还包括用于修饰细胞、胚胎、人或非人动物中的靶 DNA 序列或靶 RNA 序列的方法。可以在体外（例如在细胞培养物）中培养胚胎。通常，将胚胎在合适的温度和合适的培养基中培养。在一些情况下，细胞系可以衍生自体外培养的胚胎（例如胚胎干细胞系）。

或者可以通过将胚胎转移到雌性宿主的子宫来在体内培养胚胎。一般来说，雌性宿主来自于和胚胎相同或相似的物种。优选地，雌性宿主是假孕的。制备假孕雌性宿主的方法是本领域已知的。将胚胎转移到雌性宿主中的方法也是已知的。这种动物将在身体的每个细胞中包含修饰的染色体序列。各种真核细胞适用于该方法。例如，细胞可以是人细胞，非人哺乳动物细胞，非哺乳动物脊椎动物细胞，无脊椎动物细胞，昆虫细胞，植物细胞，酵母细胞或单细胞真核生物。各种胚胎适用于该方法。例如，胚胎可以是 1 细胞、2 细胞或 4 细胞的人或非人的哺乳动物胚胎。

由该申请权利要求和说明书可以看出，该申请权利要求也涉及在人细胞中进行基因编辑，虽然该申请的说明书中提及，其发明目的主要是在体细胞中进行基因编辑来进行基因校正，从而用于治疗疾病❶，然而该申请的说明书中也明确提及了基因编辑可以在生殖细胞、人细胞中进行编辑，甚至在人胚胎中进行基因编辑。

该案审查中，专利审查员发出第一次审查意见通知书指出：权利要求 13 请求保护靶 DNA 的位点特异性修饰方法。其中，通过权利要求 18 ~ 21 的技术方案可知，该方法中所述细胞或受试者可以来源于人，并且会使得受试者校正基因突变或使该基因表达失活。因此，靶 DNA 的位点特异性修饰方法是以有生命的人体为直接实施对象，并涉及使有生命的人体消除病因或病灶的过程，属于专利法规定的疾病的治疗方法，因此权利要求 13 属于《专利法》第 25 条第 1 款（3）项规定的不授予专利权的客体。专利审查员并未指出该申请存在不符合《专利法》第 5 条的问题。

---

❶　说明书中还提及：癌症是由癌细胞中积累的各种体细胞突变引起的。因此，校正致病性基因突变（或功能性校正序列）为治疗这些疾病提供了有吸引力的治疗机会。体细胞基因编辑是许多人疾病的有吸引力的治疗策略。实施例：CRC 系统导致细菌基因组中靶胞嘧啶核苷酸的位点特异性突变。

（五）相关专利审查规则讨论

1. 人类生殖系基因编辑伦理审查中的主要法定理由

通过对上述 PCT 申请在各国的审查过程的初步观察可以看出，无论中国、欧洲、美国，目前对于动物胚胎基因编辑不在伦理审查禁止之列；对于基因编辑中所涉及的基因编辑动物或基因修饰动物等保护主题，我国专利法中有动物品种等相关条款规制，EPC 2000 对于动植物新品种或者生产动植物的生物学方法也有专门的条款进行规制。[1]

对于人类基因编辑，尤其是人类生殖系基因编辑，国内专利审查在一定程度上显示出，审查标准不统一：有时偏严，有时偏松，造成这种情况的原因可能是由于审查员对于人类生殖系基因编辑的发明实质以及伦理规则了解不够充分。并且，在技术上缺乏对人类生殖系基因编辑的敏感性，在法律适用上往往忽视"改变人生殖系遗传同一性"这一更为合适的理由，而更多适用"人胚胎的商业或工业目的的应用"来进行说理。在我国 2019 年《专利审查指南（2010）》修改以后，将此类问题归结为"人胚胎的商业或工业目的的应用"似不是很妥当。需要注意的是，无论在专利审查标准方面，还是在国内伦理规则层面，以及我国胚胎干细胞技术领域和辅助生殖技术领域有关人胚胎的医疗实践和研究实践层面，我们与欧洲均存在很多差异，不能完全套用欧洲的审查标准。

---

[1] EPC 2000 第 53（b）条：对植物或动物品种，或者用于培育植物或动物的实质上的生物学方法。

2. 专利审查中是否有必要进行基础研究与临床应用的区分对待

【案例 7－21】 CN201710905500A

发明名称：降低 CRISPR/Cas9 介导的胚胎基因编辑脱靶率的方法技术方案

该发明的主要技术方案如下：

1. 一种降低 CRISPR/Cas9 介导的胚胎基因编辑脱靶率的方法，包括：

合成靶向基因的 sgRNA 序列，并构建携带 T7 启动子的 sgRNA 表达质粒；

体外转录 Cas9 mRNA 及 sgRNA；以及采取卵胞浆内单精子显微注射技术（ICSI）将单精子导入未受精的 MⅡ期卵子，并同时导入 Cas9 mRNA 及 sgRNA。

在专利审查中，专利审查员发出第一次审查意见通知书指出：该申请以基因编辑技术对人胚胎进行特定基因的改造，并制备获得了该基因编辑的人胚胎。该申请包含了属于人胚胎的工业或商业目的的应用的技术方案，属于《专利法》第 5 条规定的不授权主题。

申请人将权利要求 1 中的"卵子"修改为"废弃卵子"，并陈述意见指出，人类胚胎基因编辑因为用到了生殖细胞，会引起伦理方面的讨论，但这需要区分基础性科学研究和临床应用。在基础性研究方面，首先，人类胚胎基因编辑是研究人类早期胚胎发育的最佳手段；其次，在生殖细胞中对致病突变进行成功修复对降低出生缺陷有着重要的意义。在基础研究方面，英国科学家在人类早期胚胎利用基因编辑技术敲除 Oct4 基因，证明了此基因在人胚胎发育中与模式动物的区别。美国科学家探讨了利用基因编辑技术修复致病突变的安全性和有效性。这些都属于基础性研究，并且同时发现该发明申请的基因编辑技术在人胚胎中可能存在脱靶。而对于临床应用，我国明文规定禁止对编辑过的生殖细胞应用于临床。

申请人回应称：审查员提到的该申请包含了属于人胚胎的工业或商业目的的应用的技术方案，主要是指该申请可能的临床应用。实际上该申请的研究完全属于基础研究。正是因为基因编辑技术存在脱靶等问题，需要对其进行改进，因此该申请将为基础研究提供强有力的工具。该申请将严格恪守国家的规定，胚胎体外培养不超过 14 天。实际上该申请中提到的方法，卵子均采用废弃卵子，胚胎在体外也只培养 2~3 天，不涉及任何的临床。

随后专利审查员发出第二次审查意见通知书，继续指出该申请存在《专利法》第 5 条的缺陷，理由与第一次审查意见基本相同。并且审查员针对申请人的意见陈述进行了答复：从该申请说明书的内容看，其记载了"以常规 IVF 中不能正常受精的废弃卵子，通过单精子显微注射技术促进这些卵子受精并发育成二倍体胚胎"，以及"部分注射精子的卵子可以受精，并发育至 2~11 细胞阶段"。也即，该申请通过基因编辑的方式改变了人类二倍体胚胎的遗传物质，这样的胚胎如果被进一步培养发育，则可能涉及伦理道德的问题。即使申请人声称其发明完全属于基础研究，不涉及临床应用，但是从权利要求所限定的步骤和/或说明书中均不能对这种限制有所体现，因此该申请仍属于《专利法》第 5 条第 1 款规定的不授予专利权的范围。

由此，该案就引出了一个我们需要注意的问题，专利审查中是否有必要进行基础研究与临床应用的区分对待。例如该申请，其申请权利要求中已经将卵子限定为"废弃卵子"，所述废弃卵子无法正常受精，其已经不属于生殖细胞的范畴，所以按照我国的伦理规则，其不属于为了生殖目的进行的基因编辑，而仅是在非生殖目的的基础研究范畴内，并且胚胎仅存活 2~3

天，因此，其应是符合我国的伦理规则。至于胚胎的工业或商业目的，显然其也并没有涉及这一目的。在此点上，该申请与2015年黄军就的胚胎基因编辑技术有相似之处，他所用的胚胎也是一种特殊的人类胚胎，即利用的是在生殖临床（试管婴儿临床）中异常受精自然产生的、因无法正常发育而被废弃的3PN。该3PN一般可以进行若干次细胞分裂，但极少部分能发育到囊胚阶段，无法发育成正常的胎儿。在试验中，该被废弃的3PN被作为模拟早期胚胎的试验材料，且相关试验在48小时后终止。翟晓梅教授对此认为，我国科学家是在不可存活的三原核人胚上进行生殖系基因组编辑的体外研究。研究明确指出，这是早期研究，不是出于生殖目的，也不是临床应用，也再三强调并不试图应用于临床——CRISPR/Cas9这项技术还很不成熟，用于临床还为时太早；并且，研究所使用的是不能存活的三倍体人胚，不会对后代造成伤害。相反，对人胚体外研究将有利于改善基因组编辑技术（更有效迅速、更便宜，减少脱靶性），长远看有利于预防遗传性疾病，为遗传家族后代造福。❶我国对于涉及非生殖目的的人生殖系基因编辑的基础研究并不禁止，如果对此类涉及基础研究的申请审查过严的话，很可能会打击创新主体的创新热情，影响该技术的科研进步。

3. 对于基因编辑与基因增强、基因治疗的态度

【案例7-22】CN201710491304A

发明名称：用于特异性修复人HBB基因突变的碱基编辑系统、方法、试剂盒及其在人生殖系中的应用

该发明的技术方案如下：

1. 一种用于在人生殖系内特异性修复人HBB基因突变的方

---

❶ 翟晓梅. 人类生殖系基因编辑的伦理视阈［J］. 民主与科学，2019（1）：5-10.

法，其特征在于，包括：递送用于特异性修复人 HBB 基因突变的碱基编辑系统，使所述的碱基编辑系统与人 HBB 突变基因相关的序列接近，获得经过修复的人 HBB 基因，其中，所述的碱基编辑系统包含碱基编辑酶和 gRNA，所述碱基编辑酶为融合蛋白，所述融合蛋白包括 CRISPR/Cas 系统的效应蛋白结构域、胞嘧啶脱氨酶结构域以及尿嘧啶 DNA 糖基化酶抑制剂结构域。

……

8. 一种用于在人生殖系内特异性修复人 HBB 基因突变的方法，其特征在于，包括：递送非天然存在的或工程化的组合物，使所述的组合物与人 HBB 突变基因相关的序列接近，获得经过修复的人 HBB 基因，其中，所述组合物为1）~6）中的一种或多种……

9. 一种如权利要求1或8提供的用于在人生殖系内特异性修复人 HBB 基因突变的方法在胚胎或人体内预防、改善和/或治疗由 HBB：c. −79A＞G 和 HBB：c. −78A＞G 突变导致的 β 地中海贫血疾病中的应用。

可以看出，该案明确指向了人类生殖系基因编辑。通过该申请的技术方案可以看出，其是直接在人生殖系内特异性修复人 HBB 基因突变的方法。该申请在说明书中记载：该发明第四方面提供了一种用于在体细胞、人体内或生殖系内（包括生殖细胞、受精卵、胚胎内）特异性修复人 HBB 基因突变的方法，所述方法包括递送第一方面所述的碱基编辑系统或第三方面所述的组合物，使所述的碱基编辑系统或组合物与人 HBB 突变基因相关的序列接近，获得经过修复的人 HBB 基因。即所述生殖系包括生殖细胞、受精卵、胚胎。很明显，该申请因为包括了在人生殖系内特异性修复人 HBB 基因突变的方法，因此其属于《专利法》第5条规定的应予以排除的授权客体。

在面临该类案件的审查时，应当注意下述问题：一方面，对该类案件需要保持一定的敏感性，该类案件由于涉及人生殖系基因编辑，涉及人生殖系同一性的改变，因此，应充分检视《专利法》第 5 条和第 25 条相关审查。另一方面，也需要及时关注相应伦理规则的发展所带来的影响。正如 2019 年修订的《专利审查指南（2010）》第二部分第一章第 3 节规定，法律、行政法规、社会公德和公共利益的含义较广泛，常因时期、地区的不同而有所变化，有时由于新法律、行政法规的颁布实施或原有法律、行政法规的修改、废止，会增设或解除某些限制，因此专利审查员在依据《专利法》第 5 条进行审查时，要特别注意。对于出于治疗目的的生殖系基因改变，未来的态度可能会逐渐宽容，很多人已经认为，人类应该放开这种运用于人胚胎基因编辑技术来治疗人类遗传病的研究。❶ 对此可以宽松科学研究，严格市场准入。随着科学技术的发展，生殖系基因编辑安全性的提高，人们对于生殖系基因编辑的认识改变，我们认为也有可能导致伦理规则的改变，例如，以基因治疗为目的的人生殖系基因编辑技术，可能会近似于植入前遗传学诊断筛查无病婴儿，未来有很大可能被认为不再是违反伦理规则的。

但是，对于基因增强与基因治疗，主流科学家和生命伦理学家一致认为：出于治疗目的的体细胞基因改变，其临床研究可以得到伦理学辩护，而非医学目的（即改善非病理性性状）的基因改变，不管是体细胞还是生殖系的基因编辑，目前都很难得到伦理学辩护，因此不应开展此类研究。❷ 未来审查中，至少一段时期内，对于此类基因增强技术，还需要保持足够的警惕。

---

❶ 张凯丽，李瑞，胡桐桐，等. CRISPR/Cas9 技术的发展及在基因组编辑中的应用 [J]. 生物技术通报，2016，32（5）：47-60.

❷ 邱仁宗. 人胚基因修饰的科学与伦理对话 [N]. 健康报，2015-05-08（5）.

（六）小 结

人生殖系基因编辑技术正在飞速发展，人们期望能从这项开创性技术中获取有利于人类疾病治疗与发展的红利，然而也要看到这项技术带来的道德、伦理问题，伦理规则是在道德底线与技术发展之间取得一个平衡。一方面，技术在发展，人们对伦理的认识也在发展，原来不能接受的伦理问题现在也可以接受。另一方面，要认识到技术有时也是一把双刃剑，不能盲目突破人类的底线。因此，专利审查员在进行此类案件的专利审查时，应当重视对于其伦理规则的审查。关于人生殖系基因编辑中的审查标准存在的不一致的情况，应当制定相对细化的标准，例如，哪些涉及人类生殖系基因编辑的情形，属于应当排除的对象，基础研究和临床应用如何区分等。在科学与伦理之间，专利审查员应当用适当的伦理规则作为平衡，使科学技术在一定伦理规则的框架下得到发展，使公众享受到科学技术发展的红利而不突破人类认知的底线。此外，由于人生殖系基因编辑技术的飞速发展，应当保持对于这一领域伦理规则的持续关注。不仅是人生殖系基因编辑，即便是在对体细胞基因编辑的审查中，也要时刻保持关注，意识到体细胞基因编辑虽然多数情况下是受到伦理许可的，然而其也要在伦理框架的约束下，例如"限制其临床试验与治疗在疾病与残疾的诊疗与预防范围内"，或者必须避免通过体细胞基因编辑进行基因增强。最后，以翟晓梅教授的一段话作为结语：总而言之，某种恣意妄为的无节制行为势必会导致灾难性后果和道德的滑坡。禁止出于增强目的生殖系基因编辑的临床应用，正是从敬畏生命，维系人类命运共同体的高度出发，而不仅仅是从技术目前的有效性和安全性出发，是以科学精神看待科学的力量和限度，为科学和技术的发展划出伦理和价值的底线。

六、胚胎模型和合成胚胎技术及其伦理审查

提及胚胎模型，很多人会认为是指医学教学中使用的早期妊娠诊断教学模型，或者是基于胎儿影像学检测和自动成像的数据或信息意义上的胚胎模型（数学模型），或者是科普展示技术领域的早期胚胎展示实物模型，如图 7 – 16 和图 7 – 17 所示（例如透明玻璃标本瓶中展示的作为实物标本的胚胎模型，专利 CN106327986A 涉及一种小鼠早期胚胎展示模型的制作方法）。

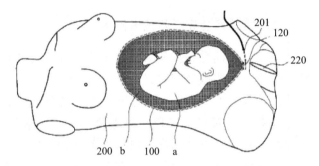

图 7 – 16　专利 KR20150108433A 的胚胎模型

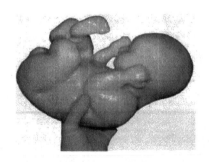

图 7 – 17　专利 BRPI0809052A2 的胚胎模型

但本节讨论的并不是以上列举的这些种类的胚胎模型，而是基于干细胞技术的一种人类胚胎模型（human embryo models）。换言之，其实际上就是基于干细胞技术，制备出的一种人工胚胎（artificial embryos）或合成胚胎（synthetic embryos）。其某种程度不同于真正的自然受精胚胎，反而可能很接近自然受精胚胎。因此，在不同场合，称呼上差异也很大，比如有人称其为具有类胚胎性质的合成人类实体（synthetic human entities with embryo - like features，SHEEFs），也有人简洁地称其为胚状构建体（embryo - like artifacts）。

（一）胚胎模型和合成胚胎技术概况

人类胚胎发育长期受到科研人员的极大关注，特别是人胚胎的形状、大小、功能以及智慧是如何产生的，从而使人类区别于其他哺乳动物。人类胚胎发育也是临床研究的热门，其不仅与生殖健康相关，对组织工程和再生医学也是非常重要的。虽然人类胚胎发育在科学和临床上具有重要作用，但是人类胚胎发育在很大程度上都是神秘的。大部分现有的人类发育知识都来自有限的组织学标本和医学图像，缺乏对人类发育的深入细致理解。

其原因就在于，利用人类自然胚胎进行科学研究，科学家们只被允许将胚胎发育至 14 天。因为 14 天以后，人类胚胎进入一个重要的发育阶段，细胞团会发育出现条形结构，进而自身折叠形成三个细胞层，即我们通常所说的三胚层，这一发育阶段称作原肠胚时期（gastrulation），在此阶段，胚胎开始初步分化并逐步形成不同的器官原基，包括脑和神经系统。也是从此时开始，很多由于酒精、药物、感染和化学品导致的出生缺陷、遗传疾病、流产和不育问题在这一关键发育时期出现。但是科学家们因受到人胚胎培养"14 天法则"的限制，无法观察到该过程并对其中的机理进行研究。

为了打开这个"胚胎发育的黑盒子"，科学家们想到通过研究其他哺乳动物胚胎进行替代研究。动物界许多物种的早期发育过程都惊人地相似，只是一些基因或信号稍有不同。虽然鱼类、两栖动物或鸟类的胚胎很容易被观察到，一旦胚胎植入子宫，哺乳动物的发育就不容易观察。这正是胚胎在形状上发生深刻变化并发育出各种器官前体的时候，这是一个高度复杂的过程，留下了许多未解的问题。在哺乳动物中，科学家们对小鼠发育的分子作用机制研究得最为透彻，通过让基因逐个失效来确定它们的功能。实验所需的小鼠数量一般很容易获得，而且小鼠与人类的早期细胞类型和细胞成分较为相似，小鼠胚胎因此成了人体胚胎发育研究的适当替代选择。最初，研究人员认为从子宫中获得不同发育时期的小鼠胚胎是可行的，并在培养皿中培养它们是相当容易的，只要它们还能自由移动。但是当胚囊一旦埋入子宫内膜，其很难通过手术手段分离，且无法动态监测胚胎发育的过程。此外，研究人员也开始怀疑这种相似性究竟能达到什么程度。加拿大多伦多儿童医院发育生物学家珍妮特·欧桑（Janet Rossant）表示："随着踏入人体早期发育研究的大门，人们越来越认识到小鼠胚胎和人体胚胎虽然相似，但并不一样。"由于人体组织来源有限，科学家只能通过高效的基因编辑技术辅助探索胚胎的早期发育。又因为围绕胚胎遗传修饰的伦理争议不断，只有少部分研究团队获准开展这方面的研究。英国弗朗西斯·克里克研究所的发育生物学家凯西·尼娅坎团队率先获得了监管当局的批准。2017 年，该团队报告了如何使用 CRISPR/Cas9 技术对一个同时在人体和小鼠胚胎干细胞中表达的基因进行编辑。敲除该基因后，人体胚胎会缺少一种名为 Oct4 的蛋白，导致胚胎无法发育成囊胚。相比之下，同样敲除该基因的小鼠胚胎却能发育成囊胚，之后逐渐萎缩。这种差异呼应了一种越来越受到认同的观点——即使在发育早期，一些具体的遗传信息可能只对人类才有意义，例如特定基因何时被激活等。

于是科学家们想到了在体外利用胚胎干细胞构建胚胎模型，近些年，在实验室里利用干细胞制作小鼠和人类胚胎模型的研究正在快速向前发展。❶ 相应的技术也被称为合成胚胎技术。合成胚胎技术是胚胎发育研究的一项新兴技术。合成胚胎，可解释为由干细胞在体外培育形成的胚胎类似物或胚胎模型。合成胚胎在胚胎发育研究领域的叫法并不统一，存在胚胎模型、人工胚胎、人造胚胎、胚状构建体等多种叫法。2017 年，英国剑桥大学的玛格达莱娜·泽尼卡－格茨（Magdalena Zernicka－Goetz）研究团队，使用基因改造的小鼠胚胎干细胞和胚胎外滋

---

❶ 包括但不限于：

关于老鼠胚胎模型的研究：RIVRON N C, FRIAS – ALDEGUER J, VRIJ E J. et al. Blastocyst – like structures generated solely from stem cells [J]. Nature, 2018, 557 (7703): 106 – 111.; VAN DEN BRINK S C, BAILIE – JOHNSON P, BALAYO T, et al. Symmetry breaking, germ layer specification and axial organisation in aggregates of mouse embryonic stem cells [J]. Development (09501991), 2014, 141 (22): 4231 – 4242.; BECCARI L, MORIS N, GIRGIN M, et al. Multi – axial self – organization properties of mouse embryonic stem cells into gastruloids [J]. Nature, 2018, 562 (7726): 272 – 276.; HARRISON S E, SOZEN B, CHRISTODOULOU N, et al. Assembly of embryonic and extraembryonic stem cells to mimic embryogenesis in vitro [J]. Science, 2017, 356 (6334): 153 – 153.; SOZEN B, AMADEI G, COX A, et al. Self – assembly of embryonic and two extra – embryonic stem cell types into gastrulating embryo – like structures [J]. Nature cell biology, 2018, 20 (8): 979 – 989.

关于人类胚胎模型的研究：SHAO Y, TANIGUCHI K, GURDZIEL K, et al. Self – organized amniogenesis by human pluripotent stem cells in a biomimetic implantation – like niche [J]. Nature Materials, 2016, 16 (4): 419.; SHAO Y, TANIGUCHI K, TOWN-SHEND R F, et al. A pluripotent stem cell – based model for post – implantation human amniotic sac development [J]. Nature Communications, 2017, 8 (1): 208.; SHAHBAZI M N, ZERNICKA – GOETZ M. Deconstructing and reconstructing the mouse and human early embryo [J]. Nature Cell Biology. 2018 (20): 878 – 887.

养层干细胞，以及被称为细胞外基质（ECM）的 3D 胞外基质支架，培育出一个可自我组装并且发育和体系结构非常类似天然胚胎的结构，称为 ETS 胚胎。❶ 该 ETS 胚胎是人造小鼠胚胎，属于非人哺乳动物的合成胚胎，有助于人类胚胎发育最初阶段的研究。同时，该研究团队以及其他一些研究团队都试图对人类细胞进行类似的尝试，科学家们相信，合成胚胎技术有可能开启探索人类发育引人入胜的新篇章。2018 年，英国剑桥大学的阿方索·马丁纳斯·阿里亚斯（Alfonso Martinez Arias）研究小组在小鼠试验中，利用胚胎干细胞验证了类原肠胚体的产生❷，首次证实了胚胎干细胞所具有的神奇的自组装能力。新研究标志着人类距离制造出人工胚胎又前进了一步，有助于人类胚胎发育最初阶段的研究。玛格达莱娜·泽尼卡－格茨研究团队在 2018 年 7 月 23 日出版的《自然细胞生物学》杂志上报告说，他们使用三种类型的干细胞，重建了原肠胚形成这一过程。在胚胎细胞自我组织成正确结构，从而形成胚胎的过程中，这一过程不可或缺。哺乳动物的卵子受精后，会分裂多次，产生一个包含胚胎干细胞、胚胎外滋养层干细胞和原始内胚层干细胞三种干细胞的小型自由漂浮球。该研究团队解释说，只有拥有这三种类型的干细胞，才能在正常发育中正确进行原肠胚形成。为此将早期实验中使用的"果冻"支架替换为原始内胚层干细胞。通过添加原始内胚层干细胞，我们看到了"胚胎"进行原肠胚形成的过程，最终制造出了发育惊人成功的结构。新的人造胚胎在培养皿中经历了生命中最重要的时刻，它们现在

　　❶ HARRISON S E, SOZEN B, CHRISTODOULOU N, et al. Assembly of embryonic and extraembryonic stem cells to mimic embryogenesis in vitro［J］. Science, 2017, 356（6334）: 153 – 153.

　　❷ BECCARI L, MORIS N, GIRGIN M, et al. Multi – axial self – organization properties of mouse embryonic stem cells into gastruloids［J］. Nature, 2018, 562（7726）: 272 –276.

距真正的胚胎非常近了。为了进一步发育，它们必须植入母体或人工胎盘。研究人员表示，他们现在能更好地了解三种干细胞如何相互作用促使胚胎发育，也打算尝试将其应用于对等的人类干细胞。在不使用天然人类胚胎的情况下，研究人类胚胎最早期发育过程中的情况，以及厘清这个过程有时失败的原因。

2018 年，荷兰科学家由小鼠干细胞获得一种胚泡样结构的囊胚。❶ 2019 年，美国和日本科学家利用小鼠多能干细胞，经诱导也形成一种三维的类胚泡结构，如图 7-18 所示。检测发现，真正的胚泡与类胚泡结构之间具有很大的相似性。

2020 年 12 月 11 日发表在《科学》杂志上的一项研究，来自德国马克斯·普朗克分子遗传学研究所等研究机构的研究人员。如图 7-19 所示，他们在一种特殊凝胶中培养小鼠胚胎干细胞，成功地制造出一种称为胚胎躯干样结构（trunk-like structure，TLS）的结构，从而再现了胚胎发育的一个核心阶段。该方法再现了培养皿中胚胎发育的早期形状生成过程。这些 TLS 结构大约有一毫米大小，并拥有神经管，脊髓将从神经管中发育。此外，它们还有体节（somite），这些体节是骨骼、软骨和肌肉的前体。在 4~5 天后，这些研究人员将这些 TLS 结构溶解成单细胞，并对它们进行单独分析。论文共同第一作者阿德里亚诺·博隆迪（Adriano Bolondi）说，尽管并非所有的细胞类型都存在于 TLS 结构中，但它们与同龄的胚胎惊人地相似。与生物信息学家海伦·克雷茨默（Helene Kretzmer）一起，研究者将这些 TLS 结构的遗传活性与实际的小鼠胚胎进行了比较。博隆迪说："我们发现，所有必要的标记基因都于正确的时间在胚胎的正确位置被激活，只有少数基因是不正常的。"这些研究人员在他们的模型中引入了一种具有已知发育效应的突变，并且可

---

❶ RIVRON N C, FRIAS-ALDEGUER J, VRIJ E J, et al. Blastocyst-like structures generated solely from stem cells [J]. Nature, 2018, 557 (7703): 106-111.

以从"真实"的胚胎中重现结果,从而进一步验证了他们的模型。这可以让人们在未来更有效地探究药物的效果,而且这种研究的规模是在活体生物体内无法实现的。

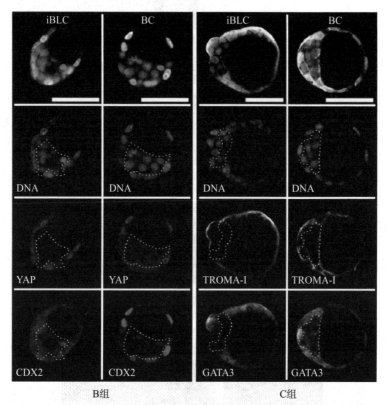

B组　　　　　　　　　　　　　　　　　　　C组

图 7-18　真正的胚泡(BC)与类胚泡(iBLC)结构之间的对比❶

❶　KIME C, KIYONARI H, OHTSUKA S, et al. Induced 2C expression and implantation-competent blastocyst-like cysts from primed pluripotent stem cells [J]. Stem Cell Reports, 2019, 13 (3): 485-498.

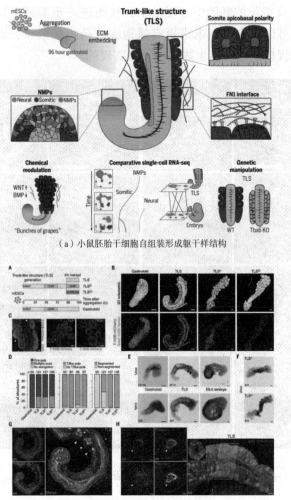

（a）小鼠胚胎干细胞自组装形成躯干样结构

（b）具有体节和神经管的躯干样结构的产生

图 7 - 19　由胚胎干细胞制造出的具有类胚胎结构的胚胎模型❶

❶　VEENVLIET J V, BOLONDI A, KRETZMER H, et al. Mouse embryonic stem cells self - organize into trunk - like structures with neural tube and somites ［J］. Science, 2020, 370（6522）: eaba4937.

　　此外，以共同的特点为主，建立一种基于胚胎干细胞的人类模型，作为类胚研究平台也是研究人员关注的研究方向，该研究期望以其打开人类发育的黑盒子，更好地探索和研究人类胚胎移植后的发育情况。❶❷ 近年来，科学家们陆续在体外利用人类多能干细胞成功重建了人胚胎。通过提供合适的工程培养环境，人类多能干细胞已经可以合成多种细胞结构，用作人类羊膜囊形成、原肠胚形成和神经胚形成模型。基于人类多能干细胞的人胚胎模型构成了合成人胚胎学这一新兴领域的基础，使得人胚胎发育的不同方面以一种可控的、量化的方式在体外被创造和研究。

　　2017 年，傅建平、邵玥研究团队，利用人多能干细胞在体外培养得到首个基于人类多能细胞的围着床期羊膜发育模型和着床后羊膜囊形成模型，着床后羊膜囊形成模型称为"着床后羊膜囊胚状体"（PASE），研究使用的人类多能干细胞包括人胚胎干细胞，例如 H7、H9 等人类胚胎干细胞系，PASE 重述了羊膜囊发育的多个着床胚胎发育事件，不需要母体或者额外的胚胎组织，PASE 能自发组装形成人羊膜囊，还能引发后原胚条发育❸。傅建平、邵玥研究团队已经获得了由人类胚胎干细胞在体外培养形成的人类胚胎类似物或者胚胎模型，无法发育成一个人类个体，但是，在特定的胚胎阶段已经与真正的天然胚胎非

---

　　❶ TANIGUCHI K, HEEMSKERK I, GUMUCIO D L, et al. Opening the black box: Stem cell – based modeling of human post – implantation development ［J］. The Journal of Cell Biology, 2019, 218 (2): 410 – 421.

　　❷ SIMUNOVIC M, METZGER J J, ETOC F, et al. A 3D model of a human epiblast reveals BMP4 – driven symmetry breaking ［J］. Nature Cell Biology, 21 (7): 900 – 910.

　　❸ SHAO Y, TANIGUCHI K, GURDZIEL K, et al. Self – organized amniogenesis by human pluripotent stem cells in a biomimetic implantation – like niche ［J］. Nature Materials, 2017, 16 (4): 419 – 425.

常接近，相对于人造小鼠胚胎已经取得了突破性的进展，为人类胚胎学和生殖医学提供了重要的研究平台。合成的人类胚胎模型还可以用于筛选药物，了解哪些原因会导致出生缺陷，或者为实验室生产的器官创建起始材料等❶。

在 2019 年的一项研究中，来自美国洛克菲勒大学的研究人员利用人类胚胎干细胞在实验室中构建出早期人类胚胎模型，❷这种模型要比之前任何实验室构建的胚胎模型都要复杂。他们发现蛋白 BMP4 的使用破坏这些胚胎模型（状体）的对称性，或者说从圆球体变为一种具有前端和后端的结构。令人吃惊的是，这能够发生在含有 BMP4 但没有母体因子或胚胎外组织的胚状体中，相关研究结果发表在《自然细胞生物学》期刊上。研究者表示，这种对称性破坏过程是发育生物学的一个重要发现。这些研究人员将分离的人类胚胎干细胞置于含有水凝胶和胞外基质样支架的培养皿中，发现它们将自我组装成与 10 天大的人类胚胎（上胚层阶段）相当的球体，即胚状体。当他们添加 BMP4 时，这些胚状体出现了前后极性，包括类似原始条纹的迹象，从而在胚胎中建立了中线。2020 年 2 月，美国加利福尼亚大学洛杉矶分校瓦莱丽·M. 韦弗（Valerie M. Weaver）研究团队发表了其对于人类胚胎干细胞自组装中胚层的机理研究，试验选择了最软的 PA 凝胶，在人类胚胎干细胞培养基中加入 BMP4 刺激诱导，发现在圆形的细胞团边缘聚集了密度很高的且分散的人类胚胎干细胞，形成"原肠样"的细胞结节。已知在原肠胚形成过程中，发育中的外胚层细胞会集体向中线迁移，

---

❶ SHAO Y, TANIGUCHI K, TOWNSHEND R F, et al. A pluripotent stem cell - based model for post - implantation human amniotic sac development [J]. Nature Communication, 2017, 8 (1): 208.

❷ SIMUNOVIC M, METZGER J J, ETOC F, et al. A 3D model of a human epiblast reveals BMP4 - driven symmetry breaking [J]. Nature Cell Biology, 2019, 21 (7): 900 - 910.

并形成原始条纹状的二级瞬时结构，从而产生中胚层和内胚层。该研究团队得到的体外干细胞自组织培养物与胚性原始条带在原肠胚形成的过程类似，在 BMP4 刺激 24 ~ 48 小时内持续扩展，在高倍共聚焦成像系统显示，该"原肠样"的细胞结节进入凝胶基质的细胞能够表达中胚层标记物，表明细胞群进入了中胚层过程，且在培养过程中，可以重复诱导"原肠样"的细胞结节，这与人体受精卵在早期胚胎发生时形成原始细胞条带的过程也惊人的相似。但是，与出生胚芽层的连续同心环模式不同，其在形态上与离散的原始条纹更相近。这一区别强调了在早期胚胎建模过程中重视局部微环境的生物物理特性的重要性。研究人员还使用牵引力显微镜（TFM）测量了细胞黏附张力，值得注意的是，"原肠样"的细胞结节内部显示出了最高的黏附张力，这些数据显示细胞黏附张力指导着干细胞的自组织。为了测试细胞组织张力与原肠胚形成的关系，研究人员在基质上绘制了人类胚胎干细胞不同几何形状的细胞团，发现正方形和三角形的细胞培养基在角落形成的细胞张力最高，而圆形的细胞培养基的外围张力则较低，于是确定了特定的几何形状可以促进细胞群的张力分配，从而驱动中胚层的形成，促进"原肠样"的细胞结节的形成。❶

如图 7 - 20 所示，英国剑桥大学的科学家阿方索·马丁内斯·阿里亚斯（Alfonso Martinez Arias）研究小组也成功实现原肠胚时期的人类胚胎模型的建构，借助于人类胚胎模型研究，创造了一种发育至 18 ~ 21 天的精准的人类胚胎模型，可供科学家们进一步将研究触角触及胚胎发育的黑盒子中去，而没有任何伦理风险。

---

❶ MUNCIE J M, AYAD N M E, LAKINS J N, et al. Mechanics regulate human embryonic stem cell self – organization to specify mesoderm［J］. Developmental Cell, 2020, 1 – 46.

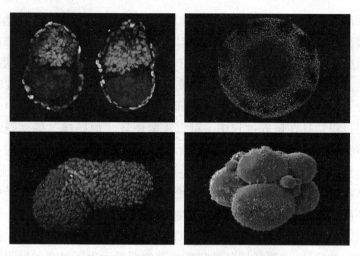

图7-20 基于干细胞构建的类原肠胚❶

具体而言，该研究小组将干细胞放入培养孔，用化学药物对其进行处理，化学药物刺激干细胞自发地形成了类原肠胚，一种近似于胚胎的三维结构体，但其缺少形成脑的细胞。如图7-21和图7-22所示，这种模型类似于18~21天大小的胚胎的一些关键元素，其能帮助研究人员观察到人类机体形成的潜在过程，这是以前从未直接观察到的，而理解这些过程则能够帮助研究人员揭示人类出生的缺陷和疾病发生的原因，同时能够在孕妇群体中开展相关的检测。通过研究类原肠胚72小时发育过程中某些关键基因的表达等，研究人员得出结论，成长3天的类原肠胚能模拟成长20天的人类胚胎的某些关键特征，包括胸肌、骨和软骨，没有发现包含脑细胞的结构。剑桥大学科学家进而认为类原肠胚缺乏早期人类胚胎的形态（形状），没有表现出人

---

❶ MORIS N, ANLAS K, VAN DEN BRINK S, et al. An in vitro model of early anteroposterior organization during human development [J]. Nature, 2020, 582 (7812): 410 –415.

类的有机体形式。它们不等同于人类胚胎，并且没有发育成人
类机体的潜能。该研究小组成员内奥米·莫里斯（Naomi Moris）
认为，他们能够首次在实验室中揭示和探究人类早期胚胎发育
的过程，实现这个模型标志着向三维模拟人体发育迈出的第一
步。按照该方案，大多数类原肠胚在 72 小时后会卷曲或缩回，
这可能代表了该技术上的局限性。但是，研究小组期待，通过
这一模型，描绘出人类的一部分蓝图。

图 7-21　发育至 18~21 天阶段的 24 小时、
48 小时、72 小时的人类胚胎模型❶

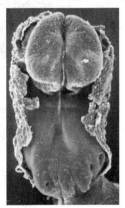

（a）发育20天的人类胚胎　　（b）发育72小时类原肠胚

图 7-22　人类胚胎与类原肠胚的基因表达谱的相似性❷

❶❷　MORIS N，ANLAS K，VAN DEN BRINK S，et al. An in vitro model of early anteroposterior organization during human development ［J］. Nature，2020，582（7812）：410-415.

如图 7 – 23 所示，科学家们已经利用人类多能干细胞产生了多种不同的人类胚胎发育合成模型，包括合成上胚囊模型、合成羊膜囊模型、微流控羊膜囊模型、类原肠胚、3D 人类原肠胚、2D 合成神经板模型、2D 类神经胚模型以及 3D 神经管模型等，这些人类胚胎发育合成模型主要涉及人羊膜囊形成模型、人原肠胚形成模型、人神经胚形成模型三类。

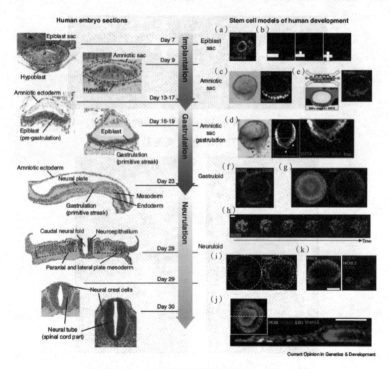

图 7 – 23 干细胞模型模拟早期人体发育❶

---

❶ SHAO Y, FU J P. Synthetic human embryology：towards a quantitativefuture [J]. Genetics & Development，2020，63：30 – 35.

1. 人羊膜囊形成模型

着床的人胚胎发育的第一个里程碑就是来自囊胚外胚层的不对称、带有空腔的羊膜囊的形成。羊膜囊分别由背极的鳞状羊膜外胚层和腹极的包裹。羊膜囊的发育由多能外胚层的初始球的顶腔形成起始，随后是背极的羊膜外胚层排列。羊膜囊发育是非常早期的胚胎发育事件，研究表明，人类多能干细胞具有与体内围着床期外胚层一致的内在成腔特性。科学家们已经通过 2D 培养人类多能干细胞产生了不同形状的带有空腔的多能皮膜囊。❶ 而且，为了重述羊膜外胚层发育过程，也开发出了带有可调机械硬度培养环境的新型培养系统，使用这样的培养系统人类多能干细胞能够自发分化成为鳞状羊膜细胞，并形成不对称羊膜囊样结构。通过调整每个人多能干细胞克隆的初始细胞数量，制备出的合成人羊膜囊模型，不仅具有类似着床后羊膜囊发育，而且能展示出原肠胚样特征。截至目前，合成羊膜囊模型仍然是唯一能够重述围着床期人胚胎中可以看到的羊膜外胚层自发的破裂、分化和扩张。

此外，微流控装置被用来通过外源性诱导和抑制获得合成羊膜囊模型可控的、程序化的排列。❷ 微流控羊膜囊模型成功重述了围着床期人胚胎羊膜囊中所有细胞系的发育进程。而且，微流控羊膜囊模型能够兼容实时图像，可以用来追踪发育信号动力学。基于可控性和规模化，微流控羊膜囊模型有助于高通量药物和毒性筛选。

---

❶ TANIGUCHI K, SHAO Y, TOWNSHEND R F, et al. Lumen formation is an intrinsic property of isolated humanpluripotent stem cells ［J］. Stem Cell Reports, 2015, 5 (6): 954 – 962.

❷ ZHENG Y, XUE X, SHAO Y, et al. Controlled modellingof human epiblast and amnion development using stem cells ［J］. Nature, 2019, 573 (7774): 421 – 425.

2. 人原肠胚形成模型

原肠胚形成是羊膜囊形成之后胚胎发育的又一里程碑。原肠胚形成由原胚条形成起始，以三胚层形成终止。第一个人原肠胚模型，称为"类原肠胚"，通过人类多能干细胞的 2D 黏性微模型化培养形成。用 BMP4 处理 2D 人多能干细胞克隆，会导致同心区域从克隆中心到边缘表达 Sox2、Sox17 和 Cdx2，模拟三胚层和滋养层发育。❶❷

虽然 2D 人类原肠胚模型为人原肠胚形成研究提供了可追踪系统，但是它们仍然与真正人胚胎的 3D 拓扑结构相差甚远。由人类多能干细胞形成的带有空腔的多能皮膜组织被用于制备人原肠胚形成模型。❸ 通过精确控制和 BMP4 一致处理，3D 人类原肠胚模型展示出不对称细胞命运排列，模拟原肠胚形成开始的外胚层前后对称破裂。2D 人类原肠胚模型允许精确独立地控制克隆形状、大小、细胞密度和实时图像，因此，2D 人类原肠胚模型是一种非常常用的实验系统，能用来阐释胚层家系多样性和组织性潜在机制。另外，3D 人类原肠胚系统的计算机建模是未来重要的发展方向。人多能干细胞系的家系和信号报告分子的持续研究，以及 toto 成像工具和单细胞手段的快速进步，将对 3D 人类原肠胚模型的定量描述大有帮助。

---

❶ WARMFLASH A, SORRE B, ETOC F, et al. A method to recapitulate early embryonic spatial patterning in human embryonic stem cells [J]. Nature Methods, 2014, 11 (8): 847 – 854.

❷ DEGLINCERTI A, ETOC F, GUERRA M C, et al. Selforganization of human embryonic stem cells on micropatterns [J]. Nature Protocols, 2016, 11 (11): 2223 – 2232.

❸ SIMUNOVIC M, METZGER J J, ETOC F, et al. A 3D model of a human epiblast reveals BMP4 – driven symmetry breaking [J]. Nature Cell Biology, 2019, 21 (7): 900 – 910.

3. 人神经胚形成模型

原肠胚形成之后，神经胚形成预示着中枢神经系统的发育。神经胚形成由背外胚层神经板的诱导起始，导致神经外胚层的发育，神经外胚层由将神经外胚层与潜在表皮分开的神经板边界细胞界定。利用微接触打印技术能够产生特定大小和形状的2D人类多能干细胞克隆，进而获得人神经板排列模型。❶ 用双SMAD抑制诱导神经上皮和外源性BMP4诱导神经脊，通过微模型化2D人类多能干细胞克隆获得了一种神经胚形成模型，称为"类神经胚"。重要的是，类神经胚重述了体内可见的Pax6 + 神经上皮、Sox10 + 神经脊、Six1 + 胚基板以及KRT18 + 表面外胚层。❷ 类神经胚被进一步用于亨廷顿病（Huntington's disease）的发育研究。大量生产的类神经胚结合深度卷积神经网络的机器研究，使大规模的疾病相关表型库建立成为可能。

神经诱导后，神经板向胚胎背侧折叠，融合形成神经管，神经管发育伴随位于神经管特定位置的不同种类神经先驱细胞的分化。人类多能干细胞的3D培养还可以用于制备神经管发育及背腹排列模型，首个背腹排列合适的3D人神经管模型已经产生。❸ 3D人神经管模型为理解神经管区域性排列的自组装和排列机制提供了实验平台。

随着合成人胚胎学领域的快速兴起，合成人胚胎模型将为

❶ XUE X F, SUN Y B, RESTLRIZARRY A M, et al. Mechanics – guided embryonic patterning of neuroectoderm tissue from human pluripotent stem cells［J］. Nature Materials, 2018, 17（7）: 633 – 641.

❷ HAREMAKI T, METZGER J J, RITO T, et al. Self – organizing neuruloids model developmental aspects of Huntington's disease in the ectodermal compartment［J］. Nature Biotechnology, 37（10）: 1198 – 1208.

❸ ZHENG Y, XUE X, RESTO – IRIZARRY AM, et al. Dorsal – ventral patterned neural cyst from human pluripotent stem cells in a neurogenic niche［J］. Science Advances, 2019, 5（12）: eaax5933.

理解人类发育繁殖开辟新道路，也为组织工程和再生疗法提供指导。

（二）胚胎模型和合成胚胎技术存在的主要伦理争议

通常非人哺乳动物的合成胚胎研究并不存在伦理问题，因而本部分仅探讨人合成胚胎的伦理争议。利用人类多能干细胞（包括胚胎干细胞）体外培养人合成胚胎，属于人类胚胎体外研究的范畴，而对于人类胚胎的体外研究，科学界广泛遵循的伦理原则是"14天规则"。

使用人类胚胎进行体外研究伦理争论最初围绕"人类胚胎是否是人"这一问题展开。20世纪80年代，英国首先开始了对是否应该允许对人类胚胎体外研究的讨论。支持性的论证主要是基于进行人类胚胎体外研究将会带来的受益（例如使用人类胚胎进行体外研究能够促进对人类早期发育的认识），认为人类胚胎虽然有潜力发育成为完整的人，但具有发育成完整个人的潜能与事实存在的人还是有区别的。反对的观点认为，人类胚胎自受精伊始，就具有发育成完整个人的潜力，因此，人类生命始于受精，尊重人类生命就应该保护胚胎。在对于胚胎是否就等同于事实存在的人，是否应该具有与其同样的道德地位，争论双方很难达成一致。1982年，瓦诺克委员会，征集并研究了生殖领域的专家及公众的观点，认为应该允许出于研究目的而使用人类早期胚胎，并对人类早期胚胎体外研究加以时间上的限制。瓦诺克委员会成员之一，发育生物学家安妮·梅拉伦（Anne Melaren）提出，应该使用人类胚胎发育的特定生物事件来确定允许胚胎研究的时间范围，并建议以早期胚胎发育到第14天作为体外研究人类胚胎的时间限制。理由在于：原胚条在胚胎早期发育的第14天开始出现，原胚条的出现标志着原肠胚开始发育。原胚条的形成标志着中枢神经系统开始发育，胚胎可能会感受到疼痛，因此，应该将胚胎体外研究的可允许时间范围限制在神经系统发育之前，以确保胚胎不会感受到疼痛。1990 年，瓦诺克委员会报告中关于 14 天期限的建议被写入英国的人类受精与胚胎学法。

我国在 2004 年发布的《人胚胎干细胞研究伦理指导原则》中，也对人类胚胎体外研究作了 14 天的时间限制。目前，至少已有 12 个国家将"14 天规则"写入法律（例如英国、加拿大、德国和韩国等），有些国家将该原则写入伦理指南（例如中国、日本和美国等）。

随着胚胎体外培养技术不断进步，特别是合成胚胎技术的出现，使人们面临是否应该对"14 天规则"进行重新考虑的问题。人类胚胎体外培养技术上的突破，为科学家认识人类早期发育提供了机会，也为科学家在体外研究更高级发育阶段的人类胚胎带来更多的可能性。有学者认为人类胚胎体外研究的 14 天期限可能会阻碍该领域的科学发展，应该重新考虑人类胚胎体外研究的时间限制，使得科学家对人类胚胎研究更加深入，带来更大的科学上的受益、社会受益以及潜在的医疗上的受益。"合成胚胎"已被用于致畸检测❶和体外研究人类发育毒性的筛选模型，研究结果证实该模型的灵敏性足以区分某种化合物的致畸潜力，并且相对于动物模型表现出更好的人类特异性效果。另外，"合成胚胎"研究可以进一步提供人类胚胎早期发育的知识，对于研究人类胚胎子宫植入后的发育过程提供了机会。研究"合成胚胎"有助于揭示胚胎停育及早期疾病的发病机制。那么，"合成胚胎"是否应该被视为胚胎？对其进行研究是否也应该遵循"14 天规则"？

---

❶　XING J W, TOH Y C, XU S, et al. Corrigendum：A method for human teratogen detection by geometrically confined cell differentiation and migration［J］. Scientific Reports，2015（5）：12387.

在 *Elife* 杂志发表的一篇文章中，有研究者❶也指出了"14天规则"对于"合成胚胎"不适用，同时，呼吁学界对人类胚胎体外研究的限制标准进行广泛讨论，建议使用具有道德意义的胚胎发育阶段作为人类胚胎体外研究的限制标准，如原胚条形成，而非天数时间限制。对于"合成胚胎"是否可被视为胚胎？有学者指出，很多国家对于胚胎的定义并不明确，对"合成胚胎"的生物学发育潜力尚存在不确定性，在不同的国家对于"合成胚胎"是否应该定义为胚胎，并无统一的标准。❷ 例如，有些国家根据胚胎的生物学发育潜力作为胚胎的定义，也有些国家认为由人类干细胞培养产生的具有原胚条类似结构的生物体即可视为胚胎。可见，对于"合成胚胎"是否可视为人类胚胎的问题，尚需要进一步的讨论。但是由于"合成胚胎"和真正的人胚胎非常接近，可能有发育成人类个体的可能性，因此，存在属于克隆人以及人胚胎工业或商业应用的伦理道德争议。

关于人类胚胎模型研究相关伦理问题，《自然》杂志在2018年发表了一篇评论文章❸，呼吁国际社会对此展开讨论，尽快为这一快速发展的研究领域指明方向。在评论中，包括荷兰胡布勒支研究所、美国杰克逊实验室的科学家们都认为，必须对人类干细胞源胚胎模型的法律地位以及这种研究的应用进行公开透明的讨论，以便帮助各个国家制定相应的政策法规。他们写道："与公众进行有效的沟通，是确保审慎推进前景可观研究方法的关键。"

---

❶ AACH J, LUNSHOF J, IYER E, et al. Addressing the ethical issues raised by synthetic human entities with embryo like features [J]. Elife, 2017 (6): e20674.

❷ PERA M F, WERT G D, DONDORP W, et al. What if stem cells turn into embryos in a dish? [J]. Nature Methods, 2015, 12 (10): 917 –919.

❸ Rivron N, PERA M, ROSSANT J, et al. Debate ethics of embryo models from stem cells [J]. Nature, 2019, 564 (7735): 183 –185.

科学家们提出了数个需要公开加以讨论的问题，包括是否应将实验室中的胚胎样实体视作人类胚胎，以及应该如何设置培养完整人类胚胎的限度等。他们督促资助机构以及科学、医学共同体带头展开讨论。关于这些人类胚胎样实体的发育潜力，以及能否把这些胚胎样实体视作人类胚胎可能存在较大争议。从医学角度而言，人类胚胎体外研究无疑会使人类受益。但"14 天规则"明确规定不得在体外培养人类胚胎超过 14 天，并一直延续至今。随着胚胎培养技术上不断出现突破，需要人们对既有框架的重新考虑，以期能找到一个符合科学利益、社会利益以及潜在医疗利益的最佳方案。❶

科学家们还特别提到，敦促科学共同体遵守 ISSCR 2016 版《干细胞研究和临床转化指南》，相关研究项目立项之前必须接受干细胞审查委员会或独立的伦理委员会的审查。那么，ISSCR 对此的态度如何呢？针对基于干细胞的胚胎模型，ISSCR 一直对此高度关注，并在之后推出来 2021 版《干细胞研究和临床转化指南》❷。在此之前，科学家们系统地回顾了基于干细胞的人类胚胎模型的研究进展，分析了其对人类健康研究的潜在利益，同时指出了对胚胎模型的一般伦理的基本考量，并提出了相关研究项目伦理审查的六点推荐意见。❸

人类胚胎模型对于未来药物在早期胚胎中的试验提供材料，并可以更为准确地检测胚胎模型早期的基因表达情况，具有众

---

❶ 张梦然. 用干细胞制作人类胚胎模型为时不远？《自然》呼吁从伦理层面考量相关研究 [N] 科技日报，2018 – 12 – 14（2）.

❷ ISSCR statement on ethical standards for stem cell – based embryo models [EB/OL]. （2020 – 01 – 17）[2021 – 03 – 13]. http://healthmedicinet.com/isscr – statement – on – ethical – standards – for – stem – cell – based – embryo – models/.

❸ HYUN I, MUNSIE M, PERA M F, et al. Toward guidelines for research on human embryo models formed from stem cells [J]. Stem Cell Reports, 2020, 14 (2): 169 – 174.

多有益的用途。由于人类胚胎干细胞与受精卵的不同，且已有很多商业化的人胚胎干细胞系，利用胚胎干细胞模拟人类早期胚胎发育，从而建立可用于研究的胚胎模型，通常是不违反伦理道德规范且顺应科学发展进步的。但各国科学家对于该项研究的伦理标准是不统一的，就科学发展的情况来看，尽管由人类胚胎干细胞构建的早期胚胎模型多数在体外还不存在发育成为完整个体的可能，但是，人工胚胎或合成胚胎构建的方法多样，发育潜力也有所不同，有的人工胚胎或合成胚胎会非常接近或高度模拟人类自然胚胎。

在 2016 版《干细胞研究和临床转化指南》❶ 中，对于胚状结构是分别对待和区分处理的，其特别指出：细胞工程的进展使得将不同细胞群通过组装、分化、聚集、再聚合的方式来模拟和阐述胚胎发育的关键阶段变成可能。这些实验系统能够对组织和器官的发育提供深刻的理解，但是也引起这样一种担心，当这种通过工程或者自组装获得的结构复杂到某一程度时，这种结构成为人类生命的形式或具有发育潜能变成现实。因为植入前胚胎培养超过 14 天或者原条形成的限制没有明文规定应用于胚状结构，所以其明确规定，当试验制造的胚状结构可能显示被专家委员会认定的人类生命形式、协调的器官系统发育、自主发育能力的时候，或者完全的生命潜能的时候，对该试验成立专门的审查委员会是必须的。审查的一个指导原则应该是，可能显示人类生命体形式或者发育潜能的胚状结构在体外培养维持时间不应超过阐明一个通过严格审查程序认定的具有高度

❶ International society for stem cell research. Guidelines for stem cell research and clinical translation ［EB/OL］. （2016 - 05 - 12）［2021 - 03 - 13］. https：// www. isscr. org/docs/default - source/all - isscr - guidelines/guidelines - 2016/isscr - guidelines - for - stem - cell - research - and - clinical - translationd67119731dff6ddbb 37cff0000940c19. pdf？ sfvrsn = e31478c5_4.

价值的科学问题所需的最短时间。因此，审查员在审查中需要注意，不应过早地将人类胚胎模型的研究（尤其是基础研究）加上伦理的枷锁，不应对其培养时间进行如人类胚胎一样的严格的时间限制。同时，应对高发育潜能的胚胎施以高度注意，应严格限制将胚胎模型制作嵌合胚胎，将人工胚胎、合成胚胎或胚胎模型等植入人或动物体内进行完整发育或发育研究。根据科学家的研究结果，当培养基的材料足够模拟子宫，且细胞因子的组合足够合理且可以动态调节的情况下，胚胎是可以在体外持续发育的，即随着科学技术的突破，人类胚胎模型在体外培养的时间必将会进一步延长，并得到更多"类器官"等，甚至存在"克隆人"的可能。当体外培养的胚胎模型发育到一定阶段时，应该如何考量该胚胎模型所具有的法律地位，是否认可其作为人的主体权利也将对人的主体概念发起新一轮的挑战。因此，需要在科学研究的"利"与"弊"中作出衡量，加强相关部门的监管力度，保证由人胚胎干细胞发育而来的人胚胎模型的研究在不违反伦理道德的框架内可持续发展。

（三）专利审查案例分析

【案例 7-23】CN201611093084.3

发明名称：以干细胞为基础的哺乳动物人工胚胎构建—动物克隆繁育的方法及其模型

发明内容：该发明以哺乳动物卵子透明带或者相当于透明带的人工合成结构作为人工胚胎的干细胞受体，置入干细胞后在体外条件下使其诱导分化成哺乳动物着床前胚胎结构。

该发明要求保护的技术方案如下：

1. 一种以干细胞为基础的哺乳动物人工胚胎构建—动物克隆繁育的方法，其特征在于，包括以下步骤：

（1）哺乳动物干细胞的准备：哺乳动物干细胞用于人工胚

胎的诱导构建，分别通过自制或者商业途径获得；

（2）动物卵子或早期胚胎透明带的准备：在每次进行人工胚胎构建前24小时，根据制作人工胚胎的数量，准备需要数量120%的卵子或者早期胚胎；采集的卵子或早期胚胎以显微操作方式切开透明带并吸出卵细胞质或细胞分裂球，制成空壳的透明带；

（3）人工胚胎构建与细胞分化诱导：

A. 干细胞注入卵子透明带：把各种干细胞直接注入空壳的透明带中诱导人工胚胎，用质量百分比浓度0.5%的胰蛋白酶处理培育的干细胞团，然后用显微操作方式向每个动物卵子或早期胚胎的空壳的透明带内注射40~60个干细胞，把干细胞-透明带复合体集中，并根据不同物种在干细胞培养液中进行体外培养12~24小时，使干细胞继续增殖形成60~80个细胞团块，干细胞—透明带复合体的培养条件为5% CO_2、5% O_2和90% N_2；

B. 人工胚胎体外诱导培养：将步骤A得到的干细胞—卵子透明带复合体，在5% CO_2和95%的空气的培养条件中，在诱导培养液1中的诱导培养12~24小时，在诱导培养液2中的培养分化24~48小时，分化出类似具有内胚团、囊胚腔和营养层细胞组成的囊胚结构干细胞克隆胚胎；

诱导培养液1配方，按体积比：

基础培养液 DMEM/F12	80%
小牛血清 FBS	20%
白血病抑制因子 LIF	1000U/ml
骨形成蛋白 BMP4	100μM/ml

诱导培养液2配方，按体积比：

基础培养液 mCZB	90%
小牛血清 FBS	10%
牛磺酸 Choliaic Acid	7mg/ml

乙二胺四乙酸 EDTA   0.2mg/ml

骨形成蛋白 BMP4   50μM/ml

（4）动物克隆繁育：把步骤（3）构建的人工胚胎按照常规技术移植到同期发情的受体动物子宫内，就可以获得具有与干细胞遗传相同的克隆动物后代。

2. 根据权利要求1所述的以干细胞为基础的哺乳动物人工胚胎构建—动物克隆繁育的方法，其特征在于，所述哺乳动物包括实验动物、家畜、人类。

3. 根据权利要求2所述的以干细胞为基础的哺乳动物人工胚胎构建—动物克隆的方法，其特征在于，所述实验动物是指小鼠、大鼠、兔子、灵长类；家畜指牛、羊、猪、马、鹿。

4. 根据权利要求1所述的以干细胞为基础的哺乳动物人工胚胎构建—动物克隆繁育的方法，其特征在于，所述步骤（1）中卵子或者早期胚胎，对于实验动物卵子或早期胚胎可处死采集，家畜卵子可活体采集或使用屠宰母畜卵巢采集。

5. 如权利要求1~4任一项所述的以干细胞为基础的哺乳动物人工胚胎构建—动物克隆繁育的方法得到的模型。

专利审查员在第一次审查意见通知书中指出，根据该申请说明书的记载（第16段记载"所述哺乳动物包括实验动物、家畜、人类"），该发明所涉及的哺乳动物包括人类。可见，申请文件涉及克隆的人和克隆人的方法，违背了社会公德。因此，属于《专利法》第5条第1款规定的不能授予专利权的申请。该案在发出第一次审查意见通知书后视撤。

基于说明书记载内容可知，该发明之所以提出的相关背景是，自1997年克隆羊"多莉"在英国诞生以来，克隆动物研究快速发展，大部分实验动物和家畜克隆业已取得成功，对于生命科学基础研究和特定动物个体的繁育和扩群起到了巨大的推动作用，以牛为主的家畜克隆技术开始向产业化应用推进。一方面，由于该专利申请时的克隆的技术水平有限，以细胞核移植为基础的克隆胚胎制作过程复杂，胚胎移植后的克隆动物生产效率仍然十分低，并且每头克隆动物的生产成本高，很难进行大规模推广应用。另一方面，干细胞技术的完善及其多能性或者全能性特征为动物育种、人类医疗临床应用提供了可能，这也是人工胚胎构建与动物克隆繁育技术模型的基础。因此，在此背景之下，该发明提出以干细胞为基础的哺乳动物人工胚胎构建—动物克隆繁育的方法，以干细胞为基础来构建哺乳动物人工胚胎（实际上为干细胞—卵子透明带复合体），由此提出一种动物克隆繁育的新技术模型，这种技术模型具有操作简便、极低生产成本的特点，是未来动物育种的重要技术手段，同时具有重要的医学模型应用价值。

结合其权利要求中所指出的"所述实验动物是指小鼠、大鼠、兔子、灵长类；家畜指牛、羊、猪、马、鹿""所述步骤（1）中卵子或者早期胚胎，对于实验动物卵子或早期胚胎可处死采集，家畜卵子可活体采集或使用屠宰母畜卵巢采集"等内容，以及该发明实施例 3 涉及人类干细胞—人工胚胎构建的构建，涉及使用废弃的卵子（人类卵子透明带的准备：在干细胞注入透明带前 24 小时，根据制作 12 ~ 15 个克隆胚胎的数量，从试管婴儿实验室获得 15 个废弃的卵子，以显微操作方式切开透明带并吸出卵细胞质，制成的空透明带），而实施例 1 ~ 2 涉及的是马和小鼠的干细胞克隆胚胎构建，而且不涉及克隆胚胎进行移植及繁育等可知，该发明的技术方案确实触及了人类胚胎干细胞和人类卵子的使用，构建出了人类胚胎干细胞的克隆胚胎，但应该说，其主要着眼点还是构建一种动物克隆的研究模型。如果其中涉及的核移植技术以及干细胞克隆胚胎技术排除了人类，实际上该案并不至于导致全部发明均违反《专利法》第 5 条的规定，这是需要注意的一个问题。

　　从该案涉及人的一部分技术方案的角度讲，细究起来，其构建人类胚胎干细胞的克隆胚胎，到底是属于治疗性克隆，还是生殖性克隆呢？这实际上是该案的一个焦点。根据发明的目的和构思来分析，尽管该发明实施例没有将胚胎培养超过 14 天，也未进行胚胎移植真正进行人的克隆，但是，从发明整体内容分析而言，该发明多处提及"本发明属于动物和人类生殖生物工程新技术""克隆业已取得成功""动物个体的繁育和扩群""家畜克隆技术开始向产业化应用推进""动物克隆繁育""动物育种"等内容，整体而言，其研究目的还是更靠近生殖性克隆，而不涉及治疗性克隆。因此，对于发明中涉及人的技术方案，尽管发明并不涉及真正进行胚胎移植、培育或产出等下游步骤，仅实质涉及构建人类克隆胚胎的方法，专利审查员将其定位于"涉及克隆的人和克隆人的方法，违背了社会公德"也并不算苛刻，基本符合该案实际。

　　另外，需要指出的是，该发明所涉及的发明主题——一种干细胞—卵子透明带复合体或者说干细胞克隆胚胎，似乎介于胚胎模型和克隆胚胎之间：这种胚胎模型既有不同于传统意义上的克隆胚胎，尤其是体细胞克隆胚胎的方面（克隆胚胎构建时其卵子保留细胞质而仅去核，在该模型构建时，对采集的卵子或早期胚胎是以显微操作方式切开透明带并吸出卵细胞质或细胞分裂球，制成空壳的透明带），又有类似于核移植技术的方面。所以，该主题的相关伦理问题，可能需要同时考虑该两个领域的伦理问题。

　　【案例 7 - 24】CN201480028434.0

　　发明名称：类胚体，基于细胞系的人工囊胚

　　发明内容：该发明涉及用于制造至少双层的细胞聚集体，和/或人工囊胚，和/或被称为类胚体的进一步发育的类胚体的方法，所述方法包括从至少一个滋养细胞和至少一个多能和/或

全能细胞形成双层的细胞聚集体，以及培养所述聚集体以获得人工囊胚。这种人工囊胚具有围绕囊胚腔的滋养外胚层样组织和内部细胞团样组织。所述细胞聚集体可以从全能或多能干细胞类型或诱导性多能干细胞类型与滋养干细胞的组合来形成。该发明培养所述至少双层的细胞聚集体以获得类胚体，还涉及可以通过这种方法获得的双层的细胞聚集体和类胚体，包含双层的细胞聚集体或类胚体的细胞培养物，以及通过将类胚体放置在代孕母体的子宫中或通过在体外生长所述类胚体，以从类胚体生长为胚胎、胎儿或活动物的方法。

在说明书实施例中，双层细胞聚集体是由小鼠滋养层细胞外层和胚胎干细胞内层构成的，将体外扩增的小鼠胚胎干细胞和来自于细胞系的小鼠滋养层细胞在包含多种信号转导调节物的培养基中培养，在约110小时后表现出成腔、上皮形成、多能性的维持和原始内胚层的分化，直至类胚体形成。

该发明要求保护的权利要求技术方案如下：

1. 一种制造至少双层的细胞聚集体或类胚体的体外方法，所述方法包括下列步骤：

通过将至少一个滋养细胞与至少一个多能和/或全能细胞相组合来形成初始细胞聚集体；

将所述初始细胞聚集体在培养基中培养，以获得包含内部细胞层和外部细胞层的至少双层的细胞聚集体，其中所述内部细胞层包含起源于所述至少一个多能和/或全能细胞并且能够形成胚胎的内部细胞，并且其中所述外部细胞层包含起源于所述至少一个滋养细胞并且能够至少形成滋养外胚层的外部细胞；以及优选地培养所述至少双层的细胞聚集体以获得类胚体。

2. 权利要求1的方法，其中所述至少双层的细胞聚集体包含胚胎干细胞和滋养干细胞。

3. 权利要求1~2任一项的方法，其中所述至少双层的细胞聚集体在非黏附性支架中形成。

4. 权利要求3的方法，其中所述非黏附性支架包含微孔。

5. 权利要求1~4的方法，其中所述至少双层的细胞聚集体或类胚体通过添加Rho/ROCK抑制剂来获得。

6. 权利要求1~5的方法，其中所述培养包括调节参与成腔、上皮形成和/或多能性的维持的信号传导途径。

7. 权利要求6的方法，其中所述至少双层的细胞聚集体或类胚体的成腔、上皮形成和/或多能性的维持，通过调节Wnt途径、PKA途径、PKC途径、MAPK途径、STAT途径、Akt途径、Tgf途径和/或Hippo途径中的至少一者来实现。

8. 权利要求7的方法，其中所述Wnt途径的调节通过激活Wnt途径来实现。

9. 权利要求8的方法，其中所述Wnt途径的激活通过添加糖原合成酶激酶抑制剂（GSK3抑制剂）、通过添加Wnt激动剂或通过遗传修饰来实现。

10. 权利要求7的方法，其中所述PKA途径的调节通过使用PKA激活剂激活PKA途径或通过遗传修饰来实现。

11. 权利要求1~10任一项的方法，其中所述培养基还包含血清。

12. 一种类胚体，其可以通过前述权利要求任一项的方法获得。

13. 一种至少双层的细胞聚集体，其可以通过前述权利要求任一项的方法获得。

14. 一种用于生长胚胎的方法，所述方法包括在体外生长至少双层的细胞聚集体或类胚体。

15. 一种用于生长胚胎的方法，所述方法包括在子宫内生长至少双层的细胞聚集体或类胚体。

16. 一种细胞培养物，其包含Rho/ROCK抑制剂、Wnt途径调节物、PKA 途径调节物、PKC 途径调节物、MAPK 途径调节物、STAT 途径调节物、Akt 途径调节物、Tgf 途径调节物、Hippo 途径调节物中的一种或多种，并且还包含至少双层的细胞聚集体。

17. 一种细胞培养物，其包含 Rho/ROCK 抑制剂、Wnt 途径调节物、PKA 途径调节物、PKC 途径调节物、MAPK 途径调节物、STAT 途径调节物、Akt 途径调节物、Tgf 途径调节物、Hippo 途径调节物中的一种或多种，并且还包含类胚体。

专利审查员在第一次和第二次审查意见通知书中均指出该申请权利要求 1～17 及说明书包含了使用来源于人的滋养层细胞与多能或全能细胞制备可生长成人的细胞聚合体或类胚体的方法，由该方法获得的细胞聚合体或类胚体以及培养所述细胞聚合体或类胚体生长成人胚胎、人类胎儿或活人的方法，即该申请权利要求 1～17 及说明书包含了涉及克隆的人（包括处于各形成或发育阶段的人体）及克隆人的方法，违背了社会公德，属于《专利法》第 5 条第 1 款规定的不能被授予专利权的发明。同时假设评述排除人的细胞聚集体或类胚体的技术方案的新颖性和创造性。该案于第二次审查意见通知书后视撤。

同族专利审查情况是：USPTO 驳回了该案的同族专利申请，指出部分权利要求直接涉及或包含人类有机体，属于美国专利法第 101 条以及美国发明法案第 33（a）条规定的不能授予专利权的情况，同时评述了权利要求不具备创造性。EPO 的同族专利申请处于已审未结状态，在审查意见中也指出权利要求包括人类细胞的用途、类胚体的形成以及由人类细胞产生的胚胎，违背社会公德，根据 EPC 2000 第 53（a）条的规定，不能被授予专利权。

可见，对于由干细胞体外培养得到的"人合成胚胎"主题，目前，我国与 EPO 和 USPTO 在审查标准上总体是一致的。只是具体理由不尽相同，我国指出因涉及克隆人而违反社会公德，USPTO 认为涉及了人类有机体，EPO 则认为涉及应用人类细胞生产胚胎或胚胎类似物（类胚体）违背社会公德。该案中具体的"人合成胚胎"是否可以视为人胚胎，对于该"合成胚胎"是否应适用"14 天期限"，都是值得思考和探讨的问题。

（四）专利审查规则讨论

专利申请伦理审查与科研项目伦理审查存在很多不同，其中，最主要的就是专利申请涵盖的范围远远大于实际实施的科研实验项目，往往是申请人和/或发明人的心有多远，相应的专利保护就延伸到多远。换句话说，很多发明专利申请，虽然以动物实验为主，但在发明内容和权利要求部分，可能提及或包括人类的技术方案。并且，虽然主要均为基础研究，但也多会向下游应用研究或临床应用延展各种保护主题，这一点在动物水平通常也不会面临伦理指责，但是，当涉及人的情况，下游应用所涉及的伦理问题就会非常敏感，可能涉及克隆人、人生殖系遗传修饰、人与动物嵌合体等伦理问题。

关于案例 7 - 23 和案例 7 - 24 对克隆人的认定，实际上涉及的都不是传统意义上的体细胞克隆人，而是依托干细胞进行的干细胞克隆人。以案例 7 - 24 为例，该发明涉及的伦理主题比较敏感，就是由典型的两种干细胞——人类胚胎干细胞和胎盘干细胞来重组形成人工胚胎或合成胚胎。其中，案例 7 - 24 的说明书中记载：

从源自于人工囊胚的胚胎细胞结构发育成胎儿那一刻起，术语类胚体不再适用。相反，胎儿被称为"人工胎儿"，其可能在体外或体内发育。体内发育的人工胎儿是源自于哺乳动物子宫内的类胚体的进一步发育的胎儿。如果这种进一步发育发生在体外，它被称为体外发育的人工胎儿。

优选地，将双层的细胞聚集体或类胚体植入到代孕母体中。更优选地，本发明的细胞聚集体在成腔后（即作为类胚体）植入，甚至更优选地在接种滋养细胞后 1～1000 小时，优选地 48～300 小时，例如约 110 小时植入。更优选地，类胚体在原始内胚层形成后植入，所述原始内胚层形成可以通过本领域中已知的任何手段来评估。

......

在类胚体的成腔完成后，可以将人工囊胚培养任何时间长度，只要细胞能够保持存活即可。

......

可以通过将囊胚放置在 infidibulum 和/或哺乳动物的子宫中，优选地在囊胚细胞所源自的相同或相似物种的哺乳动物的子宫中，将人工囊胚或任何紧接之前的或进一步发育的类胚体阶段在体内进一步生长。这正如本领域中常规已知的来实现。如果打算将类胚体生长成胎儿或活动物，这种方法是优选的。

......

对于本发明的类胚体的体内生长来说，也可以只在一定的进一步体外发育后植入所述类胚体。因此，作为原肠胚、上胚层或胎儿植入到子宫中也是可能的，这意味着一般来说，在植入到子宫中之前，人工囊胚在体外的培养在形成后继续 1～30 天，更优选地 1～10 天。在本发明的背景中，涉及将人工囊胚或进一步发育的体外生长的类胚体或从其获得的胎儿放置在子宫中以允许其进一步体内生长的任何选项，都被称为类胚体的体内生长。

可以看出，该发明的人工胚胎不仅可能会培养超过 14 天界限，而且明确涉及将该干细胞构建的人工胚胎进行胚胎移植，植入母体子宫和进行胎儿娩出，由此明显会涉及克隆人。

除此而外，案例 7-24 的说明书还指出：

用于形成细胞聚集体的细胞系可以在本发明的类胚体形成之前或期间进行遗传修饰。遗传修饰可以包括内源序列的修饰、其他序列的插入、序列的部分或完全移除或这些手段的任何组合。

……

通过在体内生长类胚体获得的活的哺乳动物可以具有遗传修饰。这可以通过如上所述对用于形成细胞聚集体的细胞进行遗传修饰而方便地实现。细胞的一个遗传修饰可以通过已知的这种细胞的扩增来增殖，以获得具有相同遗传概貌和相同遗传修饰的单一细胞系。

……

活的嵌合体可以通过从具有不同遗传概貌的细胞系形成细胞聚集体来获得，例如源自不同物种的细胞系的嵌合体，或来自具有不同遗传修饰的细胞系的嵌合体。然而优选地，为了形成细胞聚集体，不同的遗传概貌源自相同物种的细胞的一种或多种遗传变异、包括遗传修饰，以产生在同一物种中具有两种或更多遗传变异的活的嵌合体。

结合前述对克隆人的考虑，此时，该发明还可能涉及人类生殖系遗传修饰、人类—动物嵌合体胚胎及嵌合人等一系列敏感问题。

通常而言，这些伦理问题并非不可克服。如果将权利要求和说明书中的相关敏感内容删除，让发明回归到人类以外的动物层面，仅是进行动物人工胚胎构建和基础研究，一般不会存在过多的伦理问题质疑。

需要注意的是，"类胚体"存在不同含义的伦理问题。案例7-24中出现的"类胚体"是指源自人工囊胚并且直至胎儿形成之前的胚胎结构，其包括成腔后的人工囊胚（成腔人工囊胚）和进一步发育的胚胎。在该发明中，类胚体是人工囊胚向胎儿的发育中的第一阶段，但是术语类胚体还覆盖人工类胚体的直至源自于人工类胚体的胎儿形成之前的其他发育阶段。因此，类胚体也可以被称为人工胚胎，并包括通过案例 7 – 24 的方法获得的人工囊胚的所有发育阶段，其中尤其是涵盖人工上胚层和人工原肠胚。可见，案例 7 – 24 的"类胚体"实际上与真正的人类胚胎很接近，是一种重组的或合成的人类胚胎，与"胚胎"与"胎儿"的界别是完全相同的。

一方面，这些人工胚胎、合成胚胎、胚胎模型基本等同于人自然受精胚胎，存在相同或类似的伦理问题。另一方面，人工胚胎、合成胚胎、胚胎模拟物或胚胎替代物，很多情况下也可以部分模拟人类胚胎，但与真正的人类胚胎存在差距，甚至相差较远。前者作为一种类胚结构，仅具有研究意义，不会发育为人，也不能发育为人。因此，其相关伦理规制，通常应全面考量。例如，如果仅是干细胞构建的类胚结构，没有发育全能性，仅供基础研究，通常不需要过多的规制，可以适度放开。相反，如果人工胚胎非常类似于自然受精胚胎，则需要进行必要规制，但一般应参照人类自然受精胚胎，不应超越对自然受精胚胎的伦理限制。

七、类器官技术及其伦理审查

不同于组成人体的天然器官，类器官本质上是一种人体器官类似物，其是在体外用 3D 培养技术对干细胞或祖细胞进行诱导分化形成的，在结构和功能上都类似目标器官或组织的三维细胞复合体，其具有自我更新、自我组装的能力，具有稳定的表型和遗传学特征，能够在体外长期培养。它在形成过程中弥补了单层细胞模型缺乏细胞 – 细胞、细胞 – 基质间相互作用的缺陷，协作发育并形成具有功能的迷你器官或组织，更近似地模拟体内复杂的三维环境及组织细胞功能和相关的信号通路，因而在基础研究和临床诊疗方面具有广阔的应用前景。

（一）类器官技术研究进展

据研究，"类器官"一词起源于 1946 年对皮样囊肿的研究中，20 世纪 60 年代后主要在经典发育生物学实验研究中表示细胞分类聚集和重聚的器官培养。广泛研究类器官始于 1965～1985 年，主要探究器官发生的经典发育生物学实验。早前类器官培养通常需要大量的起始细胞，因常呈现较低的体外活力而无法长期培养，应用一直受限。随着对干细胞微环境认识的加深以及培养体系的改进，2009 年，荷兰科学家汉斯·克里夫斯（Hans Clevers）团队在体外将分离的 Lgr5＋肠道干细胞成功培养成具有隐窝样和绒毛样上皮区域的三维结构，称之为小肠类器官，这项重要的研究在干细胞领域具有里程碑式的意义，至此类器官的研究进入快速发展，并于 2013 年和 2017 年分别被《科学》与《自然方法》杂志评为年度十大进展和突破。

类器官体外 3D 培养的重点首先就是了解体内干细胞微环境，然后在体外培养体系中模拟这一体内微环境，诱导干细胞增殖、分化进而形成特定器官、组织。这一体内微环境通常由两部分构成：第一，与维持干细胞自我更新和增殖分化有关的细胞生长调节因子（细胞因子或某些小分子），例如，表皮生长因子（EGF）、Noggin 和 R－spondin 等的三维基质凝胶（matrigel）。根据培养组织不同常添加额外的调节因子，如人小肠类器官的培养需要额外添加烟酰胺、胃泌素、p38 抑制剂和 TGF－β 抑制剂等。第二，模拟干细胞体内生长微环境的细胞外基质，例如，将细胞培养在基质凝胶形成的立体空间中，基质凝胶可取代传统培养体系的饲养层细胞，为干细胞增殖、分化提供 3D 培养的环境，促进细胞聚集及细胞排列的极性产生。

类器官培养所需的干细胞可经流式分选纯化，或直接采用培养含干细胞的组织片段获得。类器官培养的主要步骤是将获取的干细胞或包含干细胞的组织片段包被于基质凝胶中，待其固化后加入合适的培养基，经培养数天后形成与目的器官结构、功能相类似的细胞群体。根据干细胞的来源不同，目前类器官主要分为多能干细胞衍生的类器官、组织干细胞衍生的类器官和肿瘤干细胞衍生的类器官这三大类型，已建立肠、前列腺和乳腺等多种类器官培养体系。

1. 多能干细胞衍生的类器官

相比于成体干细胞类器官来说，多能干细胞类器官的培养需先将多能干细胞向相应靶器官所在胚层诱导。例如，多能干细胞培育肠类器官，肠道发育中，Nodal 信号通路中 TGF - β 超家族成员能促进原肠胚向内胚层发育，所形成的内胚层发育成包括前、中、后肠的原始肠管。前肠形成口腔、胰腺、肝脏等器官，中肠形成小肠、升结肠，后肠则形成直肠及余下的部分结肠。Wnt 信号通路和成纤维细胞因子（FGF）可抑制内胚层向前肠分化，从而使其向中肠、后肠发育。运用这些发育特性，科研团体首先利用 Nodal 等效物 activin A 激活干细胞中 TGF - β 信号通路促使干细胞向内胚层分化；进一步添加 Wnt3a 和 FGF4 使其特异性地向后肠分化从而形成后肠球状细胞体；其次将形成的球状细胞体加入小鼠成体肠干细胞培养体系，即包埋入基质凝胶，添加 EGF、Noggin 和 R - spondin，最后形成包含各种肠上皮细胞的成熟肠类器官。利用这个思路和方法，多能干细胞来源的不同组织特异性类器官相继被建立，例如肺、肝、肾和胃等。

2. 组织干细胞衍生的类器官

2009 年，有研究者研究出小鼠肠道的成体干细胞来源的类器官培养体系，鼠小肠类器官是由单纯的干细胞生长分化得到，可以说其是干细胞体外 3D 培养的里程碑式研究。❶ 培养期间，干细胞先增殖形成囊状球体结构，继而转变成隐窝样的芽状结构并在两周内逐渐形成含肠腔的迷你肠管（mini - gut），肠腔内可见大量死亡脱落细胞。培养的肠类器官由与正常小肠上皮相同的明显分区化的隐窝 - 绒毛结构组成，包含所有种类的肠上皮功能细胞，例如潘氏细胞、肠上皮细胞、肠内分泌细胞和杯状细胞。在隐窝底部，LGR5 阳性的干细胞分布于潘氏细胞之间，数量与小鼠活体内的隐窝相似；在隐窝上部，干细胞增殖形成抗滋养层（TA）细胞；绒毛区域由完全分化的带有刷状缘的肠上皮细胞组成；杯状细胞、肠内分泌细胞则分布于整个类器官。形成的类器官表型和遗传性质也很稳定，各类细胞的组成、比例与正常肠上皮类似，且经长期连续多次传代培养未发现表达谱改变。在此基础上，科研人员在形成的小肠类器官培养体系的情况下继续探索、改进，经添加不同器官生长发育所需的生长因子后，逐步建立消化道上皮来源的其他类器官种类，比如结直肠、肝脏、胰腺、胃及胆囊等，此外，还有非消化道来源的其他上皮组织类器官，例如前列腺、乳腺和肺等。

3. 肿瘤干细胞衍生的类器官

肿瘤研究中存在许多已经建立的肿瘤模型，但它们反映患者真实肿瘤状态的程度较低，甚至许多对肿瘤模型有效的药物的最终临床实践中是失败的，从而导致很多肿瘤的基础研究成果难以转化为临床实践。目前广泛使用的肿瘤研究模型包括肿瘤细胞系和人源性肿瘤组织异种移植模型（PDX）。然而，这两种模型各有其局限性：肿瘤细胞系在体外培养过程中，由于其

---

❶ SATO T, VRIES R G, SNIPPERT H J, et al. Single Lgr5 stem cells build crypt - villus structures in vitro without a mesenchymal niche [J]. Nature. 2009, 459 (7244): 262 - 265.

生长微环境缺少细胞基质、非肿瘤细胞等间质成分，且缺乏对2D 培养环境的适应，经连续多次传代培养后，其遗传性质较大可能发生改变，无法准确反映出原代肿瘤组织遗传特征、病理表现及异质性。而 PDX 则是将患者来源的肿瘤组织移植到免疫缺陷的小鼠体内，依靠小鼠提供的微环境进行生长。相比肿瘤细胞系，能够保留原代肿瘤的微环境和细胞的基本特性，但这种模型技术常存在操作难度大、成本高、培养周期长等缺陷，限制了其广泛的应用。

类器官技术也可用于肿瘤组织的培养，通过其培养方法获得肿瘤组织来源的类器官，可以很好地保持肿瘤的特性。有研究表明肿瘤类器官培养方法，可以将患者的肿瘤细胞重编程为多能干细胞后再诱导、分化成与原始肿瘤相同的肿瘤细胞，经体外 3D 培养形成类器官。这种方式培养肿瘤类器官的效率取决于癌组织类型、某种特定的致瘤突变，且形成的类器官可能仅为肿瘤的亚克隆，会失去原代肿瘤的遗传异质性。肿瘤类器官的培养与成体干细胞来源的类器官培养略有不同，例如在人结直肠癌类器官（colorectal cancer organoids）培养中，因肿瘤组织存在 Wnt 信号通路持续性激活的突变，培养中无需外源性地加入 Noggin 和 R – spondin 蛋白，且 EGF 也并非为所有类型肿瘤组织必需。运用类器官的培养方法，已经有多种癌组织，包括结肠癌、胰腺癌、肝癌、前列腺癌、乳腺癌的类器官被建立。这些培养形成的肿瘤类器官在表型和遗传性质上与原始肿瘤组织十分相像，其在探究肿瘤形成的机理及治疗上将发挥巨大的作用。

类器官培养作为一个优良的技术体系和研究方式，其可联合已有的多种实验技术用于科学研究，更好地从分子水平、细胞水平和器官水平等不同维度对生命活动的探索带来更深层次的认知，发挥更好的作用。

（1）作为细胞分化行为研究的模型

类器官技术可以用于研究传统方法难以解决的发育问题。例如脑类器官的建立可帮助观察神经干细胞独特的分化过程。同时类器官技术为细胞功能和行为研究提供新思路，例如转分化、重编程等均可在类器官模型上研究。2016 年有研究者将经重编程操作后能分泌胰岛素的胃窦上皮培养形成类器官，然后移植到经链脲菌素处理的 NSG 糖尿病小鼠模型，发现类器官能发挥血糖调节功能。类器官技术可研究干细胞的生物学行为，例如，寻找新的干性标志，探究不同状态干细胞在细胞命运决定和后续分化中发挥的作用，还可探究细胞间的相互作用以及细胞外基质对细胞存活和增殖的影响。

（2）作为组织结构异常相关疾病研究的模型

类器官与体内器官功能、结构类似，可用于模拟致病过程，包括遗传性疾病、感染性疾病和退行性疾病等模型。例如用幽门螺旋杆菌（HP）感染胃类器官，可以探究 HP 的感染机制；用寨卡（Zika）病毒感染前脑类器官发现，类器官细胞大量死亡，Sox2 + 神经前体细胞增殖活性降低，类器官体积缩小，脑室扩大，由此成功地模拟出了寨卡病毒感染导致的胎儿小头畸形，为寨卡病毒的防治提供帮助。此外，研究人员对患有严重流感的 7 岁儿童进行全外显子测序，结果发现，其体内干扰素调节因子 7（IRF - 7）的无效突变，导致患者体内 I 型和Ⅲ型干扰素减少。❶ 由该患者来源的肺类器官产生低水平的干扰素，病毒复制量增加，佐证了这一突变。结果表明严重的流感也可能由免疫系统单基因突变引起，加深公众对流感防治的认识。

---

❶ THOMSEN M M, JORGENSEN S E, GAD H H , et al. Defective interferon priming and impaired antiviral responses in a patient with an IRF7 variant and severe influenza［J］. Med Microbiology Immunology，2019，208（6）：869 - 876.

（3）作为药物筛选的模型

很多药物在人体内的代谢过程会对某些器官如肝、肾等造成严重损伤，因此，通过临床前药物筛选评价药物疗效和安全性是很有必要的。传统 2D 培养的细胞系缺少细胞间的相互作用，具有明显的结构和功能局限。而动物实验有种属差异，人类可用性有限；单一细胞株则无法显示个体的异质性。所以，将类器官培养技术引入药物筛选研究，建立不同组织、多个体来源的类器官库，就能够实现高通量、快速地筛选，获得疗效好、安全性高的药物，进而精准用药，促进精准医学的发展。已经有学者用肾类器官评价细胞周期的非特异性阻断药物顺铂的肾毒性，以及用结直肠癌肿瘤类器官研究 DNA 拓扑异构酶 I 抑制剂伊利替康的耐药情况。❶

（4）作为肿瘤发生机制研究的模型

联合基因测序、基因编辑等技术，运用肿瘤类器官可以在分子水平研究基因突变的相应机制以及特定基因在细胞内的表达差异；同时，在细胞与器官水平可以研究肿瘤生长、转移和免疫逃避等生物学行为。2014 年有研究者通过短发夹 RNA（shRNA）敲低 Cdh1 −/−、Tp53 −/− 小鼠胃类器官 TGFBR2 基因的表达发现形成的类器官细胞具有明显的侵袭和转移特性，揭示 TGF − BR2 在癌转移中所起的作用。❷ 2015 年有研究者运用 CRISPR/Cas9 基因编辑技术在正常肠类器官干细胞引入突变基

---

❶ OOFT, S N, WEEBER F, DIJKSTRA K K, et al. Patient − derived organoids can predict response to chemotherapy in metastatic colorectal cancer patients ［J］. Science translational medicine, 2019, 11（513）：eaay2574.

❷ NADAULD L D, GARCIA S, NATSOULIS G, et al. Metastatic tumor evolution and organoid modeling implicate TGFBR2 as a cancer driver in diffuse gastric cancer ［J］. Genome Biology, 2014, 15（8）：428.

因序列，再将这些干细胞移植到小鼠体内，发现有肠腺瘤的生成。❶

（5）作为组织器官损伤修复的材料来源

在临床中，器官移植面临供体短缺、免疫排斥等众多的难题，若能将患者自身干细胞体外培养形成类器官后用于移植回体内，将是解决这一难题的重要举措。2013 年有研究者将鼠小肠类器官移植回小鼠体内，发现类器官可以修复原来损伤的组织并发挥功能。而且，类器官联合基因工程技术也可以进行遗传疾病的治疗，2013 年有研究者运用 CRISPR/Cas9 基因编辑技术，校正囊性纤维化患者来源的类器官内跨膜转导调节因子序列突变的干细胞，结果发现类器官功能明显恢复。❷

总之，类器官就是一个神奇的"多面手"，它能够让人们更好地理解生物发育，并帮助治愈疾病。当然，尽管类器官研究取得了长足的进步，但是仍然有一些局限：第一，一些类器官相当于体内器官发育的早期，功能不成熟，例如建立的视网膜类器官光感受器细胞对光不敏感。类器官体外培养无法形成血管网络从而造成营养供给受限以及物质转运障碍，因此，存在类器官体积增长有限、类器官功能不足等问题。针对这些局限，2013 年，有研究者用螺旋形生物反应器培养体系，加强类器官与培养基的营养交换，发现类器官可以达到数毫米直径；❸ 有研

---

❶ MATANO M, DATE S, SHIMO KAWA M, et al. Modeling colorectal cancer using CRISPR – Cas9 – mediated engineering of human intestinal organoids［J］. Nature Medicine, 2015, 21（3）: 256 – 262.

❷ SCHWANK G, KOO B K, SASSELLI V, et al. Functional repair of CFTR by CRISPR/Cas9 in intestinal stem cell organoids of cystic fibrosis patients［J］. Cell stem Cell, 2013, 13（6）: 653 – 658.

❸ LANCASTER M A, RENHER M, MARTIN C – A, et al. Cerebral organoids model human brain development and microcephaly［J］. Nature, 2013, 501（7467）: 373 – 379.

究者用内皮细胞共培养的方式促进血管形成，或者将类器官移植到宿主体内，发现宿主血管长入类器官。第二，培养类器官常用的基质凝胶是从 Engelbreth - Holm - Swarm（EHS）小鼠肉瘤组织中分离获得的一种富含层黏连蛋白和胶原蛋白的胶状蛋白混合物，主要成分是层黏连蛋白、Ⅳ型胶原等，还包含了某些生长因子、基质金属蛋白酶等，广泛运用于多种科研领域。然而，基质凝胶直接来源于动物肿瘤，成分不明确，产品批次不稳定，对实验对象本身有刺激，极大地限制了其在临床中的应用。因此，开发成分明确、来源安全、生物相容性好的替代材料对类器官走向临床十分重要。可替代材料包括胶原和水凝胶，它们可以很好地支持类器官的生长而不产生明显的有害作用，是今后发展的方向。第三，类器官组织细胞类型较少，缺乏间叶成分，例如，神经组织和免疫系统，只能反应局部器官或组织的某些生理或病理状态，无法完全模拟全身性的炎症、免疫等反应。如何引入血管、神经等间叶组织，将是未来类器官研究的一个方向。

（二）类器官技术存在的伦理争议

随着类器官领域发展突飞猛进，科学家们已经能够在实验室利用干细胞培育、分化、自组装成各种类似人体组织的三维结构，制造出肝脏、胰脏、胃、心脏、肾脏甚至乳腺等在内的各种类器官。总体而言，这些类器官不会造成太大问题，并且可以极大地促进生物医学研究的发展。其中，培养人类大脑类器官是目前神经科学领域炙手可热的研究项目。或者说，在类器官领域，最引人注目的是人脑类器官。因为这些器官可能揭开人体最大的奥秘：人们的大脑内部发生了什么，使人们与其他动物不同，以及找到之所以成为人类的真相。但同时，在人体器官类似物的研究中，尤其以脑类器官/脑类似物引发的问题最让人困惑。

脑类器官是以人类干细胞培养形成的微型大脑，能自发性地产生脑波，其提供了前所未有的即时性来观察大脑内神经的活动，已被用于了解精神分裂症与自闭症的成因，从阿尔茨海默病到帕金森病等一系列脑病以及老年性黄斑变性等眼病。以及为何某些婴儿在感染寨卡病毒时会导致大脑发育不佳。借由研究大脑类器官，科学家能以更精细的角度来了解大脑的运作方式。

如图 7 - 24 和图 7 - 25 所示，2014 ~ 2015 年，奥地利科学家首次成功培养"迷你人脑"，他们利用人类干细胞，在实验室中培养出具有人类大脑一些特有组成部分的"类脑器官"，人脑类器官自此取得惊人进展。[1] 目前，研究者们已经构建了类似不同月龄的脑类似物，在将其用于研究的过程中发现，这些脑类似物能够接收传入的刺激信号，产生简单的感觉。随着技术的不断发展，大脑类器官越来越高级，而且，有些研究人员在这些类器官中检测到大脑活动。美国加利福尼亚州大学圣迭戈分校的研究人员探测到了大脑类器官产生的脑电波，根据细胞电活动可以推测出类器官中的神经元已经建立了数十亿个连接。美国哈佛大学在 2017 年发表的一项研究也显示，生长了 8 个月的大脑类器官形成了它们自己的神经元网络，这些网络有活力，对光线有反应，大脑类器官已发展出从大脑皮层神经到视网膜的多元组织。[2] 还有科学家将模拟人体前脑的上下两部分器官合并在一起，在两部分器官间建立起神经连接，从而研制出 3D 类

---

[1] CAMP J G, BADSHA F, FLORIO M, et al. Human cerebral organoids recapitulate gene expression programs of fetal neocortex development [J]. Proceedings of the National Academy of Sciences of the United States of America, 2015, 112 (51): 15672 - 15677.

[2] QUADRATO G, NGUYEN T, MACOSKO E Z, et al. Cell diversity and network dynamics in photosensitive human brain organoids [J]. Nature, 2017, 545 (7652): 48 - 53.

脑器官，向模拟不同脑区间的复杂关联迈出了一大步，科学家们可将2个、3个，甚至1000个类器官连在一起，获得越来越大的类脑结构。现在的大脑类器官的细胞数目在数百万个（包含200万~300万个细胞），大小如一粒豌豆。它们已经能模拟真实大脑随电刺激跳动，像成熟大脑一样生成新的神经元❶。而相较之下，人脑拥有数十亿个细胞。

图 7-24　利用人体干细胞在培养皿中培养出的三维大脑类器官❷

图 7-25　干细胞产生的 3D 人脑组合❸

---

❶ HIROSE S, TANAKA Y, SHIBATA M, et al. Application of induced pluripotent stem cells in epilepsy [J]. Molecular and Cellular Neuroscience, 2020, 108: 103535.

❷ Genome Institute of Singapore [EB/OL]. [2021-05-30]. http://www. a-star. edu. sg/gis.

❸ Ingfei Chen. How to build a human brain [EB/OL]. (2018-02-20) [2022-03-20]. http://www. sciencenews, org/article/how-build-human-brain.

但该类实验一直颇具争议性，最大的疑惑在于仍不清楚这些类大脑是否有主观意识或知觉，是否能够感知到痛苦。美国斯坦福大学法律和生物科学中心主任汉克·格里利称，大脑类器官还没有复杂到立即引起人们的担忧，但如果类器官能够感知和对可能导致疼痛的刺激作出反应，这种担忧就会变得较为严重。美国加利福尼亚州大学旧金山分校的神经学家阿诺德·克里格斯坦（Arnold Kriegstein）认为，这些大脑类器官还没有发育到可以被认为具有意识的程度。美国加利福尼亚州圣迭戈绿色神经科学实验室（Green Neuroscience Labortory）主任伊兰·奥海恩（Elan Ohayon）说："我们不希望让某些东西在可能遭受痛苦的情况下进行实验，这些研究必须要有更高标准的审核机制，以确保任何研究的大脑类器官不会意识到痛苦"。伦理、法律和生物科学专家尼塔·法拉哈尼（Nita Farahany）表示："开展（人脑类器官）相关研究以减轻人类因大脑受损而造成的痛苦至关重要，但如何让这一领域的一些进展处于道德框架内，仍需要我们想办法解决"。

除了对大脑类器官本身的感知能力、意识能力的担忧以外，在大脑类器官功能验证环节，也会引发进一步的伦理担忧。2018 年 4 月，美国索尔克生物研究所著名神经生物学专家弗莱德·H. 盖杰的团队在《自然生物技术》杂志发表研究成果，将人脑类器官移植到小鼠大脑以后发育出功能性血管，也就是说，人脑类器官在植入后与老鼠的血液循环系统建立连接，人脑类器官内的神经元还能将传递神经信号的轴突输入小鼠的多个脑区。理论上，这项技术已经允许科学家来获得更大尺寸的脑类器官。这也是脑类器官首次"跳出"培养皿，进入体内（小鼠）实验阶段。美国宾夕法尼亚大学的艾萨克·陈领导的神经外科团队则发现，当用光照射实验鼠的眼睛时，植入的人脑类器官中的神经元闪出信号，表明两者脑组织在功能上实现了一体化。将人脑类器官与视网膜细胞连接，让它们拥有了感光能力，从而产生了视觉。很明显，诸如此类的动物实验证明，人脑类器官在小鼠体内可以实现功能化，必然会为脑科学带来革命性影响，这一研究领域的潜力是巨大的，但是围绕人体外脑细胞的伦理问题也是严峻的。例如，将人脑组织移植到动物身上会带来的担忧，最终可能会导致小鼠具有异常的思维能力。

2018 年 4 月 26 日，包括尼塔·法拉哈尼等在内的 17 位科学家、伦理学家和哲学家专门在《自然》杂志撰文，提出了一些他们认为研究人员、资助机构、审查委员会和公众应该加以讨论的问题，这些问题包括研究人员是否有可能评估大脑替代物的知觉功能以及人类对于生死的理解可能将受到的挑战。这篇评论并没有针对这些伦理问题给出答案，也没有对相关的科学研究提出具体的指导方针。

从上述对大脑类器官研究所面临的伦理问题的介绍中可以看出，大脑类器官没有发展到具有像大脑那样成熟的神经网络，还不能感受到识别能力发育所需的信号输入输出。如果通过生物工程手段，人类的脑类似物发育出识别能力，其道德地位的提高也就具有相应基础。未来很有可能，脑类似物会发育出某种程度的知觉。那么，这种有知觉的脑类似物到底如何定位，又是否具有某种固有的价值，也会非常令人迷惑。正如尼塔·法拉哈尼指出的"大脑类器官离功能性人脑越近，伦理问题就越严重"。同时，蓬勃发展的类脑器官研究在为人脑发育和神经性疾病的认知带来革命性变化的同时，再次面临着是否会让实验动物拥有人类情感和意识等伦理争议。而且，类器官后期实验多在小鼠身上进行，必然也会形成人—动物嵌合体，研究需要符合相关的人类伦理规则和实验动物伦理原则。

然而，以上伦理层面的质疑颇具前瞻性。纵观全局，人类脑实验模型有助于解开精神疾病和神经疾病谜题，但需要确保这类研究的可持续性和可以在长期范围内取得成功，真正为社会作出贡献，必要时还应考虑可能产生的伦理问题以及制定相应的伦理规则。

（三）专利申请和审查案例分析

在类器官领域，专利申请的数据增长较快。截至 2020 年 11 月，在 CNIPA 的 VEN 摘要数据库检索"organoid"这一关键词，可获得命中条数达 732 项；在西文全文专利检索，则可命中 8017 条检索记录。这些数据显示近几年来涉及类器官的专利申请涨势迅猛，且专利案件都比较新。

经初步分析，涉及类器官的专利申请通常涉及的保护主题即类器官本身（或者类器官疾病模型），其构建方法或制备方法，相关类器官的用途或应用。例如，在美国人类起源公司的专利 CN201280070203A（发明名称为"包含脱细胞并再群体化的胎盘血管支架的类器官"）申请中，该发明提供了包含一种或多种类型的细胞和脱细胞胎盘血管支架的类器官。该项专利申请的权利要求项数达到 194 项，其要求保护的主题涉及类器官本身以及各种基于给药该类器官的各种治疗方法。其中，也会涉及一些其他的产品，如类器官制备中所需的一种特定前体细胞系，类器官制备中所需的特定培养基等。但最常见的还是制备的类器官本身。以专利申请 WO2019189640A1 为例，其涉及一种泪腺类器官，还要求保护由其分泌的泪液、含有该泪液的组合物。

在要求保护类器官或微类器官时，申请人有时也会采用不同的概念进行表述。例如，在美国人类起源公司的专利申请 CN201580019073A（发明名称为"微类器官以及制造和使用它们的方法"）中，其将垂体腺、甲状腺、甲状旁腺、肾上腺、胰腺、肝脏等的微类器官称为功能性生理单元（functional physiological units，FPU），权利要求保护的就是 FPU。它们能够替代或增强个体中的一种或更多种生理功能，在治疗缺乏所述生理功能或在所述生理功能方面有缺陷的个体方面是有用的，对于替代患病的、受损的或被手术移除的组织的生理功能存在巨大的医学需求。这种 FPU 包括细胞外基质和至少一种类型的细胞，制备时，组合分离的细胞外基质和至少一种类型的细胞，可以通过诸如生物打印等方式，将细胞按照有组织的排布沉积在例如表面上的任何生物学相容的方法来生产。从而使得所述 FPU 执行器官或来自器官的组织的至少一种功能，例如产生自所述器官或组织的至少一种细胞类型特征性的蛋白质、细胞因子、白细胞介素或小分子。

其中，在涉类器官技术专利的实际审查中，初步调查发现，还未看到专利审查员就类器官提出伦理道德方面的质疑。类器官的制备采用多能干细胞进行，如果类器官的制备涉及起始细胞为多能干细胞，例如胚胎干细胞或诱导性多能干细胞。此时，遵照现行相关专利审查标准审查即可，通常未涉及新的伦理问题。考虑到有部分案件中涉及胚胎干细胞的内容更多是对撰写范围的需求，在其从属权利要求或说明书发明内容介绍中涉及干细胞的种类选择中列有胚胎干细胞，此类专利中有 EPO 同族专利也基本获得授权，并且几乎未指出有伦理争议而无专利性；类似的情况中国也未指出而是直接授权。

在大脑类器官方面也基本是如此。例如，中国科学院生物物理研究所的中国专利申请 CN201710512944A 涉及一种类脑器官器的制备方法和应用，其发明方法是诱导干细胞和内皮细胞分化成类皮层组织样结构，该专利申请在要求保护制备方法的同时，要求保护相应方法制备的类皮层组织样结构。该类专利审查多数并不触及《专利法》第 5 条的伦理道德问题。我国授权专利有 CN201810208751A（发明名称为"3D 大脑类器官的制备方法"），韩国方面也有类似类脑器官专利予以授权，比如专利 KR102013064B1（发明名称为"来源于畸胎瘤的类器官的制备方法"）、KR102150103B1（发明名称为"基于脑类器官的缺血性脑病模型制备方法及其应用"）。

综上所述，在类器官研究这一技术领域，专利审查中所涉及的伦理争议并不突出。随着技术的发展，有可能会在某些技术分支中存在伦理争议，例如大脑类器官研究、生殖类器官研究等，专利审查部门需要及时了解和关注该领域最新的技术进展，以及相应伦理规则的最新发展。

今后，随着类器官技术逐渐成熟并进入应用领域，人体器官会越来越元件化、工程化，可能会产生复杂的器官更新和替代技术，全新的生命工程似乎正在显现。未来围绕类器官的应用领域可能也会产生更多的伦理问题。同时，类器官专利申请会大量涌现，也会为专利审查部门带来全新的审查问题，伴随着技术的革新，专利审查部门的审查标准也应与时俱进地调整，更好地为技术发展保驾护航。

科学在改变人们生活方式的同时，也对人们的思想认知、伦理规则产生了重大的影响。纵观科技史，我们会发现，科学的发展与伦理的演进总是携手并进的。很多新技术深刻地改变甚至颠覆了自然进化法则、人类的生存方式、人类与自然的关系，扩展了人类对未来的想象和担忧。但是，科学与伦理，从来不能相背而行，我们需要科学技术所带来的社会文明进步，作为人类，我们也需要科技伦理来保障科技创新和成果只能有益于或最大限度地有益于人、生物和环境，而不能损伤人、生物和环境，即便不可避免地会不同程度地发生损害，也要把副作用降至最低，甚至为零。在具体的伦理规则上，还应两益相权取其大，两害相衡取其轻。伦理不是一成不变的，当科技创新快速和有效地推动人类文明向更高阶段发展之时，科技伦理又有了大量的新范畴、新内容和新进展。

——张田勘

　　虽然，美国标准的生命伦理学以及它的原则主义作为世界生命伦理学的中心，为国际健康政策提供基础。但是，了解当代事态发展就可发现，生命伦理学不仅在国际上具有道德的多样性，而且美国的生命伦理学本身也存在基本的分歧。在道德原则、道德推理、医疗卫生分配、人类基因组的道德意义、禁止人工流产、医生协助自杀的可接受性等道德问题上，存在深刻而持久的争论。事实上，美国存在的道德也具有多样性，但这却不一定导致道德相对主义。可以在十分普遍的和抽象的道德约束内承认道德多元论，为实质上不同的、内容丰富的生命伦理学和卫生政策的探讨留下余地。教规式的世俗全球生命伦理学得不到辩护。将它强加于国际上是不道德的。

——美国莱斯大学和美国贝勒医学院的恩格尔·哈特在题为
《超越全球生命伦理学：认真对待道德多样性》的
报告中作出的书面发言

第八章　人类胚胎和/或干细胞研究相关伦理规则的最新发展

科技进步是促进社会文明进步的极大动力，受当前医学水平发展限制，人类还在不断遭受着各种各样病痛苦难的折磨，无数人都期盼着医学科技的迅速进步以治愈目前无法解决的病痛，给人类生命健康带来极大的福祉。当前生物医学研究的前沿领域——胚胎干细胞技术、人类辅助生殖技术（即试管婴儿）、基因编辑技术、治疗性克隆技术等都暂时无法离开对人类胚胎这一种价值极高的稀有的医学材料资源的利用。而这些技术正是在朝着解决目前难解的病症，以提高人类生命健康福利这一道德目的，即便研究对象是人类胚胎，也受到各种各样的制约与限制，但研究依然在不断向前推进。

面对生命伦理问题，国际上通常是在世界各国实践的经验上，建立统一的认识基础和评价标准，以此作为解决一些生命伦理难题的规范。例如，在第二次世界大战期间，德国纳粹进行的人体试验引起人们对于实验对象以及科研伦理的关注，因此，第二次世界大战后制定的《纽伦堡法典》，成为人体试验最重要的伦理指南。1963 年，世界医学协会发布的《赫尔辛基宣言》对研究的审查、知情同意进行了更加详细的规定。1978 年，美国政府发表《贝尔蒙报告》，提出医学实验研究的三个基本伦理原则：尊重、不伤害、公正，被多数国家采纳。1993 年，世界医学理事会和世界卫生组织在瑞士日内瓦制定了涉及人类受试者的生命医学研究国际伦理准则,并成为各国制定伦理审查办法的重要指南。为了把伦理指导原则落在实处,有效处理生命科学技术发展过程中遇到的伦理问题,国际倡导建立生命伦理委员会,大多数国家纷纷响应,建立了各自的国家生命伦理委员会。❶ 国际医学科学组织理事会(CIOMS)与世界卫生组织在 2002 年颁布的涉及人的生物医学研究的国际伦理准则,规定了涉及人类的生物医学研究需遵守 21 项准则,其中一项是必须保证试验是对社会和对患者有益,又是非做不可的。2016 年国际医学科学组织理事会发布的涉及人的健康相关研究国际伦理准则的重要特点就是将准则所规范的范围从"生物医学研究"扩展至"健康相关研究"。可见,国际伦理规则在科学研究中具有举足轻重的作用。

针对人类胚胎和干细胞研究,国际上已经形成了一套伦理治理体系,即人胚胎干细胞研究的国际伦理治理体系。其主要包括三个层面:第一个层面是国际组织,以联合国教科文组织为代表的国际组织制定了一系列指导性文件;第二个层面是各个国家和地区制定的法律或法规;第三个层面是以世界医学会为代表的科学共同体制定的文件。这套伦理体系的形成最早始于 20 世纪七八十年代的美国,随后得到欧洲的迅速响应,20 世纪 90 年代中后期推向国际组织层面。21 世纪初,许多非西方国家出于发展生物技术的需要,也开始回应这些规范的要求,开始在各国制定相关的法规。本章分别从国际国内两个层面,介绍人类胚胎研究伦理审查的趋势和发展现状。

---

❶ The Council for International Organizations of Medical Sciences. International ethical guidelines involving human subjects [EB/OL]. [2021 - 03 - 13]. https://media. tghn. org/medialibrary/2011/04/CIOMS_International_Ethical_Guidelines_for_Biomedical_Research_Involving_Human_Subjects. pdf.

一、人类胚胎和/或干细胞研究伦理规则的国际发展

（一）人类胚胎和/或干细胞研究伦理规则主要框架的形成

20 世纪 90 年代干细胞研究兴起，西方国家陆续制定一些伦理规范，例如英国的人类受精与胚胎学法、德国的胚胎保护法、法国的生命伦理法、美国的迪基－韦克修正案和人类多能干细胞研究工作指南、西班牙的关于辅助生殖技术的法律等。1997 年，联合国教科文组织出台《世界人类基因组与人权宣言》，2003 年出台《国际人类基因数据宣言》，2005 年出台《世界生物伦理与人权宣言》等指导性文件。世界医学会不断调整《赫尔辛基宣言》（2008 年和 2013 年分别进行修订）以加强对受试者的权利保护。由此，各国逐渐协调，并彼此吸收借鉴，部分伦理规则逐渐发展成为国际通行的伦理学法则。

应该说，目前的人类胚胎干细胞主要的伦理原则、伦理框架是以西方伦理规范为主导，其核心主要围绕胚胎的道德地位展开，涉及了尊重、公正、有利、知情同意等伦理原则，并具体规定了 14 天规则、伦理委员会的审查等。[1] 据不完全统计，人类胚胎干细胞研究伦理规范的主要框架[2]所涉及的法律法规大致如下。

1. 尊重

联合国教科文组织《世界人类基因组与人权宣言》前言和第 1~2 条、第 6 条、第 10~12 条、第 15 条、第 21 条、第 24

---

[1]　陈睿. 中国科学家对人类胚胎干细胞研究伦理规范的认知和态度－基于访谈的研究［J］. 自然辩证法通讯，2020，42（7）：108－115.

[2]　陈睿，胡志强. 接纳与调适：人类胚胎干细胞研究伦理规范在中国的传播［J］. 工程研究－跨学科视野中的工程，2018，10（5）：518－526.

条,《国际人类基因数据宣言》的前言和第 1 条、第 7 条、第 26 条、第 27 条;《世界生物伦理与人权宣言》序言和第 3 条;印度的干细胞研究指南（草案）第 3 条;韩国的生命伦理安全法第 3 条;中国的《人胚胎干细胞研究伦理指导原则》第 1 条和《人类胚胎干细胞研究的伦理准则（建议稿)》第 6 条。

2. 公正

联合国教科文组织的《国际人类基因数据宣言》,《世界生物伦理与人权宣言》;英国的人类受精与胚胎学法第 12～15 条和第 41 条;美国的人类干细胞研究指南;日本的人类胚胎干细胞研究准则;巴西的生物安全法第 5 条;中国的《人胚胎干细胞研究伦理指导原则》第 5 条、第 8 条和《人类胚胎干细胞研究的伦理准则（建议稿)》第 9 条、第 13 条、第 14 条。

3. 有利

联合国教科文组织的《世界人类基因组与人权宣言》第 10 条,《世界生物伦理与人权宣言》第 3 条第 2 款和第 4 条;英国的人类受精与胚胎学法第 31～35 条;美国的人类干细胞研究指南;中国的《人类胚胎干细胞研究的伦理准则（建议稿)》第 9 条、第 13 条、第 14 条。

4. 知情同意

德国的胚胎保护法第 4 条,英国的人类受精与胚胎学法第 12～15 条;联合国教科文组织的《世界人类基因组与人权宣言》第 5 条;世界医学会的《赫尔辛基宣言》第 4 条、第 5 条、第 9 条;美国的人类干细胞研究指南;日本的特定胚胎处理指南第 2 条;中国的《人类胚胎干细胞研究的伦理准则（建议稿)》第 12 条和《人胚胎干细胞研究伦理指导》第 8 条;巴西的生物安全法第 5 条;印度的干细胞研究指南（草案）第 3 条。

5. 14 天规则

英国的人类受精殖与胚胎学法第 3～4 条；美国的迪基 – 韦克修正案；德国的胚胎保护法；加拿大的三理事会政策宣言：涉及人类研究的伦理指导；丹麦的人工生殖法；瑞典的试管授精法；日本的人类胚胎干细胞起源及应用原则；印度的涉及人类项目的生物医学研究的指导方针；新加坡的人类干细胞研究；中国的《人胚胎干细胞研究的伦理指导原则》第 6 条；新加坡的人类克隆和其他禁止法案第 8 条；韩国的生物伦理安全法；巴西的生物安全法；西班牙的关于辅助生殖技术的法律。

6. 伦理委员会

英国的人类受精与胚胎学法第 5～10 条、世界卫生组织的评审生物医学研究的伦理委员会工作指南；韩国的生物伦理安全法第 7～13 条；印度的涉及人类项目的生物医学研究的指导方针第 2 章；中国的《人胚胎干细胞研究伦理指导原则》第 9 条和《涉及人的生物医学研究伦理审查办法》等。

其中，在伦理委员会的发展史上，自 1971 年在美国最早出现医学伦理委员会组织后，加拿大、英国等国家也相继成立类似的组织。20 世纪 80 年代以来，法国（1983 年）、丹麦（1985 年）、瑞典（1985 年）、卢森堡（1988 年）、荷兰（1989 年）、意大利（1990 年）等国家成立总统或国家级的生命或医学伦理学委员会，用以指导协调该国的伦理指南或行动方针的推行。并且各国的伦理委员会都包含伦理学家在内。世界卫生组织也对各国生命伦理委员会的体制化建设提出要求，其组成包括生物医学专家、伦理学家、哲学家、法律学家、社会学家和心理学家等多学科、多部门的人员。例如，英国的 HFEA 有 21 人组成，一般为医学专家、科学家和非专业人士。人类遗传委员会由 22 人组成，包括 HFEA 主席、科学家、律师、伦理学家、医学专家和其他人士。

美国生物医学伦理顾问委员会（Biomedical ethical advisory committee，BEAC）包括生物医学或行为学研究专家，临床医学或卫生保健专家，伦理学、宗教学、法律、自然科学、社会学、人文科学、卫生管理、政府与公众事务专家，以及有代表性的对生物医学伦理感兴趣但没有特殊专业知识的民众。美国生命伦理学总统委员会（Presidents councilor bioethics，PCB）由18位来自以下领域的非政府职员作为委员，包括科学与医学、法律与政府、哲学与宗教学、其他人文学科与社会学专家。

德国伦理委员会有18人组成，包括生物学家、伦理学家、医学家及神学家。

中国在2015年8月发布的《干细胞临床研究管理办法（试行）》第8条规定，机构伦理委员会应当由了解干细胞研究的医学、伦理学、法学、管理学、社会学等专业人员及至少一位非专业的社会人士组成。2016年12月施行的《涉及人的生物医学研究伦理审查办法》规定伦理委员人员组成需加入伦理学家。2020年10月26日公布的《涉及人的临床研究伦理审查委员会建设指南（2020版）》第二章伦理审查委员会组织与管理中规定，伦理审查委员会应由多学科专业背景的委员组成，可以包括医药领域和研究方法学、伦理学、法学等领域的专家学者，在他们开始工作之前，应当经过科研伦理的基本专业培训并获得省级或以上级别的科研伦理培训证书，且具有较强的科研伦理意识和伦理审查能力。

（二）不同国家针对不同来源干细胞研究的宏观政策

根据ISSCR网站（http：//isscr.org/public/regions/index.cfm#maps）获取的信息可知，对于不同来源的干细胞，各国政策也不尽相同。

例如，脐带血：允许的国家有加拿大、美国、英国、瑞典、比利时、法国、芬兰、中国（含港、澳、台地区）、日本、新加坡、韩国、澳大利亚。

含干细胞的组织：允许的国家有加拿大、美国、英国、德国、瑞典、比利时、法国、芬兰、中国（含港、澳、台地区）、日本、新加坡、韩国、澳大利亚。

体细胞：允许的国家有加拿大、美国（只限指定的体细胞）、英国、德国（只限 2002 年之前的体细胞）、瑞典、比利时、法国、芬兰、中国（含港、澳、台地区）、日本、新加坡、韩国、澳大利亚。

胎儿生殖细胞：允许的国家有加拿大、美国、英国、德国、瑞典、比利时、法国、芬兰、中国（含港、澳、台地区）、日本、新加坡、韩国、澳大利亚。

基于体外受精与胚胎移植技术的剩余胚胎制备人类胚胎干细胞：允许的国家有加拿大、美国（只限非政府资助项目）、英国、瑞典、比利时、芬兰、中国（含港、澳、台地区）、日本、新加坡、韩国。

通过体外受精技术专门为研究目的而制造受精胚胎获取人类胚胎干细胞：美国（只限非政府资助项目）、英国、瑞典、比利时、中国（含港、澳、台地区）、日本、新加坡、韩国。

利用人类卵子通过核移植技术专门为研究目的而制备核移植胚胎获取人类胚胎干细胞：允许的国家有美国（只限非政府资助项目）、英国、比利时、中国（含港、澳、台地区）、日本、新加坡、韩国。

利用动物卵子通过核转植技术而制造胚胎获取人类胚胎干细胞：大部分国家不允许。

（三）英国对人类胚胎和/或干细胞研究伦理规则的发展

相比其他国家，英国的人类胚胎和干细胞研究政策通常被认为是比较开明和宽松的。英国在人类胚胎和干细胞研究等生命科学领域一直处于世界领先水平，这得益于其优秀的科研队伍、强大的政府支持，还有良好的管理制度。从 1978 年世界第一例试管婴儿在英国出生，1997 年克隆羊"多莉"在英国诞生，到后来英国批准人类胚胎干细胞和治疗性克隆研究，允许制造人—动物胚胎用于研究，批准利用基因编辑技术进行人类胚胎研究，在面临西方同样的宗教传统压力下，英国坚持实用主义的态度，相信发展这些前沿生物技术不仅会造福人类，还会使英国在全球生物医药领域中占据重要地位。❶

针对人类胚胎开展实验研究之所以饱受争议还在不断向前推进，其很大一部分原因在于这是新型和前沿的科学技术，而科学技术是第一生产力。社会历史发展表明，科学技术每一次重大的更新必然会极大地推动社会的发展和变革。21 世纪生命医学领域发展十分迅速，涉及人类胚胎的研究项目——胚胎干细胞、基因编辑等都是生物医学研究热点。这一医学领域的进步无疑会带来极大的利益财富。当前世界内国家之间的竞争十分激烈。一旦研究技术获得突破性进展，进一步推广至临床应用，在科学领域内抢夺领先的地位无疑会在很大程度上提升自己国家的竞争力，几乎没有一个国家愿意放弃在科研领域的进步。可以见到的是，尽管受到来自世界包括英国国内伦理学界的诟病，但英国政府对于生物基因科学研究的支持力度一直比较大，在干细胞领域中一直走在最前沿。

英国是全球最早对人类干细胞研究立法的国家。早在 1990 年，英国即已通过人类受精与胚胎学法案，确立了 14 天规则，对胚胎研究予以规范。其中对人类胚胎和胚胎干细胞研究进行了严格的限制。该法案将人类胚胎界定为"胚胎产生的基本特

---

❶ 陈海丹. 伦理争论与科技治理：以英国胚胎和干细胞研究为例 [J]. 自然辩证法通讯，2019，41（12）：40－46.

征是受精",同时规定,不得在体外研究人类胚胎超过 14 天。1991 年建立的英国纳菲尔德生命伦理学委员会在向决策者提供咨询意见、鼓励生命伦理争论方面更是享有国际声誉。

英国的人类受精与胚胎学法案(1990 年)监管体外受精以及通过体外受精产生的胚胎的制造、使用、存储和处理的实际操作。此外,在英国开展的所有人类胚胎研究只有经 HFEA 批准后才是合法的。为了得到许可,申请者必须论证胚胎研究是必要的,被提议的研究是为了该法案中说明的五个目的之一:"促进治疗不孕;增进了解先天疾病原因的知识;增进了解流产原因的知识;发展更有效的避孕技术;改良在植入前发现胚胎中的基因或染色体变异的方法"。该法案也提出一些禁令,包括"禁止上述目的之外的研究;禁止用取自任何人、胚胎或胚胎发育后期的细胞的细胞核替换另一胚胎的细胞的细胞核;禁止将非人胚胎的其他活胚胎和非人配子的其他活配子植入女性体内;禁止使用受精后超过 14 天的胚胎,或出现原始胚条的胚胎等"。同时,该法案也规定为研究目的制造胚胎是合法的。该法案意义深远,且在后续的伦理争论和政策制定中都能体现。

1997 年 2 月,英国爱丁堡大学罗斯林研究所宣布,它们通过细胞核移植(cell nuclear replacement,CNR)技术成功克隆羊"多莉"。英国 HFEA 和 HGAC 成立一个工作小组,针对人类克隆开展公众咨询。1998 年 1 月,在他们的报告《生殖、科学和医学中的克隆问题》中,工作组区别了细胞核移植技术的两种目的——治疗目的和生殖目的,建议细胞核移植技术可用于治疗目的,但是禁止克隆人,也就是生殖性克隆。

随着 1998~2000 年人类胚胎干细胞技术的诞生和相应研究不断取得新的进展,英国科学界呼吁政府放宽人类胚胎和胚胎干细胞研究限制。英国前首席医学官唐纳森受命就此问题进行了研究,他的专家咨询小组经过将近一年的调查研究,在 2000

年发表了一份长达 150 页的报告，即《干细胞研究：负有重责的医学进展》。该报告总结认为，"治疗性克隆"拥有巨大的医学潜力，如果加以适当控制和监督，就不存在根本性的伦理问题，应当予以支持。报告强调，以发育完整的人类个体为目标的克隆人研究（即"生殖性克隆"）应被视为犯法，且不应允许科学家将人和动物细胞结合起来进行克隆试验。该报告认为，所有"治疗性克隆"研究方案都要经过严格审核，并接受监督。

2000 年底，英国政府再次立法，将胚胎研究的范围扩展到包括对严重疾病的研究。由于通过体细胞核移植技术产生的胚胎不同于人类受精与胚胎学法案规定意义上的胚胎，英国议会迅速把通过体细胞核移植技术产生的胚胎的行为视为犯法。自 1998 年人类胚胎干细胞技术出现，2001 年 1 月 22 日，英国就成为欧洲第一个通过人类胚胎干细胞研究的国家。英国第一个将克隆研究合法化，并允许科学家培养克隆胚胎以进行干细胞的提取和研究，并将这一研究定性为"治疗性克隆"。英国是世界上首个将"治疗性克隆"合法化的国家。科学家可以破坏体外受精剩余胚胎用于胚胎干细胞和其他研究，也可以通过体外受精培养研究用胚胎。而且 HFEA 原则上已经同意批准培育人兽混合胚胎的研究这项饱受伦理批评的研究项目。新的法律允许研究人员通过克隆创建干细胞系，但是进行人类胚胎体外研究必须恪守"14 天期限"原则，即（自受精开始）不得在体外研究人类胚胎超过 14 天。2001 年 12 月英国颁布修订的人类受精与胚胎学法案，在人类受精与胚胎学法案（1990 年）原定的五个目的中，增加了委员会提议的另外三个新的目的：增长关于胚胎发育的知识；增长关于严重疾病的知识；使任何这种知识应用于提高治疗严重疾病。同年，英国政府通过人类生殖性克隆法案（2001 年），禁止生殖性克隆。

2001 年，英国有两家研究机构获得了 HFEA 颁发的胚胎干细胞研究许可。英国爱丁堡大学基因组研究中心被授权进行多能干细胞的培养，包括提取胚胎干细胞，然后诱导其分化为各种组织细胞。这是一个基础研究，可被认为符合"提高对先天性疾病的认识"。英国纽卡斯尔大学生命中心被许可从植入前胚胎中提取细胞、建立细胞系并对细胞系进行定性分析，该细胞系随之被用于研究细胞压力应激反应对胚胎退化或发育缺陷的影响。该研究符合人类受精与胚胎学法案规定的几个研究目的，例如"增加对先天性疾病的认识"和"增加对流产原因的认识"。

2002 年，英国上议院特别委员会在干细胞研究报告中总结，干细胞有巨大的治疗潜力，这种研究应该在成体干细胞和胚胎干细胞中都进行；应该设立干细胞库，由管理委员会监督。同年，由英国医学研究理事会（MRC）、生物技术和生物科学研究理事会（BBSRC）资助的英国干细胞库在英国国家生物标准和控制研究所建立。这个干细胞库储存取自成体、胎儿和胚胎组织的干细胞，并向英国和国外的学院和产业开放。2003 年，英国伦敦国王学院的研究人员建立英国第一个人类胚胎干细胞系。2004 年，来自英国伦敦国王学院和英国纽卡斯尔大学生命中心的科学家们将第一个人类胚胎干细胞系存放在英国胚胎干细胞库。2005 年，在英国人类受精与胚胎学法案的监管下，英国政府开启"英国干细胞行动"计划，旨在与公共和私人部门一起推动英国干细胞研究的十年计划。这一系列举措进一步推动了英国在干细胞领域的发展，使其处于全球领先地位。英国在人类胚胎和干细胞治疗的伦理治理的经验是，在监管政策制定上，坚持前瞻的、持续的、统一的原则；在监管政策实施中，坚持透明、公正、公平等原则；在面对伦理争论时，让公众理解、参与科学。伦理治理的作用是促进科技的发展，负责任的研究

和创新，保护民众的权益。❶

英国不仅反对禁止治疗性克隆研究，而且为这样的研究大开绿灯。早在 2004 年 8 月 11 日，英国政府就向英国纽卡斯尔大学颁发了世界上第一份克隆人类胚胎的许可证，批准该大学研究胚胎并提取干细胞来治疗糖尿病和退行性疾病，例如阿尔茨海默病和帕金森病。HFEA 前局长苏济·莱瑟表示，这项研究的目的是提高对胚胎发育的认识，并且寻求疾病治疗的新疗法，也将为治疗其他严重疾病奠定基础。

紧接着，在联合国禁止一切形式的人类克隆的宣言发表之前，英国政府早就用行动对其投了反对票。2005 年 2 月，创造世界上第一个克隆羊"多莉"的英国科学家伊恩·威尔穆特又获得了HFEA 对克隆人类胚胎进行医学研究的许可证，与伊恩·威尔穆特同时获得许可证的还有英国爱丁堡大学的保罗·德苏泽博士和英国伦敦国王学院的克里斯托弗·肖教授。HFEA 批准爱丁堡大学罗斯林研究所的伊恩·威尔穆特等人从人类胚胎提取干细胞进行研究是要认识和治疗运动神经原疾病（MND）和其他一些疾病。

为了克服人类卵子不足的问题，2006 年 11 月，英国纽卡斯尔大学和英国伦敦国王学院的两个研究小组向 HFEA 提出申请，建议在通过细胞核移植技术制造胚胎过程中，使用动物卵子取代人类卵子，从中提取干细胞用于医学研究。这些人—动物胚胎会是一种细胞质杂合胚胎，包含少量来自动物卵子的 DNA。该申请又引起了新的风波，因为这不仅涉及人类胚胎的道德地位问题，也涉及诸如动物权利、人类尊严、道德滑坡等伦理争议。对于制造人—动物胚胎，人们通常就有一种"本能上的反感"。很多人的直觉是，这导致的结果将会"糟糕得无法想象"。

---

❶ 新兴科技伦理治理问题研讨会第一次会议纪要［J］. 中国卫生事业管理，2020，37（2）：157 - 160.

人—动物混合体既不纯粹是动物，又不纯粹是人类，这就模糊了分类制度，冒犯了人类区别于非人类动物的有价值的社会和道德界线，触犯了道德禁忌，造成道德混乱，减少赋予人类的更高的道德地位。

英国政府在 2006 年 12 月发布一份白皮书，提议禁止制造人—动物嵌合或杂合胚胎用于研究。英国下议院科学技术委员会不同意英国政府的提议，于 2007 年 3 月递交一份报告，其中指出英国政府在其发布的白皮书中的提议过于禁止性，不利于英国在干细胞领域的发展。虽然该委员会也意识到这项研究关涉伦理和道德问题，但是他们发现制造人—动物嵌合或杂合胚胎用于研究是有必要的，这可以帮助克服研究中人类卵子短缺的问题，最终开发出细胞治疗所需的技术和方法。该委员会提出人—动物胚胎研究应该被允许，但需要适当的法规约束。该委员会坚持上一届科学技术委员会的观点，即应禁止 14 天后的人—动物嵌合或杂合胚胎研究，禁止在女性体内植入人—动物嵌合或杂合胚胎。该委员会对 HFEA 推迟评估为研究制造细胞质杂合胚胎的许可证申请表示不满，认为 HFEA 有职责对这个领域作出判断，HFEA 推迟评估这些申请是不恰当的，建议这些研究实践应该立刻获得执照。该委员会也批评政府没有明确将这个研究领域归入拟立法范围内，建议应该重视此类研究申请。该委员会也呼吁政府加强公众教育和对话，提高公众对研究中使用人—动物胚胎的信心。

于是，HFEA 决定在考虑这种研究的执照申请之前，先咨询公众、利益团体和科学界的意见。2007 年 4 月，HFEA 在其官网上发布了一份咨询文件"杂合体和嵌合体：在研究中制造人—动物胚胎的伦理和社会影响咨询"。该咨询文件由六个部分组成："引言、科学背景、法律背景、伦理和社会问题、大家的观点和延伸阅读"。文件先讨论了干细胞研究的价值，指出很多科学家相信干细胞研究可以为众多人类疾病提供新的治疗方法，但是卵子短缺问题限制了这种研究的进展。在科学背景中，该文件介绍了细胞核移植技术及其历史、干细胞的定义、干细胞研究的目的、人—动物胚胎的种类等，尽可能让公众理解科学。该文件在法律背景中介绍了英国国内外胚胎研究的法律和政策；在伦理和社会问题方面，列出了支持和反对人—动物胚胎研究的论证，然后让公众在此基础上发表他们自己的观点，并为公众提供延伸阅读的文献，帮助他们进一步了解这项研究的科学、法律、社会、伦理问题。在该文件的咨询期间，HFEA 也同时采用多种测试公众态度的方法，例如公众集会、公众态度投票等，尽可能收集综合的观点和信息，决定这种研究是否应该进行。HFEA 也向英国皇家学会等机构咨询人—动物胚胎研究的科学问题。英国皇家学会支持利用细胞核移植技术为研究目的使用动物卵子制造细胞质杂合胚胎，提出为了研究目的制造人—动物胚胎是有科学依据的，但需要坚持 14 天界限，禁止将这类胚胎植入女性体内。

2007 年 10 月，基于英国公众和科学界的意见以及当时的法规，HFEA 决定同意这项研究。在严格的批准和监管下，为一些研究制造细胞质杂合胚胎在法律上是可接受的，这将会带来科学或医学的进步，但这类研究不能僭越 14 天界限，不能将人—动物胚胎植入女性体内。在人—动物胚胎研究争论中，一些人认为，制造人—动物胚胎用于研究这一步跨得太远，这项研究不仅没有尊重胚胎的道德地位，超越了人类和动物最后的界线，而且将会毁灭人类，造成难以想象的后果。例如，苏格兰天主教会领导强烈反对人—动物胚胎研究，认为这种研究侵犯人的神圣性，会导致"弗兰肯斯坦"科学。但是，一些政治家相信干细胞研究具有强大的科研和医学潜力。英国前首相戈登·布朗和戴维·卡梅隆，由于他们的儿子都患有严重的疾病，所以他们甚至联合起来鼎力支持这项研究。当时向 HFEA 提出申请的英国伦敦国王学院斯蒂芬·明格（Steven Minger）教授和一些同行更是在媒体上频频出现，阐述制造人—动物胚胎用于研究的意义，成功地游说英国议会支持人—动物胚胎研究。2008 年 1 月，HFEA 批准英国纽卡斯尔大学和伦敦国王学院的两个研究小组为研究目的制造人—动物胚胎的申请。英国成为全球少有的、有明确法律允许人—动物胚胎研究的国家。

由此，经过两年多复杂的讨论和立法程序，英国的人类受精和胚胎学法案（2008 年）最终清除了跨物种胚胎研究的禁令，允许人—动物胚胎研究。2009 年 7 月，英国纽卡斯大学研究人员利用胚胎干细胞成功培育出人类精子，这是干细胞研究的重大突破。❶

在英国人类胚胎和干细胞研究相关的法律和政策不断向科学开放的过程中，还有一个重要的事件不可忽视。那就是，英国对辅助生殖技术领域胚胎植入前遗传学诊断的态度，或者说，对通过植入前遗传学诊断技术筛选和获得"救命胚胎"或"救命婴儿"的态度。

沿着时间线可以看出，2002 年的哈什米案和惠特克事件，在英国关于胚胎植入前遗传学诊断和胚胎植入前遗传学筛查规范政策的制定上起到了重要作用，尤其是前者。在 2002 年年初，HFEA 批准了哈什米夫妇再生育一个经过植入前遗传学诊断的婴儿的请求后，英国公益组织生殖伦理评论（CORE）向英国高等法院提起诉讼。2002 年 12 月，英国高等法院作出判决，认定 HFEA 无权作出这样的批准，以向患病的兄姐捐献干细胞或骨髓为目的而设计"救命宝宝"的行为是不合法的。哈什米夫妇被迫中止了计划。随后 HFEA 提出上诉，2003 年 4 月上诉法

---

❶　王康. 人类基因编辑实验的法律规制：兼论胚胎植入前基因诊断的法律议题［J］. 东方法学, 2019（1）：5 – 20.

院撤销了英国高等法院的判决，认为在人类受精和胚胎学法案制定时，植入前遗传学诊断尚未作出此种开发，因此虽然该法案没有规定可以利用植入前遗传学诊断进行组织配型检测，但该法案授权 HFEA 自行决定胚胎选择的范围，因此只要 HFEA 认为适当，那么它所作的决定就是合法的。据此判决，哈什米夫妇继续他们的治疗。CORE 上诉至英国上议院，最终 2005 年 4 月，英国上议院法律委员会的五位议员一致同意支持上诉法院的判决，认为议会制定该法案时对利用植入前遗传学诊断进行胚胎选择存在很大争议，但最终没有禁止而是交给 HFEA 根据情况自行决定。上议院的裁决落锤定音，认定了应用植入前遗传学诊断来治疗基因缺陷患者的合法性。植入前遗传学诊断应用在英国最终被合法化。

英国人类受精和胚胎学法案于 2008 年被修正，允许进行植入前遗传学诊断，同时授权 HFEA 自行决定是否允许生育"救命宝宝"以救治那些严重衰弱但不一定危及生命的儿童（必须根据当时规定）。植入前遗传学诊断的法律规范原则是个案许可，具体应用范围和标准可以按 HFEA 的操作准则加以确定：以预防生育患有先天性疾病的患儿为目的，不得用于非医疗的性别选择；在胚胎本身存在严重遗传病（哮喘、湿疹等不严重并已经有很好的医学干预的疾病、精神分裂症等多因子疾病被排除在外）的显著风险时才可实施；HFEA 授予一些医疗机构实施植入前遗传学诊断的执照，每一个被许可的医疗机构都必须在特定许可范围内实施这项技术，同时每一例植入前遗传学诊断的实施都必须单独提出申请，每个病例都需单独获得 HFEA 的批准。

英国沿着植入前遗传学诊断合法化的道路，2015 年 2 月，英国通过了允许创造"三亲婴儿"的立法。如果一切顺利，英国将成为世界上第一个允许"三亲婴儿"出生的国家。2016 年

2 月，HFEA 批准了一项人类胚胎基因编辑实验，目的是找到在人类生育早期起到关键作用的基因。HFEA 强调，该实验只能以研究为目的，不能将编辑后的人类胚胎植入女性体内。

通过如上介绍可以看出，在英国，关于人类胚胎和干细胞研究，其相关的法律和政策的制定是经过了严格的论证、开明的争论和审慎的选择的，相关决策大多经过了英国最高立法部门或最高司法部门的参与。很早即有专门的法律进行规制，有专门的机构（如 HFEA）负责监督和审批，并有严格的个案审批、严格的研究限制条件或研究边界等措施作为保障和约束。1978 年至今，英国在人类胚胎和干细胞研究有关的各项技术分支方面始终走在世界前列：1978 年世界首例试管婴儿在英国出生，之后英国瓦诺克委员会提出和确立 14 天期限规则，1990 年针对人类生殖技术和胚胎研究进行立法，14 天规则被英国首先纳入其人类受精与胚胎学法，1997 年首例克隆羊"多莉"在英国诞生，2000 年左右批准人类胚胎干细胞研究，提出治疗性克隆概念并明确支持治疗性克隆研究，是世界上首个将治疗性克隆研究合法化的国家，2005 年将引发司法诉讼的"救命婴儿"配型筛选植入前遗传学诊断技术合法化，2007 年开放引发巨大争议的细胞质杂合胚胎研究，允许制造人—动物胚胎用于研究，2015 年"三亲婴儿"技术合法化，2016 年放开人类胚胎基因编辑实验，批准利用基因编辑技术进行人类胚胎研究。在舆情争论和宗教压力面前，英国始终坚持一种务实的态度，基础研究、临床研究和临床应用的界限判然，相信发展这些前沿生物技术不仅会造福人类，还会使该国在全球生物医药领域中占据要地。而这些世界首例和开放政策，并没有导致所谓的道德滑坡或道德沦丧，相反，英国的人类胚胎研究井然有序地进行，不断取得一项项震惊世人的科学成就，相信这些会对我国人类胚胎研究未来政策的选择有所启示。

（四）美国对人类胚胎和/或干细胞研究伦理规则的发展

在人体实验、人类医学研究的基本伦理规范方面，美国早期的贡献是巨大的。美国国家科学院、美国国立卫生研究院在内的一众机构，纷纷出台了自己的行为指南。以对待实验对象方面的伦理准则为例，1979 年，美国根据《纽伦堡法典》和《赫尔辛基宣言》中的伦理道德精神，发布了《贝尔蒙报告》——"保护参加科研的人体实验对象的道德原则和方针"。该报告不仅总结了三条被人们普遍接受的一般性的人体研究的伦理原则——确立提出尊重个人、善行以及公正的概念，而且对这些道德准则的实际应用作出了规定，涉及伦理原则如何应用于知情同意、评估风险和利益以及受试者选择。之后，人类胚胎干细胞研究的相关伦理规范实际上都以此作为基本框架。

尽管人类胚胎干细胞技术 1998 年发端于美国，美国对人类干细胞研究的管理却相对保守，对此的法律和政策经历过很多的波折，甚至有关人类胚胎和干细胞研究的这场争论被形容为一场文化战争，多位总统的政策前后不一。具体表现为，1985 年，美国国会曾颁布法律禁止使用联邦政府的资金资助摧毁、抛弃人类胚胎或者对胚胎有伤害或死亡风险的研究。1995 年，美国国会通过的迪基－韦克修正案禁止美国联邦资金资助制造或破坏人类胚胎的研究活动。2001 年 8 月，美国总统布什颁布了严禁联邦政府资助人类胚胎干细胞研究的禁令。但鉴于人类胚胎干细胞研究的科学受益以及重要的潜在医疗应用前景，美国政府宣布允许使用美国联邦资金资助人类胚胎干细胞研究，但是资助范围仅限于 2001 年 8 月 9 日之前已经成功建系的人类胚胎干细胞系。也即，相关研究只能利用已经成功建系的人类胚胎干细胞系开展研究，不允许利用美国联邦资金破坏人类胚胎获取新的人类胚胎干细胞系的研究。这里需要指出的是，尽管美国联邦资金的使用受到一些限制，但是，私人资本支持的研究并不在此限。由此，美国的人类胚胎和干细胞研究实际上受到的限制，并没有想象的那么大。

不同于英国以立法为主予以规范的模式，针对人类胚胎和干细胞研究，美国采取了伦理守则为主和法律规范为补充的模式。2005 年，美国国家科学院发布人类胚胎干细胞研究指导原则，这是美国对人类胚胎干细胞研究的伦理守则和监管基础。该原则要求，所有从事胚胎干细胞研究的机构应该设立胚胎干细胞研究监督委员会（Embryonic stem cell research oversight，ESCRO），这个委员会应包括生物学家和干细胞研究专家，以及法律专家、伦理专家和公众代表。不仅要求规范人类胚胎干细胞研究，还要求用于研究的胚胎干细胞来源合法。当研究机构计划提取人工授精胚胎的干细胞、通过细胞核转移技术克隆新的胚胎（治疗性克隆）、通过动物模型检验胚胎干细胞效能时，都应首先将科研计划交给 ESCRO 审议通过，与此同时，其他官方管理机构的职权依旧有效。该原则禁止生殖性克隆，禁止培养嵌合体胚胎，要求不能让用于提取干细胞的胚胎在培养基中生长 14 天以上，在通过细胞核转移技术克隆胚胎时必须获得体细胞捐献者的同意，保证细胞捐献者个人信息不泄露，只有在别无选择的前提下才允许将人类胚胎干细胞植入动物体内以检验干细胞效能。❶

在干细胞临床应用的规范管理方面，美国是全球发布干细胞干预临床应用与市场化准入管理的首个国家。2005 年 5 月，美国 FDA 执行人类细胞、组织和基于细胞和组织的产品指南

❶ National Research Council and Institute of Medicine. Final report of the national academies human embryonic stem cell research，advisory committee and 2010 amendments to the national academies guidelines for human embryonic stem cell research［M］. Washington DC：The National Academies Press，2010.

（试行），规定了捐赠者筛查和监测。2007 年 6 月，该指南被采纳为最终的原则，并作为 FDA 的人类细胞和组织产品管理法规。

2009 年 3 月，美国总统奥巴马发布总统令 13505（Executive Order 13505）号文件，推翻对美国联邦资金资助人类胚胎干细胞研究的限制。规定卫生和公共服务部部长在美国国立卫生研究院的指导下对负责任的、有科学价值的人类干细胞研究给予支持，撤回 2001 年 8 月 9 日关于限制人类胚胎干细胞相关研究联邦资助的总统声明，撤回 2007 年 6 月 20 日对胚胎干细胞研究的补充说明，美国重新允许利用联邦资助人类胚胎干细胞的研究。2013 年美国联邦最高法院驳回了一场持续于 2010 ~ 2013 年，要求美国政府停止资助人类胚胎干细胞研究的诉讼，并拒绝审理美国国立卫生研究院相关研究经费合法性的问题。

2009 年 7 月，美国国立卫生研究院颁布人类干细胞研究指南，建立该指南的原则主要有：其一，负责的人类胚胎干细胞研究有可能会促进我们对人类健康和疾病的理解，发现新的预防和/或治疗疾病的手段；其二，为了研究目的的捐赠胚胎应该是自愿的并且是知情同意的。该指南适用于人类胚胎干细胞和诱导性多能干细胞研究以及涉及人类成体干细胞或诱导性多能干细胞的人类受试者研究。该指南强调应该有文件表明"不允许对捐赠胚胎者进行任何的在线支付、现金或其他形式的经济补偿"，同时，在获取捐赠者的知情同意时需要确保捐赠者获得充分的信息，包括捐赠者不会获取直接医疗受益、使用人类胚胎干细胞的研究结果可能会有商业潜力但是捐赠者不会因为这种商业的发展而获取经济或任何其他类型的受益。该指南允许资助衍生于体外受精剩余胚胎的人类胚胎干细胞研究，对于通过单性繁殖和体细胞核移植技术创造的胚状体需要女性捐赠卵子，会为捐赠者带来风险，应该引入卵子生产程序。另外，该指南对研究机构作出具体要求，对资助研究进行持续监测，对不遵守该指南的研究者予以处罚。

2010 年，美国 FDA 批准在人体上开展人类胚胎干细胞疗法的临床实验，批准使用胚胎干细胞治疗遗传性疾病的临床实验。此外，可用于治疗急性脊髓损伤患者。之前的动物实验已证明该疗法可以使瘫痪的实验动物再次行走。

针对生殖系基因编辑，美国初始的态度也相对保守。2015 年 4 月，广州中山大学黄军就领导的科研团队在《蛋白质与细胞》杂志在线发表了首次利用 CRISPR/Cas9 基因编辑技术，对人类早期胚胎进行疾病研究。该论文最初投稿给《自然》和《科学》杂志时均被拒稿，后来才发表在《蛋白质与细胞》杂志。文章发表后引起各方关注，部分原因是其中涉及的伦理问题，以及对中国科研伦理监管的质疑。面对人类胚胎基因编辑实验，美国国立卫生研究院于 2015 年 4 月 29 日发表声明，重申了禁止人类胚胎基因改造实验的长期政策，表示不会对此种研究提供科研经费，表示改造人类胚胎基因是人类不应逾越的底线。此后不到一年的时间，英国 HFEA 于 2016 年 2 月宣布，批准英国弗朗西斯·克里克研究所发育生物学家凯西·尼娅坎的申请，允许其利用 CRISPR/Cas9 基因编辑技术，改造人类胚胎的基因，研究造成人类不孕症的原因。到了 2017 年年初，美国国家科学院与美国国家医学院（NAM）对此前的严格立场开始予以缓和。它们通过人类基因编辑委员会发布了人类基因编辑研究的伦理及监管的原则和标准，要求对任何可遗传生殖基因组编辑临床研究实验，应以令人信服的治疗或者预防严重疾病或严重残疾的目标，并在严格的监管体系下使其应用局限于特殊规范标准，同时必须以充分的持续反复评估和公众参与为条件。

2017 年 8 月，美国科学家舒赫拉特·米塔利波夫及其研究团队成功地利用 CRISPR 基因编辑技术，从未被植入子宫前的人

2006 年以后，日本在干细胞领域，尤其是诱导性多能干细胞领域的发展尤为迅速。2008 年，日本发表建议：仅允许用于以研究发育机制和再生机制或促进诊断技术、预防或再生医学技术或产品为目的的生殖系细胞研究方案，但是禁止利用人类多能干细胞衍生的配子用于生殖目的。另外，2008 年底，日本科学家呼吁简化生命伦理委员会的各种程序，并建议将人类胚胎干细胞衍生和使用指南分成两部分，一部分管理衍生和分配，另一部分管理干细胞的使用，2009 年，新版人胚胎干细胞研究指南采纳了这些建议。2010 年，新版人胚胎干细胞研究指南生效，允许制备新的人胚胎干细胞系，并且人类胚胎干细胞和诱导性多能干细胞开始用于临床。

至此，人类胚胎干细胞、治疗性克隆、诱导性多能干细胞、人类胚胎干细胞衍生的人类配子等研究均成为日本大力发展和促进的研究项目。其中，诱导性多能干细胞、人类胚胎干细胞衍生的人类配子两项研究，日本一直走在世界前列。

2019 年 3 月，日本文部科学省制定了新的规定，允许在动物体内培育人类器官，从而加强利用动物培育移植用人体器官的相关研究。此举旨在针对器官移植捐赠率低及易出现排异反应的现状，预计将为糖尿病等开启治疗新方向。

根据这项新的规定，2019 年 7 月，日本政府开全球之先河，批准了日本国内一项人—动物胚胎实验，著名生物学家中内启光的试验计划得到了批准。中内启光及其研究团队计划将人类诱导性多能干细胞植入小鼠和大鼠胚胎，并将胚胎植入实验动物体内。他们的最终目标，是在动物体内培育能用于移植手术的人类器官，也就是说，这些器官最终将用于人体。中内启光表示，他们将缓慢推进这项试验：首先将分别培养杂交小鼠、大鼠胚胎至 14.5 天和 15.5 天，他们将申请在猪身上培育杂交胚胎，最长可到 70 天。以最先进行的实验鼠为例，研究人员会首先修改实验鼠受精卵的基因，使其无法正常生成自身的胰脏等脏器；然后向受精卵中植入人类诱导性多能干细胞，培育含有人类细胞的动物胚胎"动物性集合胚"；之后再将其移植回实验鼠子宫。他们希望，胎鼠长大后能拥有由人类诱导性多能干细胞形成的胰脏等。这种研究涉及的是一种典型的人—动物嵌合胚胎，是创造一种含有人类细胞的动物胚胎，并将其移植到代孕动物体内，期望利用动物培育出可供人类器官移植的组织器官从而为人类提供移植器官的新来源。2020 年 5 月，日本媒体消息称，猪身上的实验与之类似，会在代孕母猪分娩前将胎儿移除，以检查源自人类诱导性多能干细胞的胰腺组织的量以及功能。而这一基因工程胰腺，可用于治疗患有严重糖尿病的患者。以中内启光为代表的科学家认为，具有正常机能的人体器官，如若能在动物体内培育成功，则人类移植医疗领域很多问题都可迎刃而解。

关于如此进行人—动物嵌合胚胎构建，然后将嵌合胚胎植入动物体内，发育出动物胎儿，获取其组织器官，人们自然存在各种各样的伦理担忧：美国芝加哥大学的医生与生物伦理学家丹尼尔·苏尔梅西表示："为了获得科学知识，我们对人类的所作所为是否有任何限制？而究竟哪些可以算人类？"这正是相当一部分生物伦理学家的担忧——此类研究可能导致目标器官的发育未按设计完成，特别是可能影响发育中的动物大脑，以及相关认知功能。那么，实验鼠还是不是鼠，实验猪还是不是猪，这就是民众最担忧的，是否会出现"人兽杂交"生物问题等。

针对伦理学家的质疑，中内启光及其研究团队表示，他们已在实验设计中考虑到了这些疑虑，因此他们尝试的是有针对性的器官生成，这样一来，嵌合胚胎的发育只限定在对胰腺的控制上。他们会密切监察老鼠胎儿，一旦发现其大脑含有 30%

以上的人类细胞，将不予出生，对于其他予以出生的在产下后也会最长观察 2 年。日本北海道大学的科学政策研究员表示，谨慎行事是有益的，这样可以更多地与公众进行对话，从而减轻焦虑和不安。中内启光的研究团队、曾参与 2018 年人—羊嵌合体研究的研究者帕布罗·罗斯（Pablo Ross）认为（此前在 2018 年美国科学促进会会议上，中内启光及其研究团队声称已将人类诱导性多能干细胞植入羊胚胎中，但生长了 28 天的嵌合胚胎经发育仅含有极少的人类细胞，并不像一个"正经器官"——也可能是因为人类和绵羊之间的基因距离），为了弥补可移植器官的短缺，世界上有一些科学家在研究机械驱动的人造心脏，一些科学家在研究 3D 打印器官，一些科学家试图通过基因编辑消除人与猪之间的界限，另一些则在创造人与动物的嵌合体。所有这些研究都有争议，没有一个是完美无缺的。但它们给了病床上等待的人们活下去的希望。可以看出，关于人—动物嵌合胚胎研究，无论是技术上的挑战，还是伦理上的担忧，依然使得器官异种移植的道路充满变数。❶

　　整体而言，日本的科技政策、伦理考量是非常务实的：针对人类胚胎干细胞研究和治疗性克隆研究，采取了与国际伦理规则完全接轨的态度，并进一步制定非常详细的日本国内的伦理规则予以规范。对于日本国家的骄傲——山中伸弥的获得诺贝尔生理学或医学奖的诱导性多能干细胞技术研究，从始至终，日本政府在科技政策、相关法律和伦理规则上，都采取了大力支持和鼓励的态势。此外，在日本近年取得明显先发优势的两个领域——人类胚胎干细胞衍生的人类配子研究以及基于人—动物嵌合胚胎培育人体可移植器官研究方面，在面对巨大舆情争议甚至是部分科学家和伦理学家的质疑声中，日本政府也并

---

❶ 张梦然. 用动物胚胎培育人类移植器官面对的是理与技术两座大山 [N].
科技日报，2019-08-06（8）.

没有退缩，而是采取了审慎批准相关研究，加上严格监管相关研究程序和临床应用的做法，避免制备出的相应人类配子用于人类生殖，避免人—动物胚胎研究损害人类尊严。在日本，伦理评价在生物技术中的影响并不大，人们的创新意识以及有效的政府事前引导起到了积极作用。因此，对于干细胞研究而言，在要求伦理审查发挥实际作用的同时，更应当加强对于干细胞研究的事前监督和管理，完善相应的责任追究机制。这样就会既不因固守伦理而丧失宝贵的研究探索时间，也避免因监管不到位，产生巨大的伦理争议。从而在维护人类尊严和人类基本道德价值观念的前提下，大力支撑和发展人类胚胎研究和干细胞研究。

（六）2016 版《干细胞研究和临床转化指南》

ISSCR 成立于 2002 年，是一个旨在以促进交流有关干细胞研究为目的的组织，推动国际干细胞协会与生物工程学会干细胞专业委员会的合作与交流，推动全球生物干细胞的研究和临床应用。ISSCR 成立以后，于 2006 年发布《人类胚胎干细胞研究行为指南》，2008 年发布《干细胞临床转化指南》。

2008～2016 年，干细胞行业飞速发展。随着干细胞研究取得的显著进展，同时出现了许多新的伦理、社会和政策方面的挑战。考虑到涉及人类胚胎、物种安全，且面临着机理不清晰、未经审批便过早投入临床等诸多问题，干细胞研究和转化一直面临着伦理挑战和政策限制。随着基因编辑、线粒体移植、人兽嵌合体等技术的发展，围绕干细胞的基础研究和临床转化更加需要严格、准确的指导方针为其真正造福人类健康保驾护航。从基础研究、临床转化等诸多方面为干细胞行业发展提供参照准则和规范申明。因此，为了更合理的规范伦理、制度问题，ISSCR 组织了来自欧洲、亚洲、北美和澳大利亚等 14 个国家的

25 位科学家共同制定 2016 版干细胞研究指南，并由 100 个包括监管机构、资助机构、期刊编辑、患者代表、研究人员以及普通公众在内的个人/机构对其审阅、反馈修正。2016 年 5 月 12日，ISSCR 指南工作组发布了 2016 版《干细胞研究和临床转化指南》，对 2006 版和 2008 版的内容进行了更新与扩展，旨在促进在干细胞科学的基本知识和临床应用方面迅速而负责的进展。❶ 作为国际上最大的干细胞研究专业学会组织，该指南的发布旨在为全球建立一个通用的标准，为干细胞研究及其临床转化应用产生更好的指导作用。❷

2016 版《干细胞研究和临床转化指南》在过去的指导方针基础之上对内容进行了修订和更新，长达 37 页。其内容相对于我国干细胞伦理指导原则更丰富，非常具体地规定了干细胞研究伦理考量的方方面面。其在前述 2006 版和 2008 版两个指南的基础上进行了广泛更新和扩展，并提出了一些之前版本没有提及的新内容，比较突出的几个内容是：

首先，2016 版《干细胞研究和临床转化指南》拓宽了原来的胚胎干细胞研究监督委员会的功能和审查范围，以涵盖所有人类胚胎研究。2016 版《干细胞研究和临床转化指南》规定，EMRO 流程既包括胚胎干细胞研究，也包括与干细胞或干细胞系并无明显相关的任何胚胎研究、基因组修饰以及胚胎嵌合体等。现在有关 EMRO 流程的准则所包含的原则，是要求对应用于人胚胎研究的新兴技术进行监管，与 2016 版指南在若干领域的胚胎研究政策声明相一致，并与美国、欧洲以及英国的胚胎

❶ DALEY G, HYUN I, APPERLEY J, et al. Setting global standards for stem cell research and clinical translation: the 2016 ISSCR guidelines [J]. Stem Cell Reports, 2016, 6 (6): 787 - 797.

❷ KIMMELMAN J, HYUN I, BENVENISTY N, et al. Policy: Global standards for stem - cell research [J]. Nature, 2016, 533 (7603): 311 - 313.

研究政策相一致。2016 版指南声明需要重新细化 EMRO 流程，例如，针对胚胎干细胞研究应该分属于胚胎干细胞研究监管部门。

其次，ISSCR 认为，在严格的科学和伦理监督下，对植入前人类胚胎的科学研究在伦理上是允许的。这一立场与美国生殖医学学会、欧洲人类生殖及胚胎学会、美国妇产科医师学会、英国 HFEA 的政策本质是一致的。这些研究应通过专门的 EMRO 流程受到审查、审批和持续监测。基于此，2016 版《干细胞研究和临床转化指南》提出和规定了人类胚胎和干细胞研究所应遵循的五个基本伦理原则。包括研究事业诚信原则、患者利益优先原则、尊重研究受试者原则、透明原则、社会公正原则。

最后，2016 版《干细胞研究和临床转化指南》提出对科学研究项目的审查和监管，需要根据三种研究类型进行分类审查，并详细规定了不同类型研究的伦理审查。

Ⅰ类是常规研究。该类研究只需由机构伦理委员会进行审查，不需要专门伦理审查委员会特殊审查，可在行政审批简化程序中进行，也即相应研究只需在当时的授权管理部门和/或委员会审查许可即可，并可以免去 EMRO 流程。例如，用已建立的现有的人类胚胎干细胞或人类胚胎干细胞系进行的研究，并且研究仅局限于细胞培养或用于常规和标准的研究活动，进行如体外分化实验研究、SCID 小鼠体内形成畸胎瘤等常规研究实践活动。或者将人类体细胞重编程使其具有多能性，如诱导性多能干细胞的产生，而不是创造胚胎或全能干细胞的研究活动。这些研究项目只要通过机构伦理委员会审查后许可，既不需要履行 EMRO 流程，也不建议将诱导性多能干细胞置于特殊干细胞研究监管。

Ⅱ类是需要进行特别审查（EMRO 流程）的研究项目。该类研究需要交由专门伦理委员会审查，研究只有通过 EMRO 流程后才允许开展。并且需要与其他相关监管相协调，例如，由人类受试者审查委员会或体外受精临床审查机构执行的监管。需要通过 EMRO 流程进行审查的研究包括：①用于研究的体外受精胚胎的获得与使用。②为创造用于研究的胚胎而获得人类配子（获取人类配子创建研究性胚胎的研究）。③需要进行产生人类胚胎的授精研究时产生人类配子的研究（生产人类配子并授精来创建人类胚胎的研究）。④涉及对人类胚胎或用于体外获得胚胎的配子进行遗传操作的研究。⑤从人类胚胎中建立新的多能细胞系的研究。⑥旨在产生具有胚胎和胎儿发育潜能的人类全能细胞的研究。⑦涉及体外培养胚胎或实验产生可能显示人类机体潜能的胚胎样结构的研究，应通过令人信服的科学原理证明，确保将体外培养时间降到最低限度。⑧通过任何方法得到的人类全能细胞或多能干细胞与人类胚胎混合（实验室生产合成胚胎）的研究。

Ⅲ类是应该禁止的研究活动。该类研究不允许开展，且由于缺乏广泛的国际共识，该类研究缺乏令人信服的基本科学原理，容易引起重大的伦理问题，或在许多地区是非法的，研究内容包括：①不管以任何方式获得的任何完整的人类植入前胚胎，或者具有人类机体潜能的组织化胚胎样细胞结构，时间不能超过 14 天或者在原条形成之后，以先发生者为准。②在子宫外或者任何非人类动物子宫中孕育人类胚胎，或者具有形成人类机体潜能的组织化细胞结构的实验。③将经体细胞核移植重编程或者类似技术产生人类胚胎植入人类或者动物子宫的研究，鉴于科学发展和医疗安全隐患，人类生殖性克隆的尝试应当被禁止。④对人类胚胎细胞核基因组进行修饰后移植到或者孕育在人类或者动物子宫的研究，基因组修饰的人类胚胎包括对其核 DNA 进行工程改变的人类胚胎和/或用其核 DNA 经过修饰的人类配子产生的胚胎，其中所述修饰能够通过生殖系遗传（将人类胚胎的核基因组经修饰后植入人类或动物子宫进行生育的研究）。⑤繁育具有产生人类配子潜能的人类与动物细胞融合的嵌合体的研究（HNH 嵌合体进行繁殖研究中有可能具有产生人类配子的潜能）。

此外，对于一些新兴研究类型，例如在实验室进行人类配子、人类受精卵和/或人类植入前胚胎的基因组修饰的研究、线粒体移植以及使用具有全能或多能性的人类细胞整合进动物的中枢神经系统嵌合或在动物宿主中生产人类配子的嵌合体研究，ISSCR 对此保持了密切关注。

对于生殖系基因编辑，ISSCR 认为，科学家对人类胚胎细胞核基因组修饰技术保真度和精确度仍缺乏足够的理解，而且尚未完全理解此类流程之后出生的个体的安全性和潜在的长期风险。此外，迄今为止，公众和国际上对这些基因编辑技术的性能和局限性以及它们应用到人类生殖系的影响都缺乏足够的认知度。ISSCR 支持经过严格的 EMRO 流程，需要对配子、受精卵或植入前人类胚胎的核基因组进行修饰的实验室研究，即可以进行涉及编辑人类胚胎或生殖细胞的基础研究和临床前研究。相反，如果相应临床应用想要得到批准，则必须对人类生殖系修饰有关的伦理、法律、社会影响进行更深刻、更严格的研究。因此，除非未来对其科学和伦理有进一步的认知和界定，ISSCR 认为现阶段任何以生殖为目的对人类胚胎进行基因组修饰的临床研究都是不成熟的，应当被禁止。即现阶段应限制其临床应用。

对于"三亲婴儿"，ISSCR 认为，同生殖系基因编辑修饰核基因组相比，"三亲婴儿"采用完全不同的方法，不需要直接对核基因组进行修改，通过临床前研究验证 MRT 的安全性和有效性，并且应该继续接受相应的监管。2014 年以来，英国、美国等国家和地区对"三亲婴儿"在科学和伦理上都有深刻的讨论。

这些讨论以及该指南内提供的指导将对 MRT 的临床转化提供合理的审查、审批和监管机制。

对于人—动物嵌合体研究，ISSCR 认为，在嵌合体研究中，如果采用的人类细胞在功能上有可能与动物中枢神经系统高度整合，或者有可能在动物宿主中产生人类配子，则需要特别的审查。研究机构应当确定，那些涉及能够融合到实验动物神经系统的人类神经干细胞的嵌合体研究，是否应该通过专门的或者已经存在的动物研究审查流程来审查。当嵌合体功能性融合水平增加到足以令人担忧时，需要启动专门的审查程序，这里的担忧特指动物宿主自然本性可能被大大改变，尤其是嵌合体发生在灵长类动物相近种属时需要更加严格的审查。动物管理委员会的审查需要由具有相关领域专业知识的科学家和伦理学家配合完成。对于通过遗传的或化学的重编程方法（如诱导性多能干细胞），从体细胞衍生多能干细胞，要求涉及人的受试者研究接受伦理审查，但不要求特殊的人 EMRO 流程，只要研究并不产生人胚胎或不具有研究使用人的全能或多能干细胞的敏感方面。鉴于人类诱导性多能干细胞不具有与重新建立的人类胚胎干细胞系衍生物一样的敏感性，该指南将人类诱导性多能干细胞从特殊审查中排除，取而代之的是呼吁由委员会来监督受试者以审查供体细胞的获得。然而，当使用人类诱导性多能干细胞来实现中枢神经系统的人—动物的嵌合或诱导性多能干细胞与人类胚胎融合的研究时，仍需要进行特殊审查程序。因此，对于通过人类全能或者多能干细胞与动物宿主进行融合，以实现中枢神经系统嵌合或生殖系嵌合的研究，需要专门的研究监管和审查，其可能涉及嵌合体中人与动物的融合水平、整合程度、配子产生、自然本性改变、动物福利等很多因素，该监管应该利用现有的、基于严格的科学知识和合理的推论的基准动物数据，并且考虑到动物福利原则的应用。该指南第二部分涉及人类胚胎干细胞和胚胎的实验研究以及相关研究活动，包括审查流程、生物材料的获取、人类胚胎干细胞系的建立、建库和发布、执行机制。第三部分是干细胞临床转化研究。ISSCR 坚持认为，在严格的科学和伦理监管下，对植入前人类胚胎的科学研究在伦理上是允许的，特别在人类发育、遗传和染色体疾病、人类生殖和新型疾病治疗方法等领域。在人类胚胎研究的可容许性及严格的科学和伦理监管要求方面，ISSCR 的立场与美国生殖医学学会、欧洲人类生殖及胚胎学会、美国妇产科医师学会、英国 HFEA 的政策声明是一致的。

此外，针对干细胞临床前研究常常面临着结果不可复制、报告数据不完全等问题。虽然医药技术在数十年里发展快速，但是作为新兴技术，大多数细胞治疗机制仍然不完全清楚。因此，2016 版《干细胞研究和临床转化指南》针对临床前研究的设计、数据分析、系统报告都进行了详细的说明和规范。该指南主张所有的临床前研究的结果，无论成功、失败还是不确定，都需要发表在同行评议期刊上，审评人员需要对其进行系统分析，在进行临床转化之前需要评估所有信息。该指南规定，只有当临床前研究通过独立的同行审批过程，且得到"高标准的安全性和有效性"的评估后，才能进入临床研究。该指南着重强调临床研究的透明性问题，它鼓励所有的实验都需要在公共数据库中登记。此外，该指南还呼吁制定出针对研究报告完整性、准确性的统一标准。

《干细胞研究和临床转化指南》作为人类胚胎研究的一项国际专项指南，虽然不具备法律效力，但是国家、政府、科学共同体、期刊和学术机构可以将其视为业内统一而正规的标准。❶一旦该指南被广泛接受，它可能会比法律法规更有行业规范和

---

❶ KIMMELMAN J, HYUN I, BENVENISTY N, et al. Policy: Global standards for stem-cell research [J]. Nature, 2016, 533 (7603): 311-313.

监管效果。

（七）小　结

从各个国家和地区的科技政策、法律规定、伦理审查规则来看，对人类胚胎和干细胞研究的伦理观点，受到各自社会的政治、经济、文化、宗教和哲学观点的影响，争论正在深入，且未取得一致。但是，大的形势或趋势也是一目了然的：总体而言，很多国家和地区都在选择拥抱技术发展，正视伦理争议，通过"允许加限制"的手段降低科技风险对社会的负面影响，从而走向越来越开放、开明、公开、透明、审慎审批、严格监管的路线上，并没有深闭固拒，简单的一拒了之。在以上各种规范模式和政策立场中，从其政策的演变我们可以看出，很多政策、法律、制度、伦理规则的出台，一般均经历了较长时间的公众参与，严谨的调查、研究和论证，因而各种利益诉求能够得到立法层面的考虑，公共政策的透明化和利益平衡使其具有较强的正当性基础。并且，根据法律专门设立的独立于行业利益的主管机构或伦理委员会能够在法律规定的框架之下，针对个案特定情况而作出灵活应变。

二、人类胚胎和/或干细胞研究相关伦理审查规则的国内发展

（一）我国对人类胚胎和/或干细胞研究方面的巨大支持

自 20 世纪 90 年代后期以来，我国一直高度关注干细胞研究，国家重点基础研究发展计划（973）计划、国家重大科学研究计划、"863"计划、国家自然科学基金和国家科技重大专项等均给予干细胞研究大力支持。干细胞领域的基础研究和应用

开发规模不断扩展，研究成果数量不断增加。

在基础研究方面，我国在 2005 年发布的《国家中长期科学和技术发展规划纲要（2006—2020 年）》中明确指出，我国要重点研究治疗性克隆技术、干细胞体外建系和定向诱导技术、干细胞增殖、分化和调控等技术。要大力发展生物技术，其中一个方向是"基于干细胞的人体组织工程技术"。2006 年 10 月科学技术部发布的《国家"十一五"科学技术发展规划》明确规定，发育与生殖研究要逐步建立以人类为主的含非人灵长类的胚胎干细胞库，建立胚胎干细胞定向分化模型，在生殖健康、组织工程和动物克隆等方面实现重大突破。在 2011 年 7 月发布的《国家"十二五"科学和技术发展规划》中同样把细胞重编程及其调控机制研究、干细胞自我更新及多能性维持的机理及新物种多能干细胞的建系、干细胞的定向诱导分化及其调控机制研究、干细胞临床应用基础研究等作为国家重大科学研究计划予以开展。2012 年 4 月科学技术部公开的《干细胞研究国家重大科学研究计划"十二五"专项规划》（公示稿）提出："我国干细胞研究尤其应该重点支持未来干细胞临床和转化应用的核心技术"。从这一系列以往的规划文件可以看出，我国政府对于胚胎干细胞的相关研究持有积极的支持态度。2011 年，我国成立了干细胞研究国家指导协调委员会，强化国家在干细胞研究方面的战略目标，建设若干个国家级干细胞研究重点基地，重视干细胞研究的人才培养，这些措施对我国干细胞研究的快速发展起到了非常积极的作用，取得了显著的效果。

在临床研究方面，我国更是投入巨大。2013 年，中国科学院成立干细胞与再生医学研究先导专项办公室。2015 年，国家启动了重点研发计划"干细胞与转化医学"重点专项试点工作，自 2015 年第一批国家重点研发计划试点专项启动后，该重点专项连续获得中央财政拨款扶持：2016 年，25 项，4.8 亿元；

2017 年，43 项，9.4 亿元；2018 年，30 项，5.8 亿元。2017 年 4 月，我国启动首批经官方备案的胚胎干细胞临床研究，包括两项，分别是人胚胎干细胞来源的神经前体细胞治疗帕金森病；人胚胎干细胞来源的视网膜色素上皮细胞治疗干性年龄相关性黄斑变性导致的老年人严重视力障碍。与已进行的胚胎干细胞临床研究不同的是，这是世界首批基于公共干细胞和免疫配型开展的分化功能细胞临床移植研究。两项研究均已完成原国家卫生和计划委员会和原国家食品药品监督管理总局的备案，体现了国家在干细胞领域的系统布局和重要进展，表明我国的干细胞及转化研究水平已跻身世界前列。两项研究依托国家干细胞临床研究机构郑州大学第一附属医院开展，严格依据《干细胞临床试验研究管理办法（试行）》等法规推动研究，为我国的干细胞转化研究提供示范。

习近平总书记在 2016 年 5 月 30 日召开的全国科技创新大会、两院院士大会、中国科协第九次全国代表大会上的讲话指出："干细胞研究、肿瘤早期诊断标志物、人类基因组测序等基础科学突破……为我国成为一个有世界影响力的大国奠定了重要基础。从总体上看，我国在主要科技领域和方向上实现了邓小平同志提出的占有一席之地的战略目标，正处在跨越发展的关键时期。"2017 年 6 月 13 日，我国印发了《"十三五"健康产业科技创新专项规划》，规划中明确将干细胞与再生医学、CAR－T 细胞治疗等新型诊疗服务列为发展的重点任务，并要求加快干细胞与再生医学的临床应用。2018 年 3 月 10 日，在十三届全国人民代表大会第一次会议记者会上，科学技术部原部长万钢谈及五年来我国的科技创新就包括胚胎干细胞。通过如上科研投入及科研定位可以看出，我国把人类胚胎和干细胞研究放在了一个非常重要的位置之上，列入国家科技发展的五年规划和中长期规划，对其发展高度重视，投入巨大。

　　需要注意的是，由于涉及人类胚胎和干细胞的研究比较敏感，上述科技政策、科技投入必然需要在保护人的生命和健康，维护人类尊严的前提下，鼓励进行相关的科学研究。由此就需要对相应的伦理规则予以指引和规范。我国人类胚胎和干细胞研究相关伦理审查规则的发展，首先由有关部门出台部门规章规范基础研究，然后再密集出台相关规则规范临床研究，最后以密集立法予以完善的路线。

（二）基础研究层面人类胚胎和/或干细胞研究相关伦理规则的发展

　　我国对人类胚胎和干细胞研究相关伦理问题的研究发生在2000年前后。1999年，首先成立了遗传学会伦理、法律及社会问题委员会和中国人类基因组伦理、法律和社会问题委员会。在研究行为规范方面，国家人类基因组南方研究中心伦理委员会于2001年通过《人类胚胎干细胞研究的伦理准则（建议稿）》，这是我国最早的指导人胚胎干细胞研究的规范性文件。

　　由于胚胎干细胞研究中的人类胚胎（剩余胚胎）主要来源于辅助生殖的医疗实践，因此，辅助生殖技术领域的相关伦理规则也构成胚胎干细胞研究中必须考量的一个方面。2003年7月，卫生部发布《人类辅助生殖技术规范》和《人类辅助生殖技术和人类精子库伦理原则》，前者规定，禁止实施以治疗不育为目的的人卵胞浆移植及核移植技术；禁止人类与异种配子的杂交；禁止人类体内移植异种配子、合子和胚胎；禁止以生殖为目的对人类配子、合子和胚胎进行基因操作；禁止在患者不知情和不自愿的情况下，将配子、合子和胚胎转送他人或进行科学研究；禁止开展人类嵌合体胚胎试验研究；禁止克隆人。

　　2003年，科学技术部和卫生部发布了《人胚胎干细胞研究伦理指导原则》，并于2003年12月24日生效。其发布背景是根据联合国大会第 56/93 号决议，制定《禁止生殖性克隆人国际公约》特设委员会和工作组会议分别于 2002 年 2 月和 9 月在联合国总部美国纽约召开，包括中国在内的约 80 个国家出席上述会议。中国政府积极支持制定《禁止生殖性克隆人国际公约》，坚决反对克隆人，不允许进行任何克隆人试验，并为此制定了《人类辅助生殖技术管理办法》。这是我国第一部基于北京和上海两地科学家和生命伦理学家发起倡议和分别递交干细胞研究的伦理原则和管理建议而制定的，采纳和吸收了国家人类基因组北方研究中心（北京）和南方研究中心（上海）分别提出的两个建议稿，科学技术部和卫生部联合制定《人胚胎干细胞研究伦理指导原则》的目的是为保证生物医学领域人胚胎干细胞的研究活动遵守我国的有关规定、尊重国际公认的生命伦理准则，并促进人胚胎干细胞研究的健康发展。该指导原则共 12 条，规定凡在我国境内从事涉及人胚胎干细胞的研究活动，必须遵守该指导原则。对规范我国干细胞研究以及促进干细胞研究在我国顺利发展起到重要作用。

《人胚胎干细胞研究伦理指导原则》明确了人胚胎干细胞的来源定义、获得方式、研究行为规范等，并再次申明我国禁止进行生殖性克隆人的任何研究，禁止买卖人类配子、受精卵、胚胎或胎儿组织。用于研究的人胚胎干细胞只能通过下列方式获得：①体外受精时多余的配子或囊胚；②自然或自愿选择流产的胎儿细胞；③体细胞核移植技术所获得的囊胚和单性分裂囊胚；④自愿捐献的生殖细胞。

进行人胚胎干细胞研究，必须遵守以下行为规范：①利用体外受精、体细胞核移植技术、单性复制技术或遗传修饰获得的囊胚，其体外培养期限自受精或核移植开始不得超过 14 天；②不得将前款获得的已用于研究的人囊胚植入人或任何其他动物的生殖系统等。可见我国政府对人胚胎干细胞的研究制定了严格的伦理规范进行约束。此外，进行人胚胎干细胞研究必须认真贯彻知情同意与知情选择原则，签署知情同意书，保护受试者隐私；从事人胚胎干细胞研究的单位应成立包括生物学、医学、法律或社会学等有关方面的研究和管理人员组成的伦理委员会，其职责是对人胚胎干细胞研究的伦理及科学性进行综合审查、咨询和监督等。

《人胚胎干细胞研究伦理指导原则》的推出具有重要意义，使得我国在这一前沿研究领域有了一个统一、权威的行为规范，对我国人类胚胎干细胞研究健康快速的发展起了很大的促进作用。

基于如上伦理规则可以看出，与我国之前一度严格的专利审查制度不同的是，我国政府对于人胚胎干细胞的相关研究表现出了明确的支持态度。因此，有研究者指出：在我国开展对人胚胎干细胞的研究，在法律或者伦理上是附条件允许的。例如，一项研究违反《人类胚胎干细胞伦理指导原则》应视为不符合伦理，其行为违反社会公德，以此为由拒绝授予其研究成果专利权是合乎情理的。反之，对于符合《人类胚胎干细胞伦理指导原则》的人胚胎干细胞研究，其研究行为和成果应被视为符合社会公德，若再以违反社会公德为由拒绝授予其专利权似乎存在悖论。在宏观方面，为了公共利益，我国政府对人胚胎干细胞及其技术的研发持积极态度，并把相关科研主题纳入国家重大科研发展计划予以实施；在技术操作方面，我国制定了《人胚胎干细胞研究伦理指导原则》，使人胚胎干细胞的研究符合医学伦理、符合社会公德。所以，在我国以违反社会公德为由一概否定人胚胎干细胞发明的可专利性似乎略显武断。专利行政部门在对相关发明可专利性进行评判时，可将《人胚胎干细胞研究伦理指导原则》等规章作为支持性文件进行综合评估，如同 EPC 引用《关于生物技术发明的法律保护指令》的做法。

此外，包括第 171837 号复审决定等在内，复审请求人也认为，根据《人胚胎干细胞研究伦理指导原则》规定，用于研究的人胚胎干细胞只能通过①体外受精时多余的胚子或囊胚；②自然或自愿选择流产的胎儿细胞；③体细胞核移植技术所获得的囊胚和单性分裂囊胚；④自愿捐赠的生殖细胞这四种方式获得，包括建系以及未建系的胚胎源干细胞，该申请使用的胚胎干细胞符合国家规定的伦理指导原则。而我国的法律体系在部门规章层面进行了规范，鼓励在符合相关伦理指导原则的前提下进行人胚胎干细胞相关的研究。认为对胚胎干细胞的研究违反社会公德，缺乏理论依据，也不符合专利法的立法宗旨。诸如此类的观点可能是有其合理性的。再联系考虑 2019 年《专利审查指南 (2010)》的修改，已经在朝着放开伦理限制的道路迈进了一大步，我国专利审查标准中相关伦理道德标准进行了较大调整，但毕竟是局部调整、有限修改，还有很多历史遗留问题需要通盘考虑。以上研究者的观点，在某些方面，需要深思之处。

相适于以上人类胚胎研究等伦理规则和技术规范，我国相关的科技政策、科研投入也一直非常支持干细胞的研究。可以看出，我国制定的关于人类胚胎研究的相关伦理原则与国家科技政策总体而言是比较相符的，通过允许、开放和支持人胚胎干细胞研究，实现胚胎干细胞研究等在生殖健康、组织工程和动物克隆等方面实现重大突破。由此，科学技术部、卫生部两个部门在科技政策与伦理原则上的把握是一致的，这也是两个部门联合制定和发布伦理原则的主要原因。

2018 年，国家知识产权局在《知识产权重点支持产业目录 (2018 年本)》中将干细胞与再生医学、细胞治疗、人工器官、大规模细胞培养及纯化、生物药新品种等涉及人类胚胎干细胞相关技术的领域纳入健康产业、先进生物产业予以重点保护，以促进重大新药研制、重要疾病防控和精准医学、高端医疗器械等领域发展。

这也是 2019 年《专利审查指南（2010）》就人胚胎干细胞部分的审查标准进行修改和调整的重要原因。由此，我国基本实现国家的科技政策、科技伦理与专利保护政策的和谐统一。

（三）临床研究层面人类胚胎和/或干细胞研究相关伦理规则的发展

我国对人类干细胞临床应用的管理框架的建立起步较晚。2007 年 1 月，卫生部颁发的《涉及人的生物医学研究伦理审查办法（试行）》，阐明研究伦理基本原则，引导并初步建立生物医学研究伦理审查机制体制，开展生物医学研究风险与受益评估，建立知情同意规程，保护受试者权益。

2007 年 7 月，国家食品药品监督管理总局发布《药品注册管理办法》（局令第 28 号）规定，基因治疗、体细胞治疗及其制品属于治疗用生物制品分类三。体细胞治疗的新药申报遵循 2003 年 3 月发布的《人体细胞治疗研究和制剂质量控制技术指导原则》进行。然而，包括干细胞在内的体细胞治疗的制备技术和应用方案具有多样性、复杂性和特殊性。

在巨大的经济效益驱使和相关法律法规不健全的环境下，我国干细胞研究的快速发展还带来了部分负面效应，那就是干细胞临床治疗的乱象，❶ 发生的一些问题，在国际上产生了一定影响。例如，一段时期内，我国出现了多家干细胞治疗中心在没有任何国家认证的情况下，大肆开展干细胞治疗的医疗服务。2007 年 9 月《新民周刊》（第 38 期）就发表了"干细胞真相调

---

❶　周琪，朱宛宛. 干细胞临床研究和治疗的伦理、道德及法律问题探讨［J］. 科学与社会，2013，3（1）：26-36.

查"的长篇报道，揭露了某些地方医院与科技公司合作，利用干细胞治疗脑瘫、脑梗死、肌萎缩侧索硬化等十余种疾病，治疗人数达上千人，还吸引了不少外国患者专程来中国进行干细胞治疗。这种现象使得外国科学家既羡慕我国相对宽松的干细胞研究和应用环境，又批评我国的干细胞治疗局面混乱。2008年12月，ISSCR 发布《干细胞临床应用指导原则》，其中未指名地谴责了利用未经证明的干细胞及其衍生物对临床患者进行大规模治疗的现象。2009年2月，《自然》杂志发表题为"集体责任"的社论，表面批评我国干细胞学术团体的现状，实则批评干细胞临床应用的混乱。2009年《自然生物技术》杂志第27卷第9期发表了"利用希望"的长篇报道，对中国一些医疗机构利用患者的希望进行未经安全性证明的干细胞治疗进行了批判。2010年1月，英国《经济学家》月刊发表了题为"是狂乱的东方，还是科学的盛宴?"的文章，再一次尖锐地批判了我国的干细胞研究和应用。

面对干细胞治疗中的如此乱象和负面事件，2009年5月，卫生部公布的《医学技术临床应用管理办法》规定，除造血细胞以外的大部分干细胞技术暂不得应用于临床。这一规定强调干细胞应用于临床前必须进行临床试验，以明确其安全性、有效性、伦理审查、知情同意。

2011年12月，卫生部办公厅、国家食品药品监督管理总局办公室发布《关于开展干细胞临床研究和应用自查自纠工作的通知》，属于卫生综合规定，用于规范干细胞临床研究。

2012年4月，科学技术部公开《干细胞研究国家重大科学研究计划"十二五"专项规划（公示稿）》，提出我国干细胞研究应该重点支持干细胞临床和转化应用的核心技术。

2013年，卫生部成立干细胞应用整顿规范委员会。为了规范并促进干细胞临床研究，2013年3月生效《干细胞临床试验研究管理办法（试行）（征求意见稿）》《干细胞临床试验研究基地管理办法（试行）（征求意见稿）》《干细胞制剂质量控制及临床前研究指导原则（试行）（征求意见稿）》。2015 年 7 月发布《国家卫生计生委关于取消第二类医疗技术临床应用准入审批有关工作的通知》。2015 年 8 月，国家卫生和计划生育委员会和国家食品药品监督管理总局联合正式发布《干细胞临床研究管理办法（试行）》《干细胞临床试验研究基地管理办法（试行）》《干细胞制剂质量控制及临床前研究指导原则（试行）》。

　　我国《干细胞临床研究管理办法（试行）》类似于 ISSCR 2016 版的指南，侧面涉及人类胚胎基因实验的规范问题。《干细胞临床研究管理办法（试行）》规定，其适用于在医疗机构开展的干细胞临床研究。不适用于已有成熟技术规范的造血干细胞移植，以及按药品申报的干细胞临床试验。医疗机构按照要求完成干细胞临床研究后，不得直接进入临床应用；如申请药品注册临床试验，可将已获得的临床研究结果作为技术性申报资料提交并用于药品评价。干细胞治疗相关技术不再按照第三类医疗技术管理。开展干细胞临床研究须遵循科学、规范、公开的原则，医疗机构必须认真履行干细胞临床研究机构和项目的备案和信息公开程序，接受国家相关部门监管。开展干细胞临床研究的医疗机构应当具备以下条件：三级甲等医院；依法获得相关专业的药物临床试验机构资格；具有较强的医疗、教学和科研综合能力；具备完整的干细胞质量控制条件和全面的干细胞临床研究质量管理体系和独立的干细胞临床研究质量保证部门；建立干细胞制剂质量受权人制度；具有完整的干细胞制剂制备和临床研究全过程质量管理及风险控制程序和相关文件；具有干细胞临床研究审计体系；干细胞临床研究项目负责人和制剂质量受权人须具有正高级专业技术职称，主要研究人员经过药物临床试验质量管理规范 GCP 培训；具有与所开展干细胞临床研究相适应的学术委员会和伦理委员会；具有防范干细胞临床研究风险的管理机制和处理不良反应、不良事件的措施。

2015 年发布《关于开展干细胞临床研究机构备案工作的通知》和《关于印发干细胞制剂质量控制及临床前研究指导原则的通知（试行）》。

2016 年 3 月，国家卫生和计划生育委员会、国家食品药品监督管理总局成立国家干细胞临床研究专家委员会，共 33 位专家。要求各省根据工作需要，共同组建省级干细胞临床研究专家委员会和伦理专家委员会。

2016 年 10 月，国家卫生和计划生育委员会、国家食品药品监督管理总局按照《干细胞临床研究管理办法（试行）》（国卫科教发〔2015〕48 号）的规定，根据国家干细胞临床研究专家委员会对申报干细胞临床研究备案机构进行的材料审核结果，公布了 30 家全国首批通过备案的干细胞临床研究机构。

2016 年 12 月，国家卫生和计划生育委员会公布《涉及人的生物医学研究伦理审查办法》，规定了开展伦理审查的程序和监督要求等。进一步明确伦理审查法律责任，细化工作规程；建立医疗卫生机构伦理委员会向执业登记机关备案和事中事后监管制度，促进伦理委员会及其审查的生物医学研究项目的信息公开，加强社会监督；国家和省级卫生行政部门成立医学伦理专家委员会，开展伦理咨询、评估、督导等工作，逐步形成一套备案核查＋统筹监管＋问题督查的伦理委员会动态监管模式，使研究行为进一步规范，受试者权益得到有效保障。该办法也属于部门规章，法律位阶偏低。之后又推出了《药物临床试验质量管理规范（GCP）》和《关于非人灵长类动物实验和国际合作项目中动物实验的实验动物福利伦理审查规定（试行）》。

2017 年 7 月，科学技术部发布的《生物技术研究开发安全管理办法》适用于存在重大风险、较大风险和一般风险的人类基因编辑等基因工程的研究开发活动。

2017年11月，国家卫生和计划生育委员会和国家食品药品监督管理总局公布第二批符合干细胞临床研究备案机构条件的72个机构。截至2017年11月28日，我国一共有102家医院符合当时的干细胞临床研究备案机构条件。同时，首个干细胞标准《干细胞通用要求》发布。

2017年12月，国家食品药品监督管理总局发布《细胞治疗产品研究与评价技术指导原则（试行）》。

截至2018年5月，按照《干细胞临床研究管理办法（试行）》统计，北京地区共12家机构通过国家干细胞临床研究机构备案，3个项目通过国家干细胞临床研究项目备案。

2018年11月，国家卫生健康委员会公布的《医疗技术临床应用管理办法》第9条规定医疗技术具有下列情形之一的，禁止应用于临床：①；临床应用安全性、有效性不确切；②存在重大伦理问题；③该技术已经被临床淘汰；④未经临床研究论证的医疗新技术。根据上述规定可知，人类胚胎基因编辑技术属于第九条规定的禁止类技术，不得开展临床应用。

应该说，2009年以后，我国有关部门针对干细胞临床研究的监管，出台了一系列制度和措施，加强临床研究机构准入限制，出台明文禁令，禁止存在重大伦理问题的临床研究。但是，还是没能阻止2018年基因编辑婴儿事件的出现。由此，2018年又成为我国人类胚胎临床研究规制历史上一个重要的分水岭。

2018年11月26日，我国有媒体披露"世界首例免疫艾滋病的基因编辑婴儿"在中国诞生，旋即引发强烈反应。第二届国际人类基因组编辑峰会在2018年11月29日发表大会组织委员会声明，强调在该阶段不应允许生殖细胞编辑的临床试验，任何这样的行为都是不负责任的。在对人类胚胎进行基因编辑的实验先例中，被编辑的生殖细胞都没有用于生殖临床。

该事件也引发了全社会的关注和讨论。2019 年 7 月，世界卫生组织发表声明，要求全球所有国家的监管机构禁止在临床上进行任何人类生殖细胞编辑实验。2019 年 11 月，《科学》杂志发表了詹妮弗·杜德纳的文章"基因编辑，我们并不想要的一周年"。可见其影响之恶和影响之大。

在国内方面，2019 年 5 月，《自然》杂志在线发表邱仁宗教授、雷瑞鹏教授、翟晓梅教授、朱伟副教授四位伦理学家撰写的评论文章，呼吁加强对科学研究的伦理学监管。据了解，这是国内人文学科领域首次在《自然》上发表政策性评论文章。❶该文章简要回顾了"基因编辑婴儿"事件的经过，并指出随着我国在转化医学方面资金投入的快速增长，科学研究也出现了急功近利的现象，发生了包括"基因编辑婴儿"事件等学术不端行为。评论认为中国的生命伦理正处于十字路口，亟须国家加强对医学研究的伦理监管。

对于如何加强科研伦理治理，以减少发生不符合伦理或非法使用新兴技术的可能性，该文章从六个方面提出建议：第一是监管。例如，对基因编辑、干细胞、合成生物学等生物技术，在进行创新、研发和应用前，应由政府有关部门在科学家和生命伦理学家协助下制定伦理规范和暂行管理办法。考虑到科学家在市场压力下潜在的利益冲突，自上而下的监管至关重要。同时，要加大对违规者的处罚力度。第二是注册。建立专门用于涉及此类技术临床试验的国家登记注册机构。在试验开始之前，科学家可在这样的机构登记伦理审查和批准的记录等。政府可建立准入制度，规定只有经过培训的人才有资格担任伦理审查委员会委员。第三是监测。例如，由国家卫生健康委员会对中国所有基因编辑中心和体外受精诊所进行监测，以确定临

---

❶ LEI R, ZHAI X M, ZHU W, et al. Reboot ethics governance in China [J]. Nature, 2019, 569 (7755)：184－186.

床试验的进行情况，以及伦理审查和审批情况、获得知情同意的情况等多方面内容。第四是提供信息。畅通相关研究信息渠道，中国科学院或中国医学科学院等机构可以发布每一种新兴技术的相关规则和规定。第五是教育。政府应支持加强生命伦理学以及科学和医学专业精神的教育和培训。第六是杜绝歧视。建议政府采取有效措施反对和防止对残障人士的歧视，尤其是要警惕一小部分学者有关"劣生"的观念。

可见，面对这些曾经出现的问题和批评的声音，应当正视与重视，并且尽快建立、健全我国相关的伦理和法律规范。干细胞科技发展对人类社会影响巨大，不可忽视，且相关科技发展往往是把双刃剑，应用不当，就可能造成非常负面，甚至难以挽回的巨大影响。如果出现滥用，将会给现存的伦理关系、个人隐私和社会平等带来始料不及的冲击。因此，任何一项新的科学技术的诞生，人们应该做到的是在利用这项科学技术正面价值的同时，最大限度地防范这项新的科技成果可能产生的灾难性后果。相应的法律、伦理、政策的制定、发展和完善，也就成为题中之义。产业实践对其相关伦理问题仍会进行新的一轮反思与规制。

2019 年 3 月，世界卫生组织宣布将与相关利益攸关方广泛协商，制定一个强有力的人类基因编辑国际治理框架。新成立的人类基因编辑全球治理和监督标准咨询委员会得出结论，现阶段开展人类生殖细胞系基因编辑的临床应用是不负责任的。应创建人类基因编辑研究的中央登记体系，以便为正在开展的工作建立一个开放、透明的数据库。

2019 年 2 月，我国《人胚胎干细胞》标准在北京发布。该标准是我国首个针对胚胎干细胞的产品标准，综合考虑了科研、临床、产业、行业等因素，系统规定了胚胎干细胞的基本质量属性、质量控制的技术准则，以及产品使用和流通的相关要求。

中国细胞生物学学会干细胞生物学分会于 2016 年成立了干细胞标准工作组，依法、依据、有序地开展了标准制定工作。规定人胚胎干细胞是可在体外无限制地自我更新，并且具有向三胚层细胞分化潜能的源自人着床前胚胎中未分化的初始细胞，要求结果分析中观察到来源于三个胚层的组织，例如，内胚层来源的消化道上皮腺体样组织、中胚层来源的软骨组织，以及外胚层来源神经组织等，即证明所接种的人胚胎干细胞具有向三个胚层组织分化的多能性。

2019 年 10 月，国家卫生健康委员会医学伦理专家委员会办公室、中国医院协会组织公布《涉及人的临床研究伦理审查委员会建设指南（2019 版）》（此后又推出 2020 版），其附则六为干细胞临床研究伦理审查。其中规定，在干细胞疗法的安全性和疗效进行严格且独立的专家审查之前，就将其市场化以及应用于大量的患者的行为，有违医学伦理。使用超出常规研究的干细胞干预应该是可循证的、受独立的专家审查并且着眼于患者的最佳利益。有前景的创新性治疗策略应该在大规模应用前，尽早对其进行系统评估。而第三章则是伦理审查委员会职责和权力，其中规定委员会有权对审查的研究项目作出批准、不批准、修改后批准、修改后再审、暂停或者终止研究的决定。

一方面，我国对于干细胞临床研究的规制和管理，确实走过一段曲折的前路。中间还有不少负面事件和惨痛的教训，足以引起人们反思。但是，显而易见，我国的临床研究监管将会越来越健全，我国的科学研究依然要前进，绝不会因此而因噎废食或踟蹰观望。

另一方面，人类胚胎干细胞 20 多年的发展历程也告诉我们，从技术方面而言，各种人类诱导性多能干细胞确实具有广阔的应用前景，但人类诱导性多能干细胞的应用是建立在对其命运调控机制的全面了解之上的。尽管已有大量研究集中在人类诱导性多能干细胞的转录组、RNA 剪接和修饰、非编码序列、表观遗传修饰、蛋白质组、能量代谢、代谢产物等诸多层面上，部分揭示了人类诱导性多能干细胞命运调控的内在分子机制。然而在实际应用中，通过调整上述途径对人类诱导性多能干细胞进行命运调控，往往需要引入基因编辑等手段或者需要大幅度调整细胞培养条件，从而限制了这些研究成果的转化。事实上，研究者们更希望通过简单地改变细胞培养液组分，引发细胞内在信号通路的变化，以此来调控人类诱导性多能干细胞的命运。❶ 因此，干细胞研究成果临床转化实际上并不容易，还需要慎之又慎。

（四）人类胚胎和/或干细胞研究相关立法工作

2018 年"基因编辑婴儿"事件以后，翟晓梅教授表示，国家已在酝酿出台规定，对涉及基因编辑、干细胞研究等带有重大风险的生物研究，以及具有伦理风险的研究，不能依赖当地的伦理委员会批准，需要交由更高级别的伦理委员会审查，以顺应我国科技的迅猛发展。可见，该事件引发了学界、法律界、行政管理者们的整体反思。在该事件以后，有关部门痛定思痛，并以此事件为契机，不遗余力地完善顶层制度设计，在国家层面大力推进相关立法工作，最终引发国家关于科技研究和临床应用的伦理和法律监管的一系列法律制度的出台。

科技快速发展带来伦理挑战，科技伦理建设需要自上而下地统筹，科技伦理建设已经到了必须纳入国家治理架构的发展阶段。迫切需要从国家层面，自上而下地构建起具有统筹协调功能的科技伦理治理体系。2019 年 7 月 24 日，中央全面深化改革委员会第九次会议审议通过《国家科技伦理委员会组建方案》

---

❶ 赵瀚知，金颖. 调控人类多能干细胞命运决定信号通路研究新进展［J］. 生命的化学，2016，36（6）：783 - 802.

及随后国家科技伦理委员会的成立，标志着我国在相关制度顶层设计方面的努力已开始落地，表明科技伦理建设进入最高决策层视野，成为推进我国科技创新体系中的重要一环。国家科技伦理委员会的成立，再次明确指明，科技伦理是科技活动必须遵守的价值准则。组建国家科技伦理委员会，目的就是加强统筹规范和指导协调，推动构建覆盖全面、导向明确、规范有序、协调一致的科技伦理治理体系。完善制度规范，健全治理机制，强化伦理监管，细化相关法律法规和伦理审查规则，规范各类科学研究活动。为规范前沿科技发展指明方向。

在医学领域，伦理委员会是由医学专业人员、法律专家及伦理学专家组成的独立组织，其职责为核查临床试验方案及操作程序是否合乎道德和伦理学标准，为之提供公众保证，确保受试者的安全、健康和权益受到保护，确保符合生命科学的伦理。可以看出，面对合成生物学、基因编辑、脑科学、再生医学、纳米材料、脑机接口、陪伴机器人、人工智能医疗等新兴科技带来的高度不确定性极其复杂的价值抉择与伦理挑战，单靠科技人员价值判断和科研机构伦理认知已难以应对，而亟待整个科技界乃至国家层面的统一认识、动态权衡和规范实践。由此，集国家力量与国际共识，国家层面伦理委员会全面把握科学前沿和新兴科技的事实与深远后果，推动许多重大科技伦理问题的研究，系统深入地展开价值权衡和伦理考量，确立科技活动必须遵循一系列的价值准则，以其权威性和严正性对科技活动加以统筹规范和指导协调，进而构建起覆盖全面、导向明确、规范有序、协调一致的科技伦理治理体系，成为国际科技伦理治理体系的倡导者与构建者，并对各机构、地区的伦理委员进行指导。

国家卫生健康委员会于 2019 年 2 月 26 日发布《生物医学新技术临床应用管理条例（征求意见稿）》，涉及伦理审查的条款多达 15 条。其中，第 8 条规定，开展生物医学新技术临床研究应当通过学术审查和伦理审查，转化应用应当通过技术评估和伦理审查。第 16 条规定，临床研究项目申请由项目负责人向所在医疗机构指定部门提出。医疗机构成立的学术审查委员会和伦理审查委员会对研究项目的必要性、合法性、科学性、可行性、安全性和伦理适应性等进行审查。第 18 条规定，临床研究学术审查和伦理审查规范由国务院卫生主管部门制定并公布。第 62 条规定，干细胞、体细胞技术临床研究与转化应用监督管理规定由国务院卫生主管部门和国务院药品监管部门另行制定。此外，第 4 条规定，该条例所称生物医学新技术临床研究，是指生物医学新技术临床应用转化前，在人体进行试验的活动。在人体进行试验包括但不限于以下情形：①直接作用于人体的；②作用于离体组织、器官、细胞等后植入或输入人体的；③作用于人的生殖细胞、合子、胚胎后进行植入使其发育的。该条例还区分了临床研究的风险等级，第 7 条规定涉及遗传物质改变或调控遗传物质表达的，如基因转移技术、基因编辑技术、基因调控技术、干细胞技术、体细胞技术、线粒体置换技术等；涉及异种细胞、组织、器官的，包括使用异种生物材料的，或通过克隆技术在异种进行培养的；产生新的生物或生物制品应用于人体的，包括人工合成生物、基因工程修饰的菌群移植技术等；涉及辅助生殖技术等列为高风险新技术，由国务院卫生主管部门直接管理。

2019 年 5 月 28 日，《中华人民共和国人类遗传资源管理条例》公布，且自 2019 年 7 月 1 日起施行。条例重在保护我国人类遗传资源，促进人类遗传资源的合理利用，从源头上防止非法获取、利用人类遗传资源开展生物技术研究开发活动。其中第 9 条、第 11 条、第 14 条、第 22 条、第 27 条、第 31 条、第 39 条，总计有七条涉及采集、保藏、利用、对外提供我国人类遗传资源的伦理审查。而第 9 条是核心，其明确规定，采集、保藏、利用、对外提供我国人类遗传资源，应当符合伦理原则，并按照国家有关规定进行伦理审查。可以看出，该条例对我国人类遗传资源的利用加强了伦理规范，进一步加强对包括"基因编辑"在内的生命科学研究、医疗活动的规范和监管。该条例还规定，采集、保藏、利用、对外提供我国人类遗传资源，不得危害我国公众健康、国家安全和社会公共利益，应当符合伦理原则，保护资源提供者的合法权益，遵守相应的技术规范。开展生物技术研究开发活动或者临床试验，应当遵守有关生物技术研究、临床应用管理法律、行政法规和国家有关规定。该条例对采集、保藏我国人类遗传资源，利用我国人类遗传资源开展国际合作科学研究等审批事项，明确了审批条件，完善了审批程序。在干细胞相关生物技术的专利审查中，不仅该条例相关规则如何在《专利法》第 5 条第 2 款审查中准确适用，是我们需要注意和研究的内容，而且，围绕人类胚胎干细胞遗传资源，还涉及一系列伦理审查，这也是需要注意的新内容。

2019 年 10 月，科学技术部发布的《科学技术活动违规行为处理规定（征求意见稿）》规定提出，科学技术研究开发机构、高等学校、企业事业组织、科学技术人员开展危害国家安全、损害社会公共利益、危害人体健康、违反伦理道德的科学技术研究开发活动，应视情节轻重，采取相应处理措施。此外，科学技术部发布的《生物技术研究开发安全管理条例》等部门规章也在制订和征求公众意见的过程中，其中，第 5~6 条规定，开展生物技术研究开发活动，不得危害国家生物安全、损害社会公共利益、违反伦理道德；国家禁止开展对人类健康、工农业及生态环境等造成极其严重负面影响，严重威胁国家生物安全，严重违反伦理道德的生物技术研究开发活动。可以看出，国务院正在加快生物技术研究开发安全管理和生物医学新技术临床应用管理方面的立法工作，与前述人类遗传资源管理条例共同构成全过程监管链条。

2019 年 7 月 10 日，全国人民代表大会常务委员会在北京召开生物安全法立法座谈会，听取了立法意见和建议。2019 年 10 月 21 日，《生物安全法（草案）》首次提请第十三届全国人民代表大会常务委员会第十四次会议审议。可以看出，我国将制定一部体现中国特色、反映新时代要求的生物安全法，用法律划定生物技术发展的边界，保障和促进生物技术健康发展。通过立法，引导和规范人类生物技术的研究应用走正确之路，防止和减少可能出现的危害和损失；通过立法，建立一套行之有效的管理体制和机制，充分调动各方面力量，明确各方面责任，构建严密的国家生物安全体系；以法律制度的形式，将鼓励自主创新的产业政策和科技政策固定下来，保障生物安全基础设施先进完善，提升国家生物安全能力建设。2020 年 10 月 17 日，第十三届全国人民代表大会常务委员会第二十二次会议通过《生物安全法》，其中多处提及了伦理规则，例如伦理意识、伦理原则、伦理审查等。其中，第 7 条规定，各级人民政府及其有关部门应当加强生物安全法律法规和生物安全知识宣传普及工作，引导基层群众性自治组织、社会组织开展生物安全法律法规和生物安全知识宣传，促进全社会生物安全意识的提升。相关科研院校、医疗机构以及其他企业事业单位应当将生物安全法律法规和生物安全知识纳入教育培训内容，加强学生、从业人员生物安全意识和伦理意识的培养。新闻媒体应当开展生物安全法律法规和生物安全知识公益宣传，对生物安全违法行为进行舆论监督，增强公众维护生物安全的社会责任意识。第 34 条规定，国家加强对生物技术研究、开发与应用活动的安全管理，禁止从事危及公众健康、损害生物资源、破坏生态系统和生物多样性等危害生物安全的生物技术研究、开发与应用活

将基因编辑、克隆的人类胚胎植入人体或者动物体内或者将基因编辑、克隆的动物胚胎植入人体内，情节严重的，处三年以下有期徒刑或拘役，并处罚金；情节特别严重的，处三年以上七年以下有期徒刑，并处罚金。

可以看出，2018 年"基因编辑婴儿"事件以后，我国在多部法律中，针对基因编辑和克隆人等进行了规制，不仅将非法植入人类基因编辑胚胎或克隆胚胎入罪入刑，还在《民法典》中明确规定，从事与人体基因、人体胚胎等有关的医学和科研活动，应当遵循法律、行政法规和国家有关规定，不得危害人体健康、不得违背伦理道德。由此，我国对相关研究活动的规制，有了上位法的依据。

并且，我国已经把包括基因编辑技术在内的生命科学研究和技术应用与包括人工智能在内的信息技术纳入国家的总体发展战略，作为打造"创新型国家"总体战略的重要组成部分。在这个过程中，积极主动地完善规制相关研究和技术应用的法律规范是赢得时间和发展空间的重要保障，同时也是控制风险、保护人民健康福祉的必要条件。法律一方面可以给技术套上缰绳，使它不至于将人类带向万劫不复的深渊；另一方面也可以为旨在探索生命奥秘和治病良方的科学研究和技术探索保驾护航。此外，也可以看出，自 2018 年"基因编辑婴儿"事件以后，我国大力关注伦理审查，达到了一个前所未有的高度。由此，关于伦理审查的"四梁八柱"的框架基本建立。但美中不足的是，各种法律、条例、办法等也只是给出了有关伦理审查的一些上位性、原则性的规定，而在伦理审查细节方面（例如本书第六章、第七章所涉及的各种传统技术和新兴技术），还缺乏对国际国内伦理规则的详细研究，对伦理规则与时俱进的发展缺乏把握，以及针对各敏感领域的具体伦理规范。

（五）我国人类胚胎和/或干细胞研究相关伦理规范存在的不足

1. 我国人类胚胎研究相关立法多为原则性条款，仍缺乏可执行的具体伦理规则

2019 年以后，我国密集制定了一系列法律，针对人类胚胎研究相关伦理予以规范。但是，我国相关立法并非专门立法，过于上位和原则性条款，实践中针对具体创新主体的某一具体研究行为、研究项目，很多情况下仍缺乏可执行的具体伦理规则加以规制。例如，法国有生命伦理法，韩国有生命伦理安全法，德国有胚胎保护法和干细胞法，英国有人类受精与胚胎法和人类无性生殖法，比利时有人类研究法，日本有人类克隆技术规范法，澳大利亚有禁止克隆人法案等。我国在伦理法制化的路途上，还有很长的路需要走。

因此，我国相关立法中呈现出的伦理监管规定要么仅偏于大的原则，如《民法典》，或者仅流于局部，如《刑法修正案（十一）》，导致很多问题，至今没有明确的答案。总之，生物基因科技中涉及范围很广，参与人员较多，可能出现问题的地方也较多。而且科技进步较快，相关法律法规的滞后现象较为明显，我国当下法律对于该方面的规制明显存在不足。毕竟伦理道德的约束力极其有限，在很多问题上全凭个人的自觉。即使发生任何道德越位的情况，没有相应的惩罚措施，以及道德舆论的威慑力较低，并不能起到合理的监管作用。

有学者认为，2018 年"基因编辑婴儿"事件出现以后，我国手里能够使用的法律、伦理手段比较有限。这件事件也反映出，相关法律、伦理问题的复杂性：有时，权益可能受损的并不是当下签署知情同意书自愿让自己的胚胎或种系细胞被编辑的人，而是被编辑的细胞最终变成的那个人。他们在被编辑的那一刻并不作为主体在场，因此使"权利"无处安放。❶ 尤其是，2018 年"基因编辑婴儿"事件绝非终点，除了基因编辑，还有基因增强、嵌合胚胎、合成胚胎、三亲胚胎、植入前遗传学诊断、干细胞衍生配子的人造配子生殖等，以及很多没有暴露出的问题，这些问题如何规制和监管，仍然需要答案。

2. 我国人类胚胎研究相关部门规章没能与时俱进，对众多新技术存在法律空白和伦理空白

在伦理监管体系方面，我国原有的伦理规则仍存在很多问题。例如，有学者指出，既有的监管框架存在的普遍问题是，相关立法层级过低，且规定的内容缺乏可操作性，立法之间缺乏衔接。在 2003 年的《人胚胎干细胞研究伦理指导原则》中并无罚则；2007 年出台的《涉及人的生物医学研究伦理审查办法》属于部门规章；2016 年发布的《涉及人的生物医学研究伦理审查办法》规定，涉及人的医学研究项目应该获得其所在医疗机构的伦理委员会的批准。由于其仅规定了行政责任，缺乏民事责任和刑事责任的有效衔接，而发展中国家的科技伦理管理本来就比较弱，并且，医疗机构的伦理委员会的权限不足，因此审查过程中面临着很多的问题。

加之，前述国际的经验已经表明，随着科学技术的发展以及新兴技术的不断产生，包括人类胚胎体外培养技术的发展、人类多能干细胞衍生的人类配子细胞的研究进展、人—非人动物嵌合体研究的开展、诱导性多能干细胞技术的产生与发展、人类胚胎基因编辑技术的快速进展，对相关法律法规、伦理规则的及时讨论、制定规则、及时调整和补充完善是非常必要的。

但是，我国关于人类胚胎和干细胞研究的伦理规则大多集

❶ 郑戈. 迈向生命宪制：法律如何回应基因编辑技术应用中的风险 [J]. 法商研究，2019，36（2）：3－15.

中于 2003 年，包括《人类辅助生殖技术规范》《人类精子库基本标准和技术规范》《人类辅助生殖技术和人类精子库伦理原则》《人胚胎干细胞研究伦理指导原则》四部规范性文件，一直没有修改。

而在同时期内，人类胚胎和干细胞研究早已经发生了天翻地覆般的变化（参见本书第六章和第七章）。在规则层面，很多相应的新技术的伦理审查则面临着无规则可用、一片空白的局面。也就是说，除了由于 2018 年"基因编辑婴儿"事件的巨大负面效应，相关各个方面紧急制定出台了相关法律、规范以外，面对技术的飞速发展，我国总体反应还是比较迟钝的，相关管理办法、伦理规范的局限也已经显露，亟须对其中一些条款予以调整、修订、补充和进一步完善。我国生命科学和生物技术的发展在与国际接轨的同时，还没有在科学活动的具体实践中，实现伦理、法律和科学技术的共同演进。

邱仁宗教授早在多年前就指出，《人胚胎干细胞研究伦理指导原则》的制订和颁布是一大进步，在遵守基本伦理规范与确保研究自由之间大致保持了平衡。然而仍然需要实践经验基础上进行修改，该文件原本在有关管理的方面有缺失，现在又产生新的问题，例如，诱导性多能干细胞、人—非人动物混合机体的研究（嵌合体、杂合体、细胞质杂合体）以及临床转化等。还有人提出诸如成体干细胞的研究和临床转化、干细胞及其衍生产品的创新使用以及诱导性多能干细胞的研发和可能应用等，都需要对该原则进行补充和修订。其中，在 2009 年 3 月，卫生部伦理专家委员会批准了有关专家提议着手修改该原则的研究课题。但是，后续并无下文。可以想见，其修改还面临很多艰难。❶

---

❶　李勇勇. 人类干细胞研究与临床转化的伦理和管理研究［D］. 北京：北京协和医学院，2018.

对此已经有人建议，借鉴 ISSCR 的经验，将基础研究和临床研究（或临床转化）相关的伦理规则统一起来，将《人胚胎干细胞研究伦理指导原则》改名为《干细胞研究和临床转化的伦理准则》，将规范对象由人类胚胎干细胞研究扩展到成体干细胞和诱导性多能干细胞，并扩展到临床转化。可以看出，这种意见显然是通过内外对比，看到了我国既有伦理规则在覆盖范围方面存在的明显不足，以及在与时俱进方面存在的巨大偏差。有人提出，应根据人类胚胎与胚胎干细胞获取的来源、研究类型的伦理敏感程度不同，针对不同的研究类型来进行审查和监督，并借鉴 2016 版《干细胞研究和临床转化指南》中对人类胚胎和胚胎干细胞研究的审查要求，应将人类胚胎和胚胎干细胞研究分为三类进行审查。

总之，未来的伦理原则修订既需要直面近年来干细胞研究领域最新的科研突破，也要具有一定的前瞻性，对干细胞研究及其临床应用的未来发展方向和可能应用领域中滋生的道德伦理问题有所预见，使新修订或制定的伦理指导原则有更广泛和更长久的适用性，既能限制违反社会公众道德伦理的事件发生，又能促进人类干细胞研究和临床应用，为人类健康作出最大贡献。

此外，针对专利审查中对相关伦理道德的把握，有学者建议，可将 2003 年发布的《人类胚胎干细胞研究伦理指导原则》第 5 条和第 6 条第 1 款的内容加到专利审查指南相应章节中，并规定只有通过这些方式获得的人胚胎干细胞，以及使用通过这些方式获得的人胚胎干细胞实施的发明才不违反社会公德。

刘李栋则建议❶，根据 2003 年发布的《人胚胎干细胞研究伦理指导原则》的规定，我国政府对人胚胎干细胞的研究制定

---

❶ 刘李栋. 浅析我国人胚胎干细胞发明的可专利性［J］. 医院管理论坛，2013，30（4）：9-13.

了严格的伦理规范进行约束。换言之，在我国开展对人胚胎干细胞的研究在法律或者伦理上是附条件允许的。例如，一项研究违反该原则，应视为不符合伦理，其行为违反社会公德，以此为由拒绝授予其研究成果专利权是合乎情理的。反之，对于符合该原则的人胚胎干细胞研究，其研究行为和成果应被视为符合社会公德，若再以违反社会公德为由拒绝授予其专利权似乎存在悖论。

此外，对于人类胚胎研究的国际伦理规则，国内部分研究人员还有一种情结：希望建构一种具有中国特色的国家伦理规则体系。例如，陆军军医大学第一附属医院药学部陈勇川教授基于伦理审查的发展变革的四个阶段：萌芽发展阶段、起步发展阶段、接轨与发展阶段、探索发展阶段，分析了我国生物医学研究伦理审查可能存在三个宏观的发展趋势：审查体系的完善、中国特色伦理原则的融入、由名到实——关注伦理效应。他认为，随着伦理审查的发展与内化，我国卫生行政主管部门、学术团体及伦理学者都开始意识到我国有自己特殊的现实环境和国情，完全照搬发达国家的伦理审查制度和模式是不可行的。我国虽与国外秉持着相同的伦理原则、使用相同的伦理术语，但更多的只是形式上的共识，很难完全实践甚至理解诸如"审查独立性""利益冲突"之类因文化差异导致的不同观念和价值。这要求我国伦理审查既要与国际接轨，又要与本土的观念和意识相适应。❶

三、小　结

美国国立卫生研究院对负责任的、有科学价值的人类干细

❶　陈勇川. 回顾与展望：我国生物医学研究伦理审查的发展趋势［J］. 医学与哲学，2020，41（15）：1-7.

胞研究给予支持，美国联邦政府资金可以资助对已制成的胚胎干细胞进行研究，首个利用人类胚胎制造胚胎干细胞的研究在美国被第一时间授予了专利。对出于生殖目的通过体外受精获得的胚胎干细胞进行研究，可以获得美国联邦政府资金支持，但必须获得精子和卵子提供者的同意。可见，USPTO 与美国国立卫生研究院的相关政策是一致的。

欧洲比较特殊，其各个国家和地区在政策与法律存在根本上的不同。英国是在人类胚胎干细胞研究领域最为开放的国家，允许编辑人类胚胎的基础研究，但是不能将编辑后的人类胚胎植入女性体内。德国则是在人类胚胎干细胞研究领域最保守的国家之一，将体外胚胎也置于一个非常高的法律地位和道德地位，不允许进行生殖目的的人类基因编辑。由于欧洲内部存在众多的不一致，EPO 在专利审查中的一段时期内，采取了就低不就高的审查政策、审查标准，相关审查案例出现过众多争议，引发过众多创新主体的诉争，最终通过欧盟法院的司法判决，不断逐步调和欧洲的伦理审查标准。因此，EPO 的审查标准实际上也是与其欧洲的伦理现状相适应的，冲突与调和并存。

对于日本，日本特许法对于涉及胚胎干细胞发明设定授权标准时，未超过日本民法一般规定，由此实现了特许法与日本民法在该问题上的协调统一。在日本特许法及日本审查基准中，没有关于"人胚胎的工业或商业目的的应用"不具有可专利性的具体规定。考虑到胚胎在日本民法中并未具备法律主体地位，因此可以在符合科学伦理的条件下进行实验研究和专利授权。可见，JPO 的审查标准与日本经济产业省、厚生省、文部科学省等的相关政策也不存在根本的矛盾。

因此，在伦理政策方面，一个国家的伦理标准与其专利行政部门在人类胚胎干细胞的保护标准应是一脉相承的。通过如上对国际伦理规则和国内伦理规则的发展可以看出，国内外无论其有关人类胚胎研究的相关伦理规则或严或松，但表现在政策统一性上，专利行政部门的专利保护政策、保护标准与国家科技政策与伦理原则均是高度一致的，一国的科技伦理应为相应的科技政策的贯彻执行，为专利保护政策的落地，起到指导和保驾护航的作用。因此，在一个国家内部，各部门的伦理审查标准应该是高度一致的，统一于国家科技伦理指导原则。也即，如果一个国家和政府所提出和认可的科研伦理原则，在科研实践中规范着所有科研行为，创新主体依此伦理原则进行研发，却在专利审查部门被不予认可，就需要反思如此操作、如此标准与国家总体政策方向是否存在冲突的问题。

附录一 人胚胎干细胞研究伦理指导原则

（国科发生字〔2003〕460 号）

（2003 年 12 月 24 日）

第一条 为了使我国生物医学领域人胚胎干细胞研究符合生命伦理规范，保证国际公认的生命伦理准则和我国的相关规定得到尊重和遵守，促进人胚胎干细胞研究的健康发展，制定本指导原则。

第二条 本指导原则所称的人胚胎干细胞包括人胚胎来源的干细胞、生殖细胞起源的干细胞和通过核移植所获得的干细胞。

第三条 凡在中华人民共和国境内从事涉及人胚胎干细胞的研究活动，必须遵守本指导原则。

第四条 禁止进行生殖性克隆人的任何研究。

第五条 用于研究的人胚胎干细胞只能通过下列方式获得：

（一）体外受精时多余的配子或囊胚；

（二）自然或自愿选择流产的胎儿细胞；

（三）体细胞核移植技术所获得的囊胚和单性分裂囊胚；

（四）自愿捐献的生殖细胞。

第六条 进行人胚胎干细胞研究，必须遵守以下行为规范：

（一）利用体外受精、体细胞核移植、单性复制技术或遗传修饰获得的囊胚，其体外培养期限自受精或核移植开始不得超过 14 天。

（二）不得将前款中获得的已用于研究的人囊胚植入人或任何其他动物的生殖系统。

（三）不得将人的生殖细胞与其他物种的生殖细胞结合。

第七条 禁止买卖人类配子、受精卵、胚胎或胎儿组织。

第八条 进行人胚胎干细胞研究，必须认真贯彻知情同意与知情选择原则，签署知情同意书，保护受试者的隐私。

前款所指的知情同意和知情选择是指研究人员应当在实验前，用准确、清晰、通俗的语言向受试者如实告知有关实验的预期目的和可能产生的后果和风险，获得他们的同意并签署知情同意书。

第九条　从事人胚胎干细胞的研究单位应成立包括生物学、医学、法律或社会学等有关方面的研究和管理人员组成的伦理委员会，其职责是对人胚胎干细胞研究的伦理学及学性进行综合审查、咨询与监督。

第十条　从事人胚胎干细胞的研究单位应根据本指导原则制定本单位相应的实施细则或管理规程。

第十一条　本指导原则由国务院科学技术行政主管部门、卫生行政主管部门负责解释。

第十二条　本指导原则自发布之日起施行。

附录二　人类辅助生殖技术管理办法

（卫生部令第 14 号）

（2001 年 2 月 20 日）

第一章　总　则

第一条　为保证人类辅助生殖技术安全、有效和健康发展，规范人类辅助生殖技术的应用和管理，保障人民健康，制定本办法。

第二条　本办法适用于开展人类辅助生殖技术的各类医疗机构。

第三条　人类辅助生殖技术的应用应当在医疗机构中进行，以医疗为目的，并符合国家计划生育政策、伦理原则和有关法律规定。

禁止以任何形式买卖配子、合子、胚胎。医疗机构和医务人员不得实施任何形式的代孕技术。

第四条　卫生部主管全国人类辅助生殖技术应用的监督管理工作。县级以上地方人民政府卫生行政部门负责本行政区域内人类辅助生殖技术的日常监督管

第二章　审　批

第五条　卫生部根据区域卫生规划、医疗需求和技术条件等实际情况，制订人类辅助生殖技术应用规划。

第六条　申请开展人类辅助生殖技术的医疗机构应当符合下列条件：

（一）具有与开展技术相适应的卫生专业技术人员和其他专业技术人员；

（二）具有与开展技术相适应的技术和设备；

（三）设有医学伦理委员会；

（四）符合卫生部制定的《人类辅助生殖技术规范》的要求。

第七条 申请开展人类辅助生殖技术的医疗机构应当向所在地省、自治区、直辖市人民政府卫生行政部门提交下列文件：

（一）可行性报告；

（二）医疗机构基本情况（包括床位数、科室设置情况、人员情况、设备和技术条件情况等）；

（三）拟开展的人类辅助生殖技术的业务项目和技术条件、设备条件、技术人员配备情况；

（四）开展人类辅助生殖技术的规章制度；

（五）省级以上卫生行政部门规定提交的其他材料。

第八条 申请开展丈夫精液人工授精技术的医疗机构，由省、自治区、直辖市人民政府卫生行政部门审查批准。省、自治区、直辖市人民政府卫生行政部门收到前条规定的材料后，可以组织有关专家进行论证，并在收到专家论证报告后 30 个工作日内进行审核，审核同意的，发给批准证书；审核不同意的，书面通知申请单位。

对申请开展供精人工授精和体外受精－胚胎移植技术及其衍生技术的医疗机构，由省、自治区、直辖市人民政府卫生行政部门提出初审意见，卫生部审批。

第九条 卫生部收到省、自治区、直辖市人民政府卫生行政部门的初审意见和材料后，聘请有关专家进行论证，并在收到专家论证报告后 45 个工作日内进行审核，审核同意的，发给批准证书；审核不同意的，书面通知申请单位。

第十条 批准开展人类辅助生殖技术的医疗机构应当按照《医疗机构管理条例》的有关规定，持省、自治区、直辖市人民政府卫生行政部门或者卫生部的批准证书到核发其医疗机构执业许可证的卫生行政部门办理变更登记手续。

第十一条 人类辅助生殖技术批准证书每 2 年校验一次，校验由原审批机关办理。校验合格的，可以继续开展人类辅助生殖技术；校验不合格的，收回其批准证书。

第三章 实 施

第十二条 人类辅助生殖技术必须在经过批准并进行登记的医疗机构

中实施。未经卫生行政部门批准，任何单位和个人不得实施人类辅助生殖技术。

第十三条 实施人类辅助生殖技术应当符合卫生部制定的《人类辅助生殖技术规范》的规定。

第十四条 实施人类辅助生殖技术应当遵循知情同意原则，并签署知情同意书。涉及伦理问题的，应当提交医学伦理委员会讨论。

第十五条 实施供精人工授精和体外受精－胚胎移植技术及其各种衍生技术的医疗机构应当与卫生部批准的人类精子库签订供精协议。严禁私自采精。医疗机构在实施人类辅助生殖技术时应当索取精子检验合格证明。

第十六条 实施人类辅助生殖技术的医疗机构应当为当事人保密，不得泄漏有关信息。

第十七条 实施人类辅助生殖技术的医疗机构不得进行性别选择。法律法规另有规定的除外。

第十八条 实施人类辅助生殖技术的医疗机构应当建立健全技术档案管理制度。

供精人工授精医疗行为方面的医疗技术档案和法律文书应当永久保存。

第十九条 实施人类辅助生殖技术的医疗机构应当对实施人类辅助生殖技术的人员进行医学业务和伦理学知识的培训。

第二十条 卫生部指定卫生技术评估机构对开展人类辅助生殖技术的医疗机构进行技术质量监测和定期评估。技术评估的主要内容为人类辅助生殖技术的安全性、有效性、经济性和社会影响。监测结果和技术评估报告报医疗机构所在地的省、自治区、直辖市人民政府卫生行政部门和卫生部备案。

第四章 处 罚

第二十一条 违反本办法规定，未经批准擅自开展人类辅助生殖技术的非医疗机构，按照《医疗机构管理条件》第四十四条规定处罚；对有上述违法行为的医疗机构，按照《医疗机构管理条例》第四十七条和《医疗机构管理条例实施细则》第八十条的规定处罚。

第二十二条　开展人类辅助生殖技术的医疗机构违反本办法，有下列行为之一的，由省、自治区、直辖市人民政府卫生行政部门给予警告、3万元以下罚款，并给予有关责任人行政处分；构成犯罪的，依法追究刑事责任：

（一）买卖配子、合子、胚胎的；

（二）实施代孕技术的；

（三）使用不具有《人类精子库批准证书》机构提供的精子的；

（四）擅自进行性别选择的；

（五）实施人类辅助生殖技术档案不健全的；

（六）经指定技术评估机构检查技术质量不合格的；

（七）其他违反本办法规定的行为。

第五章　附　则

第二十三条　本办法颁布前已经开展人类辅助生殖技术的医疗机构，在本办法颁布后 3 个月内向所在地省、自治区、直辖市人民政府卫生行政部门提出申请，省、自治区、直辖市人民政府卫生行政部门和卫生部按照本办法审查，审查同意的，发给批准证书；审查不同意的，不得再开展人类辅助生殖技术服务。

第二十四条　本办法所称人类辅助生殖技术是指运用医学技术和方法对配子、合子、胚胎进行人工操作，以达到受孕目的的技术，分为人工授精和体外受精 – 胚胎移植技术及其各种衍生技术。

人工授精是指用人工方式将精液注入女性体内以取代性交途径使其妊娠的一种方法。根据精液来源不同，分为丈夫精液人工授精和供精人工授精。

体外受精 – 胚胎移植技术及其各种衍生技术是指从女性体内取出卵子，在器皿内培养后，加入经技术处理的精子，待卵子受精后，继续培养，到形成早早期胚胎时，再转移到子宫内着床，发育成胎儿直至分娩的技术。

第二十五条　本办法自 2001 年 8 月 1 日起实施。

附录三 卫生部关于修订人类辅助生殖技术与人类精子库相关技术规范、基本标准和伦理原则的通知

（卫科教发〔2003〕176 号）

各省、自治区、直辖市卫生厅局，新疆生产建设兵团卫生局，部直属单位，部内有关司局：

2001 年 2 月 20 日，我部以第 14 号和第 15 号部长令颁布了《人类辅助生殖技术管理办法》和《人类精子库管理办法》（以下简称两个《办法》），同年 5 月 14 日以卫科教发〔2001〕143 号发布了《人类辅助生殖技术规范》、《人类精子库基本标准》、《人类精子库技术规范》和《实施人类辅助生殖技术的伦理原则》（以下简称《技术规范、基本标准和伦理原则》）。两个《办法》和《技术规范、基本标准和伦理原则》实施以来，对促进和规范我国人类辅助生殖技术和人类精子库技术的发展和应用，保护人民群众健康，特别是保护妇女和后代的健康权益，起到了积极的推动作用。但是，随着国内外人类辅助生殖技术、人类精子库技术和生命伦理学的不断进步与发展，特别是从两年来在十几个省、自治区、直辖市的实施情况看，《技术规范、基本标准和伦理原则》的局限性也逐步显现出来，需要及时进行适当的修改、补充和完善，使其更符合技术发展的要求，并以此促进技术应用质量和水平的提高。

自 2002 年 3 月以来，我部多次组织有关专家，参考和借鉴先进国家的相应技术规范、基本标准和伦理原则，结合我国实际，对原《技术规范、基本标准和伦理原则》进行了修改。为了保证人类辅助生殖技术和人类精子库能安全、有效地在我国全面实施，切实保护人民群众的健康权益，修改稿在原有的基础上提高了应用相关技术的机构设置标准、技术实施人员

的资质要求及技术操作的质量标准和技术规范，并进一步明确和细化了技术实施中的伦理原则。同时，为了防止片面追求经济利益而滥用人类辅助生殖技术和人类精子库技术，切实贯彻国家人口和计划生育政策，维护人的生命伦理尊严，把该技术给社会、伦理、道德、法律乃至子孙后代可能带来的负面影响和危害降到最低程度，修改稿对控制多胎妊娠、提高减胎技术、严格掌握适应症❶、严禁供精与供卵商业化和卵胞浆移植技术等方面提出了更高、更规范、更具体的技术和伦理要求。

现将我部重新修订的《人类辅助生殖技术规范》、《人类精子库基本标准和技术规范》、《人类辅助生殖技术和人类精子库伦理原则》予以公布。该《技术规范、基本标准和伦理原则》自 2003 年 10 月 1 日起执行，我部原《人类辅助生殖技术规范》、《人类精子库基本标准》、《人类精子库技术规范》和《实施人类辅助生殖技术的伦理原则》将同时废止。

附件：1. 人类辅助生殖技术规范
　　　 2. 人类精子库基本标准和技术规范
　　　 3. 人类辅助生殖技术和人类精子库伦理原则

二〇〇三年六月二十七日

附件 1：人类辅助生殖技术规范

人类辅助生殖技术（Assisted Reproductive Technology，ART）包括体外受精 – 胚胎移植（In Vitro Fertilization and Embryo Transfer，IVF – ET）及其衍生技术和人工授精（Artificial Insemination，AI）两大类。从事人类辅助生殖技术的各类医疗机构和计划生育服务机构（以下简称机构）须遵守本规范。

一、体外受精 – 胚胎移植及其衍生技术规范

体外受精 – 胚胎移植及其衍生技术目前主要包括体外受精 – 胚胎移植、配子或合子输卵管内移植、卵胞浆内单精子显微注射、胚胎冻融、植入前胚胎遗传学诊断等。

---

❶ 本书附录中的"适应症"遵照原文，不作修改。——编辑注

（一）基本要求

1. 机构设置条件

（1）必须是持有《医疗机构执业许可证》的综合性医院、专科医院或持有《计划生育技术服务机构执业许可证》的省级以上（含省级）的计划生育技术服务机构；

（2）中国人民解放军医疗机构开展体外受精－胚胎移植及其衍生技术，根据两个《办法》规定，由所在的省、自治区、直辖市卫生行政部门或总后卫生部科技部门组织专家论证、审核并报国家卫生部审批；

（3）中外合资、合作医疗机构必须同时持有卫生部批准证书和原外经贸部（现商务部）颁发的《外商投资企业批准证书》；

（4）机构必须设有妇产科和男科临床并具有妇产科住院开腹手术的技术和条件；

（5）生殖医学机构由生殖医学临床（以下称临床）和体外受精实验室（以下称实验室）两部分组成；

（6）机构必须具备选择性减胎技术；

（7）机构必须具备胚胎冷冻、保存、复苏的技术和条件；

（8）机构如同时设置人类精子库，不能设在同一科室，必须与生殖医学机构分开管理；

（9）凡计划拟开展人类辅助生殖技术的机构必须由所在省、区、市卫生行政部门根据区域规划、医疗需求予以初审，并上报卫生部批准筹建。筹建完成后由卫生部组织专家进行预准入评审，试运行一年后再行正式准入评审；

（10）实施体外受精－胚胎移植及其衍生技术必须获得卫生部的批准证书。

2. 在编人员要求

机构设总负责人、临床负责人和实验室负责人，临床负责人与实验室负责人不得由同一人担任。

生殖医学机构的在编专职技术人员不得少于 12 人，其中临床医师不得少于 6 人（包括男科执业医师 1 人），实验室专业技术人员不得少于 3 人，护理人员不得少于 3 人。上述人员须接受卫生部指定医疗机构进行生殖医学专业技术培训。

外籍、中国台湾地区、香港和澳门特别行政区技术人员来内地从事人类辅助生殖诊疗活动须按国家有关管理规定执行。

（1）临床医师

① 专职临床医师必须是具备医学学士学位并已获得中级以上技术职称或具备生殖医学硕士学位的妇产科或泌尿男科专业的执业医师；

② 临床负责人须由从事生殖专业具有高级技术职称的妇产科执业医师担任；

③ 临床医师必须具备以下方面的知识和工作能力：

掌握女性生殖内分泌学临床专业知识，特别是促排卵药物的使用和月经周期的激素调控；

掌握妇科超声技术，并具备卵泡超声监测及 B 超介导下阴道穿刺取卵的技术能力，具备开腹手术的能力；具备处理人类辅助生殖技术各种并发症的能力；

④ 机构中应配备专职男科临床医师，掌握男性生殖医学基础理论和临床专业技术。

（2）实验室技术人员

① 胚胎培养实验室技术人员必须具备医学或生物学专业学士以上学位或大专毕业并具备中级技术职称；

② 实验室负责人须由医学或生物学专业高级技术职称人员担任，具备细胞生物学、胚胎学、遗传学等相关学科的理论及细胞培养技能，掌握人类辅助生殖技术的实验室技能，具有实验室管理能力；

③ 至少一人具有按世界卫生组织精液分析标准程序处理精液的技能；

④ 至少一人在卫生部指定的机构接受过精子、胚胎冷冻及复苏技术培训，并系统掌握精子、胚胎冷冻及复苏技能；

⑤ 开展卵胞浆内单精子显微注射技术的机构，至少一人在卫生部指定机构受过本技术的培训，并具备熟练的显微操作及体外受精与胚胎移植实验室技能；

⑥ 开展植入前胚胎遗传学诊断的机构，必须有专门人员受过极体或胚胎卵裂球活检技术培训，熟练掌握该项技术的操作技能，掌握医学遗传学理论知识和单细胞遗传学诊断技术，所在机构必须具备遗传咨询和产前诊断技术条件。

3. 机构必须按期对工作情况进行自查，按要求向卫生部提供必需的各种资料及年度报告；

4. 机构的各种病历及其相关记录，须按卫生部和国家中医药管理局卫医发〔2002〕193号"关于印发《医疗机构病历管理规定》的通知"要求，予以严格管理；

5. 机构实施供精体外受精与胚胎移植及其衍生技术，必须向供精的人类精子库及时准确地反馈受者的妊娠和子代等相关信息；

6. 规章制度

机构应建立以下制度

（1）生殖医学伦理委员会工作制度；

（2）病案管理制度；

（3）随访制度；

（4）工作人员分工责任制度；

（5）接触配子、胚胎的实验材料质控制度；

（6）各项技术操作常规；

（7）特殊药品管理制度；

（8）仪器管理制度；

（9）消毒隔离制度；

（10）材料管理制度。

7. 技术安全要求

（1）要求机构具有基本急救条件，包括供氧、气管插管等用品和常用急救药品和设备等；

（2）采用麻醉技术的机构，必须配备相应的监护、抢救设备和人员；

（3）实验材料必须无毒、无尘、无菌，并符合相应的质量标准；

（4）实验用水须用去离子超纯水；

（5）每周期移植胚胎总数不得超过3个，其中35岁以下妇女第一次助孕周期移植胚胎数不得超过2个；

（6）与配子或胚胎接触的用品须为一次性使用耗材；

（7）实施供精的体外受精与胚胎移植及其衍生技术的机构，必须参照人工授精的有关规定执行。

（三）适应症与禁忌症❶

1. 适应症

（1）体外受精－胚胎移植适应症

① 女方各种因素导致的配子运输障碍；

② 排卵障碍；

③ 子宫内膜异位症；

④ 男方少、弱精子症；

⑤ 不明原因的不育；

⑥ 免疫性不孕。

（2）卵胞浆内单精子显微注射适应症

① 严重的少、弱、畸精子症；

② 不可逆的梗阻性无精子症；

③ 生精功能障碍（排除遗传缺陷疾病所致）；

④ 免疫性不育；

⑤ 体外受精失败；

⑥ 精子顶体异常；

⑦ 需行植入前胚胎遗传学检查的。

（3）植入前胚胎遗传学诊断适应症

目前主要用于单基因相关遗传病、染色体病、性连锁遗传病及可能生育异常患儿的高风险人群等。

（4）接受卵子赠送适应症

① 丧失产生卵子的能力；

② 女方是严重的遗传性疾病携带者或患者；

③ 具有明显的影响卵子数量和质量的因素。

（5）赠卵的基本条件

① 赠卵是一种人道主义行为，禁止任何组织和个人以任何形式募集供卵者进行商业化的供卵行为；

② 赠卵只限于人类辅助生殖治疗周期中剩余的卵子；

③ 对赠卵者必须进行相关的健康检查（参照供精者健康检查标准）；

---

❶ 本书附录中的"禁忌症"遵从原文，不作修改。——编辑注

④ 赠卵者对所赠卵子的用途、权利和义务应完全知情并签定知情同意书；

⑤ 每位赠卵者最多只能使 5 名妇女妊娠；

⑥ 赠卵的临床随访率必须达 100%。

2. 禁忌症

（1）有如下情况之一者，不得实施体外受精－胚胎移植及其衍生技术

① 任何一方患有严重的精神疾患、泌尿生殖系统急性感染、性传播疾病；

② 患有《母婴保健法》规定的不宜生育的、目前无法进行胚胎植入前遗传学诊断的遗传性疾病；

③ 任何一方具有吸毒等严重不良嗜好；

④ 任何一方接触致畸量的射线、毒物、药品并处于作用期。

（2）女方子宫不具备妊娠功能或严重躯体疾病不能承受妊娠。

（四）质量标准

1. 为了切实保障患者的利益，维护妇女和儿童健康权益，提高人口质量，严格防止人类辅助生殖技术产业化和商品化，以及确保该技术更加规范有序进行，任何生殖机构每年所实施的体外受精与胚胎移植及其衍生技术不得超过 1000 个取卵周期；

2. 机构对体外受精－胚胎移植出生的随访率不得低于 95%；

3. 体外受精的受精率不得低于 65%，卵胞浆内单精子显微注射的受精率不得低于 70%；

4. 取卵周期临床妊娠率在机构成立的第一年不得低于 15%，第二年以后不得低于 20%；冻融胚胎的移植周期临床妊娠率不得低于 10% ［移植周期临床妊娠率＝(临床妊娠数/移植周期数)×100%］；

5. 对于多胎妊娠必须实施减胎术，避免双胎，严禁三胎和三胎以上的妊娠分娩。

二、人工授精技术规范

人工授精技术根据精子来源分为夫精人工授精和供精人工授精技术。

（一）基本要求

1. 机构设置条件

（1）必须是持有《医疗机构执业许可证》的综合性医院、专科医院或

持有《计划生育技术服务执业许可证》的计划生育技术服务机构；

（2）实施供精人工授精技术必须获得卫生部的批准证书，实施夫精人工授精技术必须获得省、自治区、直辖市卫生行政部门的批准证书并报卫生部备案；

（3）中国人民解放军医疗机构开展人工授精技术的，根据两个《办法》规定，对申请开展夫精人工授精技术的机构，由所在省、自治区、直辖市卫生厅局或总后卫生部科技部门组织专家论证、评审、审核、审批，并报国家卫生部备案；对申请开展供精人工授精的医疗机构，由所在省、自治区、直辖市卫生厅局或总后卫生部科技部门组织专家论证、审核，报国家卫生部审批；

（4）中外合资、合作医疗机构，必须同时持有卫生部批准证书和原外经贸部（现商务部）颁发的《外商投资企业批准证书》；

（5）实施供精人工授精的机构，必须从持有《人类精子库批准证书》的人类精子库获得精源并签署供精协议，并有义务向供精单位及时提供供精人工授精情况及准确的反馈信息；协议应明确双方的职责；

（6）具备法律、法规或主管机关要求的其他条件。

2. 人员要求

（1）最少具有从事生殖医学专业的在编专职医师2人，实验室工作人员2人，护士1人，且均具备良好的职业道德；

（2）从业医师须具备执业医师资格；

（3）机构必须指定专职负责人，该负责人须是具备高级技术职称的妇产科执业医师；

（4）机构内医师应具备临床妇产科和生殖内分泌理论及实践经验，并具备妇科超声技术资格和经验；

（5）实验室工作人员应具备按世界卫生组织精液分析标准程序处理精液的培训经历和实践操作技能；

（6）护士具备执业护士资格；

（7）同时开展体外受精－胚胎移植技术的机构，必须指定专职负责人一人，其他人员可以兼用。

3. 场所要求

场所包含候诊室、诊室、检查室、B超室、人工授精实验室、授精室

（2）禁忌症

① 女方患有生殖泌尿系统急性感染或性传播疾病；

② 女方患有严重的遗传、躯体疾病或精神疾患；

③ 女方接触致畸量的射线、毒物、药品并处于作用期；

④ 女方有吸毒等不良嗜好。

（四）技术程序与质量控制

1. 技术程序

（1）严格掌握适应症并排除禁忌症；

（2）人工授精可以在自然周期或药物促排卵周期下进行，但严禁以多胎妊娠为目的使用促排卵药；

（3）通过 B 超和有关激素水平联合监测卵泡的生长发育；

（4）掌握排卵时间，适时实施人工授精；

（5）用于人工授精的精子必须经过洗涤分离处理，行宫颈内人工授精，其前向运动精子总数不得低于 20×10^6；行宫腔内人工授精，其前向运动精子总数不得低于 10×10^6；

（6）人工授精后可用药物支持黄体功能；

（7）人工授精后 14～16 天诊断生化妊娠，5 周 B 超确认临床妊娠；

（8）多胎妊娠必须到具有选择性减胎术条件的机构行选择性减胎术；

（9）实施供精人工授精的机构如不具备选择性减胎术的条件和技术，必须与具备该技术的机构签定使用减胎技术协议，以确保选择性减胎术的有效实施，避免多胎分娩。

2. 质量标准

（1）用于供精人工授精的冷冻精液，复苏后前向运动的精子不低于40%；

（2）周期临床妊娠率不低于15%（周期临床妊娠率＝临床妊娠数/人工授精周期数×100%）。

三、实施技术人员的行为准则

（一）必须严格遵守国家人口和计划生育法律法规；

（二）必须严格遵守知情同意、知情选择的自愿原则；

（三）必须尊重患者隐私权；

（四）禁止无医学指征的性别选择；

（五）禁止实施代孕技术；

（六）禁止实施胚胎赠送；

（七）禁止实施以治疗不育为目的的人卵胞浆移植及核移植技术；

（八）禁止人类与异种配子的杂交；禁止人类体内移植异种配子、合子和胚胎；禁止异种体内移植人类配子、合子和胚胎；

（九）禁止以生殖为目的对人类配子、合子和胚胎进行基因操作；

（十）禁止实施近亲间的精子和卵子结合；

（十一）在同一治疗周期中，配子和合子必须来自同一男性和同一女性；

（十二）禁止在患者不知情和不自愿的情况下，将配子、合子和胚胎转送他人或进行科学研究；

（十三）禁止给不符合国家人口和计划生育法规和条例规定的夫妇和单身妇女实施人类辅助生殖技术；

（十四）禁止开展人类嵌合体胚胎试验研究；

（十五）禁止克隆人。

附件 2 （略）

附件 3：人类辅助生殖技术和人类精子库伦理原则

一、人类辅助生殖技术伦理原则

人类辅助生殖技术是治疗不孕不育症的一种医疗手段。为安全、有效、合理地实施人类辅助生殖技术，保障个人、家庭以及后代的健康和利益，维护社会公益，特制定以下伦理原则。

1. 有利于患者的原则

（1）综合考虑患者病理、生理、心理及社会因素，医务人员有义务告诉患者目前可供选择的治疗手段、利弊及其所承担的风险，在患者充分知情的情况下，提出有医学指征的选择和最有利于患者的治疗方案；

（2）禁止以多胎和商业化供卵为目的的促排卵；

（3）不育夫妇对实施人类辅助生殖技术过程中获得的配子、胚胎拥有其选择处理方式的权利，技术服务机构必须对此有详细的记录，并获得夫、妇或双方的书面知情同意；

（4）患者的配子和胚胎在未征得其知情同意情况下，不得进行任何处理，更不得进行买卖。

2. 知情同意的原则

（1）人类辅助生殖技术必须在夫妇双方自愿同意并签署书面知情同意书后方可实施；

（2）医务人员对人类辅助生殖技术适应症的夫妇，须使其了解：实施该技术的必要性、实施程序、可能承受的风险以及为降低这些风险所采取的措施、该机构稳定的成功率、每周期大致的总费用及进口、国产药物选择等与患者作出合理选择相关的实质性信息；

（3）接受人类辅助生殖技术的夫妇在任何时候都有权提出中止该技术的实施，并且不会影响对其今后的治疗；

（4）医务人员必须告知接受人类辅助生殖技术的夫妇及其已出生的孩子随访的必要性；

（5）医务人员有义务告知捐赠者对其进行健康检查的必要性，并获取书面知情同意书。

3. 保护后代的原则

（1）医务人员有义务告知受者通过人类辅助生殖技术出生的后代与自然受孕分娩的后代享有同样的法律权利和义务，包括后代的继承权、受教育权、赡养父母的义务、父母离异时对孩子监护权的裁定等；

（2）医务人员有义务告知接受人类辅助生殖技术治疗的夫妇，他们通过对该技术出生的孩子（包括对有出生缺陷的孩子）负有伦理、道德和法律上的权利和义务；

（3）如果有证据表明实施人类辅助生殖技术将会对后代产生严重的生理、心理和社会损害，医务人员有义务停止该技术的实施；

（4）医务人员不得对近亲间及任何不符合伦理、道德原则的精子和卵子实施人类辅助生殖技术；

（5）医务人员不得实施代孕技术；

（6）医务人员不得实施胚胎赠送助孕技术；

（7）在尚未解决人卵胞浆移植和人卵核移植技术安全性问题之前，医务人员不得实施以治疗不育为目的的人卵胞浆移植和人卵核移植技术；

（8）同一供者的精子、卵子最多只能使5名妇女受孕；

（9）医务人员不得实施以生育为目的的嵌合体胚胎技术。

4. 社会公益原则

（1）医务人员必须严格贯彻国家人口和计划生育法律法规，不得对不符合国家人口和计划生育法规和条例规定的夫妇和单身妇女实施人类辅助生殖技术；

（2）根据《母婴保健法》，医务人员不得实施非医学需要的性别选择；

（3）医务人员不得实施生殖性克隆技术；

（4）医务人员不得将异种配子和胚胎用于人类辅助生殖技术；

（5）医务人员不得进行各种违反伦理、道德原则的配子和胚胎实验研究及临床工作。

5. 保密原则

（1）互盲原则：凡使用供精实施的人类辅助生殖技术，供方与受方夫妇应保持互盲，供方与实施人类辅助生殖技术的医务人员应保持互盲，供方与后代保持互盲；

（2）机构和医务人员对使用人类辅助生殖技术的所有参与者（如卵子捐赠者和受者）有实行匿名和保密的义务。匿名是藏匿供体的身份；保密是藏匿受体参与配子捐赠的事实以及对受者有关信息的保密；

（3）医务人员有义务告知捐赠者不可查询受者及其后代的一切信息，并签署书面知情同意书。

6. 严防商业化的原则

机构和医务人员对要求实施人类辅助生殖技术的夫妇，要严格掌握适应证，不能受经济利益驱动而滥用人类辅助生殖技术。

供精、供卵只能是以捐赠助人为目的，禁止买卖，但是可以给予捐赠者必要的误工、交通和医疗补偿。

7. 伦理监督的原则

（1）为确保以上原则的实施，实施人类辅助生殖技术的机构应建立生殖医学伦理委员会，并接受其指导和监督；

（2）生殖医学伦理委员会应由医学伦理学、心理学、社会学、法学、生殖医学、护理学专家和群众代表等组成；

（3）生殖医学伦理委员会应依据上述原则对人类辅助生殖技术的全过程和有关研究进行监督，开展生殖医学伦理宣传教育，并对实施中遇到的伦理问题进行审查、咨询、论证和建议。

附录四　国家卫生计生委
国家食品药品监管总局
关于印发干细胞临床研究
管理办法（试行）的通知

（国卫科教发〔2015〕48 号）

各省、自治区、直辖市卫生计生委、食品药品监管局，新疆生产建设兵团卫生局、食品药品监管局，国家卫生计生委直属有关单位，食品药品监管总局直属有关单位：

为规范并促进我国干细胞临床研究，国家卫生计生委与食品药品监管总局共同组织制定了《干细胞临床研究管理办法（试行）》（可从国家卫生计生委、食品药品监管总局网站下载）。现印发给你们，请遵照执行。

国家卫生计生委 国家食品药品监管总局

2015 年 7 月 20 日

干细胞临床研究管理办法（试行）

第一章　总　则

第一条　为规范和促进干细胞临床研究，依照《中华人民共和国药品管理法》、《医疗机构管理条例》等法律法规，制定本办法。

第二条　本办法适用于在医疗机构开展的干细胞临床研究。

干细胞临床研究指应用人自体或异体来源的干细胞经体外操作后输入（或植入）人体，用于疾病预防或治疗的临床研究。体外操作包括干细胞在体外的分离、纯化、培养、扩增、诱导分化、冻存及复苏等。

第三条 干细胞临床研究必须遵循科学、规范、公开、符合伦理、充分保护受试者权益的原则。

第四条 开展干细胞临床研究的医疗机构（以下简称机构）是干细胞制剂和临床研究质量管理的责任主体。机构应当对干细胞临床研究项目进行立项审查、登记备案和过程监管，并对干细胞制剂制备和临床研究全过程进行质量管理和风险管控。

第五条 国家卫生计生委与国家食品药品监管总局负责干细胞临床研究政策制定和宏观管理，组织制定和发布干细胞临床研究相关规定、技术指南和规范，协调督导、检查机构干细胞制剂和临床研究管理体制机制建设和风险管控措施，促进干细胞临床研究健康、有序发展；共同组建干细胞临床研究专家委员会和伦理专家委员会，为干细胞临床研究规范管理提供技术支撑和伦理指导。

省级卫生计生行政部门与省级食品药品监管部门负责行政区域内干细胞临床研究的日常监督管理，对机构干细胞制剂和临床研究质量以及风险管控情况进行检查，发现问题和存在风险时及时督促机构采取有效处理措施；根据工作需要共同组建干细胞临床研究专家委员会和伦理专家委员会。

第六条 机构不得向受试者收取干细胞临床研究相关费用，不得发布或变相发布干细胞临床研究广告。

第二章 机构的条件与职责

第七条 干细胞临床研究机构应当具备以下条件：

（一）三级甲等医院，具有与所开展干细胞临床研究相应的诊疗科目。

（二）依法获得相关专业的药物临床试验机构资格。

（三）具有较强的医疗、教学和科研综合能力，承担干细胞研究领域重大研究项目，且具有来源合法，相对稳定、充分的项目研究经费支持。

（四）具备完整的干细胞质量控制条件、全面的干细胞临床研究质量管理体系和独立的干细胞临床研究质量保证部门；建立干细胞制剂质量受权人制度；具有完整的干细胞制剂制备和临床研究全过程质量管理及风险控制程序和相关文件（含质量管理手册、临床研究工作程序、标准操作规范和试验记录等）；具有干细胞临床研究审计体系，包括具备资质的内审人员和内审、外审制度。

（五）干细胞临床研究项目负责人和制剂质量受权人应当由机构主要负责人正式授权，具有正高级专业技术职称，具有良好的科研信誉。主要研究人员经过药物临床试验质量管理规范（GCP）培训，并获得相应资质。机构应当配置充足的具备资质的人力资源进行相应的干细胞临床研究，制定并实施干细胞临床研究人员培训计划，并对培训效果进行监测。

（六）具有与所开展干细胞临床研究相适应的、由高水平专家组成的学术委员会和伦理委员会。

（七）具有防范干细胞临床研究风险的管理机制和处理不良反应、不良事件的措施。

第八条　机构学术委员会应当由与开展干细胞临床研究相适应的、具有较高学术水平的机构内外知名专家组成，专业领域应当涵盖临床相关学科、干细胞基础和临床研究、干细胞制备技术、干细胞质量控制、生物医学统计、流行病学等。

机构伦理委员会应当由了解干细胞研究的医学、伦理学、法学、管理学、社会学等专业人员及至少一位非专业的社会人士组成，人员不少于7位，负责对干细胞临床研究项目进行独立伦理审查，确保干细胞临床研究符合伦理规范。

第九条　机构应当建立干细胞临床研究项目立项前学术、伦理审查制度，接受国家和省级干细胞临床研究专家委员会和伦理专家委员会的监督，促进学术、伦理审查的公开、公平、公正。

第十条　机构主要负责人应当对机构干细胞临床研究工作全面负责，建立健全机构对干细胞制剂和临床研究质量管理体制机制；保障干细胞临床研究的人力、物力条件，完善机构内各项规章制度，及时处理临床研究过程中的突发事件。

第十一条　干细胞临床研究项目负责人应当全面负责该项研究工作的运行管理；制定研究方案，并严格执行审查立项后的研究方案，分析撰写研究报告；掌握并执行标准操作规程；详细进行研究记录；及时处理研究中出现的问题，确保各环节符合要求。

第十二条　干细胞制剂质量受权人应当具备医学相关专业背景，具有至少三年从事干细胞制剂（或相关产品）制备和质量管理的实践经验，从

事过相关产品过程控制和质量检验工作。质量受权人负责审核干细胞制备
批记录，确保每批临床研究用干细胞制剂的生产、检验等均符合相关
要求。

第十三条　机构应当建立健全受试者权益保障机制，有效管控风险。
研究方案中应当包含有关风险预判和管控措施，机构学术、伦理委员会对
研究风险程度进行评估。对风险较高的项目，应当采取有效措施进行重点
监管，并通过购买第三方保险，对于发生与研究相关的损害或死亡的受试
者承担治疗费用及相应的经济补偿。

第十四条　机构应当根据信息公开原则，按照医学研究登记备案信息
系统要求，公开干细胞临床研究机构和项目有关信息，并负责审核登记内
容的真实性。

第十五条　开展干细胞临床研究项目前（2015 年），机构应当将备案
材料（见附件 1）由省级卫生计生行政部门会同食品药品监管部门审核后
向国家卫生计生委与国家食品药品监管总局备案。

干细胞临床研究项目应当在已备案的机构实施。

第三章　研究的立项与备案

第十六条　干细胞临床研究必须具备充分的科学依据，且预防或治疗
疾病的效果优于现有的手段；或用于尚无有效干预措施的疾病，用于威胁
生命和严重影响生存质量的疾病，以及重大医疗卫生需求。

第十七条　干细胞临床研究应当符合《药物临床试验质量管理规范》
的要求。干细胞制剂符合《干细胞制剂质量控制及临床前研究指导原则
（试行）》的要求。

干细胞制剂的制备应当符合《药品生产质量管理规范》（GMP）的基
本原则和相关要求，配备具有适当资质的人员、适用的设施设备和完整的
质量管理文件，原辅材料、制备过程和质量控制应符合相关要求，最大限
度地降低制备过程中的污染、交叉污染，确保持续稳定地制备符合预定用
途和质量要求的干细胞制剂。

第十八条　按照机构内干细胞临床研究立项审查程序和相关工作制
度，项目负责人须提交有关干细胞临床研究项目备案材料（见附件 2），以
及干细胞临床研究项目伦理审查申请表（见附件 3）。

第十九条　机构学术委员会应当对申报的干细胞临床研究项目备案材料进行科学性审查。审查重点包括：

（一）开展干细胞临床研究的必要性；

（二）研究方案的科学性；

（三）研究方案的可行性；

（四）主要研究人员资质和干细胞临床研究培训情况；

（五）研究过程中可能存在的风险和防控措施；

（六）干细胞制剂制备过程的质控措施。

第二十条　机构伦理委员会应当按照涉及人的生物医学研究伦理审查办法相关要求，对干细胞临床研究项目进行独立伦理审查。

第二十一条　审查时，机构学术委员会和伦理委员会成员应当签署保密协议及无利益冲突声明，须有三分之二以上法定出席成员同意方为有效。根据评审结果，机构学术委员会出具学术审查意见，机构伦理委员会出具伦理审查批件（见附件4）。

第二十二条　机构学术委员会和伦理委员会审查通过的干细胞临床研究项目，由机构主要负责人审核立项。

第二十三条　干细胞临床研究项目立项后须在我国医学研究登记备案信息系统如实登记相关信息。

第二十四条　机构将以下材料由省级卫生计生行政部门会同食品药品监管部门审核后向国家卫生计生委与国家食品药品监管总局备案：

（一）机构申请备案材料诚信承诺书；

（二）项目立项备案材料（见附件2）；

（三）机构学术委员会审查意见；

（四）机构伦理委员会审查批件；

（五）所需要的其他材料。

第四章　临床研究过程

第二十五条　机构应当监督研究人员严格按照已经审查、备案的研究方案开展研究。

第二十六条　干细胞临床研究人员必须用通俗、清晰、准确的语言告知供者和受试者所参与的干细胞临床研究的目的、意义和内容，预期受益

和潜在的风险，并在自愿原则下签署知情同意书，以确保干细胞临床研究
符合伦理原则和法律规定。

第二十七条　在临床研究过程中，所有关于干细胞提供者和受试者的
入选和检查，以及临床研究各个环节须由操作者及时记录。所有资料的原
始记录须做到准确、清晰并有电子备份，保存至临床研究结束后 30 年。

第二十八条　干细胞的来源和获取过程应当符合伦理。对于制备过程
中不合格及临床试验剩余的干细胞制剂或捐赠物如供者的胚胎、生殖细
胞、骨髓、血液等，必须进行合法、妥善并符合伦理的处理。

第二十九条　对干细胞制剂应当从其获得、体外操作、回输或植入受
试者体内，到剩余制剂处置等环节进行追踪记录。干细胞制剂的追踪资料
从最后处理之日起必须保存至少 30 年。

第三十条　干细胞临床研究结束后，应当对受试者进行长期随访监
测，评价干细胞临床研究的长期安全性和有效性。对随访中发现的问题，
应当报告机构学术、伦理委员会，及时组织进行评估鉴定，给予受试者相
应的医学处理，并将评估鉴定及处理情况及时报告省级卫生计生行政部门
和食品药品监管部门。

第三十一条　在项目执行过程中任何人如发现受试者发生严重不良反
应或不良事件、权益受到损害或其他违背伦理的情况，应当及时向机构学
术、伦理委员会报告。机构应当根据学术、伦理委员会意见制订项目整改
措施并认真解决存在的问题。

第三十二条　在干细胞临床研究过程中，研究人员应当按年度在我国
医学研究登记备案信息系统记录研究项目进展信息。

机构自行提前终止临床研究项目，应当向备案部门说明原因和采取的
善后措施。

第五章　研究报告制度

第三十三条　机构应当及时将临床研究中出现的严重不良反应、差错
或事故及处理措施、整改情况等报告国家和省级卫生计生行政部门和食品
药品监管部门。

第三十四条　严重不良事件报告：

（一）如果受试者在干细胞临床研究过程中出现了严重不良事件，如

传染性疾病、造成人体功能或器官永久性损伤、威胁生命、死亡，或必须接受医疗抢救的情况，研究人员应当立刻停止临床研究，于 24 小时之内报告机构学术、伦理委员会，并由机构报告国家和省级卫生计生行政部门和食品药品监管部门。

（二）发生严重不良事件后，研究人员应当及时、妥善对受试者进行相应处理，在处理结束后 15 日内将后续工作报告机构学术、伦理委员会，由机构报告国家和省级卫生计生行政部门和食品药品监管部门，以说明事件发生的原因和采取的措施。

（三）在调查事故原因时，应当重点从以下几方面进行考察：干细胞制剂的制备和质量控制，干细胞提供者的筛查记录、测试结果，以及任何违背操作规范的事件等。

第三十五条 差错报告：

（一）如果在操作过程中出现了违背操作规程的事件，事件可能与疾病传播或潜在性的传播有关，或可能导致干细胞制剂的污染时，研究人员必须在事件发生后立即报告机构学术、伦理委员会，并由机构报告国家和省级卫生计生行政部门和食品药品监管部门。

（二）报告内容必须包括：对本事件的描述，与本事件相关的信息和干细胞制剂的制备流程，已经采取和将要采取的针对本事件的处理措施。

第三十六条 研究进度报告：

（一）凡经备案的干细胞临床研究项目，应当按年度向机构学术、伦理委员会提交进展报告，经机构审核后报国家和省级卫生计生行政部门和食品药品监管部门。

（二）报告内容应当包括阶段工作小结、已经完成的病例数、正在进行的病例数和不良反应或不良事件发生情况等。

第三十七条 研究结果报告：

（一）各阶段干细胞临床研究结束后，研究人员须将研究结果进行统计分析、归纳总结、书写研究报告，经机构学术、伦理委员会审查，机构主要负责人审核后报告国家和省级卫生计生行政部门和食品药品监管部门。

（二）研究结果报告应当包括以下内容：

1. 研究题目；

2. 研究人员名单；

3. 研究报告摘要；

4. 研究方法与步骤；

5. 研究结果；

6. 病例统计报告；

7. 失败病例的讨论；

8. 研究结论；

9. 下一步工作计划。

第六章　专家委员会职责

第三十八条　国家干细胞临床研究专家委员会职责：按照我国卫生事业发展要求，对国内外干细胞研究及成果转化情况进行调查研究，提出干细胞临床研究的重点领域及监管的政策建议；根据我国医疗机构干细胞临床研究基础，制订相关技术指南、标准、以及干细胞临床研究质量控制规范等；在摸底调研基础上有针对性地进行机构评估、现场核查，对已备案的干细胞临床研究机构和项目进行检查。

国家干细胞临床研究伦理专家委员会职责：主要针对干细胞临床研究中伦理问题进行研究，提出政策法规和制度建设的意见；根据监管工作需要对已备案的干细胞临床研究项目进行审评和检查，对机构伦理委员会审查工作进行检查，提出改进意见；接受省级伦理专家委员会和机构伦理委员会的咨询并进行工作指导；组织伦理培训等。

第三十九条　省级干细胞临床研究专家委员会职责：按照省级卫生计生行政部门和食品药品监管部门对干细胞临床研究日常监管需要，及时了解本地区干细胞临床研究发展状况和存在问题，提出政策建议，提供技术支撑；根据监管工作需要对机构已备案的干细胞临床研究项目进行审查和检查。

省级干细胞临床研究伦理专家委员会职责：主要针对行政区域内干细胞临床研究中的伦理问题进行研究；推动行政区域内干细胞临床研究伦理审查规范化；并根据监管工作需要对行政区域内机构伦理委员会工作进行检查，提出改进意见；接受行政区域内机构伦理委员会的咨询并提供工作指导；对从事干细胞临床研究伦理审查工作的人员进行培训。

第四十条　国家和省级干细胞临床研究专家委员会和伦理专家委员会

第五十条 机构管理工作中发生下列行为之一的，国家卫生计生委和国家食品药品监管总局将责令其停止干细胞临床研究工作，给予通报批评，进行科研不端行为记录，情节严重者按照有关法律法规要求，依法处理。

（一）整改不合格；

（二）违反科研诚信和伦理原则；

（三）损害供者或受试者权益；

（四）向受试者收取研究相关费用；

（五）非法进行干细胞治疗的广告宣传等商业运作；

（六）其他严重违反相关规定的行为。

第五十一条 按照本办法完成的干细胞临床研究，不得直接进入临床应用。

第五十二条 未经干细胞临床研究备案擅自开展干细胞临床研究，以及违反规定直接进入临床应用的机构和人员，按《中华人民共和国药品管理法》和《医疗机构管理条例》等法律法规处理。

第八章　附　则

第五十三条 本办法不适用于已有规定的、未经体外处理的造血干细胞移植，以及按药品申报的干细胞临床试验。依据本办法开展干细胞临床研究后，如申请药品注册临床试验，可将已获得的临床研究结果作为技术性申报资料提交并用于药品评价。

第五十四条 本办法由国家卫生计生委和国家食品药品监管总局负责解释。

第五十五条 本办法自发布之日起施行。同时，干细胞治疗相关技术不再按照第三类医疗技术管理。

附件：1. 干细胞临床研究机构备案材料

　　　2. 干细胞临床研究项目备案材料

　　　3. 干细胞临床研究项目伦理审查申请表

　　　4. 干细胞临床研究项目伦理审查批件

附录五　涉及人的生物医学研究伦理审查办法

（第 11 号）

《涉及人的生物医学研究伦理审查办法》已于 2016 年 9 月 30 日经国家卫生计生委委主任会议讨论通过，现予公布，自 2016 年 12 月 1 日起施行。

主任：李斌

2016 年 10 月 12 日

涉及人的生物医学研究伦理审查办法

第一章　总　则

第一条　为保护人的生命和健康，维护人的尊严，尊重和保护受试者的合法权益，规范涉及人的生物医学研究伦理审查工作，制定本办法。

第二条　本办法适用于各级各类医疗卫生机构开展涉及人的生物医学研究伦理审查工作。

第三条　本办法所称涉及人的生物医学研究包括以下活动：

（一）采用现代物理学、化学、生物学、中医药学和心理学等方法对人的生理、心理行为、病理现象、疾病病因和发病机制，以及疾病的预防、诊断、治疗和康复进行研究的活动；

（二）医学新技术或者医疗新产品在人体上进行试验研究的活动；

（三）采用流行病学、社会学、心理学等方法收集、记录、使用、报告或者储存有关人的样本、医疗记录、行为等科学研究资料的活动。

第四条　伦理审查应当遵守国家法律法规规定，在研究中尊重受试者的自主意愿，同时遵守有益、不伤害以及公正的原则。

第五条 国家卫生计生委负责全国涉及人的生物医学研究伦理审查工作的监督管理，成立国家医学伦理专家委员会。国家中医药管理局负责中医药研究伦理审查工作的监督管理，成立国家中医药伦理专家委员会。省级卫生计生行政部门成立省级医学伦理专家委员会。

县级以上地方卫生计生行政部门负责本行政区域涉及人的生物医学研究伦理审查工作的监督管理。

第六条 国家医学伦理专家委员会、国家中医药伦理专家委员会（以下称国家医学伦理专家委员会）负责对涉及人的生物医学研究中的重大伦理问题进行研究，提供政策咨询意见，指导省级医学伦理专家委员会的伦理审查相关工作。

省级医学伦理专家委员会协助推动本行政区域涉及人的生物医学研究伦理审查工作的制度化、规范化，指导、检查、评估本行政区域从事涉及人的生物医学研究的医疗卫生机构伦理委员会的工作，开展相关培训、咨询等工作。

第二章 伦理委员会

第七条 从事涉及人的生物医学研究的医疗卫生机构是涉及人的生物医学研究伦理审查工作的管理责任主体，应当设立伦理委员会，并采取有效措施保障伦理委员会独立开展伦理审查工作。

医疗卫生机构未设立伦理委员会的，不得开展涉及人的生物医学研究工作。

第八条 伦理委员会的职责是保护受试者合法权益，维护受试者尊严，促进生物医学研究规范开展；对本机构开展涉及人的生物医学研究项目进行伦理审查，包括初始审查、跟踪审查和复审等；在本机构组织开展相关伦理审查培训。

第九条 伦理委员会的委员应当从生物医学领域和伦理学、法学、社会学等领域的专家和非本机构的社会人士中遴选产生，人数不得少于7人，并且应当有不同性别的委员，少数民族地区应当考虑少数民族委员。必要时，伦理委员会可以聘请独立顾问。独立顾问对所审查项目的特定问题提供咨询意见，不参与表决。

第十条　伦理委员会委员任期 5 年，可以连任。伦理委员会设主任委员一人，副主任委员若干人，由伦理委员会委员协商推举产生。

伦理委员会委员应当具备相应的伦理审查能力，并定期接受生物医学研究伦理知识及相关法律法规知识培训。

第十一条　伦理委员会对受理的申报项目应当及时开展伦理审查，提供审查意见；对已批准的研究项目进行定期跟踪审查，受理受试者的投诉并协调处理，确保项目研究不会将受试者置于不合理的风险之中。

第十二条　伦理委员会在开展伦理审查时，可以要求研究者提供审查所需材料、知情同意书等文件以及修改研究项目方案，并根据职责对研究项目方案、知情同意书等文件提出伦理审查意见。

第十三条　伦理委员会委员应当签署保密协议，承诺对所承担的伦理审查工作履行保密义务，对所受理的研究项目方案、受试者信息以及委员审查意见等保密。

第十四条　医疗卫生机构应当在伦理委员会设立之日起 3 个月内向本机构的执业登记机关备案，并在医学研究登记备案信息系统登记。医疗卫生机构还应当于每年 3 月 31 日前向备案的执业登记机关提交上一年度伦理委员会工作报告。

伦理委员会备案材料包括：

（一）人员组成名单和每位委员工作简历；

（二）伦理委员会章程；

（三）工作制度或者相关工作程序；

（四）备案的执业登记机关要求提供的其他相关材料。

以上信息发生变化时，医疗卫生机构应当及时向备案的执业登记机关更新信息。

第十五条　伦理委员会应当配备专（兼）职工作人员、设备、场所等，保障伦理审查工作顺利开展。

第十六条　伦理委员会应当接受所在医疗卫生机构的管理和受试者的监督。

第三章　伦理审查

第十七条　伦理委员会应当建立伦理审查工作制度或者操作规程，保证伦理审查过程独立、客观、公正。

第十八条 涉及人的生物医学研究应当符合以下伦理原则：

（一）知情同意原则。尊重和保障受试者是否参加研究的自主决定权，严格履行知情同意程序，防止使用欺骗、利诱、胁迫等手段使受试者同意参加研究，允许受试者在任何阶段无条件退出研究；

（二）控制风险原则。首先将受试者人身安全、健康权益放在优先地位，其次才是科学和社会利益，研究风险与受益比例应当合理，力求使受试者尽可能避免伤害；

（三）免费和补偿原则。应当公平、合理地选择受试者，对受试者参加研究不得收取任何费用，对于受试者在受试过程中支出的合理费用还应当给予适当补偿；

（四）保护隐私原则。切实保护受试者的隐私，如实将受试者个人信息的储存、使用及保密措施情况告知受试者，未经授权不得将受试者个人信息向第三方透露；

（五）依法赔偿原则。受试者参加研究受到损害时，应当得到及时、免费治疗，并依据法律法规及双方约定得到赔偿；

（六）特殊保护原则。对儿童、孕妇、智力低下者、精神障碍患者等特殊人群的受试者，应当予以特别保护。

第十九条 涉及人的生物医学研究项目的负责人作为伦理审查申请人，在申请伦理审查时应当向负责项目研究的医疗卫生机构的伦理委员会提交下列材料：

（一）伦理审查申请表；

（二）研究项目负责人信息、研究项目所涉及的相关机构的合法资质证明以及研究项目经费来源说明；

（三）研究项目方案、相关资料，包括文献综述、临床前研究和动物实验数据等资料；

（四）受试者知情同意书；

（五）伦理委员会认为需要提交的其他相关材料。

第二十条 伦理委员会收到申请材料后，应当及时组织伦理审查，并重点审查以下内容：

（一）研究者的资格、经验、技术能力等是否符合试验要求；

（二）研究方案是否科学，并符合伦理原则的要求。中医药项目研究方案的审查，还应当考虑其传统实践经验；

（三）受试者可能遭受的风险程度与研究预期的受益相比是否在合理范围之内；

（四）知情同意书提供的有关信息是否完整易懂，获得知情同意的过程是否合规恰当；

（五）是否有对受试者个人信息及相关资料的保密措施；

（六）受试者的纳入和排除标准是否恰当、公平；

（七）是否向受试者明确告知其应当享有的权益，包括在研究过程中可以随时无理由退出且不受歧视的权利等；

（八）受试者参加研究的合理支出是否得到了合理补偿；受试者参加研究受到损害时，给予的治疗和赔偿是否合理、合法；

（九）是否有具备资格或者经培训后的研究者负责获取知情同意，并随时接受有关安全问题的咨询；

（十）对受试者在研究中可能承受的风险是否有预防和应对措施；

（十一）研究是否涉及利益冲突；

（十二）研究是否存在社会舆论风险；

（十三）需要审查的其他重点内容。

第二十一条　伦理委员会委员与研究项目存在利害关系的，应当回避；伦理委员会对与研究项目有利害关系的委员应当要求其回避。

第二十二条　伦理委员会批准研究项目的基本标准是：

（一）坚持生命伦理的社会价值；

（二）研究方案科学；

（三）公平选择受试者；

（四）合理的风险与受益比例；

（五）知情同意书规范；

（六）尊重受试者权利；

（七）遵守科研诚信规范。

第二十三条　伦理委员会应当对审查的研究项目作出批准、不批准、修改后批准、修改后再审、暂停或者终止研究的决定，并说明理由。

伦理委员会作出决定应当得到伦理委员会全体委员的二分之一以上同意。

伦理审查时应当通过会议审查方式，充分讨论达成一致意见。

第二十四条 经伦理委员会批准的研究项目需要修改研究方案时，研究项目负责人应当将修改后的研究方案再报伦理委员会审查；研究项目未获得伦理委员会审查批准的，不得开展项目研究工作。

对已批准研究项目的研究方案作较小修改且不影响研究的风险受益比的研究项目和研究风险不大于最小风险的研究项目可以申请简易审查程序。

简易审查程序可以由伦理委员会主任委员或者由其指定的一个或者几个委员进行审查。审查结果和理由应当及时报告伦理委员会。

第二十五条 经伦理委员会批准的研究项目在实施前，研究项目负责人应当将该研究项目的主要内容、伦理审查决定在医学研究登记备案信息系统进行登记。

第二十六条 在项目研究过程中，项目研究者应当将发生的严重不良反应或者严重不良事件及时向伦理委员会报告；伦理委员会应当及时审查并采取相应措施，以保护受试者的人身安全与健康权益。

第二十七条 对已批准实施的研究项目，伦理委员会应当指定委员进行跟踪审查。跟踪审查包括以下内容：

（一）是否按照已通过伦理审查的研究方案进行试验；

（二）研究过程中是否擅自变更项目研究内容；

（三）是否发生严重不良反应或者不良事件；

（四）是否需要暂停或者提前终止研究项目；

（五）其他需要审查的内容。

跟踪审查的委员不得少于 2 人，在跟踪审查时应当及时将审查情况报告伦理委员会。

第二十八条 对风险较大或者比较特殊的涉及人的生物医学研究伦理审查项目，伦理委员会可以根据需要申请省级医学伦理专家委员会协助提供咨询意见。

第二十九条 多中心研究可以建立协作审查机制，确保各项目研究机构遵循一致性和及时性原则。

牵头机构的伦理委员会负责项目审查，并对参与机构的伦理审查结果进行确认。

参与机构的伦理委员会应当及时对本机构参与的研究进行伦理审查，

并对牵头机构反馈审查意见。

为了保护受试者的人身安全，各机构均有权暂停或者终止本机构的项目研究。

第三十条　境外机构或者个人与国内医疗卫生机构合作开展涉及人的生物医学研究的，应当向国内合作机构的伦理委员会申请研究项目伦理审查。

第三十一条　在学术期刊发表涉及人的生物医学研究成果的项目研究者，应当出具该研究项目经过伦理审查批准的证明文件。

第三十二条　伦理审查工作具有独立性，任何单位和个人不得干预伦理委员会的伦理审查过程及审查决定。

第四章　知情同意

第三十三条　项目研究者开展研究，应当获得受试者自愿签署的知情同意书；受试者不能以书面方式表示同意时，项目研究者应当获得其口头知情同意，并提交过程记录和证明材料。

第三十四条　对无行为能力、限制行为能力的受试者，项目研究者应当获得其监护人或者法定代理人的书面知情同意。

第三十五条　知情同意书应当含有必要、完整的信息，并以受试者能够理解的语言文字表达。

第三十六条　知情同意书应当包括以下内容：

（一）研究目的、基本研究内容、流程、方法及研究时限；

（二）研究者基本信息及研究机构资质；

（三）研究结果可能给受试者、相关人员和社会带来的益处，以及给受试者可能带来的不适和风险；

（四）对受试者的保护措施；

（五）研究数据和受试者个人资料的保密范围和措施；

（六）受试者的权利，包括自愿参加和随时退出、知情、同意或不同意、保密、补偿、受损害时获得免费治疗和赔偿、新信息的获取、新版本知情同意书的再次签署、获得知情同意书等；

（七）受试者在参与研究前、研究后和研究过程中的注意事项。

第三十七条　在知情同意获取过程中，项目研究者应当按照知情同意书内容向受试者逐项说明，其中包括：受试者所参加的研究项目的目的、意义和预期效果，可能遇到的风险和不适，以及可能带来的益处或者影响；有无对受试者有益的其他措施或者治疗方案；保密范围和措施；补偿情况，以及发生损害的赔偿和免费治疗；自愿参加并可以随时退出的权利，以及发生问题时的联系人和联系方式等。

项目研究者应当给予受试者充分的时间理解知情同意书的内容，由受试者作出是否同意参加研究的决定并签署知情同意书。

在心理学研究中，因知情同意可能影响受试者对问题的回答，从而影响研究结果的准确性的，研究者可以在项目研究完成后充分告知受试者并获得知情同意书。

第三十八条 当发生下列情形时，研究者应当再次获取受试者签署的知情同意书：

（一）研究方案、范围、内容发生变化的；

（二）利用过去用于诊断、治疗的有身份标识的样本进行研究的；

（三）生物样本数据库中有身份标识的人体生物学样本或者相关临床病史资料，再次使用进行研究的；

（四）研究过程中发生其他变化的。

第三十九条 以下情形经伦理委员会审查批准后，可以免除签署知情同意书：

（一）利用可识别身份信息的人体材料或者数据进行研究，已无法找到该受试者，且研究项目不涉及个人隐私和商业利益的；

（二）生物样本捐献者已经签署了知情同意书，同意所捐献样本及相关信息可用于所有医学研究的。

第五章　监督管理

第四十条 国家卫生计生委负责组织全国涉及人的生物医学研究伦理审查工作的检查、督导；国家中医药管理局负责组织全国中医药研究伦理审查工作的检查、督导。

县级以上地方卫生计生行政部门应当加强对本行政区域涉及人的生物医学研究伦理审查工作的日常监督管理。主要监督检查以下内容：

（一）医疗卫生机构是否按照要求设立伦理委员会，并进行备案；

（二）伦理委员会是否建立伦理审查制度；

（三）伦理审查内容和程序是否符合要求；

（四）审查的研究项目是否如实在我国医学研究登记备案信息系统进行登记；

（五）伦理审查结果执行情况；

（六）伦理审查文档管理情况；

（七）伦理委员会委员的伦理培训、学习情况；

（八）对国家和省级医学伦理专家委员会提出的改进意见或者建议是否落实；

（九）其他需要监督检查的相关内容。

第四十一条　国家医学伦理专家委员会应当对省级医学伦理专家委员会的工作进行指导、检查和评估。

省级医学伦理专家委员会应当对本行政区域内医疗卫生机构的伦理委员会进行检查和评估，重点对伦理委员会的组成、规章制度及审查程序的规范性、审查过程的独立性、审查结果的可靠性、项目管理的有效性等内容进行评估，并对发现的问题提出改进意见或者建议。

第四十二条　医疗卫生机构应当加强对本机构设立的伦理委员会开展的涉及人的生物医学研究伦理审查工作的日常管理，定期评估伦理委员会工作质量，对发现的问题及时提出改进意见或者建议，根据需要调整伦理委员会委员等。

第四十三条　医疗卫生机构应当督促本机构的伦理委员会落实县级以上卫生计生行政部门提出的整改意见；伦理委员会未在规定期限内完成整改或者拒绝整改，违规情节严重或者造成严重后果的，其所在医疗卫生机构应当撤销伦理委员会主任委员资格，追究相关人员责任。

第四十四条　任何单位或者个人均有权举报涉及人的生物医学研究中存在的违规或者不端行为。

第六章　法律责任

第四十五条　医疗卫生机构未按照规定设立伦理委员会擅自开展涉及人的生物医学研究的，由县级以上地方卫生计生行政部门责令限期整改；逾期不改的，由县级以上地方卫生计生行政部门予以警告，并可处以 3 万元以下罚款；对机构主要负责人和其他责任人员，依法给予处分。

第四十六条 医疗卫生机构及其伦理委员会违反本办法规定，有下列情形之一的，由县级以上地方卫生计生行政部门责令限期整改，并可根据情节轻重给予通报批评、警告；对机构主要负责人和其他责任人员，依法给予处分：

（一）伦理委员会组成、委员资质不符合要求的；

（二）未建立伦理审查工作制度或者操作规程的；

（三）未按照伦理审查原则和相关规章制度进行审查的；

（四）泄露研究项目方案、受试者个人信息以及委员审查意见的；

（五）未按照规定进行备案的；

（六）其他违反本办法规定的情形。

第四十七条 项目研究者违反本办法规定，有下列情形之一的，由县级以上地方卫生计生行政部门责令限期整改，并可根据情节轻重给予通报批评、警告；对主要负责人和其他责任人员，依法给予处分：

（一）研究项目或者研究方案未获得伦理委员会审查批准擅自开展项目研究工作的；

（二）研究过程中发生严重不良反应或者严重不良事件未及时报告伦理委员会的；

（三）违反知情同意相关规定开展项目研究的；

（四）其他违反本办法规定的情形。

第四十八条 医疗卫生机构、项目研究者在开展涉及人的生物医学研究工作中，违反《执业医师法》、《医疗机构管理条例》等法律法规相关规定的，由县级以上地方卫生计生行政部门依法进行处理。

第四十九条 违反本办法规定的机构和个人，给他人人身、财产造成损害的，应当依法承担民事责任；构成犯罪的，依法追究刑事责任。

第七章 附 则

第五十条 本办法自 2016 年 12 月 1 日起施行。本办法发布前，从事涉及人的生物医学研究的医疗卫生机构已设立伦理委员会的，应当自本办法发布之日起 3 个月内向本机构的执业登记机关备案，并在医学研究登记备案信息系统登记。

附录六　涉及人的临床研究伦理审查委员会建设指南（2020版）（节选）

第三部分　附　则

附则二　遗传学和生殖医学研究伦理审查

一、总则

为规范人类辅助生殖技术有关研究、更好地保护涉及遗传学和生殖医学研究的受试者，以及其他涉及收集遗传数据的临床研究，根据《涉及人的生物医学研究伦理审查办法》（国家卫生和计划生育委员会2016年11号令）、《涉及人的临床研究伦理审查委员会建设指南》等，制定本附则。

本指南适应于遗传学和生殖医学临床研究。遗传学研究和生殖医学研究伦理审查委员会伦理审查应遵循公认的伦理学原则和相关法律规范。

二、辅助生殖技术临床研究伦理审查要点

自然的人类生殖过程由性交、输卵管受精、受精卵植入子宫、子宫内妊娠等步骤组成。辅助生殖技术是指代替上述自然生殖过程某一步骤或全部步骤的手段，主要包括：人工授精、体外受精、胚胎移植、卵/精子和胚胎的冷冻保存、配子输卵管移植、代理母亲、单精子卵胞浆内显微注射、植入前遗传学诊断助孕、无性生殖或人的生殖性克隆等。辅助生殖（assisted reproduction）技术主要解决不育问题，在其发展过程中也用于解决防止出生缺陷问题。

（一）涉及人类辅助生殖技术的研究，受试者均为接受辅助生殖技术的患者，他们接受辅助生殖技术治疗符合国家相关法律法规和相关技术规范，并已经签署接受辅助生殖技术相关的有效的知情同意书。

（二）由于研究干预通常发生在妊娠前或早期，需要特别关注子代的健康和利益。必要时研究方案中应纳入妊娠期及子代出生后的健康随访。受试者和配偶必须具有完全民事行为能力，对研究风险，包括对母亲和子代的风险，完全知情。夫妻双方在研究知情同意书上签字。

（三）以孕妇为受试者的临床研究，研究目的必须是为了获得与孕妇或者胎儿健康相关的知识。如果研究的对象为宫内胎儿，则研究的风险应不大于最低风险，且研究获取的知识无法通过其他受试者获得。

（四）以孕妇为受试者的临床研究，研究干预的安全有效性已经在动物试验或者非妊娠人群得到验证，必要时研究方案应纳入妊娠期及子代出生后的健康随访。孕妇和其配偶必须具有完全民事行为能力，对研究相关风险，尤其是对胎儿可能承受的风险完全知情，孕妇和其配偶有权决定妊娠终止的时间。

三、临床遗传学研究伦理审查要点

人类从受精卵开始到出生以后，是按照基因决定的程序，在一定的自然和社会环境的影响下发育和成长。以基因研究为基础的生命科学和生物技术将更为有效地预报、诊断、治疗和预防疾病，提高健康水平，改善生活质量，延长健康寿命，同时它们也会引起一系列的伦理、法律和社会问题。遗传学生殖研究中涉及的伦理、法律和社会问题更为复杂和尖锐。对涉及遗传学临床研究的伦理审查，要求对该领域的相关问题有敏感性，确保开展对受试者、后代乃至对全人类社会负责任的临床研究。

（一）合法合规

在遗传学研究，包括遗传疾病诊断、遗传疾病筛查、收集遗传信息进行探索性的研究中，对遗传信息的收集、管理和使用必须符合国家现有法律法规，遗传数据只能用于促进人类的健康和福祉。

（二）知情同意

1. 受试者对是否接受与研究目的相关的遗传学检查以及是否为研究提供遗传学数据应完全知情并自愿。

2. 应详细告知受试者对遗传数据的收集目的、收集方法（包括介入性或非介入性方法）、数据的处理（匿名化）、数据的使用以及数据的保管等。数据的使用不得超过知情同意告知的范围。

3. 如果需要利用剩余标本或者遗传数据进行其他目的的研究，必须再次获得受试者同意并经伦理审查委员会批准。

（三）信息共享

去标识化后的遗传数据可以在研究者之间自由共享。

（四）隐私保护

1. 人类基因组是人类共同遗产的一部分，原始基因序列数据应由全人类共享，但个体对自身的遗传信息有基因隐私权。

2. 临床研究相关的遗传学检查的结果，无受试者的授权不得告知第三方。

3. 意外发现的告知。如果临床研究结果有意外发现，且该发现可能与受试者家系其他人员的生命和健康风险相关。研究人员和医务人员为了避免受到伤害而向其泄露相关信息，这在伦理学上应该允许，甚至是义务的，但需要通过正当途径，且避免暴露受试者隐私。

4. 如果研究结果有意外发现，研究方法可靠准确，患病的风险目前可防可控，应建议受试者接受临床诊疗。

5. 当研究意外发现受试者为严重遗传病的先证者，家系发病风险很高而且有临床干预方法时，研究者应建议并鼓励受试者向相关亲属披露信息并及时接受临床诊治。

6. 当未能说服受试者将遗传信息告知相关家人时，研究人员可以披露该信息，但应符合下列条件：

（1）潜在的伤害是严重的；

（2）如不告知，对家庭成员伤害的概率高，告知后可能有效避免伤害；

（3）应该仅仅告知避免伤害所必需的信息。

（五）产前诊断研究

1. 产前遗传疾病诊断研究，必须以目前公认可靠的方法进行遗传学检测，明确告知受试者诊断的目的、结果的可靠性以及可能的后果，受试者自主决定是否接受检测。

2. 诊断方法的研究，同时应以金标准的方法作自身对照研究，并将金标准方法检测的结果告知受试者及其配偶。

评估更为合适。有前景的创新性治疗策略应该在大规模应用前，尽早对其进行系统评估。

（三）伦理审查成员

1. 伦理审查委员会对干细胞临床研究方案审查时，参加审查的成员必须包括具有能力评估干细胞临床前研究的专家。

2. 参加审查的成员中应包含有能力评估临床试验设计的专家，包括统计学分析专家和与疾病相关的特殊问题的临床专家。

3. 参加审查的成员应当至少包含一名从事过干细胞相关基础、产品研发或临床研究三年以上经历的研究人员。

（四）知情同意

1. 研究人员、临床医生与医疗机构应该让受试者在有足够决策能力的情况下行使有效的知情同意。无论是在科研还是医疗的背景下，都应该向受试者提供有关干细胞创新疗法风险的确切信息，以及干细胞创新疗法的发展现状。

2. 如果受试者缺乏自我决策能力，应该采用法定监护人代理同意，并且严格保护受试者避免由于非治疗程序的增加带来的风险超出最低风险。

3. 当对缺乏知情同意能力的受试者进行干预疗法试验时，研究过程中出现的风险应该限制在最低风险，除非与之相关的治疗获益远大于风险。

4. 在法定监护人的代理同意情况下，如果细胞干预临床研究或替代疗法研究进程中有大的风险与受益比的改变，必须重新获得法定监护人的知情同意。

（五）受益与风险的评估

1. 应该使用有效的设计以降低风险，用最低数量的受试者来适当解答科学问题。

2. 基于目前的科学理解，由于对胎儿潜在的风险，不允许招募孕妇作为受试者参加干细胞临床研究是正当合理的。

（六）如果临床研究涉及使用来源胚胎的干细胞，应该严格审查来源和使用的合法合规。

（七）使用超出常规研究的干细胞干预应该是可循证的、受独立的专家审查并且着眼于患者的最佳利益。有前景的创新性治疗策略应该在大规模应用前，尽早对其进行系统评估。

（八）会议审查要求

1. 干细胞临床研究伦理审查有效，必须满足以下条件：

（1）须有三分之二以上法定出席成员同意；

（2）到场的成员中熟悉干细胞相关研究的具有高级职称的研究人员，投赞成票。

2. 伦理审查委员会应对研究者的利益冲突申明进行评估，确保可能产生研究设计偏差的利益冲突（经济与非经济）最小化。

3. 干细胞临床研究资料包括伦理审查资料需要至少保存 30 年。

附录七 中华人民共和国
人类遗传资源管理条例

（中华人民共和国国务院令第 717 号）

《中华人民共和国人类遗传资源管理条例》已经 2019 年 3 月 20 日国务院第 41 次常务会议通过，现予公布，自 2019 年 7 月 1 日起施行。

总理 李克强

2019 年 5 月 28 日

中华人民共和国人类遗传资源管理条例

第一章 总 则

第一条 为了有效保护和合理利用我国人类遗传资源，维护公众健康、国家安全和社会公共利益，制定本条例。

第二条 本条例所称人类遗传资源包括人类遗传资源材料和人类遗传资源信息。

人类遗传资源材料是指含有人体基因组、基因等遗传物质的器官、组织、细胞等遗传材料。

人类遗传资源信息是指利用人类遗传资源材料产生的数据等信息资料。

第三条 采集、保藏、利用、对外提供我国人类遗传资源，应当遵守本条例。

为临床诊疗、采供血服务、查处违法犯罪、兴奋剂检测和殡葬等活动需要，采集、保藏器官、组织、细胞等人体物质及开展相关活动，依照相关法律、行政法规规定执行。

　　第四条　国务院科学技术行政部门负责全国人类遗传资源管理工作；国务院其他有关部门在各自的职责范围内，负责有关人类遗传资源管理工作。

　　省、自治区、直辖市人民政府科学技术行政部门负责本行政区域人类遗传资源管理工作；省、自治区、直辖市人民政府其他有关部门在各自的职责范围内，负责本行政区域有关人类遗传资源管理工作。

　　第五条　国家加强对我国人类遗传资源的保护，开展人类遗传资源调查，对重要遗传家系和特定地区人类遗传资源实行申报登记制度。

　　国务院科学技术行政部门负责组织我国人类遗传资源调查，制定重要遗传家系和特定地区人类遗传资源申报登记具体办法。

　　第六条　国家支持合理利用人类遗传资源开展科学研究、发展生物医药产业、提高诊疗技术，提高我国生物安全保障能力，提升人民健康保障水平。

　　第七条　外国组织、个人及其设立或者实际控制的机构不得在我国境内采集、保藏我国人类遗传资源，不得向境外提供我国人类遗传资源。

　　第八条　采集、保藏、利用、对外提供我国人类遗传资源，不得危害我国公众健康、国家安全和社会公共利益。

　　第九条　采集、保藏、利用、对外提供我国人类遗传资源，应当符合伦理原则，并按照国家有关规定进行伦理审查。

　　采集、保藏、利用、对外提供我国人类遗传资源，应当尊重人类遗传资源提供者的隐私权，取得其事先知情同意，并保护其合法权益。

　　采集、保藏、利用、对外提供我国人类遗传资源，应当遵守国务院科学技术行政部门制定的技术规范。

　　第十条　禁止买卖人类遗传资源。

　　为科学研究依法提供或者使用人类遗传资源并支付或者收取合理成本费用，不视为买卖。

第二章　采集和保藏

　　第十一条　采集我国重要遗传家系、特定地区人类遗传资源或者采集国务院科学技术行政部门规定种类、数量的人类遗传资源的，应当符合下列条件，并经国务院科学技术行政部门批准：

（一）具有法人资格；

（二）采集目的明确、合法；

（三）采集方案合理；

（四）通过伦理审查；

（五）具有负责人类遗传资源管理的部门和管理制度；

（六）具有与采集活动相适应的场所、设施、设备和人员。

第十二条 采集我国人类遗传资源，应当事先告知人类遗传资源提供者采集目的、采集用途、对健康可能产生的影响、个人隐私保护措施及其享有的自愿参与和随时无条件退出的权利，征得人类遗传资源提供者书面同意。

在告知人类遗传资源提供者前款规定的信息时，必须全面、完整、真实、准确，不得隐瞒、误导、欺骗。

第十三条 国家加强人类遗传资源保藏工作，加快标准化、规范化的人类遗传资源保藏基础平台和人类遗传资源大数据建设，为开展相关研究开发活动提供支撑。

国家鼓励科研机构、高等学校、医疗机构、企业根据自身条件和相关研究开发活动需要开展人类遗传资源保藏工作，并为其他单位开展相关研究开发活动提供便利。

第十四条 保藏我国人类遗传资源、为科学研究提供基础平台的，应当符合下列条件，并经国务院科学技术行政部门批准：

（一）具有法人资格；

（二）保藏目的明确、合法；

（三）保藏方案合理；

（四）拟保藏的人类遗传资源来源合法；

（五）通过伦理审查；

（六）具有负责人类遗传资源管理的部门和保藏管理制度；

（七）具有符合国家人类遗传资源保藏技术规范和要求的场所、设施、设备和人员。

第十五条 保藏单位应当对所保藏的人类遗传资源加强管理和监测，采取安全措施，制定应急预案，确保保藏、使用安全。

保藏单位应当完整记录人类遗传资源保藏情况，妥善保存人类遗传资源的来源信息和使用信息，确保人类遗传资源的合法使用。

保藏单位应当就本单位保藏人类遗传资源情况向国务院科学技术行政部门提交年度报告。

第十六条　国家人类遗传资源保藏基础平台和数据库应当依照国家有关规定向有关科研机构、高等学校、医疗机构、企业开放。

为公众健康、国家安全和社会公共利益需要，国家可以依法使用保藏单位保藏的人类遗传资源。

第三章　利用和对外提供

第十七条　国务院科学技术行政部门和省、自治区、直辖市人民政府科学技术行政部门应当会同本级人民政府有关部门对利用人类遗传资源开展科学研究、发展生物医药产业统筹规划，合理布局，加强创新体系建设，促进生物科技和产业创新、协调发展。

第十八条　科研机构、高等学校、医疗机构、企业利用人类遗传资源开展研究开发活动，对其研究开发活动以及成果的产业化依照法律、行政法规和国家有关规定予以支持。

第十九条　国家鼓励科研机构、高等学校、医疗机构、企业根据自身条件和相关研究开发活动需要，利用我国人类遗传资源开展国际合作科学研究，提升相关研究开发能力和水平。

第二十条　利用我国人类遗传资源开展生物技术研究开发活动或者开展临床试验的，应当遵守有关生物技术研究、临床应用管理法律、行政法规和国家有关规定。

第二十一条　外国组织及外国组织、个人设立或者实际控制的机构（以下称外方单位）需要利用我国人类遗传资源开展科学研究活动的，应当遵守我国法律、行政法规和国家有关规定，并采取与我国科研机构、高等学校、医疗机构、企业（以下称中方单位）合作的方式进行。

第二十二条　利用我国人类遗传资源开展国际合作科学研究的，应当符合下列条件，并由合作双方共同提出申请，经国务院科学技术行政部门批准：

（一）对我国公众健康、国家安全和社会公共利益没有危害；

（二）合作双方为具有法人资格的中方单位、外方单位，并具有开展相关工作的基础和能力；

（三）合作研究目的和内容明确、合法，期限合理；

（四）合作研究方案合理；

（五）拟使用的人类遗传资源来源合法，种类、数量与研究内容相符；

（六）通过合作双方各自所在国（地区）的伦理审查；

（七）研究成果归属明确，有合理明确的利益分配方案。

为获得相关药品和医疗器械在我国上市许可，在临床机构利用我国人类遗传资源开展国际合作临床试验、不涉及人类遗传资源材料出境的，不需要审批。但是，合作双方在开展临床试验前应当将拟使用的人类遗传资源种类、数量及其用途向国务院科学技术行政部门备案。国务院科学技术行政部门和省、自治区、直辖市人民政府科学技术行政部门加强对备案事项的监管。

第二十三条　在利用我国人类遗传资源开展国际合作科学研究过程中，合作方、研究目的、研究内容、合作期限等重大事项发生变更的，应当办理变更审批手续。

第二十四条　利用我国人类遗传资源开展国际合作科学研究，应当保证中方单位及其研究人员在合作期间全过程、实质性地参与研究，研究过程中的所有记录以及数据信息等完全向中方单位开放并向中方单位提供备份。

利用我国人类遗传资源开展国际合作科学研究，产生的成果申请专利的，应当由合作双方共同提出申请，专利权归合作双方共有。研究产生的其他科技成果，其使用权、转让权和利益分享办法由合作双方通过合作协议约定；协议没有约定的，合作双方都有使用的权利，但向第三方转让须经合作双方同意，所获利益按合作双方贡献大小分享。

第二十五条　利用我国人类遗传资源开展国际合作科学研究，合作双方应当按照平等互利、诚实信用、共同参与、共享成果的原则，依法签订合作协议，并依照本条例第二十四条的规定对相关事项作出明确、具体的约定。

第二十六条　利用我国人类遗传资源开展国际合作科学研究，合作双方应当在国际合作活动结束后6个月内共同向国务院科学技术行政部门提交合作研究情况报告。

第二十七条　利用我国人类遗传资源开展国际合作科学研究，或者因其他特殊情况确需将我国人类遗传资源材料运送、邮寄、携带出境的，应当符合下列条件，并取得国务院科学技术行政部门出具的人类遗传资源材料出境证明：

（一）对我国公众健康、国家安全和社会公共利益没有危害；

（二）具有法人资格；

（三）有明确的境外合作方和合理的出境用途；

（四）人类遗传资源材料采集合法或者来自合法的保藏单位；

（五）通过伦理审查。

利用我国人类遗传资源开展国际合作科学研究，需要将我国人类遗传资源材料运送、邮寄、携带出境的，可以单独提出申请，也可以在开展国际合作科学研究申请中列明出境计划一并提出申请，由国务院科学技术行政部门合并审批。

将我国人类遗传资源材料运送、邮寄、携带出境的，凭人类遗传资源材料出境证明办理海关手续。

第二十八条　将人类遗传资源信息向外国组织、个人及其设立或者实际控制的机构提供或者开放使用，不得危害我国公众健康、国家安全和社会公共利益；可能影响我国公众健康、国家安全和社会公共利益的，应当通过国务院科学技术行政部门组织的安全审查。

将人类遗传资源信息向外国组织、个人及其设立或者实际控制的机构提供或者开放使用的，应当向国务院科学技术行政部门备案并提交信息备份。

利用我国人类遗传资源开展国际合作科学研究产生的人类遗传资源信息，合作双方可以使用。

第四章　服务和监督

第二十九条　国务院科学技术行政部门应当加强电子政务建设，方便申请人利用互联网办理审批、备案等事项。

第三十条　国务院科学技术行政部门应当制定并及时发布有关采集、保藏、利用、对外提供我国人类遗传资源的审批指南和示范文本，加强对申请人办理有关审批、备案等事项的指导。

第三十一条 国务院科学技术行政部门应当聘请生物技术、医药、卫生、伦理、法律等方面的专家组成专家评审委员会，对依照本条例规定提出的采集、保藏我国人类遗传资源，开展国际合作科学研究以及将我国人类遗传资源材料运送、邮寄、携带出境的申请进行技术评审。评审意见作为作出审批决定的参考依据。

第三十二条 国务院科学技术行政部门应当自受理依照本条例规定提出的采集、保藏我国人类遗传资源，开展国际合作科学研究以及将我国人类遗传资源材料运送、邮寄、携带出境申请之日起 20 个工作日内，作出批准或者不予批准的决定；不予批准的，应当说明理由。因特殊原因无法在规定期限内作出审批决定的，经国务院科学技术行政部门负责人批准，可以延长 10 个工作日。

第三十三条 国务院科学技术行政部门和省、自治区、直辖市人民政府科学技术行政部门应当加强对采集、保藏、利用、对外提供人类遗传资源活动各环节的监督检查，发现违反本条例规定的，及时依法予以处理并向社会公布检查、处理结果。

第三十四条 国务院科学技术行政部门和省、自治区、直辖市人民政府科学技术行政部门进行监督检查，可以采取下列措施：

（一）进入现场检查；

（二）询问相关人员；

（三）查阅、复制有关资料；

（四）查封、扣押有关人类遗传资源。

第三十五条 任何单位和个人对违反本条例规定的行为，有权向国务院科学技术行政部门和省、自治区、直辖市人民政府科学技术行政部门投诉、举报。

国务院科学技术行政部门和省、自治区、直辖市人民政府科学技术行政部门应当公布投诉、举报电话和电子邮件地址，接受相关投诉、举报。对查证属实的，给予举报人奖励。

第五章 法律责任

第三十六条 违反本条例规定，有下列情形之一的，由国务院科学技术行政部门责令停止违法行为，没收违法采集、保藏的人类遗传资源和违法所得，处 50 万元以上 500 万元以下罚款，违法所得在 100 万元以上的，处违法所得 5 倍以上 10 倍以下罚款：

（一）未经批准，采集我国重要遗传家系、特定地区人类遗传资源，或者采集国务院科学技术行政部门规定种类、数量的人类遗传资源；

（二）未经批准，保藏我国人类遗传资源；

（三）未经批准，利用我国人类遗传资源开展国际合作科学研究；

（四）未通过安全审查，将可能影响我国公众健康、国家安全和社会公共利益的人类遗传资源信息向外国组织、个人及其设立或者实际控制的机构提供或者开放使用；

（五）开展国际合作临床试验前未将拟使用的人类遗传资源种类、数量及其用途向国务院科学技术行政部门备案。

第三十七条　提供虚假材料或者采取其他欺骗手段取得行政许可的，由国务院科学技术行政部门撤销已经取得的行政许可，处 50 万元以上 500 万元以下罚款，5 年内不受理相关责任人及单位提出的许可申请。

第三十八条　违反本条例规定，未经批准将我国人类遗传资源材料运送、邮寄、携带出境的，由海关依照法律、行政法规的规定处罚。科学技术行政部门应当配合海关开展鉴定等执法协助工作。海关应当将依法没收的人类遗传资源材料移送省、自治区、直辖市人民政府科学技术行政部门进行处理。

第三十九条　违反本条例规定，有下列情形之一的，由省、自治区、直辖市人民政府科学技术行政部门责令停止开展相关活动，没收违法采集、保藏的人类遗传资源和违法所得，处 50 万元以上 100 万元以下罚款，违法所得在 100 万元以上的，处违法所得 5 倍以上 10 倍以下罚款：

（一）采集、保藏、利用、对外提供我国人类遗传资源未通过伦理审查；

（二）采集我国人类遗传资源未经人类遗传资源提供者事先知情同意，或者采取隐瞒、误导、欺骗等手段取得人类遗传资源提供者同意；

（三）采集、保藏、利用、对外提供我国人类遗传资源违反相关技术规范；

（四）将人类遗传资源信息向外国组织、个人及其设立或者实际控制的机构提供或者开放使用，未向国务院科学技术行政部门备案或者提交信息备份。

第四十条 违反本条例规定，有下列情形之一的，由国务院科学技术行政部门责令改正，给予警告，可以处 50 万元以下罚款：

（一）保藏我国人类遗传资源过程中未完整记录并妥善保存人类遗传资源的来源信息和使用信息；

（二）保藏我国人类遗传资源未提交年度报告；

（三）开展国际合作科学研究未及时提交合作研究情况报告。

第四十一条 外国组织、个人及其设立或者实际控制的机构违反本条例规定，在我国境内采集、保藏我国人类遗传资源，利用我国人类遗传资源开展科学研究，或者向境外提供我国人类遗传资源的，由国务院科学技术行政部门责令停止违法行为，没收违法采集、保藏的人类遗传资源和违法所得，处 100 万元以上 1000 万元以下罚款，违法所得在 100 万元以上的，处违法所得 5 倍以上 10 倍以下罚款。

第四十二条 违反本条例规定，买卖人类遗传资源的，由国务院科学技术行政部门责令停止违法行为，没收违法采集、保藏的人类遗传资源和违法所得，处 100 万元以上 1000 万元以下罚款，违法所得在 100 万元以上的，处违法所得 5 倍以上 10 倍以下罚款。

第四十三条 对有本条例第三十六条、第三十九条、第四十一条、第四十二条规定违法行为的单位，情节严重的，由国务院科学技术行政部门或者省、自治区、直辖市人民政府科学技术行政部门依据职责禁止其 1 至 5 年内从事采集、保藏、利用、对外提供我国人类遗传资源的活动；情节特别严重的，永久禁止其从事采集、保藏、利用、对外提供我国人类遗传资源的活动。

对有本条例第三十六条至第三十九条、第四十一条、第四十二条规定违法行为的单位的法定代表人、主要负责人、直接负责的主管人员以及其他责任人员，依法给予处分，并由国务院科学技术行政部门或者省、自治区、直辖市人民政府科学技术行政部门依据职责没收其违法所得，处 50 万元以下罚款；情节严重的，禁止其 1 至 5 年内从事采集、保藏、利用、对外提供我国人类遗传资源的活动；情节特别严重的，永久禁止其从事采集、保藏、利用、对外提供我国人类遗传资源的活动。

　　单位和个人有本条例规定违法行为的，记入信用记录，并依照有关法律、行政法规的规定向社会公示。

　　第四十四条　违反本条例规定，侵害他人合法权益的，依法承担民事责任；构成犯罪的，依法追究刑事责任。

　　第四十五条　国务院科学技术行政部门和省、自治区、直辖市人民政府科学技术行政部门的工作人员违反本条例规定，不履行职责或者滥用职权、玩忽职守、徇私舞弊的，依法给予处分；构成犯罪的，依法追究刑事责任。

第六章　附　　则

　　第四十六条　人类遗传资源相关信息属于国家秘密的，应当依照《中华人民共和国保守国家秘密法》和国家其他有关保密规定实施保密管理。

　　第四十七条　本条例自 2019 年 7 月 1 日起施行。